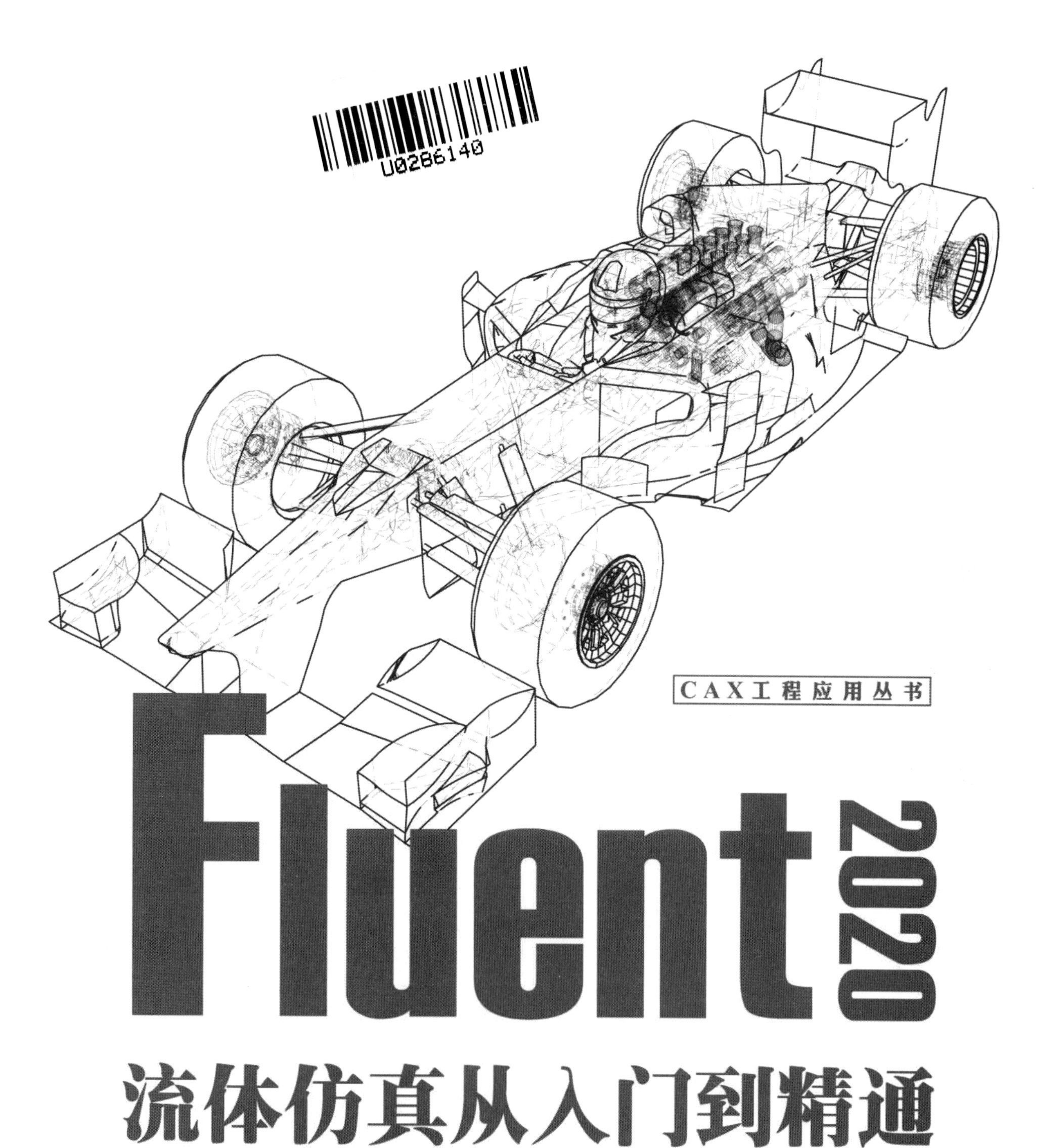

CAX工程应用丛书

Fluent 2020 流体仿真从入门到精通

刘斌 编著

清華大学出版社
北京

内 容 简 介

本书由浅入深地讲解了 Fluent 仿真计算的各种功能，从几何建模到网格划分，从计算求解到结果后处理，通过大量实例系统地介绍 Fluent 2020 的使用方法，具体内容包括计算流体的基础理论与方法、创建几何模型、划分网格、Fluent 求解设置、后处理，以及稳态和非稳态模拟实例、内部流动分析实例、外部流动分析实例、多相流分析实例、离散相分析实例、传热流动分析实例、多孔介质和气动噪声分析实例、化学反应分析实例、动网格分析实例及 Fluent 在 Workbench 中的应用。本书针对每个 Fluent 可以解决的流体仿真计算问题进行详细讲解，并辅以相应的实例，使读者能够快速、熟练、深入地掌握 Fluent 软件的工作流程和计算方法。

本书结构严谨、条理清晰、重点突出，非常适合广大 Fluent 初、中级读者学习使用，也可作为大中专院校、社会培训机构的教材以及工程技术人员的参考用书。

图书在版编目（CIP）数据

Fluent 2020 流体仿真从入门到精通 / 刘斌编著.—北京：清华大学出版社，2021.4（2022.10重印）

（CAX 工程应用丛书）

ISBN 978-7-302-57655-6

I. ①F… II. ①刘… III. ①流体力学－工程力学－计算机仿真－应用软件 IV. ①TB126-39

中国版本图书馆 CIP 数据核字（2021）第 039787 号

责任编辑： 王金柱
封面设计： 王　翔
责任校对： 闫秀华
责任印制： 杨　艳

出版发行： 清华大学出版社

网　　址： http://www.tup.com.cn，http://www.wqbook.com
地　　址： 北京清华大学学研大厦 A 座　　**邮　　编：** 100084
社 总 机： 010-83470000　　**邮　　购：** 010-62786544
投稿与读者服务： 010-62776969，c-service@tup.tsinghua.edu.cn
质量反馈： 010-62772015，zhiliang@tup.tsinghua.edu.cn

印 装 者： 大厂回族自治县彩虹印刷有限公司
经　　销： 全国新华书店
开　　本： 203mm×260mm　　**印　　张：** 26.25　　**字　　数：** 714 千字
版　　次： 2021 年 4 月第 1 版　　**印　　次：** 2022 年10月第 2 次印刷
定　　价： 99.00 元

产品编号：088929-01

前言

Preface

Fluent 是目前国际上比较流行的商业 CFD 软件，只要涉及流体、热传递及化学反应等工程问题，都可以用 Fluent 进行求解。Fluent 2020 是 2020 年 ANSYS 公司推出的最新版本。

Fluent 具有丰富的物理模型、先进的数值方法以及强大的前后处理功能，在航空航天、汽车设计、石油天然气、涡轮机设计等方面有着广泛的应用。例如，在石油天然气工业中的应用包括燃烧、井下分析、喷射控制、环境分析、油气消散/聚集、多相流、管道流动等。

Fluent 可计算的物理问题包括可压与不可压流体、耦合传热、热辐射、多相流、粒子输送过程、化学反应和燃烧问题，还拥有诸如气蚀、凝固、沸腾、多孔介质、相间传质、非牛顿流、喷雾干燥、动静干涉、真实气体等大批复杂现象的使用模型。

本书特点

本书由从事 Fluent 工作多年的一线人员编写。在编写的过程中，不仅注重绘图技巧的介绍，还重点讲解 Fluent 和工程实际的关系。本书主要有以下几个特色。

- 基础和实例讲解并重。本书既可作为 Fluent 初学者的学习用书，又可作为对 Fluent 有一定基础的用户制定工程问题分析方案、精通高级前后处理与求解技术的参考书。
- 内容详略得当。本书将编者十多年的 CFD 经验结合 Fluent 软件的各功能，从点到面，详细地分享给读者。
- 信息量大。本书包含的内容全面，读者在学习的过程中不仅可以关注细节，还可以从整体出发，了解 CFD 的分析流程，需要关注包括什么内容、注意什么细节。
- 结构清晰。本书结构清晰、由浅入深，从结构上主要分为基础和案例两大部分，在讲解基础知识的过程中穿插实例的讲解，在综合介绍的过程中同步回顾重点的基础知识。

本书内容

全书由浅入深地讲解 Fluent 仿真计算的各种功能，从几何建模到网格划分，从计算求解到结果后处理，详细地讲解 Fluent 进行流体模拟计算的工作流程和计算方法。

本书共 16 章，主要分为两部分，即 Fluent 基础知识和案例部分，其中基础知识包括第 1～6 章，案例部分包括第 7～16 章，具体章节安排如下：

第 1 章　流体力学与计算流体力学基础
第 2 章　Fluent 软件简介
第 3 章　创建几何模型
第 4 章　生成网格
第 5 章　Fluent 计算设置
第 6 章　计算结果后处理
第 7 章　稳态和非稳态模拟实例
第 8 章　内部流动分析实例
第 9 章　外部流动分析实例
第 10 章　多相流分析实例
第 11 章　离散相分析实例
第 12 章　传热流动分析实例
第 13 章　多孔介质和气动噪声分析实例
第 14 章　化学反应分析实例
第 15 章　动网格分析实例
第 16 章　Fluent 在 Workbench 中的应用

配书资源——实例源文件与教学视频

为了让广大读者更快捷地学习和使用使用，本书提供了实例源文件与快速上手的教学视频。读者可以使用 Fluent 打开本书配套资源提供的实例源文件，根据书中的介绍进行学习；通过教学视频可以使新手更易于上手。下载配套资源请用微信扫描下面的二维码：

如果下载有问题，请发送电子邮件至 booksaga@126.com 获得帮助，邮件标题为“Fluent 2020 流体仿真从入门到精通配书资源”。

读者对象

本书适合的读者对象如下：

- 从事流体计算的初学者
- 高等院校的教师和学生

- 相关培训机构的教师和学员
- Fluent 爱好者
- 广大科研工作人员

读者服务

虽然编者在编写本书的过程中力求叙述准确、完善，但由于水平有限，书中欠妥之处在所难免，希望读者和同仁能够提出宝贵意见和建议。

为了方便解决本书疑难问题，读者朋友在学习过程中遇到与本书有关的技术问题时，可以访问微信公众号“算法仿真在线”，编者会尽快给予解答。

编 者

2021 年 1 月

目录 Contents

第 1 章　流体力学与计算流体力学基础 1

1.1　流体力学基础 1

1.1.1　一些基本概念 1

1.1.2　流体流动的分类 5

1.1.3　边界层和物体阻力 5

1.1.4　层流和湍流 6

1.1.5　流体流动的控制方程 7

1.1.6　边界条件与初始条件 8

1.1.7　流体力学专业词汇 9

1.2　计算流体力学基础 11

1.2.1　计算流体力学的发展 11

1.2.2　计算流体力学的求解过程 12

1.2.3　数值模拟方法和分类 13

1.2.4　有限体积法的基本思想 14

1.2.5　有限体积法的求解方法 16

1.3　计算流体力学应用领域 17

1.4　常用的 CFD 商用软件 17

1.4.1　PHOENICS 18

1.4.2　STAR-CD 18

1.4.3　STAR-CCM+ 18

1.4.4　CFX 19

1.4.5　Fluent 19

1.5　本章小结 20

第 2 章　Fluent 软件简介 21

2.1　Fluent 的软件结构 21

2.1.1　Fluent 启动 22

2.1.2　Fluent 用户界面 24

2.1.3　Fluent 文件读入与输出 25

2.2　Fluent 计算类型及应用领域 29

2.3 Fluent 求解步骤......30
2.3.1 制订分析方案......30
2.3.2 求解步骤......30
2.4 Fluent 使用的单位制......31
2.5 Fluent 使用的文件类型......32
2.6 本章小结......32

第 3 章 创建几何模型......33

3.1 建立几何模型概述......33
3.2 DesignModeler 简介......34
3.2.1 启动 DesignModeler......34
3.2.2 DesignModeler 的用户界面......35
3.3 草图模式......37
3.3.1 进入草图模式......37
3.3.2 创建新平面......37
3.3.3 创建草图......38
3.3.4 几何模型的关联性......38
3.4 创建 3D 几何体......39
3.4.1 拉伸......39
3.4.2 旋转......40
3.4.3 扫掠......41
3.4.4 直接创建 3D 几何体......41
3.4.5 填充和包围......42
3.5 导入外部 CAD 文件......42
3.6 创建几何体的实例操作......44
3.7 本章小结......47

第 4 章 生成网格......48

4.1 网格生成概述......48
4.1.1 网格划分技术......48
4.1.2 网格类型......49
4.2 ANSYS ICEM CFD 简介......49
4.2.1 工作流程......50
4.2.2 ICEM CFD 的文件类型......51
4.2.3 ICEM CFD 的用户界面......51
4.3 ANSYS ICEM CFD 的基本用法......52
4.3.1 几何模型的创建......52
4.3.2 几何文件导入......55
4.3.3 网格生成......56

4.3.4 块的生成 63
4.3.5 网格编辑 68
4.3.6 网格输出 74
4.4 ANSYS ICEM CFD 实例分析 75
4.4.1 启动 ICEM CFD 并建立分析项目 75
4.4.2 导入几何模型 75
4.4.3 模型建立 76
4.4.4 生成块 79
4.4.5 网格生成 84
4.4.6 网格质量检查 85
4.4.7 网格输出 85
4.5 本章小结 86

第 5 章 Fluent 计算设置 87

5.1 网格导入与工程项目保存 87
5.1.1 启动 Fluent 87
5.1.2 网格导入 88
5.1.3 网格质量检查 88
5.1.4 显示网格 89
5.1.5 修改网格 90
5.1.6 光顺网格与交换单元面 93
5.1.7 项目保存 94
5.2 设置求解器及操作条件 94
5.2.1 求解器设置 94
5.2.2 操作条件设置 95
5.3 物理模型设定 96
5.3.1 多相流模型 96
5.3.2 能量方程 97
5.3.3 湍流模型 97
5.3.4 辐射模型 100
5.3.5 组分输运和反应模型 101
5.3.6 离散相模型 103
5.3.7 凝固和熔化模型 104
5.3.8 气动噪声模型 104
5.4 材料性质设定 105
5.4.1 物性参数 105
5.4.2 参数设定 106
5.5 边界条件设定 108

5.5.1 边界条件分类......108
5.5.2 边界条件设置......109
5.5.3 常用边界条件类型......111
5.6 求解控制参数设定......126
5.6.1 求解方法设置......126
5.6.2 松弛因子设置......128
5.6.3 求解极限设置......129
5.7 初始条件设定......129
5.7.1 定义全局初始条件......130
5.7.2 定义局部区域初始值......130
5.8 求解设定......131
5.8.1 求解设置......131
5.8.2 求解过程监视......133
5.9 本章小结......137

第6章 计算结果后处理......138

6.1 Fluent的后处理功能......138
6.1.1 创建表面......138
6.1.2 图形及可视化技术......139
6.1.3 动画技术......142
6.2 CFD-Post后处理器......143
6.2.1 启动后处理器......143
6.2.2 工作界面......143
6.2.3 创建位置......144
6.2.4 创建对象......154
6.2.5 创建数据......159
6.3 本章小结......160

第7章 稳态和非稳态模拟实例......161

7.1 管内稳态流动......161
7.1.1 案例介绍......161
7.1.2 启动Fluent并导入网格......162
7.1.3 定义求解器......163
7.1.4 定义模型......163
7.1.5 设置材料......164
7.1.6 边界条件......164
7.1.7 设置计算域......165
7.1.8 求解控制......166
7.1.9 初始条件......166

7.1.10　求解过程监视 167
7.1.11　计算求解 167
7.1.12　结果后处理 168
7.2　喷嘴内瞬态流动 169
7.2.1　案例介绍 169
7.2.2　启动 Fluent 并导入网格 169
7.2.3　定义求解器 171
7.2.4　定义模型 171
7.2.5　设置材料 172
7.2.6　边界条件 172
7.2.7　求解控制 173
7.2.8　初始条件 174
7.2.9　求解过程监视 174
7.2.10　网格自适应 175
7.2.11　计算求解 175
7.2.12　结果后处理 176
7.2.13　瞬态计算 177
7.2.14　瞬态计算结果 178
7.3　本章小结 179

第 8 章　内部流动分析实例 180

8.1　圆管内气体的流动 180
8.1.1　案例介绍 180
8.1.2　启动 Fluent 并导入网格 181
8.1.3　定义求解器 181
8.1.4　定义模型 182
8.1.5　设置材料 182
8.1.6　边界条件 183
8.1.7　求解控制 183
8.1.8　初始条件 184
8.1.9　求解过程监视 184
8.1.10　计算求解 185
8.1.11　结果后处理 185
8.2　三通内水的流动 187
8.2.1　案例介绍 187
8.2.2　启动 Fluent 并导入网格 187
8.2.3　定义求解器 188
8.2.4　定义模型 188

8.2.5 设置材料 189
8.2.6 设置区域条件 190
8.2.7 边界条件 190
8.2.8 求解控制 192
8.2.9 初始条件 192
8.2.10 求解过程监视 193
8.2.11 计算求解 194
8.2.12 结果后处理 194
8.3 本章小结 196

第 9 章 外部流动分析实例 197

9.1 圆柱绕流 197
9.1.1 案例介绍 197
9.1.2 启动 Fluent 并导入网格 198
9.1.3 定义求解器 199
9.1.4 定义模型 199
9.1.5 设置材料 199
9.1.6 边界条件 200
9.1.7 求解控制 201
9.1.8 初始条件 201
9.1.9 求解过程监视 202
9.1.10 计算求解 202
9.1.11 结果后处理 203
9.1.12 定义求解器修改 204
9.1.13 求解控制修改 204
9.1.14 计算求解 205
9.1.15 求解控制修改 205
9.1.16 计算求解 206
9.1.17 结果后处理 206
9.2 机翼超音速流动 207
9.2.1 案例介绍 207
9.2.2 启动 Fluent 并导入网格 208
9.2.3 定义求解器 208
9.2.4 定义模型 209
9.2.5 设置材料 209
9.2.6 边界条件 210
9.2.7 求解控制 211
9.2.8 初始条件 211

9.2.9　求解过程监视......212
9.2.10　计算求解......212
9.2.11　结果后处理......214
9.3　本章小结......217
第 10 章　多相流分析实例......218
10.1　自由表面流动......218
10.1.1　案例介绍......218
10.1.2　启动 Fluent 并导入网格......219
10.1.3　定义求解器......220
10.1.4　定义湍流模型......220
10.1.5　设置材料......221
10.1.6　定义多相流模型......221
10.1.7　求解控制......222
10.1.8　初始条件......223
10.1.9　求解过程监视......223
10.1.10　动画设置......224
10.1.11　计算求解......225
10.1.12　结果后处理......225
10.2　水罐内多相流动......227
10.2.1　案例介绍......227
10.2.2　启动 Fluent 并导入网格......227
10.2.3　定义求解器......228
10.2.4　定义湍流模型......229
10.2.5　设置材料......229
10.2.6　定义多相流模型......230
10.2.7　边界条件......231
10.2.8　求解控制......233
10.2.9　初始条件......233
10.2.10　计算结果输出设置......235
10.2.11　定义计算活动......235
10.2.12　求解过程监视......235
10.2.13　动画设置......236
10.2.14　计算求解......237
10.2.15　结果后处理......237
10.3　本章小结......238
第 11 章　离散相分析实例......239
11.1　反应器内粒子流动......239

11.1.1 案例介绍 239
11.1.2 启动 Fluent 并导入网格 240
11.1.3 定义求解器 240
11.1.4 定义湍流模型 241
11.1.5 边界条件 241
11.1.6 定义离散相模型 242
11.1.7 修改边界条件 244
11.1.8 设置材料 244
11.1.9 求解控制 245
11.1.10 初始条件 245
11.1.11 求解过程监视 246
11.1.12 计算求解 246
11.1.13 结果后处理 247
11.2 喷嘴内粒子流动 248
11.2.1 案例介绍 248
11.2.2 启动 Fluent 并导入网格 248
11.2.3 定义求解器 249
11.2.4 定义模型 250
11.2.5 设置材料 250
11.2.6 边界条件 251
11.2.7 求解控制 254
11.2.8 初始条件 254
11.2.9 求解过程监视 254
11.2.10 计算求解 255
11.2.11 结果后处理 255
11.2.12 定义离散相模型 258
11.2.13 修改材料设置 259
11.2.14 计算求解 260
11.2.15 结果后处理 261
11.3 本章小结 262
第 12 章 传热流动分析实例 263
12.1 芯片传热分析 263
12.1.1 案例介绍 263
12.1.2 启动 Fluent 并导入网格 264
12.1.3 定义求解器 264
12.1.4 定义模型 265
12.1.5 设置材料 265

12.1.6 设置区域条件 266
12.1.7 边界条件 267
12.1.8 求解控制 269
12.1.9 初始条件 269
12.1.10 求解过程监视 270
12.1.11 计算求解 271
12.1.12 结果后处理 271
12.1.13 网格自适应 273
12.1.14 计算求解 275
12.1.15 结果后处理 275
12.2 车灯传热分析 277
12.2.1 案例介绍 277
12.2.2 启动 Fluent 并导入网格 278
12.2.3 定义求解器 279
12.2.4 定义模型 279
12.2.5 设置材料 279
12.2.6 设置区域条件 281
12.2.7 边界条件 282
12.2.8 求解控制 286
12.2.9 初始条件 286
12.2.10 求解过程监视 287
12.2.11 计算求解 289
12.2.12 结果后处理 290
12.3 本章小结 291
第 13 章 多孔介质和气动噪声分析实例 292
13.1 催化转换器内多孔介质流动 292
13.1.1 案例介绍 292
13.1.2 启动 Fluent 并导入网格 293
13.1.3 定义求解器 294
13.1.4 定义湍流模型 294
13.1.5 设置材料 295
13.1.6 设置计算域 295
13.1.7 边界条件 296
13.1.8 求解控制 297
13.1.9 初始条件 298
13.1.10 求解过程监视 298
13.1.11 计算求解 299

13.1.12 结果后处理 299
13.2 圆柱外气动噪声模拟 303
13.2.1 案例介绍 303
13.2.2 启动 Fluent 并导入网格 304
13.2.3 定义求解器 305
13.2.4 定义湍流模型 305
13.2.5 设置材料 306
13.2.6 边界条件 306
13.2.7 求解控制 307
13.2.8 初始条件 307
13.2.9 求解过程监视 308
13.2.10 计算求解 309
13.2.11 定义声学模型 309
13.2.12 计算求解 310
13.2.13 结果后处理 311
13.3 本章小结 312
第 14 章 化学反应分析实例 313
14.1 多相流燃烧模拟 313
14.1.1 案例介绍 313
14.1.2 启动 Fluent 并导入网格 314
14.1.3 定义求解器 314
14.1.4 定义湍流模型 315
14.1.5 定义多相流模型 315
14.1.6 定义多组分模型 316
14.1.7 设置材料 316
14.1.8 导入 UDF 文件 322
14.1.9 边界条件 324
14.1.10 求解控制 326
14.1.11 初始条件 326
14.1.12 求解过程监视 327
14.1.13 计算求解 328
14.1.14 结果后处理 328
14.2 表面化学反应模拟 330
14.2.1 案例介绍 330
14.2.2 启动 Fluent 并导入网格 330
14.2.3 定义求解器 331
14.2.4 定义能量模型 332

14.2.5　定义多组分模型 332
14.2.6　设置材料 333
14.2.7　边界条件 336
14.2.8　求解控制 340
14.2.9　初始条件 340
14.2.10　求解过程监视 341
14.2.11　计算求解 341
14.2.12　结果后处理 341
14.3　本章小结 344

第 15 章　动网格分析实例 345

15.1　理论基础 345
15.1.1　基本思路 345
15.1.2　基本设置 346
15.2　阀门运动 347
15.2.1　案例介绍 348
15.2.2　启动 Fluent 并导入网格 348
15.2.3　定义求解器 349
15.2.4　定义模型 349
15.2.5　设置材料 350
15.2.6　边界条件 350
15.2.7　设置分界面 351
15.2.8　动网格设置 352
15.2.9　求解控制 354
15.2.10　初始条件 355
15.2.11　求解过程监视 355
15.2.12　计算求解 356
15.2.13　结果后处理 356
15.3　风力涡轮机分析 1 357
15.3.1　案例介绍 358
15.3.2　启动 Fluent 并导入网格 358
15.3.3　定义求解器 358
15.3.4　定义模型 359
15.3.5　设置材料 359
15.3.6　边界条件 360
15.3.7　设置分界面 361
15.3.8　动网格设置 362
15.3.9　求解控制 363

15.3.10 初始条件 364
15.3.11 求解过程监视 364
15.3.12 计算结果输出设置 365
15.3.13 计算求解 365
15.3.14 结果后处理 365
15.4 风力涡轮机分析 2 366
15.4.1 定义求解器 367
15.4.2 动网格设置 367
15.4.3 动画设置 368
15.4.4 计算求解 369
15.4.5 结果后处理 370
15.5 本章小结 370
第 16 章 Fluent 在 Workbench 中的应用 371
16.1 圆管内气体的流动 371
16.1.1 案例介绍 371
16.1.2 启动 Workbench 并建立分析项目 371
16.1.3 导入几何体 372
16.1.4 划分网格 373
16.1.5 定义模型 376
16.1.6 边界条件 376
16.1.7 求解控制 377
16.1.8 初始条件 377
16.1.9 求解过程监视 378
16.1.10 计算求解 378
16.1.11 结果后处理 378
16.1.12 保存与退出 380
16.2 三通内气体的流动 380
16.2.1 案例介绍 380
16.2.2 启动 Workbench 并建立分析项目 381
16.2.3 导入几何体 381
16.2.4 划分网格 382
16.2.5 定义模型 385
16.2.6 边界条件 385
16.2.7 求解控制 386
16.2.8 初始条件 386
16.2.9 求解过程监视 387
16.2.10 计算求解 387

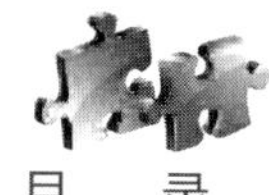

16.2.11 结果后处理 388
16.2.12 保存与退出 390
16.3 探头外空气流动 390
16.3.1 案例介绍 390
16.3.2 启动 Workbench 并建立分析项目 390
16.3.3 导入几何体 391
16.3.4 划分网格 391
16.3.5 定义模型 393
16.3.6 边界条件 394
16.3.7 求解控制 394
16.3.8 初始条件 395
16.3.9 求解过程监视 395
16.3.10 计算求解 396
16.3.11 结果后处理 396
16.3.12 保存与退出 398
16.4 本章小结 398
参考文献 399

第1章 流体力学与计算流体力学基础

导言

计算流体力学分析（Computational Fluid Dynamics，CFD）的基本定义是通过计算机进行数值计算，模拟流体流动时的各种相关物理现象，包括流动、热传导、声场等。计算流体力学分析广泛应用于航空航天设计、汽车设计、生物医学工业、化工处理工业、涡轮机设计、半导体设计等诸多工程领域。

本章将介绍流体力学的基础理论、流体力学基础和常用的 CFD 软件。

学习目标

★ 掌握流体力学分析的基础理论

★ 通过实例掌握流体力学分析的过程

★ 掌握计算流体力学的基础知识

★ 了解常用的 CFD 软件

1.1 流体力学基础

本节将介绍一些流体力学的重要基础知识，包括流体力学的基本概念和基本方程。流体力学是进行流体力学工程计算的基础，如果想对计算的结果进行分析与整理，在设置边界条件时有所依据，那么学习流体力学的相关知识是必要的。

1.1.1 一些基本概念

（1）流体的密度

流体密度的定义是单位体积内所含物质的多少。若密度是均匀的，则有：

$$\rho = \frac{M}{V} \tag{1-1}$$

式中：ρ 为流体的密度；M 是体积为 V 的流体内所含物质的质量。

由上式可知，密度的单位是 kg/m^3。对于密度不均匀的流体，其某一点处密度的定义为：

$$\rho = \lim_{\Delta V \to 0} \frac{\Delta M}{\Delta V} \tag{1-2}$$

例如，4℃时水的密度为 $1000\,\mathrm{kg/m^3}$，常温 20℃时空气的密度为 $1.24\,\mathrm{kg/m^3}$。各种流体的具体密度值可查阅相关文献。

流体的密度是流体本身固有的物理量，随着温度和压强的变化而变化。

（2）流体的重度

流体的重度与流体密度有一个简单的关系式，即：

$$\gamma = \rho g \tag{1-3}$$

式中：g 为重力加速度，值为 $9.81\,\mathrm{m/s^2}$。流体的重度单位为 $\mathrm{N/m^3}$。

（3）流体的比重

流体的比重定义为该流体的密度与 4℃时水的密度之比。

（4）流体的粘性

在研究流体流动时，若考虑流体的粘性，则称为粘性流动，相应地称流体为粘性流体；若不考虑流体的粘性，则称为理想流体的流动，相应地称流体为理想流体。

流体的粘性可由牛顿内摩擦定律表示：

$$\tau = \mu \frac{\mathrm{d}u}{\mathrm{d}y} \tag{1-4}$$

牛顿内摩擦定律适用于空气、水、石油等大多数机械工业中的常用流体。凡是符合切应力与速度梯度成正比的流体都叫作牛顿流体，即严格满足牛顿内摩擦定律且 μ 保持为常数的流体，否则就称其为非牛顿流体。例如，溶化的沥青、糖浆等流体均属于非牛顿流体。

非牛顿流体有以下 3 种不同的类型。

- 塑性流体，如牙膏等。塑性流体有一个保持不产生剪切变形的初始应力 τ_0，只有克服了这个初始应力，其切应力才与速度梯度成正比，即：

$$\tau = \tau_0 + \mu \frac{\mathrm{d}u}{\mathrm{d}y} \tag{1-5}$$

- 假塑性流体，如泥浆等。其切应力与速度梯度的关系是：

$$\tau = \mu \left(\frac{\mathrm{d}u}{\mathrm{d}y}\right)^n \quad (n<1) \tag{1-6}$$

- 胀塑性流体，如乳化液等。其切应力与速度梯度的关系是：

$$\tau = \mu \left(\frac{\mathrm{d}u}{\mathrm{d}y}\right)^n \quad (n>1) \tag{1-7}$$

（5）流体的压缩性

流体的压缩性是指在外界条件变化时，其密度和体积发生了变化。这里的条件有两种：一种是外部压强产生了变化；另一种是流体的温度发生了变化。

① 流体的等温压缩率为β，当质量为M、体积为V的流体外部压强发生Δp的变化时，体积会发生ΔV的变化。定义流体的等温压缩率为：

$$\beta = -\frac{\Delta V / V}{\Delta p} \tag{1-8}$$

这里的负号是考虑到Δp与ΔV总是符号相反；β的单位为1/Pa。流体等温压缩率的物理意义为当温度不变时，每增加单位压强所产生的流体体积的相对变化率。

考虑到压缩前后流体的质量不变，上面的公式还有另一种表示形式，即：

$$\beta = \frac{\mathrm{d}\rho}{\rho \mathrm{d}p} \tag{1-9}$$

气体的等温压缩率可由气体状态方程求得：

$$\beta = 1/p \tag{1-10}$$

② 流体的体积膨胀系数为α，当质量为M、体积为V的流体温度发生ΔT的变化时，体积会发生ΔV的变化。定义流体的体积膨胀系数为：

$$\alpha = \frac{\Delta V / V}{\Delta T} \tag{1-11}$$

考虑到膨胀前后流体的质量不变，上面的公式还有另一种表示形式，即：

$$\alpha = -\frac{\mathrm{d}\rho}{\rho \mathrm{d}T} \tag{1-12}$$

这里的负号是考虑到随着温度的增高，体积必然增大，而密度必然减小；α的单位为1/K。体积膨胀系数的物理意义为当压强不变时，每增加单位温度所产生的流体体积的相对变化率。

气体的体积膨胀系数可由气体状态方程求得：

$$\alpha = 1/T \tag{1-13}$$

③ 在研究流体流动过程时，若考虑到流体的压缩性，则称为可压缩流动，相应地称流体为可压缩流体，如相对速度较高的气体流动。若不考虑流体的压缩性，则称为不可压缩流动，相应地称流体为不可压缩流体，如水、油等液体的流动。

（6）液体的表面张力

液体表面相邻两部分之间的拉应力是分子作用力的一种表现。液面上的分子受液体内部分子吸引而使液面趋于收缩，表现为液面任何两部分之间具体的拉应力，称为表面张力，其方向和液面相切，并与两部分的分界线相垂直。单位长度上的表面张力用σ表示，单位是N/m。

（7）质量力和表面力

作用在流体微团上的力可分为质量力与表面力。

① 与流体微团质量大小有关并且集中作用在微团质量中心的力称为质量力。比如在重力场中的重力 mg 、直线运动的惯性力 ma 等。

质量力是一个矢量，一般用单位质量所具有的质量力表示，形式如下：

$$f = f_x i + f_y j + f_z k \tag{1-14}$$

式中：f_x、f_y、f_z 为单位质量力在 x 、y 、z 轴上的投影，或简称为单位质量分力。

② 大小与表面面积有关而且分布作用在流体表面上的力称为表面力。表面力按其作用方向可以分为两种：一种是沿表面内法线方向的压力，称为正压力；另一种是沿表面切向的摩擦力，称为切应力。

作用在静止流体上的表面力只有沿表面内法线方向的正压力。单位面积上所受到的表面力称为这一点处的静压强。静压强有两个特征：

- 静压强的方向垂直指向作用面。
- 流场内一点处静压强的大小与方向无关。

对于理想流体流动，流体质点只受到正压力，没有切向力。对于粘性流体流动，流体质点所受到的作用力既有正压力，又有切向力。单位面积上所受到的切向力称为切应力。对于一元流动，切向力由牛顿内摩擦定律求出；对于多元流动，切向力可由广义牛顿内摩擦定律求得。

（8）绝对压强、相对压强与真空度

一个标准大气压的压强是 760 mmHg ，相当于 101325Pa，通常用 p_{atm} 表示。若压强大于大气压，则以此压强为计算基准得到的压强称为相对压强，也称为表压强，通常用 p_r 表示。

若压强小于大气压，则压强低于大气压的值称为真空度，通常用 p_v 表示。

如果以压强 0 Pa 为计算的基准，那么这个压强称为绝对压强，通常用 p_s 表示。

三者的关系如下：

$$p_r = p_s - p_{atm}, \quad p_v = p_{atm} - p_s \tag{1-15}$$

在流体力学中，压强用符号 p 表示。一般情况下有一个约定：对于液体来说，压强用相对压强；对于气体来说，特别是马赫数大于 0.1 的流动，应视为可压缩流动，压强用绝对压强。当然，特殊情况应进行说明。

（9）静压、动压和总压

对于静止状态下的流体，只有静压强；对于流动状态的流动，有静压强、动压强和总压强之分。

在一条流线上，流体质点的机械能是守恒的，这就是伯努里（Bernoulli）方程的物理意义。对于理想流体的不可压缩流动，表达式如下：

$$\frac{p}{\rho g} + \frac{v^2}{2g} + z = H \tag{1-16}$$

式中：$p/\rho g$ 称为压强水头，也是压能项，p 为静压强；$v^2/2g$ 称为速度水头，也是动能项；z 称为位置水头，也是重力势能项；这三项之和就是流体质点的总机械能；H 称为总的水头高。

若把上式的等式两边同时乘以 ρg，则有：

$$p+\frac{1}{2}\rho v^2+\rho gz=\rho gH \tag{1-17}$$

式中：p 称为静压强，简称静压；$\frac{1}{2}\rho v^2$ 称为动压强，简称动压，也是动能项；ρgH 称为总压强，简称总压。

对于不考虑重力的流动，总压就是静压和动压之和。

1.1.2 流体流动的分类

流体流动按运动形式分：若 $rot\vec{v}=0$，则流体做无旋运动；若 $rot\vec{v}\neq 0$，则流体做有旋运动。

流体流动按时间变化分：若 $\frac{\partial}{\partial t}=0$，则流体做定常运动；若 $\frac{\partial}{\partial t}\neq 0$，则流体做不定常运动。

流体流动按空间变化分：流体的运动有一维运动、二维运动和三维运动。

1.1.3 边界层和物体阻力

（1）边界层

对于工程实际中大量出现的大雷诺数问题，应该分成两个区域：外部势流区域和边界层区域。

对于外部势流区域，可以忽略粘性力，因此可以采用理想流体运动理论解出外部流动，从而知道边界层外部边界上的压力和速度分布，并将其作为边界层流动的外边界条件。

在边界层区域必须考虑粘性力，而且只有考虑了粘性力才能满足粘性流体的粘附条件。边界层虽小，但是物理量在物面上的分布、摩擦阻力及物面附近的流动都和边界层内流动有联系，因此非常重要。

描述边界层内粘性流体运动的是 N-S 方程。由于边界层厚度 δ 比特征长度小很多，而且 x 方向速度分量沿法向的变化比切向大得多，因此 N-S 方程可以在边界层内做很大的简化，简化后的方程称为普朗特边界层方程，它是处理边界层流动的基本方程。边界层示意图如图 1-1 所示。

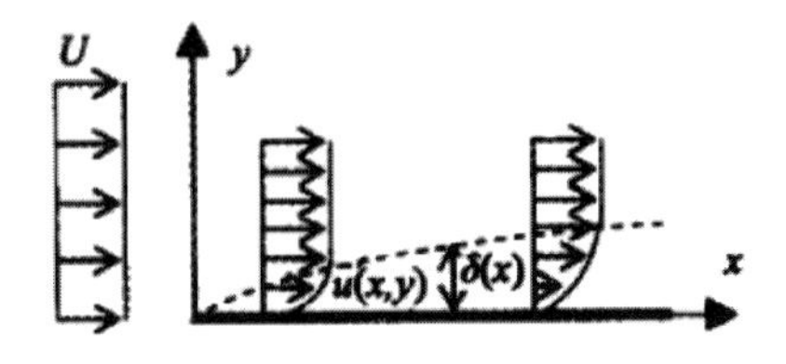

图 1-1 边界层示意图

大雷诺数边界层流动的性质：边界层的厚重较物体的特征长度小得多，即 δ/L（边界层相对厚度）是一个小量。边界层内粘性力和惯性力同阶。

对于二维平板或楔边界层方程，通过量阶分析得到：

$$
\begin{aligned}
&\frac{\partial u}{\partial x}+\frac{\partial v}{\partial y}=0 \\
&\frac{\partial u}{\partial t}+u\frac{\partial u}{\partial x}+v\frac{\partial u}{\partial y}=\frac{\partial U}{\partial t}+U\frac{\partial U}{\partial x}+v\frac{\partial^2 u}{\partial y^2}
\end{aligned}
\tag{1-18}
$$

边界条件：在物面 $y=0$ 上，$u=v=0$，在 $y=\delta$ 或 $y\to\infty$ 时，$u=U(x)$。

初始条件：$t=t_0$，已知 u、v 的分布。

对于曲面物体，应采用贴体曲面坐标系，从而建立相应的边界层方程。

（2）物体阻力

阻力是由流体绕物体流动所引起的切向应力和压力差造成的，故阻力可分为摩擦阻力和压差阻力两种。

- 摩擦阻力是指作用在物体表面的切向应力在来流方向上的投影的总和，是粘性直接作用的结果。
- 压差阻力是指作用在物体表面的压力在来流方向上的投影的总和，是粘性间接作用的结果，是由于边界层的分离在物体尾部区域产生尾涡而形成的。压差阻力的大小与物体的形状有很大关系，故又称为形状阻力。

摩擦阻力与压差阻力之和称为物体阻力。

物体的阻力系数由下式确定：

$$
C_D=\frac{F_D}{\frac{1}{2}\rho V_\infty^2 A} \tag{1-19}
$$

式中：A 为物体在垂直于运动方向或来流方向的截面积。例如，对于直径为 d 的小圆球的低速运动来说，阻力系数为：

$$
C_D=\frac{24}{\mathrm{Re}} \tag{1-20}
$$

式中：$\mathrm{Re}=\frac{V_\infty d}{v}$，在 $\mathrm{Re}<1$ 时，计算值与试验值吻合得较好。

1.1.4 层流和湍流

自然界中的流体流动状态主要有两种形式，即层流和湍流。在许多中文文献中，湍流也被译为紊流。层流是指流体在流动过程中两层之间没有相互混掺，而湍流是指流体不是处于分层流动状态。一般说来，湍流是普通的，而层流属于个别情况。

对于圆管内流动，当 Re≤2300 时，管流一定为层流；当 Re≥8000~12000 时，管流一定为湍流；当 2300<Re<8000 时，流动处于层流与湍流间的过渡区。

因为湍流现象是高度复杂的，所以至今还没有一种方法能够全面、准确地对所有流动问题中的湍流现象进行模拟。在涉及湍流的计算中，都要对湍流模型的模拟能力和计算所需的系统资源进行综合考虑，再选择合适的湍流模型进行模拟。

Fluent 中采用的湍流模拟方法包括 Spalart-Allmaras 模型、Standard K-Epsilon 模型、RNG（重整化群）K-Epsilon 模型、Realizable K-Epsilon 模型、v2-f 模型、RSM（Reynolds Stress Model，雷诺应力模型）和 LES（Large Eddy Simulation，大涡模拟）方法。

1.1.5 流体流动的控制方程

流体流动要受物理守恒定律的支配，基本的守恒定律包括质量守恒定律、动量守恒定律和能量守恒定律。

如果流动包含不同成分的混合或相互作用，系统还要遵守组分守恒定律。如果流动处于湍流状态，系统还要遵守附加湍流输运方程。控制方程是这些守恒定律的数学描述。

（1）质量守恒方程

任何流动问题都必须满足守恒定律。该定律可表述为：单位时间内流体微元体中质量的增加，等于同一时间间隔内流入该微元体的净质量。按照这一定律，可以得出质量守恒方程：

$$\frac{\partial \rho}{\partial t}+\frac{\partial}{\partial x_i}\left(\rho u_i\right)=S_m \tag{1-21}$$

该方程是质量守恒方程的一般形式，适用于可压流动和不可压流动。源项 S_m 是从分散的二级相中加入到连续相的质量（比如由于液滴的蒸发），源项也可以是任何自定义源项。

（2）动量守恒方程

动量守恒定律也是任何流动系统都必须满足的基本定律。该定律可表述为：微元体中流体的动量对时间的变化率等于外界作用在该微元体上的各种力之和。

该定律实际上是牛顿第二定律。按照这一定律，可导出动量守恒方程：

$$\frac{\partial}{\partial t}\left(\rho u_i\right)+\frac{\partial}{\partial x_j}\left(\rho u_i u_j\right)=-\frac{\partial p}{\partial x_i}+\frac{\partial \tau_{ij}}{\partial x_j}+\rho g_i+F_i \tag{1-22}$$

式中：p 为静压；τ_{ij} 为应力张量；g_i 和 F_i 分别为 i 方向上的重力体积力和外部体积力（如离散相互作用产生的升力），F_i 包含其他模型相关源项，如多孔介质和自定义源项。

应力张量由下式给出：

$$\tau_{ij}=\left[\mu\left(\frac{\partial u_i}{\partial x_j}+\frac{\partial u_j}{\partial x_i}\right)\right]-\frac{2}{3}\mu\frac{\partial u_l}{\partial x_l}\delta_{ij} \tag{1-23}$$

（3）能量守恒方程

能量守恒定律是包含有热交换的流动系统必须满足的基本定律。该定律可表述为：微元体中能量的增加率等于进入微元体的净热流量加上体积力与表面力对微元体所做的功。该定律实际是热力学第一定律。

流体的能量 E 通常是内能 i、动能 $K=\frac{1}{2}\left(u^2+v^2+w^2\right)$ 和势能 P 三项之和，内能 i 与温度 T 之间

存在一定关系，即$i = c_p T$，其中c_p是比热容。可以得到以温度T为变量的能量守恒方程：

$$\frac{\partial(\rho T)}{\partial t} + div(\rho u T) = div\left(\frac{k}{c_p} gradT\right) + S_T \tag{1-24}$$

式中：c_p为比热容；T为温度；k为流体的传热系数；S_T为流体的内热源及由于粘性作用流体机械能转换为热能的部分，有时简称S_T为粘性耗散项。

虽然能量方程是流体流动与传热的基本控制方程，但对于不可压缩流动，若热交换量很小，甚至可以忽略时，可以不考虑能量守恒方程。此外，这是针对牛顿流体得出的，对于非牛顿流体，应使用其他形式的能量守恒方程。

1.1.6 边界条件与初始条件

对于求解流动和传热问题，除了使用上述介绍的三大控制方程外，还要指定边界条件；对于非定常问题，还要指定初始条件。

边界条件就是在流体运动边界上控制方程应该满足的条件，一般会对数值计算产生重要影响。即使对于同一个流场的求解，方法不同，边界条件和初始条件的处理方法也是不同的。

在 CFD 模拟计算时，基本的边界类型包括以下几种：

（1）入口边界条件

入口边界条件就是指定入口处流动变量的值。常见的入口边界条件有速度入口边界条件、压力入口边界条件和质量流量入口边界条件。

速度入口边界条件：用于定义流动速度和流动入口的流动属性相关的标量。这一边界条件适用于不可压缩流，如果用于可压缩流会导致非物理结果，这是因为它允许驻点条件浮动。应注意不要让速度入口靠近固体妨碍物，因为这会导致流动入口驻点属性具有太高的非一致性。

压力入口边界条件：用于定义流动入口的压力和其他标量属性。既适用于可压流，又适用于不可压流。压力入口边界条件可用于压力已知但是流动速度和/或速率未知的情况。这一情况可用于很多实际问题，如浮力驱动的流动。压力入口边界条件也可用来定义外部或无约束流的自由边界。

质量流量入口边界条件：用于已知入口质量流量的可压缩流动。在不可压缩流动中不必指定入口的质量流量，因为密度为常数时，速度入口边界条件就确定了质量流量条件。当要求达到的是质量和能量流速而不是流入的总压时，通常使用质量入口边界条件。

调节入口总压可能会导致解的收敛速度较慢，当压力入口边界条件和质量入口条件都可以接受时，应该选择压力入口边界条件。

（2）出口边界条件

压力出口边界条件：压力出口边界条件需要在出口边界处指定表压。表压值的指定只用于亚声速流动。如果当地流动变为超声速，就不再使用指定表压，此时压力要从内部流动中求出，包括其他流动属性。

在求解过程中，如果压力出口边界处的流动是反向的，回流条件也需要指定。如果对于回流问题指定了比较符合实际的值，收敛性困难问题就会不明显。

质量出口边界条件：当流动出口的速度和压力在解决流动问题之前未知时，可以使用质量出口边界条件模拟流动。需要注意，如果模拟可压缩流或包含压力出口时，不能使用质量出口边界条件。

（3）固体壁面边界条件

对于粘性流动问题，可设置壁面为无滑移边界条件，也可以指定壁面切向速度分量（壁面平移或旋转运动时），给出壁面切应力，从而模拟壁面滑移。可以根据当地流动情况计算壁面切应力和与流体换热情况。壁面热边界条件包括固定热通量、固定温度、对流换热系数、外部辐射换热、对流换热等。

（4）对称边界条件

对称边界条件应用于计算的物理区域是对称的情况。在对称轴或对称平面上没有对流通量，因此垂直于对称轴或对称平面的速度分量为 0。在对称边界上，垂直边界的速度分量为 0，任何量的梯度为 0。

（5）周期性边界条件

如果流动的几何边界、流动和换热是周期性重复的，那么可以采用周期性边界条件。

1.1.7 流体力学专业词汇

由于大多数 CFD 商用软件都是英文版，因此为了方便用户使用查询，本节对流体力学中主要专业词汇的中英文对照进行汇总，详见表 1-1。

表 1-1 流体力学专业词汇中英文对照

英　文	中　文	英　文	中　文
(Non)Linear	（非）线性	Moment	矩
(Non)Uniform	（非）均匀	Momentum Thickness	动量厚度
Absolute(Gage,Vacuum) Pressure	绝对（表，真空）压力	Momentum(Energy)-Flux	动量（能量）流量
Acceleration	加速度	Momentum-Integral Relation	动量积分关系
Area Moment of Inertia	惯性面积矩	Navier-Stokes Equations	N-S 方程
Atmospheric Pressure	大气压力	Net Force	合力
Average Velocity	平均速度	Newtonian Fluid	牛顿流体
Barometer	气压计	Newtonian Fluids	牛顿流体
Bernoulli	伯努力	No Slip	无滑移
Bernoulli Equation	伯努力方程	Nondimensionalization	无量纲化
Blasius Equation	布拉修斯方程	No-Slip Condition	无滑移条件
Body Force	体力	Nozzle	喷嘴
Boundaries	边界	One-Dimensional	一维
Boundary Layer	边界层	Operator	算子
Breakdown	崩溃	Osborne Reynolds	奥斯鲍恩·雷诺

（续表）

英　文	中　文	英　文	中　文
Calculus	微积分	Parabolic	抛物线
Cartesian Coordinates	笛卡坐标	Parallel Plates	平行平板
Centroid	质心	Partial Differential Equation	偏微分方程
Channel	槽道	Pathline	迹线
Coefficient of Viscosity	粘性系数	Perfect-Gas Law	理想气体定律
Composite Dimensionless Variable	组合无量纲变量	Plane(curved) Surface	平（曲）面
Compressible(Incompressible)	（不）可压的	Plate	板
Conservation of Mass	质量	Poiseuille Flow	伯肖叶流动
Conservation of Mass(Momentum, Energy)	质量（动量，能量）守恒	Prandtl	普朗特
Continuum	连续介质	Pressure	压力，压强
Control Volume	控制体	Pressure Center	压力中心
Control-Volume	控制体	Pressure Distribution(Gradient)	压力分布（梯度）
Convective Acceleration	对流加速度	Pressure Gradient	压力梯度
Coordinate Transformation	坐标变换	Random Fluctuations	随机脉动
Couette Flow	库塔流动	Rate of Work	功率
Density	密度	Rectangular Coordinates	直角坐标（系）
Differential	微分	Reservoir	水库
Dimension	量刚尺度	Reynolds	雷诺
Displacement thickness	排移厚度	Reynolds Number	雷诺数（Re）
Dot Product	点乘	Reynolds Transport Theorem	雷诺输运定理
Drag	阻力	Rigid-Body	刚体
Dynamics	动力学	Scalar	标量
Elliptic	椭圆的	Second-Order	二阶
Energy(Hydraulic) Grade Line	能级线	Shaft Work	轴功
Equilibrium	平衡	Shape Factor	形状因子
Euler	欧拉	Shear(Normal) Stress	剪（正）应力
Eulerian(Lagrangian) Method of Description	欧拉（拉格朗日）观点，方法	Similarity	相似
Field of Flow	流场	Skin-Friction Coefficient	壁面摩擦系数
Flat-Plate Boundary	平板边界层	Solution	解答
Flow Pattern	流型（谱）	Smooth	平滑
Fluid Mechanics	流体力学	Specific Weight	比重
Flux	流率	Stagnation Enthalpy	制止焓
Fourier's Law	傅里叶定律	Statics	静力学
Free Body	隔离体	Steady(Unsteady)	（非）定常
Function	函数	Strain	应变

（续表）

英　文	中　文	英　文	中　文
Heat Flow	热流量	Streamline(Tube)	流线（管）
Heat Transfer	热传递	Substantial(Material) Derivative	随体（物质）导数
Horizontal	水平的	Surface Force	表面力
Hydrostatic	水静力学，流体静力学	Surroundings	外围
Hyperbolic	双曲线的	System	体系
Imaginary	假想	Thermal Conductivity	热传导
Inertia	惯性，惯量	Thermodynamics	热力学
Infinitesimal	无限小	Time Derivative	时间导数
Inlet, Outlet	进、出口	Total Derivative	全导数
Instability	不稳定性	Transition	转换
Integral	积分	Variable	变量
Integrand	被积函数	Vector	矢量
Internal(External) Flow	内（外）流	Vector Sum	矢量合
Jet Flow	射流	Velocity Distribution	速度分布
Karman	卡门	Velocity Field	速度场
Kinematics	运动学	Velocity Gradient	速度梯度
Kinetic(Potential, Internal)Energy	动（势，内）能	Velocity Profile	速度剖面
Lagrange	拉格朗日	Venturi Tube	文图里管
Laminar	层流	Vertical	垂直的，直立的
Linear(Angular)-Momentum Relation	线（角）动量关系式	Viscous(Inviscid)	（无）粘性的
Liquid	流体	Volume Rate of Flow	体积流量
Local Acceleration	当地加速度	Volume(mass) Flow	体积（质量）流量
Mean Value	平均值	Volume(mass) Rate of Flow	体积（质量）流率
Mercury	水银	Wall Shear Stress	壁面剪应力

1.2 计算流体力学基础

本节介绍计算流体力学的一些重要基础知识，包括计算流体力学的基本概念、求解过程、数值求解方法等。了解计算流体力学的基础知识，有助于理解 CFD 软件中相应的设置方法，是做好工程模拟分析的根基。

1.2.1 计算流体力学的发展

计算流体力学（CFD）是 20 世纪 60 年代伴随计算科学与工程（Computational Science and

Engineering，CSE）迅速崛起的一门学科分支，经过半个多世纪的迅猛发展，这门学科已经相当成熟了。一个重要的标志是近几十年来各种 CFD 通用软件陆续出现，成为商品化软件，服务于传统的流体力学和流体工程领域，如航空、航天、船舶、水利等。

CFD 通用软件的性能日益完善，应用的范围也不断扩大，在化工、冶金、建筑、环境等相关领域中被广泛应用，现在我们利用它模拟计算平台内部的空气流动状况，也算是在较新的领域中应用。

现代流体力学研究方法包括理论分析、数值计算和实验研究 3 方面。这些方法针对不同的角度进行研究，相互补充。理论分析研究能够表述参数影响形式，为数值计算和实验研究提供有效的指导；实验是认识客观现实的有效手段，可以验证理论分析和数值计算的正确性；计算流体力学通过提供模拟真实流动的经济手段补充理论及实验的空缺。

更重要的是，计算流体力学提供廉价的模拟、设计和优化工具，并提供分析三维复杂流动的工具。在复杂的情况下，测量往往很困难，甚至不可能，而计算流体力学能方便地提供全部流场范围的详细信息。与实验相比，计算流体力学具有对于参数没有限制、费用少、流场无干扰的特点。出于计算流体力学的优点，我们选择它进行模拟计算。简单来说，计算流体力学所扮演的角色是：通过直观地显示计算结果，对流动结构进行仔细研究。

在数值研究方面，计算流体力学大体沿两个方向发展：一个是在简单的几何外形下，通过数值方法来发现一些基本的物理规律和现象，或者发展更好的计算方法；另一个是解决工程实际需要，直接通过数值模拟进行预测，为工程设计提供依据。理论的预测出自于数学模型的结果，而不是出自于一个实际物理模型的结果。

计算流体力学是多领域交叉的学科，涉及计算机科学、流体力学、偏微分方程的数学理论、计算几何、数值分析等，这些学科的交叉融合、相互促进和支持推动了学科的深入发展。

CFD 方法是用计算数学的方法将流场的控制方程离散到一系列网格节点上，求其离散数值解的一种方法。控制所有流体流动的基本定律是：质量守恒定律、动量守恒定律和能量守恒定律。由它们分别导出连续性方程、动量方程（N-S 方程）和能量方程。应用 CFD 方法进行平台内部空气流场模拟计算时，首先需要选择或建立过程的基本方程和理论模型，依据的基本原理是流体力学、热力学、传热传质等平衡或守恒定律。

由基本原理出发，可以建立质量、动量、能量、湍流特性等守恒方程组，如连续性方程、扩散方程等。这些方程构成连理的非线性偏微分方程组，不能用经典的解析法，只能用数值方法求解。求解上述方程必须首先给定模型的几何形状和尺寸，确定计算区域，并给出恰当的进出口、壁面以及自由面的边界条件，而且还需要适宜的数学模型和包括相应初值在内的过程方程的完整数学描述。

求解的数值方法主要有有限差分法（FDM）、有限元（FEM）以及有限分析法（FAM），应用这些方法可以将计算域离散为一系列网格，并建立离散方程组。离散方程的求解是由一组给定的猜测值出发迭代推进，直至满足收敛标准。常用的迭代方法有 Gauss-Seidel 迭代法、TDMA 方法、SIP 法及 LSORC 法等。利用上述差分方程及求解方法可以编写计算程序或选用现有的软件实施过程的 CFD 模拟。

1.2.2 计算流体力学的求解过程

CFD 数值模拟一般遵循以下 5 个步骤：

步骤 01 建立所研究问题的物理模型，再将其抽象成为数学、力学模型。之后确定要分析的几何体的空间影响区域。

步骤02 建立整个几何形体与其空间影响区域，即计算区域的 CAD 模型，将几何体的外表面和整个计算区域进行空间网格划分。网格的稀疏和网格单元的形状都会对以后的计算产生很大影响。为保证计算的稳定性和计算效率，一般不同的算法格式对网格的要求也不一样。

步骤03 加入求解所需要的初始条件，入口与出口处的边界条件一般为速度、压力条件。

步骤04 选择适当的算法，设定具体的控制求解过程和精度条件，对所需分析的问题进行求解，并且保存数据文件结果。

步骤05 选择合适的后处理器（Post Processor）读取计算结果文件，分析并显示出来。

以上这些步骤构成了 CFD 数值模拟的全过程。其中，数学模型的建立是理论研究的课堂，一般由理论工作者完成。

1.2.3 数值模拟方法和分类

在运用 CFD 方法对一些实际问题进行模拟时，常常需要设置工作环境、边界条件和选择算法等。特别是算法的选择，对模拟的效率及其正确性有很大影响，需要特别重视。要正确设置数值模拟的条件，有必要了解数值模拟的过程。

随着计算机技术和计算方法的发展，许多复杂的工程问题都可以采用区域离散化的数值计算，并借助计算机得到满足工程要求的数值解。数值模拟技术是现代工程学形成和发展的重要动力之一。

区域离散化是用一组有限个离散的点代替原来连续的空间。实施过程是把所计算的区域划分成许多互不重叠的子区域，确定每个子区域的节点位置和该节点所代表的控制体积。节点是需要求解的未知物理量的几何位置、控制体积、应用控制方程或守恒定律的最小几何单位。

一般把节点看成控制体积的代表。控制体积和子区域并不总是重合的。在区域离散化过程开始时，由一系列与坐标轴相应的直线或曲线簇所划分出来的小区域称为子区域。网格是离散的基础，网格节点是离散化物理量的存储位置。

常用的离散化方法有有限差分法、有限单元法和有限体积法。对这 3 种方法分别介绍如下。

（1）有限差分法

有限差分法是数值解法中最经典的方法。它是将求解区域划分为差分网格，用于有限个网格节点代替连续的求解域，然后将偏微分方程（控制方程）的导数用差商代替，推导出含有离散点上有限个未知数的差分方程组。

这种方法产生和发展得比较早，也比较成熟，较多用于求解双曲线和抛物线型问题。用它求解边界条件很复杂，尤其是椭圆型问题，没有有限单元法或有限体积法方便。

构造差分的方法有多种形式，目前主要采用的是泰勒级数展开方法。其基本的差分表达式主要有 4 种形式：一阶向前差分、一阶向后差分、一阶中心差分和二阶中心差分。其中，前两种格式为一阶计算精度，后两种格式为二阶计算精度。通过对时间和空间这几种不同差分格式的组合，可以组合成不同的差分计算格式。

（2）有限单元法

有限单元法是将一个连续的求解域任意分成适当形状的微小单元，并在各微小单元分片构造插值函数，然后根据极值原理（变分或加权余量法）将问题的控制方程转化为所有单元上的有限元方程，把总体的极值作为各单元极值之和，即将局部单元总体合成，形成嵌入指定边界条件的代数方程组，求解该方程组就可以得到各节点上待求的函数值。

有限元求解的速度比有限差分法和有限体积法慢，在商用 CFD 软件中应用得并不广泛。目前常用的商用 CFD 软件中，只有 FIDAP 采用的是有限单元法。

有限单元法对椭圆型问题有更好的适应性。

（3）有限体积法

有限体积法又称为控制体积法，是将计算区域划分为网格，并使每个网格点周围有一个互不重复的控制体积，将待解的微分方程对每个控制体积积分，从而得到一组离散方程。

其中的未知数是网格节点上的因变量。子域法加离散就是有限体积法的基本思想。有限体积法的基本思路易于理解，并能得出直接的物理解释。

离散方程的物理意义是因变量在有限大小的控制体积中的守恒原理，如同微分方程表示因变量在无限小的控制体积中的守恒原理一样。

有限体积法得出的离散方程要求因变量的积分守恒对任意一组控制集体都得到满足，对整个计算区域自然也得到满足，这是有限体积法吸引人的优点。

有一些离散方法（如有限差分法）仅当网格极其细密时才满足积分守恒，而有限体积法即使在粗网格情况下也能显示出准确的积分守恒。

就离散方法而言，有限体积法可视作有限单元法和有限差分法的中间产物。

有限体积法、有限单元法、有限差分法三者各有所长。有限差分法直观、理论成熟、精度可选，但是不规则区域处理烦琐，虽然网格生成可以使有限差分法应用于不规则区域，但是对于区域的连续性等要求较严。使用有限差分法的好处在于易于编程、易于并行。有限单元法适合处理复杂区域、精度可选，缺点是内存和计算量巨大，并行不如有限差分法和有限体积法直观。有限体积法适用于流体计算，可以应用于不规则网格，适用于并行，但是精度基本上只能是二阶。有限单元法在应力应变、高频电磁场方面的特殊优点正在被人重视。

由于 Fluent 基于有限体积法，因此下面将以有限体积法为例介绍数值模拟的基础知识。

1.2.4 有限体积法的基本思想

有限体积法是从流体运动积分形式的守恒方程出发来建立离散方程的。

三维对流扩散方程的守恒型微分方程如下：

$$\frac{\partial(\rho\phi)}{\partial t}+\frac{\partial(\rho u\phi)}{\partial x}+\frac{\partial(\rho v\phi)}{\partial y}+\frac{\partial(\rho w\phi)}{\partial z}=\frac{\partial}{\partial x}(K\frac{\partial\phi}{\partial x})+\frac{\partial}{\partial x}(K\frac{\partial\phi}{\partial y})+\frac{\partial}{\partial x}(K\frac{\partial\phi}{\partial z})+S_\phi \tag{1-25}$$

式中：ϕ 是对流扩散物质函数，如温度、浓度等。

上式用散度和梯度表示：

$$\frac{\partial}{\partial t}(\rho\phi)+div(\rho u\phi)=div(Kgrad\phi)+S_\phi \tag{1-26}$$

将(1-26)式在时间步长 Δt 内对控制体体积 CV 积分，可得：

$$\int_{CV}\left(\int_{t}^{t+\Delta t}\frac{\partial}{\partial t}(\rho\phi)\,\mathrm{d}t\right)dV+\int_{t}^{t+\Delta t}\left(\int_{A}n\cdot(\rho u\phi)\,\mathrm{d}A\right)\mathrm{d}t=\int_{t}^{t+\Delta t}\left(\int_{A}n\cdot(Kgrad\phi)\,\mathrm{d}A\right)\mathrm{d}t+\int_{t}^{t+\Delta t}\int_{CV}S_{\phi}\mathrm{d}V\mathrm{d}t \tag{1-27}$$

式中：散度积分已用格林公式化为面积积分，A 为控制体的表面积。

该式的物理意义是：Δt 时间段和体积 CV 内 $\rho\phi$ 的变化加上 Δt 时间段通过控制体表面的对流量 $\rho u\phi$，等于 Δt 时间段通过控制体表面的扩散量加上 Δt 时间段控制体 CV 内源项的变化。

例如，一维非定常热扩散方程如下：

$$\rho c\frac{\partial T}{\partial t}=\frac{\partial}{\partial x}\left(k\frac{\partial T}{\partial t}\right)+\mathrm{S} \tag{1-28}$$

在 Δt 时间段和控制体体积内部积分：

$$\int_{t}^{t+\Delta t}\int_{CV}\rho c\frac{\partial T}{\partial t}\mathrm{d}V\mathrm{d}t=\int_{t}^{t+\Delta t}\int_{CV}\frac{\partial}{\partial}\left(k\frac{\partial T}{\partial x}\right)\mathrm{d}V\mathrm{d}t+\int_{t}^{t+\Delta t}\int_{CV}S\mathrm{d}V\mathrm{d}t \tag{1-29}$$

上式可写成如下形式：

$$\int_{w}^{e}\left[\int_{t}^{t+\Delta t}\rho c\frac{\partial T}{\partial x}\mathrm{d}t\right]\mathrm{d}V=\int_{t}^{t+\Delta t}\left[\left(kA\frac{\partial T}{\partial x}\right)_{e}-\left(kA\frac{\partial T}{\partial x}\right)_{w}\right]\mathrm{d}t+\int_{t}^{t+\Delta t}\bar{S}\Delta V\mathrm{d}t \tag{1-30}$$

在(1-30)式中，A 是控制体面积；ΔV 是体积，$\Delta V=A\Delta x$，Δx 是控制体宽度；$\bar{S}$ 是控制体中的平均源强度。如图 1-2 所示，设 P 点 t 时刻的温度为 T_P^0，而 $\mathrm{t}+\Delta t$ 时刻 P 点温度为 T_P，则(1-30)式可得：

$$\rho c(T_P-T_P^0)\Delta V=\int_{t}^{t+\Delta t}\left[k_e A\frac{T_E-T_p}{\delta x_{PE}}-k_W A\frac{T_p-T_W}{\delta x_{WP}}\right]\mathrm{d}t+\int_{t}^{t+\Delta t}\bar{S}\Delta V\mathrm{d}t \tag{1-31}$$

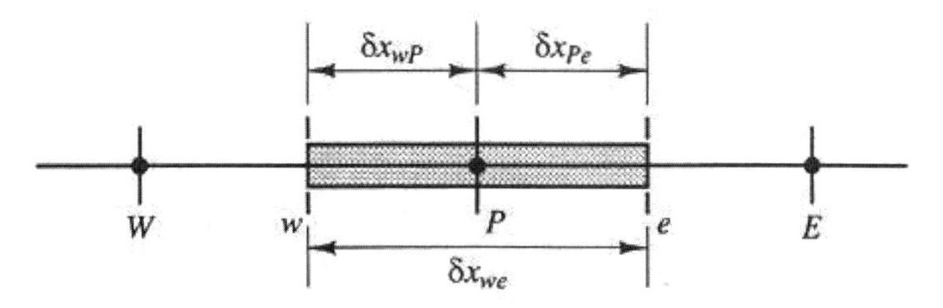

图 1-2　一维有限体积单元示意图

为了计算上式的 T_P、T_E 和 T_W 对时间的积分，引入一个权数 $\theta=0\sim1$，将积分表示成 t 和 $\mathrm{t}+\Delta t$ 时刻的线性关系：

$$I_T=\int_{t}^{t+\Delta t}T_P\mathrm{d}t=[\theta T_P+(1-\theta)T_P^0]\Delta t \tag{1-32}$$

(1-31)式可写成：

$$\rho c\left(\frac{T_P-T_P^0}{\Delta t}\right)\Delta x=\theta\left[\frac{k_e(T_E-T_P)}{\delta x_{PE}}-\frac{k_w(T_P-T_W)}{\delta x_{WP}}\right]+(1-\theta)\left[\frac{k_e(T_E^0-T_P^0)}{\delta x_{PE}}-\frac{k_w(T_P^0-T_w^0)}{\delta x_{WP}}\right]+\bar{S}\Delta x \quad (1\text{-}33)$$

上式左端括号中 t 时刻的温度 T_P^0 为已知，因此该式是 $t+\Delta t$ 时刻 T_P 、T_E 、T_W 之间的关系式。列出计算域上所有相邻 3 个节点上的方程，可形成求解域中所有未知量的线性代数方程，给出边界条件后可求解代数方程组。

技巧提示　由于流体运动的基本规律都是守恒率，而有限体积法的离散形式也是守恒的，因此有限体积法在流体流动计算中应用广泛。

1.2.5　有限体积法的求解方法

控制方程被离散化以后，就可以进行求解了。下面介绍 3 种常用的压力与速度耦合求解算法，分别是 SIMPLE 算法、SIMPLEC 算法和 PISO 算法。

（1）SIMPLE 算法

SIMPLE 算法是目前工程实际中应用最为广泛的一种流场计算方法，属于压力修正法的一种。该方法的核心是采用“猜测-修正”的过程，在交错网格的基础上计算压力场，从而达到求解动量方程的目的。

SIMPLE 算法的基本思想可以叙述为：对于给定的压力场，求解离散形式的动量方程，从而得到速度场。因为压力是假定或不精确的，这样得到的速度场一般都不满足连续性方程的条件，所以必须对给定的压力场进行修正。修正的原则是修正后的压力场相对应的速度场能满足这一迭代层次上的连续方程。

根据这个原则，我们把由动量方程的离散形式所规定的压力与速度的关系代入连续方程的离散形式，从而得到压力修正方程，再由压力修正方程得到压力修正值；接着根据修正后的压力场求得新的速度场；然后检查速度场是否收敛。

若不收敛，则用修正后的压力值作为给定压力场，开始下一层次的计算，直到获得收敛的解为止。在上述过程中，核心问题在于如何获得压力修正值、如何根据压力修正值构造速度修正方程。

（2）SIMPLEC 算法

SIMPLEC 算法与 SIMPLE 算法在基本思路上是一致的，不同之处在于 SIMPLEC 算法在通量修正方法上有所改进，加快了计算的收敛速度。

（3）PISO 算法

PISO 算法的压力速度耦合格式是 SIMPLE 算法族的一部分，是基于压力速度校正之间的高度近似关系的一种算法。SIMPLE 和 SIMPLEC 算法的一个限制是在压力校正方程解出后，新的速度值和相应的流量不满足动量平衡，因此必须重复计算，直至平衡得到满足。

为了提高该计算的效率，PISO 算法执行了两个附加的校正：相邻校正和偏斜校正。PISO 算法的主要思想是将压力校正方程中解阶段中的 SIMPLE 和 SIMPLEC 算法所需的重复计算移除。经过一个或更多附加 PISO 循环，校正的速度会更接近满足连续性和动量方程。这一迭代过程被称为动量校正或邻近校正。

PISO 算法在每个迭代中要花费稍多的 CPU 时间，但是极大地减少了达到收敛所需要的迭代次数，尤其是对于过渡问题，这一优点更为明显。

对于具有一些倾斜度的网格，单元表面质量流量校正和邻近单元压力校正差值之间的关系是相当简略的。因为沿着单元表面的压力校正梯度的分量开始是未知的，所以需要进行一个和上面所述的 PISO 邻近校正中相似的迭代步骤。

初始化压力校正方程的解之后，重新计算压力校正梯度，然后用重新计算出来的值更新质量流量校正。这个被称为偏斜校正的过程极大地减少了计算高度扭曲网格所遇到的收敛性困难。PISO 偏斜校正可以使我们在基本相同的迭代步中，从高度偏斜的网格上得到和更为正交的网格不相上下的解。

1.3 计算流体力学应用领域

近十多年来，CFD 有了很大发展，替代了经典流体力学中的一些近似计算法和图解法，过去的一些典型教学实验（如 Reynolds 实验）现在完全可以借助 CFD 手段在计算机上实现。

所有涉及流体流动、热交换、分子输运等现象的问题几乎都可以通过计算流体力学的方法进行分析和模拟。CFD 不仅可以作为一个研究工具，还可以作为设计工具在水利工程、土木工程、环境工程、食品工程、海洋结构工程、工业制造等流域发挥作用。典型的应用场合及相关的工程问题包括：

- 水轮机、风机和泵等流体机械内部的流体流动。
- 飞机和航天飞机等飞行器的设计。
- 汽车流线外形对性能的影响。
- 洪水波及河口潮流计算。
- 风载荷对高层建筑物稳定性及结构性能的影响。
- 温室、室内的空气流动及环境分析。
- 电子元器件的冷却。
- 换热器性能分析及换热器片形状的选取。
- 河流中污染物的扩散。
- 汽车尾气对街道环境的污染。

对这些问题的处理，过去主要借助于基本的理论分析和大量物理模型实验，而现在大多采用 CFD 的方式加以分析和解决。CFD 技术现已发展到完全可以分析三维粘性湍流及漩涡运动等复杂问题的程度。

1.4 常用的CFD商用软件

为了完成 CFD 计算，过去多是用户自己编写计算程序，但是 CFD 的复杂性及计算机硬件条件的多样性使得用户各自的应用程序往往缺乏通用性，而 CFD 本身又有鲜明的系统性和规律性，因此比较适合被制成通用的商用软件。

自 1981 年以来，出现了 PHOENICS、STAR-CD、STAR-CCM+、CFX、Fluent 等多个商用 CFD 软件，这些软件的特点是：

- 功能比较全面、适用性强，几乎可以求解工程界中的各种复杂问题。

- 具有比较易用的前后处理系统和与其他 CAD 及 CFD 软件的接口能力，便于用户快速完成造型、网格划分等工作。同时，还可以让用户扩展自己的开发模块。
- 具有比较完备的容错机制和操作界面，稳定性高。
- 可在多种计算机、操作系统（包括并行环境）下运行。

随着计算机技术的快速发展，这些商用软件在工程界发挥着越来越大的作用。

1.4.1 PHOENICS

PHOENICS 是世界上第一套计算流体力学与传热学的商用软件，除了通用 CFD 软件应该拥有的功能外，PHOENICS 软件还具有自己独特的功能。

- 开发性：最大限度地向用户开发了程序，可以让用户根据需要添加用户程序、用户模型。
- CAD 接口：可以读入几乎任何 CAD 软件的图形文件。
- 运动物体功能：可以定义物体的运动，克服了使用相对运动方法的局限性。
- 多种模型选择：提供的模型有湍流模型、多相流模型、多流体模型、燃烧模型、辐射模型等。
- 双重算法选择：既提供了欧拉算法，又提供了基于粒子运动轨迹的拉格朗日算法。
- 多模块选择：提供了若干专用模块，用于特定领域的分析计算。例如，COFFUS 用于煤粉锅炉炉膛燃烧模拟，FLAIR 用于小区规划设计及高大空间建筑设计模拟，HOTBOX 用于电子元器件散热模拟等。

1.4.2 STAR-CD

STAR-CD 是目前世界上使用最广泛的专业计算流体力学分析软件之一，由世界领先的综合性 CAE 软件和服务提供商 CD-Adapco 集团开发。CD-Adapco 集团不断将分布于世界各地代表处的开发成果和广大合作研究单位的研究成果融入软件的最新版本中，使得 STAR-CD 保持热流解析领域的领先地位。

STAR-CD 的解析对象涵盖基础热流解析，导热、对流、辐射（包含太阳辐射）热问题，多相流问题，化学反应/燃烧问题，旋转机械问题，流动噪声问题等。在 2019 年发布的 v4 版本中，STAR-CD 将解析对象扩展到流体/结构热应力问题、电磁场问题和铸造领域。

作为最早引入非结构化网格概念的软件，STAR-CD 保持了对复杂结构流域解析的优势，其最新的基于连续介质力学的求解器具有内存占用少、收敛性强、稳定性好的特点，受到全球用户的好评。

STAR-CD 作为重要工具，参与了我国许多重大工程项目，如高速铁路、汽车开发设计、低排放内燃机、能源化工、动力机械、船舶设计、家电电子、飞行器设计、空间技术等，并为客户取得了良好的效益。

1.4.3 STAR-CCM+

STAR-CCM+是 CD-Adapco 集团推出的新一代 CFD 软件，采用最先进的连续介质力学算法（computational continuum mechanics algorithms），并和卓越的现代软件工程技术结合在一起，拥有出色的性能、精度和高可靠性。

STAR-CCM+拥有一体化的图形用户界面，从参数化 CAD 建模、表面准备、体网格生成、模型设定、计算求解一直到后处理分析的整个流程，都可以在同一个界面环境中完成。

基于连续介质力学算法的 STAR-CCM+不仅可以进行热、流体分析，还拥有结构应力、噪声等其他物理场的分析功能，功能强大，易学易用。

STAR-CCM+创新性的表面包面功能、全自动生成多面体网格或六面体为核心的体网格功能、在计算过程中实时监控后处理结果的功能，甚至细微到使用复制、粘贴功能传递设定参数等，处处体现了 STAR-CCM+为了最小化用户的人工操作时间更方便、更直接地将结果呈现在用户面前而精心设计的理念。

1.4.4 CFX

CFX 是全球第一个通过 ISO9001 质量认证的大型商业 CFD 软件，由英国 AEA Technology 公司开发。2003 年 CFX 软件被 ANSYS 公司收购。诞生在工业应用背景中的 CFX 一直将精确的计算结果、丰富的物理模型、强大的用户扩展性作为发展的基本要求，并以在这些方面的卓越成就引领着 CFD 技术的不断发展。

目前，CFX 已经遍及航空航天、旋转机械、能源、石油化工、机械制造、汽车、生物技术、水处理、火灾安全、冶金、环保等领域，为其在全球 6000 多个用户解决了大量实际问题。

和大多数 CFD 软件不同，CFX 除了可以使用有限体积法外，还采用基于有限元的有限体积法。基于有限元的有限体积法保证在有限体积法守恒特性的基础上吸收有限元法的数值精确性。

在 CFX 中，基于有限元的有限体积法对六面体网格单元采用 24 点插值，而单纯的有限体积法仅采用 6 点插值；基于有限元的有限体积法对四面体网格单元采用 60 点插值，而单纯的有限体积法仅采用 4 点插值。在湍流模型的应用上，除了常用的湍流模型外，CFX 最先使用大涡模拟（LES）和分离涡模拟（DES）等高级涡流模型。

CFX 可计算的物理问题包括可压与不可压流体、耦合传热、热辐射、多相流、粒子输送过程、化学反应和燃烧问题，还拥有气蚀、凝固、沸腾、多孔介质、相间传质、非牛顿流、喷雾干燥、动静干涉、真实气体等大批负责现象的使用模型。

在湍流模型中，纳入了 k-ϵ 模型、低 Reynolds 数 k-ϵ 模型、低 Reynolds 数 Wilcox 模型、代数 Reynolds 应力模型、微分 Reynolds 应力模型、微分 Reynolds 通量模型、SST 模型和大涡模型。

除了一般的工业流动外，ANSYS CFX 还可以模拟燃烧、多相流、化学反应等复杂流场。ANSYS CFX 还可以和 ANSYS Structure、ANSYS Emag 等软件配合，实现流体分析和结构分析、电磁分析等的耦合。ANSYS CFX 也被集成在 ANSYS Workbench 环境下，方便用户在单一操作界面上实现对整个工程问题的模拟。

1.4.5 Fluent

Fluent 软件是当今世界 CFD 仿真领域最为全面的软件包之一，具有广泛的物理模型，能够快速、准确地得到 CFD 分析结果。

Fluent 软件拥有模拟流动、湍流、热传递和反应等广泛物理现象的能力，在工业上的应用包括从流过飞机机翼的气流到炉膛内的燃烧，从鼓泡塔到钻井平台，从血液流动到半导体生产，从无尘室设计到污水处理装置等。软件中的专用模型可以用于开展缸内燃烧、空气声学、涡轮机械和多相流系统的模拟工作。

现今，全世界范围内数以千计的公司将 Fluent 与产品研发过程中设计和优化阶段相整合，并从中获益。先进的求解技术可提供快速、准确的 CFD 结果，灵活的移动和变形网格，以及出众的并行可扩展能力。用户自定义函数可实现全新的用户模型和扩展现有模型。

Fluent 中的交互式求解器设置、求解和后处理能力可轻易暂停计算过程，利用集成的后处理检查结果改变设置，并随后用简单的操作继续执行计算。ANSYS CFD-Post 可以读入 Case 和 Data 文件，并利用其先进的后处理工具开展深入分析，同时对比多个算例。

ANSYS Workbench 集成 ANSYS Fluent 后，为用户提供了与所有主要 CAD 系统的双向连接功能，包括 ANSYS DesignModeler 强大的几何修复和生成能力，以及 ANSYS Meshing 先进的网格划分技术。该平台通过使用一个简单的拖放操作便可以共享不同应用程序的数据和计算结果。

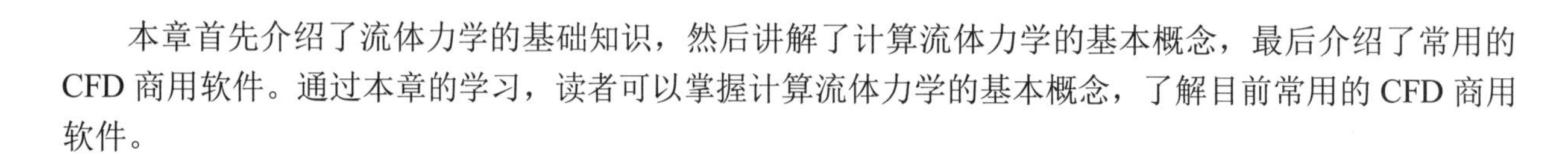

1.5 本章小结

本章首先介绍了流体力学的基础知识，然后讲解了计算流体力学的基本概念，最后介绍了常用的 CFD 商用软件。通过本章的学习，读者可以掌握计算流体力学的基本概念，了解目前常用的 CFD 商用软件。

第2章 Fluent 软件简介

导言

Fluent 是用于模拟具有复杂外形的流体流动以及热传导的计算机程序。它提供了完全的网格灵活性，可以让用户使用非结构网格（例如二维三角形或四边形网格、三维四面体/六面体/金字塔形网格）来解决具有复杂外形的流动，甚至可以让用户使用混合型非结构网格。软件允许用户根据解的具体情况对网格进行修改（细化/粗化）。

对于大梯度区域，如自由剪切层和边界层，为了非常准确地预测流动，自适应网格是非常有用的。与结构网格和块结构网格相比，这一特点很明显地减少了产生“好”网格所需要的时间。对于给定精度，解适应细化方法使网格细化方法变得很简单，由于网格细化仅限于那些需要更多网格的求解域，大大减少了计算量。

Fluent 是用 C 语言写的，因此具有很大的灵活性与能力。因此，动态内存分配、高效数据结构、灵活的解控制都是可能的。除此之外，为了高效地执行、交互地控制以及灵活地适应各种机器与操作系统，Fluent 使用 client/server 结构，因此它允许同时在用户桌面工作站和强有力的服务器上分离地运行程序。

学习目标

★ 掌握 Fluent 软件的结构

★ 掌握 Fluent 计算分析过程中所用到的文件类型

2.1 Fluent的软件结构

Fluent 软件结构主要包括前处理器、求解器和后处理器三个部分。

1. 前处理器

前处理器主要用来建立所要计算问题的几何模型及网格划分。在 Fluent 早期版本中，通常使用 GAMBIT 软件来完成几何模型的建立和网格划分。在 Fluent 软件整合进 ANSYS 软件包之后，可以通过 ANSYS 软件包中的 DesignModeler 软件来建立几何模型，通过 Meshing 软件或者 ICEM CFD 软件来进行网格划分。

在 ANSYS 2020 中，已经集成了 Meshing 功能，可以利用 Meshing 模式划分高质量非结构网格。

2．求解器

求解器是 Fluent 软件模拟计算的核心程序。一旦网格被读入 Fluent，剩下的任务就是使用求解器进行计算了，其中包括边界条件的设定、流体物性的设定、解的执行、网格的优化等。

3．后处理器

Fluent 软件带有功能比较强大的后处理功能，同时还可借助 ANSYS 软件包中的 CFD-Post 软件进行专业化的后处理。

2.1.1 Fluent 启动

启动运行 Fluent 应用程序有直接启动和在 Workbench 中启动两种方式。

1．直接启动

（1）Windows 系统

只要执行"开始"→"所有程序"→ANSYS 2020→Fluent 2020 命令，就可以启动 Fluent 程序，进入软件主界面。或者，在 DOS 窗口中输入"C:/Program Files/ANSYS Inc/v2020/Fluent/ntbin/ntx86/Fluent.exe"命令，也可启动 Fluent。

（2）Linux 系统

在终端窗口中输入"/usr/ansys_inc/v2020/Fluent/ntbin/ntx86/Fluent.exe"命令，即可启动 Fluent。

2．在 Workbench 中启动

首先运行 Workbench 程序，然后导入 Fluent 计算模块，进入程序，具体步骤如下：

步骤 01 在 Windows 系统下执行"开始"→"所有程序"→ANSYS 2020→Workbench 2020 命令，启动 ANSYS Workbench 2020，进入如图 2-1 所示的主界面。

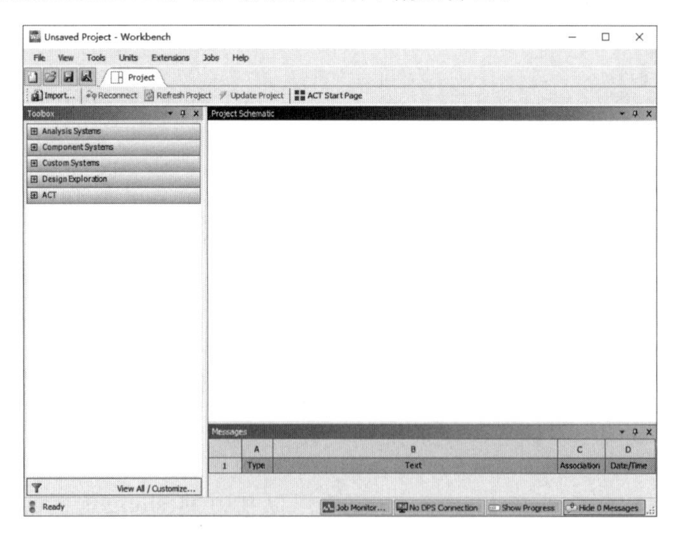

图 2-1 Workbench 主界面

步骤 02 双击主界面 Toolbox（工具箱）中的 Component Systems→Fluent 选项，即可在项目管理区创建分析项目 A，如图 2-2 所示。

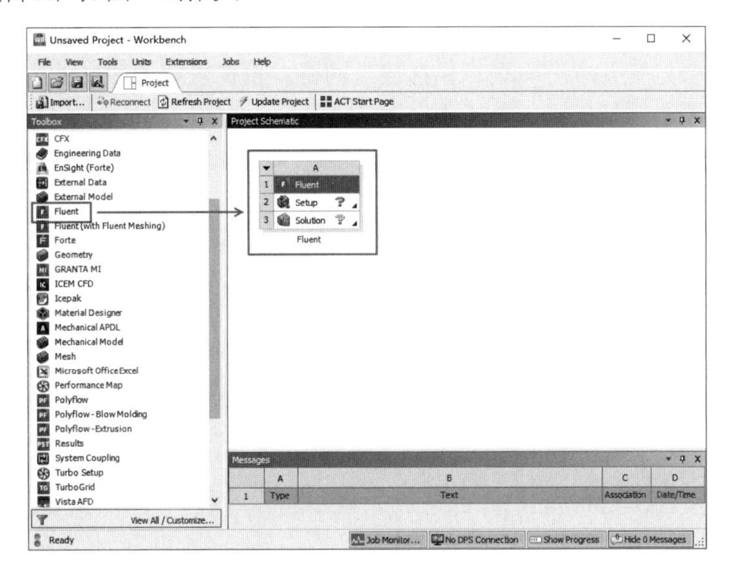

图 2-2　创建分析项目 A

步骤 03 双击分析项目 A 中的 Setup，将直接进入 Fluent 软件。Fluent 软件启动后，进入 Launcher 界面，如图 2-3 所示。

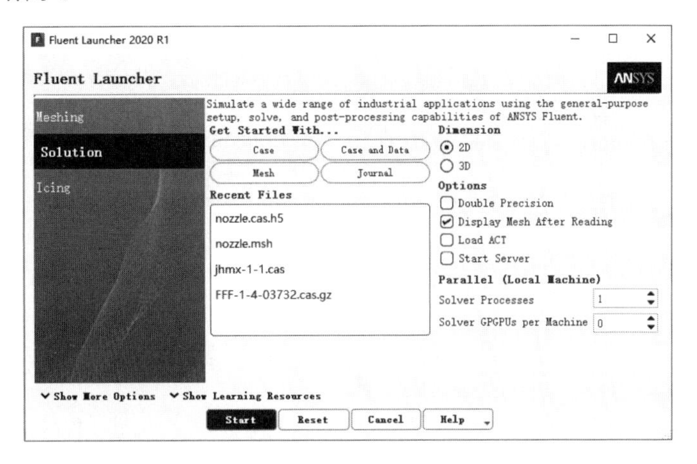

图 2-3　Launcher 界面

步骤 04 通过 Launcher 界面设置计算问题是二维问题（2D）还是三维问题（3D）、计算的精度（单精度或者双精度）、计算过程是串行还是并行、项目打开后是否直接显示网格等。

选中 Meshing Mode 复选框可以进入 Fluent 的网格划分模式。

Meshing Mode 只有在 3D 模型下才可选，因为 Fluent 整合的 Meshing 功能只能划分三维体网格。

2.1.2 Fluent 用户界面

Fluent 用户界面用于定义并求解问题，包括导入网格、设置求解条件以及进行求解计算等。

Fluent 可以导入的网格类型较多，包括 ANSYS Meshing 生成的网格、CFD 网格工具生成的网格、CFD 后处理中包含的网格信息、ICEM CFD 生成的网格、Gambit 生成的网格等。

Fluent 中内置了大量的材料数据库，包括各种常用的流体、固体材料，如水、空气、铁、铝等。用户可以直接使用这些材料定义求解问题，也可以在这些材料的基础上进行修改或创建一种新材料。

Fluent 中可以设置的求解条件很多，包括定常/非定常问题、求解域、边界条件和求解参数。Fluent 2020 工作界面如图 2-4 所示，界面大致分为 6 个区域。

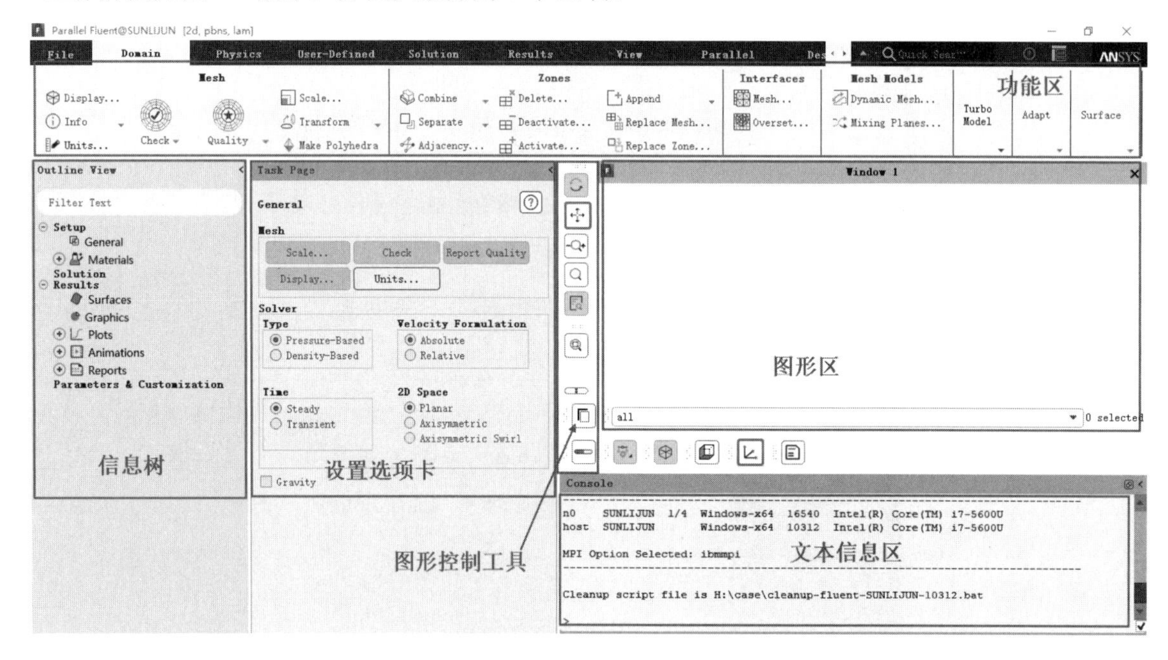

图 2-4　Fluent 2020 界面

- 功能区：Fluent 2020 改变了以往主菜单下拉的形式，变成了更加直观化的功能区形式，单击每个主菜单会激活相应的功能卡。
- 信息树：信息树是从 Fluent 16.0 开始才出现的，具备 ANSYS 家族软件的热点，能快捷、直观地看到整个计算模型的状态，也能以此为入口对模型进行操作。
- 设置选项卡：在信息树某一功能被选中后，设置选项卡将用来对这一功能进行详细设置。
- 图形控制工具：集成了对图形操作的按钮，包括旋转、平移、缩放、截图等。
- 图形区：以图形方式直观地显示模型。
- 文本信息区：显示文本相关信息。

Fluent 默认的图形显示界面通常是黑色或者渐变的浅蓝色背景，通过以下步骤可改变 Fluent 图形显示界面背景颜色。

步骤 01 在 View 功能卡中单击 Options 按钮（见图 2-5），弹出如图 2-6 所示的 Display Options（显示设

置）对话框。

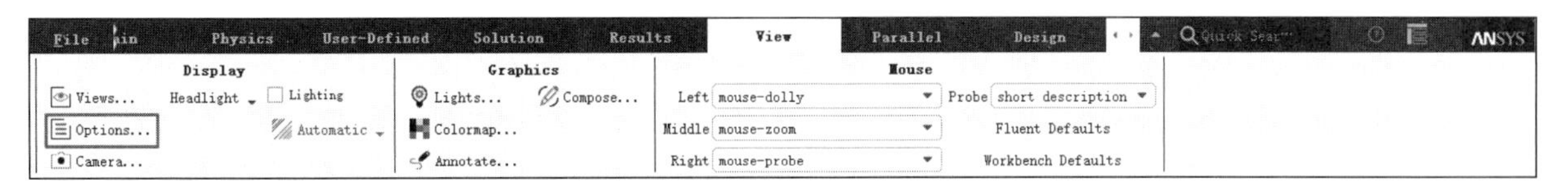

图 2-5　Options 选项

图 2-6　Display Options 对话框

步骤 02 在 Display Options（显示设置）对话框中，将 Color Scheme 改为 Classic。

步骤 03 在文本信息区依次输入以下指令：

```
> display
/display> set
/display/set> colors
/display/set/colors> background
Background color ["black"] "white"
```

步骤 04 完成以后，切换窗口以更新设置，设置完成。

2.1.3　Fluent 文件读入与输出

Fluent 除了可以读入、输出必要的网格文件、算例文件、数据文件和进程文件外，还保存了与其他软件的接口，包括 CFX、ABAQUS、NASTRAN、Fluent4 等，同时还有与 I-DEAS 和 ANSYS 的接口。所有的读入与输出操作均可以在 File 菜单中完成，本节将逐项进行介绍。

1. 读取网格文件

网格文件是包含各个网格点坐标值和网格连接信息，以及各分块网格的类型和节点数量等信息的文件。在 Fluent 中，网格文件是算例文件的一个子集，因此在读取网格文件时可以用菜单操作：

```
File→Read→Mesh
```

打开菜单并读入网格文件。当然这些网格文件的格式必须是 Fluent 软件内定的格式。可以用来生成 Fluent 内定格式网格的网格软件有 GAMBIT、TGrid 和 ICEM CFD。

除了使用 Fluent 内定格式的网格文件外，Fluent 还可以输入其他格式的网格文件。

其他格式文件输入的菜单操作是：

```
File→Import
```

打开相应格式的输入菜单完成，主要的格式文件包括 GAMBIT、I-DEAS、NASTRAN、PATRAN、CGNS 等。

2. 读写算例文件和数据文件

在 Fluent 中与数值模拟过程相关的信息保存在算例文件和数据文件里。在保存文件时，可以选择将文件保存为二进制格式或纯文本格式。二进制文件的优点是占用系统资源少，运行速度快。Fluent 在读取文件时可以自动识别文件格式。Fluent 还可以根据计算开始前的设置，在间隔一定的迭代步数时自动保存文件。

（1）读写算例文件

如前所述，算例文件中包含网格信息、边界条件、用户界面、图形环境等信息，其扩展名为.cas。按下列次序单击菜单，打开文件选择窗口，就可以读入所需的算例文件了：

```
File→Read→Case
```

类似地，按下列次序单击菜单，打开文件选择窗口，就可以保存算例文件了：

```
File→Write→Case
```

（2）读写数据文件

数据文件记录了流场的所有数据信息，包括每个流场参数在各网格单元内的值以及残差的值，其扩展名为.dat。

数据文件的保存过程与算例文件类似，执行菜单操作：

```
File→Read→Data
```

打开文件选择窗口，就可以读入数据文件。

执行菜单操作：

```
File→Write→Data
```

则可以保存数据文件。

（3）同时读写算例文件和数据文件

算例文件和数据文件包含与计算相关的所有信息，因此使用这两种文件可以开始新的计算。在 Fluent 中可以同时读入或写出这两种文件，执行菜单操作：

```
File→Read→Case&Data…
```

打开文件选择窗口，然后选择相关的算例文件完成读入工作，Fluent 会自动将与算例有关的数据文件一并读入。类似地，执行菜单操作：

```
File→Write→Case&Data…
```

打开文件选择窗口，然后选择 Save（保存），就可以将与当前计算相关的算例文件和数据文件同时保存在相应的目录里。

（4）自动保存算例和数据文件

在 Fluent 中还可以使用自动保存功能以减少人工操作。使用这项功能，可以设定文件保存频率，即每隔一定的迭代步数就自动保存算例和数据文件，菜单操作为：

```
File→Write→Autosave…
```

于是 Autosave Case/Data（自动保存算例和数据文件）面板被打开，如图 2-7 所示。可以分别设定算例文件和数据文件的保存间隔。在系统默认设置中，文件保存间隔为 0，即不做自动保存。

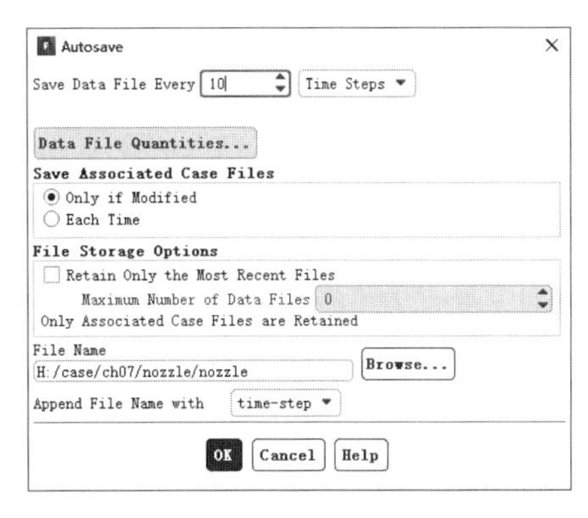

图 2-7　自动保存算例和数据文件面板

在文件名一栏中可以为需要保存的文件命名，如果在命名过程中没有使用扩展名，则系统会自动为所保存的算例文件和数据文件分别加上.cas 或.dat 后缀。

如果在命名过程中使用.gz 或.z 的后缀，则系统会用相应的压缩方式保存算例文件和数据文件。这里.gz 和.z 是 Fluent 中的压缩文件格式。

3. 创建与读取进程文件

进程文件（journal file）是一个 Fluent 的命令集合，其内容用 Scheme 语言写成。可以通过两个途径创建进程文件：一个是在用户进入图形用户界面后，系统自动记录用户的操作和命令输入，自动生成进程文件；另一个是用户使用文本编辑器直接用 Scheme 语言创建进程文件，其工作过程与用 FORTRAN 语言编程类似。

进程文件中可以使用注释语句，Scheme 语言用分号“；”作为注释语句的标志。在一行语句前面使用分号“；”，则表明该行为注释行，用户可以在注释行中为进程文件添加说明信息，也可以锁定一些无用的命令行。

使用进程文件可以重复过去的操作，包括恢复图形界面环境和重复过去的参数设置等。形象地说，使用进程文件就是重播用户曾经进行的操作，这个重播过程中包含了用户曾经进行过的各种有用和无用的操作过程。因此其使用效率比下面将介绍的描述文件要低。

执行菜单操作：

```
File→Write→Start Journal
```

系统就开始记录进程文件。此时原来的 Start Journal（开始进程）菜单项变为 Stop Journal（终止进程），单击 Stop Journal（终止进程）菜单项则记录过程停止。

执行菜单操作：

```
File→Read→Journal
```

打开选择文件窗口，选择要打开的进程文件，然后单击 OK 按钮就可以打开进程文件了。

4. 创建记录文件

与进程文件类似，记录文件（transcript file）也是用 Scheme 语言写成的，可以记录用户的所有键盘输入和菜单输入动作，不同的是记录文件不能被读入进行重播操作。记录文件只是为计算做一个完整的操作记录，以便在程序出错时可以回过头来进行检查。

录制进程文件菜单项的下方就是录制记录文件的菜单项，其录制和停止过程也与进程文件类似，即执行菜单操作：

```
File→Write→Start Transcript…
```

就开始录制记录文件。执行菜单操作：

```
File→Write→Stop Transcript…
```

则停止录制过程。

5. 读写边界函数分布文件

边界函数分布文件（profile file）用于定义计算边界上的流场条件，比如可以用边界函数分布文件定义管道入口处的速度分布。边界函数分布文件的读写操作如下：

（1）执行菜单操作：

```
File→Read→Profile…
```

打开文件选择窗口，然后选择文件，即可读入边界函数分布文件。

（2）执行菜单操作：

```
File→Write→Profile…
```

打开 Write Profile（写边界函数分布）面板，如图 2-8 所示，选择创建新的边界文件还是覆盖原有文件，同时在 Surfaces（表面）中选择要定义的边界区域，再在 Values（值）中选择要指定的流场参数，单击 Write（写）按钮就可以生成边界函数分布文件。

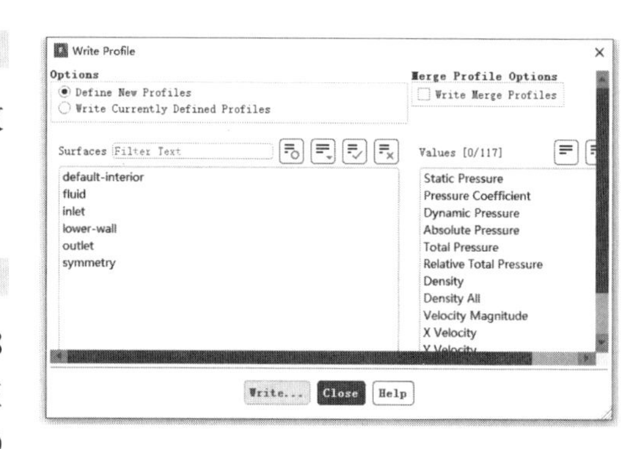

图 2-8　Write Profile（写边界函数分布）面板

边界函数分布文件既可以用在原来的算例中，也可以用在新的算例中。例如，在管道计算中，用户为出口定义了速度分布，并将它保存在一个边界函数分布文件中。在计算另一个新的算例时，用户可以读入这个文件作为新的管道计算的出口条件。

6. 保存图像文件

图形显示窗口显示的图像可以用很多种方式和文件格式进行保存，既可以使用 Fluent 软件内部工具进行保存，也可以使用第三方图形软件保存。

Fluent 内部有一个 Save Picture（保存图形）面板，在保存图像文件前，可以使用这个面板对图像文件的保存格式、颜色方案等进行设置，如图 2-9 所示。

在这个面板上可以选择图像文件格式、颜色方案、文件类型、分辨率和方向，并可以预览图像文件。图像文件格式的差别不大，可以根据需要进行选择。颜色方案是选择将文件保存为彩色图像、灰度图像或单色图像。文件类型可以为光栅格式和矢量格式，区别是光栅格式的文件读写速度较快，但是图像质量较差；矢量格式读写速度慢，但是图像质量高。

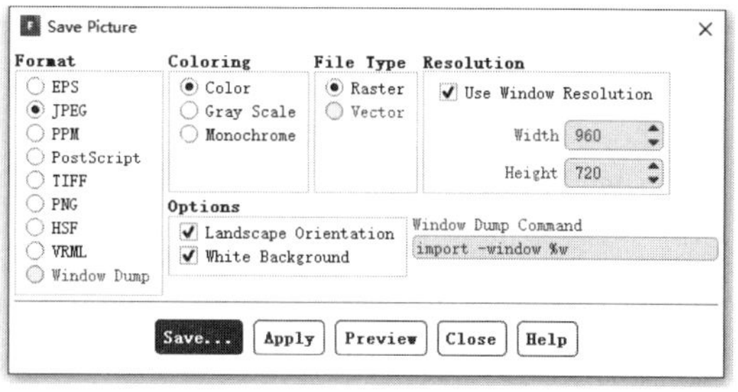

图 2-9　保存图形面板

在设置完成后，先用 Preview（预览）按钮检查图像是否满足需要，如果跟自己的预想相去甚远，就重新调整上述几项参数设置；如果对预览结果满意，就可以单击 Save（保存）按钮保存图像。如果想了解参数的含义，可以单击 Help（帮助）按钮获得在线帮助信息。

7. 读入 Scheme 源文件

Scheme 语言的源文件可以用三种方式读入：第一种是在菜单中作为 Scheme 文件读入；第二种是在菜单中作为进程文件读入；第三种是用 Scheme 语言的函数命令读入。

如果 Scheme 文件比较大，可以通过下列菜单操作读入：

```
File→Read→Scheme...
```

或者使用函数命令读入：

```
> (load "file.scm")
```

小的 Scheme 文件可以用下列菜单操作读入：

```
File→Read→Journal...
```

或者用命令 file/read-journal 读入，还可以用“.”或 source 命令读入：

```
> . file.scm
```

或

```
> source file.scm
```

2.2 Fluent计算类型及应用领域

Fluent 可以计算的流动类型包括：

- 任意复杂外形的二维/三维流动。
- 可压、不可压流。
- 定常、非定常流。
- 无粘流、层流和湍流。
- 牛顿、非牛顿流体流动。

- 对流传热，包括自然对流和强迫对流。
- 热传导和对流传热相耦合的传热计算。
- 辐射传热计算。
- 惯性（静止）坐标、非惯性（旋转）坐标中的流场计算。
- 多层次移动参考系问题，包括动网格界面和计算动子/静子相互干扰问题的混合面等问题。
- 化学组元混合与反应计算，包括燃烧模型和表面凝结反应模型。
- 源项体积任意变化的计算，源项类型包括热源、质量源、动量源、湍流源和化学组分源项等形式。
- 颗粒、水滴和气泡等弥散相的轨迹计算，包括弥散相与连续项相耦合的计算。
- 多孔介质流动计算。
- 用一维模型计算风扇和换热器的性能。
- 两相流，包括带空穴流动计算。
- 复杂表面问题中带自由面流动的计算。

简而言之，Fluent 适用于各种复杂外形的可压和不可压流动计算。

2.3 Fluent求解步骤

Fluent 是一个 CFD 的求解器，在计算分析之前要先勾勒出一个计划，再按照计划进行工作。

2.3.1 制订分析方案

制订步骤之前，需要了解下列问题：

- 确定工作目标：明确计算的内容是什么？计算结果的精度应该有多高？
- 选择计算模型：要考虑如何划定流场？流场的起止点在哪里？边界条件怎么定义？是否可以用二维进行计算？网格的拓扑结构应该是什么样的？
- 选择物理模型：流动是无粘流、层流，还是湍流？流动是可压的，还是不可压的？需要考虑传热问题吗？流场是定常的，还是非定常的？在计算中是否还要其他的物理问题？
- 确定求解流程：要计算的问题能否用系统默认的设置简单地完成？是否有什么窍门可以加快计算的收敛？计算机的内存是否够用？计算需要多长时间？仔细思考这些问题可以更好地完成计算，否则在计算的过程中就会经常遇到意想不到的问题，并且经常返工，浪费时间，降低工作效率。

2.3.2 求解步骤

确定所解决问题的特征之后，需要用以下几个基本步骤解决问题：

- 创建网格。
- 运行合适的解算器：2D、3D、2DDP、3DDP。

- 输入网格。
- 检查网格。
- 选择需要解的基本方程：层流还是湍流（无粘）、化学组分还是化学反应、热传导模型等。
- 选择解的格式。
- 确定所需要的附加模型：风扇，热交换，多孔介质等。
- 指定材料物理性质。
- 指定边界条件。
- 调节解的控制参数。
- 初始化流场。
- 计算解。
- 检查结果。
- 保存结果。
- 必要的话，细化网格，改变数值和物理模型。

Fluent 的计算步骤对应的菜单或功能区见表 2-1。

表 2-1　Fluent 计算步骤及对应的菜单或功能区

步　骤	对应菜单项
输入网格	File 菜单
检查网格	Setting Up Domain 功能区
选择基本方程	Setting Up Physics 功能区
选择求解格式	Solution 功能区
物质属性	Setting Up Physics 功能区
边界条件	Setting Up Physics 功能区
调整求解控制参数	Solution 功能区
初始化流场	Solution 功能区
计算求解	Solution 功能区
检查结果	Results 功能区
保存结果	File 菜单
根据结果对网格做适应性调整	Setting Up Domain 功能区

2.4 Fluent使用的单位制

Fluent 提供英制（British）、国际单位制（SI）和厘米-克-秒制（CGS）等单位制，这些单位制之间可以相互转换。Fluent 规定，对于边界特征、源项、自定义流场函数、外部创建的 X-Y 图散点图的数据文件数据，必须使用国际单位制。

对于网格文件，不管在创建时用的什么单位制，在被 Fluent 读入时，均假定为是使用国际单位制（长度单位为米）创建的。因此，在导入网格文件时，要注意按当前设定的单位制对网格尺寸进行缩放处理，以保证其几何尺寸的有效性。

2.5 Fluent使用的文件类型

使用 Fluent 时，涉及多种类型的文件，Fluent 读入的文件类型包括 grid、case、data、profile、Scheme 以及 journal 文件，输出的文件类型包括 case、data、profile、journal 以及 transcript 等。

Fluent 还可以保存当前窗口的布局以及保存图形窗口的硬拷贝。表 2-2 给出了 Fluent 用到的主要文件类型。

表 2-2　Fluent 文件类型

文件类型	扩 展 名	作　用
grid（网格文件）	.msh	记录网格数据信息
case（项目文件）	.cas	记录物理数据、区域定义、网格信息
data（数据文件）	.dat	记录每个网格数据信息以及收敛的历史记录（残差值）
profile（边界信息文件）	用户指定	用于指定边界区域上的流动条件
journal（日志文件）	用户指定	记录用户输入过的各类命令
transcript（副本文件）	用户指定	记录全部输入及输出信息
HardCopy（硬拷贝文件）	取决于输出格式	将图形窗口中的内容硬拷贝输出为 JPEG、TIFF、PostScript 等格式文件
Export（输出文件）	取决于输出格式	将计算数据输出为 AVS、FAST、EnSight、FIELDVIEW 等软件可读入格式文件
Interpolate（转接文件）	用户指定	用于两种网格方案之间的数据文件交换
Scheme（源文件）	.scm	用 Scheme 语言编写的源程序文件
配置文件	.fluent	记录对 Fluent 进行定制和控制的文件

2.6 本章小结

本章中介绍了 Fluent 软件的基本情况，包括 Fluent 的主要计算方式和适用范围，Fluent 的图形用户界面和文字用户界面，Fluent 与其他 CAD/CAE 软件的接口，各种文件在 Fluent 中的导入和导出方法，以及 Fluent 的计算步骤。

第3章 创建几何模型

导言

创建几何模型是进行计算流体模拟分析的基础，建立良好的几何模型既可以准确地反应所研究的物理对象，又能够方便进行下一步网格划分工作。目前，创建几何模型的方法主要有通过网格生成软件直接创建模型和采用三维 CAD 软件进行几何建模。ANSYS Workbench 2020 中 Geometry 集成了 DesignModeler 和 SpaceClaim 两种建模软件，本章将重点对 DesignModeler 软件进行介绍，并通过一个实例详细介绍 DesignModeler 的工作流程。

学习目标

★ 掌握建立几何模型的基本概念
★ 掌握 DesignModeler 软件的使用方法
★ 通过实例掌握 DesignModeler 的工作过程

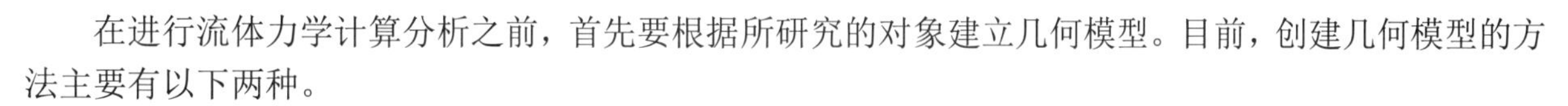

3.1 建立几何模型概述

在进行流体力学计算分析之前，首先要根据所研究的对象建立几何模型。目前，创建几何模型的方法主要有以下两种。

1. 通过网格生成软件直接创建模型

目前主流的网格生成软件都具备创建几何模型的功能，通过这种方法创建的模型几何精度高，但操作过程相对麻烦，创建复杂的几何模型较为困难。

2. 采用三维 CAD 软件进行几何建模

先通过三维 CAD 软件创建几何模型，然后转化为网格生成软件可以识别的接口文件，导入网格生成软件再进行网格划分。通过这种方法创建模型较为方便，能够生成复杂的几何模型，但模型的几何精度一般不高，在导入网格软件后必要时需要进行修复。

本章重点介绍 ANSYS Workbench 中 DesignModeler 模块的使用方法，这个模块具备一般三维 CAD 软件使用方便的优点，同时能够保证创建的模型具备较高的几何精度。类似其他 CAD 软件，DesignModeler 几何建模主要有以下 3 种方法：

- 自底向顶的建模方式。所谓自底向顶的建模方式，就是按点→线→面→体的顺序依次建模，符合设计人员的建模逻辑，对于概念设计阶段的产品建模非常适合。
- 自顶向底的建模方法。该方法是直接利用体元，通过布尔运算的方法合并、分割和相交等方式建立复杂的几何模型。这种方式的优点是建模快速，能充分利用已有设计模型及子模型，故而也被广泛采用。
- 混合使用前两种方法。结合前两种方法进行综合运用，但应考虑到要获得什么样的有限元模型，即在进行网格划分时，是要产生自动网格划分还是映射网格划分。自动网格划分时，实体模型的建立比较简单，只要所有的面或体能结合成一个体就可以；映射网格划分时，平面结构一定要由 3 或 4 个边围成，体结构则要求由 4、5 或 6 个面围成。

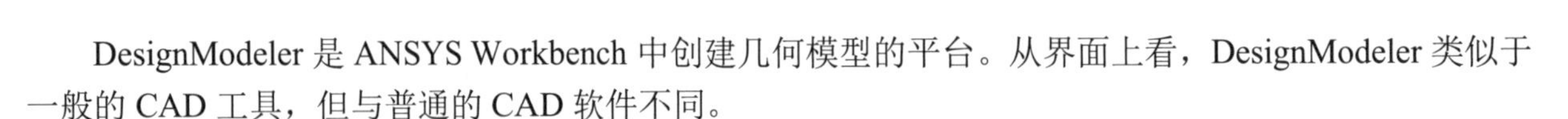

3.2 DesignModeler简介

DesignModeler 是 ANSYS Workbench 中创建几何模型的平台。从界面上看，DesignModeler 类似于一般的 CAD 工具，但与普通的 CAD 软件不同。

DesignModeler 主要是为 ANSYS 中有限元分析和计算流体力学分析服务的，具有一些一般 CAD 软件所不具备的功能，如梁建模、封闭操作、填充操作、点焊设置等。

3.2.1 启动 DesignModeler

要启动运行 DesignModeler 应用程序，需在 Workbench 中进行。

在 Workbench 中启动 DesignModeler，首先需要运行 Workbench 程序，然后导入 DesignModeler 模块，进入程序，步骤如下：

步骤 01 在 Windows 系统下执行“开始”→“所有程序”→ANSYS 2020→Workbench 命令，启动 ANSYS Workbench 2020。

步骤 02 双击主界面 Toolbox（工具箱）中的 Component Systems→Geometry 选项，即可在项目管理区创建分析项目 A，如图 3-1 所示。

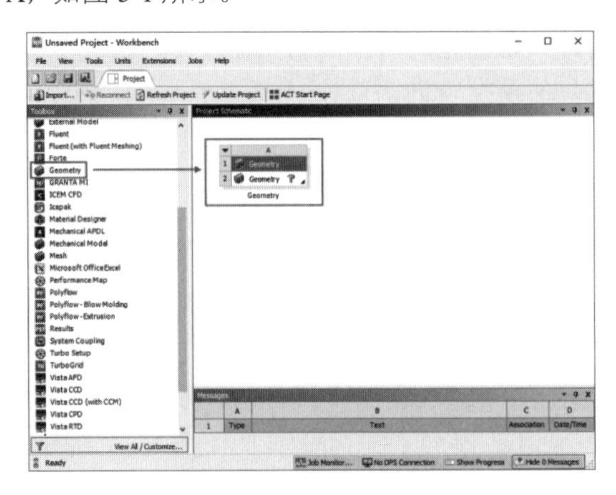

图 3-1 创建分析项目 A

步骤03 右击项目，选择 Edit Geometry in DesignModeler，将直接进入 DesignModeler 软件，直接双击则进入 SpaceClaim 建模界面。

3.2.2 DesignModeler 的用户界面

进入 DesignModeler 之后，首先呈现在眼前的是 DesignModeler 的用户界面，如图 3-2 所示。

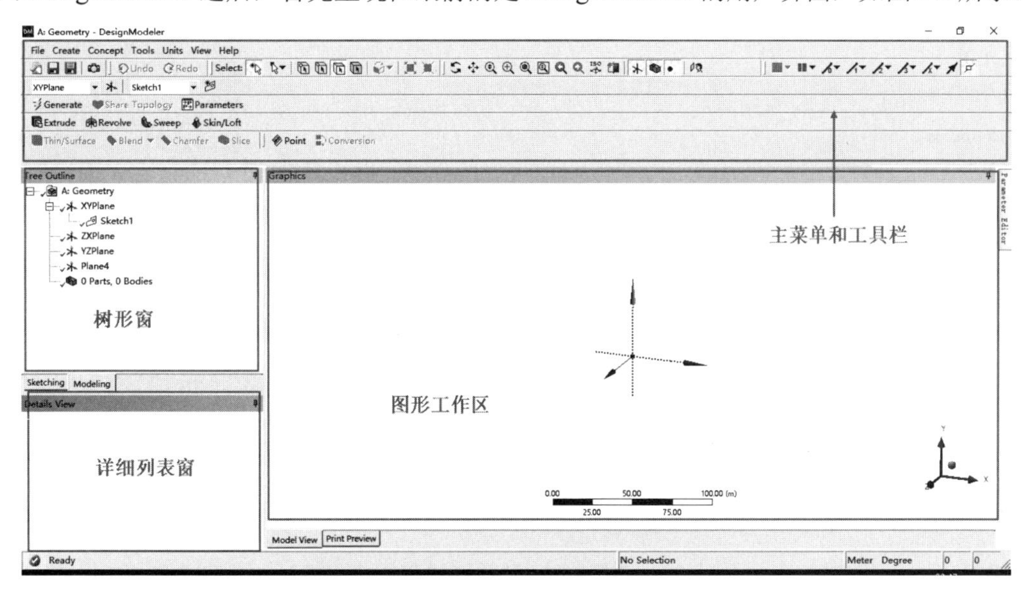

图 3-2 DesignModeler 的用户界面

可以看出，DesignModeler 的用户界面实际上与目前流行的三维 CAD 软件非常类似。同样，DesignModeler 允许用户配置个人窗口满足使用要求，如利用鼠标移动和调整窗口等。下面认识一下 DesignModeler 的基本结构。

DesignModeler 的主要功能都集中在各项主菜单中，如创建文件、具体操作和帮助文件等。这部分主要包括 7 项内容，如图 3-3 所示。

- File：基本文件操作，包括常规的文件输入、输出、保存以及脚本的运行等功能，如图 3-4 所示。

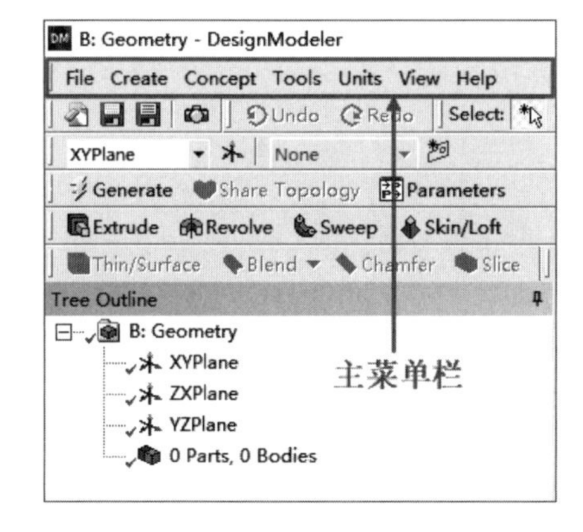

图 3-3 DesignModeler 主菜单

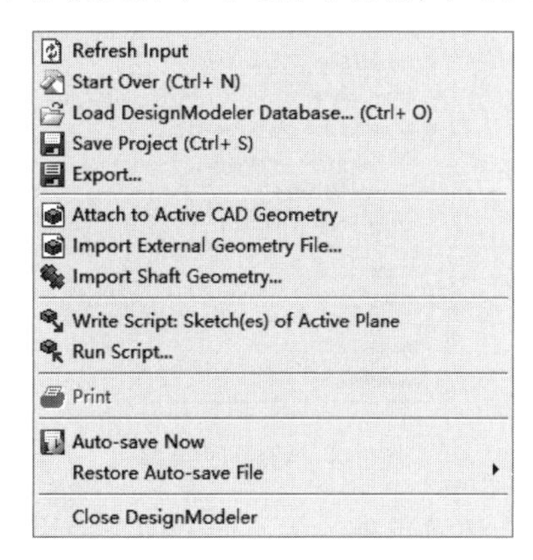

图 3-4 File 子菜单

- Create：用来创建 3D 模型和修改的操作工具（如布尔运算、倒角等），如图 3-5 所示。
- Concept：用来创建梁模型和面（壳体）的工具，如图 3-6 所示。
- Tools：用来整体建模操作、参数管理以及定制程序等的工具，如图 3-7 所示。

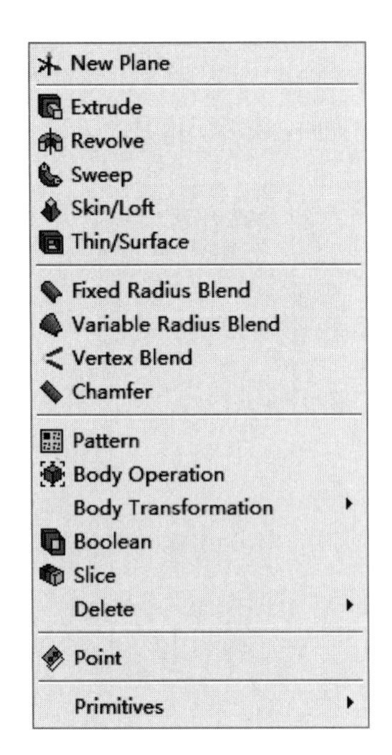

图 3-5　Create 子菜单

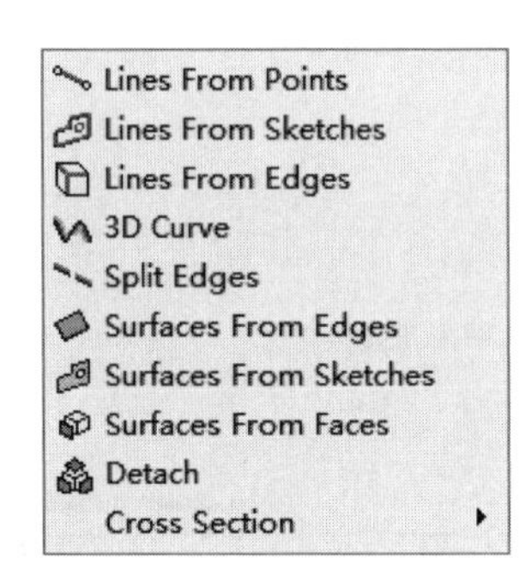

图 3-6　Concept 子菜单

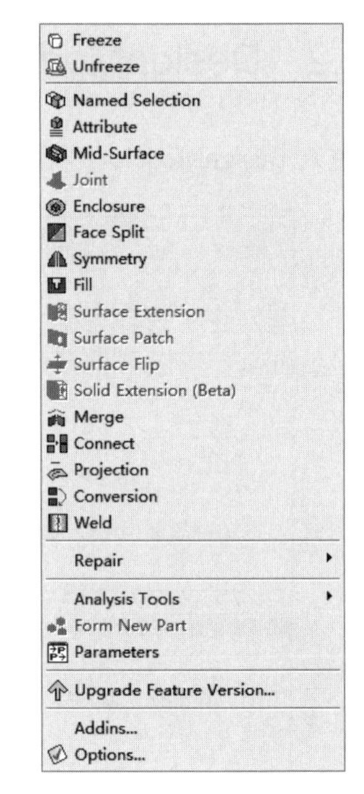

图 3-7　Tools 子菜单

- Units：用来设置模型所采用的单位制和模型识别精度。
- View：用来设置显示项的工具，如图 3-8 所示。例如，在梁模型中利用显示功能可以直观地看到梁单元的横截面。
- Help：帮助文档，在使用 DesignModeler 的过程中，碰到一些问题或有一些不清楚的地方时可以随时使用，如图 3-9 所示。

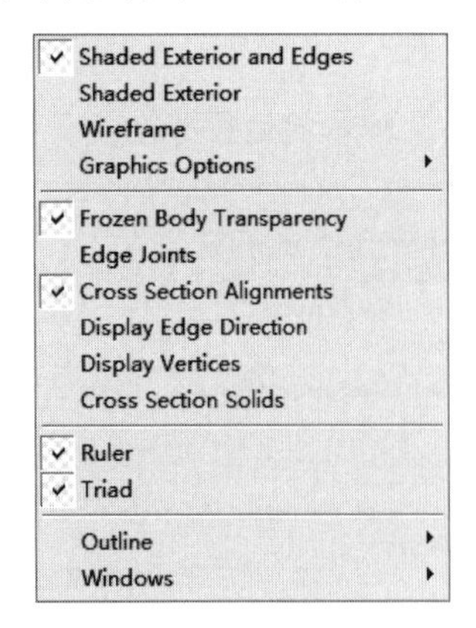

图 3-8　View 子菜单

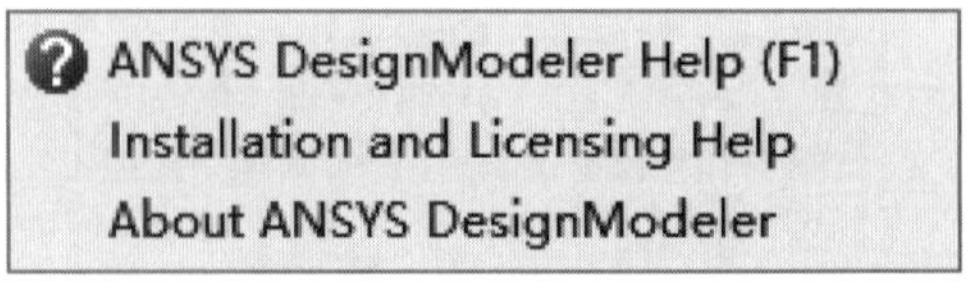

ANSYS DesignModeler Help (F1)
Installation and Licensing Help
About ANSYS DesignModeler

图 3-9　Help 子菜单

除了上述菜单外，为了便于用户使用，DesignModeler 将一些常见的功能组成工具条形式放置在主菜单下面，只要单击相应的图标就可以直接使用，常见的工具条如图 3-10 所示，包括图形控制器、平面/草图控制器、选择过滤器/工具、3D 几何体建模工具等。

图 3-10 DesignModeler 工具条

3.3 草图模式

在 DesignModeler 中，创建二维几何体是在草图模式下完成的，这些二维几何体主要是为创建 3D 几何体和概念建模做准备的。本节主要学习如何在草图模式下进行 2D 建模。

3.3.1 进入草图模式

在开始进行一个新的模型设计之前，需要在 Units 菜单中为模型指定长度单位，如图 3-11 所示，供用户选择需要的长度单位（可以将其设置为默认值）。

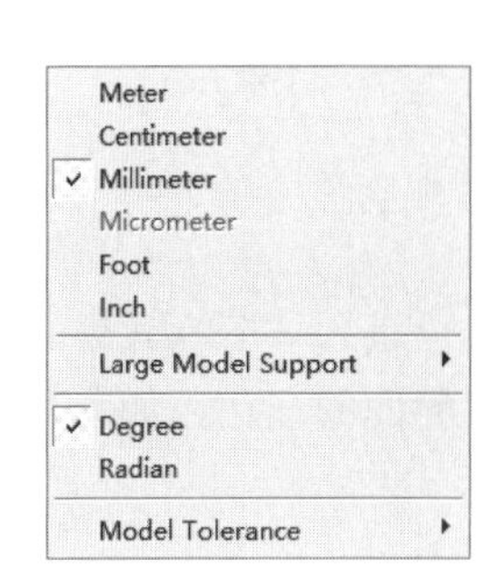

图 3-11 Units 菜单

3.3.2 创建新平面

在 DesignModeler 中，草图都要在平面上创建，所以用户必须先建立一个工作平面用来绘制草图。用户可以根据需要任意创建平面，而且一个平面可以和多个草图相关联。

选择创建新平面，这时在树形目录中显示构建新平面的几种类型，如图 3-12 所示，具体含义如下。

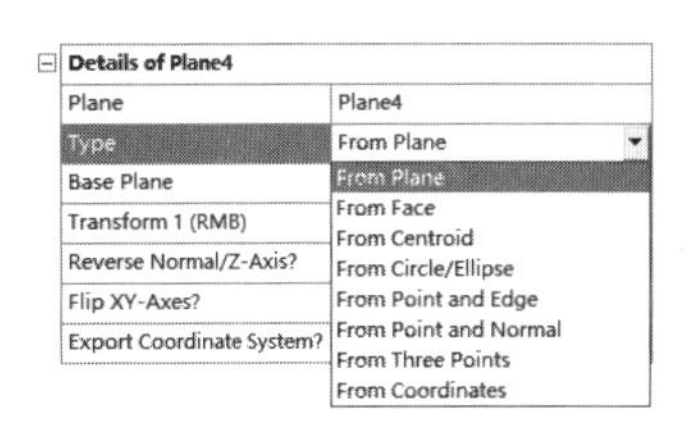

图 3-12 构建新平面

- From Plane：从另一个已有面创建平面。
- From Face：从表面创建平面。
- From Centroid：通过三维模型的质心创建平面。
- From Circle/Ellipse：基于某个圆或椭圆创建平面。
- From Point and Edge：用一点和一条直线的边界定义平面。
- Form Point and Normal：用一点和一条边界方向的法线定义平面。
- From Three Points：用三点定义平面。
- From Coordinates：通过输入距离原点的坐标和法线定义平面。

3.3.3 创建草图

当平面创建好以后，就可以在平面上新建草图了。操作时只要单击草图按钮，就能在激活的平面上新建草图。

当然，也可以从面直接建立面/草图的快捷方式。操作时只要先选中将要创建新平面所用的表面，然后直接切换到草图标签就可以开始绘制草图了。当然，新面和草图会自动创建，实例过程如图 3-13 所示。

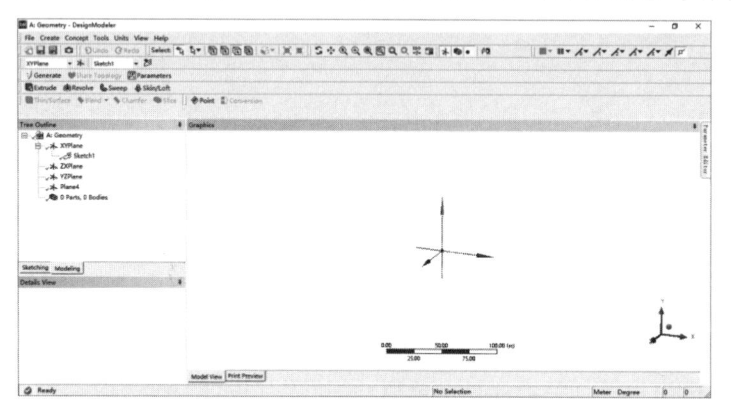

图 3-13 直接建立面/草图

进入草图模式界面后，一系列 Sketching Toolboxes 面板都在草图模式界面的左边，如图 3-14 所示。

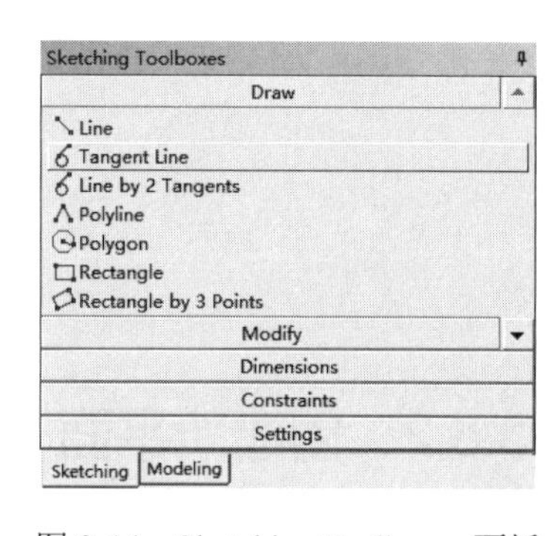

图 3-14 Sketching Toolboxes 面板

用 Toolboxes 面板绘制草图时会发现，DesignModeler 的草图与目前主流 CAD 软件的草图非常类似，也非常容易上手，因此对于常规性绘图过程，本书就不做详细介绍了（本书后面有一些 2D 建模的实例操作过程）。

3.3.4 几何模型的关联性

DesignModeler 本身的建模虽然与 CAD 软件的建模思路非常类似，但是 DesignModeler 还有自己的特点。

DesignModeler 可导入外部 CAD 几何体模型，具体如图 3-15 所示。一般包括以下 3 种方式：

- 从一个打开的 CAD 系统中探测并导入当前的 CAD 文件（File→Attach to Active CAD Geometry）。

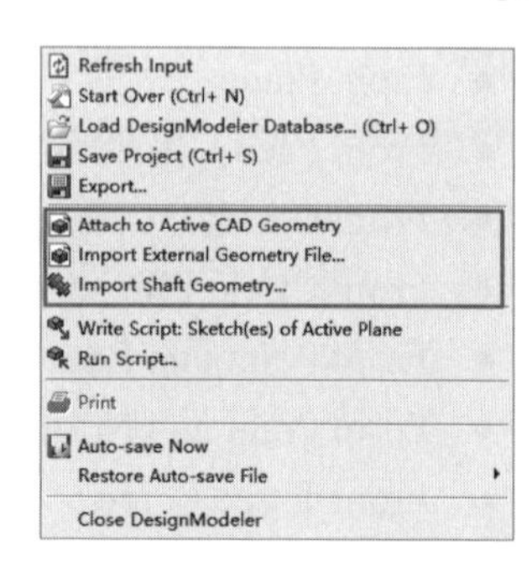

图 3-15 与 CAD 软件间的关联性

- 导入外部集合体（File→Import External Geometry File），几何体格式有 Parasolid、SAT 等。
- 导入杆件模型（File→Import Shaft Geometry），通过一个描述杆件内径、外径和长度的 txt 文件建立杆件的 CAD 模型。

其中，第一个功能（File→Attach to Active CAD Geometry）可以使 DesignModeler 与绝大多数 CAD 的几何模型建立双向关联性。

所谓双向关联性，是指当外部 CAD 中的模型发生变化时，DesignModeler 中的模型只要刷新，便可同步更新；同样，当 DesignModeler 中的模型发生变化时，只要通过刷新，CAD 中的模型也可同步更新。

要在 DesignModeler 与 CAD 软件之间建立关联性，前提是 CAD 程序一定是开启的，至于能与哪些主流 CAD 软件建立关联性，本书后面会详细讲述。

3.4 创建3D几何体

了解了在 DesignModeler 草图中建立 2D 几何体后，只需将 2D 几何体通过拉伸、旋转等操作就能生成 3D 几何体。

同样，在 DesignModeler 中生成 3D 几何体的过程与普通 CAD 软件生成 3D 几何体的建模过程非常类似。只要有一点 CAD 建模的基础知识，相信完全能够掌握这些内容。

在 DesignModeler 中只有两种状态的几何体。

- 激活状态的几何体：在这种情况下，几何体可以进行常规建模操作，如布尔操作等，但不能被切片（Slice）。切片操作属于 DesignModeler 的特色之一，主要是为后面网格划分中划分规则的六面体服务的。
- 冻结状态的几何体：之所以要对几何体冻结，实际上可以对几何体进行切片操作。由于建模中的操作除切片外均不能用于冻结体，因此用户若要在以后划分出高质量的六面体网格，则先要将一些不规则的几何体切片成规则形状的几何体。

DesignModeler 包括 3 种体元，即 3D 实体（Solid Body）、面体（Surface Body）和线体（Line Body）。图 3-16 所示为 3D 建模工具栏，其中的命令将在后面分别进行介绍。

图 3-16　3D 建模工具栏

3.4.1 拉伸

拉伸（Extrude）可以用于创建面体和 3D 实体。当前激活的 2D 草图作为拉伸命令默认的操作图元。用户可以改变拉伸命令的属性，如拉伸长度、方向以及布尔运算的方式，控制实体或面体的创建。在拉伸属性设定完毕后，单击 Generate 按钮，即可生成相应的实体。

例如，生成一个立方体，在创建一个矩形的草图之后选中草图，按照图 3-17 的提示单击 Extrude，设置立方体高度为 10m，然后单击 Generate 按钮完成建模过程。

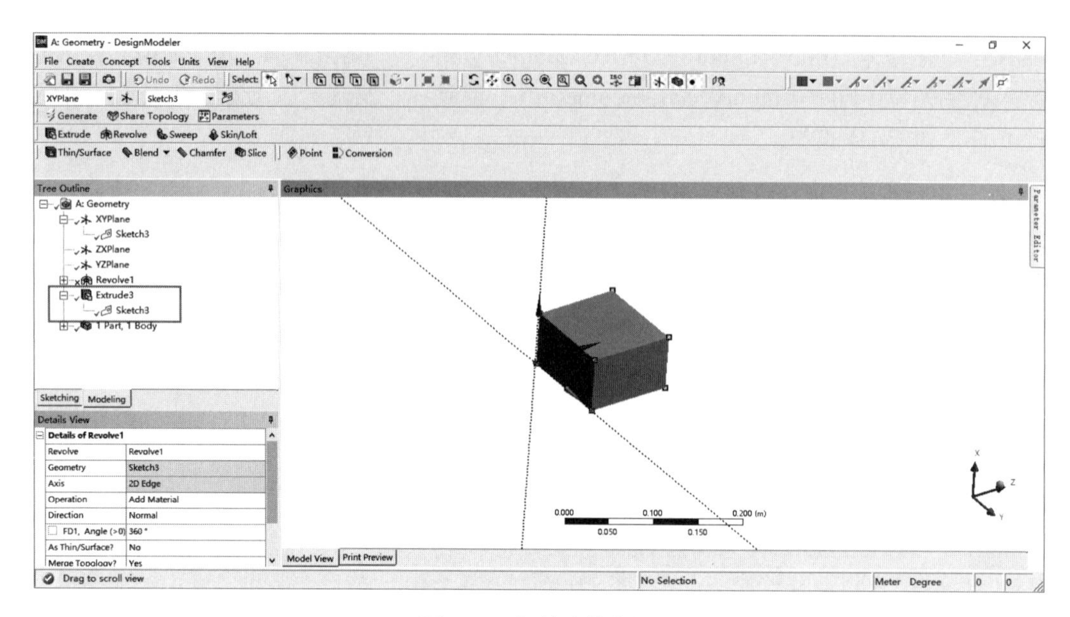

图 3-17 拉伸建模实例

3.4.2 旋转

旋转（Revolve）命令用于创建 3D 轴对称旋转体。整个创建过程与拉伸操作类似，也是有选择、属性设定和创建 3 个步骤，区别是在选择时必须指定旋转轴。

图 3-18 给出了用旋转命令创建实体圆柱的操作过程。

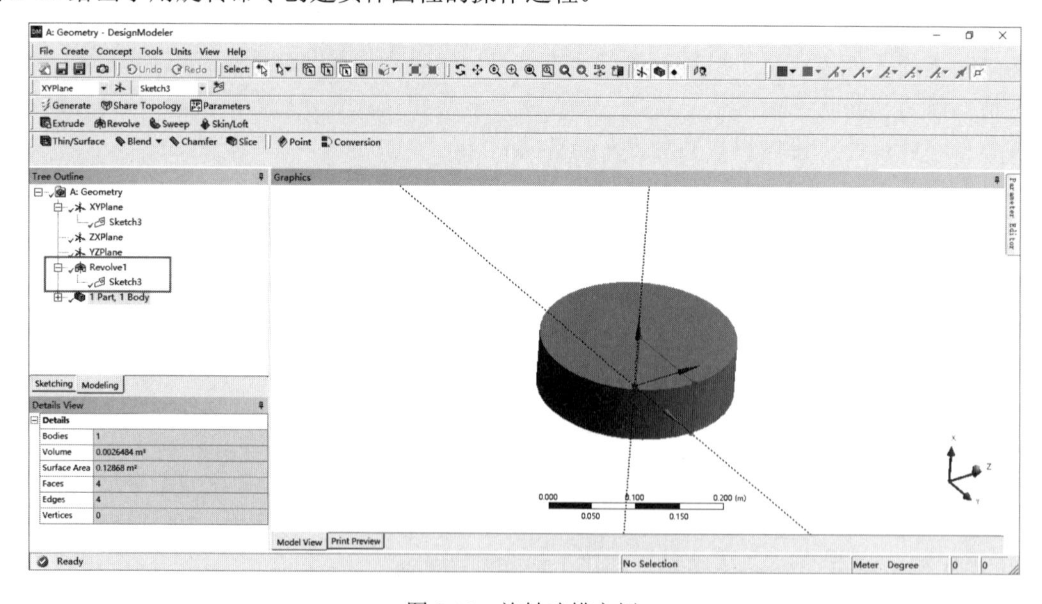

图 3-18 旋转建模实例

3.4.3　扫掠

扫掠（Sweep）命令可以用几何元素经过不同的路径在空间中扫描曲面。图 3-19 所示为矩形沿着曲线扫描得到的模型。

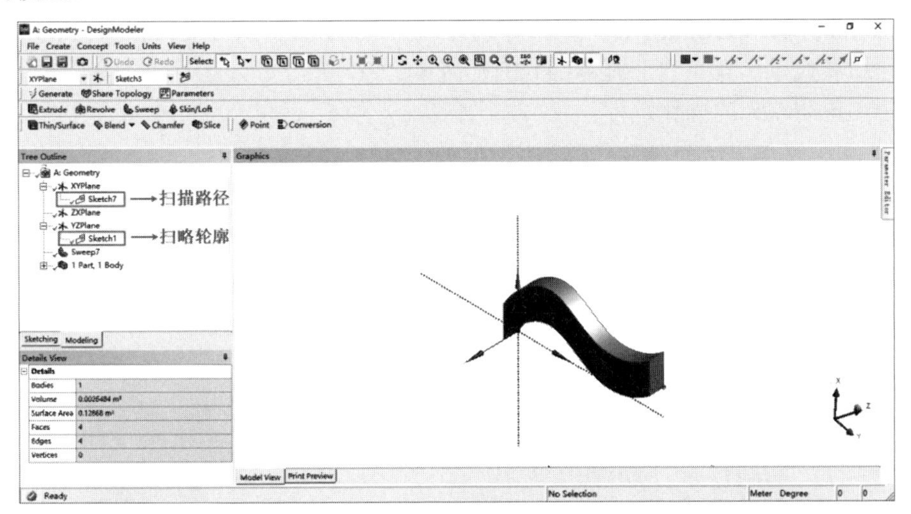

图 3-19　扫掠建模实例

3.4.4　直接创建 3D 几何体

与上述图元的创建类似，在 DesignModeler 中，用户可以通过指定角点、中心点以及通过坐标设定等方式创建棱锥体、圆锥体、球体和圆环体。该方法无须事先绘制 2D 草图，使操作更加快捷，可以直接生成 3D 图元，如图 3-20 所示。

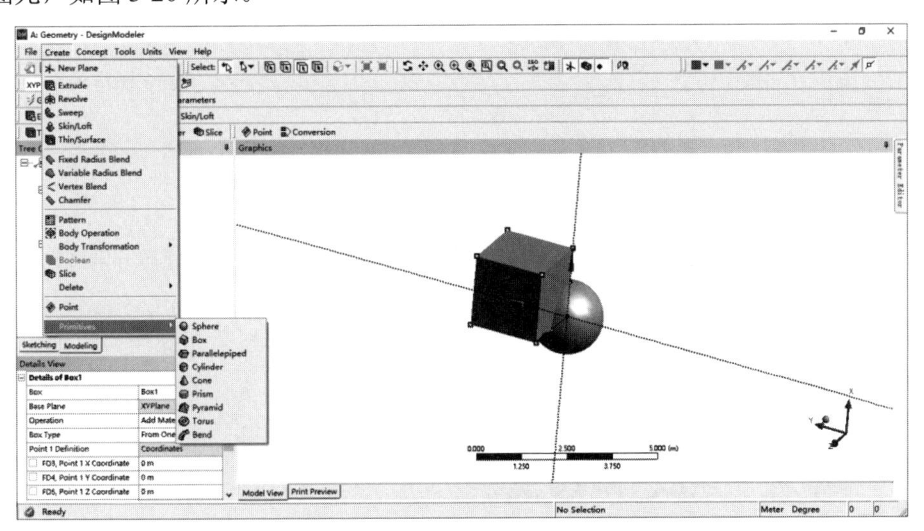

图 3-20　直接创建 3D 几何体建模实例

3.4.5 填充和包围

填充（Fill）和包围（Enclosure）这两个操作在 CFD（计算流体力学）计算建模过程中经常会用到。图 3-21 所示是某种简化的接头，流体在接头内流动。下面对接头内的流体进行分析。

在 CAD 建模的时候只是创建了接头的固体部分，而 CFD 分析实际是对接头空腔内的流体进行分析。此时只要采用填充操作就能建立流体部分的几何体。

下面以此为例说明填充的操作过程。

步骤 01 在主菜单中执行 Tool→Fill 命令。

步骤 02 用鼠标在选择过滤器中选择面。

步骤 03 选中内腔的壁面。

步骤 04 在屏幕左下方的详细栏中确定为 By Cavity（腔填充），并单击 Apply 按钮。

步骤 05 单击 Generate 按钮，生成流体区域，重命名为 Fluid。

隐去原有的固体区域，即可看到产生的流体区域，如图 3-22 所示。

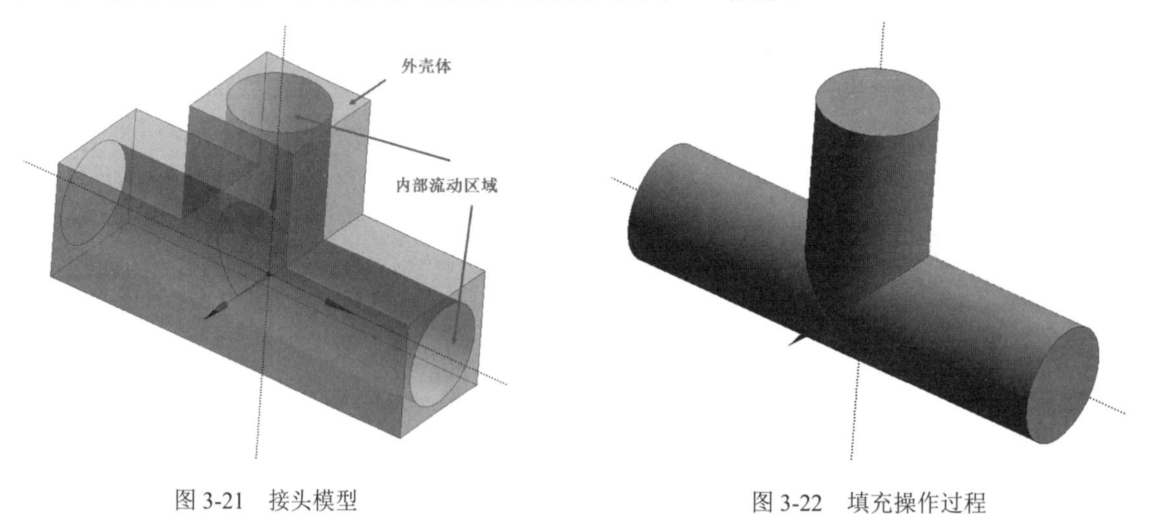

图 3-21 接头模型　　图 3-22 填充操作过程

> 技巧提示：在操作过程中，按住 Ctrl 键便可选择多个平面。

对于包围操作，如对正在飞行的导弹周围的空气流场进行分析，一般在建模的时候只会对固体的导弹建模，而分析时是将导弹周围的空气作为研究对象。

此时只要采用包围操作，就能将周围的空气建立模型。包围操作与填充操作类似，本书就不再详细讲述了。

3.5 导入外部CAD文件

许多人对 DesignModeler 建模的命令都不熟悉，但大多数人都熟悉三维 CAD 软件，用户可以在自己熟悉的 CAD 系统中先建好模型，再将模型导入 DesignModeler 中。DesignModeler 的优点之一是能与大多数主流的 CAD 软件协同建模，它不但能读入外部 CAD 模型，还能嵌入主流 CAD 软件系统中。

在 CAD 软件中建好模型后，可以将模型转成第三方格式，然后导入 DesignModeler 中。目前，DesignModeler 能读入的外部模型格式有 ACIS、AutoCAD、Catia V4、Catia V5、Creo Elements/Direct Modeling、Creo Parametric、GAMBIT、IGES、Inventor、JTOpen、Monte Carlo N-Particle、Parasolid、SolidWorks、STEP、Unigraphics NX。

导入时的命令为 File→Import External Geometry File，如图 3-23 所示。

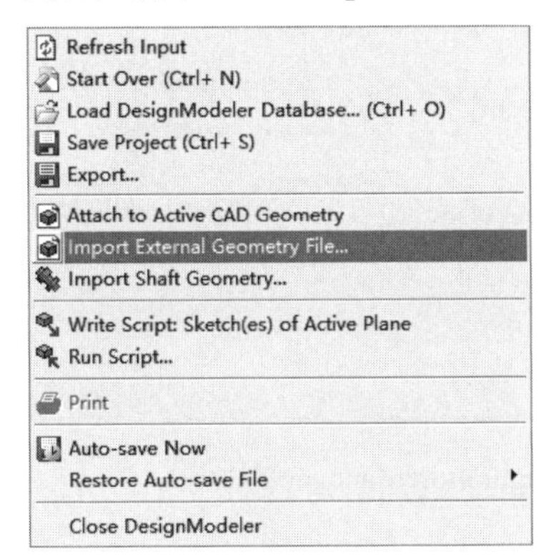

（a）快捷菜单

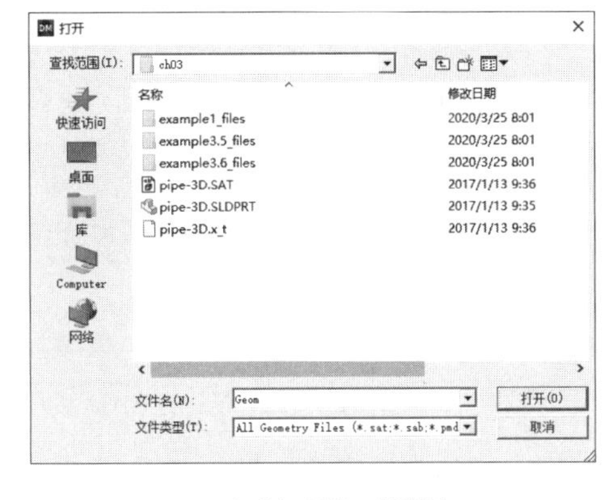

（b）“打开”对话框

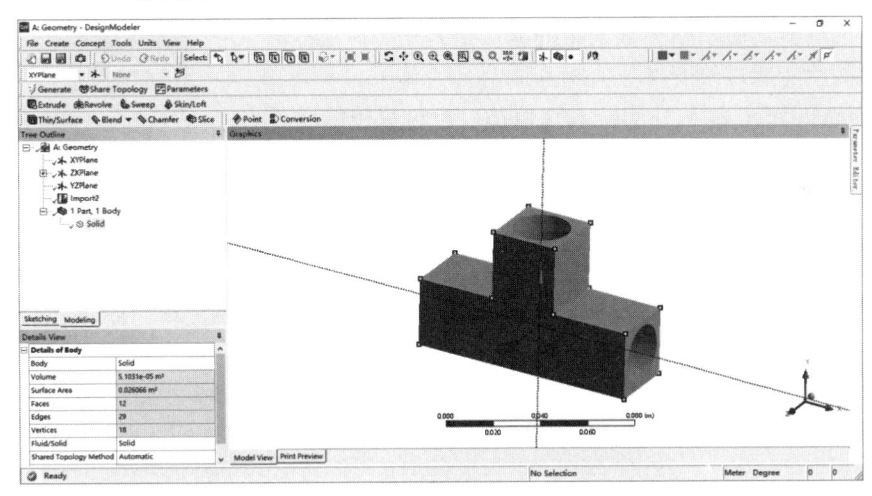

（c）几何模型显示

图 3-23　导入第三方格式文件操作过程

在这种情况下，导入后的几何体与原先的外部几何体就没有关联性了。若想使 CAD 中的模型与导入 DesignModeler 中的模型仍然保持关联性（二者能相互刷新、协同建模），则需要将 DesignModeler 嵌入主流 CAD 系统中。

目前，DesignModeler 能嵌入的主流 CAD 系统有 AutoCAD、BladeGen、CATIA、Creo Modeling、Pro/ENGINEER、Inventor、UG NX、SolidWorks。

若想将 DesignModeler 嵌入 CAD 系统中，首先要安装相应的 CAD 系统，然后在 ANSYS 安装时进行相应设置。如果安装时没有设置，那么可以安装后在 ANSYS 的 CAD Configuration Manager 2020 中设置，如图 3-24 所示。在 Windows 中可以通过“开始”菜单→“所有程序”→ANSYS 2020→Utilities 找到 CAD Configuration Manager 2020 项，然后完成相关操作。

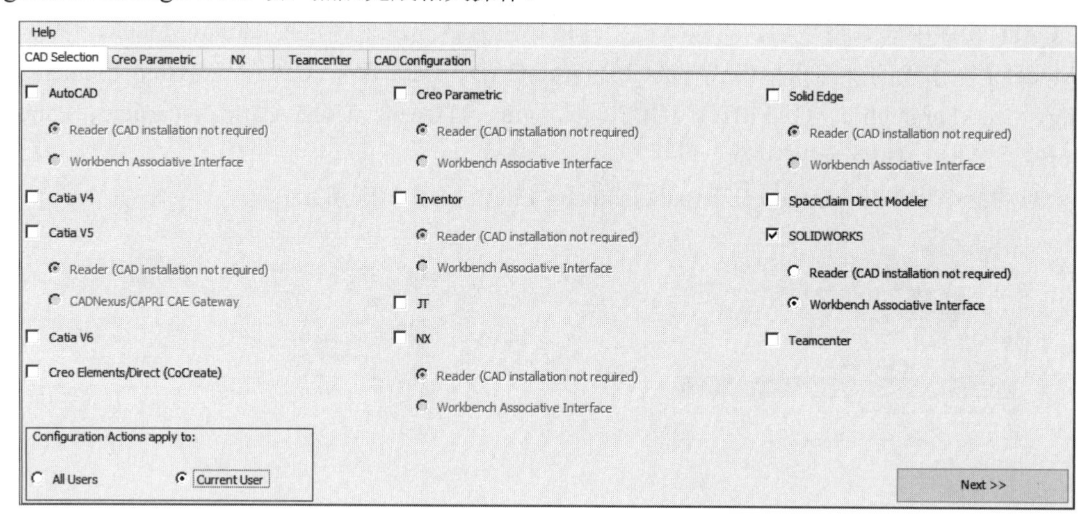

图 3-24　ANSYS 的 CAD 接口管理器（CAD Configuration Manager 2020）

如果当前 CAD 系统已打开，那么从 DesignModeler 输入 CAD 模型后，CAD 系统与 DesignModeler 自动保持双向刷新功能。若需要采用参数化双向刷新功能，则参数采用的默认格式是 DS_XX 形式。这样两者之间就能通过改变参数值相互刷新几何体了。

当然，DesignModeler 能从外部转入几何体，反过来也能向外输出几何体模型，其命令为 File→Export，如图 3-25 所示。

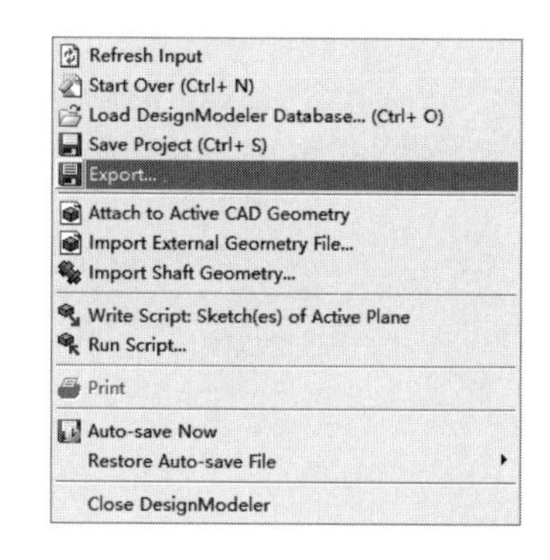

图 3-25　DesignModeler 几何模型输出

3.6 创建几何体的实例操作

在了解 DesignModeler 的基本功能后，先通过一个实例巩固一下这些基础知识。下面的实例过程首先从外部导入几何体，然后在 DesignModeler 中对导入的模型加以修改，相应的过程如下：

步骤 01　在 Windows 系统下执行“开始”→“所有程序”→ANSYS 2020→Workbench 2020 命令，启动 Workbench 2020，进入 Workbench 2020 界面。

步骤 02　进入 Workbench 2020 后，在任务栏单击（保存）按钮，进入 Save Case（保存项目）对话框，在 File Name（文件名）中输入“example3.6.wbpj”（按照实例文件出现的章节命名），再单击 Save 按钮保存项目文件。

步骤 03　双击主界面 Toolbox（工具箱）中的 Component Systems→Geometry（几何体）选项，即可在项目管理区创建分析项目 A。

步骤04 右击项目 A 中的 A2 栏 Geometry，选择 Edit Geometry in DesignModeler，此时会进入 DesignModeler 界面，在弹出的“长度单位选择”对话框中选择 mm，单击 OK 按钮确认。

步骤05 在 Geometry 树中单击 ZXPlane，选择 ZX 平面为草图放置平面，然后单击草图按钮新建草图 Sketch1，如图 3-26 所示。为了便于操作，可单击按钮，选择视图正视自己的视角。

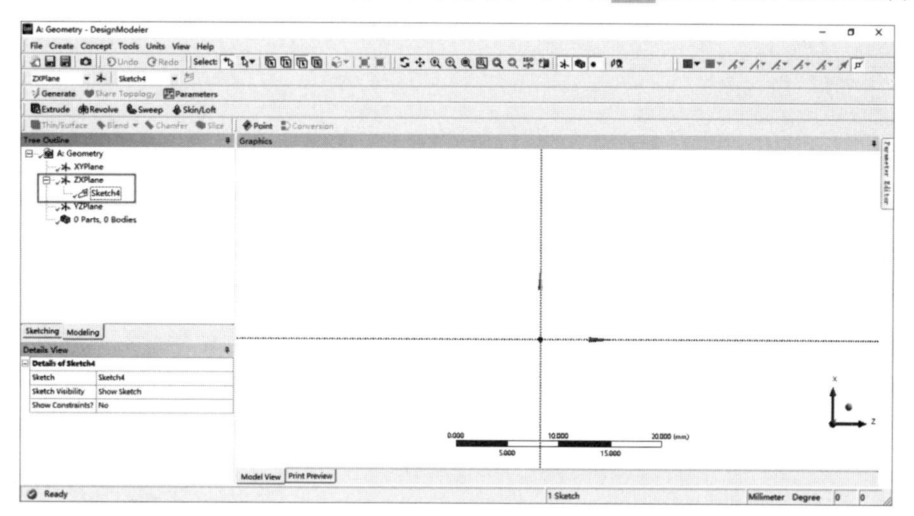

图 3-26 进入草图

步骤06 在树形窗内选择 Sketching 选项卡，进入 Sketching Toolboxes 窗口，单击 Draw（画图）中的 Rectangle（矩形）选项，在图形工作区两处不同的地方分别单击，生成一个矩形，然后单击 Draw（画图）中的 Circle（圆形）选项，在图形工作区单击并拖动鼠标，生成一个圆形，如图 3-27 所示。

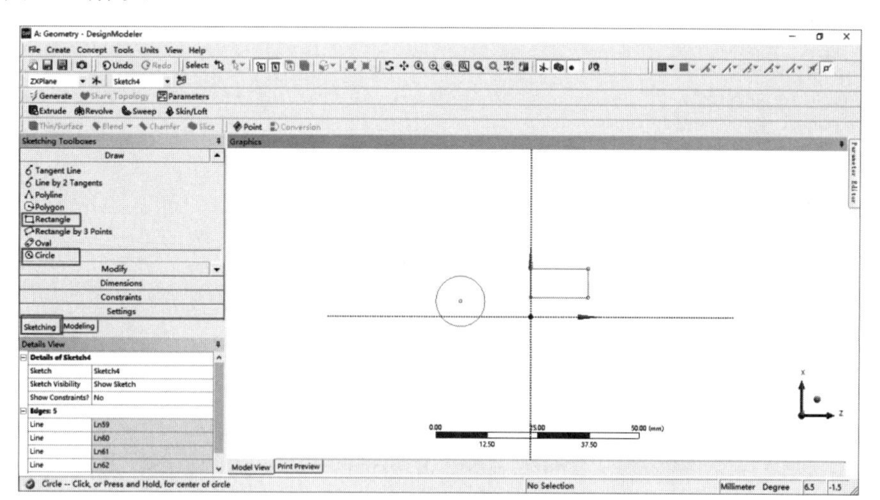

图 3-27 绘制圆形与矩形

步骤07 单击 Dimensions（尺寸）中的 Diameter（直径）选项，将圆形的直径设置为 15mm；单击 Dimensions（尺寸）中的 Vertical（竖直）选项，将圆形下端点到 z 轴的距离设置为 15mm；将矩形的长边长度设置为 25mm，将矩形左边到 x 轴的距离设置为 10mm;，将矩形的短边长度设置为 15mm，将矩形下边到 z 轴的距离设置为 15mm，再单击 Dimensions（尺寸）中的 Horizontal

（水平）选项，将圆形右端点到长方形右边的距离设置为 10mm，如图 3-28 所示。

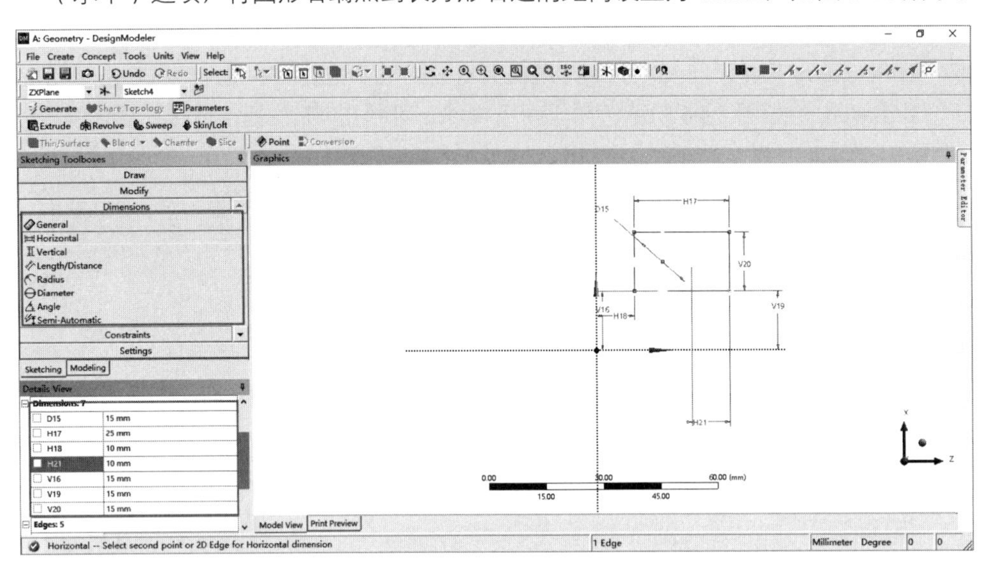

图 3-28 尺寸设置

步骤 08 单击 Modify（修改）中的 Fillet（倒角）选项，设置倒角半径为 2.5mm；再单击 Trim（修剪）选项，将圆形与矩形重叠区域的线段剪除，如图 3-29 所示。

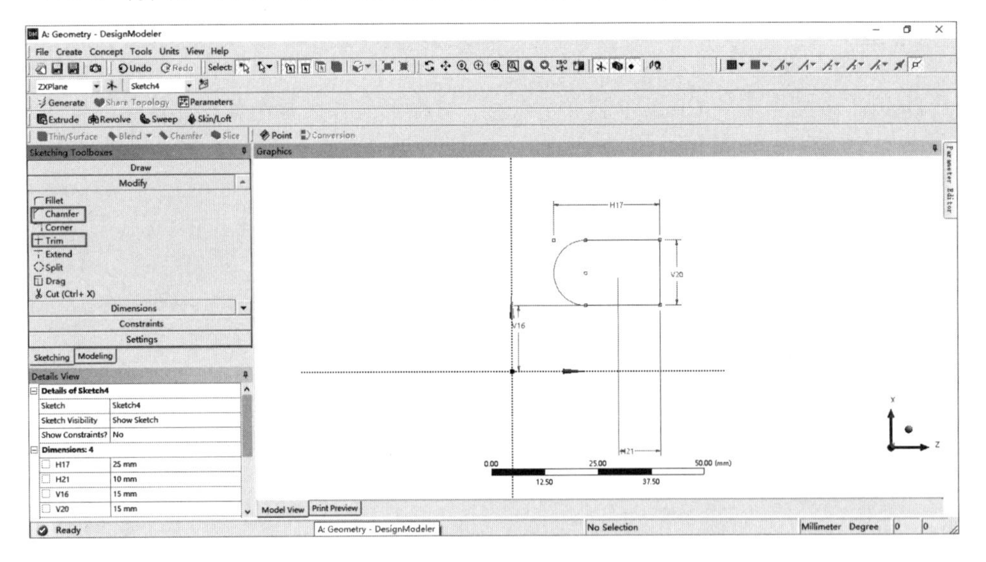

图 3-29 草图修改

步骤 09 单击工具栏中的 Extrude（拉伸）按钮，单击选中上述创建的草图，并在 Details View 工具栏中设定 Depth（高度）为 20mm，单击工具栏中的 Generate（生成）按钮生成三维几何体，如图 3-30 所示。

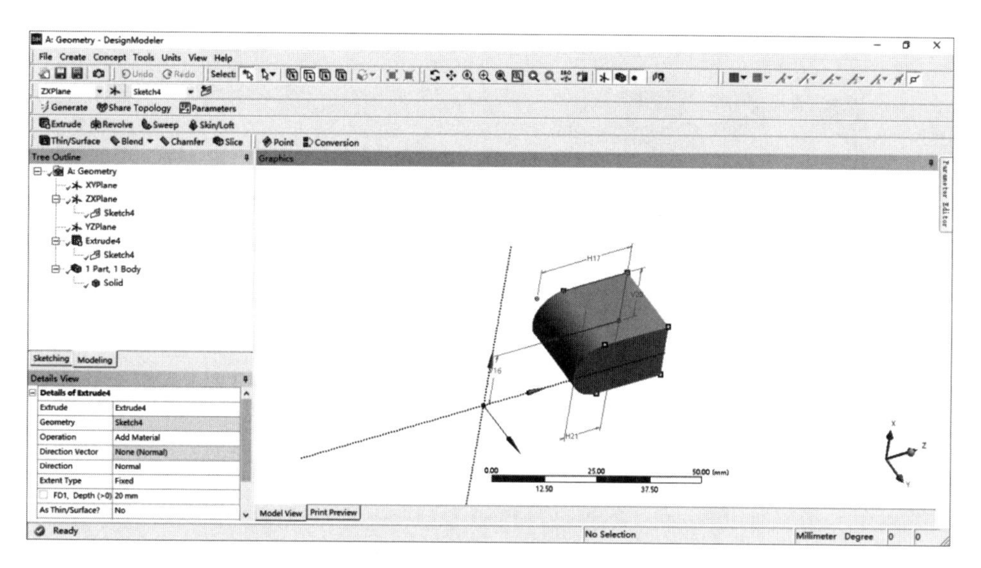

图 3-30 生成三维模型

步骤 10 在主菜单中执行 Tool→Enclosure（包围）命令，在 Details View 工具栏中设定 6 个面的 Cushion（间离）为 100mm，单击工具栏 Generate（生成）按钮生成三维几何体外流场计算区域，如图 3-31 所示。

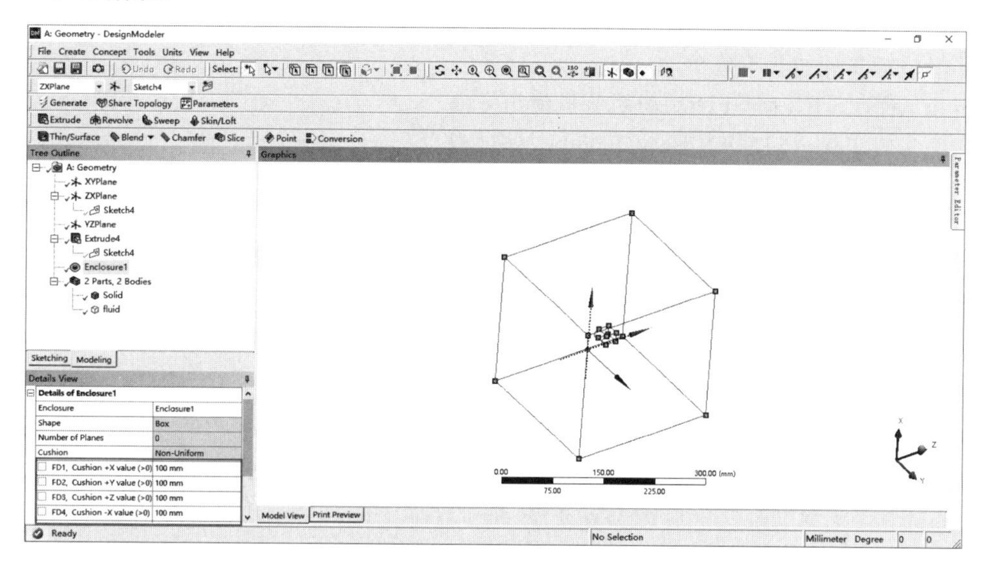

图 3-31 外流场计算区域

3.7 本章小结

本章首先介绍了建立几何模型的基础知识，然后讲解了 DesignModeler 建立几何模型的基本过程，最后给出了运用 DesignModeler 建立几何模型的典型实例。通过本章的学习，读者可以掌握 DesignModeler 的使用方法。

第 4 章 生成网格

导言

在使用商用 CFD 软件的工作中，大约有 80%的时间是花费在网格划分上的，可以说网格划分能力的高低是决定工作效率的主要因素之一。特别是对于复杂的 CFD 问题，网格生成极为耗时，且极易出错。因此，网格质量直接影响 CFD 计算的精度和速度，有必要对网格生成方式给予足够的关注。本章将重点介绍如何利用专业的前处理软件 ANSYS ICEM CFD 生成网格，以及 Fluent 最新的网格生成功能。

学习目标

★ 掌握网格生成的基本概念
★ 掌握 ANSYS ICEM CFD 软件的基本使用方法
★ 通过实例掌握 ANSYS ICEM CFD 的工作过程
★ 掌握 Fluent Meshing 的基本使用方法

4.1 网格生成概述

4.1.1 网格划分技术

实际工程计算中大多数计算区域较为复杂，不规则区域内网格的生成是计算流体力学中一个十分重要的研究领域。实际上，CFD 计算结果最终的精度及计算过程的效率主要取决于所生成的网格与所采用的算法。

现有的各种生成网格的方法在一定条件下都有其优越性和弱点，各种求解流场的算法也各有其适应范围。一个成功而高效的数值计算，只有在网格的生成和求解流场的算法之间有良好的匹配时才能实现。

Fluent 划分网格的途径有两种：一种是用 Fluent 自带的 Meshing 功能进行网格划分；另一种是由其他 CAD 软件完成造型工作，再导入网格生成软件，如在 ICEM CFD 中生成网格。

4.1.2 网格类型

从总体上来说，CFD 计算中采用的网格大致可以分为结构化网格和非结构化网格两大类。一般数值计算中正交与非正交曲线坐标系中生成的网格都是结构化网格，特点是每一个节点与邻点之间的连接关系固定不变且隐含在所生成的网格中，因而我们不必专门设置数据确认节点与邻点之间的这种联系。

从严格意义上讲，结构化网格是指网格区域内所有内部点都具有相同的毗邻单元。结构化网格的主要优点有以下几点：

- 网格生成的速度快。
- 网格生成的质量好。
- 数据结构简单。
- 对曲面或空间的拟合大多数采用参数化或样条插值的方法得到，区域光滑，与实际的模型更容易接近。
- 可以很容易地实现区域的边界拟合，适合流体和表面应力集中等方面的计算。

结构化网格最典型的缺点是适用的范围比较窄。随着近几年计算机和数值方法的快速发展，人们对求解区域的复杂性要求越来越高。在这种情况下，结构化网格生成技术就显得力不从心了。

在结构化网格中，每一个节点及控制容积的几何信息必须加以存储，但该节点的邻点关系可以依据网格编号的规律而自动得出，因而不必专门存储这类信息，这是结构化网格的一大优点。

但是，当计算区域比较复杂时，即使应用网格生成技术也难以妥善地处理所求解的不规则区域，这时可以采用组合网格，又叫块结构化网格。在这种方法中，把整个求解区域分为若干小块，每一块中均采用结构化网格，块与块之间可以拼接，即两块之间用一条公共边连接，也可以部分重叠。

这种网格生成方法既有结构化网格的优点，又不要求一条网格线贯穿在整个计算区域中，给处理不规则区域带来很多方便，目前应用很广。这种网格生成的关键是两块之间的信息传递。

同结构化网格的定义相对应，非结构化网格是指网格区域的内部点不具有相同的毗邻单元，即与网格剖分区域内的不同内点相连的网格数目不同。从定义上可以看出，结构化网格和非结构化网格有相互重叠的部分，即非结构化网格中可能包含结构化网格的部分。

非结构化网格技术从 20 世纪 60 年代开始得到发展，主要是弥补结构化网格不能解决任意形状和任意连通区域的网格剖分的欠缺。

由于对不规则区域的特别适应性，20 世纪 80 年代后非结构化网格得到了迅速发展，到 20 世纪 90 年代时非结构化网格的文献达到了高峰时期。由于非结构化网格的生成技术比较复杂，因此随着人们对求解区域复杂性的要求不断提高，对非结构化网格生成技术的要求也越来越高。

从现在的文献调查情况来看，非结构化网格生成技术中只有平面三角形的自动生成技术比较成熟，平面四边形网格的生成技术正在走向成熟。

4.2 ANSYS ICEM CFD简介

ANSYS ICEM CFD 是一款计算前/后处理软件，包括从几何创建、网格划分、前处理条件设置、后处理等功能，在 CFD 网格生成领域的优势更为突出。

为了在网格生成与后处理中与几何保持紧密的联系，ANSYS ICEM CFD 被用于计算流体力学与结构等分析中。

ANSYS ICEM CFD 的网格生成工具提供了参数化创建网格的能力，包括许多不同格式：

- Multiblock Structured（多块结构网格）。
- Unstructured Hexahedral（非结构六面体网格）。
- Unstructured Tetrahedral（非结构四面体网格）。
- Cartesian with H-Grid Refinement（带 H 型细化的笛卡儿网格）。
- Hybird Meshed Comprising Hexahedral，Tetrahedral，Pyramidal and/or Prismatic Elements（混合了六面体、四面体、金字塔或棱柱形网格的杂交网格）。
- Quadrilateral and Triangular Surface Meshes（四边形和三角形表面网格）。

ANSYS ICEM CFD 提供了几何与分析间的直接联系。在 ICEM CFD 中，集合可以以商用 CAD 设计软件包、第三方公共格式、扫描的数据或点数据的任何格式被导入。

4.2.1 工作流程

ICEM CFD 的一般工作流程如图 4-1 所示，包括以下 5 个步骤。

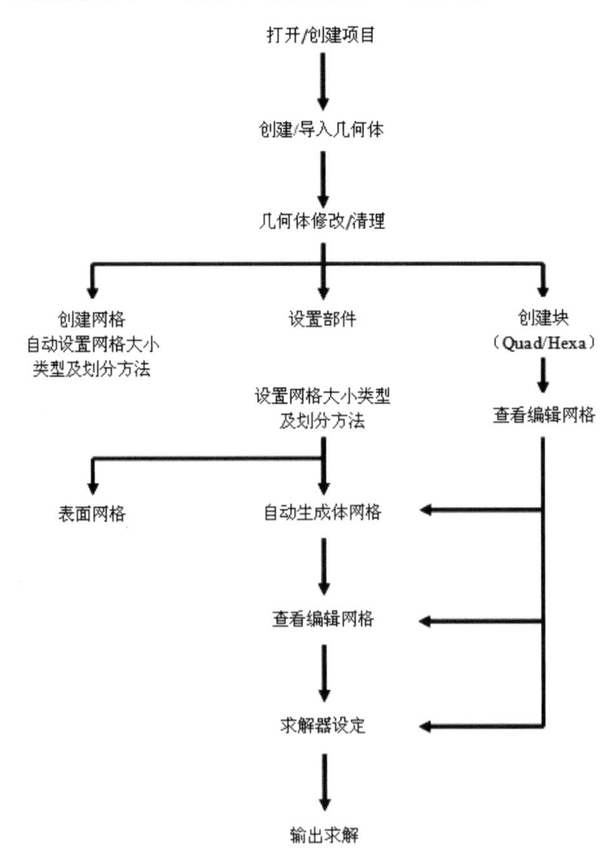

图 4-1　ICEM CFD 的工作流程

步骤 01 打开/创建一个工程。

步骤 02 创建/处理几何。

步骤 03 创建网格。

步骤 04 检查/编辑网格。

步骤 05 生成求解器的导入文件。

4.2.2 ICEM CFD 的文件类型

在 ICEM CFD 的工作流程中，文件类型一般包括表 4-1 中的 8 类。

表 4-1 ICEM CFD 文件类型

文件类型	扩 展 名	说 明
Tetin	*.tin	包括几何实体、材料点、块关联以及网格尺寸等信息
Project	*.prj	工程文件，包含项目信息
Blocking	*.blk	包含块的拓扑信息
Boundary Conditions	*.fbc	包含边界条件
Attributes	*.atr	包含属性、局部参数以及单元信息
Parameters	*.par	包含模型参数、单元类型信息
Journal	*.jrf	包含所有操作的记录
Replay	*.rpl	包含重播脚本

4.2.3 ICEM CFD 的用户界面

ICEM CFD 的图形用户接口(GUI)提供了一个创建及编辑计算网格完整的环境。图 4-2 所示为 ICEM CFD 的图形用户界面。左上角为主菜单，主菜单下方为工具按钮，包含 Save、Open 等命令。

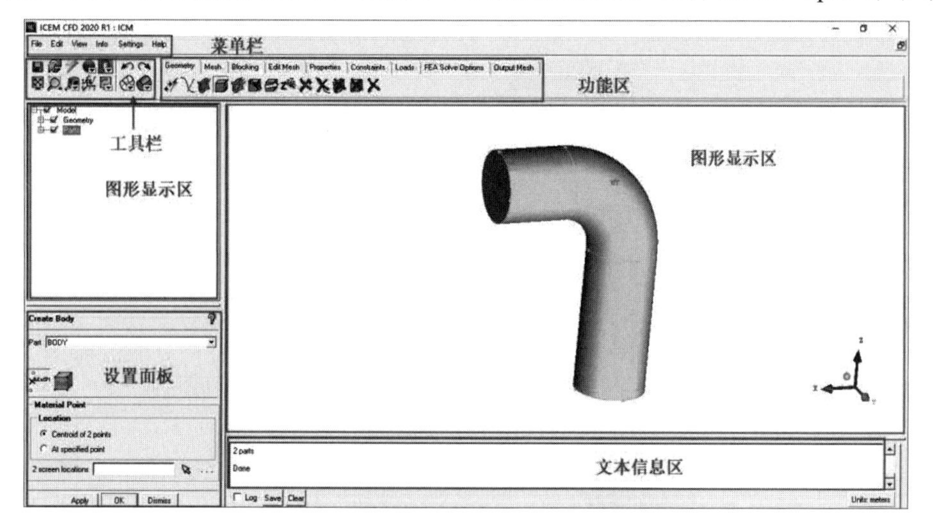

图 4-2 ICEM CFD 的图形界面

与工具按钮栏平齐的为功能区，从左至右的顺序是一个典型网格生成过程的顺序。打开选项卡，可将功能按钮显示在前台，单击其中的按钮，可激活该按钮所关联的数据对象区（Data Entry Zone）。

图 4-2 所示为 Convert Mesh Type，同时包含选择工具条，在界面的右下角还有消息窗口及直方图窗口。用户界面的左上角为显示控制树形菜单，用户可以使用该属性菜单修改兑现规定显示、属性及创建子集等。

4.3 ANSYS ICEM CFD的基本用法

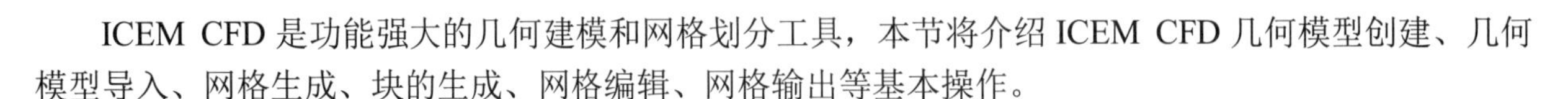

ICEM CFD 是功能强大的几何建模和网格划分工具，本节将介绍 ICEM CFD 几何模型创建、几何模型导入、网格生成、块的生成、网格编辑、网格输出等基本操作。

4.3.1 几何模型的创建

在进行流体计算时，不可避免地要创建流体计算域模型。除了使用其他几何建模软件以外，ICEM CFD 也具备一定的几何建模能力，主要包含两类建模思路，即自底向上建模方式和自顶向下建模方式。

（1）自底向上建模方式。遵循点-线-面的几何生成方法。首先创建几何关键点，由点连接生成曲线，再由曲线生成曲面。这里与其他软件不同的是，ICEM CFD 中并没有实体的概念。其最高一级几何为曲面。至于在创建网格中所建的 body，只是拓扑意义上的体。

（2）自顶向下建模方式。ICEM CFD 中可以创建一些基本几何，如箱体、球体、圆柱体等。在建模过程中，可以直接创建这些基本几何，然后通过其他方式对几何进行修改。

下面介绍基本几何的创建方式，包括点、线、面等。

1. 点的创建

打开 Geometry 选项卡，选择按钮（创建点），即可进入点创建工具面板。该面板包含的按钮如图 4-3 所示。下面依次进行功能描述。

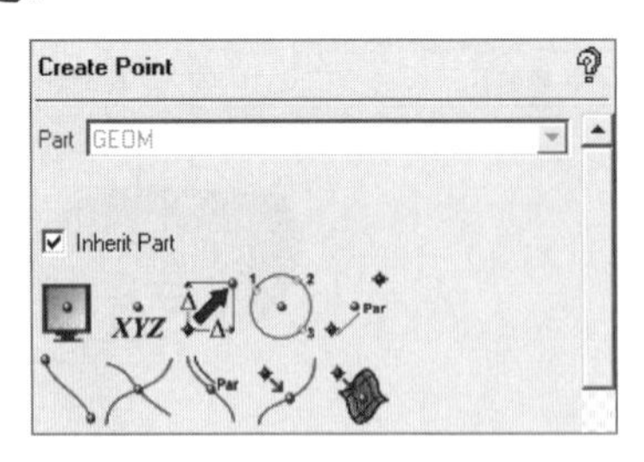

图 4-3　点创建功能区域

（1）Part（部件）：若没有选中下方的 Inherit Part 复选框，则该区域可编辑。可将新创建的点放入指定的 Part 中。默认此项为 GEOM，且 Inherit Part 被选中。

（2）Screen Select（屏幕选择点）：单击该按钮后，可在屏幕上选取任何位置进行点的创建。

（3）Explicit Coordinates（坐标输入）：单击此按钮，进行精确位置点的创建。可选模式包括单点创建及多点创建，如图 4-4 所示。

图 4-4（a）所示为单点创建模式，输入点的（x, y, z）坐标即可创建点。图 4-4（b）所示为多点创建模式，可以使用表达式创建多个点。

表达式可以包含+、–、/、*、^、()、sin()、cos()、tan()、asin()、acos()、atan()、log()、log10()、exp()、sqrt()、abs()、distance(pt1，pt2)、angle(pt1，pt2，pt3)、X(pt1)、Y(pt1)、Z(pt1)，所有角度均以“°”为单位。

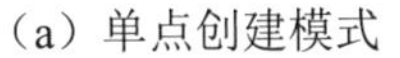

（a）单点创建模式

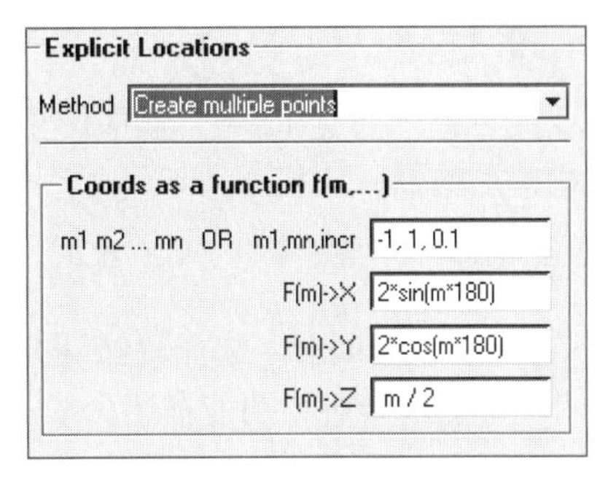

（b）多点创建模式

图 4-4　点的创建方式

- 第一个文本框表示变量，包含两种格式：列表形式（m1 m2 … mn）与循环格式（m1, mn, incr）。主要区别在于是否有逗号，没有逗号为列表格式，有逗号为循环格式。例如，“0.1 0.3 0.5 0.7”为列表格式；而“0.1, 0.5, 0.1”为循环格式，表示起始值为 0.1，终止值为 0.5，增量为 0.1。
- F(m)->X 为点的 x 方向坐标，通过表达式进行计算。
- F(m)->Y 为点的 y 方向坐标，通过表达式进行计算。
- F(m)->Z 为点的 z 方向坐标，通过表达式进行计算。

图 4-4（b）中实际上创建的是一个螺旋形的点集。

（4）Base Point and Delta（基点偏移法）：以一个基准点及其偏移值创建点。使用时需要指定基准点和相对该点的（x,y,z）坐标。

（5）Center of 3 Points（3 点定圆心）：可以利用此按钮创建 3 个点或圆弧的中心点。选取 3 个点创建中心点，其实是创建了由这 3 个点构建的圆的圆心。

（6）Parameter Along a Vector（两点之间定义点）：此命令按钮利用屏幕上选取的两点创建另一个点。单击此按钮后出现图 4-5 所示的操作面板。

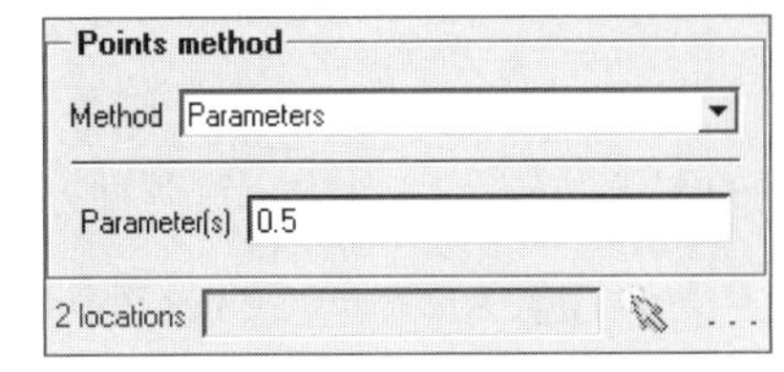

图 4-5　点的创建方式

此方法创建点有两种方式：一种为图 4-5 所示的参数方法，另一种为指定点的个数。

若设置参数值为 0.5，则创建所指定两点连线的中点。此处的参数为偏离第一点的距离，该距离计算方式为两点连线的长度与指定参数的乘积。

采用指定点的个数的方式会在两点间创建一系列点。若指定点的个数为 1，则创建中点。

（7）Curve Ends（线的端点）：选择此命令按钮创建两个点，所创建的点为选取的曲线的两个终点。

（8）Curve-Curve Intersection（线段交点）：创建两条曲线相交所形成的交点。

（9）Parameter along a Curve（线上定义点）：与方式（6）类似，不同的是此命令按钮选取的是曲线，创建的是曲线的中点或沿曲线均匀分布的 N 个点。

（10）Project Point to Curve（投影到线上的点）：将空间点投影到某一曲线上，创建新的点。该命令有选项可以使新创建的点分割曲线。

（11）Project Point to Surface（投影到面上的点）：将空间点投影到曲面上创建新的点。

创建点的方式一共有 11 种，其中用于创建几何的主要是前 3 种，后面 8 种主要用于划分网格中辅助几何的构建。当然，它们都可以用于创建几何体。

2. 线的创建

打开 Geometry 选项卡，选择按钮（创建线），即可进入线创建工具面板。该面板包含的按钮如图 4-6 所示。下面依次进行功能描述。

（1）From Points（多点生成样条线）：利用已存在的点或选择多个点创建曲线。需要说明的是，若选择的点为两个，则创建直线；若点的数目多于两个，则自动创建样条曲线。

（2）Arc Through 3 Points（3 点定弧线）：圆弧创建命令按钮。圆弧的创建方式有“3 点创建圆弧”和“圆心及两点”两种。选用 3 点创建圆弧时，第一点为圆弧起点，最后选择的点为圆弧终点。

采用第二种方式进行圆弧创建也有两种方式，如图 4-7 所示。若采用 Center 的方式，则第一个选取的点与第二点间的距离为半径，第三点表征圆弧弯曲的方向。

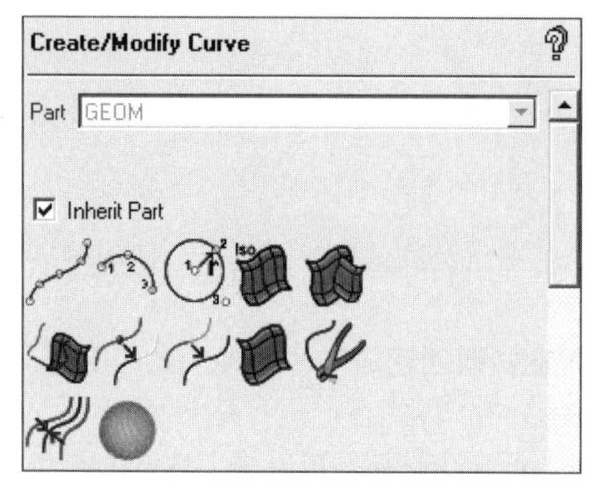

图 4-6　线创建功能区域

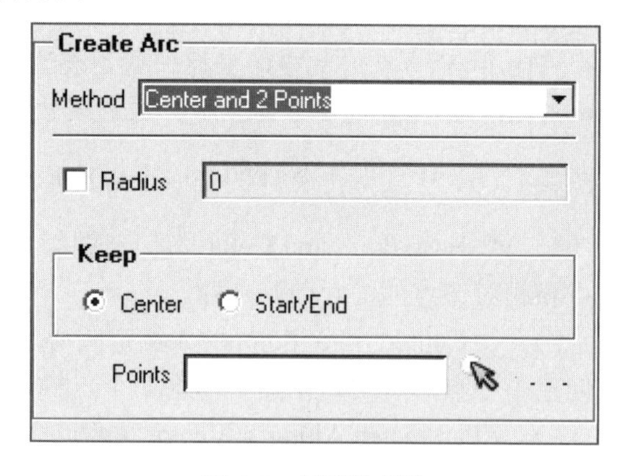

图 4-7　圆弧的创建

若采用 Start/End 方式，则第一点并非圆心，只是指定了圆弧的弯曲方向，而第二点与第三点为圆弧的起点与终点。当然，这两种方式均可以人为地确定圆弧半径。

（3）Arc from Center Point/2 Points on Plane（圆心和两点定义圆）：主要用于创建圆，采用如图 4-8 所示的方式，规定一个圆心和两个点。选取点时，第一次选择的点为圆心。

若没有人为地确定半径值，则第一点与第二点间的距离为圆的半径值。可以设定起始角与终止角。若规定了半径值，则用第一点与半径创建圆，第二点与第三点的作用是联合第一点确定圆所在的平面。

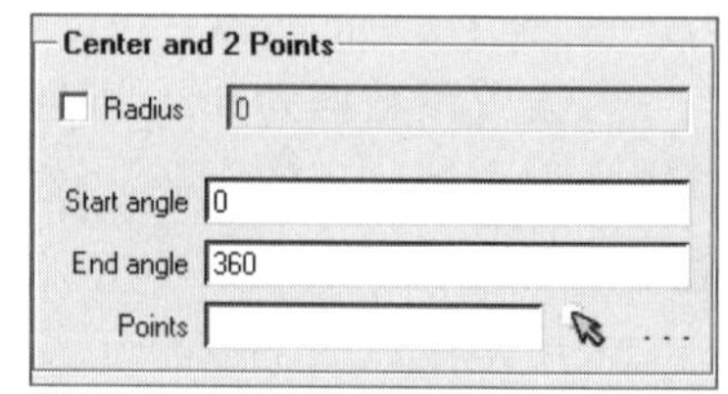

图 4-8　圆的创建

（4） Surface Parameter（表面内部抽线）：根据平面参数创建曲线。此命令按钮的功能与块切割的做法很相似，该功能在实际应用中用得很少。

（5） Surface-Surface Intersection（面相交线）：此功能按钮用于获得两相交面的交线。使用起来也很简单，直接选取两个相交的曲面即可。选择方式可以是：直接选取面、选择 part 或选取两个子集。

（6） Project Curve on Surface（投影到面上的线）：曲线向面投影。有两种操作方式：沿面法向投影和指定方向投影。沿面法向投影方式只需要指定投影曲线和目标面，而选用指定方向投影的方式需要人为指定投影方向。

3．面的创建

打开 Geometry 选项卡，选择按钮（创建面），即可进入面创建工具面板。该面板包含的按钮如图 4-9 所示。下面依次进行功能描述。

（1） From Curves（由线生成面）：单击此按钮，可以通过曲线创建面。可选模式包括选择 2 到 4 条边界曲线创建面、选择多条重叠或不相互连接的线创建面及选择 4 个点创建面。

（2） Curve Driven（放样）：单击此按钮，可以通过选取一条或多条曲线沿引导线扫略创建面。

（3） Sweep Surface（沿直线方向放样）：单击此按钮，可以通过选取一条曲线沿矢量方向或直线扫略创建面。

（4） Surface of Revolution（回转）：单击此按钮，可以通过设定起始和结束角度选取一条曲线沿轴回转创建面，如图 4-10 所示。

（5） Loft Surface on Several Curves（利用数条曲线放样成面）：单击此按钮，可以通过利用多条曲线放样的方法生成面。

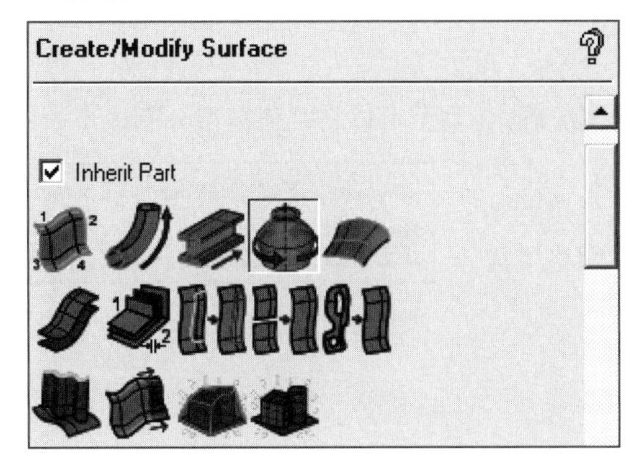

图 4-9　面创建功能区域

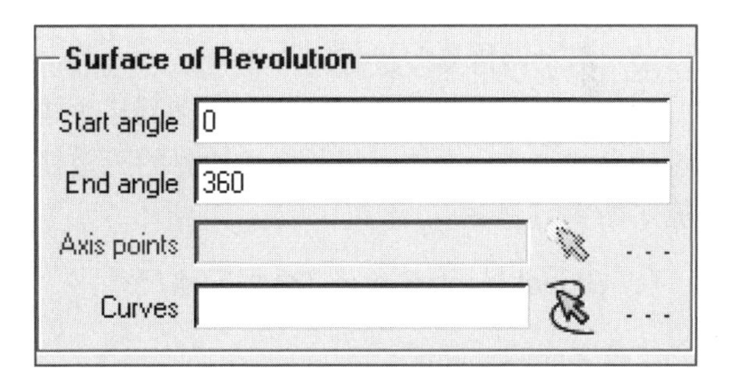

图 4-10　回转创建面

4.3.2　几何文件导入

由于 ICEM CFD 建模功能不强，因此一些复杂的结构模型常需要在专业的 CAD 软件中进行创建，然后将几何文件导入 ICEM CFD 完成网格划分。

ICEM CFD 可导入多种 CAD 软件绘制的几何文件，如图 4-11 所示。

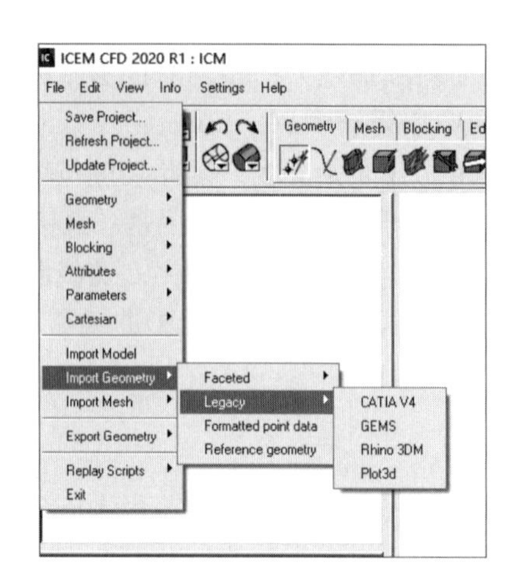

图 4-11　ICEM CFD 可导入的 CAD 格式

4.3.3　网格生成

ICEM CFD 生成的网格主要分为四面体网格、六面体网格、三棱柱网格、O-Grid 网格等。其中：

- 四面体网格能够很好地贴合复杂的几何模型，生成简单。
- 六面体网格质量高，需要生成的网格数量相对较少，适合对网格质量要求较高的模型，但生成过程复杂。
- 三棱柱网格适合薄壁几何模型。
- Grid 网格适合圆或圆弧模型。

选择哪种网格类型进行网格划分要根据实际模型的情况确定，甚至可以将几何模型分割成不同的区域，采用多种网格类型进行网格划分。

ICEM CFD 为复杂模型提供了自动网格生成功能，使用此功能能够自动生成四面体网格和描述边界的三棱柱网格，网格生成功能如图 4-12 所示。

图 4-12　网格生成

1. Global Mesh Setup（全局网格尺寸）

主要具备以下功能：

（1）Global Mesh Setup（全局网格尺寸）：设定最大网格尺寸和比例尺，确定全局网格尺寸，如图 4-13 所示。

- Scale factor（比例因子），用来改变全局的网格尺寸（体、表面、线），通过乘以其他参数得到实际网格参数。
- Global Element Seed Size（全局单元源尺寸），用来设定模型中最大可能的网格大小。

此值可以设置为任意大，实际网格很可能达不到那么大。

- Display（显示），显示体网格的大小示意图，如图 4-14 所示。

（2） Shell Mesh Setup（表面网格尺寸）：设定表面网格类型和大小，如图 4-15 所示。

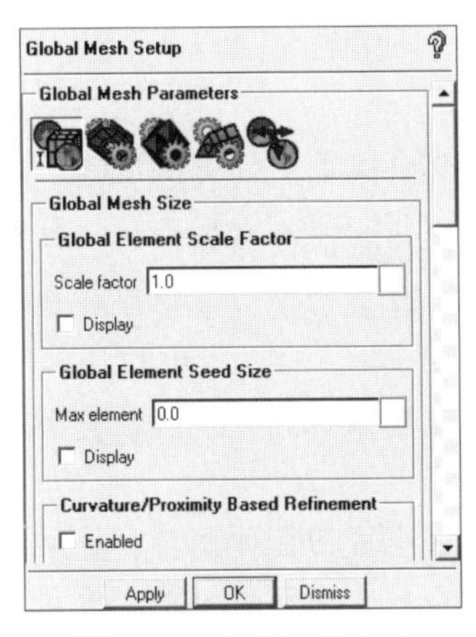

图 4-13　全局网格尺寸

图 4-14　体网格的大小示意图

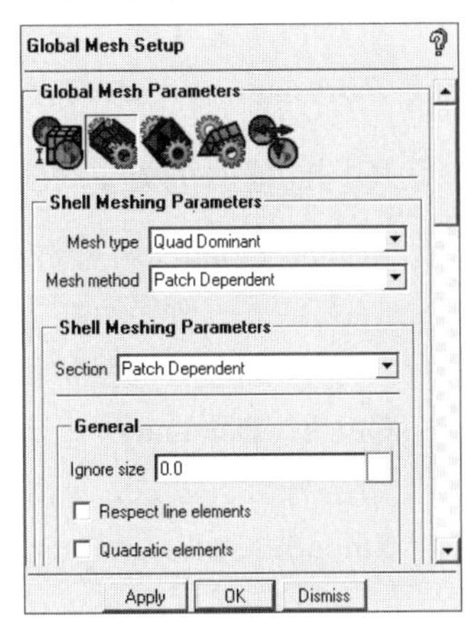

图 4-15　表面网格尺寸

① Mesh type（网格类型）有 4 种可供选择：

- All Tri，所有网格单元类型为三角形。
- Quad w/one Tri，面上的网格单元大部分为四边形，最多允许有一个三角形网格单元。
- Quad Dominant，面上的网格单元大部分为四边形，允许有一部分三角形网格单元的存在。这种网格类型多用于复杂的面，此时如果生成全部四边形网格，就会导致网格质量非常低。对于简单的几何，该网格类型和 Quad w/one Tri 生成的网格效果相似。
- All Quad，所有网格单元类型为四边形。

② Mesh Method（网格生成方法）有 4 种可供选择：

- AutoBlock，自动块方法，自动在每个面上生成二维的块，然后生成网格。
- Patch Dependent，根据面的轮廓线生成网格，该方法能够较好地捕捉几何特征，创建以四边形为主的高质量网格。
- Patch Independent，网格生成过程不严格按照轮廓线使用稳定的八叉树方法，生成网格过程中能够忽略小的几何特征，适用于精度不高的几何模型。
- Shrinkwrap，是一种笛卡儿网格生成方法，会忽略大的几何特征，适用于复杂的几何模型快速生成面网格，此方法不适合薄板类实体的网格生成。

（3） Volume Mesh Setup（体网格尺寸）：设定体网格类型和大小，如图 4-16 所示。

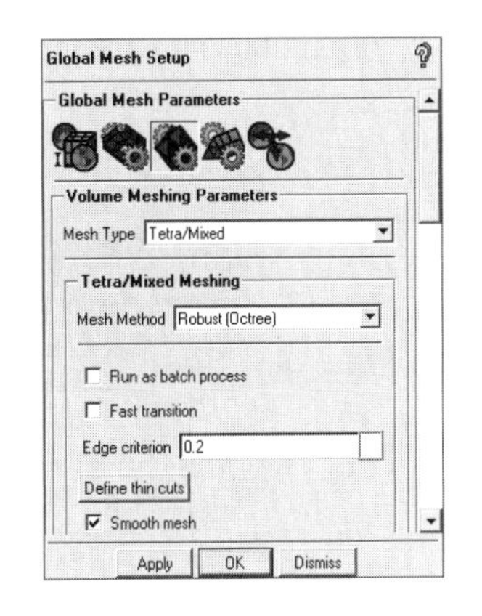

图 4-16　体网格尺寸

① 网格类型有 3 种可供选择：

- Tetra/Mixed，是一种应用广泛的非结构网格类型。在默认情况下自动生成四面体网格（Tetra），通过设定可以创建三棱柱边界层网格（Prism），也可以在计算域内部生成以六面体单位为主的体网格（Hexcore），或者生成既包含边界层又包含六面体单元的网格。

- Hex-Dominant，是一种以六面体网格为主的体网格类型，这种网格在近壁面处质量较好，在模型内部质量较差。
- Cartesian，是一种自动生成的六面体非结构网格。

② 不同的体网格类型对应着不同的网格生成方法。网格生成方法主要有以下 7 种可供选择：

- Robust（Octree），适用于 Tetra/Mixed 网格类型，此方法使用八叉树生成四面体网格，是一种自上而下的网格生成方法，即先生成体网格，再生成面网格。对于复杂模型，不需要花费大量时间用于几何修补和面网格的生成。
- Quick（Delaunay），适用于 Tetra/Mixed 网格类型，此方法生成四面体网格，是一种自下而上的网格生成方法，即先生成面网格，再生成体网格。
- Smooth（Advancing Front），适用于 Tetra/Mixed 网格类型，此方法生成四面体网格，是一种自下而上的网格生成方法，即先生成面网格，再生成体网格。与 Quick 方法不同的是，近壁面网格尺寸变化平缓，对初始的面网格质量要求较高。
- TGrid，适用于 Tetra/Mixed 网格类型，此方法生成四面体网格，是一种自下而上的网格生成方法，能够使近壁面网格尺寸变化平缓。
- Body-Fitted，适用于 Cartesian 网格类型，此方法创建非结构笛卡儿网格。
- Staircase（Global），适用于 Cartesian 网格类型，该方法可以对笛卡儿网格进行细化。
- Hexa-Core，适用于 Cartesian 网格类型，该方法生成以六面体为主的网格。

（4）Prism Mesh Setup（棱柱网格尺寸）：设定棱柱网格大小，如图 4-17 所示。

在 Global Prism Settings（全局参数）中：

- Growth law（增长规律），有 Exponential（指数）和 Linear（线性）两种类型。
- Initial height（初始高度），不指定时自动计算。
- Number of layers（层数），棱柱总层数。
- Height ratio（高度比率），棱柱高度增长率。
- Total height（总高度），总棱柱厚度。
- Compute params（将计算余下的参数），指定以上 4 个参数中的 3 个，余下的 1 个可通过计算得到。

在 Prism element part controls（局部参数）中，可为各个部分单独设定初始高度、高度比率和层数，如图 4-18 所示。

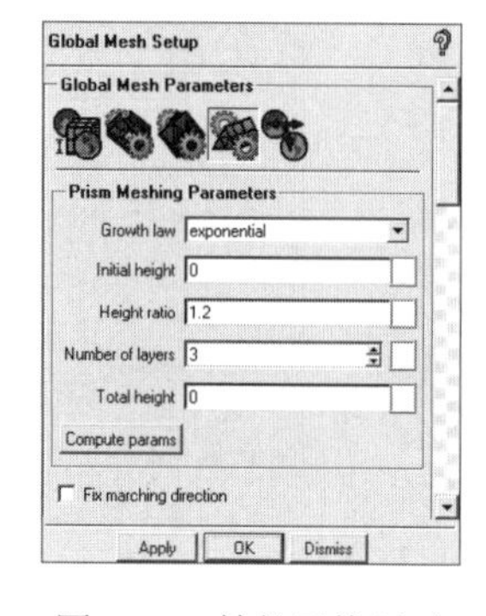

图 4-17　棱柱网格尺寸

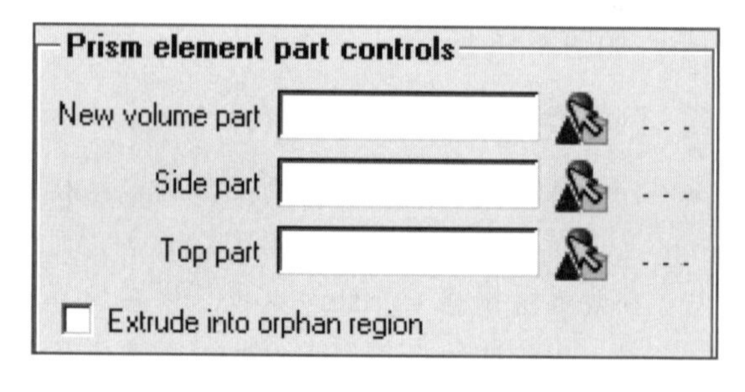

图 4-18　棱柱网格局部参数设置

- New volume part，指定新的部分存放棱柱单元或从已有的面、体网格部分中选择。
- Side part，存放侧面网格的部分。
- Top part，存放最后一层棱柱顶部三角形面单元。
- Extrude into orphan region，当选中时向已有体单元外部生长棱柱，而不是向内。

在 Smoothing Options（光顺选项）中：

- Number of surface smoothing steps（光顺步数），当仅拉伸一层时，设表面/体光顺步为 0，值的设定根据模型及用户的经验而定。
- Triangle quality type（三角网格质量类型），一般选择 Laplace。
- Max directional smoothing steps（最大光顺步数），根据初始棱柱质量重新定义拉伸方向，在每层棱柱生成的过程中都计算。

其他参数：

- Fix marching direction（保持正交），保持棱柱网格生成与表面正交。
- Min prism quality（最低网格质量），设置最低允许棱柱质量，当质量不满足时，重新方向光顺或用金字塔型单元覆盖（替换）。
- Ortho weight（正交权因子），节点移动权因子（0 为提高三角形质量，1 为提高棱柱正交性）。
- Fillet ratio（圆角比率），0 表示无圆角，1 表示圆角曲率等于棱柱层高度，如图 4-19 所示。

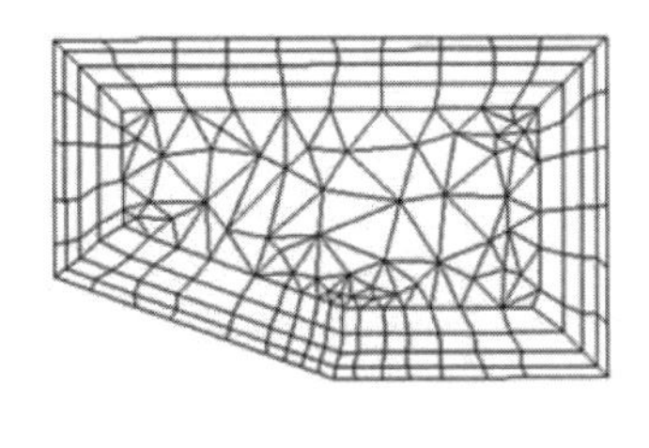

（a）Fillet ratio=0

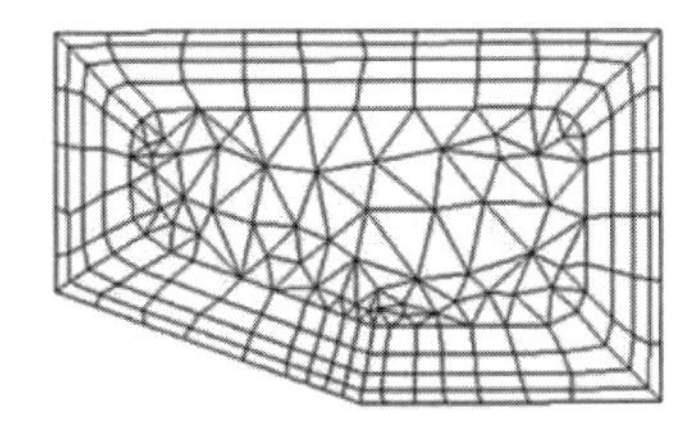

（b）Fillet ratio=0.5

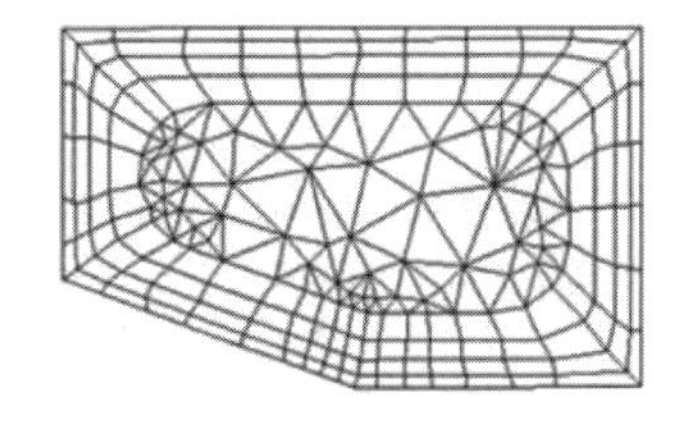

（c）Fillet ratio=1

图 4-19　圆角比率

- Max prism angle（最大棱柱角），控制弯曲附近或到邻近曲面棱柱层的生成，在棱柱网格停止的位置用金字塔连接形网格，通常设置在 120º 到 180º 范围内，如图 4-20 所示。

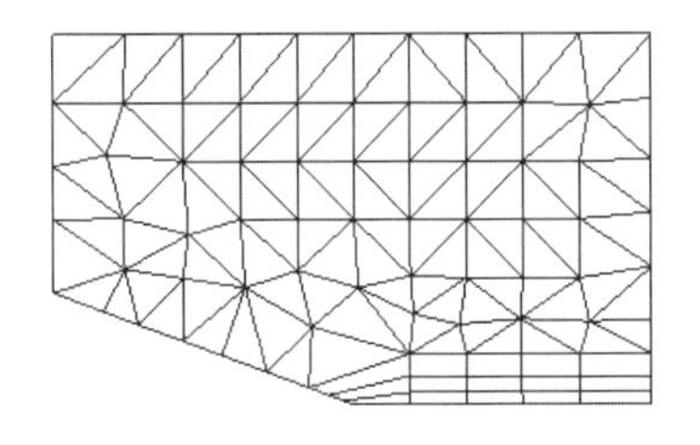

（a）原始网格

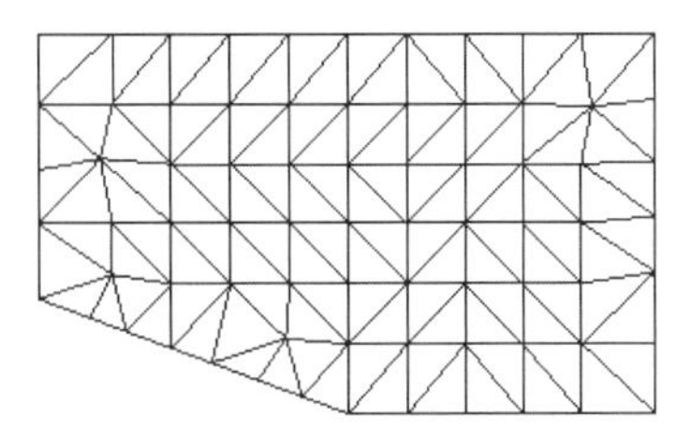

（b）Max prism angle = 180 deg

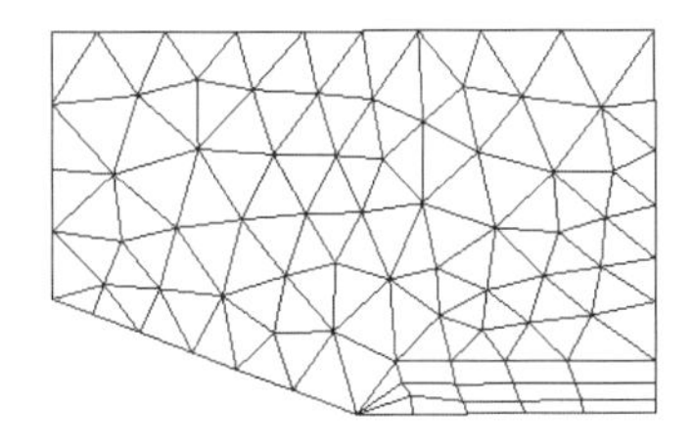

（c）Max prism angle = 140 deg

图 4-20　最大棱柱角

- Max height over base（最大基准高度），限制棱柱体网格的纵横比，在棱柱体网格的纵横比超过指定值的区域棱柱层时停止生长，如图 4-21 所示。

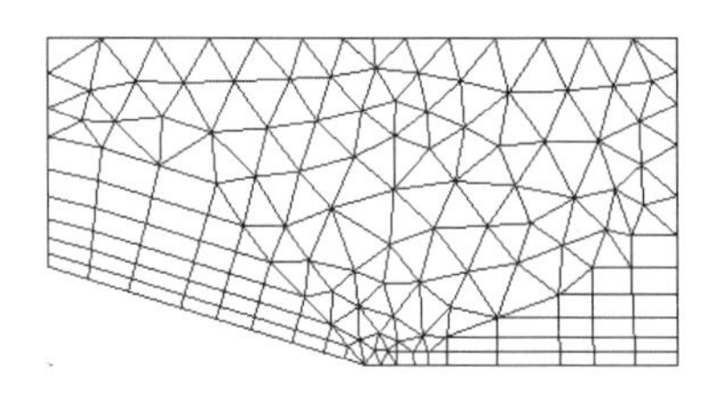

（a）原始网格

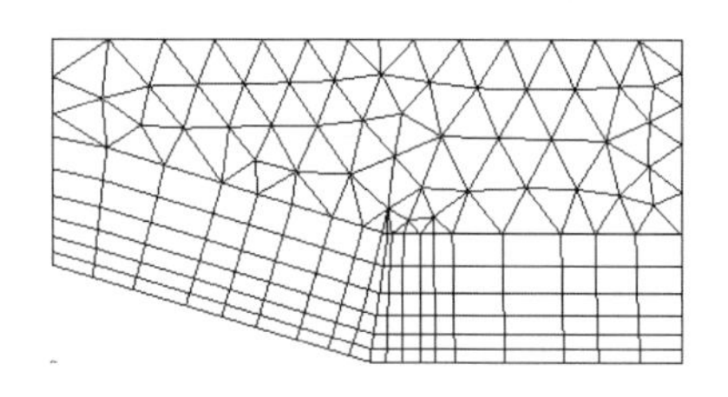

（b）Max height over base = 1.0

图 4-21　最大基准高度

- Prism height limit factor（棱柱高度限制系数），限制网格的纵横比，如果系数达到指定值，棱柱体网格的高度不会扩展，保证指定的棱柱体网格层数。如果相邻两个单元尺寸差异的系数大于 2，那么功能失效，如图 4-22 所示。

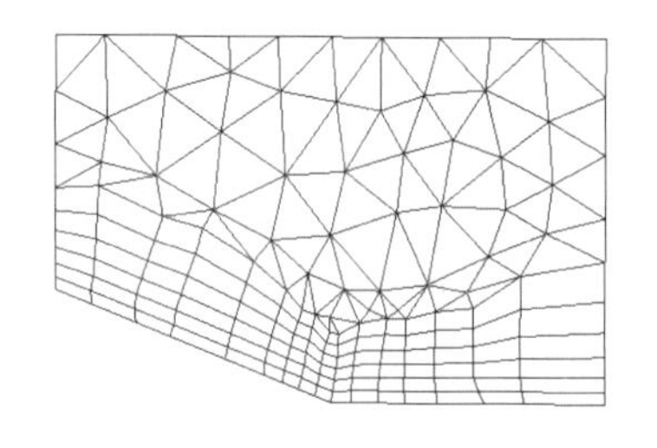

（a）原始网格

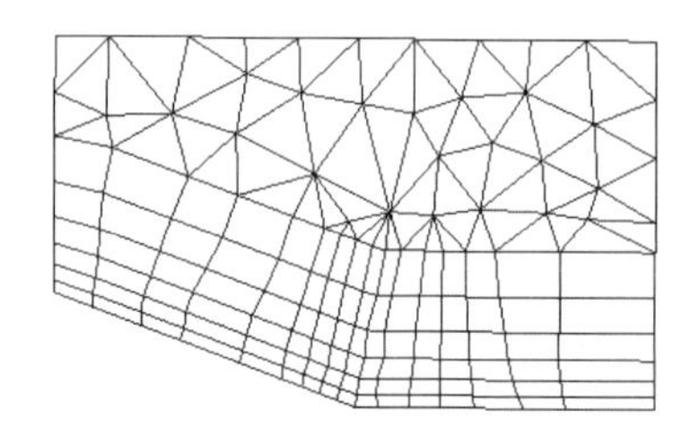

（b）limit factor = 0.5

图 4-22　棱柱高度限制系数

（5）Periodicity Mesh Setup（设定周期性网格）：设定周期性网格的类型和尺寸，如图 4-23 所示。

鉴于设置棱柱网格尺寸和周期性网格相对简单，限于篇幅不再赘述，有兴趣的读者可以参考帮助文档。

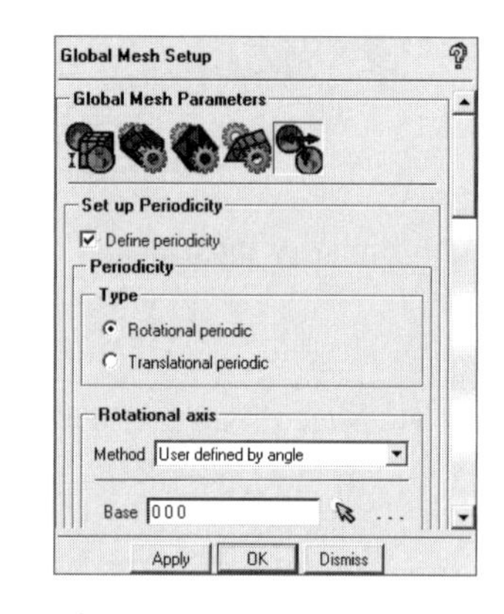

图 4-23　设定周期性网格

2. Mesh Size for Parts（特定部位网格尺寸设定）

设定几何模型中指定区域的网格尺寸，如图 4-24 所示。可以通过将几何模型中的特征尺寸区域定义为一个 Part，设置较小的网格尺寸，以捕捉细致的几何特征，或者将对计算结果影响不大的几何区域定义为一个 Part，设置较大的网格尺寸，以减少网格生成的计算量，提高数值计算的效率。

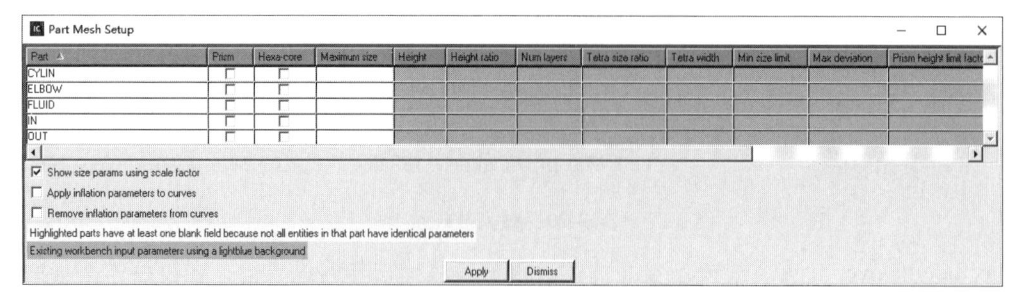

图 4-24　特定部位网格尺寸设定

3. Surface Mesh Setup（表面网格设定）

通过鼠标选择几何模型中的一个或几个面，设定网格尺寸，如图 4-25 所示。

- Maximum size，基于边的长度。
- Height，面上体网格的高，仅适用于六面体/三棱柱。
- Height ratio，六面体/三棱柱层的增长率。
- Num. of layers，均匀的四面体增长层数或三棱柱增长层数，大小由表面参数确定。
- Tetra width，四面体平均生长率。
- Mini size limit，表面最小的四面体，自动细分的限制。
- Max deviation，表面三角形中心到表面的距离小于设定值时停止细分。

4. Curve Mesh Parameters（曲线网格参数）

设定几何模型中指定曲线的网格尺寸，如图 4-26 所示。

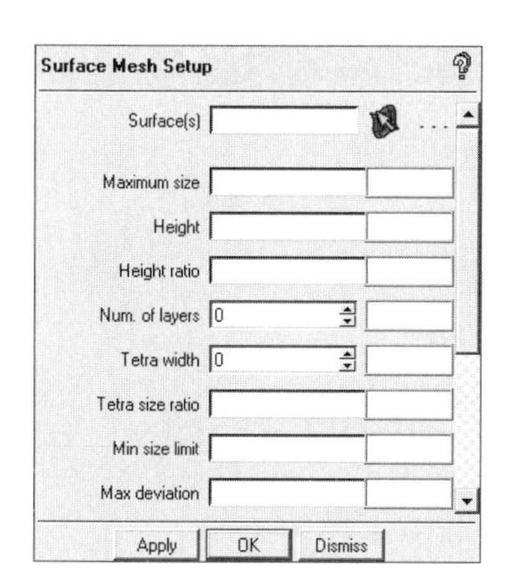

图 4-25　表面网格设定

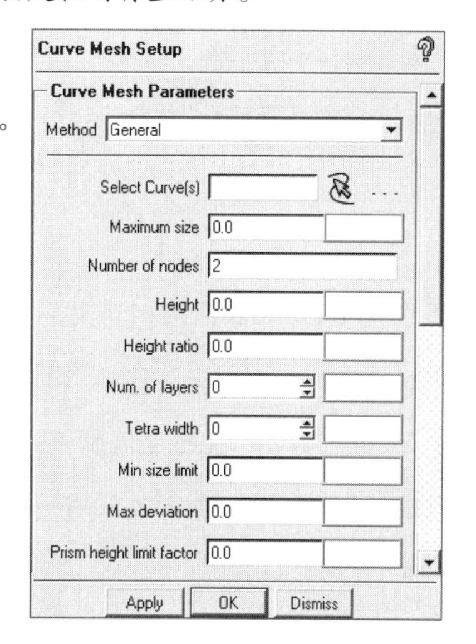

图 4-26　曲线网格参数

- Maximum size，基于边的长度。
- Number of nodes，沿曲线的节点数。
- Height，面上体网格的高，仅适用于六面体/三棱柱。
- Height ratio，六面体/三棱柱层的增长率。
- Num. of layers，均匀的四面体增长层数或三棱柱增长层数，大小由表面参数确定。
- Tetra width，四面体平均生长率。
- Mini size limit，表面最小的四面体，自动细分的限制。
- Max deviation，表面三角形中心到表面的距离小于设定值时停止细分。

5. Create Mesh Density（网格加密）

通过选取几何模型上的一点，指定加密宽度、网格尺寸和比例，生成以指定点为中心的网格加密区域，如图 4-27 所示。

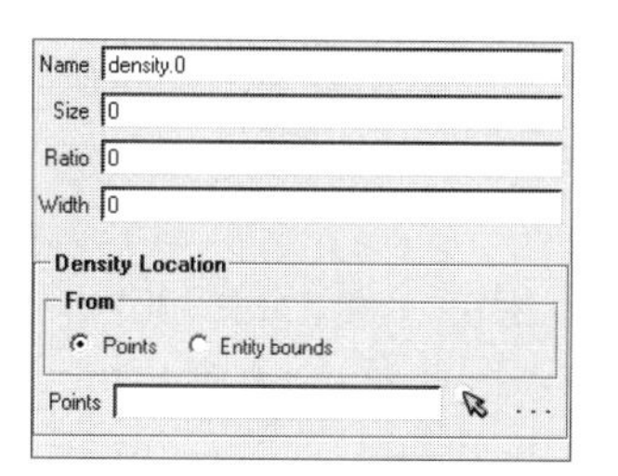

图 4-27　网格加密

- Size，网格尺寸。

- Ratio，网格生长比率。
- Width，密度盒内填充网格的层数。

网格加密的类型有两种：

- Points，用 2～8 个位置的点（两点为圆柱状）标识网格加密区域，如图 4-28 所示。
- Entity bounds，用选择对象的边界定义密度盒。

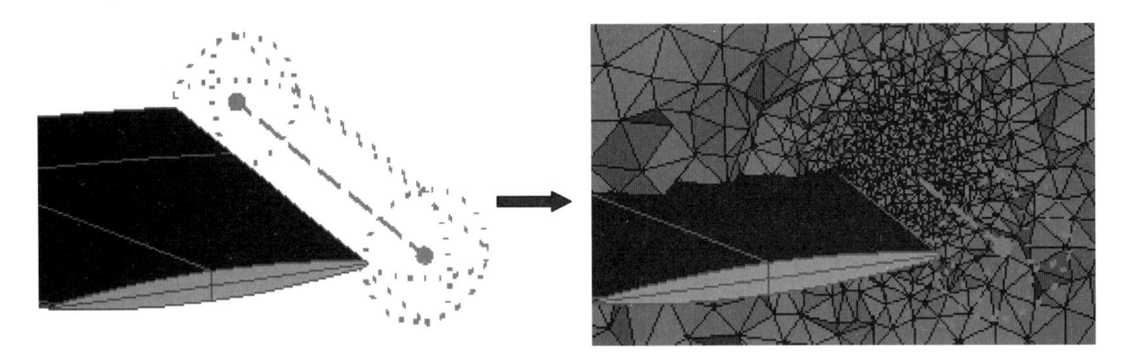

图 4-28　两点网格加密

6. Define Connections（定义连接）

通过定义连接两个不同的实体，如图 4-29 所示。

7. Mesh Curve（生成曲线网格）

为一维曲线生成网格，如图 4-30 所示。

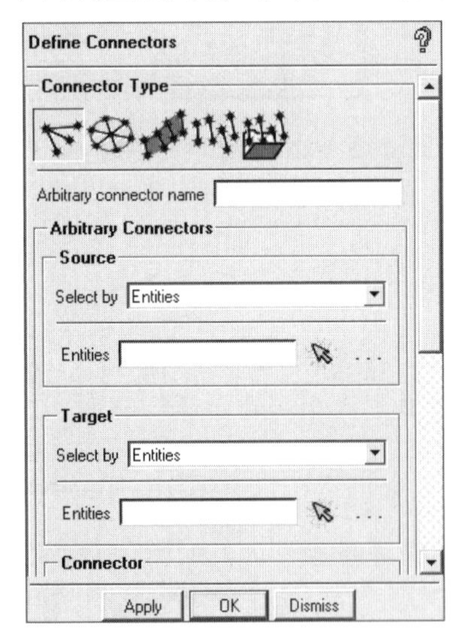

图 4-29　定义连接

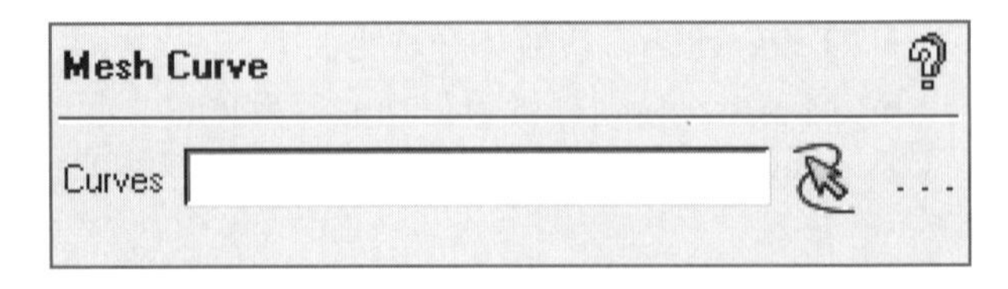

图 4-30　生成曲线网格

8. Compute Mesh（计算网格）

根据前面的设置生成二维面网格、三维体网格或三棱柱网格。

（1）Surface Mesh（面网格）：生成二维面网格，如图 4-31 所示。有 4 种网格类型可供选择：

- All Tri，所有网格单元类型为三角形。
- Quad w/one Tri，面上的网格单元大部分为四边形，最多允许有一个三角形网格单元。
- Quad Dominant，面上的网格单元大部分为四边形，允许有一部分三角形网格单元的存在。这种网格类型多用于复杂的面，此时如果生成全部四边形网格，就会导致网格质量非常低。对于简单的几何，该网格类型和 Quad w/one Tri 生成的网格效果相似。
- All Quad，所有网格单元类型为四边形。

（2）Volume Mesh（体网格）：生成三维体网格，如图 4-32 所示。有 3 种网格类型可供选择：

- Tetra/Mixed，是一种应用广泛的非结构网格类型。在默认情况下自动生成四面体网格（Tetra），通过设定可以创建三棱柱边界层网格（Prism），也可以在计算域内部生成以六面体单位为主的体网格（Hexcore），或者生成既包含边界层又包含六面体单元的网格。
- Hex-Dominant，是一种以六面体网格为主的体网格类型，这种网格在近壁面处质量较好，在模型内部质量较差。
- Cartesian，是一种自动生成的六面体非结构网格。

（3）Prism Mesh（三棱柱网格）：生成三棱柱网格，一般用来细化边界，如图 4-33 所示。

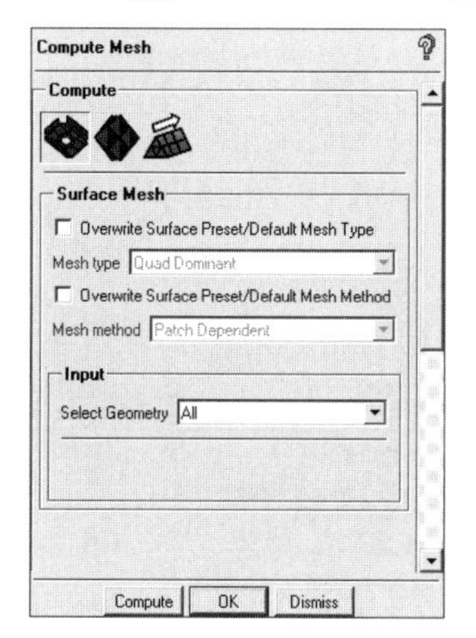

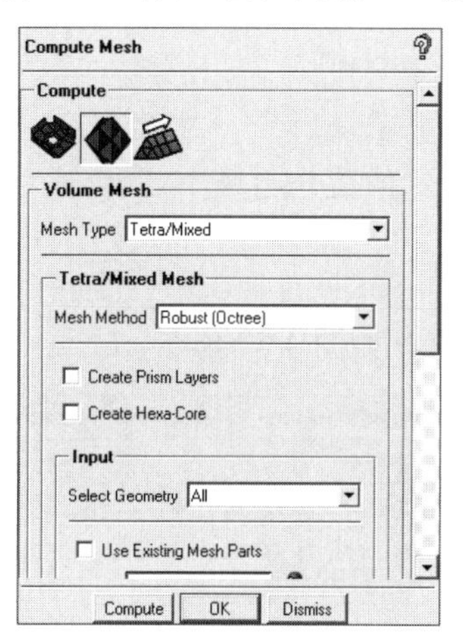

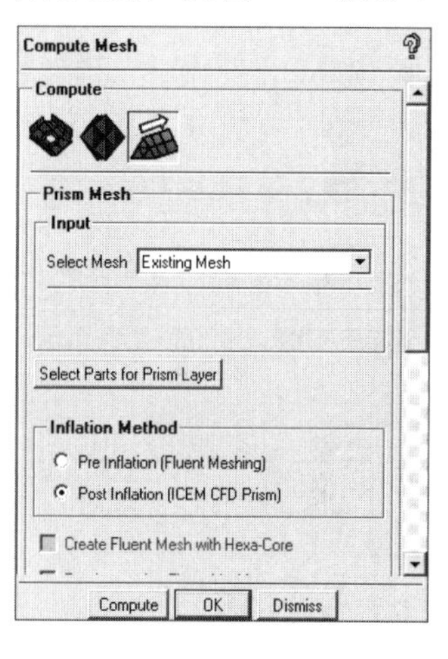

图 4-31　面网格　　图 4-32　体网格　　图 4-33　三棱柱网格

4.3.4　块的生成

除了自动生成网格外，ICEM CFD 还可以通过生成 Block（块）逼近几何模型，在块上生成质量更高的网格。

ICEM CFD 生成块的方式主要有两种：自上而下和自下而上。自上而下生成块的方式类似于雕刻家将一整块以切割、删除等操作方式构建符合要求的块。自下而上类似于建筑师从无到有，一步一步以添加的方式构建符合的块。无论是以何种方式进行块的构建，最终的块通常都是相似的。块生成的功能如图 4-34 所示。

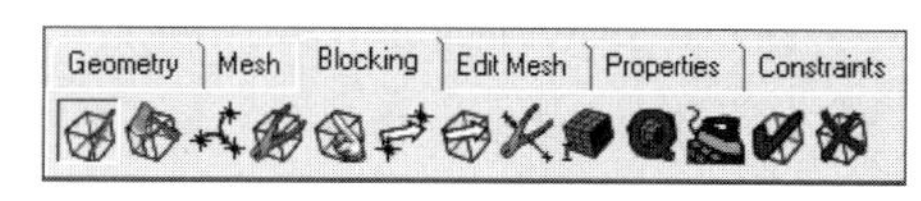

图 4-34　块生成

1. Create Block（生成块）

生成块用于包含整个几何模型，如图 4-35 所示。
生成块的方法包括以下 5 种：

- （生成初始块） 通过选定部位的方法生成块。
- （从顶点或面生成块） 使用选定顶点或面的方法生成块。
- （拉伸面） 使用拉伸二维面的方法生成块。
- （从二维到三维） 将二维面转换成三维块。
- （从三维到二维） 将三维块转换成二维面。

2. Split Block（分割块）

将块沿几何变形部分分割开来，从而使块能够更好地逼近几何模型，如图 4-36 所示。分割块的方法包括以下 6 种：

- （分割块） 直接使用界面分割块。
- （生成 O-Grid 块） 将块生成 O-Grid 网格形式。
- （延长分割） 延长局部的分割面。
- （分割面） 通过面上边线分割面。
- （指定分割面） 通过端点分割块。
- （自由分割） 通过手动指定的面分割块。

3. Merge Vertices（合并顶点）

将两个以上的顶点合并成一个顶点，如图 4-37 所示。

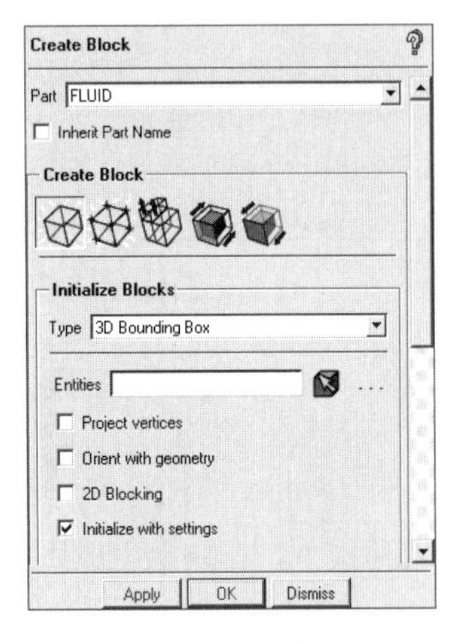

图 4-35 生成块面板

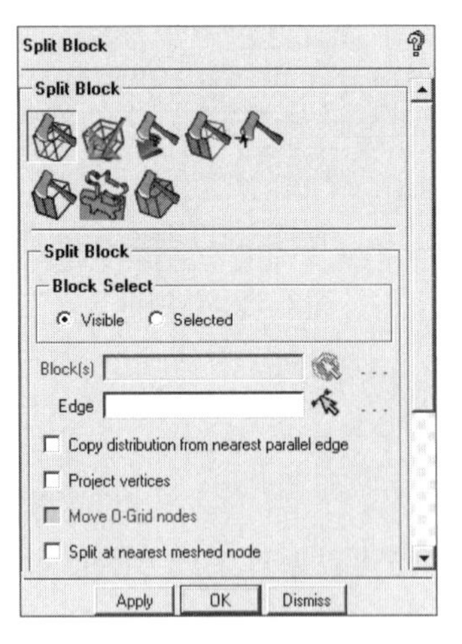

图 4-36 分割块面板

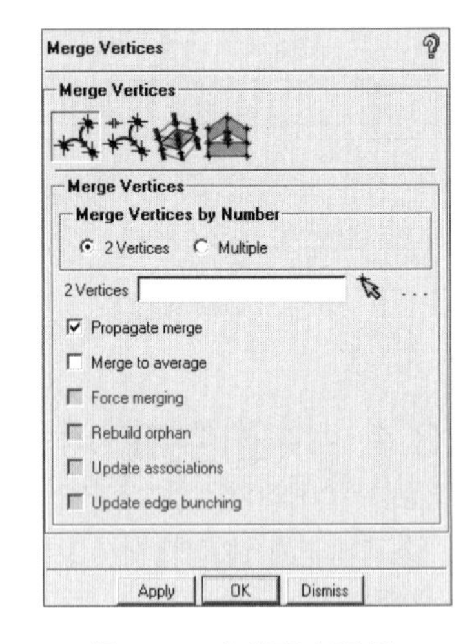

图 4-37 合并顶点面板

合并顶点的方法包括以下 4 种：

- （合并指定顶点） 通过指定固定点和合并点的方法将合并点向固定点移动，从而合成新顶点。
- （使用公差合并顶点） 合并在指定公差极限内的顶点。
- （删除块） 通过删除块的方法将原来块的顶点合并。

- (指定边缘线) 通过指定边缘线的方法将端点合并到线上。

4. Edit Block（编辑块）

通过编辑块的方法得到特殊的网格形式，如图 4-38 所示。编辑块的方法包括以下 7 种：

- (合并块) 将一些块合并为一个较大的块。
- (合并面) 将面和与之相邻的块合并。
- (修正 O-Grid 网格) 更改 O-Grid 网格的尺寸因子。
- (周期顶点) 使选定的几个顶点之间生成周期性。
- (修改块类型) 通过修改块类型生成特殊网格类型。
- (修改块方向) 改变块的坐标方向。
- (修改块编号) 更改块的编号。

5. Blocking Associations（生成关联）

在块与几何模型之间生成关联关系，从而使块更加逼近几何模型，如图 4-39 所示。

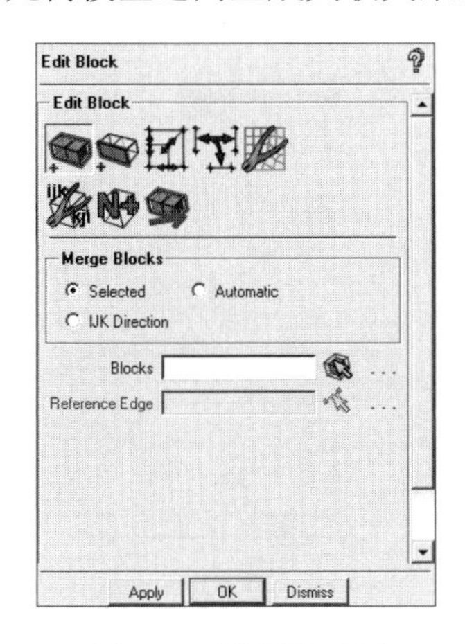

图 4-38 编辑块面板

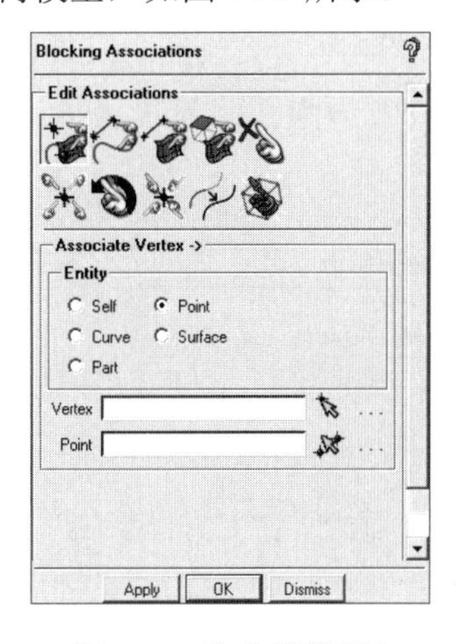

图 4-39 生成关联面板

生成关联的方法包括以下 10 种：

- (关联顶点) 选择块上的顶点和几何模型上的顶点，将两者关联。
- (关联边界与线段) 选择块上的边界和几何体上的线段，将两者关联。
- (关联边界到面) 将块上的边界关联到几何体的面上。
- (关联面到面) 将块上的面关联到几何体的面上。
- (删除关联) 曲线选中的关联。
- (更新关联) 自动在块与最近的几何体之间建立关联。
- (重置关联) 重置选中的关联。
- (快速生成投影顶点) 将可见顶点或选中顶点投影到相对应的点、线或面上。
- (生成或取消复合曲线) 将多条曲线形成群组，形成复合曲线，从而可以将多条边界关联到一条直线上。
- (自动关联) 以最合理的原则自动关联块和几何模型。

6. Move Vertices（移动顶点）

通过移动顶点的方法使网格角度达到最优化，如图 4-40 所示。移动顶点的方法包括以下 6 种：

- （移动顶点） 直接用鼠标拖动顶点。
- （指定位置） 为顶点直接指定位置，可以直接指定顶点坐标，或者通过选择参考点和相对位置的方法指定顶点位置。
- （沿面排列顶点） 指定平面，将选定顶点沿着面边界排列。
- （沿线排列顶点） 指定参考线段，将选定顶点移动至此线段上。
- （设定边界长度） 通过修改边界长度的方法移动顶点。
- （移动或旋转顶点） 移动或旋转顶点。

7. Transform Blocks（变换块）

通过对块的变换复制生成新的块，如图 4-41 所示。变换块的方法包括以下 5 种：

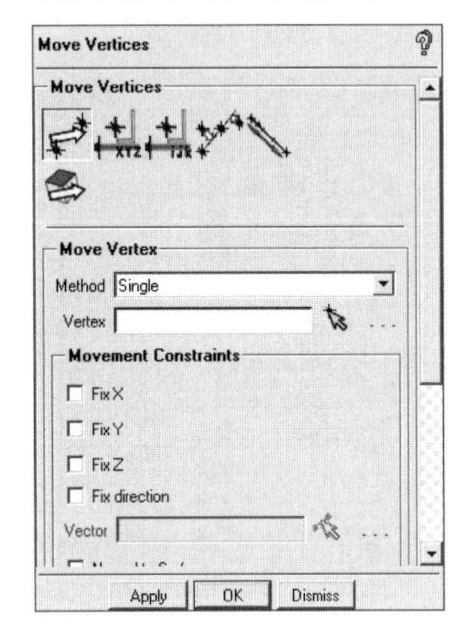

图 4-40 移动顶点面板

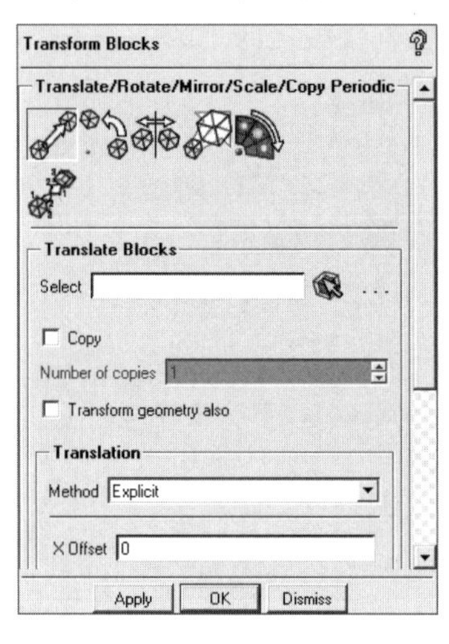

图 4-41 变换块面板

- （移动） 通过移动的方法生成新块。
- （旋转） 通过旋转的方法生成新块。
- （镜像） 通过镜像的方法生成新块。
- （成比例缩放） 以一定比例缩放生成新块。
- （周期性复制） 周期性地复制生成新块。

8. Edit Edges（编辑边界）

通过对块的边界进行修整以适应几何模型，如图 4-42 所示。编辑边界的方法包括：

- 分割边界。
- 移出分割。
- 通过关联的方法设定边界形状。
- 移出关联。
- 改变分割边界类型。

9. Pre-Mesh Params（预设网格参数）

指定网格参数供用户预览，如图 4-43 所示。预设网格参数包括以下 5 种：

- 更新尺寸　自动计算网格尺寸。
- 指定因子　指定一个固定值将网格密度变为原来的 n 倍。
- 边界参数　指定边界上的节点个数和分布原则。
- 匹配边界　将目标边界与参考边界相比较，按比例生成节点个数。
- 细化块　允许用户使用一定的原则细化块。

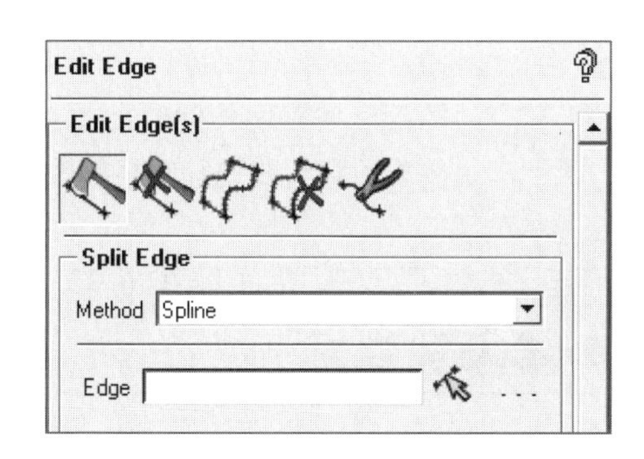

图 4-42　编辑边界面板

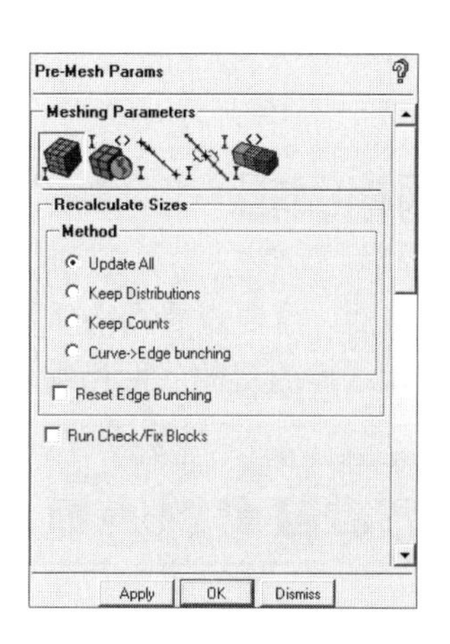

图 4-43　预设网格参数面板

10. Pre-Mesh Quality（预览网格质量）

该功能用于预览网格质量，从而修正网格，如图 4-44 所示。

11. Pre-Mesh Smooth（预览网格平滑）

平滑网格提高网格质量，如图 4-45 所示。

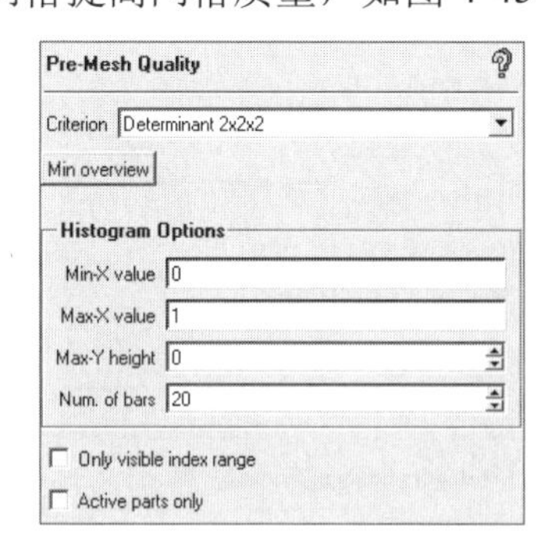

图 4-44　预览网格质量面板

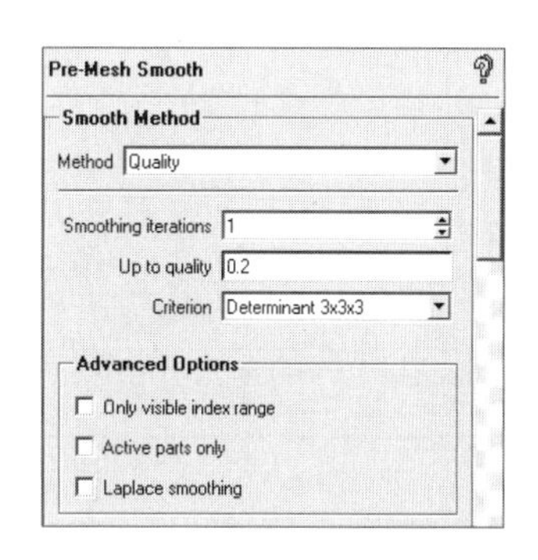

图 4-45　预览网格平滑面板

12. Check Blocks（检查块）

检查块的结构，如图 4-46 所示。

13. Delete Blocks（删除块）

删除选定的块，如图 4-47 所示。

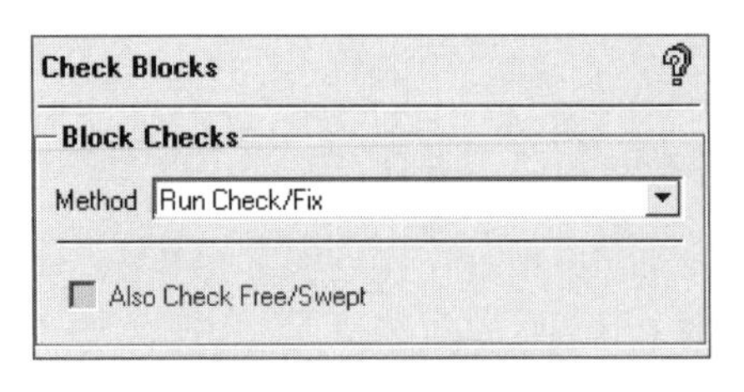

图 4-46 检查块面板

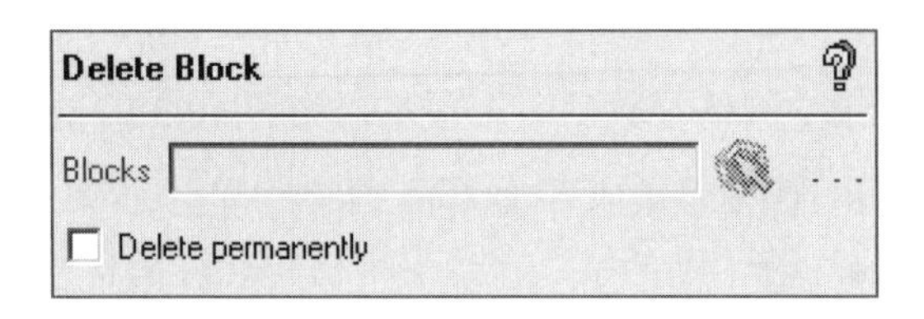

图 4-47 删除块面板

鉴于预览网格质量、预览网格平滑、检查块和删除块设置相对简单，限于篇幅不再赘述，有兴趣的读者可参考帮助文档。

4.3.5 网格编辑

网格生成以后，需要查看网格质量是否满足计算要求，若不满足要求，则需要进行网格修改。网格编辑选项可实现这样的目的。网格编辑选项如图 4-48 所示。

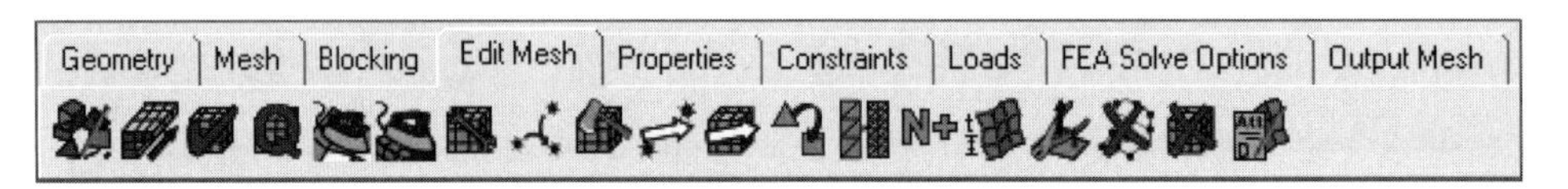

图 4-48 网格编辑选项

1. Create Elements（生成元素）

手动生成不同类型的元素，元素类型包括点、线、三角形、矩形、四面体、棱柱、金字塔、六面体等，如图 4-49 所示。

2. Extrude Mesh（扩展网格）

通过拉伸面网格生成体网格的方法，如图 4-50 所示。

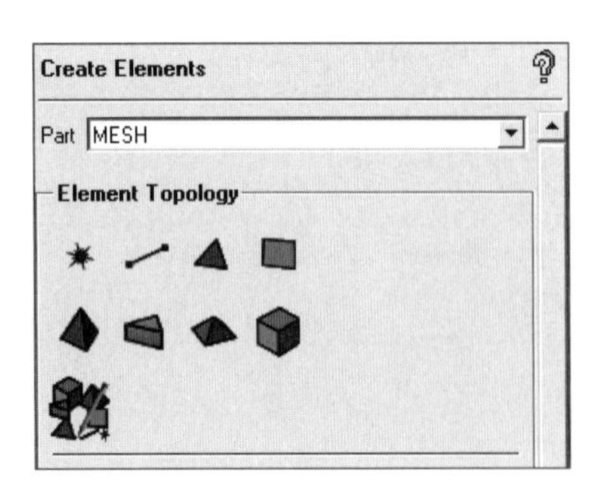

图 4-49 生成元素

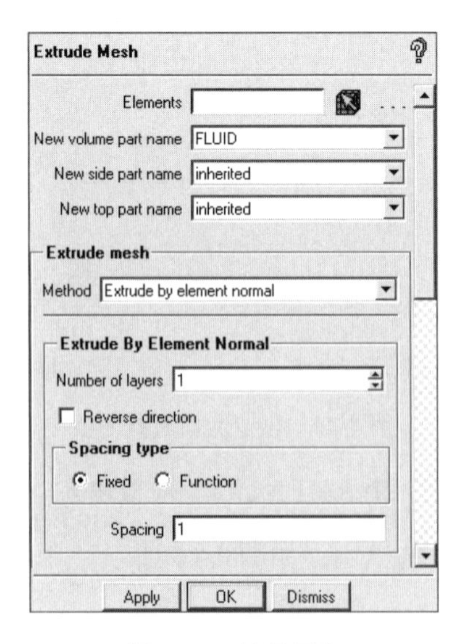

图 4-50 扩展网格

扩展网格的方法包括以下4种：

- Extrude by Element Normal（通过单元拉伸）。
- Extrude Along Curve（通过沿曲线拉伸）。
- Extrude by Vector（通过沿矢量方向拉伸）。
- Extrude by Rotation（通过旋转拉伸）。

3. Check Mesh（检查网格）

检查并修复网格，提高网格质量，如图4-51所示。

4. Display Mesh Quality（显示网格质量）

显示网格质量，如图4-52所示。

5. Smooth Mesh Globally（平顺全局网格）

修剪自动生成的网格，删去质量低于某个值的网格节点，提高网格质量，如图4-53所示。平顺全局网格的类型包括以下3种：

- Smooth（平顺） 通过平顺特定单元类型的单元提高网格质量。
- Freeze（冻结） 通过冻结特定单元类型的单元使得在平顺过程中该单元不被改变。
- Float（浮动） 通过几何约束控制特定单元类型的单元在平顺过程中的移动。

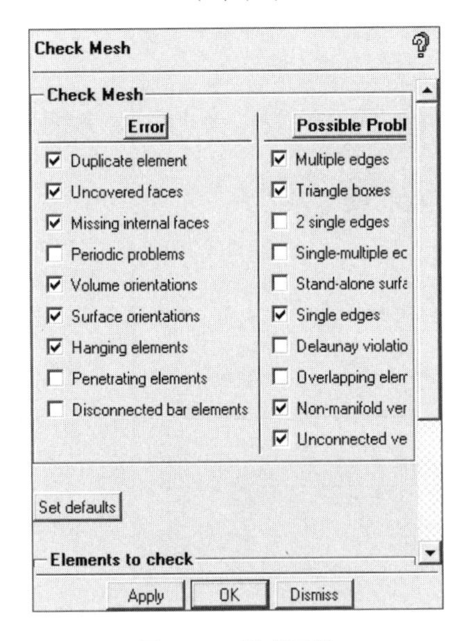

图4-51 检查网格

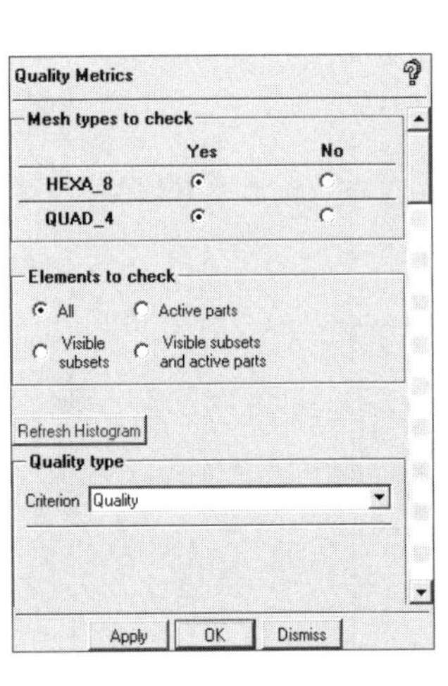

图4-52 显示网格质量

图4-53 平顺全局网格

6. Smooth Hexahedral Mesh Orthogonal（平顺六面体网格）

修剪非结构化网格，提高网格质量，如图4-54所示。平顺类型包括以下两种：

- Orthogonality（正交） 平顺将努力保持正交性和第一层的高度。
- Laplace（拉普拉斯） 平顺将尝试通过设置控制函数使网格均一化。

冻结选项包括以下两种：

- All Surface Boundaries（所有表面边界） 冻结所有边界点。
- Selected Parts（选择部分） 冻结所选择部分的边界点。

7. Repair Mesh（修复网格）

手动修复质量较差的网格，如图 4-55 所示。修复网格的方法包括：

- Build Mesh Topology（建立网格的拓扑结构）。
- Remesh Elements（重新划分网格）。
- Remesh Bad Elements（重新划分质量较差的单元网格）。
- Find/Close Holes in Mesh（发现/关闭网格中的孔）。
- Mesh From Edges（网格边缘）。
- Stitch Edges（缝边）。
- Smooth Surface Mesh（光顺表面网格）。
- Flood Fill / Make Consistent（填充/使一致）。
- Associate Mesh With Geometry（关联网格）。
- Enforce Node, Remesh（加强节点，重新划分网格）。
- Make/Remove Periodic（指定/删除周期性）。
- Mark Enclosed Elements（标记封闭单元）。

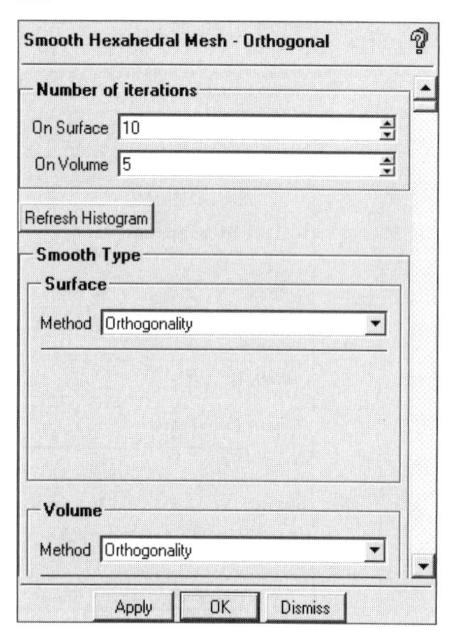

图 4-54 平顺六面体网格

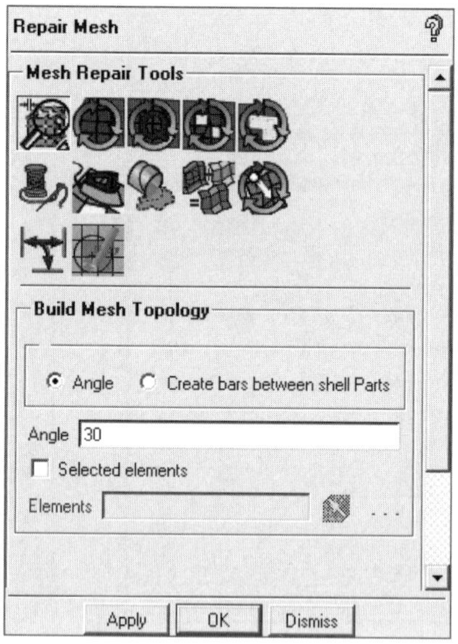

图 4-55 修复网格

8. Merge Nodes（合并节点）

通过合并节点提高网格质量，如图 4-56 所示。合并节点的类型包括：

- Merge Interactive（合并选定的节点）。
- Merge Tolerance（根据容差合并节点）。
- Merge Meshes（合并网格）。

9. Split Mesh（分割网格）

通过分割网格提高网格质量，如图 4-57 所示。分割网格的类型包括：

- Split Nodes（分割节点）。
- Split Edges（分割边界）。
- Swap Edges（交换边界）。
- Split Tri Elements（分割三角单元）。
- Split Internal Wall（分割内部墙）。
- Y-Split Hexas at Vertex（分割六面体单元）。
- Split Prisms（分割三棱柱）。

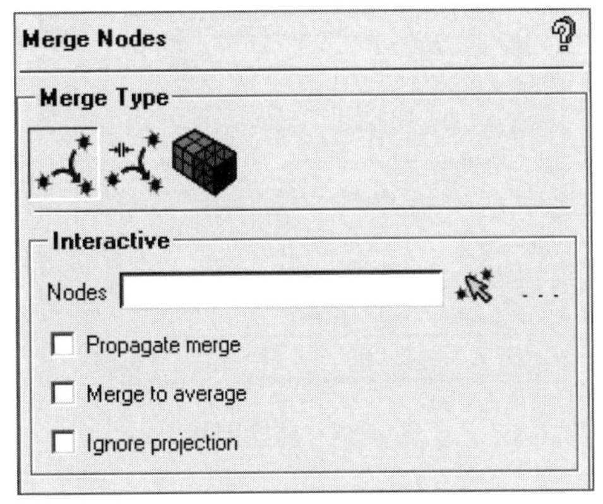

图 4-56 合并节点

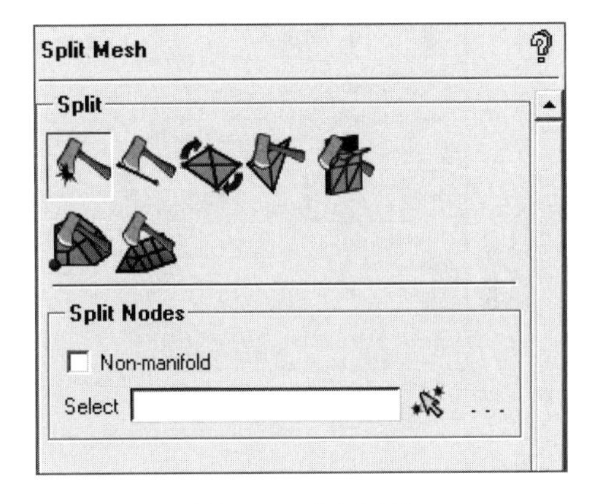

图 4-57 分割网格

10. Move Nodes（移动节点）

通过移动节点提高网格质量，如图 4-58 所示。移动节点类型包括：

- Interactive（移动选取的节点）。
- Exact（修改节点的坐标值）。
- Offset Mesh（偏置网格）。
- Align Nodes（定义参考方向）。
- Redistribute Prism Edge（重新分配三棱柱边界）。
- Project Node to Surface（投影节点到面）。
- Project Node to Curve（投影节点到曲线）。
- Project Node to Point（投影节点到点）。
- Un-Project Nodes（非投影节点）。
- Lock/Unlock Elements（锁定/解锁单元）。
- Snap Project Nodes（选取投影节点）。
- Update Projection（更新投影）。
- Project Nodes to Plane（投影节点到平面）。

11. Transform Mesh（转换网格）

通过移动、旋转、镜像和缩放等方法提高网格质量，如图 4-59 所示。转换网格的方法包括：

- Translate（移动）。
- Rotate（旋转）。
- Mirror（镜像）。
- Scale（缩放）。

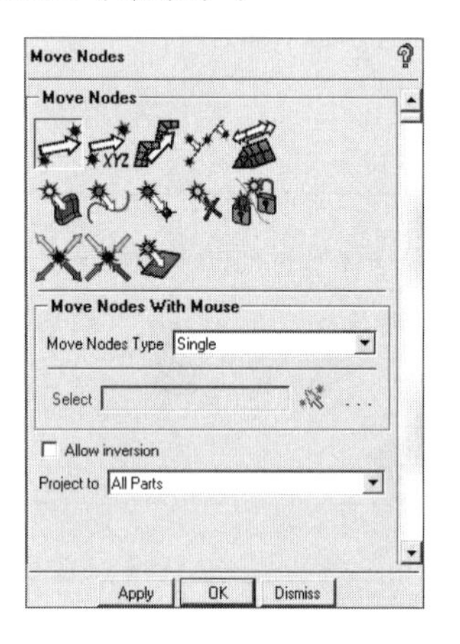

图 4-58　移动节点

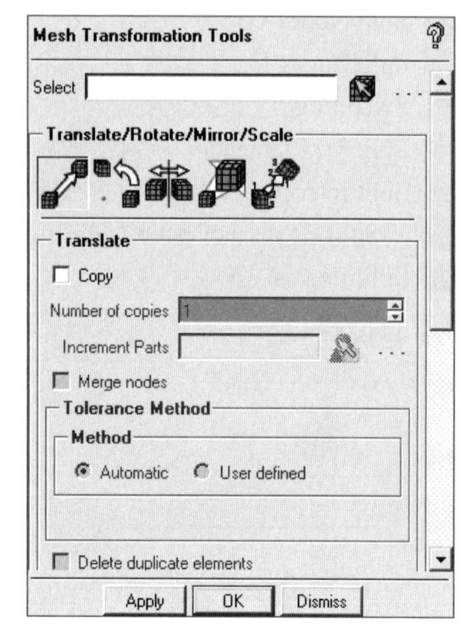

图 4-59　转换网格

12. Covert Mesh Type（更改网格类型）

通过更改网格类型提高网格质量，如图 4-60 所示。更改网格类型的方法包括：

- Tri to Quad（三角形网格转化为四边形网格）。
- Quad to Tri（四边形网格转化为三角形网格）。
- Tetra to Hexa（四面体网格转化为六面体网格）。
- All Types to Tetra（所有类型网格转化为四面体网格）。
- Shell to Solid（面网格转换为体网格）。
- Create Mid Side Nodes（创建网格中点）。
- Delete Mid Side Nodes（删除网格中点）。

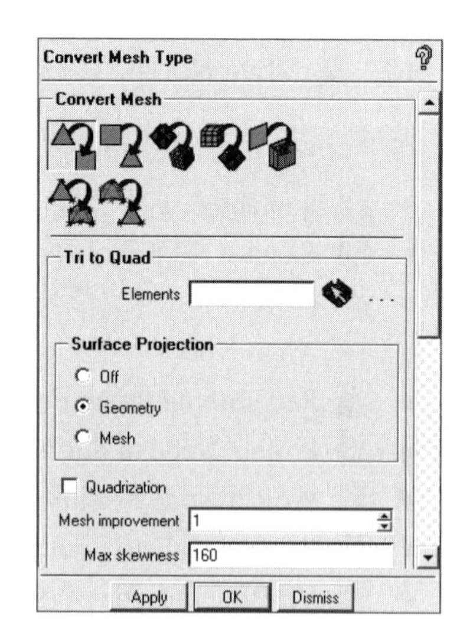

图 4-60　更改网格类型

13. Adjust Mesh Density（调整网格密度）

加密网格或使网格变稀疏，如图 4-61 所示。调整网格密度的方法包括：

- Refine All Mesh（加密所有网格）。
- Refine Selected Mesh（加密选择的网格）。
- Coarsen All Mesh（粗糙所有网格）。
- Coarsen Selected Mesh（粗糙选择的网格）。

14. Renumber Mesh（重新为网格编号）

重新为网格编号，如图 4-62 所示。重新为网格编号的方法包括：

- User Defined（用户定义）。
- Optimize Bandwidth（优化带宽）。

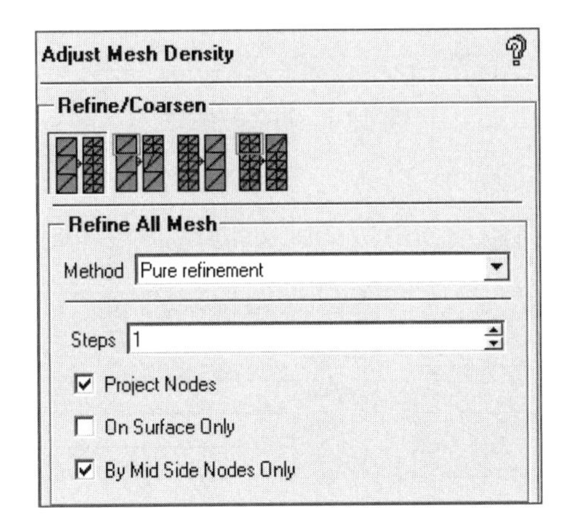

图 4-61　调整网格密度

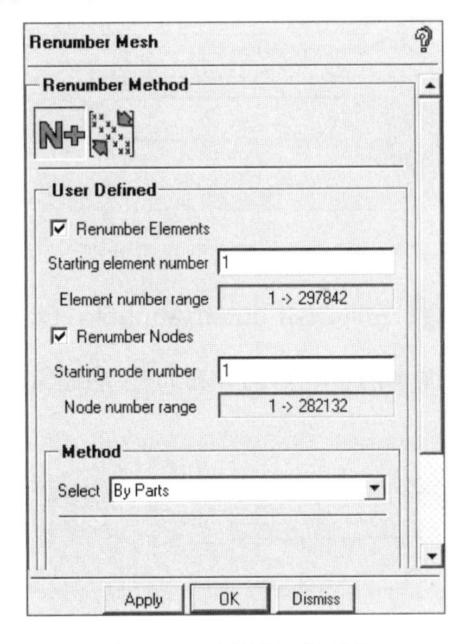

图 4-62　重新为网格编号

15. Adjust Mesh Thickness（调整网格厚度）

修改选定节点的网格厚度，如图 4-63 所示。调整网格厚度的方法包括以下 3 种：

- Calculate（计算）　网格厚度将自动通过表面单元厚度计算得到。
- Remove（去除）　去除网格厚度。
- Modify selected nodes（修改选择的节点）　修改单个节点的网格厚度。

16. Reorient Mesh（再定位网格）

使网格在一定方向上重新定位，如图 4-64 所示。再定位网格的方法包括：

- Reorient Volume（再定位几何体）。
- Reorient Consistent（再定位一致性）。
- Reverse Direction（反转方向）。
- Reorient Direction（再定位方向）。
- Reverse Line Element Direction（反转线单元方向）。
- Change Element IJK（改变单元方向）。

17. Delete Nodes（删除节点）

删除选择的节点，如图 4-65 所示。

18. Delete Elements（删除网格）

删除选择的网格，如图 4-66 所示。

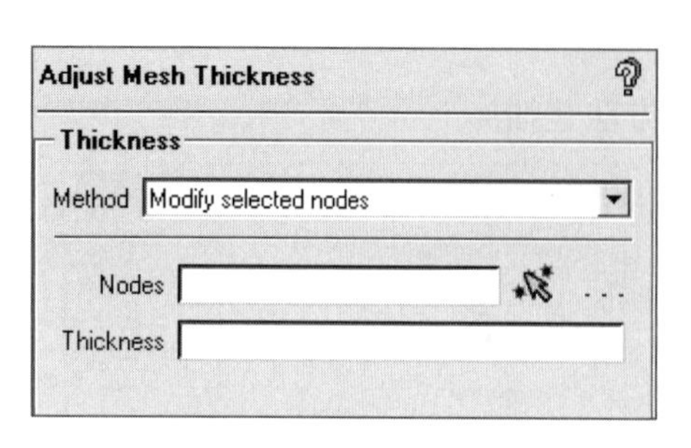

图 4-63　调整网格厚度

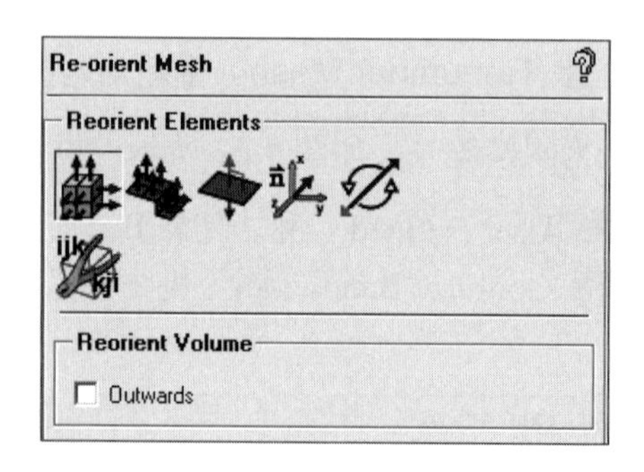

图 4-64　再定位网格

19. Edit Distributed Attribute（编辑分布属性）

通过编辑网格单元的分布属性提高网格质量，如图 4-67 所示。

图 4-65　删除节点

图 4-66　删除网格

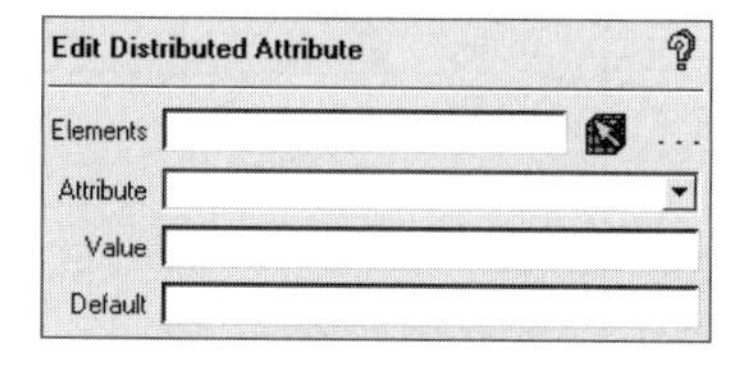

图 4-67　编辑分布属性

4.3.6　网格输出

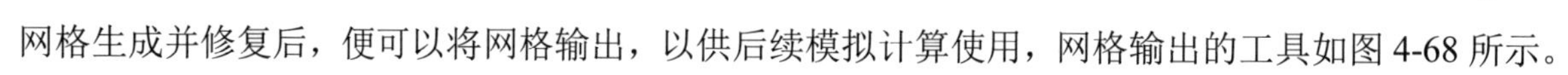

网格生成并修复后，便可以将网格输出，以供后续模拟计算使用，网格输出的工具如图 4-68 所示。

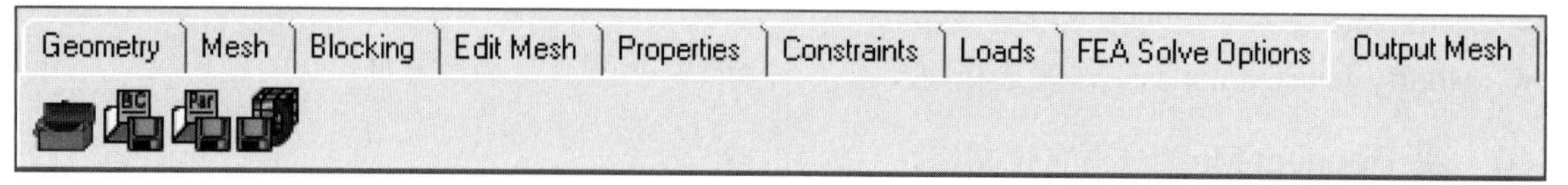

图 4-68　网格输出

网格输出的使用方法如下：

1. Select Solver（选择求解器）

选择进行数值计算的求解器。对于 Fluent 来说，求解器选择为 ANSYS Fluent 选项，如图 4-69 所示。

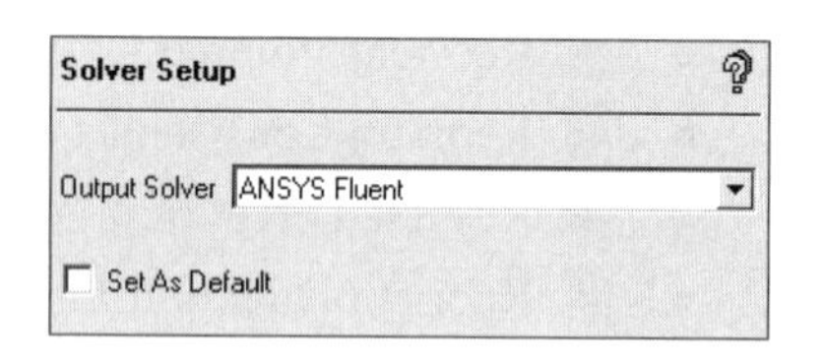

图 4-69　选择求解器

2. Boundary Conditions（边界条件）

此功能用于查看定义的边界条件，如图 4-70 所示。

3. Edit Parameters（编辑参数）

此功能用于编辑网格参数。

4. Write Import（写出输入）

将网格文件写成 Fluent 可导入的*.msh 文件，如图 4-71 所示。

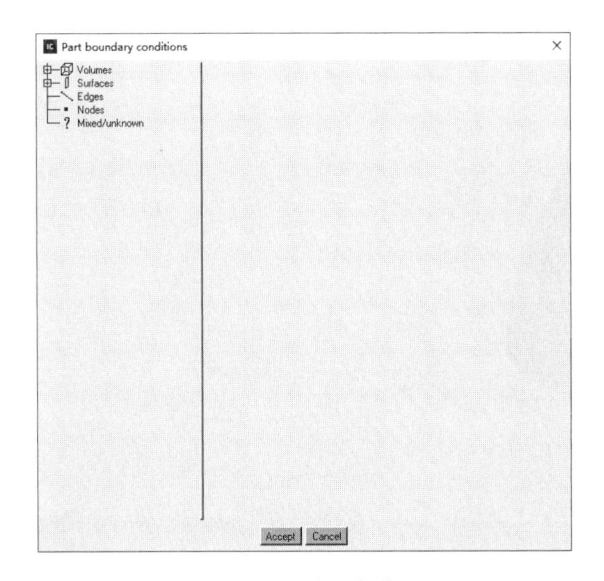

图 4-70　边界条件

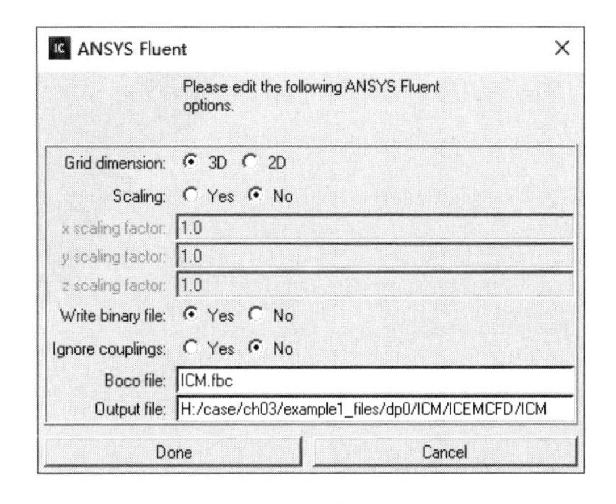

图 4-71　写出输入

4.4 ANSYS ICEM CFD实例分析

本节将介绍一个弯管部件几何模型结构化网格生成的例子。弯管是机械工程中常见的部件，同时对发动机气道模型的网格划分也具有一定的指导意义，通过本实例的分析让读者对 ANSYS ICEM CFD 19.0 进行网格划分的过程有一个初步了解。

4.4.1 启动 ICEM CFD 并建立分析项目

（1）在 Windows 系统下执行“开始”→“所有程序”→ANSYS 2020→ICEM CFD 2020 命令，启动 ICEM CFD 2020，进入 ICEM CFD 2020 界面。

（2）执行 File→Save Project 命令，弹出 Save Project As（保持项目）对话框，在文件名文本框中填入 icemcfd.prj，单击“确认”按钮关闭对话框。

4.4.2 导入几何模型

执行 File→Import Model 命令，选择.STEP 文件类型，在弹出的对话框中选择 ElbowPart.STEP 文件，单击“打开”按钮进行确认。在设置面板中单击 Apply 按钮后，生成 ICEM 的几何文件 ElbowPart.tin，同时在图形显示区将显示几何模型（显示面并设置为透明），如图 4-72 所示。

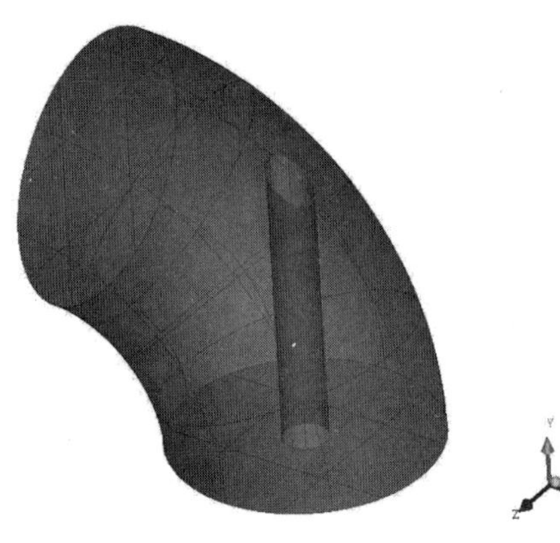

图 4-72　几何模型

4.4.3　模型建立

步骤 01　单击功能区内 Geometry（几何）选项卡中的（修复模型）按钮，弹出如图 4-73 所示的 Repair Geometry（修复模型）面板，单击按钮，在 Tolerance 文本框中填入 0.1，勾选 Filter points 和 Filter curves 复选框，在 Feature angle 文本框中填入 30，单击 OK 按钮确认，几何模型修复完毕，如图 4-74 所示。

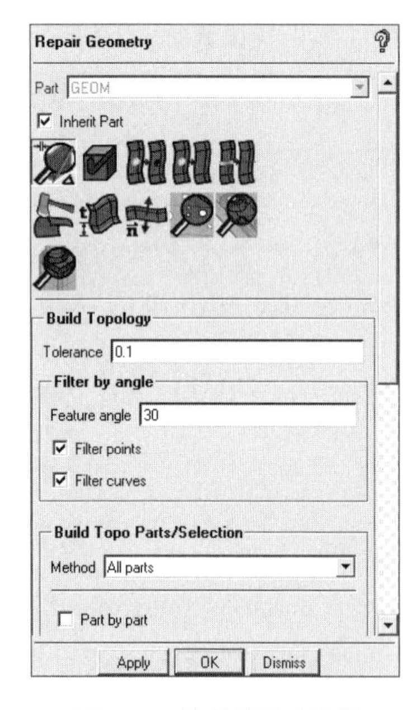

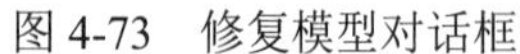
图 4-73　修复模型对话框

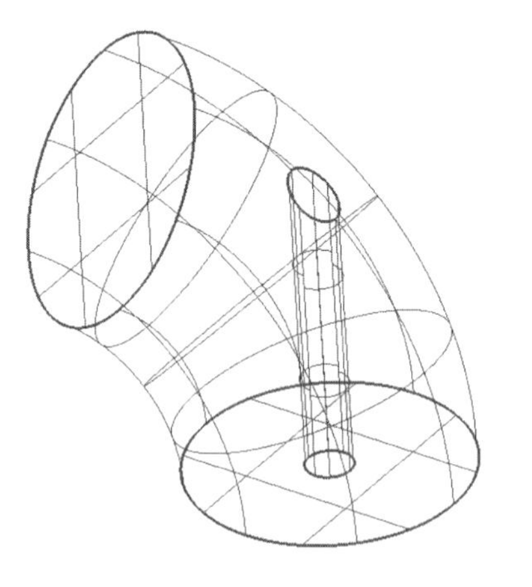

图 4-74　修复后的几何模型

步骤 02　打开操作控制树，在 Parts 上右击，弹出如图 4-75 所示的目录树，单击 Create Part，弹出如图 4-76 所示的 Create Part 面板，在 Part 文本框中填入 IN，单击按钮选择边界，单击鼠标中键确认，生成边界，如图 4-77 所示。

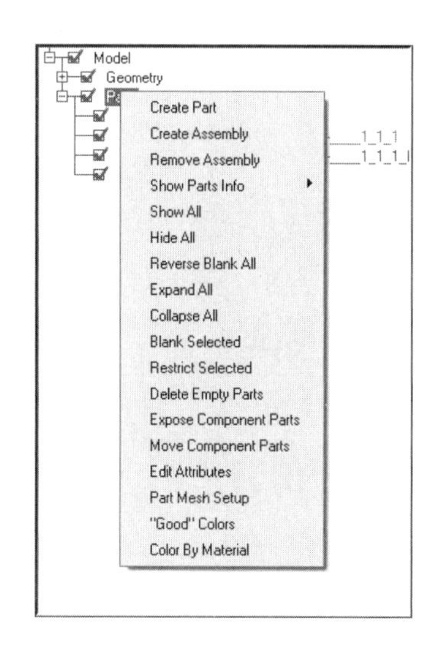

图 4-75　生成边界命令

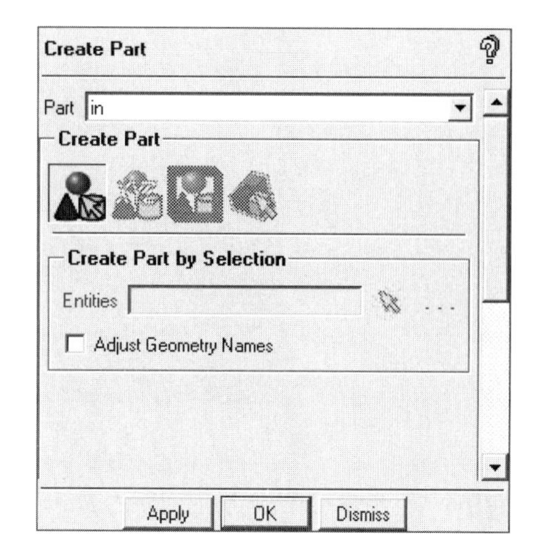

图 4-76　生成边界面板

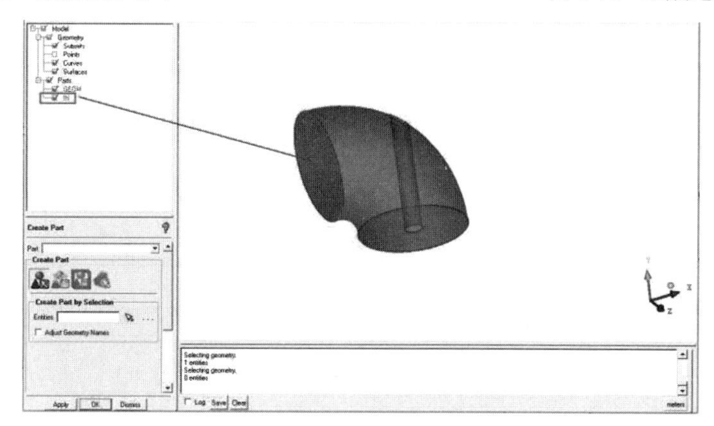

图 4-77　生成边界

步骤 03　以步骤 02 的方法生成边界，命名为 OUT，如图 4-78 所示。

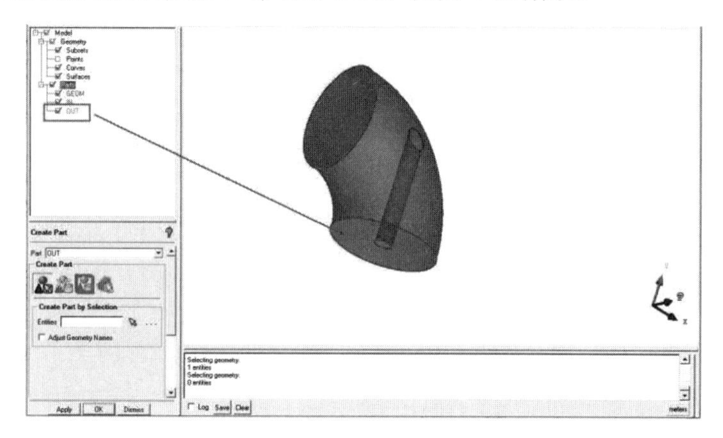

图 4-78　将边界命名为 OUT

步骤 04　以步骤 02 的方法生成新的 Part，命名为 ELBOW，如图 4-79 所示。

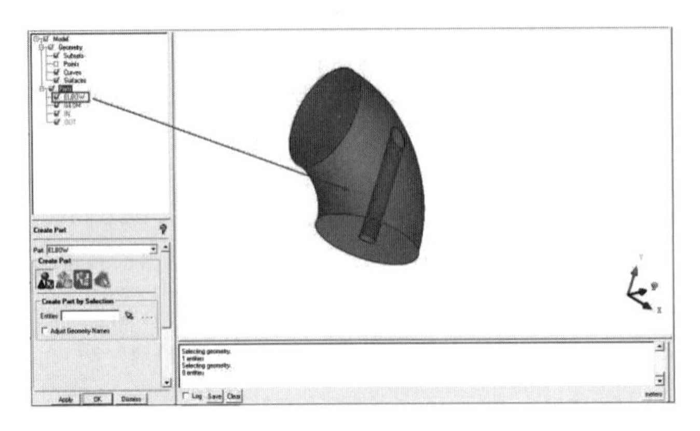

图 4-79　将新 Part 命名为 ELBOW

步骤 05　以步骤 02 的方法生成新的 Part，命名为 CYLIN，如图 4-80 所示。

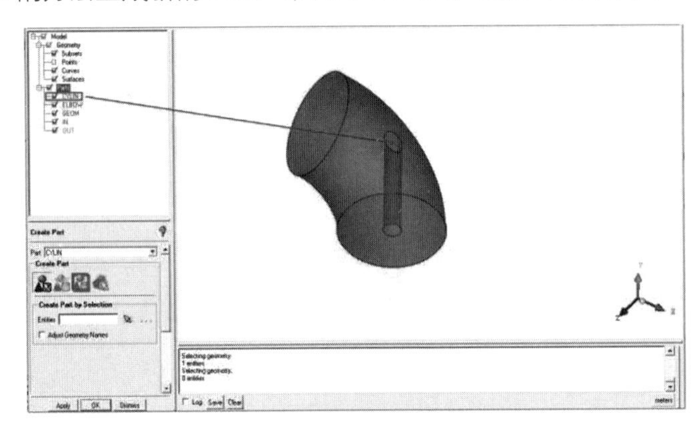

图 4-80　将新 Part 命名为 CYLIN

步骤 06　单击功能区内 Geometry（几何）选项卡中的（生成体）按钮，弹出如图 4-81 所示的 Create Body（生成体）面板，然后单击按钮，在 Part 文本框中输入“fluid”，选择如图 4-82 所示的两个屏幕位置，单击鼠标中键确认，并确保物质点在管的内部、在圆柱杆的外部。

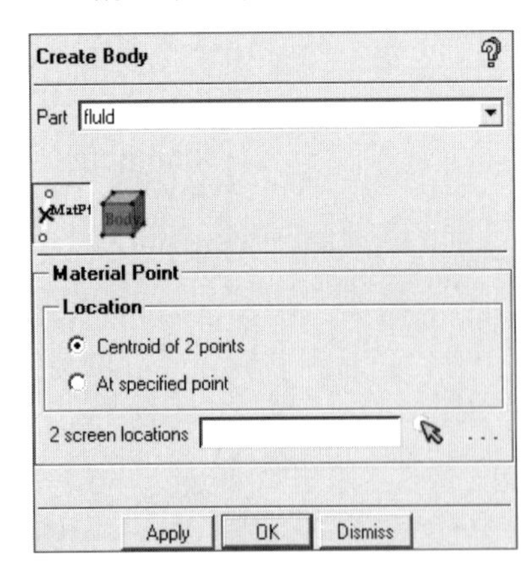

图 4-81　生成体面板

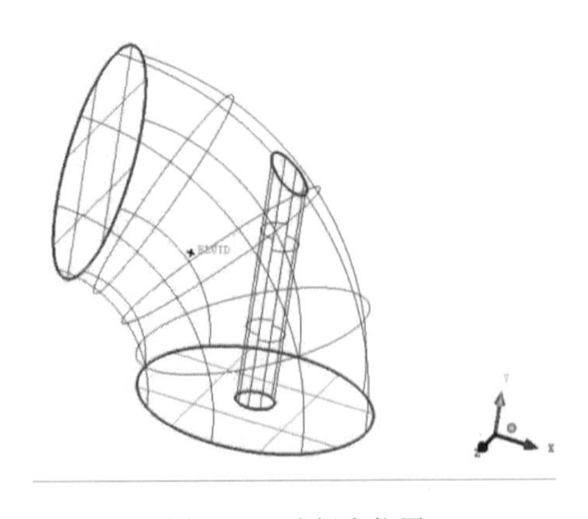

图 4-82　选择点位置

步骤 07　同步骤 06，在 Part 文本框中输入“DEAD”，选择如图 4-83 所示的两个屏幕位置，单击鼠标中键确认并确保物质点在圆柱杆的内部。

步骤 08 打开操作控制树，在 Parts 上右击，弹出如图 4-84 所示的目录树，单击"Good" Colors 命令。

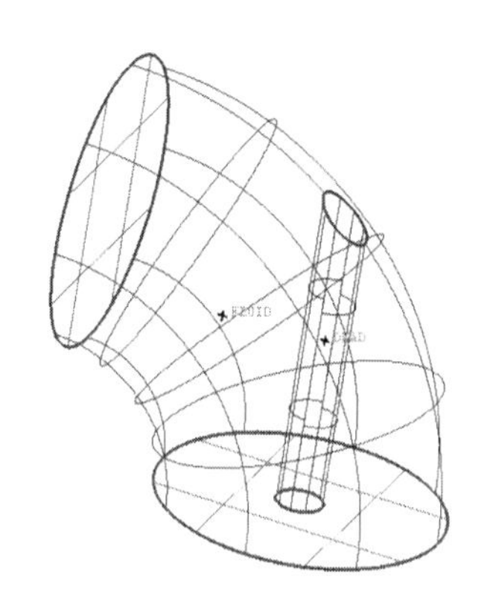

图 4-83 选择点位置

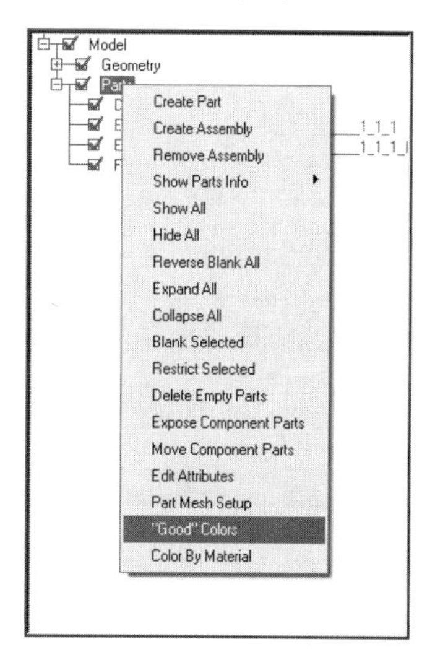

图 4-84 单击"Good" Colors 命令

4.4.4 生成块

步骤 01 单击功能区内 Blocking（块）选项卡中的（创建块）按钮，弹出如图 4-85 所示的 Create Block（创建块）面板。单击按钮，将 Type 设为 3D Bounding Box，单击 OK 按钮确认，创建的初始块如图 4-86 所示。

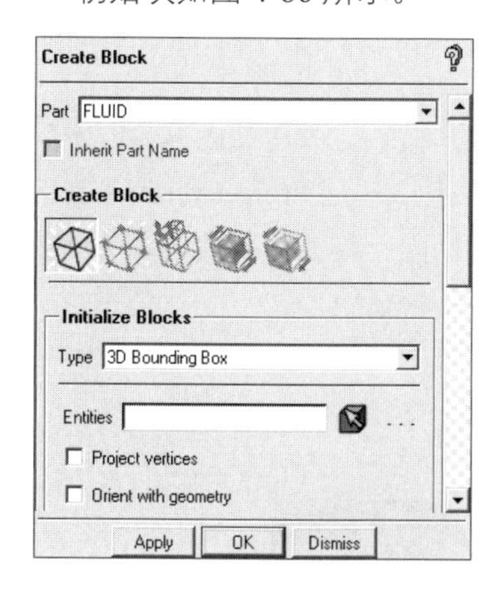

图 4-85 创建块面板

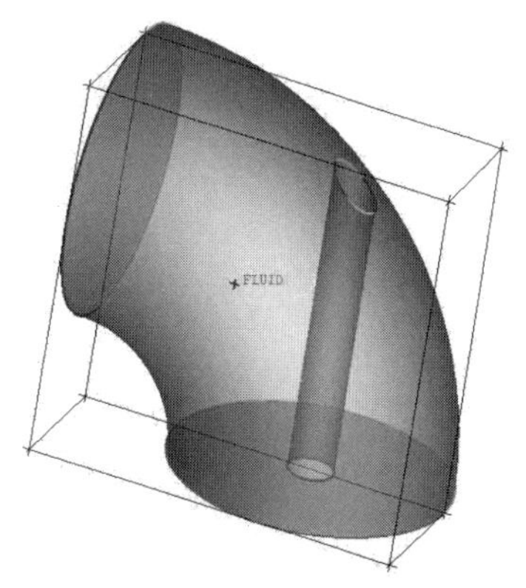

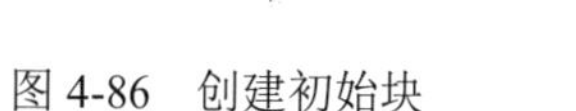

图 4-86 创建初始块

步骤 02 单击功能区内 Blocking（块）选项卡中的（分割块）按钮，弹出如图 4-87 所示的 Split Block（分割块）面板。单击按钮，然后单击 Edge 文本框旁边的按钮，在几何模型上单击要分割的边，新建一条边，新建的边垂直于选择的边，拖动新建的边到合适的位置，单击鼠标中键或 Apply 按钮完成操作，创建的分割块如图 4-88 所示。

步骤 03 单击功能区内 Blocking（块）选项卡中的（删除块）按钮，弹出如图 4-89 所示的 Delete Block（删除块）面板。选择顶角的块，单击 Apply 按钮或鼠标中键，删除块的效果如图 4-90 所示。

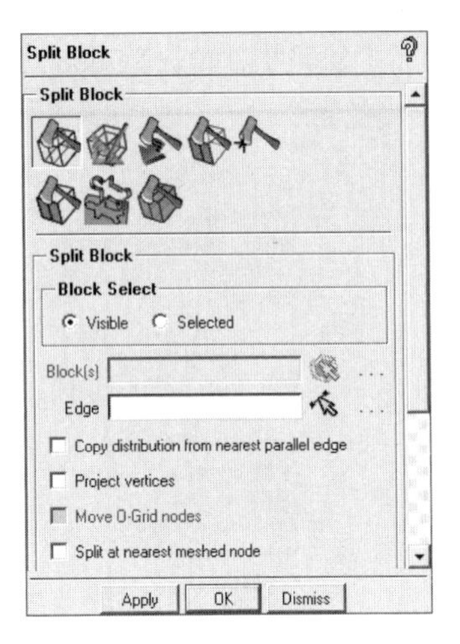

图 4-87　分割块面板

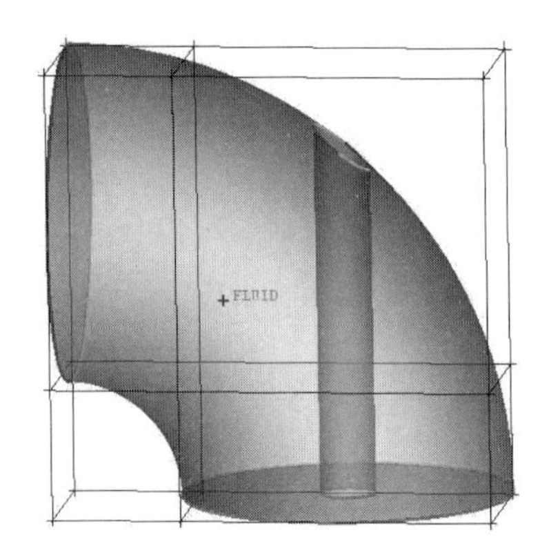

图 4-88　分割块

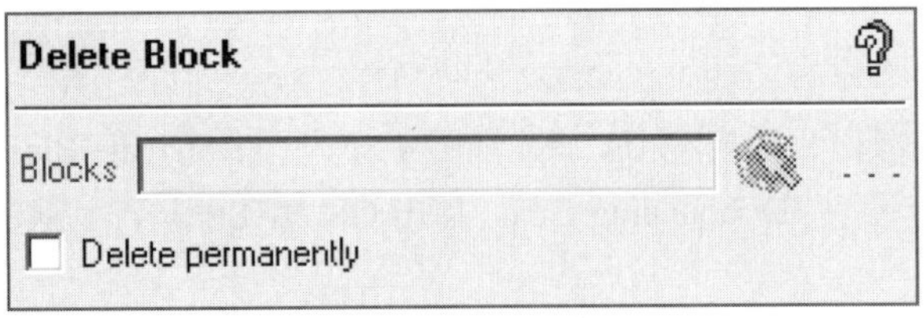

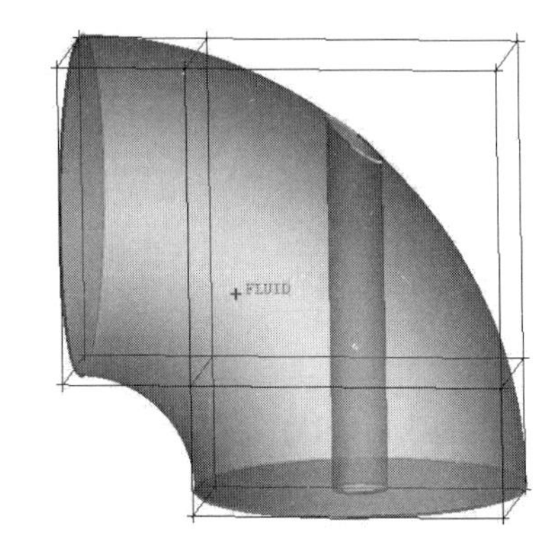

Delete Block

Blocks

Delete permanently

图 4-89　删除块面板

图 4-90　删除块

步骤04 单击功能区内 Blocking（块）选项卡中的 （关联）按钮，弹出如图 4-91 所示的 Blocking Associations（块关联）面板。单击 Edge （关联）按钮，勾选 Project vertices 复选框，单击 选择弯管一侧的边，单击鼠标中键，然后单击 选择同一侧的四条曲线，单击鼠标中键，选择的曲线会自动组成一组，关联边和曲线的选取如图 4-92 所示。

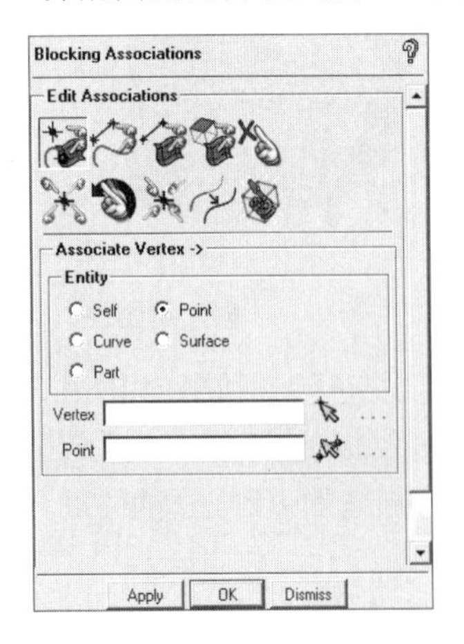

图 4-91　块关联面板

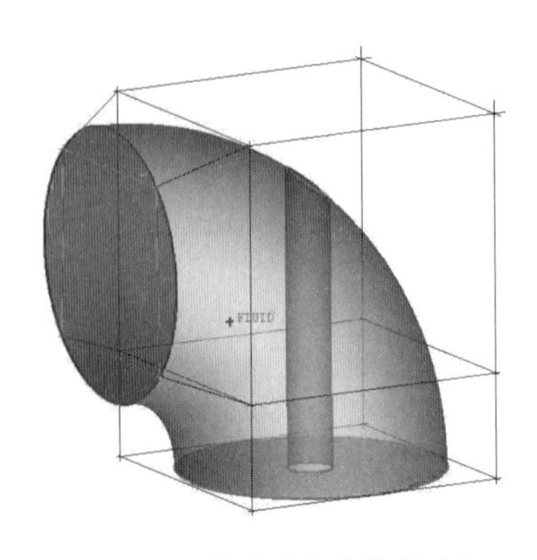

图 4-92　关联边和曲线的选取

步骤05 同步骤 04，对弯管的另一端进行操作，如图 4-93 所示。

步骤06 单击功能区内 Blocking（块）选项卡中的（移动顶点）按钮，弹出如图 4-94 所示的 Move Vertices（移动顶点）面板。单击按钮，然后单击 Ref. Vertex 旁的按钮，选择出口上的一个顶点，然后勾选 Modify X 复选框，单击 Vertices to Set，选择 ELBOW 顶部的一个顶点，单击鼠标中键完成操作。顶点移动后的位置如图 4-95 所示。

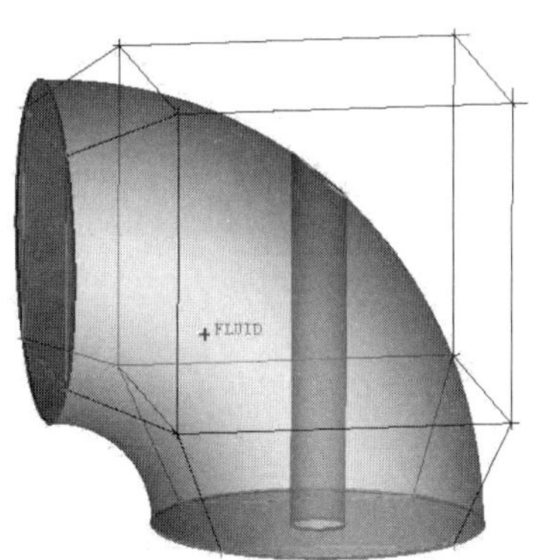

图 4-93　顶点关联

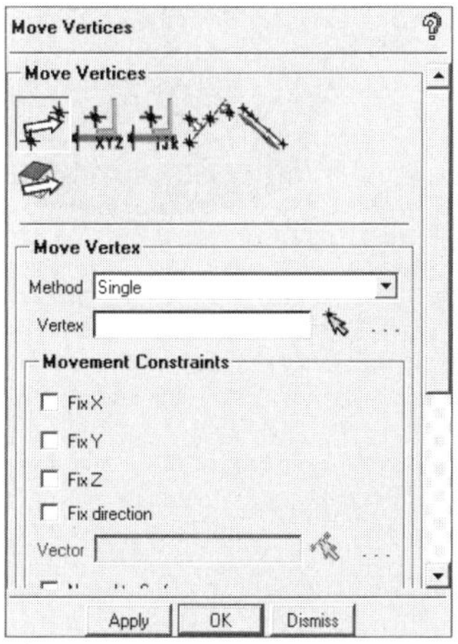

图 4-94　移动顶点面板

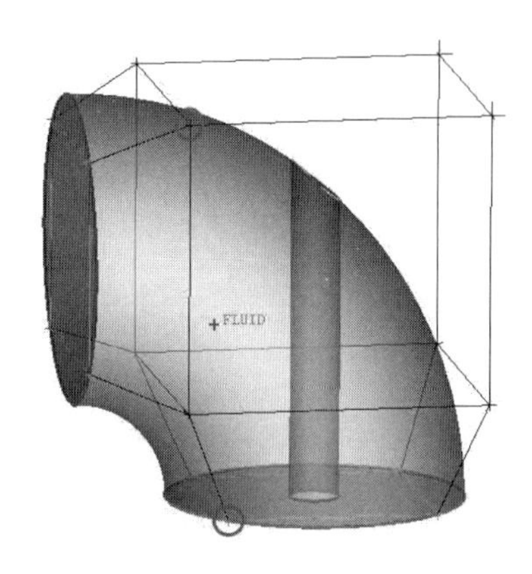

图 4-95　顶点移动后的位置

步骤07 同步骤 06，移动 ELBOW 顶部的另外 3 个顶点，如图 4-96 所示。

步骤08 单击功能区内 Blocking（块）选项卡中的（关联）按钮，弹出如图 4-97 所示的 Blocking Associations（块关联）面板。单击（捕捉投影点）按钮，ICEM CFD 将自动捕捉顶点到最近的几何位置，如图 4-98 所示。

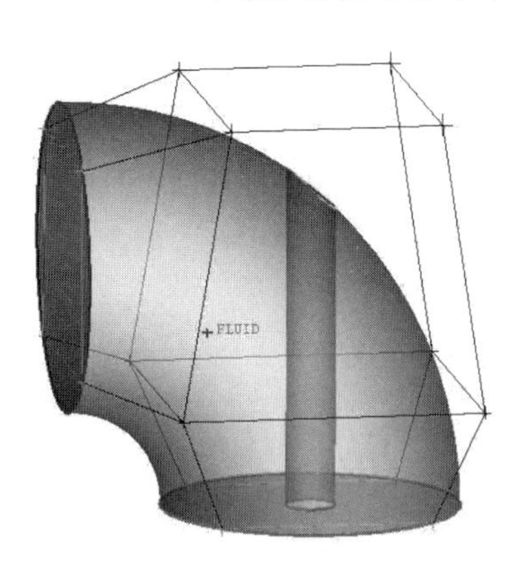

图 4-96　顶点移动后的位置

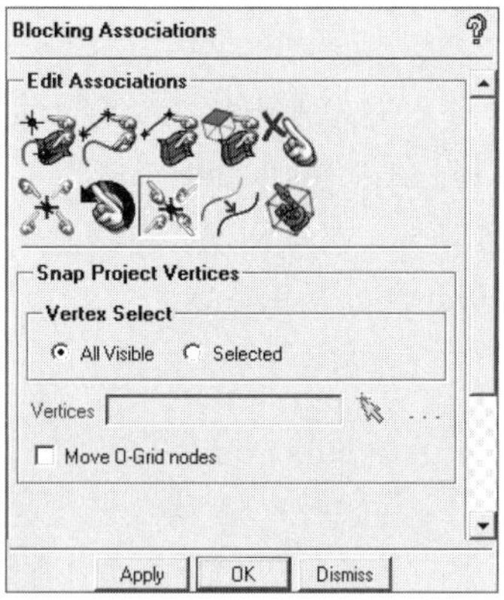

图 4-97　块关联面板

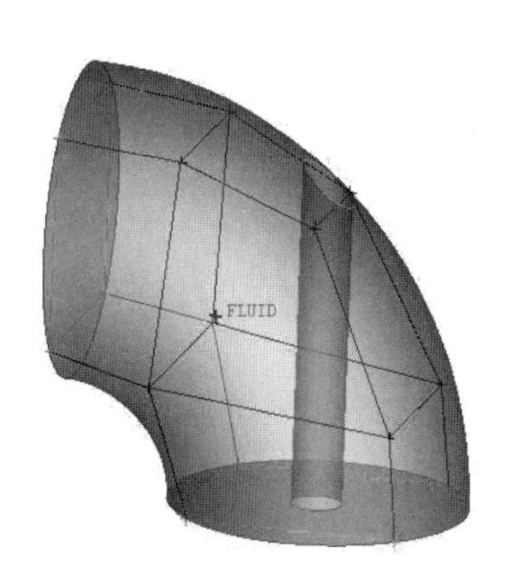

图 4-98　顶点自动移动

步骤09 单击功能区内 Blocking（块）选项卡中的（O-Grid）按钮，弹出如图 4-99 所示的 Split Blocks 面板。单击 Select Blocks 旁边的按钮，选择右侧的两个块，单击 Select Faces 旁边的按钮，选择管两端的面，单击 Apply 完成操作，选择的面如图 4-100 所示。

步骤10 打开操作控制树，在 Parts 中的 DEAD 选项上右击，弹出如图 4-101 所示的目录树。单击 Add to Part 选项，弹出如图 4-102 所示的 Add to Part 面板。单击选项栏中的 Add to Part，设置 Blocking Material，选择中心的两个块，单击鼠标中键确认，如图 4-103 所示。

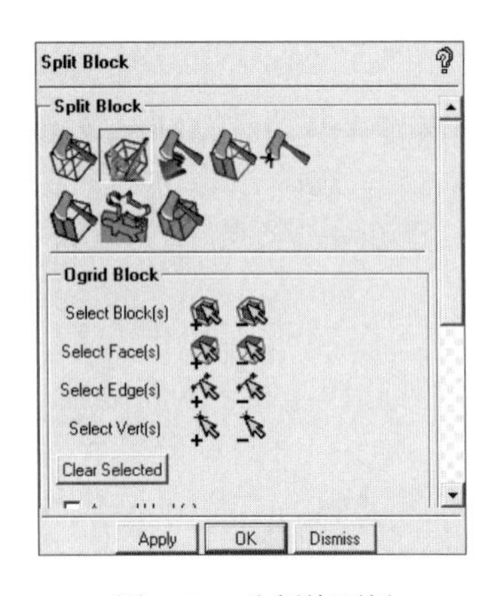

图 4-99　分割块面板

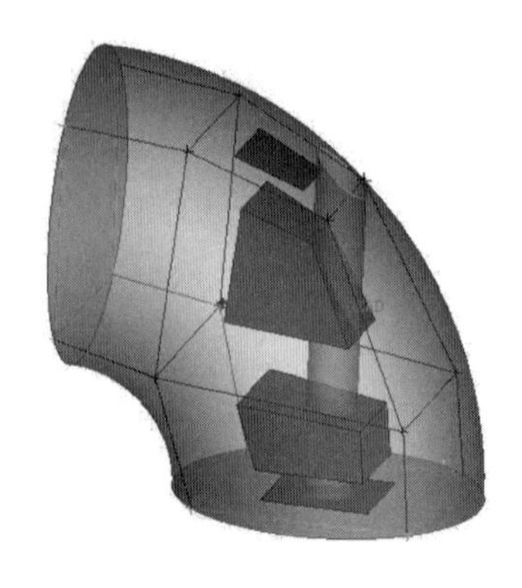

图 4-100　选择的面

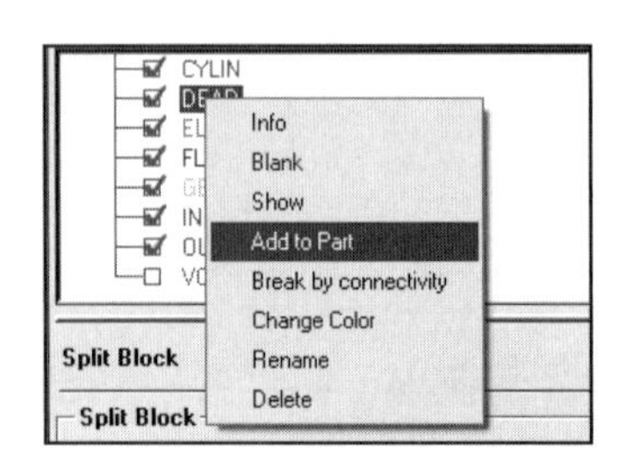

图 4-101　目录树

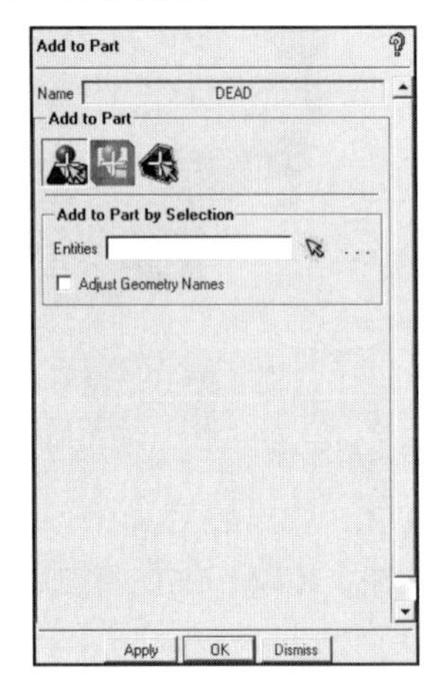

图 4-102　Add to Part 面板

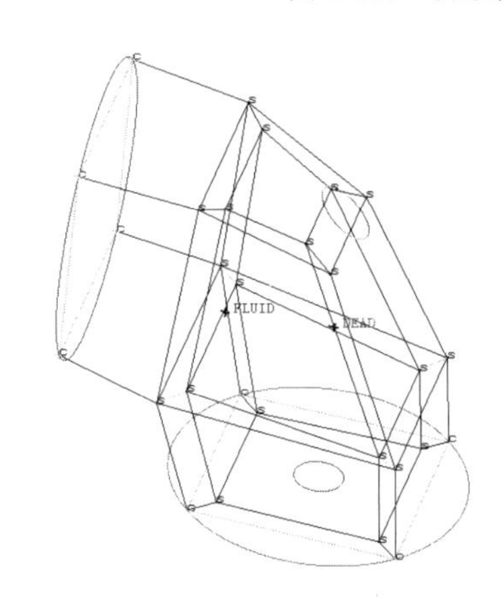

图 4-103　分割块

步骤 11 单击功能区内 Blocking（块）选项卡中的（关联）按钮，弹出如图 4-104 所示的 Blocking Associations（块关联）面板。单击（捕捉投影点）按钮，ICEM CFD 将自动捕捉顶点到最近的几何位置，如图 4-105 所示。必须指出，在做此例的时候有可能需要读者自行调整点的位置，以达到合适的关联结果，此处不再赘述。

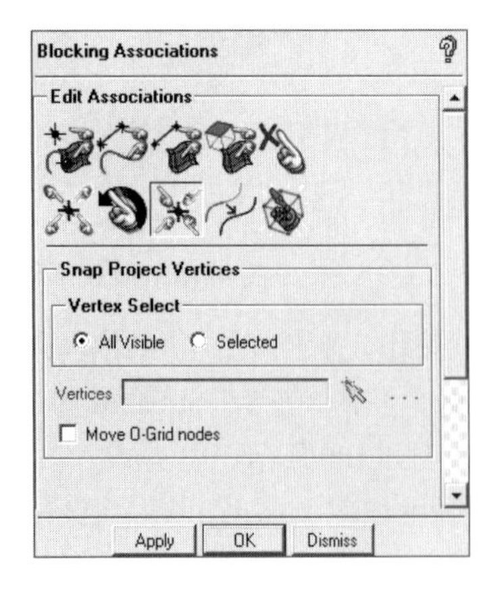

图 4-104　块关联面板

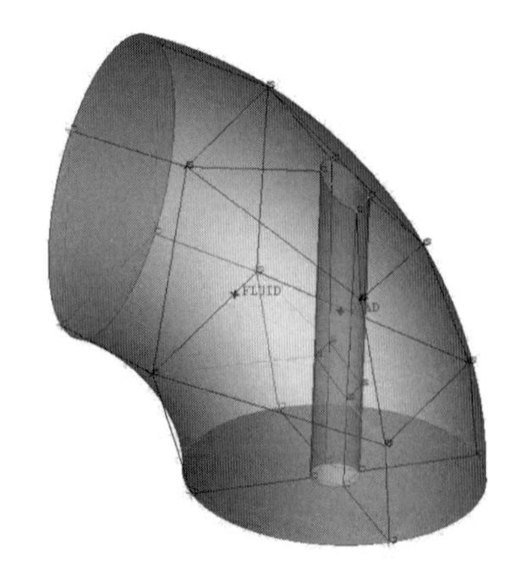

图 4-105　顶点自动移动

步骤12 单击功能区内 Blocking（块）选项卡中的 （移动顶点）按钮，弹出如图 4-106 所示的 Move Vertices（移动顶点）面板。单击 按钮，沿着圆柱长度方向选择一条边，选择在 OUTLET 一段的顶点，如图 4-107 所示，单击鼠标中键完成操作。

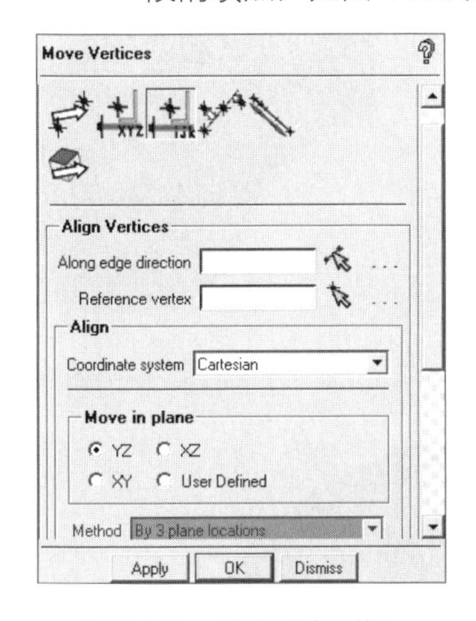

图 4-106 移动顶点面板

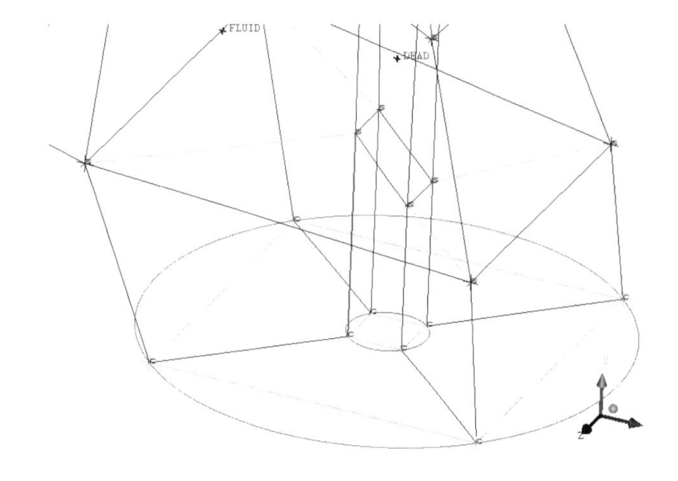

图 4-107 顶点移动后的位置

步骤13 在 Move Vertices（移动顶点）面板中，单击 按钮，如图 4-108 所示。设置 Method 为 Set Position，对于 Ref. Location，选择如图 4-109 所示的边，大体上在中点的位置，勾选 Modify Y 复选框，Vertices to Set 选择 OUTLET 上方的 4 个顶点，单击 Apply 按钮确认，顶点移动如图 4-110 所示。

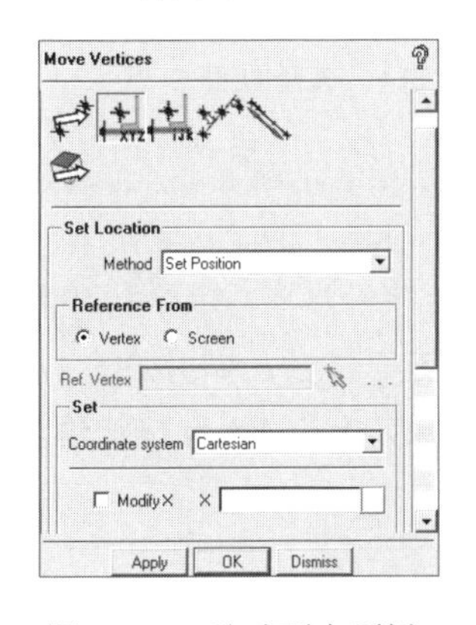

图 4-108 移动顶点面板

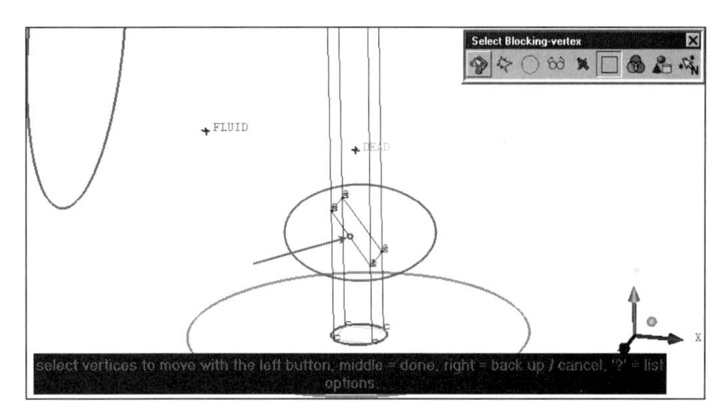

图 4-109 选择点位置

步骤14 单击功能区内 Blocking（块）选项卡中的 （删除块）按钮，弹出如图 4-111 所示的 Delete Block（删除块）对话框。选择圆柱中的两个块，单击 Apply 按钮或鼠标中键，删除块的效果如图 4-112 所示。

步骤15 单击功能区内 Blocking（块）选项卡中的 （O-Grid）按钮，弹出如图 4-113 所示的 Split Block 面板。单击 Select Blocks 旁的 按钮，选择所有的块；单击 Select Faces 旁的 按钮，选择 IN 和 OUT 上所有的面。单击 Apply 按钮完成操作，选择的面如图 4-114 所示。

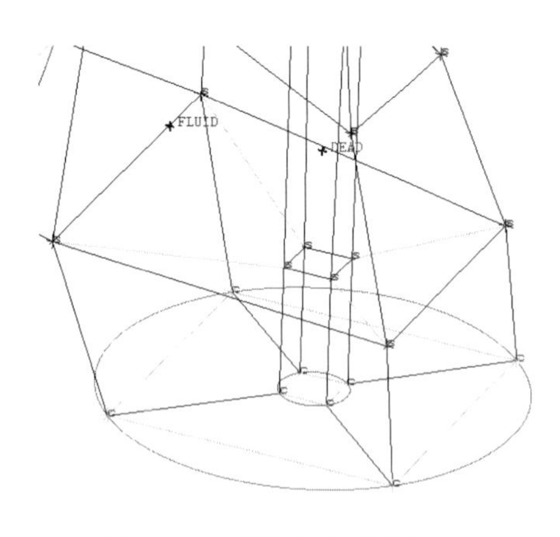

图 4-110　顶点移动后的位置

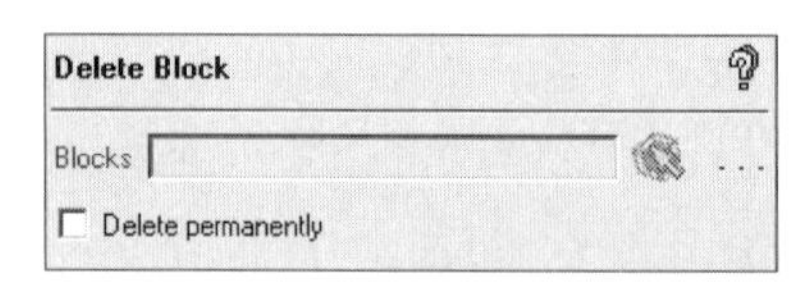

图 4-111　删除块面板

图 4-112　删除块

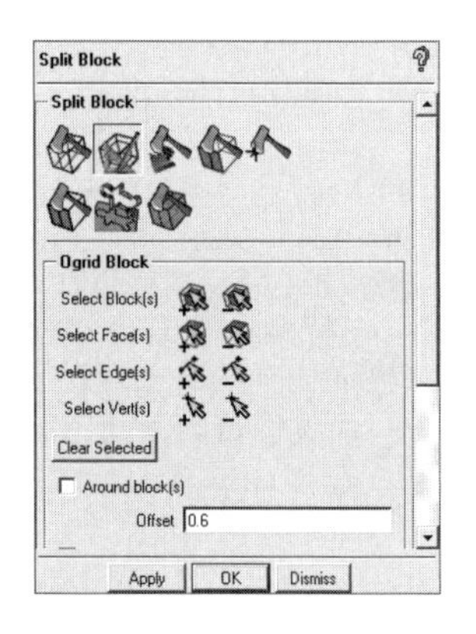

图 4-113　分割块面板

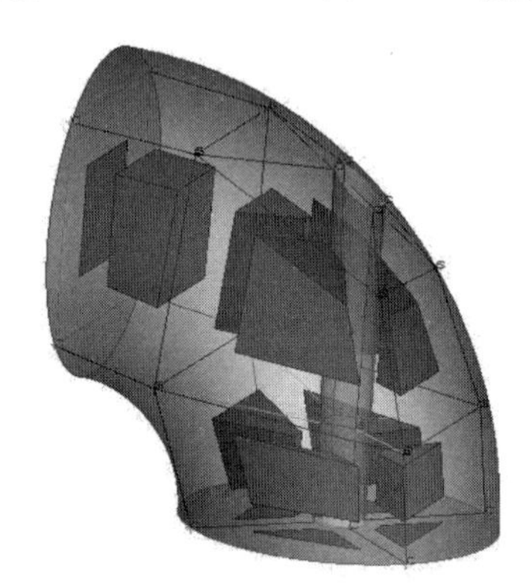

图 4-114　选择的面

4.4.5　网格生成

步骤 01　单击功能区内 Mesh（网格）选项卡中的（部件网格尺寸设定）按钮，弹出如图 4-115 所示的 Part Mesh Setup（部件网格尺寸设定）对话框，设定所有参数，单击 Apply 按钮确认或者单击 Dismiss 按钮退出。

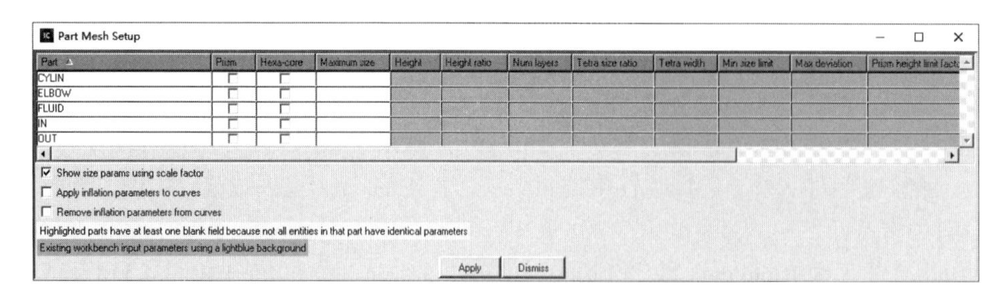

图 4-115　部件网格尺寸设定对话框

步骤 02　单击功能区内 Blocking（块）选项卡中的（预览网格）按钮，弹出如图 4-116 所示的 Pre-Mesh Params（预览网格）面板。单击按钮，选中 Update All 单选按钮，单击 Apply 按钮确认，显示预览网格，如图 4-117 所示。

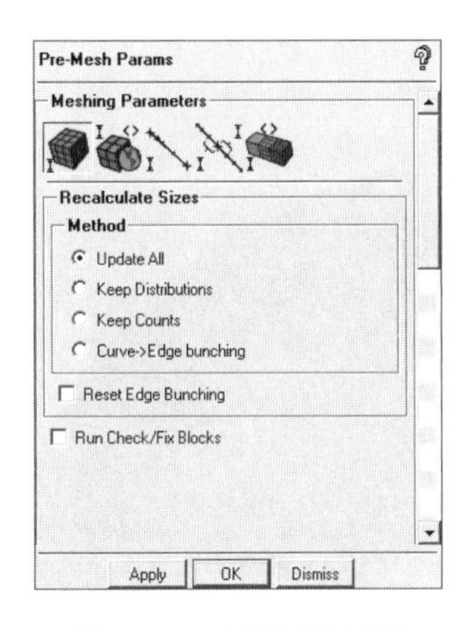

图 4-116　预览网格面板

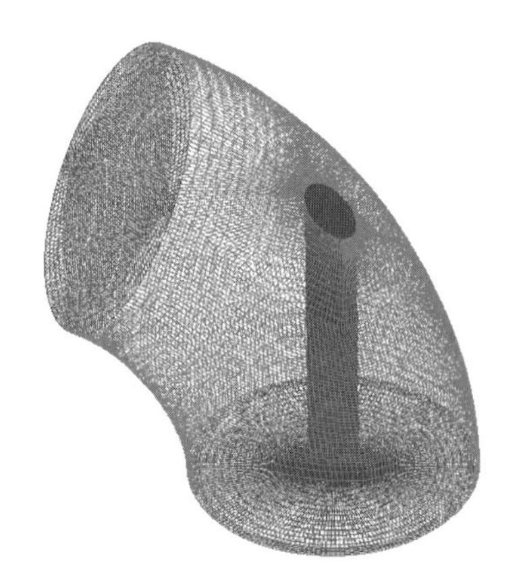

图 4-117　显示预览网格

4.4.6　网格质量检查

单击功能区内 Edit Mesh（网格编辑）选项卡中的（检查网格）按钮，弹出如图 4-118 所示的 Pre-Mesh Quality（网格质量）面板。设置 Min-X value 为 0、Max-X value 为 1，并且设置 Max-Y height 为 20，单击 Apply 按钮确认，在信息栏中显示网格质量信息，如图 4-119 所示。单击网格质量信息图中的长度条，在这个范围内的网格单元会显示出来，如图 4-120 所示。

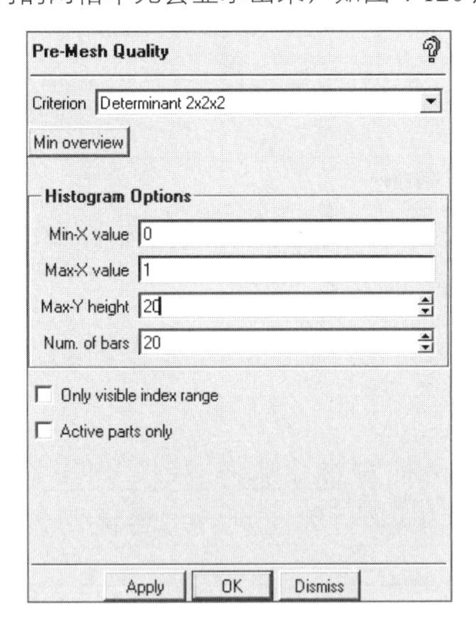

图 4-118　网格质量面板

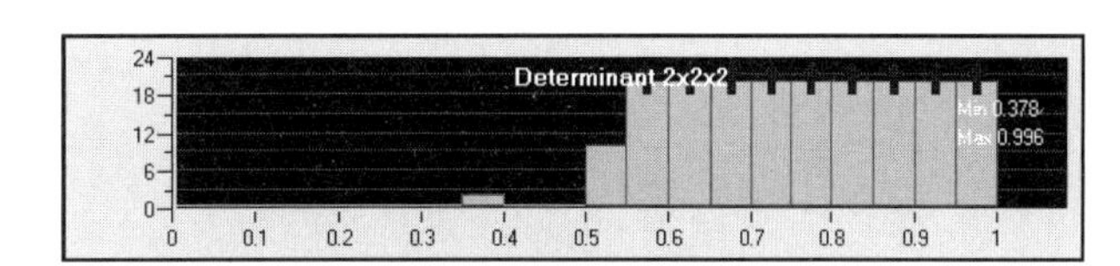

图 4-119　网格质量信息

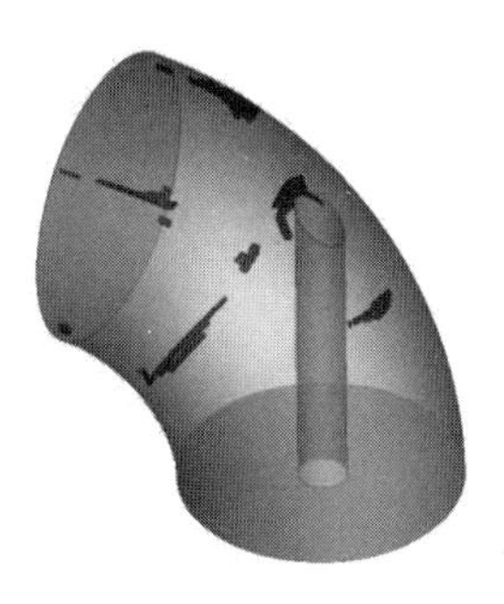

图 4-120　网格显示

4.4.7　网格输出

步骤 01　打开操作控制树，在 Blocking 中的 Pre-Mesh 选项上右击，弹出如图 4-121 所示的目录树。选择 Convert to Unstruct Mesh，生成网格，如图 4-122 所示。

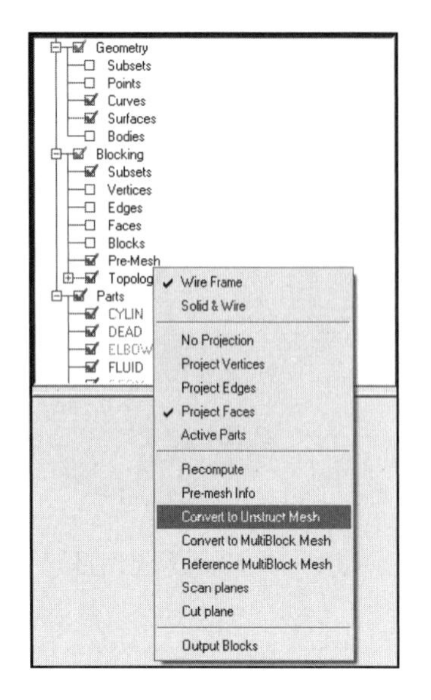

图 4-121　目录树

图 4-122　生成的网格

步骤 02 单击功能区内 Output（输出）选项卡中的（选择求解器）按钮，弹出如图 4-123 所示的 Solver Setup（选择求解器）面板。在 Output Solver 中选择 ANSYS Fluent，单击 Apply 按钮确认。

步骤 03 单击功能区内 Output（输出）选项卡中的（输出）按钮，弹出“打开网格文件”对话框，选择文件并单击“打开”按钮，弹出如图 4-124 所示的 ANSYS Fluent 对话框，设置 Grid dimension 为 3D，单击 Done 按钮确认完成。

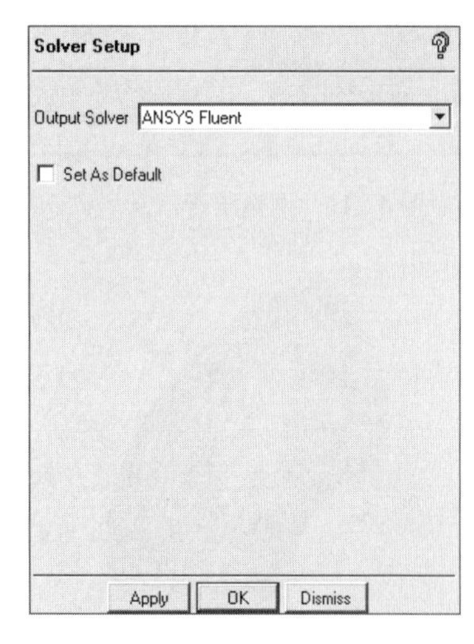

图 4-123　选择求解器面板

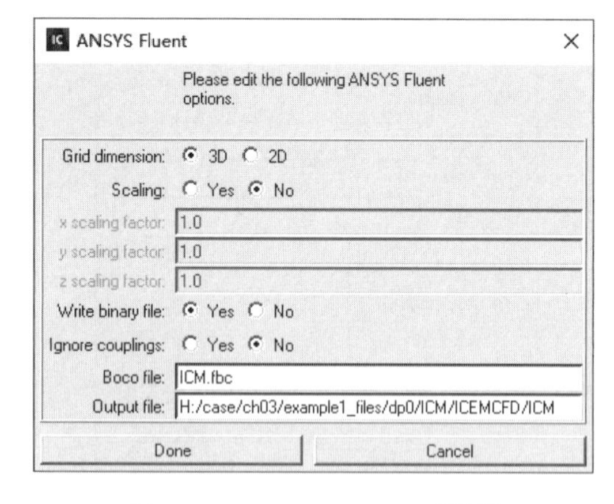

图 4-124　ANSYS Fluent 对话框

4.5 本章小结

本章首先介绍了网格生成的基础知识，然后讲解了 ICEM CFD 划分网格的基本过程，给出了运用 ICEM CFD 划分网格的典型实例。通过本章的学习，读者可以掌握 ICEM CFD 的使用方法。

第5章 Fluent计算设置

导言

在网格划分完之后，需要在网格文件的基础上建立数学模型、设定边界条件、定义求解条件等。本章将重点介绍如何利用 Fluent 软件建立数学模型、设定边界条件和定义求解条件等。

学习目标

★ 掌握新建工程项目和网格导入的方法
★ 掌握计算域和边界条件的设定
★ 掌握初始条件和求解器的设定
★ 掌握输出文件和计算过程监控的设定

5.1 网格导入与工程项目保存

本节将介绍 Fluent 软件的启动和新工程项目的创建、网格导入、项目保存等基本操作。

5.1.1 启动 Fluent

启动 Fluent 后，首先进入如图 5-1 所示的 Fluent Launcher 界面。在此界面设置要计算的问题是二维问题（2D）还是三维问题（3D）、计算的精度是单精度还是双精度、计算过程是串行计算还是并行计算、设置项目打开后是否直接显示网格等。

设置完成后，单击 OK 按钮进入 Fluent 界面，如图 5-2 所示。

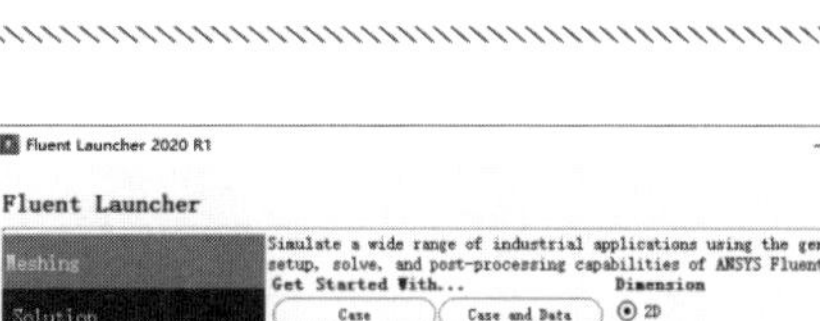

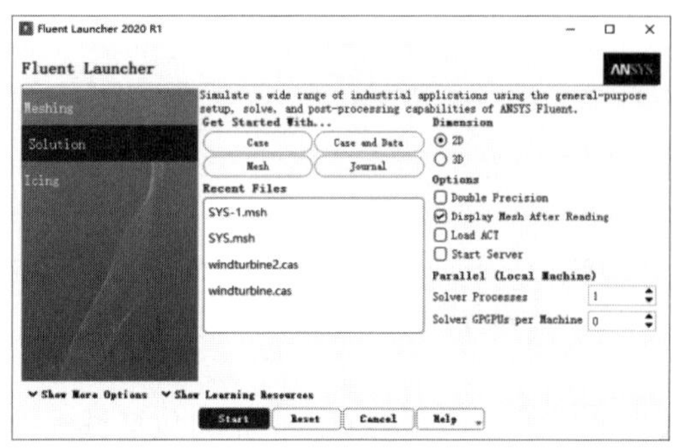

图 5-1 Launcher 界面

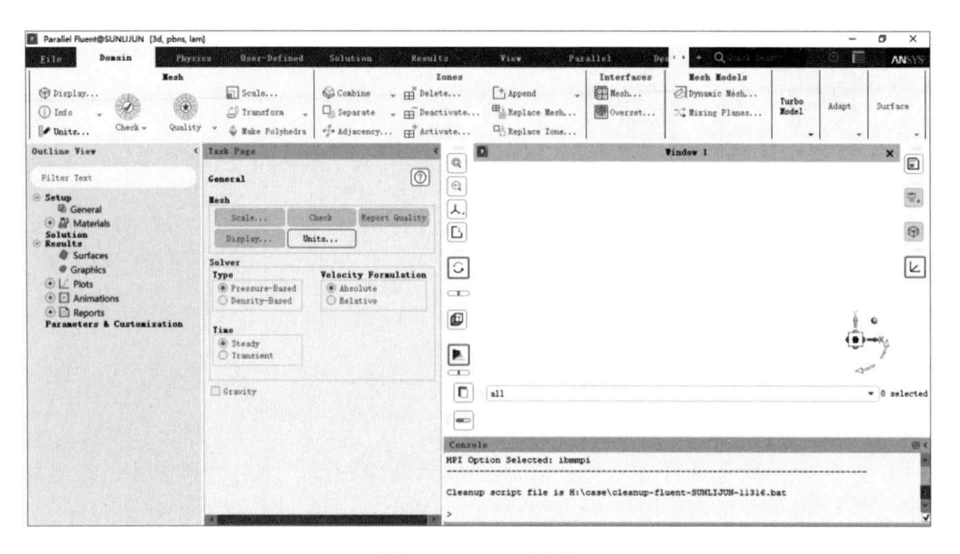

图 5-2　Fluent 界面

5.1.2　网格导入

单击主菜单中的 File→Read→Mesh 选项（见图 5-3），弹出如图 5-4 所示的 Select File 对话框，选择扩展名为.msh 的网格文件，单击 OK 按钮便可导入网格。

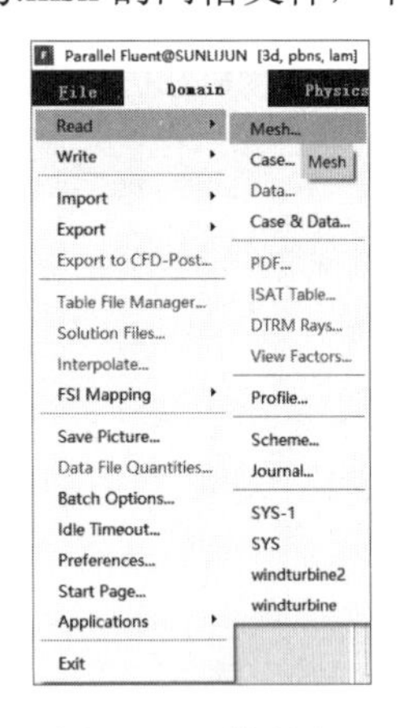

图 5-3　网格导入

图 5-4　选择文件

5.1.3　网格质量检查

在 Fluent 中，网格的检查能力包括域的范围、体积的数据统计、网格拓扑和周期边界信息。

单击 Domain 选项卡 Mesh 面板中的 Check 按钮，在文本信息栏得到如图 5-5 所示的信息。

在信息中，域的范围列出了 x、y 和 z 以米为单位的最大值和最小值。体积的数据统计包括以 m^3 为单位的单元体积的最大值、最小值和总的单元体积。面的数据统计包括以 m^2 为单位的单元表面的最大值和最小值。

```
Console
 Domain Extents:
   x-coordinate: min (m) = 1.225226e-15, max (m) = 7.999121e+01
   y-coordinate: min (m) = 0.000000e+00, max (m) = 7.999121e+01
   z-coordinate: min (m) = -2.999970e+01, max (m) = 2.999975e+01
 Volume statistics:
   minimum volume (m3): 2.573461e-02
   maximum volume (m3): 7.037503e+00
     total volume (m3): 2.170170e+05
 Face area statistics:
   minimum face area (m2): 4.630291e-02
   maximum face area (m2): 8.633677e+00
 Checking mesh.........................
Done.
```

图 5-5　网格检查信息

当最小体积值为负值时，意味着存在一个或多个单元有不合适的连通性，一个负体积的单元经常可以使用 Iso-Value Adaption 功能标记。

除了网格检查命令之外，Fluent 还提供了 Quality、Size、Memory Usage、Partitions 命令，通过借助这些命令可以查看网格的质量、大小、内存占用情况和网格区域分布分块情况。

5.1.4　显示网格

单击 Domain 选项卡 Mesh 面板中的 Display 按钮，弹出如图 5-6 所示的 Mesh Display（网格显示）对话框，单击 Display 按钮便可显示导入的网格。

在启动 Fluent 时，若在如图 5-7 所示的 Launcher 界面中勾选 Display Mesh After Reading 复选框，则在导入网格后会自动在图形框中显示网格。

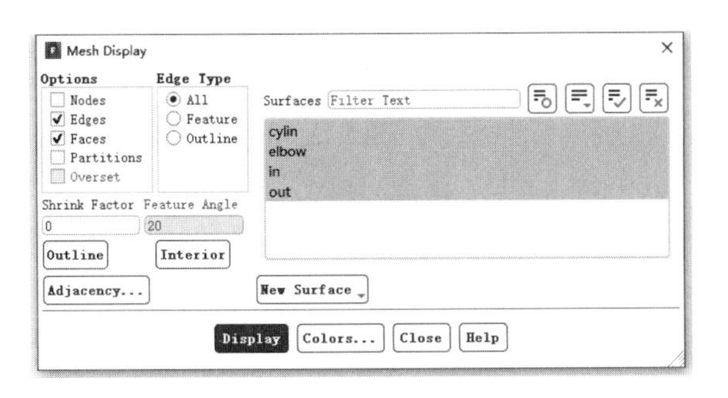

图 5-6　网格显示对话框

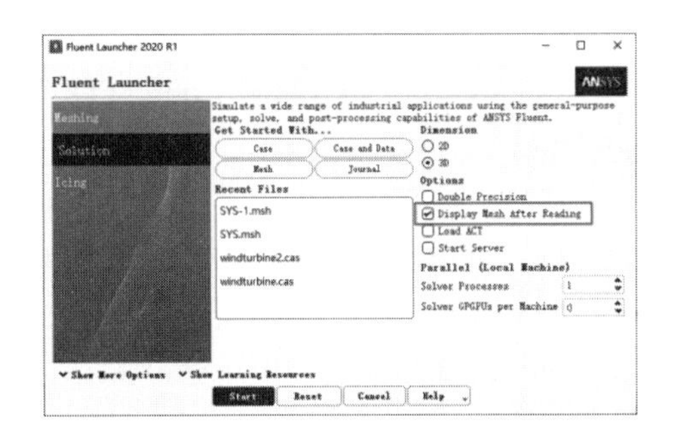

图 5-7　Fluent Launcher 对话框

一般情况下，用户可在 Options 选项中勾选 Edges 复选框，在 Edge Type 中选中 All 单选按钮，单击 Display 按钮后，便可在 Surfaces 列表中选中面的网格。

在 Options 选项中，Nodes 表示节点，Faces 表示单元面（线），Edges 表示网格单元线，Partitions 表示并行计算中的子域边界。

在 Surfaces 选项中给出了可以显示的网格中所有的面。单击对话框右上角的按钮可以选中所有的面，单击按钮可以取消当前选中的面。

单击按钮，单击 Surfaces Types 中的一个表面类型，满足该类型的所有面被选中，如图 5-8 所示。

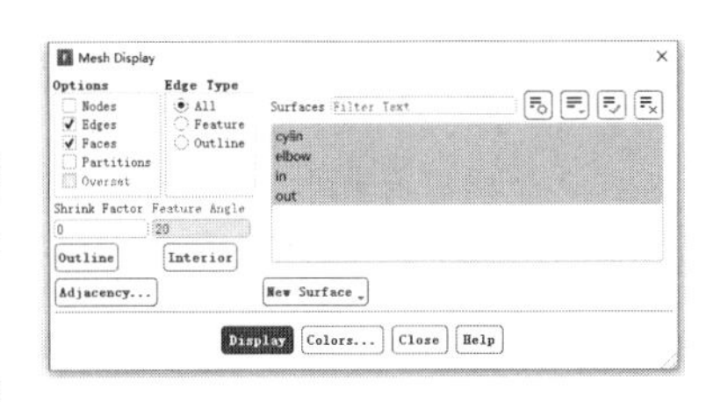

图 5-8　网格显示对话框

5.1.5 修改网格

如果对导入的网格不满意，那么可以在 Fluent 中对网格进行修改。修改网格的内容将从以下几个方面进行介绍。

1. 缩放网格

在 Fluent 中，以米（m，SI 长度单位）为单位储存计算的网格。当网格被读进求解器的时候，它被认为是以米为单位生成的。如果在建立网格时使用的是另一种长度单位（如英寸、英尺、厘米等），那么在将网格导入到 Fluent 之后，必须进行相应的单位转换，或者给出自己定义的比例因子进行缩放。

单击 Domain 选项卡 Mesh 面板中的 Scale 按钮，弹出如图 5-9 所示的 Scale Mesh（网格缩放）对话框。

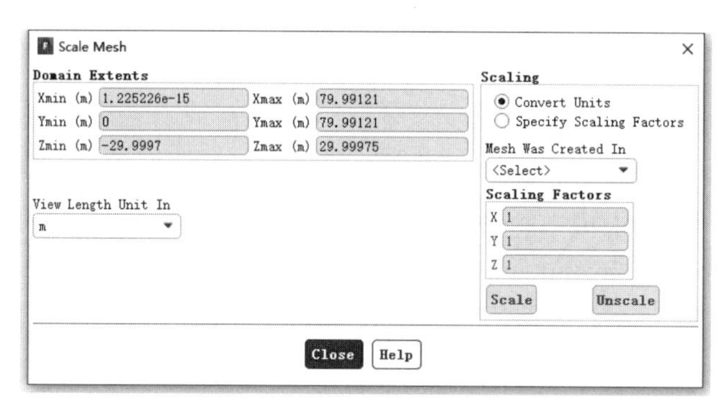

图 5-9　网格缩放对话框

在 Scaling 中，通过选择 Convert Units 或 Specify Scaling Factors 进行长度单位的变换或特殊缩放比例的设置。

如果打算改变长度单位，那么在 Scaling 中选择 Convert Units，在 Mesh Was Created In 中设置所需要的单位。单击 Scale 按钮，Domain Extents 将被更新以显示原来单位的范围，在 View Length Unit In 中选择所需要的单位，Domain Extents 将被更新以显示现在单位的范围。

如果只改变网格的物理尺寸，那么在 Scaling 中选择 Specify Scaling Factors，在 Scaling Factors 中分别设置 X、Y、Z 方向对应的缩放比例，单击 Scale 按钮即可。

2. 移动网格

单击 Domain 选项卡 Mesh 面板中的 Transform 按钮下的 Translate 选项，弹出如图 5-10 所示的 Translate Mesh（网格移动）对话框。在 Translation Offsets 中对应的文本框中填入 X、Y、Z 方向上的偏移距离，单击 Translate 按钮即可完成网格移动。

3. 旋转网格

单击 Domain 选项卡 Mesh 面板中的 Transform 按钮下的 Rotate 选项，弹出如图 5-11 所示的 Rotate Mesh（网格旋转）对话框。在 Rotate Angle 中填入旋转的角度，在 Rotate Origin 中对应的文本框中填入 X、Y、Z 方向上的旋转轴原点，在 Rotate Axis 中填入旋转轴矢量方向，单击 Rotate 按钮即可完成网格旋转。

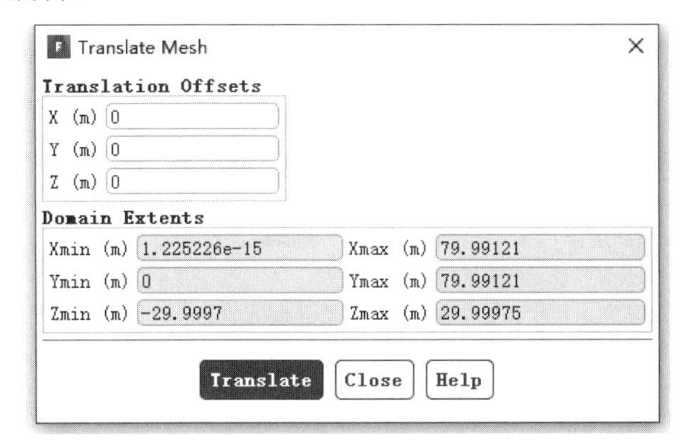

图 5-10　网格移动对话框

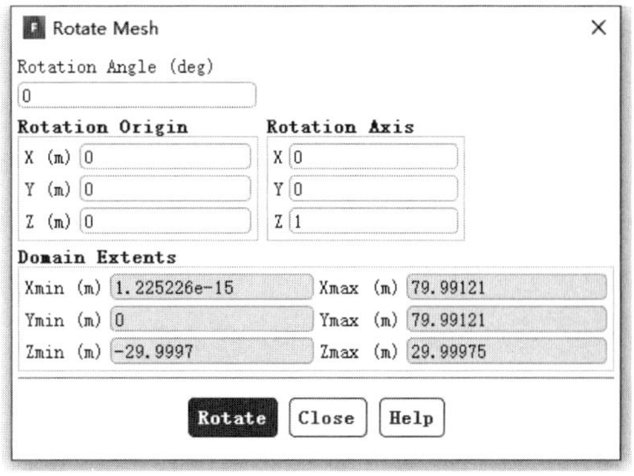

图 5-11　网格旋转对话框

4. 合并域

单击 Domain 选项卡 Zones 面板中的 Combine 按钮下的 Merge 选项，弹出如图 5-12 所示的 Merge Zones（合并域）对话框。在 Multiple Types 中选择一种边界类型，在 Zones of Type 中就会显示对应的网格边界，单击 Merge 按钮便可将多个相同边界类型的区域合并为一个。合并后，会使边界条件的设置及后处理变得更加方便。

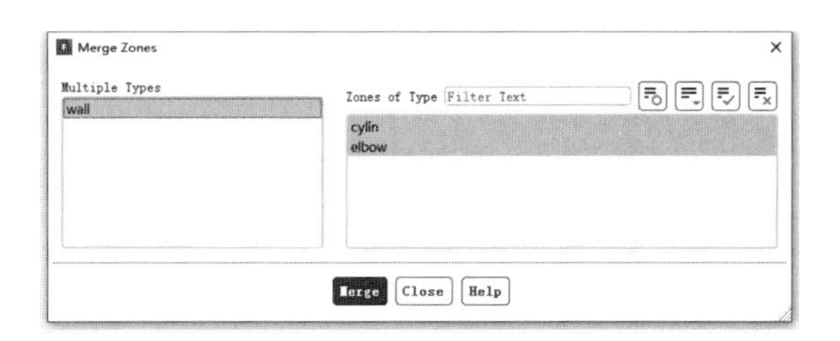

图 5-12　合并域对话框

5. 分离域

在实际应用中，有时需要把一个面或单元域分成相同类型的多个域。例如，在对一个管道生成网格时建立了一个壁面域，但想对壁面上不同的部分规定不同的温度，那么可以根据自己的需要把这个壁面域分离成两个或多个壁面域。如果计划使用滑动网格模型或多个参考结构解决一个问题，但忘记了针对不同速度的移动域建立不同的流动域，那么需要把这个流动域分成两个或多个流动域。

Fluent 提供了分离域的特性，分别为分离面域和分离单元域。

（1）分离面域

单击 Domain 选项卡 Zones 面板中的 Separate 按钮下的 Faces 选项，弹出如图 5-13 所示的 Separate Face Zones（分离面域）对话框。

在 Options 下提供了分离面域的方法，包括 Angle、Face、Mark 和 Region。通常，选择 Angle 通过不同面的法线矢量大于或等于所指定的重要角的角进行分离。

（2）分离单元域

单击 Domain 选项卡 Zones 面板中的 Separate 按钮下的 Cells 选项，弹出如图 5-14 所示的 Separate Cell Zones（分离单元域）对话框。

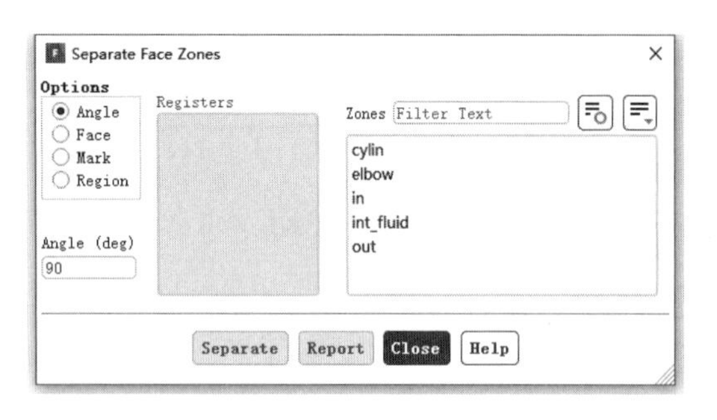

图 5-13　分离面域对话框

图 5-14　分离单元域对话框

如果有两个或更多个封闭的单元域，它们有共同的内边，但是所有单元包含在一个单元域中，那么可以使用分离域的方法把单元分成明显的域。

如果共享内边界是 interior 类型，那么在执行分离之前必须把它变化成另一种双边的面域类型（fan、radiator 等）。

在 Options 下提供了两种分离单元域的方法，包括 Mark 和 Region。

一个单元域的分离经常会导致面域的分离。如果发现任何面放置错误，就要看上面所述的面域分离有关的内容。

6. 合并面域

当采用多个网格合并生成一个大的网格时，在各块网格的分界面上有两个边界区域，Fluent 可以将两个子块的网格界面进行融合。

单击 Domain 选项卡 Zones 面板中的 Combine 按钮下的 Fuse 选项，弹出如图 5-15 所示的 Fuse Face Zones（合并面域）对话框。在 Zones 中选择所要合并的面，在 Tolerance 中填入适当的公差值，单击 Fuse 按钮进行合并。

在两个子域交会的边界处不需要网格节点位置相同。如果使用 Tolerance 的默认值没有使所有适当的面合并，那么可以适当增加 Tolerance 的值，然后试着合并域，但 Tolerance 不应超过 0.5，否则可能会合并错误的节点。

7. 删除、抑制和激活域

在 Fluent 中可以从 case 文件中永久地删除一个单元域和所有相关的面域，或者永久地使域不活动。

单击 Domain 选项卡 Zones 面板中的 Delete 按钮，弹出如图 5-16 所示的 Delete Cell Zones（删除域）对话框，在 Cell Zones 中选择要删除的域，单击 Delete 按钮即可。

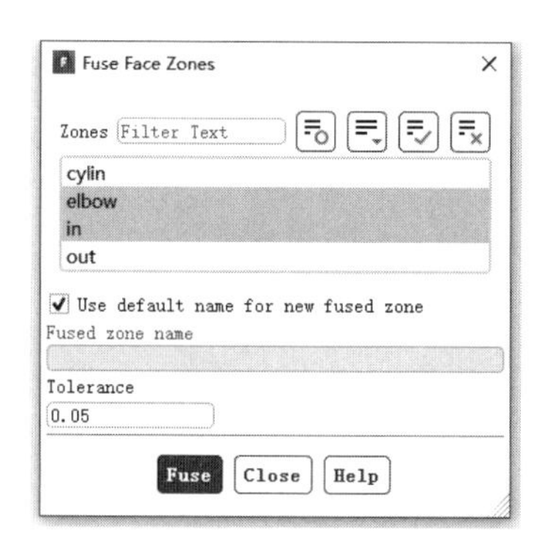

图 5-15　合并面域对话框

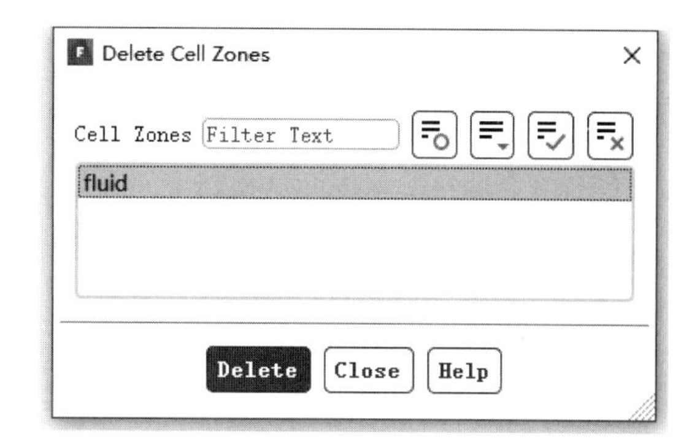

图 5-16　删除域对话框

单击 Domain 选项卡 Zones 面板中的 Deactivate 按钮，弹出如图 5-17 所示的 Deactivate Cell Zones（抑制域）对话框，在 Cell Zones 中选择要抑制的域，单击 Deactivate 按钮即可。

单击 Domain 选项卡 Zones 面板中的 Activate 按钮，弹出如图 5-18 所示的 Activate Cell Zones（激活域）对话框，在 Cell Zones 中选择要激化的域，单击 Activate 按钮即可。

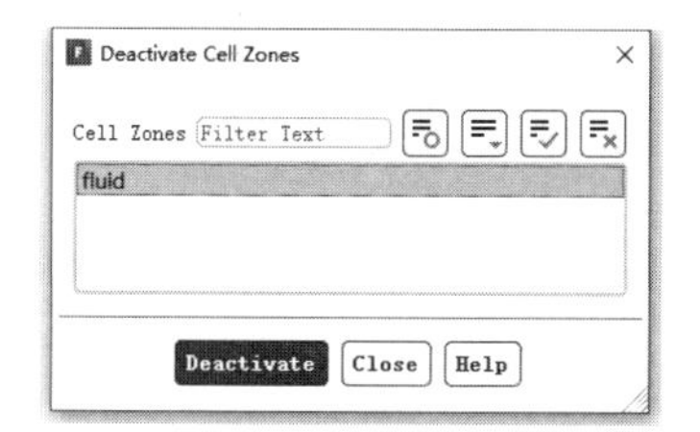

图 5-17　抑制域对话框

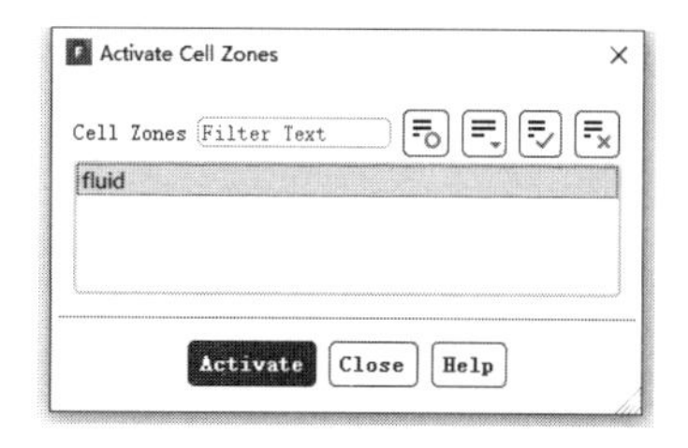

图 5-18　激活域对话框

域的删除、抑制和激活仅适用于串行情况，而不适用于并行情况。抑制将把所有相联系的内部面域（风扇、内部、多孔跳跃或辐射体）分离成壁面和壁面影子对。在重新激活之后，需要确定关于壁面和壁面影子对的边界条件被正确地恢复到抑制之前的设置状态。

5.1.6　光顺网格与交换单元面

通常情况下，网格设置后还需要进行光滑和单元面交换，以提高最后数值网格的质量。光滑重新配置节点和面的交换修改单元的连通性，从而使网格在质量上取得改善。

单元面交换仅适用于三角形和四面体单元的网格适应。

单击 Domain 选项卡 Mesh 面板中的 Improve...按钮，弹出如图 5-19 所示的 Improve Mesh（优化网格）对话框，单击 Improve 按钮完成。

“优化网格”对话框中给定优化网格的比例（建议首先给定较小的值，然后逐次提高）及迭代次数。

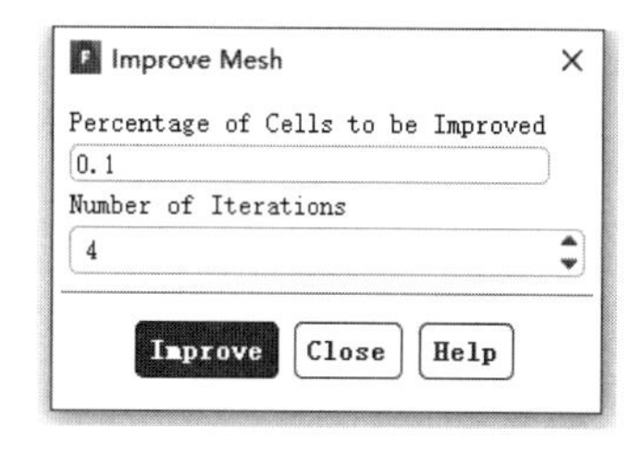

图 5-19　优化网格对话框

5.1.7 项目保存

单击主菜单中的 File→Write→Case 选项，弹出如图 5-20 所示的 Select File 对话框，在 Case File 中填入项目的名称，单击 OK 按钮便可保存项目。

在进行项目或数据保存时，可以在文件名一栏中为需要保存的文件命名，如果在命名过程中没有使用扩展名，系统就会自动为所保存的算例文件和数据文件分别加上.cas 或.dat 后缀。如果在命名过程中使用.gz 或.z 后缀，系统就会用相应的压缩方式保存算例文件和数据文件。这里.gz 和.z 是 Fluent 中的压缩文件格式。

图 5-20 保存项目

5.2 设置求解器及操作条件

本节将介绍 Fluent 的求解器和运行环境的设定，包括数值格式、离散化方法、分离求解器、耦合求解器等内容，以及如何在计算中使用这些方法。这部分是 Fluent 软件设置的核心内容。

5.2.1 求解器设置

在 Fluent 2020 中，可以通过不同的途径进行相同的设置。单击信息树中的 General 项，弹出如图 5-21 所示的 General（总体模型设定）面板。

在 General（总体模型设定）面板中，Mesh 选项组中的功能与前一节介绍的内容一致。在 Solver 选项组中，对求解器的类型进行设置。

（1）求解器类型

Pressure-Based 是基于压力法的求解器，使用的是压力修正算法，求解的控制方程是标量形式的，擅长求解不可压缩流动，也可求解可压流动。

Density-Based 是基于密度法的求解器，求解的控制方程是矢量形式的，主要离散格式有 Roe、AUSM+。该方法的初衷是让 Fluent 具有比较好的求解可压缩流动能力，但目前格式没有添加任何限制器，因此还不太完善。Density-Based 只有 Coupled 的算法，对于低速问题，可使用 Preconditioning 方法处理。

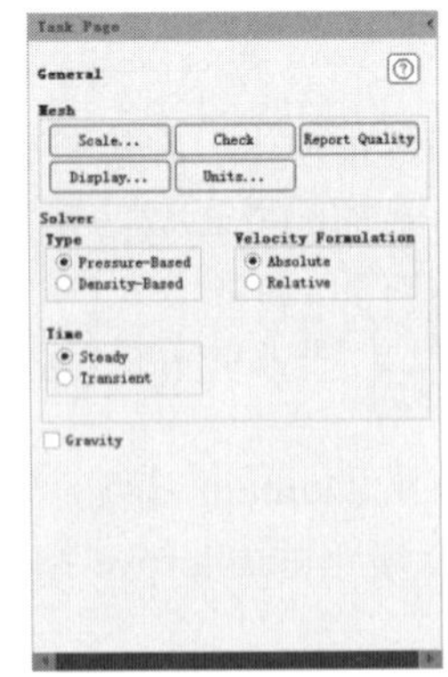

图 5-21 总体模型设定面板

Density-Based 下肯定没有 SIMPLEC、PISO 这些选项，因为这些都是压力修正算法，不会在这种类型的求解器中出现。一般还是使用 Pressure-Based 解决问题。

（2）时间类型

在时间类型上，分为 Steady（稳态）和 Transient（瞬态）两种。

（3）速度方程

速度方程可以指定计算时速度是 Absolute（绝对速度）还是 Relative（相对速度）。

Relative 选项只适用于 Pressure-Based 求解器。

5.2.2 操作条件设置

单击 Physics 选项卡 Solver 面板中的 Operating Conditions 按钮，弹出如图 5-22 所示的 Operating Conditions（操作条件）对话框。

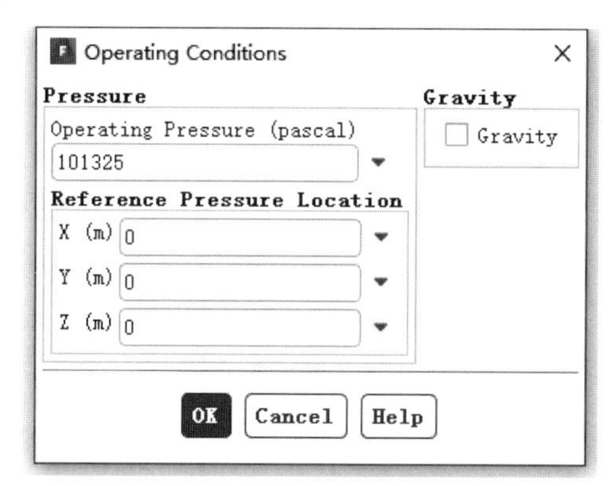

图 5-22 操作条件对话框

（1）操作压力值

在 Operating Pressure 中需填入操作压力。

操作压力对于不可压理想气体流动和低马赫数可压流动来说是十分重要的，因为不可压理想气体的密度是用操作压力通过状态方程直接计算出来的，而在低马赫数可压流动中操作压力起到了避免截断误差负面影响的重要作用。

对于高马赫数可压缩流动操作压力的意义不大。在这种情况下，压力的变化比低马赫数可压流动中压力的变化大得多，因此截断误差不会产生什么影响，也就不需要使用表压进行计算。事实上，在这种计算中使用绝对压力会更方便。因为 Fluent 总是使用表压进行计算，所以需要在这类问题的计算中将操作压力设置为零，从而使表压和绝对压力相等。

如果密度假定为常数，或者密度是从温度的型函数中推导出来的，那么根本不使用操作压力。操作压力的默认值为 101325 Pa。

（2）参考压力位置

对于不包括压力边界的不可压缩流动，Fluent 会在每次迭代之后调整表压场避免数值漂移。每次调整都要用到（或接近）参考压力点网格单元中的压力，即在表压场中减去单元内的压力值得到新的压力场，并且保证参考压力点的表压为零。如果计算中包含压力边界，上述调整就没有必要了，求解过程中也不再用到参考压力位置。

参考压力位置被默认设置为原点或最接近原点的网格中心。如果要改变参考压力位置，比如将它定位在压力已知的点上，那么可以在 Reference Pressure Location（参考压力位置）中输入参考压力位置的新坐标值（X,Y,Z）。

（3）重力设置

如果计算的问题需要考虑重力影响，那么需要在 Operating Conditions 对话框中勾选 Gravity 复选框，同时在 X、Y、Z 方向上填入重力加速度的分量值。

5.3 物理模型设定

在求解器设定完成后，需要根据计算的问题选择适当的物理模型，包括多相流模型、能量方程、湍流模型、辐射模型、组分输运和反应模型、离散相模型、凝固和熔化模型、气动噪声模型等。

在信息树中单击 Models 按钮，弹出如图 5-23 所示的 Models（模型设定）面板。

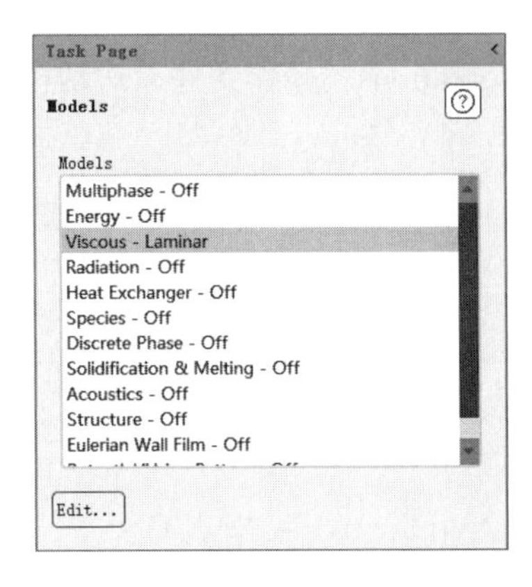

图 5-23　模型设定面板

5.3.1 多相流模型

Fluent 提供了 4 种多相流模型：VOF（Volume of Fluid）模型、Mixture（混合）模型、Eulerian（欧拉）模型和 Wet Steam（湿蒸汽）模型。一般常用的是前 3 种模型，Wet Steam 模型只有在求解类型是 Density-Based 时才能被激活。

VOF 模型、混合模型和欧拉模型都属于用欧拉观点处理多相流的计算方法。其中，VOF 模型适合于求解分层流和需要追踪自由表面的问题，比如水面的波动、容器内液体的填充等；而混合模型和欧拉模型适合计算体积浓度大于 10%的流动问题。

1. VOF 模型

VOF 模型是一种在固定的欧拉网格下的表面跟踪方法。当需要得到一种或多种互不相融流体间的交界面时，可以采用这种模型。在 VOF 模型中，不同的流体组分共用着一套动量方程，计算时在全流场的每个计算单元内都记录下各流体组分所占有的体积率。VOF 模型的应用例子包括分层流、自由面流动、灌注、晃动、液体中大气泡的流动，水坝决堤时的水流，对喷射衰竭（jet breakup）表面张力的预测，以及求得任意液体气分界面的稳态或瞬时分界面。VOF 设置对话框如图 5-24 所示。

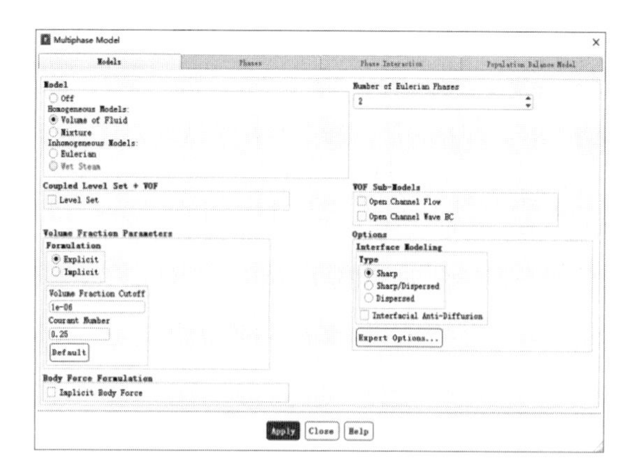

图 5-24　VOF 设置对话框

2．混合模型

混合模型可用于两相流或多相流（流体或颗粒）问题。因为在欧拉模型中，各相被处理为互相贯通的连续体，混合模型求解的是混合物的动量方程，并通过相对速度描述离散相。

混合模型的应用包括低负载的粒子负载流、气泡流、沉降以及旋风分离器。混合模型也可用于没有离散相相对速度的均匀多相流。混合模型设置对话框如图 5-25 所示。

3．欧拉模型

欧拉模型是 Fluent 中最复杂的多相流模型。它包含有 n 个动量方程和连续方程，用于求解每一相。压力项和各界面交换系数是耦合在一起的。

耦合的方式依赖于所含相的情况，颗粒流（流—固）的处理与非颗粒流（流—流）是不同的。对于颗粒流，可应用分子运动理论求得流动特性。不同相之间的动量交换也依赖于混合物的类别。

通过 Fluent 的客户自定义函数（user-defined functions）可以自己定义动量交换的计算方式。欧拉模型的应用包括气泡柱、上浮、颗粒悬浮以及流化床。欧拉模型设置对话框如图 5-26 所示。

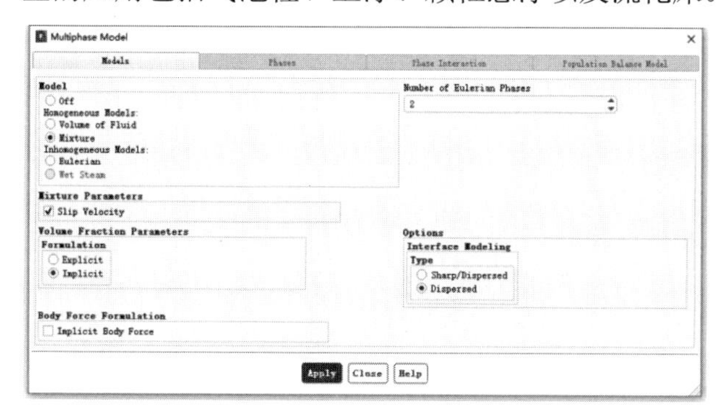

图 5-25　混合模型设置对话框

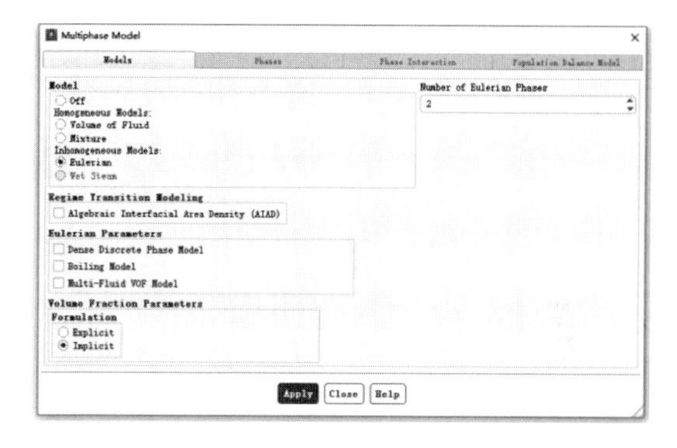

图 5-26　欧拉模型设置对话框

5.3.2　能量方程

Fluent 允许用户决定是否进行能量方程计算，通过在模型设定面板双击 Energy 按钮，弹出如图 5-27 所示的 Energy（能量方程）对话框，选中 Energy Equation 复选框激活能量方程。

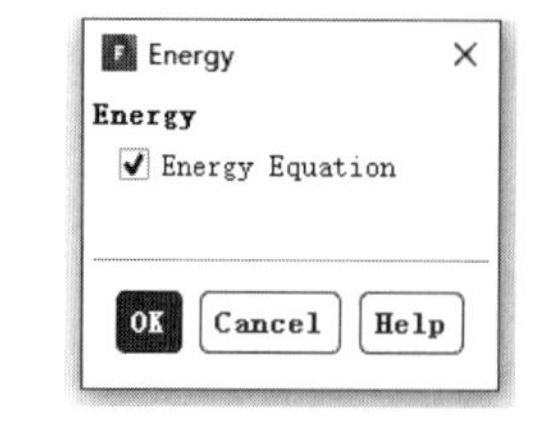

图 5-27　能量方程对话框

5.3.3　湍流模型

湍流出现在速度变动的地方。这种波动使得流体介质之间相互交换动量、能量和浓度变化，并且引起了数量的波动。由于这种波动是小尺度且是高频率的，因此在实际工程计算中直接模拟对计算机的要求很高。

实际上，瞬时控制方程可能在时间、空间上是均匀的，或者可以人为地改变尺度，这样修改后的方程耗费较少。但是，修改后的方程可能包含我们不知道的变量，湍流模型需要用已知变量确定这些变量。

Fluent 提供的湍流模型包括 Spalart-Allmaras 模型、标准 k-e 模型、RNG k-e 模型、带旋流修正 k-e 模型、k-ω模型、压力修正 k-ω模型、雷诺应力模型、大漩涡模拟模型等。

在模型设定面板双击 Viscous 按钮，弹出如图 5-28 所示的 Viscous Model（湍流模型）对话框。

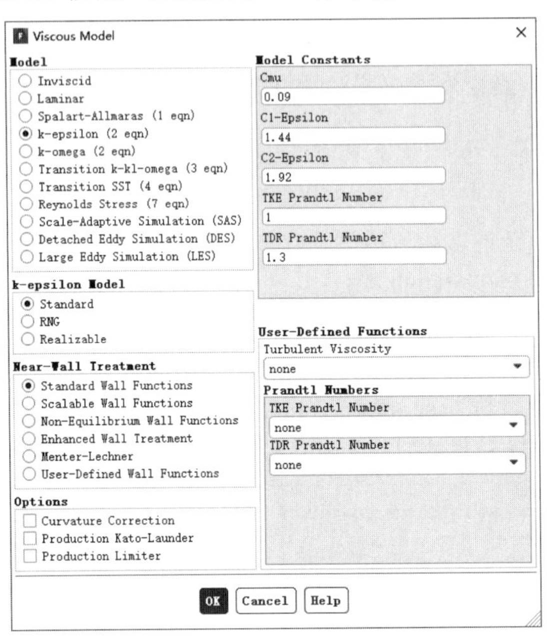

图 5-28　湍流模型对话框

本节将对常用的几个湍流模型进行介绍。

1. Inviscid

进行无粘计算。

2. Laminar

用层流模型进行流动模拟。层流同无粘流动一样，不需要输入任何与计算相关的参数。

3. Spalart-Allmaras 模型

Spalart-Allmaras 模型是方程模型里面最成功的一个模型，最早被用于有壁面限制情况的流动计算中，特别是在存在逆压梯度的流动区域内，对边界层的计算效果较好，因此经常被用于流动分离区附近的计算，后来在涡轮机械的计算中也得到广泛应用。

最早的 Spalart-Allmaras 模型用于低雷诺数流计算，特别是在需要准确计算边界层粘性影响的问题中效果较好。Fluent 对 Spalart-Allmaras 进行了改进，改进后可以在网格精度不高时使用壁面函数。在湍流对流场影响不大、网格较粗糙时可以选用这个模型。

Spalart-Allmaras 模型是一种新出现的湍流模型，在工程应用问题中还没有出现多少成功的算例。如同其他方程模型一样，Spalart-Allmaras 模型的稳定性也比较差，在计算中采用 Spalart-Allmaras 模型时需要注意这个特点。

4. 标准 k-ε 模型

标准 k-ε 模型由 Launder 和 Spalding 提出，本身具有的稳定性、经济性和比较高的计算精度使之成为湍流模型中应用范围最广、最为人熟知的一个模型。标准 k-ε 模型通过求解湍流动能（k）方程和湍流耗散率（ε）方程，得到 k 和 ε 的解，然后用 k 和 ε 的值计算湍流粘度，最终通过 Boussinesq 假设得到雷诺应力的解。

虽然得到了最广泛的使用，但是因为标准 k-ε 模型假定湍流为各向同性的均匀湍流，所以在旋流（swirl flow）等非均匀湍流问题的计算中存在较大误差，因此后来发展出很多 k-ε 模型的改进模型，其中包括 RNG（重整化群）k-ε 模型和 Realizable（现实）k-ε 模型等衍生模型。

5. RNG k-ε 模型

RNG k-ε 模型在形式上类似于标准 k-ε 模型，但是在计算功能上强于标准 k-ε 模型，改进措施主要有：

- 在 ε 方程中增加了一个附加项，使得在计算速度梯度较大的流场时精度更高。
- 模型中考虑了旋转效应，因此对强旋转流动计算精度也得到提高。
- 模型中包含计算湍流 Prandtl 数的解析公式，而不像标准 k-ε 模型仅用用户定义的常数。
- 标准 k-ε 模型是一个高雷诺数模型，而重整化群 k-ε 模型在对近壁区进行适当处理后可以计算低雷诺数效应。

6. Realizable k-ε 模型

Realizable k-ε 模型与标准 k-ε 模型的主要区别是：

- Realizable k-ε 模型中采用了新的湍流粘度公式。
- ε 方程是从涡量扰动量均方根的精确输运方程推导出来的。

Realizable k-ε 模型满足对雷诺应力的约束条件，因此可以在雷诺应力上保持与真实湍流的一致。这一点是标准 k-ε 模型和 RNG k-ε 模型都无法做到的。这个特点在计算中的好处是，可以更精确地模拟平面和圆形射流的扩散速度，同时在旋转流计算、带方向压强梯度的边界层计算和分离流计算等问题中，计算结果更符合真实情况。

Realizable k-ε 模型是新出现的 k-ε 模型，虽然还无法证明其性能已经超过 RNG k-ε 模型，但是在分离流计算和带二次流的复杂流动计算中的研究表明，Realizable k-ε 模型是所有 k-ε 模型中表现最出色的湍流模型。

Realizable k-ε 模型在同时存在旋转和静止区的流场计算中（如多重参考系、旋转滑移网格等计算中）会产生非物理湍流粘性，因此在类似计算中应该慎重选用这种模型。

7. k-ε 模型

k-ε 模型也是二方程模型。标准 k-ε 模型中包含低雷诺数影响、可压缩性影响和剪切流扩散，因此适用于尾迹流动计算、混合层计算、射流计算，以及受到壁面限制的流动计算和自由剪切流计算。

剪切应力输运 k-ε 模型简称为 SST k-ε 模型，综合了 k-ε 模型在近壁区计算的优点和 k-ε 模型在远场计算的优点，将 k-ε 模型和标准 k-ε 都乘以一个混合函数后再相加就可以得到这个模型。在近壁区，混合函数的值等于 1，因此在近壁区等价于 k-ε 模型。在远离壁面的区域混合函数的值等于 0，自动转换为标准 k-ε 模型。

与标准 k-ε 模型相比，SST k-ε 模型中增加了横向耗散导数项，同时在湍流粘度定义中考虑了湍流剪切应力的输运过程，模型中使用的湍流常数也有所不同。这些特点使得 SST k-ε 模型的适用范围更广，比如可以用于带逆压梯度的流动计算、翼型计算、跨音速激波计算等。

8. 雷诺应力模型（RSM）

雷诺应力模型中没有采用涡粘度的各向同性假设，因此从理论上说比湍流模式理论要精确得多。雷诺应力模型不采用 Boussinesq 假设，而是直接求解雷诺平均 N-S 方程中的雷诺应力项，同时求解耗散率方程，因此在二维问题中需要求解 5 个附加方程、在三维问题中需要求解 7 个附加方程。

从理论上说，雷诺应力模型应该比一方程模型和二方程模型的计算精度更高，但实际上雷诺应力模型的精度受限于模型的封闭形式，因此雷诺应力模型在实际应用中并没有在所有的流动问题中都体现出优势。只有在雷诺应力明显具有各向异性的特点时才必须使用雷诺应力模型，比如龙卷风、燃烧室内流动等带强烈旋转的流动问题。

5.3.4 辐射模型

Fluent 提供 5 种辐射模型，用户可以在传热计算中使用这些模型，这 5 种辐射模型分别是离散传播辐射（DTRM）模型、P-1 辐射模型、Rosseland 辐射模型、表面辐射（S2S）模型和离散坐标辐射（DO）模型。使用上述辐射模型，用户可以在计算中考虑壁面由于辐射而引起的加热或冷却，以及流体相由辐射引起的热量源/汇。

辐射模型能够应用的典型场合包括火焰辐射，表面辐射换热，导热、对流与辐射的耦合问题，HVAC（Heating Ventilating and Air Conditioning，采暖、通风和空调工业）中通过开口的辐射换热及汽车工业中车厢的传热分析，玻璃加工、玻璃纤维拉拔过程以及陶瓷工业中的辐射传热等。

通过在模型设定面板双击 Radiation 按钮，弹出如图 5-29 所示的 Radiation Model（辐射模型）对话框。

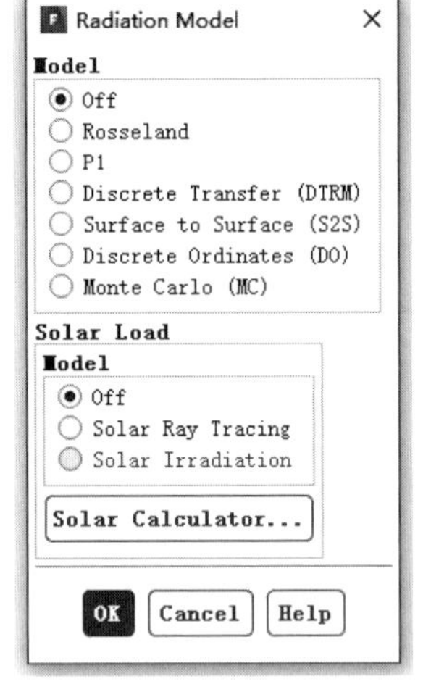

图 5-29 辐射模型对话框

Fluent 提供的 5 种辐射模型的优点和局限分别如下：

（1）DTRM 模型

DTRM 模型的优点是比较简单，通过增加射线数量就可以提高计算精度，同时还可以用于很宽的光学厚度范围。其局限包括：

- DTRM 模型假设所有表面都是漫射表面，即所有入射的辐射射线没有固定的反射角，而是均匀地反射到各个方向。
- 计算中没有考虑辐射的散射效应。
- 计算中假定辐射是灰体辐射。
- 如果采用大量射线进行计算，就会给 CPU 增加很大负担。

（2）P-1 模型

相对于 DTRM 模型，P-1 模型有一定的优点。对于 P-1 模型，辐射换热方程（RTE）是一个容易求解的扩散方程，同时模型中包含散射效应。在燃烧等光学厚度很大的计算问题中，P-1 的计算效果都比较好。P-1 模型还可以在采用曲线坐标系的情况下计算复杂几何形状的问题。P-1 模型的局限如下：

- P-1 模型假设所有表面都是漫射表面。
- P-1 模型计算中采用灰体假设。
- 如果光学厚度比较小，同时几何形状又比较复杂，那么计算精度会受到影响。
- 在计算局部热源问题时，P-1 模型计算的辐射热流通量容易出现偏高的现象。

（3）Rosseland 模型

同 P-1 模型相比，Rosseland 模型的优点是不用像 P-1 模型那样计算额外的输运方程，因此 Rosseland 模型计算速度更快，需要的内存更少。Rosseland 模型的缺点是仅能用于光学厚度大于 3 的问题，同时计算中只能采用分离求解器进行计算。

（4）DO 模型

DO 模型是适用范围最大的模型，可以计算所有光学厚度的辐射问题，并且计算范围涵盖从表面辐射、半透明介质辐射到燃烧问题中出现的介入辐射在内的各种辐射问题。

DO 模型采用灰带模型进行计算，因此既可以计算灰体辐射，又可以计算非灰体辐射。网格划分不过分精细时计算中所占用的系统资源不大，因此成为辐射计算中被经常使用的一种模型。

（5）S2S 模型

S2S 模型适用于计算没有介入辐射介质的封闭空间内的辐射换热计算，比如太阳能集热器、辐射式加热器和汽车机箱内的冷却过程等。

同 DTRM 和 DO 模型相比，虽然视角因数（view factor）的计算需要占用较多的 CPU 时间，但是 S2S 模型在每个迭代步中的计算速度都很快。S2S 模型的局限如下：

- S2S 模型假定所有表面都是漫射表面。
- S2S 模型采用灰体辐射模型进行计算。
- 内存等系统资源的需求随辐射表面的增加而激增。计算中可以将辐射表面组成集群的方式减少内存资源的占用。
- S2S 模型不能计算介入辐射问题。
- S2S 模型不能用于带有周期性边界条件或对称性边界条件的计算。
- S2S 模型不能用于二维轴对称问题的计算。
- S2S 模型不能用于多重封闭区域的辐射计算，只能用于单一封闭几何形状的计算。

5.3.5 组分输运和反应模型

Fluent 可以模拟具有或不具有组分输运的化学反应。Fluent 提供 4 种模拟反应的方法：通用有限速度模型、非预混燃烧模型、预混燃烧模型、部分预混燃烧模型。

通过在模型设定面板双击 Species 按钮，弹出如图 5-30 所示的 Species Model（组分模型）对话框。

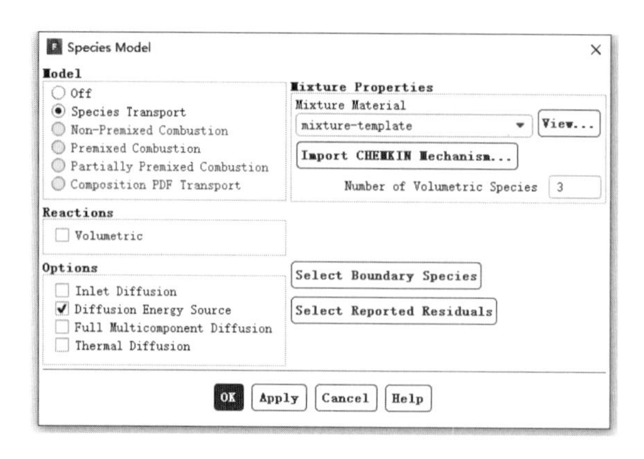

图 5-30　组分模型对话框

下面对 Fluent 提供的模型选择做大致介绍。

（1）通用有限速度模型

该方法基于组分质量分数的输运方程解，采用定义的化学反应机制，对化学反应进行模拟。反应速度在这种方法中以源项的形式出现在组分输运方程中。计算反应速度的方法有从 Arrhenius 速度表达式计算、从 Magnussen 和 Hjertager 的漩涡耗散模型计算和从 EDC 模型计算。这些模型的应用范围非常广泛，其中包括预混、部分预混和非预混的燃烧。

（2）非预混燃烧模型

在这种方法中，并不是解每一个组分输运方程，而是解一个或两个守恒标量（混合分数）的输运方程，然后从预测的混合分数分布推导出每一个组分的浓度。该方法主要用于模拟湍流扩散火焰。

对于有限速度公式来说，这种方法有很多优点。在守恒标量方法中，通过概率密度函数或 PDF 考虑湍流的影响。反映机理并不是由我们确定的，而是使用 flame sheet（mixed-is-burned）方法或化学平衡计算处理反应系统。

层流 flamelet 模型是非预混燃烧模型的扩展，考虑到了从化学平衡状态形成的空气动力学的应力诱导分离。

（3）预混燃烧模型

这个方法主要用于完全预混合的燃烧系统。在这些问题中，完全的混合反应物和燃烧产物被火焰前缘分开。我们解出反应发展变量预测前缘的位置。湍流的影响是通过考虑湍流火焰速度计算得出的。

（4）部分预混燃烧模型

顾名思义，部分预混燃烧模型是用于描述非预混燃烧与完全预混燃烧结合的系统。在这种方法中，我们解出混合分数方程和反应发展变量分别确定组分浓度和火焰前缘位置。

解决包括组分输运和反应流动的任何问题，首先要确定什么模型合适。模型选取的大致方针如下：

- 通用有限速度模型主要用于化学组分混合、输运和反应的问题，以及壁面或粒子表面反应的问题（如化学蒸气沉积）。
- 非预混燃烧模型主要用于包括湍流扩散火焰的反应系统，这个系统接近化学平衡，其中的氧化物和燃料以两个或三个流道分别流入所要计算的区域。
- 预混燃烧模型主要用于单一、完全预混和反应物流动。

- 部分预混燃烧模型主要用于区域内具有变化等值比率的预混合火焰的情况。

5.3.6 离散相模型

Fluent 可以用离散相模型计算散布在流场中的粒子运动和轨迹。例如，在油气混合气中，空气是连续相，而散布在空气中的细小油滴则是离散相。连续相的计算可以用求解流场控制方程的方式完成，而离散相的运动和轨迹需要用离散相模型进行计算。

离散相模型实际上是连续相和离散相物质相互作用的模型。在带有离散相模型的计算过程中，通常是先计算连续相流场，再用流场变量通过离散相模型计算离散相粒子受到的作用力，并确定其运动轨迹。

离散相计算是在拉格朗日观点下进行的，即在计算过程中是以单个粒子为对象进行计算的，而不像连续相计算那样是在欧拉观点下以空间点为对象。例如，在油气混合气的计算中，作为连续相的空气，计算结果是以空间点上的压强、温度、密度等变量分布为表现形式的；而作为离散相的油滴，却是以某个油滴的受力、速度、轨迹作为表现形式的。

关于欧拉观点和拉格朗日观点的区别和相互转换，可以参考流体力学中的相关内容。

在模型设定面板中双击 Discrete Phase 按钮，弹出如图 5-31 所示的 Discrete Phase Model（离散相模型）对话框。

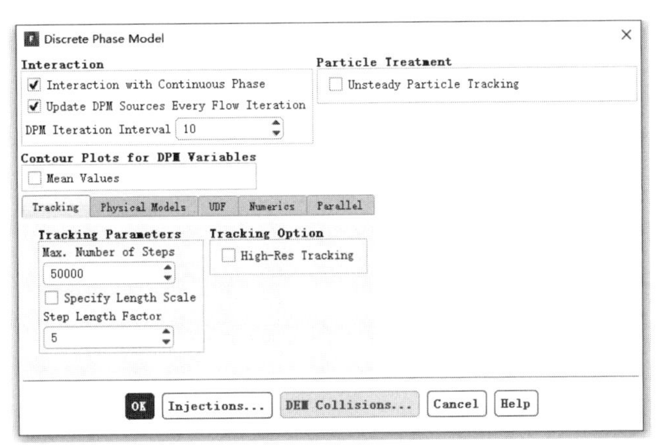

图 5-31 离散相模型对话框

Fluent 在计算离散相模型时可以计算的内容包括：

- 离散相轨迹计算，可以考虑的因素包括离散相惯性、气动阻力、重力，可以计算定常和非定常流动。
- 可以考虑湍流对离散相运动的干扰作用。
- 计算中可以考虑离散相的加热和冷却。
- 计算中可以考虑液态离散相粒子的蒸发和沸腾过程。
- 可以计算燃烧的离散相粒子运动，包括气化过程和煤粉燃烧过程。
- 计算中既可以将连续相与离散相计算相互耦合，又可以分别计算。
- 可以考虑液滴的破裂和聚合过程。

因为离散相模型计算中可以包括上述物理过程，所以可以计算的实际问题非常广泛。

5.3.7 凝固和熔化模型

Fluent 采用“焓－多孔度（enthalpy-porosity）”技术模拟流体的固化和熔化过程。在流体的固化和熔化问题中，流场可以分成流体区域、固体区域和两者之间的糊状区域。“焓－多孔度”技术采用的计算策略是将流体在网格单元内占有的体积百分比定义为多孔度（porosity），并将流体和固体并存的糊状区域看作多孔介质区进行处理。

在流体的固化过程中，多孔度从 1 降低到 0；反之，在熔化过程中，多孔度从 0 升至 1。“焓－多孔度”技术通过在动量方程中添加汇项（负的源项）模拟因固体材料存在而出现的压强降。

“焓－多孔度”技术可以模拟的问题包括纯金属或二元合金中的固化、熔化问题，连续铸造加工过程等。计算中可以计算固体材料与壁面之间因空气的存在而产生的热阻，以及固化、熔化过程中组元的输运等。

需要注意的是，在求解固化、熔化问题的过程中，只能采用分离算法，只能与 VOF 模型配合使用，不能计算可压缩流，不能单独设定固体材料和流体材料的性质，同时在模拟带反应的组元输运过程时无法将反应区限制在流体区域，而是在全流场进行反应计算。

通过在模型设定面板双击 Solidification & Melting 按钮，弹出如图 5-32 所示的 Solidification and Melting（凝固和熔化模型）对话框。

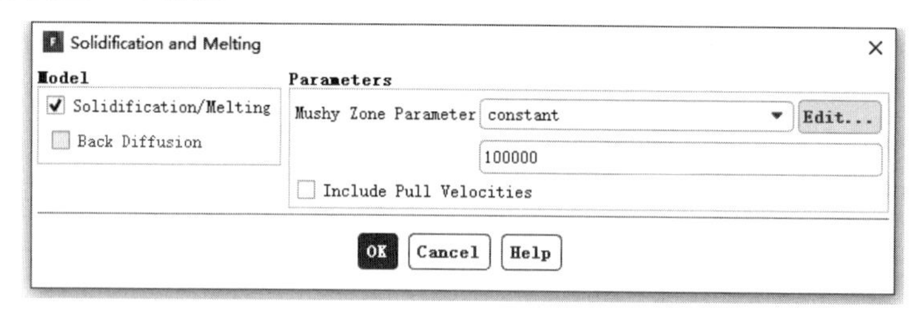

图 5-32　凝固和熔化模型对话框

5.3.8 气动噪声模型

气动噪声的生成和传播可以通过求解可压 N-S 方程的方式进行数值模拟。然而与流场流动的能量相比，声波的能量要小几个数量级，客观上要求气动噪声计算所采用的格式应有很高的精度，同时从音源到声音测试点划分的网格也要足够精细，因此进行直接模拟对系统资源的要求很高，而且计算时间也很长。

为了弥补直接模拟的这个缺点，可以采用 Lighthill 的声学近似模型，即将声音的产生与传播过程分别进行计算，从而达到加快计算速度的目的。

Fluent 中用 Ffowcs Williams 和 Hawkings 提出的 FW-H 方程模拟声音的产生与传播，这个方程中采用 Lighthill 的声学近似模型。Fluent 采用在时间域上积分的办法，在接收声音的位置上用两个面积分直接计算声音信号的历史。这些积分可以表达声音模型中单极子、偶极子和四极子等基本解的分布。

积分中需要用到的流场变量包括压强、速度分量和音源曲面的密度等，这些变量的解在时间方向上必须满足一定的精度要求。满足时间精度要求的解可以通过求解非定常雷诺平均方程（URANS）获得，也可以通过大涡模拟（LES）或分离涡模拟（DES）获得。音源表面既可以是固体壁面，又可以是流场内部的一个曲面。噪声的频率范围取决于流场特征、湍流模型和流场计算中的时间尺度。

在模型设定面板中双击 Acoustics 按钮，弹出如图 5-33 所示的 Acoustics Model（噪声模型）对话框。

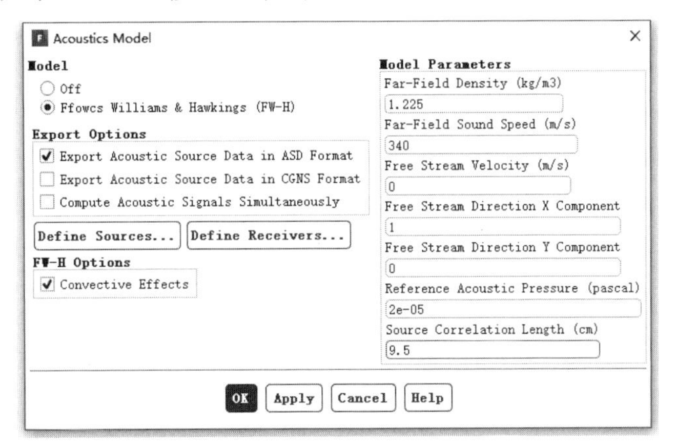

图 5-33　噪声模型对话框

5.4 材料性质设定

本节重点介绍应用 Fluent 软件进行流体计算过程中流体材料的设定，包括物性参数的计算方程和详细的参数设定过程。

5.4.1 物性参数

在建立数学模型中非常关键的一步是正确设定所研究物质的物性参数。在 Fluent 中，物性参数的设定是在 Materials（材料）面板中完成的。

设置物性参数需要单击信息树中的 Materials 选项，弹出如图 5-34 所示的 Materials（材料）面板。在材料面板中，单击 Create/Edit 按钮便可弹出如图 5-35 所示的 Create/Edit Materials（物性参数设定）对话框。

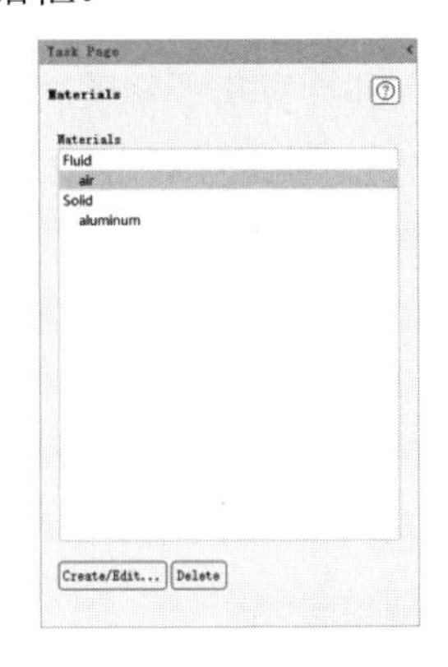

图 5-34　材料面板

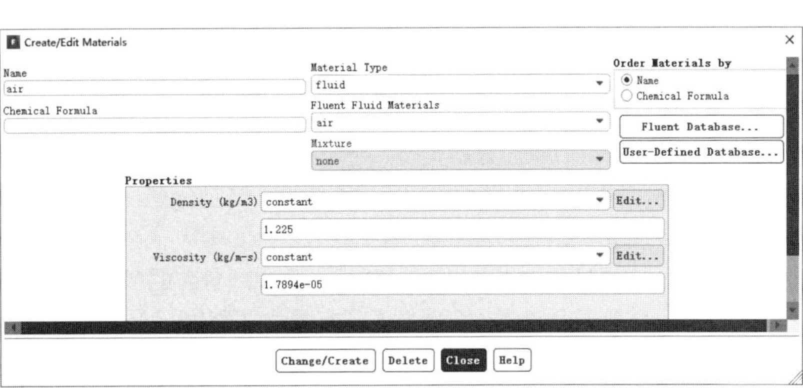

图 5-35　物性参数设定对话框

在对话框中需要设定的参数包括：

- 密度和（或）分子量。
- 粘度。
- 比热。
- 热传导系数。
- 质量扩散系数。
- 标准状态下的焓。
- 分子动力论参数。

这些参数可以是温度的函数，而温度和组元的变化方程可以是多项式函数、阶梯函数或分段多项式函数。Fluent 设置流体物性的这个特点给计算带来很大方便，在温度场的变化非常复杂、物性参数很难用单个函数表示时尤其如此。单个组元物性参数的变化可以由用户指定或由分子动力论确定。

Materials（材料）面板会显示已被激活的物质所有需要设定的物性参数。需要注意的是，用户定义的属性需要用能量方程求解（如用理想气体定律求密度、用温度函数求粘度）时，Fluent 软件会自动激活能量方程。在这种情况下，必须设定材料的热力学条件和其他相关参数。

对于固体材料来说，需要定义材料的密度、热传导系数和比热。如果模拟半透明物质，那么还需要设定物质的辐射属性。固体物质热传导系数的设置很灵活，既可以是常数值，又可以是随温度变化的函数，甚至是由用户自定义函数（User Defined Function，UDF）定义。

5.4.2 参数设定

在默认情况下，materials（材料）列表仅包括一种流体物质 air（空气）和一种固体物质 aluminium（铝）。如果要计算的流体物质恰恰是空气，那么可以直接使用默认的物性参数，当然也可以修改后再使用。绝大多数情况下，都需要从数据库中调用其他物质或定义自己的物质。

混合物物质只有在激活组元运输方程后才会出现。与此类似，惰性颗粒、液滴和燃烧颗粒在引入弥散相模型之前是不会出现的。但是一个混合物的数据从数据库中加载进来时，它所包含的所有组元的流体材料（组元）将会自动被复制。

1．修改现有材料的材料属性

在绝大多数情况下都是从数据库中加载已有的材料数据，然后根据实际情况和计算需要修改材料的物性参数。修改物性参数的工作必须在材料对话框中完成，步骤如下：

步骤 01 在 Material Type（材料类型）下拉列表中选择材料的类型（流体或固体）。

步骤 02 根据步骤 01 的选择，在 Fluid Materials（流体材料）或 Solid Materials（固体材料）的下拉列表中选定要改变物性的材料。

步骤 03 根据需要修改在 Properties（性质）框中所包含的各种物性参数。如果列出的物性参数种类太多，就需要拖动滑动条以显示所有的物性参数。

在完成修改后，单击 Change/Create（修改/创建）按钮，新的物性参数便被设定了。

要改变其他材料的物性参数，只要重复前面的步骤即可，但每种材料的物性参数修改完毕后都要单击 Change/Create（修改/创建）按钮进行确认。

2. 重命名已有材料

所有的材料都是通过材料名称和分子式区分的。除自行创建的物质外，现有材料数据中只有材料名称可以改变，但不能改变它们的分子式。

通过下面的步骤可以改变一种材料的名称：

步骤 01 与改变物性参数一样，首先在 Material Type 下拉列表中选择材料的类型（流体或固体）。

步骤 02 根据步骤 01 的选择，在 Fluid Materials 或 Solid Materials 下拉列表中选定要修改物性的材料。

步骤 03 在面板顶部的 Name（名称）框中输入新的名称。

步骤 04 单击 Change/Create（修改/创建）按钮，这时会弹出一个问题对话框，如图 5-36 所示。

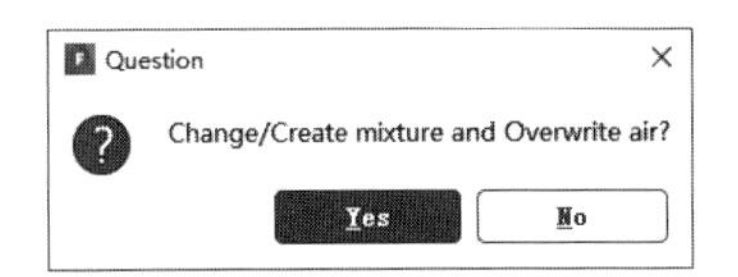

图 5-36　问题对话框

步骤 05 单击 Yes 按钮完成更改材料名称的工作。

采用同样的方法可以更改其他材料的名称，每次更改完成后单击 Change/Create（修改/创建）按钮进行确认。

3. 从数据库中复制材料

材料数据库中包含许多常用的流体、固体和混合物材料。调用这些材料的步骤非常简单，要做的仅仅是从数据库中把它们复制到当前的材料列表中。复制材料应采取以下步骤：

步骤 01 单击材料面板的 Fluent Database...（数据库）按钮，打开 Fluent Database Materials（材料数据库）对话框，如图 5-37 所示。

步骤 02 在 Material Type 下拉列表中选择材料的类型（流体或固体）。

步骤 03 根据步骤 02 的选择，在 Fluent Fluid Materials 或 Solid Materials 下拉列表中选定要复制的材料，该材料的各种参数随即显示在属性（Properties）框中。

步骤 04 可以拖动滚动条检查材料的所有参数。对于某些参数，除了用常值定义外，也可以用温度的函数形式加以定义。具体采用哪种定义形式，可以从物性右边的下拉列表中选择。

步骤 05 单击 Copy（复制）按钮，完成复制工作。

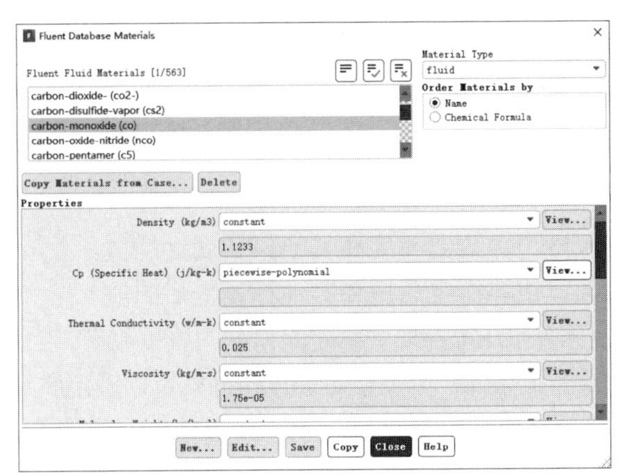

图 5-37　材料数据库对话框

重复上述步骤可以复制其他材料，复制工作全部完成时单击 Close 按钮关闭材料数据库对话框。

一旦将材料从数据库中复制完成，就可以如前面所讲的一样修改物性参数，而且为了保持数据库的准确性，任何修改都不会影响原数据库里物性参数的数值。

4．创立新的物质

如果数据库中没有要用的材料，那么可以创建该物质，具体步骤如下：

步骤 01 在 Material Type（材料类型）下拉列表中选择新材料的种类（流体或固体）。

步骤 02 在 Name（名称）文本框中输入新材料的名称。

步骤 03 在 Properties（属性）框中设定物质的属性。

步骤 04 单击 Change/Creat（改变/创建）按钮。系统会弹出一个问题对话框，询问是否覆盖原有材料。单击 No 按钮时系统会添加新材料，并保持原材料。接着弹出一个面板，要求输入新材料的分子式。如果已知，就输入，否则保持空白并单击 OK 按钮。在上述步骤完成后面板中会显示新的材料。

5.5 边界条件设定

边界条件就是流场变量在计算边界上应该满足的数学物理条件。边界条件与初始条件一起并称为定解条件，只有在边界条件和初始条件确定后，流场的解才存在，并且是唯一的。Fluent 的初始条件是在初始化过程中完成的，而边界条件需要单独进行设定。本节将详细讲述 Fluent 中的边界条件设定问题。

5.5.1 边界条件分类

边界条件大致分为下列几类。

（1）流体进出口条件：包括压强入口、速度入口、质量入口、吸气风扇、入口通风、压强出口、压强远场、出口流动、出口通风和排气风扇等条件。

（2）壁面条件：包括固壁条件、对称轴（面）条件和周期性边界条件。

（3）内部单元分区：包括流体分区和固体分区。

（4）内面边界条件：包括风扇、散热器、多孔介质阶跃和其他内部壁面边界条件。内面边界条件在单元边界面上设定，因而这些面没有厚度，只是对风扇、多孔介质膜等内部边界上流场变量发生阶跃的模型化处理。

其中，Fluent 中的入口和出口边界包括下列 8 种形式。

（1）速度入口条件：在入口边界给定速度和其他标量属性的值。

（2）压强入口条件：在入口边界给定总压和其他标量变量的值。

（3）质量流入口条件：在计算可压缩流时，给定入口处的质量流量。因为不可压流的密度是常数，所以在计算不可压流时不必给定质量流条件，只要给定速度条件就可以确定质量流量。

（4）压强出口条件：用于在流场出口处给定静压和其他标量变量的值。在出口处定义出口（outlet）条件，而不是定义出流（outflow）条件，是因为前者在迭代过程中更容易收敛，特别是在出现回流的时候。

（5）压强远场条件：这种类型的边界条件用于给定可压缩流的自由流边界条件，即在给定自由流马赫数和静参数条件确定后，给定无限远处的压强条件。这种边界条件只能用于可压缩流计算。

（6）出流边界条件：如果在计算完成前无法确定压强和速度，那么可以使用出流条件。这种边界条件适用于充分发展的流场，做法是将除压强以外的所有流动参数的法向梯度都设为零。这种边界条件不适用于可压缩流。

（7）入口通风条件：这种边界条件的设置需要给定损失系数、流动方向、环境总压和总温。

（8）进气风扇条件：在假设入口处存在吸入式风扇的情况下，可以用这种边界条件设置。

5.5.2 边界条件设置

边界条件的设定是在边界条件面板中完成的，如图 5-38 所示。在读入算例文件后，通过单击信息树中的 Boundary Conditions 选项启动边界条件面板。

图 5-38 边界条件面板

1. 改变边界类型

在进行网格划分时，可能会对边界的类型进行定义，但在进入 Fluent 设定边界条件之前，还需要对边界类型进行检查确认，如果边界类型不对，此时就可以通过边界条件面板对边界类型进行修改，方法如下：

步骤01 在 Zone（分区）下选择要进行修改的分区名。

步骤02 在 Type（类型）下选择正确的边界（见图 5-39），并在弹出的窗口（见图 5-40）中对边界条件进行设置。

说明：周期性边界条件的类型不能用上述方式改变，多相流边界条件的设定也与上述步骤有区别，详情请看后面章节的介绍。

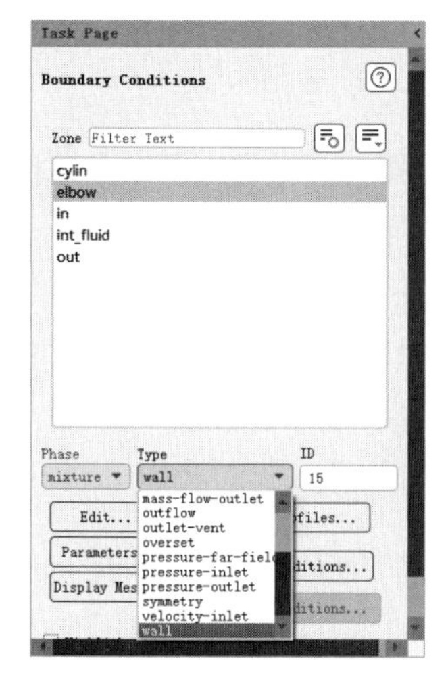

图 5-39 Type 模型

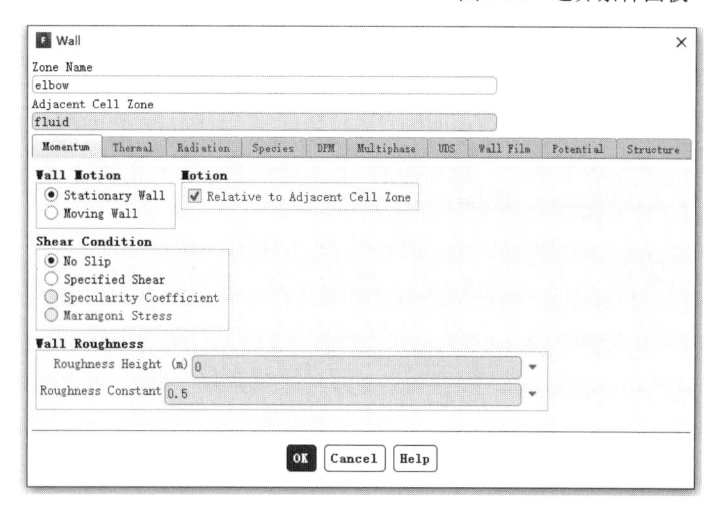

图 5-40 边界条件参数设置对话框（以 Wall 边界为例）

2. 边界类型的分类

边界类型的改变是有一定限制的，不能随意进行。边界类型可以分成四大类，所有边界类型都可以被划分到其中一个大类中。边界类型的改变只能在大类中进行，而分属不同大类的边界类型是不能互相替换的。这四大类的分类情况见表 5-1。

表 5-1　边界类型的分类

分　类	边界类型
面边界	轴边界、出口边界、质量流入口边界、压强远场条件、压强入口条件、压强出口条件、对称面（轴）条件、速度入口条件、壁面条件、入口通风条件、吸气风扇条件、出口通风条件、排气风扇条件
双面边界	风扇、多孔介质阶跃条件、散热器条件、壁面条件
周期性边界	周期条件
单元边界	流体、固体单元条件

3. 边界条件的设置

在边界条件面板中，单击下面的 Edit（编辑）按钮，或者双击分区面板下的分区名，将打开如图 5-41 所示的边界条件设置对话框，在这里可以对选定的边界分区、进行边界条件的具体设置。

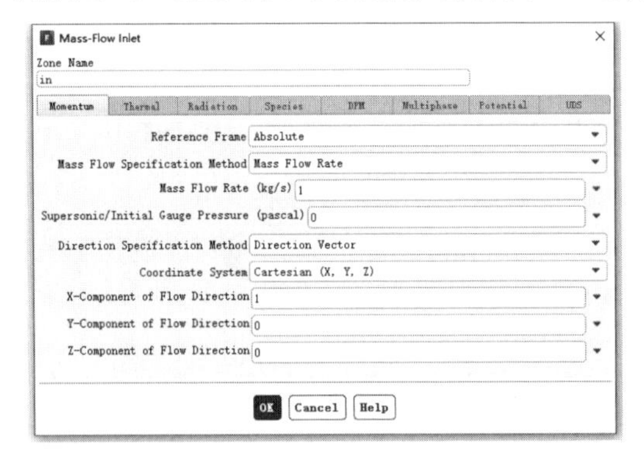

图 5-41　边界条件设置对话框

4. 边界条件的复制

除了直接设置边界条件外，如果还没有设定边界条件的分区与已经设定边界条件的某个分区的边界条件完全相同，那么可以将现有的边界条件复制到新的边界分区中。

边界条件复制的方法如下：

步骤 01　在边界条件面板中单击下面的 Copy（复制）按钮，弹出如图 5-42 所示的边界条件复制对话框。

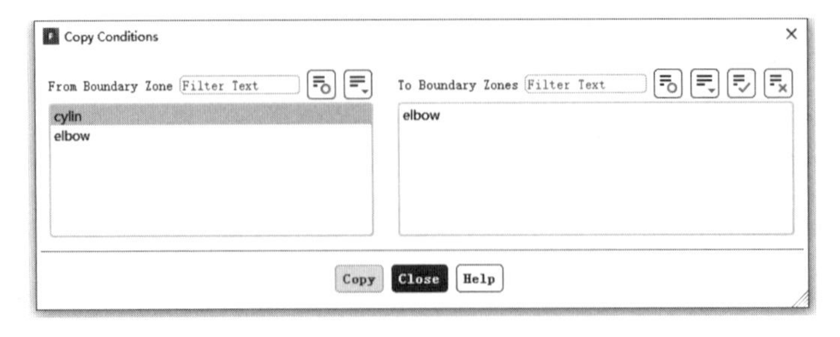

图 5-42　边界条件复制对话框

步骤 02 在 From Boundary Zone（来源分区）下选定已经设置好边界条件的分区。

步骤 03 在 To Boundary Zones（目标分区）下选定目标分区。

步骤 04 单击下方的 Copy（复制）按钮完成复制。

步骤 05 单击 Close（关闭）按钮关闭边界条件复制面板。

内部边界和外部边界的边界条件不能互相复制，因为内部边界是双面边界，而外部边界是单面边界。

5.5.3 常用边界条件类型

1．压力入口边界条件

压力入口边界条件用于定义流场入口处的压强和其他标量函数。这种边界条件既适用于可压流计算又适用于不可压流计算。通常在入口处压强已知而速度和流量未知时，可以使用压强入口条件。压力入口边界条件还可以用于具有自由边界的流场计算。压力入口边界条件设置对话框如图 5-43 所示。

图 5-43　压力入口边界条件对话框

在使用压力入口边界条件时需要输入下列参数：

（1）总压。在 Pressure Inlet（压力入口）面板中的 Gauge Total Pressure（表总压）栏中输入总压的值。

（2）总温。在 Total Temperature（总温）栏中输入总温。

（3）流动方向。在压力入口面板中可以用分量定义方式定义流动方向。在入口速度垂直于边界面时，也可以直接将流动方向定义为“垂直于边界”。在具体设置过程中，既可以用直角坐标形式定义 x、y、z 三个方向的速度分量，又可以用柱坐标形式定义径向、切向和轴向三个方向的速度分量。

（4）静压。静压在 Fluent 中被称为 Supersonic/Initial Gauge Pressure（超音速/初始表压），如果入口流动是超音速的，或者用户准备用压力入口边界条件进行计算的初始化工作，那么必须定义静压。

（5）用于湍流计算的湍流参数。

（6）用于 P-1 模型、DTRM 模型、DO 模型进行计算的辐射参数。

（7）用于组元计算的化学组元质量浓度。

（8）用于非预混或部分预混燃烧计算的混合物浓度和增量。

（9）用于预混或部分预混燃烧计算的过程变量。

（10）用于弥散相计算的弥散相边界条件。

（11）多相流边界条件（用于普通多相流计算）。

2. 速度入口边界条件

速度入口边界条件用入口处流场速度及相关流动变量作为边界条件。在速度入口边界条件中，流场入口边界的驻点参数是不固定的。为了满足入口处的速度条件，驻点参数将在一定范围内波动。

速度入口条件仅适用于不可压流，如果用于可压流，那么可能导致非物理解。同时还要注意，不要让速度入口条件过于靠近入口内侧的固体障碍物，这样会使驻点参数的不均匀程度大大增加。在特殊情况下，可以在流场出口处也使用速度入口条件。在这种情况下，必须保证流场在总体上满足连续性条件。

速度入口边界条件设置对话框如图 5-44 所示。

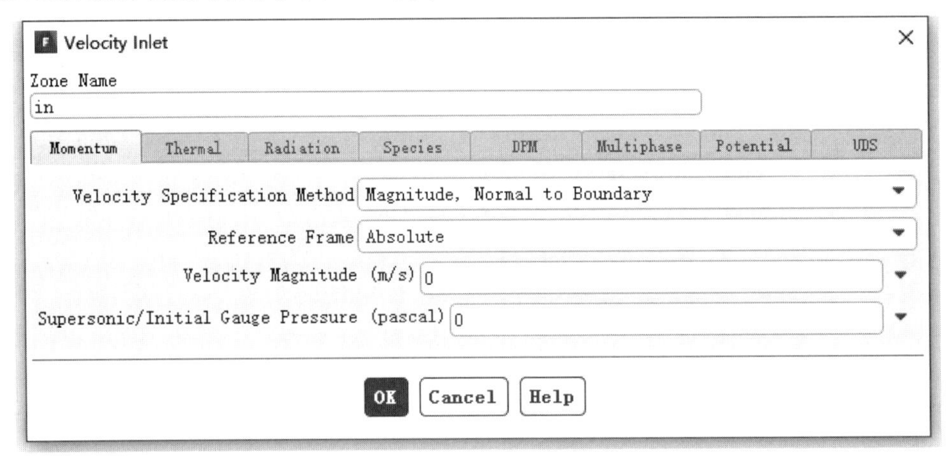

图 5-44　速度入口边界条件对话框

在使用速度入口边界条件时需要输入下列参数：

（1）速度值及方向，或速度分量。因为速度为矢量，所以定义速度包括定义速度的大小和方向两个内容。在 Fluent 中定义速度的方式有 3 种：第一种是将速度看作速度的绝对值与一个单位方向矢量的乘积，然后通过定义速度的绝对值和方向矢量分量定义速度；第二种是将速度看作在 3 个坐标方向上的分量的矢量和，然后通过分别给定速度 3 个分量大小定义速度；第三种是假定速度是垂直于边界面的（因此方向已知），然后只要给定速度的绝对值，就可以定义速度。

（2）二维轴对称问题中的旋转速度。在计算模型是轴对称带旋转流动时，除了可以定义旋转速度，还可以定义旋转角速度。类似地，如果选择柱坐标系或局部柱坐标系，那么除了可以定义切向速度，还可以定义入口处的角速度。将角速度看作矢量，那么其定义与速度矢量定义是类似的。

（3）用于能量计算的温度值。如果计算中包含能量方程，则需要在入口速度边界处给定静温。

（4）使用耦合求解器时的出流表压。如果采用耦合求解器，那么可以在速度入口边界上定义出流表压（Outflow Gauge Pressure）。如果在计算过程中速度入口边界上出现回流，那么那个面就被作为压强出口边界处理，其中使用的压强就是在这里定义的出流表压。

（5）湍流计算中的湍流参数。

（6）采用 P-1 模型、DTRM 模型、DO 模型时的辐射参数。

（7）组元计算中的化学组元质量浓度。

（8）非预混模型或部分预混模型燃烧计算中的混合物浓度及增量。

（9）预混模型或部分预混模型燃烧计算中的过程变量。

（10）弥散相计算中弥散相的边界条件。

（11）多相流计算中的多相流边界条件。

3．质量流入口边界条件

在已知流场入口处的流量时，可以通过定义质量流量或质量通量分布的形式定义边界条件。这样定义的边界条件叫作质量流入口边界条件。在质量流量被设定的情况下，总压将随流场内部压强场的变化而变化。

如果流场在入口处的主要流动特征是质量流量保持不变，那么适合采用质量流入口条件。但是因为流场入口总压的变化将直接影响计算的稳定性，所以在计算中应该尽量避免在流场的主要入口处使用质量流条件。例如，在带横向喷流的管道计算中，管道进口处应该尽量避免使用质量流条件，而在横向喷流的进口处可以使用质量流条件。

在不可压流计算中不需要使用质量流入口条件，这是因为在不可压流中密度为常数，所以采用速度入口条件可以确定质量流量，因此没有必要再使用质量流入口条件。

质量流入口边界条件设置对话框如图 5-45 所示。

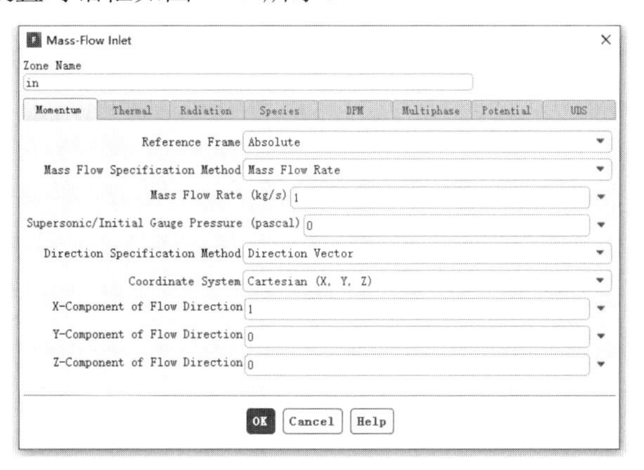

图 5-45　质量流入口边界条件对话框

在采用质量流入口条件时，需要输入下列参数：

（1）质量流量、质量通量，或混合面模型计算时的平均质量通量。可以在入口边界上定义质量流量，对于随时间变化的质量流量，可以定义平均流量。

如果在边界条件中定义的是质量流量，Fluent 就会自动将其转换为质量通量形式。当然，也可以采用型函数或用户自定义函数的形式直接定义质量通量。

（2）总温。直接在质量流入口面板上总温（Total Temperature）一栏中输入总温的值。

（3）静压。如果入口流动是超音速流动，或者计算是基于压强入口边界条件进行的，那么需要在 Supersonic/Initial Gauge Pressure（超音速/初始表压）一栏中输入静压的值。在流动是亚音速时，这一栏中的输入内容将被 Fluent 忽略。如果流场的初始化过程是基于质量流入口条件的，那么需要输入静压计算初始总压。

流场中实际的静压值应该等于操作压强与输入静压之和。

（4）流动方向。在 Direction Specification Method（方向定义方法）中可以选择质量流入口边界上流动方向的定义方式。在流动方向与边界面不垂直时，可以选择 Direction Vector（方向矢量）方式。在流动方向与边界垂直时，可以直接定义为 Normal to Boundary（垂直于边界）。

如果与入口相邻的网格单元是移动的，那么可以在 Reference Frame（参考坐标系）下拉列表中通过选择 Absolute（绝对坐标系）或 Relative（相对坐标系）指定定义方向矢量的坐标系形式。如果相邻网格单元不是移动的，那么两种定义方式是等价的，因而无须进行任何选择。

（5）在湍流计算中输入湍流参数。

（6）在使用辐射模型时输入辐射参数。

（7）在带组元计算中输入化学组元质量浓度。

（8）在非预混和部分预混燃烧计算中输入混合物浓度与增量。

（9）在预混或部分预混燃烧计算中输入过程变量。

（10）在弥散相模型计算中设定弥散相边界条件。

（11）在多相流计算中定义多相流边界条件。

4．压力出口边界条件

压力出口边界条件在流场出口边界上定义静压，而静压的值仅在流场为亚音速时使用。如果在出口边界上流场达到超音速，那么边界上的压力将从流场内部通过插值得到。其他流场变量均从流场内部插值获得。

在压力出口边界上还需要定义“回流（backflow）”条件。回流条件是在压力出口边界上出现回流时使用的边界条件。推荐使用真实流场中的数据做回流条件，这样计算将更容易收敛。

Fluent 在压力出口边界条件上可以使用径向平衡条件，同时可以给定预期的流量。

压力出口边界条件设置对话框如图 5-46 所示。

图 5-46　压力出口边界条件设置对话框

压力出口边界的输入参数如下：

（1）静压。在压力出口面板的 Gauge Pressure（表压）一栏中填入静压的值。在流动为亚音速时会用到这个值，如果在出口边界附近流动转变为超音速，压力的值就是从上游流场中外插得到的。

在 Fluent 中还可以使用径向平衡出口边界条件。在压力出口面板中勾选 Radial Equilibrium Pressure Distribution（径向平衡压力分布）复选框，就可以启用这项功能。径向平衡指的是在出口平面上径向压力梯度与离心力的平衡关系。这种边界条件的设定方法只需要设定最小半径处的压力值，然后 Fluent 可以根据径向平衡关系计算出口平面其余部分的压力值。

（2）回流条件，包括：

- 能量计算中的总温。在包含能量计算的问题中需要设定回流总温（Backflow Total Temperature）。
- 回流方向定义方法。在回流的流动方向已知，并且与流场解相关时，可以在 Backflow Direction Specification Method（回流方向定义方法）下拉列表中选择一种方法定义回流方向。系统默认设置是 Normal to Boundary（垂直于边界），即认为流动方向与边界平面垂直，这种情况下不需要另外输入参数。如果选择 Direction Vector（方向矢量）选项，面板上就会出现定义回流方向矢量分量的输入栏。如果计算使用的是三维求解器，那么还会出现坐标系列表。如果选择 From Neighboring Cell（导自临近单元）选项，Fluent 就会使用紧邻压力出口的网格单元中的流动方向定义出口边界面上的流动方向。
- 湍流计算中的湍流参数。
- 组元计算中的化学组元质量浓度。
- 非预混或部分预混燃烧计算中的混合物浓度和增量。
- 预混或部分预混燃烧计算中的过程变量。
- 多相流计算中的多相流边界条件。

如果出现回流，Gauge Pressure（表压）一栏中的压力值就会被作为总压使用，同时回流方向被认为是垂直于边界的。

如果紧邻压力出口边界的网格是移动的，并且求解器为分离求解器，动压计算所采用的速度形式就与 Solver（求解器）面板中选择的速度形式相同，即如果选择了绝对速度，动压就用绝对速度求出，如果选择的是相对速度，动压就用相对速度求出。对于耦合求解器，速度永远采用绝对速度形式。

即使在计算结果中没有回流出现，也应该将出口条件用真实流场的值设定，这样可以在计算过程中出现回流时加速收敛。

（3）辐射计算中的辐射参数。

（4）弥散相计算中的弥散相边界条件。

所有参数均在 Pressure Outlet（压力出口）面板中输入，压力出口面板在边界条件面板中开启。

5. 压强远场边界条件

压强远场条件用于设定无限远处的自由边界条件，主要设置项目为自由流马赫数和静参数条件。压强远场边界条件也被称为特征边界条件，因为这种边界条件使用特征变量定义边界上的流动变量。

采用压强远场边界条件要求假设密度为理想气体进行计算。为了满足“无限远”的要求，计算边界需要距离物体足够远。比如在计算翼型绕流时，要求远场边界距离模型约 20 倍弦长。

压力出口边界条件设置对话框如图 5-47 所示。

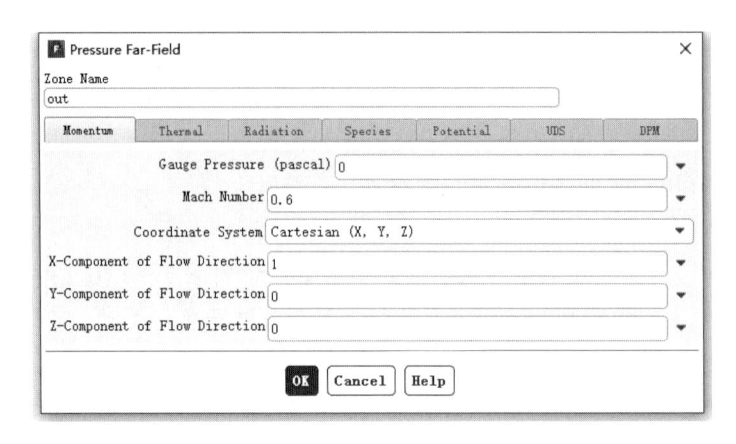

图 5-47　压力出口边界条件设置对话框

在压强远场边界条件中需要输入下列参数：

（1）静压。
（2）马赫数。
（3）温度。
（4）流动方向。
（5）湍流计算中的湍流参数。
（6）辐射计算中的辐射参数。
（7）组元计算中的组元质量浓度。
（8）弥散相计算中的弥散相边界条件。

6．出流边界条件

在流场求解前，如果流场出口处的流动速度和压强是未知的，就可以使用出流边界条件（outflow boundary conditions）。除非计算中包含辐射换热、弥散相等问题，在出流边界上不需要定义任何参数，Fluent 用流场内部变量通过插值得到出流边界上的变量值。

需要注意，下列情况不适合采用出流边界条件：

（1）如果计算中使用了压强入口条件，就应该同时使用压强出口条件。
（2）流场是可压流时。
（3）在非定常计算中，如果密度是变化的，就不适合用出流边界条件。

出流边界条件服从充分发展流动假设，即所有流动变量的扩散通量在出口边界的法向等于零。在实际计算中，虽然不必拘泥于充分发展流动假设，但是只有在确信出口边界的流动与充分发展流动假设的偏离可以忽略不计时，才能使用出流边界条件。

出流边界条件设置对话框如图 5-48 所示。

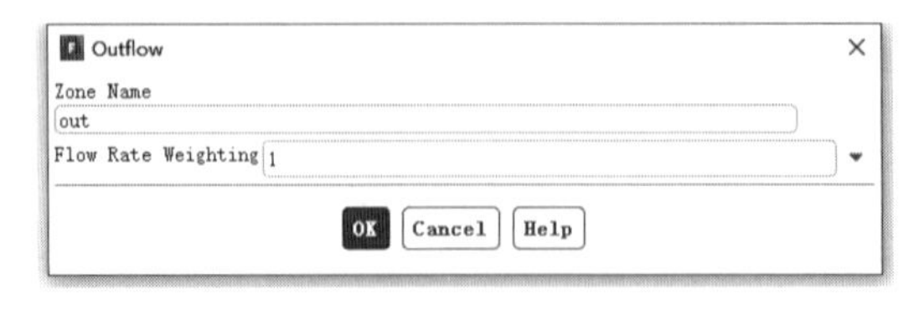

图 5-48　出流边界条件设置对话框

在出流边界存在很大的法向梯度或出现回流时，不应该使用出流边界条件。例如，分离点在 Fluent 软件中可以使用多个出流边界条件，并且定义每个边界上出流的比率。在 Outflow（出流）面板上，通过设置 Flow Rate Weighting（流量权重）可以指定每个出流边界的流量比例。

在默认设置中，所有出流边界的流量权重被设为 1。如果出流边界只有一个，或者流量在所有边界上是均匀分配的，就不必修改这项设置，系统会自动将流量权重的值进行默认设置，所有出流边界的流量权重被设为 1。如果出流边界只有一个，或者流量在所有边界上是均匀分配的，就不必修改这项设置，系统会自动将流量权重的值进行调整，使得流量在各个出口上均匀分布。比如有两个出流边界，每个边界上流出的流量是总流量的一半，就无须修改默认设置。如果有 75%的流量流出第一个边界、25%的流量流出第二个边界，就需要将第一个边界的流量权重修改为 0.75、第二个边界的流量权重修改为 0.25。

7. 壁面边界条件

在粘性流计算中，Fluent 使用无滑移条件作为默认设置。在壁面有平移或转动时，也可以定义一个切向速度分量作为边界条件，或者定义剪切应力作为边界条件。

壁面边界条件设置对话框如图 5-49 所示。

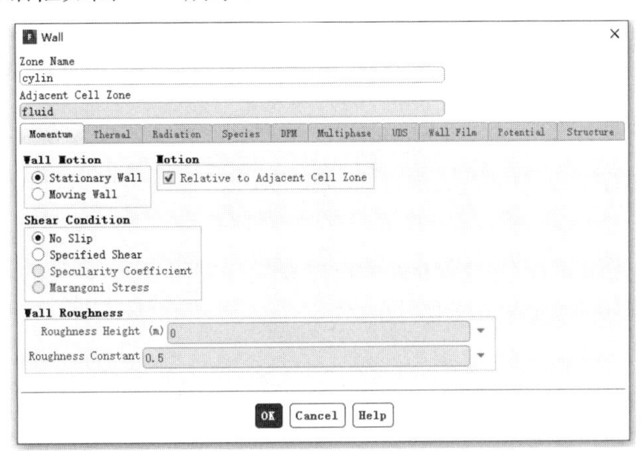

图 5-49　壁面边界条件设置对话框

下面介绍壁面边界条件需要输入的参数。

（1）在热交换计算中的热力学边界条件

热力学条件在 Wall（壁面）面板的 Thermal（热力学）标签下输入下面介绍的相关参数。

- 热通量边界条件：在边界条件的热通量是固定值时，可以单击 Heat Flux（热通量）选项设置热通量。系统的默认设置将热通量设为零，即假定壁面为绝热壁。计算中可以根据实际情况在这一项中输入已知的热通量数据。
- 温度边界条件：如果边界上的温度是固定值，那么可以选择输入温度边界条件。只要单击选择 Temperature（温度）选项，然后在相应位置输入壁面温度值就可以完成壁面边界条件的输入。
- 对流热交换边界条件：选择 Convection（对流）选项，再输入 Heat Transfer Coefficient（热交换系数）和 FreeStream Temperature（自由流温度），Fluent 就可以用后面的方程进行壁面上的热交换计算了。
- 外部辐射边界条件：如果计算中需要考虑外界对流场的辐射，那么应该选择设定 Radiation（辐射）条件，然后设定 External Emissivity（外部辐射率）和 External Radiation Temperature（外部辐射温度）。

- 对流与外部辐射混合边界条件：选择 Mixed（混合）选项，可以同时设定对流与外部辐射边界条件。在这种情况下，可以设置的参数包括 Heat Transfer Coeffcient（热交换系数）、Free Stream Temperature（自由流温度）、External Emissivity（外部辐射率）和 External Radiation Temperature（外部辐射温度）。
- 薄壁热阻参数：在默认设置中，壁面厚度等于零。但是在设定热力学条件的时候，可以在两个计算域之间定义一个带厚度的薄层。比如在计算插入流场中的一个薄金属板时，可以给予薄板一个厚度用于热力学计算。在这种情况下，Fluent 在壁面附近用一维流假设计算由壁面引起的热阻和壁面上热量的生成量。
- 双侧壁面的热力学边界条件：如果壁面两侧均为计算域，就称为双侧壁面。这种类型的网格文件读入 Fluent 后，Fluent 中将自动生成影子（shadow）区域，即壁面的每个面都有一个计算区域与之对应。在 Wall（壁面）面板中，影子区域的名字显示在 Shadow Face Zone（影子表面区域）中。
- 壁面上的薄壳热导率：在壁面边界条件中选中薄壳热导率（Shell Conduction）就可以用定义薄壳热导率的形式定义热力学边界条件。在使用这种方式定义热力学边界条件的时候，热力学条件的定义方法与前面的薄壁条件定义方法相同。

（2）在移动、转动壁面计算中的壁面运动条件

壁面边界可以是静止的，也可以是运动的。移动壁面边界条件采用壁面的平移或转动的速度或速度分量值加以定义。

壁面运动是在 Wall（壁面）面板的 Momentum（动量）部分进行定义的，单击 Momentum（动量）标签可以看到与壁面运动有关的所有定义形式。

①定义静止壁面

在 Wall Motion（壁面运动）下选择 Stationary Wall（静止壁面），可以将壁面设置为静止壁面。

②定义运动壁面的速度

如果计算中壁面存在切向运动，就需要在边界条件中定义平移、转动速度或速度分量。在 Wall Motion（壁面运动）下选择 Moving Wall（移动壁面），Wall（壁面）对话框随即展开，如图 5-50 所示。

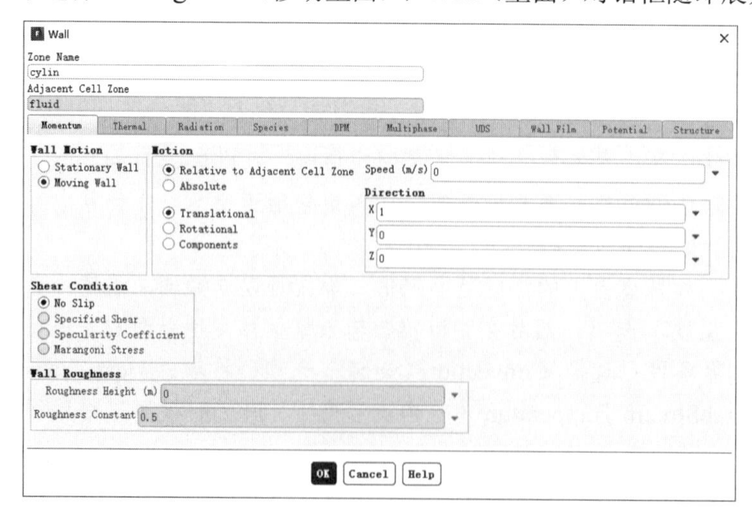

图 5-50 壁面边界条件对话框

在移动壁面条件中不能设定壁面的法向运动，Fluent 会忽略所有法向移动速度。

③定义相对或绝对速度

如果壁面附近的网格是移动网格，那么可以选择用相对速度的方式定义壁面运动，即取移动网格为参考定义壁面的运动速度。此时只要选中“Relative to Adjacent Cell Zone（相对于临近网格）”单选按钮就可以了。

如果选择了 Absolute（绝对速度）选项，那么可以通过定义壁面在绝对坐标系中的速度定义壁面运动。如果临近的网格单元是静止的，相对速度和绝对速度的定义就是等价的。

④壁面的平移运动

在壁面存在直线平移运动时，可以选择 Translational（平移）选项，并在 Speed（速度）和 Direction（方向）栏中定义壁面运动速度矢量。默认情况下，系统认为壁面是静止的，所以速度值被设为零。

⑤壁面的旋转运动

选择旋转（Rotational）选项并确定绕指定转动轴的旋转速度，就可以将壁面的旋转运动确定下来。用 Rotation-Axis Direction（转动轴方向）和 Rotation-Axis Origin（转动轴原点）可以唯一确定转动轴。在三维计算中，转动轴是通过转动轴原点并平行于转动轴方向的直线。在二维计算中，无须指定转动轴方向，只需指定转动轴原点，转动轴是通过原点并与 z 方向平行的直线。在二维轴对称问题中，转动轴永远是 x 轴。

⑥用速度分量定义壁面运动

选择 Components（速度分量）选项，可以通过定义壁面运动的速度分量定义壁面的平移运动。这里定义的平移运动可以是直线运动，也可以是非直线运动。运动方式可以用速度分量函数或自定义函数的形式加以定义。

（3）滑移壁面中的剪切力条件

可以定义 3 种类型的剪切条件，分别介绍如下：

- 无滑移条件。在 Shear Condition（剪切条件）下选择 No Slip（无滑移）选项就可以在壁面上设定无滑移条件。无滑移条件是粘性流计算中所有壁面的默认设置。
- 指定剪切力条件。在剪切条件下选择 Specified Shear（指定剪切力）选项就可以为壁面设定剪切力的值，如图 5-51 所示。然后可以通过输入剪切力的 x、y、z 分量定义剪切力的值。在剪切力给定后，湍流计算中的壁面函数条件不再使用。
- Marangoni 应力条件。Fluent 可以定义由温度引起的表面张力的变化。对于所有移动壁面只能

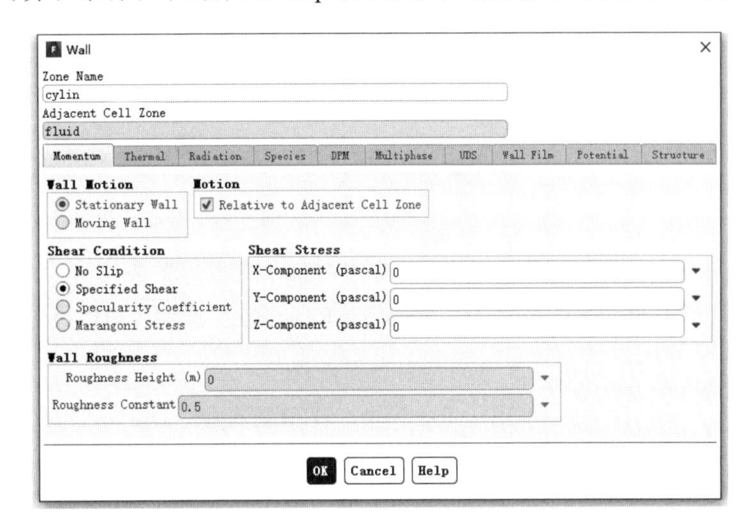

图 5-51　壁面边界条件对话框

设定无滑移条件，其他类型的剪切条件仅适用于静止壁面。无滑移条件是系统默认设置，其物理含义是紧邻壁面的流体将与壁面结合在一起，并以相同的速度运动。

（4）湍流计算中的壁面粗糙度

壁面粗糙度对流动阻力和传热、传质都有影响，在湍流计算中可以通过加入粗糙度影响的方式对壁面率做出修正。

（5）组元计算中的组元边界条件

在默认设置中，除了参与壁面反应的组元，所有组元在壁面附近的梯度都为零，但是同时可以设定壁面上的质量浓度。也就是说，在入口边界上采用的 Dirichlet 边界条件也可以用于壁面边界。

如果系统的默认设置不能满足要求，那么可以用下列步骤进行修改：

步骤01 单击 Wall（壁面）面板的 Species（组元）标签，可以看到壁面上的组元边界条件。

步骤02 在 Species Boundary Condition（组元边界条件）下，在组元名称下拉列表中选择 Specified Mass Fraction（指定质量浓度），而不是默认的 Zero Diffusive Flux（零扩散通量），就会出现定义 Species Mass Fractions（组元质量浓度）的选项，如图 5-52 所示。

步骤03 在组元质量浓度中定义组元的质量浓度。每个组元的边界条件都是单独定义的，所以在定义组元边界条件时可以对不同组元采用不同的定义方法。如果某个组元参与了壁面反应，那么可以单击 Reaction（反应）选项并从 Reaction Mechanisms（反应机制）列表中选择相应的反应，为组元设定反应。

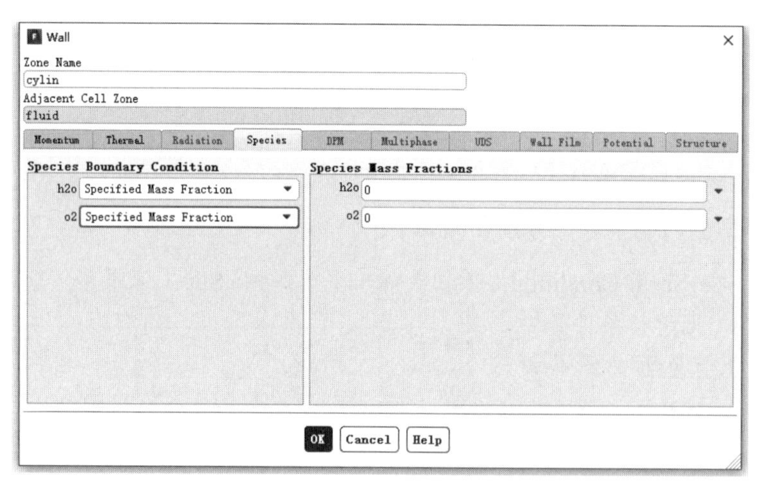

图 5-52　壁面边界条件对话框

（6）在表面化学反应计算中的化学反应边界条件

开启或关闭表面反应（Surface Reactions）选项，可以设定壁面条件中是否包含表面反应。

（7）辐射计算中的辐射边界条件

如果计算中使用了 P-1 模型、DTRM 模型、DO 模型或面到面模型，就需要在 Wall（壁面）面板的 Radiation（辐射）部分设定壁面辐射率。

如果使用的是 Rosseland 模型，就无须设定任何参数，因为 Fluent 已经将辐射率设定为 1。如果使用的是 DO 模型，那么还需要设定壁面类型为扩散型、镜面型或半透型。

（8）弥散相计算中的弥散相边界条件

如果计算中使用了弥散相模型，就需要在 Wall（壁面）面板的 DPM 部分设定粒子轨迹的限定条件。

（9）VOF 计算中的多相流边界条件

如果计算中使用了 VOF 模型，就可以在 Wall（壁面）面板的 Momentum（动量）部分定义两相之间的接触角。

8. 对称边界条件

在流场内的流动和边界形状具有镜像对称性时，可以在计算中设定使用对称边界条件。这种条件也可以用来定义粘性流动中的零剪切力滑移壁面。本节将讲述在对称面上对流体的处理方式。在对称边界上不需要设定任何边界条件，但是必须正确定义对称边界的位置。

在轴对称流场的对称轴上应该使用轴（Axis）边界条件，而不是对称边界条件。

对称边界条件设置对话框如图 5-53 所示。

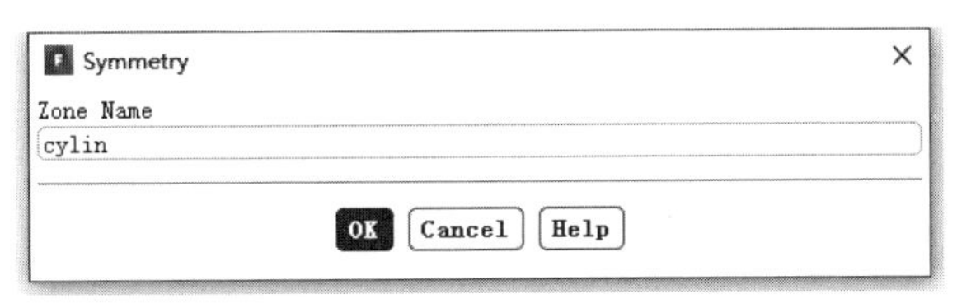

图 5-53　对称边界条件对话框

在对称面上，所有流动变量的通量为零。由于对称面上的法向速度为零，因此通过对称面的对流通量等于零。对称面上也不存在扩散通量，因此所有流动变量在对称面上的法向梯度也等于零。对称边界条件可以总结为：

- 对称面上法向速度为零。
- 对称面上所有变量的法向梯度为零。

如上所述，对称面的含义就是零通量。因为对称面上剪切应力等于零，在粘性计算中对称面条件也可以被称为“滑移”壁面。

9. 流体条件

流体区域是网格单元的集合，所有需要求解的方程都要在流体区域上被求解。流体区域上需要输入的唯一信息是流体的材料性质，即在计算之前必须指定流体区域中包含何种流体。

在计算组元输运或燃烧问题时不需要选择材料，因为在组元计算中流体是由多种组元组成的，而组元的特性在 Species Model（组元模型）面板中输入。同样在多相流计算中也不需要指定材料性质，流体的属性在指定相特征时被确定。

其他可以选择输入的参数包括源项、流体质量、动量、热或温度、湍流、组元等流动变量，还可以定义流体区域的运动。如果流体区域附近存在旋转式周期性边界，就需要指定转动轴。

如果计算中使用了湍流模型，那么可以将流体区域定义为层流区。如果计算中使用 DO 模型计算辐射，那么可以确定流体是否参与了辐射过程。

流体条件设置对话框如图 5-54 所示。流体条件需要输入的参数如下：

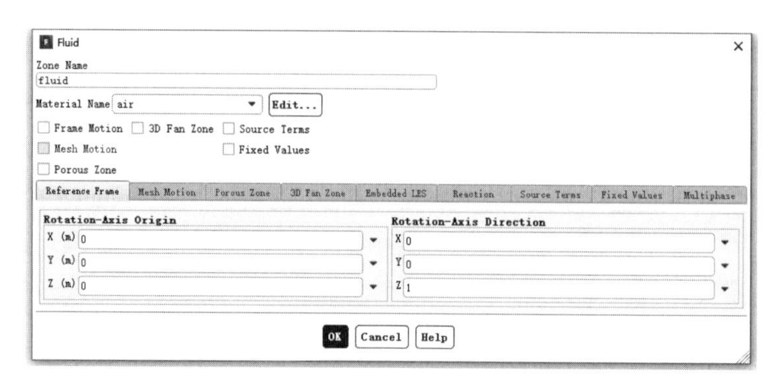

图 5-54　流体条件对话框

（1）定义流体属性

可以从材料列表中选择材料，如果材料参数不符合要求，那么可以编辑材料参数以便满足计算要求。

（2）定义源项

在 Source Terms（源项）选项中可以定义热、质量、动量、湍流、组元和其他流动变量的源项。

（3）定义固定参数值

选中 Fixed Values（固定值）选项可以为流体区域中的变量设置固定值。

（4）设定层流区

在计算中使用了 k–ε 模型、k–ε 模型或 Spalart-Allmaras 模型时，可以在特定的区间关闭湍流设置，从而设定一个层流区域。这个功能在已知转换点位置或层流区和湍流区时是非常有用的。

（5）定义化学反应机制

选中 Reaction（反应）选项后可以在 Reaction Mechanisms（反应机制）列表中选择需要的反应机制，从而可以计算带化学反应的组元输运过程。

（6）定义旋转轴

如果流体区域周围存在周期性边界，或者流体区域是旋转的，那么计算时必须指定转动轴。通过定义 Rotation-Axis Direction（旋转轴方向）和 Rotation-Axis Origin（转轴原点）可以定义三维问题中的转动轴。在二维问题中，只需要指定转轴原点就可以确定转动轴。

（7）定义区域的运动

在 Motion Type（运动类型）列表中选择 Moving Reference Frame（移动参考系），可以为运动的流体区域定义转动或平动的参考系。

如果想为滑移网格定义区域的运动，那么可以在运动类型列表中选择 Moving Mesh（移动网格），然后完成相关参数设置。

对于平动运动，只要在 Translational Velocity（平动速度）中设定速度的 X、Y、Z 分量即可。

（8）定义辐射参数

如果计算中使用了 DO 辐射模型，那么可以在 Participates in Radiation（是否参与辐射）中确定流体区域是否参与了辐射过程。

10. 固体条件

固体区域是一类网格的集合，在这个区域上只有热传导问题被求解，与流场相关的方程无须在此求解。被设定为“固体”的区域实际上可能是流体，只是这个流体假定没有对流过程发生。

在固体区域上需要输入的信息只有固体的材料性质，必须指明固体的材料性质，以便计算中可以使用正确的材料信息。还可以在固体区域上设定热生成率或固定的温度值，也可以定义固体区域的运动。

如果在固体区域周围存在周期性边界，那么还需要指定转动轴。如果计算中使用 DO 模型计算辐射过程，那么还需要说明固体区域是否参与了辐射过程。

固体条件设置对话框如图 5-55 所示。

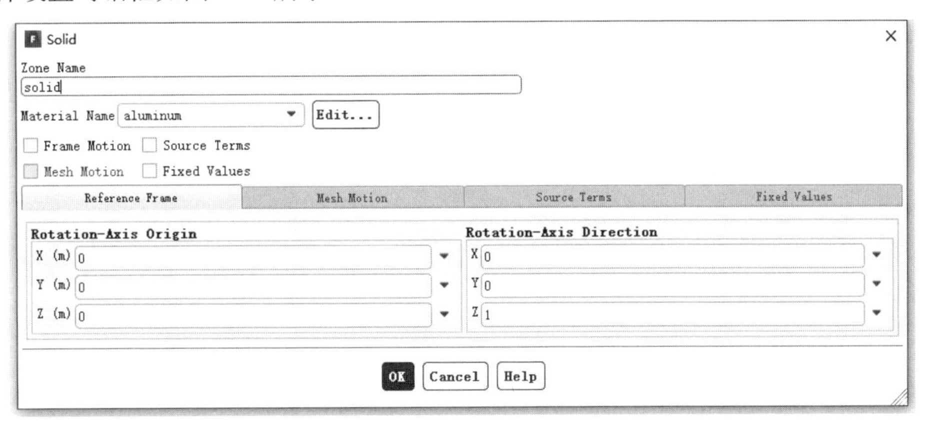

图 5-55 固体条件对话框

固体条件需要输入的参数如下：

（1）定义固体材料

在材料名称（Material Name）列表中可以选择设定固体的材料，如果材料参数不符合要求，那么可以通过编辑改变这些参数。

（2）定义热源

选择源项（Source Terms）可以为固体区域设置热源。

（3）定义固定温度

在固定值（Fixed Values）选项中可以为固体区域设置一个固定的温度值。

（4）定义转动轴

转动轴仍然是通过定义轴的方向和原点位置进行定义的，在二维情况下只要确定转轴原点即可。

（5）定义区域运动

定义参考坐标系可以在 Motion Type（运动类型）列表中选择 Moving Reference Frame（运动参考系）完成定义。定义移动网格可以在运动类型的 Moving Mesh（移动网格）中完成。对于带有直线运动的固体区域，可以用定义 Translational Velocity（平移速度）的 3 个分量定义。

（6）定义辐射参数

如果使用 DO 模型计算辐射过程，那么可以在 Participates in Radiation（是否参与辐射）选项中确定固体区域是否参与了辐射过程。

11. 多孔介质条件

很多问题中包含多孔介质的计算，比如流场中包括过滤纸、分流器、多孔板和管道集阵等边界时就需要使用多孔介质条件。在计算中可以定义某个区域或边界为多孔介质，并通过参数输入定义通过多孔介质后流体的压力降。在热平衡假设下，也可以确定多孔介质的热交换过程。

在薄的多孔介质面上可以用一维假设“多孔跳跃（porous jump）”定义速度和压强的降落特征。多孔跳跃模型用于面区域，而不是单元区域，在计算中应该尽量使用这个模型，因为这个模型可以增强计算的稳定性和收敛性。

多孔介质模型采用经验公式定义多孔介质上的流动阻力。从本质上说，多孔介质模型就是在动量方程中增加了一个代表动量消耗的源项。因此，多孔介质模型需要满足下面的限制条件：

（1）多孔介质的体积在模型中没有体现，默认情况下，Fluent 在多孔介质内部使用基于体积流量的名义速度保证速度矢量在通过多孔介质时的连续性。如果希望更精确地进行计算，那么可以让 Fluent 在多孔介质内部使用真实速度。

（2）多孔介质对湍流的影响仅仅是近似。

（3）在移动坐标系中使用多孔介质模型时，应该使用相对坐标系，而不是绝对坐标系，以保证获得正确的源项解。

多孔介质条件设置对话框如图 5-56 所示。多孔介质计算中需要输入的项目如下：

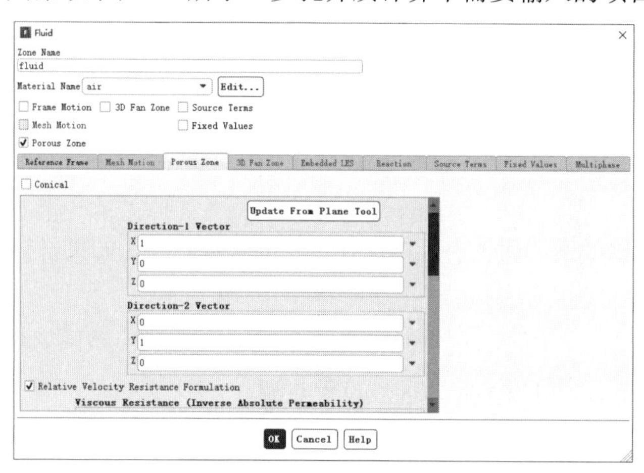

图 5-56 多孔介质条件对话框

（1）定义多孔介质区域

选中 Porous Zone（多孔介质区）选项可以将流体区域设为多孔介质。

（2）定义多孔介质速度函数形式

在 Solver（求解器）面板中有一个 Porous Formulation（多孔公式）区可以确定在多孔介质区域上使用名义速度或物理速度。默认设置为名义速度。

（3）定义流过多孔介质区的流体属性

在 Material Name（材料名称）中选择所需的流体名称即可。可以用编辑功能改变流体的参数设置。组元计算或多相流计算中的流体不在这里定义，而是在 Species Model（组元模型）面板中定义。

（4）设定多孔区的化学反应

在 Fluid（流体）面板上选中 Reaction（反应）选项，再从 Reaction Mechanism（反应机制）中选择合适的反应，就可以在多孔介质区域的计算中加入化学反应。

如果化学反应中包括表面反应，就需要设定 Surface to Volume Ratio（面体比）。面体比是多孔介质单位体积上拥有的表面积，因此可以作为催化反应强度的度量。根据这个参数，Fluent 可以计算出体积单元上总的表面积。

（5）设定粘性阻力系数

粘性和惯性阻力系数的定义方式是相同的。在直角坐标系中定义阻力系数的办法是：在二维问题中定义一个方向矢量，或在三维问题中定义两个方向矢量，然后在每个方向上定义粘性和惯性阻力系数。在二维计算中的第二个方向，即没有被显式定义的方向，是与被定义的方向矢量垂直的方向。与此类似，在三维问题中的第 3 个方向为垂直于前两个方向矢量构成平面的方向。在三维问题中，被定义的两个方向矢量应该是相互垂直的，如果不垂直，Fluent 就会将第二个方向矢量中与第一个方向矢量平行的分量删除，强制令二者保持垂直。因此第一个方向矢量必须准确定义。

用 UDF 也可以定义粘性和惯性阻力系数。在 UDF 被创建并调入 Fluent 后，相关的用户定义选项就会出现在下拉列表中。需要注意的是，用 UDF 定义的系数必须使用 DEFINE_PROPERTY 宏。

如果计算的问题是轴对称旋转流，那么可以为粘性和惯性阻力系数定义一个附加的方向分量。这个方向应该与其他两个方向矢量相垂直。

在三维问题中，还允许使用圆锥（或圆柱）坐标系。需要提醒的是，多孔介质流中计算粘性或惯性阻力系数时采用的是名义速度。

（6）设定多孔介质的多孔率

在 Fluid（流体）面板中的 Fluid Porosity（流体多孔率）下设置多孔率，即可定义计算中的多孔率参数。

定义多孔率的另一个方法是使用 UDF 函数。在创建了相关函数并将其载入 Fluent 后，就可以在计算中使用了。

（7）在计算热交换的过程中选择多孔介质的材料

在 Fluid（流体）面板中的 Fluid Porosity（流体多孔率）下，选择 Solid Material Name（固体材料名称），然后直接进行选择即可。如果固体材料的属性参数不符合计算要求，那么可以对其进行编辑，比如可以用 UDF 函数编辑材料的各向异性导热率。

（8）设定多孔介质固体部分的体热生成率

如果在计算中需要考虑多孔介质上的热量生成，那么可以开启 Source Terms（源项）选项，并设置一个非零的 Energy（能量）源项。求解器将把用户输入的源项值与多孔介质的体积相乘，获得总的热量生成量。

（9）设定流动区域上的任意固定值的流动参数

如果有些变量的值不需要由计算得出，就可以选择 Fixed Values（固定值）选项，并人为设定这些参数。

（10）如果需要，那么将多孔区流动设为层流，或者取消湍流计算

在 Fluid（流体）面板中，开启 Laminar Zone（层流区）选项可以将湍流粘度设为零，从而使相关

区域中的流动保持层流状态。

（11）定义旋转轴或区域的运动

方法与标准流体区域上的设置相同，这里不再重复。

12. 多孔跃升边界条件

在已知一个肋板前后的速度或压强的增量时，可以用多孔跃升边界对这个肋板进行定义。多孔跃升模型比多孔介质模型简单，采用这种模型计算过程将更强健，收敛性更好，更不容易在扰动下发散，因此在计算过滤器、薄肋板等内部边界时应该尽量采用这种边界条件。

多孔跃升条件设置对话框如图 5-57 所示。

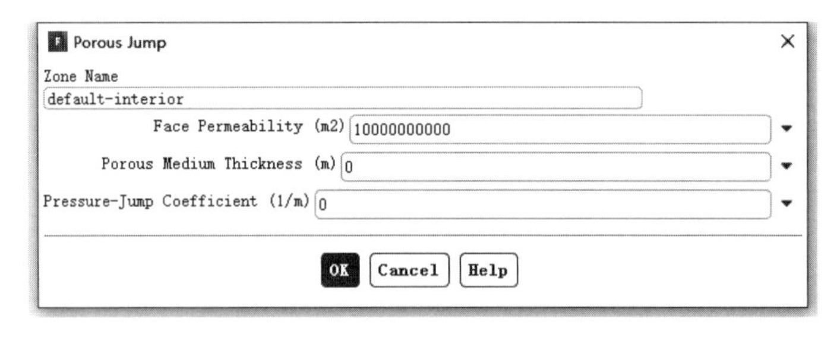

图 5-57　多孔跃升条件对话框

多孔跃升计算中需要输入的项目如下：

（1）定义多孔跃升区域。

（2）设定面的渗透率（Face Permeability），即设定 α 的值。

（3）设定多孔介质的厚度 Δm。

（4）设定压强跃升系数 C_2。

（5）如果需要考虑弥散相，就需要在多孔跃升区域定义弥散相边界条件。

多孔跃升模型是对多孔介质模型的一维简化，因此就像多孔介质模型一样，是应用在无厚度的内部面上的。

5.6 求解控制参数设定

在完成了网格、计算模型、材料和边界条件的设定后，原则上就可以让 Fluent 开始计算求解了，为了更好地控制计算过程、提高计算精度，还需要在求解器中进行相应的设置，主要包括选择离散格式、设置松弛因子等。

5.6.1 求解方法设置

设置求解控制参数需要单击 Solution 选项卡 Solution 面板中的 Methods 按钮，弹出如图 5-58 所示的 Solution Methods（求解方法设置）面板。

在 Solution Methods（求解方法设置）面板中，需要设置的主要内容包括压强—速度关联算法和离散格式。

1. 选择压强—速度关联算法

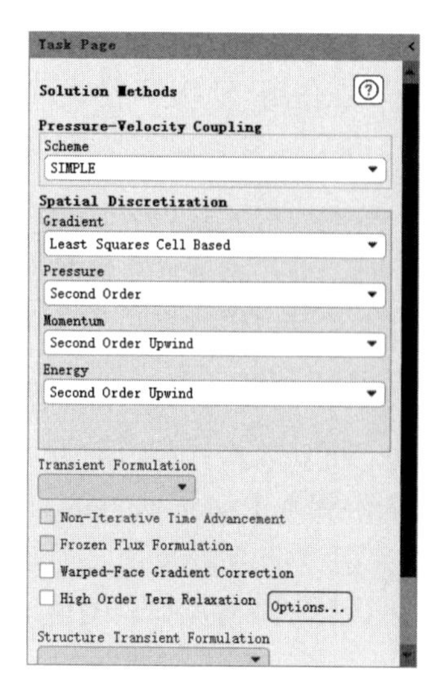

图 5-58　求解方法设置面板

在使用分离求解器时，通常可以选择 3 种压强—速度的关联形式，即 SIMPLE、SIMPLEC 和 PISO。SIMPLE 和 SIMPLEC 通常用于定常流计算，PISO 用于非定常计算，但是在网格畸变很大时也可以使用 PISO 格式。

Fluent 默认设定的格式为 SIMPLE 格式，但是因为 SIMPLEC 稳定性较好，在计算中可以将亚松弛因子适当放大，所以在很多情况下可以考虑选用 SIMPLEC。特别是在层流计算时，如果没有在计算中使用辐射模型等辅助方程，用 SIMPLEC 可以大大加速计算速度。在复杂流动计算中，二者收敛速度相差不多。

PISO 格式通常被用于非定常计算，但是它也可以用于定常计算。PISO 格式允许使用较长的时间步长进行计算，因而在允许使用长时间步长的计算中可以缩短计算时间。但是在类似于大涡模拟（LES）这类网格划分较密集、时间步长很短的计算中，采用 PISO 格式计算会大大延长计算时间。另外，在定常问题的计算中，PISO 格式与 SIMPLE、SIMPLEC 格式相比并无速度优势。

PISO 格式的另一个优势是可以处理网格畸变较大的问题。如果在 PISO 格式中使用邻近修正（Neighbor Correction），那么可以将亚松弛因子设为 1.0 或接近于 1.0 的值。在使用畸变修正（Skewness Correction）时，应该将动量和压强的亚松弛因子之和设为 1.0，比如将压强的亚松弛因子设为 0.3，将动量的亚松弛因子设为 0.7。如果同时采用两种修正形式，那么应该将所有松弛因子设为 1.0 或接近于 1.0 的值。

在大多数情况下都不必修改默认设置，而在有严重网格畸变时，可以解除邻近修正和畸变修正之间的关联关系。

2. 离散格式

Fluent 采用有限体积法将非线性偏微分方程转变为网格单元上的线性代数方程，然后通过求解线性方程组得出流场的解。网格划分可以将连续的空间划分为相互连接的网格单元。每个网格单元由位于几何中心的控制点和将网格单元包围起来的网格面或线构成。

求解流场控制方程最终目的是获得所有控制点上流场变量的值。

在有限体积法中，控制方程首先被写成守恒形式。从物理角度看，方程的守恒形式反映的是流场变量在网格单元上的守恒关系，即网格单元内某个流场变量的增量等于各边界面上变量的通量的总和。有限体积法的求解策略是用边界面或线上的通量计算出控制点上的变量。比如对于密度场的计算，网格单元控制点上的密度值及其增量代表的是整个网格单元空间上密度的值和增量。

从质量守恒的角度来看，流入网格的质量与流出网格的质量应该等于网格内流体质量的增量，因此从质量守恒关系（连续方程）可以得知，密度的增量等于边界面或线上密度通量的积分。

Fluent 中用于计算通量的方法包括一阶迎风格式、指数律格式、二阶迎风格式、QUICK 格式、中心差分格式等形式，本节将分别进行介绍。

（1）一阶迎风格式

“迎风”这个概念是相对于局部法向速度定义的。所谓迎风格式，就是用上游变量的值计算本地的变量值。在使用一阶迎风格式时，边界面上的变量值被取为上游单元控制点上的变量值。

（2）指数律格式

指数律格式认为流场变量在网格单元中呈指数规律分布。在对流作用起主导作用时，指数律格式等同于一阶迎风格式；在纯扩散问题中，对流速度接近于零，指数律格式等于线性插值，即网格内任意一点的值都可以用网格边界上的线性插值得到。

（3）二阶迎风格式

一阶迎风格式和二阶迎风格式都可以看作流场变量在上游网格单元控制点展开后的特例：一阶迎风格式仅保留 Taylor 级数的第一项，因此认为本地单元边界点的值等于上游网格单元控制点上的值，其格式精度为一阶精度；二阶迎风格式则保留了 Taylor 级数的第一项和第二项，因而认为本地边界点的值等于上游网格控制点的值与一个增量的和，其精度为二阶精度。

（4）QUICK 格式

QUICK 格式用加权和插值的混合形式给出边界点上的值。QUICK 格式是针对结构网格（即二维问题中的四边形网格和三维问题中的六面体网格）提出的，但是在 Fluent 中，非结构网格计算也可以使用 QUICK 格式选项。在非结构网格计算中，如果选择 QUICK 格式，那么非六面体（或四边形）边界点上的值是用二阶迎风格式计算的。当流动方向与网格划分方向一致时，QUICK 格式具有更高的精度。

（5）中心差分格式

在使用 LES 湍流模型时，可以用二阶精度的中心差分格式计算动量方程，并得到精度更高的结果。

以本地网格单元的控制点为基点，对流场变量做 Taylor 级数展开并保留前两项，也可以得出边界点上具有二阶精度的流场变量值。在一般情况下，这样求出的边界点变量值与二阶迎风差分得到的变量值不同，二者的算术平均值就是流场变量在边界点上用中心差分格式计算出的值。

5.6.2 松弛因子设置

设置松弛因子需要单击 Solution 选项卡 Controls 面板中的 Controls 项，弹出如图 5-59 所示的 Solution Controls（求解过程控制）面板。

Fluent 中各流场变量的迭代都由松弛因子控制，因此计算的稳定性与松弛因子紧密相关。在大多数情况下，可以不必修改松弛因子的默认设置，因为这些默认值是根据各种算法的特点优化得出的。

在某些复杂流动的情况下，默认设置不能满足稳定性要求，计算过程中可能出现振荡、发散等情况，此时需要适当减小松弛因子的值，以保证计算收敛。

在实际计算中，可以用默认设置先进行计算，如果发现残差曲线向上发展，就中断计算，适当调整松弛因子后再继续计算。在修改计算控制参数前，应该先保存当前计算结果。

调整参数后，计算需要经过几步调整才能适应新的参数。一般而

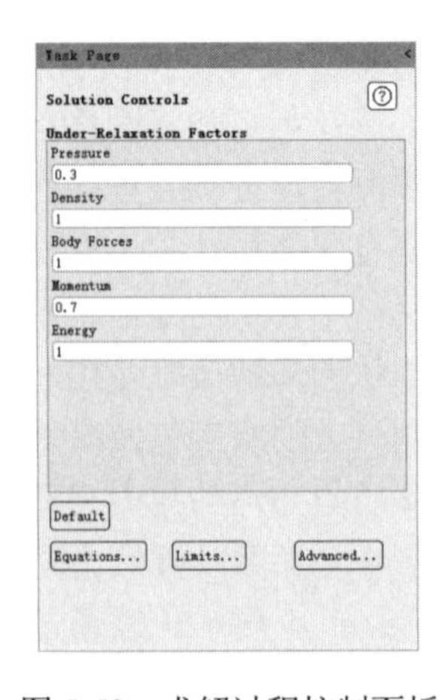

图 5-59 求解过程控制面板

言，增加松弛因子将使残差增加，但是如果格式是稳定的，增加的残差仍然会逐渐降低。如果改变参数，残差增加了几个量级，就可以考虑中断计算，并重新调入保存过的结果，再做新的调整。

在计算发散时，可以考虑将压强、动量、湍流动能和湍流耗散率松弛因子的默认值分别降低为 0.2、0.5、0.5、0.5。在计算格式为 SIMPLEC 时，通常没有必要降低松弛因子。

松弛因子是在 Solution Controls（求解过程控制）面板中 Under-Relaxation Factors（松弛因子）旁的输入栏中设定的。单击 Default（默认）按钮可以恢复默认设置。

5.6.3 求解极限设置

流场变量在计算过程中的最大值、最小值可以在求解极限设置中设定，设置求解极限需要单击 Solution 选项卡 Controls 面板中的 Limits 按钮，弹出如图 5-60 所示的 Solution Limits（求解极限）对话框。

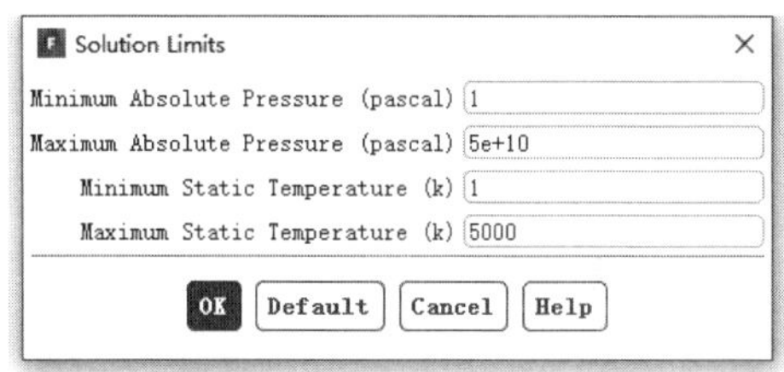

图 5-60　求解极限对话框

设置解变量极限是为了避免在计算中出现非物理解，比如密度或温度变成负值，或者大得远远超过真实值。Fluent 中同时可以对温度的变化率极限进行设置，这样可以避免因为温度变化过于剧烈而导致温度出现负值，温度变化率的默认设置是 0.2，即温度变化率不能超过 20%。

在计算之前可以对默认设定的解变量极限进行修改，比如温度的默认设置是 5000K，但是在一些高温问题的计算中，可以将这个值修改为更高的值。另外，如果计算过程中解变量超过极限值，系统就会在屏幕上发出提示信息，提示在哪个计算区域、有多少网格单元的解变量超过极限。对湍流变量的限制是为了防止湍流变量过大，对流场造成过大、非物理的耗散作用。

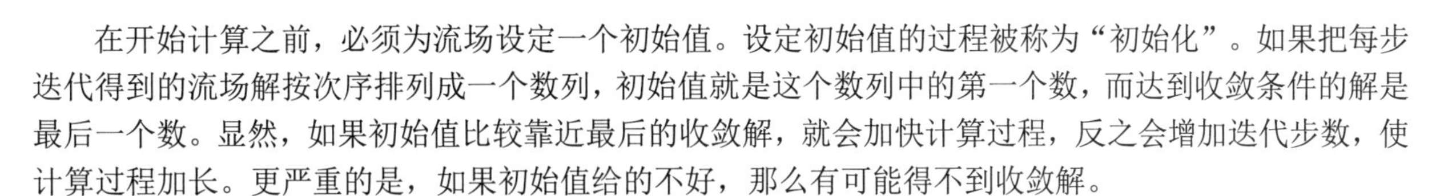

5.7 初始条件设定

在开始计算之前，必须为流场设定一个初始值。设定初始值的过程被称为“初始化”。如果把每步迭代得到的流场解按次序排列成一个数列，初始值就是这个数列中的第一个数，而达到收敛条件的解是最后一个数。显然，如果初始值比较靠近最后的收敛解，就会加快计算过程，反之会增加迭代步数，使计算过程加长。更严重的是，如果初始值给的不好，那么有可能得不到收敛解。

在 Fluent 中初始化的方法有以下两种：

（1）全局初始化，即对全部网格单元上的流场变量进行初始值设置。
（2）对流场进行局部修补，即在局部网格上对流场变量进行修改。

在进行局部修补之前，应该先进行全局初始化。

5.7.1 定义全局初始条件

设置全局初始条件需在Solution选项卡Initialization面板操作，单击 Initialization 按钮弹出如图 5-61 所示的 Solution Initialization（初始化设置）面板。

Fluent 为全局初始条件设置提供了两种方法，选择 Hybrid Initialization 方法不需要特别设置，直接单击 Initialize 按钮完成初始化，这种方法的优点是在 Solution Methods 中可以直接选择高阶算法进行计算。

选择 Standard Initialization 进行初始化的步骤如下：

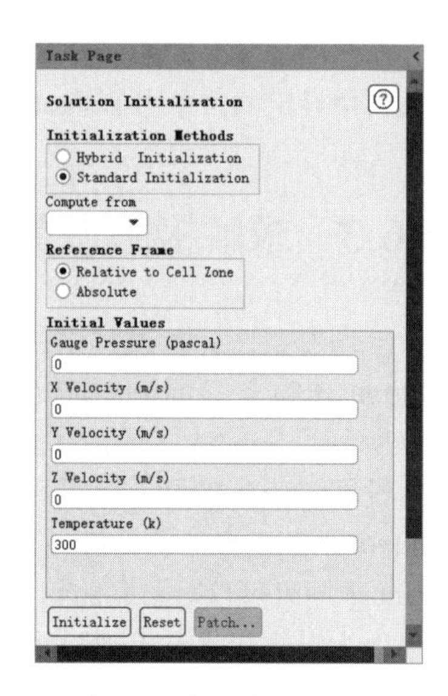

图 5-61 初始化设置面板

步骤01 设定初始值。

如果想用某个区域上设定的初始值进行全局初始化，就应该先在 Compute from（计算起始位置）列表中选择需要定义初始值的区域名，再在 Initial Values（初始值）中给定各变量的值，这样所有流场区域变量的值都会根据给定区域的初始值完成初始化过程。

如果用平均值的办法对流场进行初始化，那么在 Compute from 列表中选择 all-zones（所有区域），Fluent 将根据边界上设定的值计算初始值，完成对流场的初始化。

如果希望对某个变量的值做出改变，那么可以直接在相应的栏目中输入新的变量值。

步骤02 如果计算中使用了动网格，那么可以通过选择“Absolute（绝对速度）”或“Relative to Cell Zone（相对于网格区域）”决定设定的初始值是绝对速度还是相对速度。默认设置为相对速度。

步骤03 在检查过所有初始值的设定后，可以单击 Initialization（初始化）按钮开始流场的初始化。如果初始化是在计算过程中重新开始的，那么必须用 OK 按钮确认新的初始值覆盖计算值。

初始化面板下面有两个按钮：

- Initialization（初始化）按钮，保存初始值设置，并进行初始化计算。
- Reset（重置）按钮，如果初始化过程有错误，比如初始值有错误，或者使用了错误的区域作为开始区域，就可以单击此按钮将初始值恢复为默认值。

5.7.2 定义局部区域初始值

在完成全局初始化后，可能会对某些局部区域变量的值进行修改。局部区域初始化需在 Solution Initialization（初始化设置）面板中单击 Patch 按钮，进入如图 5-62 所示的 Patch（修补）对话框中进行设定。

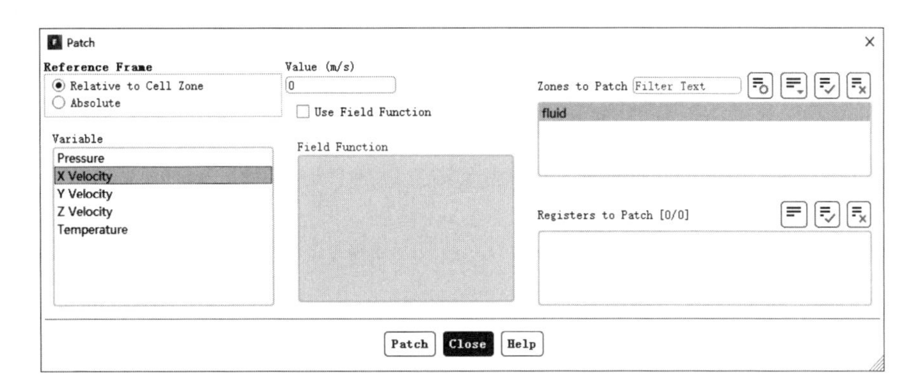

图 5-62　修补对话框

局部修补的步骤如下：

步骤 01　在 Variable（变量）列表中选择需要修补的变量名。

步骤 02　在 Zones To Patch（需要修补的区域）或 Registers To Patch（需要修补的标记区）中选择需要修补变量所在的区域。

步骤 03　如果需要将变量的值修补为常数，就直接在输入栏中输入变量的值。如果需要用一个预先设定的函数定义变量，那么可以在 Use Field Function（使用场变量函数）中的 Field Function（场函数）列表中选择合适的场函数。

步骤 04　如果需要修补的变量为速度，那么除了定义速度的大小，还要定义速度是绝对速度还是相对速度。

步骤 05　单击 Patch（修补）按钮更新流场数据。

局部修补通常是针对某个流场区域进行的，而用标记区进行局部修补可以对某个流场区域中的一部分网格上的变量值进行修补。标记区可以用网格的物理坐标、网格的体积特征、变量的梯度或其他参数进行标记。在创建了标记区后，就可以对标记区上的初始值进行局部修补操作了。

用 Custom Field Function Calculator（编制场函数算子）面板可以编制自己的场函数，然后用场函数反映物理量在流场中的变化过程。

因为局部修补不影响流场的其他变量，所以可以在计算过程中用局部修补的方法改变某些变量的值，对计算过程进行人为干预。

5.8 求解设定

在边界条件和初始条件设定完之后，可通过修改控制求解过程中的控制参数进行求解。

5.8.1 求解设置

设置求解控制参数需单击信息树中的 Run Calculation 选项，弹出 Run Calculation（运行计算）面板。对于稳态问题和非稳态问题，弹出的运行计算面板是不一样的。

稳态问题的运行计算面板如图 5-63 所示，面板中第一个输入栏为 Number of Iterations（迭代步数），在这里填入计算需要迭代的步数；第二栏为 Reporting Interval（报告间隔），即每隔多少步显示一次求解信息，默认设置为 1；如果计算中使用了 UDF 函数，那么可以用第三栏中的输入栏决定每隔多少步输出一次 UDF 函数的更新信息。

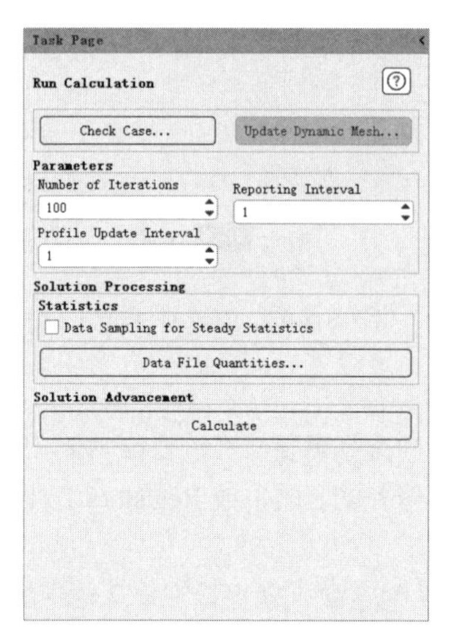

图 5-63　稳态计算参数设置面板

设置完毕后，单击 Calculate（计算）按钮就可以开始计算了，如图 5-64 所示。在计算开始后，会弹出一个工作窗口提示迭代正在进行，如果想中断计算，那么可以单击窗口中的 Cancel（取消）按钮；如果想继续计算，那么再次单击 Iterate 按钮就可以了；如果对计算结果不满意，希望重新开始计算，就要重新初始化一次。

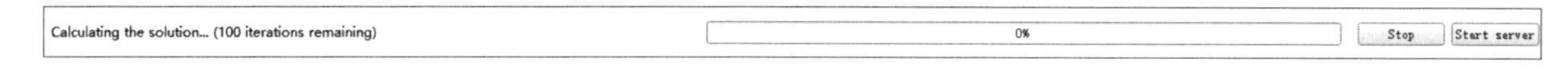

图 5-64　迭代计算提示框

非稳态问题的运行计算面板如图 5-65 所示，用户可在该对话框中为非稳态问题设置迭代参数。

在 Time Stepping Method 中选择时间步长的方法共有两种：Fixed 表示计算过程中时间步长固定不变；Adaptive 表示时间步长是可变的。单击 Settings 按钮（见图 5-66）打开 Adaptive Time Step Settings（可变时间步长设置）对话框，其中：

- Truncation Error Tolerance（截断误差容限），即与截断误差进行对比的判据。增加这个参数的值，时间步长将会增加，而计算精度将会下降；减小这个值，时间步长将会减小，而计算精度将会上升。系统设定的默认值为 0.01。
- Ending Time（结束时间）。因为在适应性时间推进算法中时间步长是变化的，所以需要事先设定一个结束时间，在累积时间达到结束时间时计算自动结束。
- Minimum/Maximum Time Step Size（最小和最大时间步长），即时间步长的上下限。
- Minimum/Maximum Step Change Factor（最小和最大步长改变因子），即时间步长变化的限制因子，采用这个参数主要是为了限制时间步长发生剧烈变化。
- Number of Fixed Time Steps（固定时间步的数量），即在时间步长发生变化之前的迭代步数。

在非稳态计算参数设置面板中，Time Step Size 指时间步长大小，Number of Time Steps 是需要求解的时间步数。如果选择的时间步长是可变的，那么 Time Step Size 中设定的值作为初始的时间步长，然后视求解过程自动对时间步长的大小进行调节，使其与所求解的问题相适应。

勾选 Data Sampling for Time Statistics 复选框，Fluent 会向用户报告某些物理量在某些迭代步内的平均值和均方根值，这个迭代步间隔的起始位置是用户在选择 Solve→Initialization→Reset Statistics 命令时的即时迭代步。

Max Iterations/Time Step 设置在每个时间步内的最大迭代计算次数。在到达这个迭代数之前，如果收敛判据被满足，Fluent 会转至下一个时间步进行计算。Reporting Interval 和 Profile Update Interval 两项与在稳态问题中的作用相同。

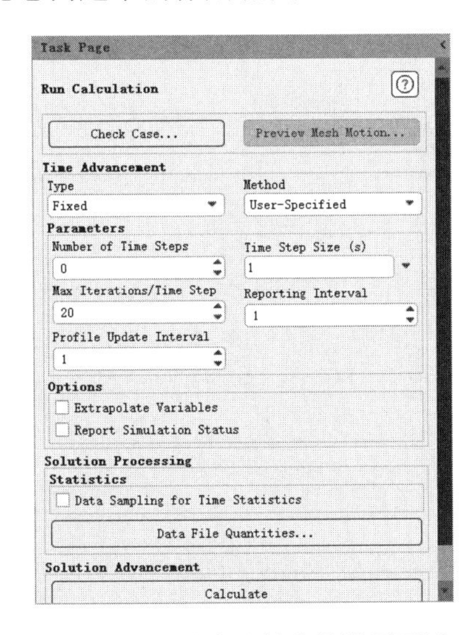

图 5-65　非稳态计算参数设置面板

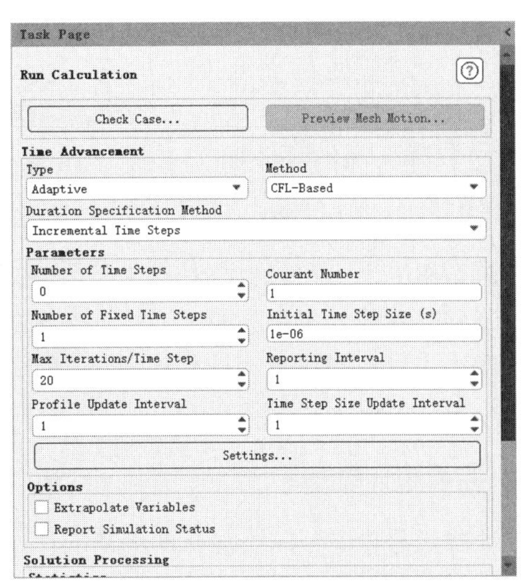

图 5-66　可变时间步长设置对话框

5.8.2　求解过程监视

在计算过程中可以动态监视残差、统计数据、受力值、面积分和体积分等与计算相关的信息，并可以在屏幕上或其他输出设备上输出这些信息。

1. 监视残差

每个迭代步结束时都会对计算守恒变量的残差进行计算，计算的结果可以显示在窗口中，并保存在数据文件中，以便随时观察计算的收敛史。从理论上讲，在收敛过程中残差应该无限减小，极限为 0，但是在实际计算中，单精度计算的残差最大可以减小 6 个量级，而双精度的残差最大可以减小 12 个量级。

单击信息树中的 Monitors 选项，弹出如图 5-67 所示的 Monitors（监视）树形窗，双击 Residual，会弹出如图 5-68 所示的 Residual Monitors（残差监视）对话框。

在 Residual Monitors 对话框中可以选择需要监视的变量，并针对各变量设置收敛判据，选择检查该变量是否满足收敛判据等。

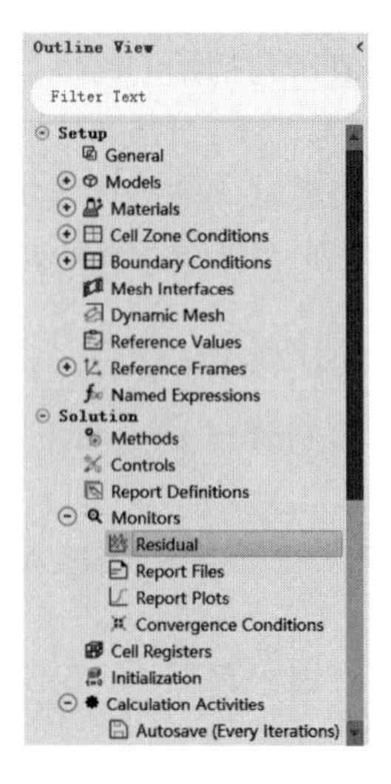

图 5-67　监视面板

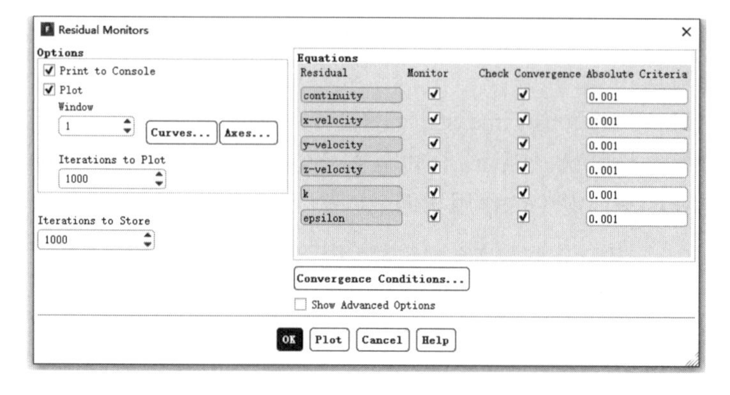

图 5-68　残差监视对话框

在对话框左上方可以选择是否在控制台窗口中以文本方式输出残差的数值（Print to Console 选项），是否绘制残差曲线（Plot 选项），并可以选择保存几个迭代步上的残差值（Iterations to Store 选项），是否对残差进行正则化处理（Normalize 选项），是否进行缩尺处理（Scale 选项），以及显示线型、字体等（Axes、Curves）。

2. 监视统计数据

在计算过程中，可以监视周期流动的压强梯度和温度比、非定常流动所用的时间、适应性时间推进过程中的时间步长等参数。

设置统计数据监视器需在 Monitors（监视）面板中双击 Report Plot 选项，单击 Edit 按钮，弹出如图 5-69 所示的 Report Plot Definitions（报告文档定义）对话框。

图 5-69　统计监视对话框

设置监视器的步骤如下：

步骤 01　指定输出类型，即指定是否使用 Print 方式或 Plot 方式。

步骤 02　在列表中选择需要监视的变量。

步骤 03 如果选择了 Plot（绘图）方式，那么可以用 Axes（坐标轴）面板和 Curves（曲线）面板对相关参数进行设置，比如设置显示线型、字体、颜色等。

3. 力和力矩监视器

在每次迭代结束后，可以通过计算得到流场中物体所承受的来自流体的力和力矩系数。力和力矩系数也可以通过文本方式（Print 选项）或图形方式（Plot 选项）在屏幕上显示。

在很多情况下，计算关心的中心问题是物体在流场中受到的力和力矩大小及分布等情况，比如在计算飞机绕流时，最关心的是飞机受到的气动力和力矩。在很多情况下，虽然残差仅仅收敛了 3 个量级，但是气动力已经收敛，这时可以结束计算以节省计算时间，因此对气动力进行监视很有必要。

设置力和力矩监视器时，先选择 Solution→Monitors→Report Files→New→New→Force Report，再选择 Drag（阻力）、Lift（升力）或 Moment（力矩），弹出相应的如图 5-70 所示的 Drag Report Definition（阻力报告定义）对话框。

图 5-70 阻力报告定义对话框

相关设置如下：

（1）指定输出类型，即选择以文本形式（Print to Console）、图形形式（Report Plot）还是文件形式（Report File）输出。

（2）如果需要对作用在某个壁面上的力和力矩进行监视，那么可以打开 Per Zone（分区）选项。

（3）在 Wall Zones（壁面区）列表中选择壁面名称。

（4）如果选择显示阻力或升力，那么在 Force Vector（力矢量）中输入力矢量的 X、Y、Z 分量。如果选择显示力矩，那么在 Moment Center（力矩中心）中输入力矩中心的直角坐标值，然后在 Moment Axis（转动轴方向）列表中选择力矩矢量的方向，即 X-Axis、Y-Axis 或 Z-Axis。

（5）单击 OK 按钮完成设置。如果需要设置其他参数，就重复上述过程。

4. 监视表面积分

在每次迭代结束后，还可以在某个面上对特定的流场变量进行积分，并以文本、图形和文件形式输出积分结果。比如，在以计算压强为目的的计算中，可以在某个面上监视压强的变化过程。

设置力和力矩监视器时，选择 Solution→Monitors→ Report Files→New→New→Surface Report，弹出如图 5-71 所示的 Surface Report Definition（表面报告定义）对话框。

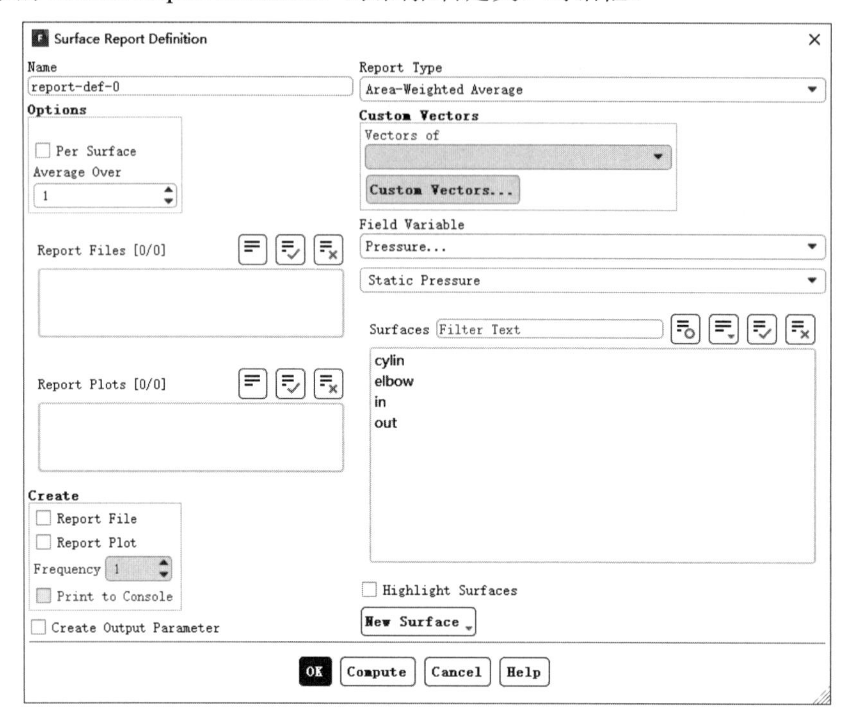

图 5-71 表面报告定义对话框

表面监视器的操作过程如下：

（1）在 Name（名称）文本框中加入各监视器的名称。

（2）指定输出类型，即选择以文本形式（Print to Console）、图形形式（Report Plot）还是文件形式（Report File）输出。

（3）在 Report Type 中可以设定报告类型，在 Field Variable 中选择数据类型，在 Surfaces 中选择积分表面。

5. 体积分监视器

与监视面积分类似，在计算过程中还可以监视流场变量的体积分。在体积分监视器中，实际上可以监视的参数还包括流场变量的质量积分、质量平均等。体积分主要用来监视某个体域内流场变量的变化情况，通过监视变量的体积分可以对求解过程是否收敛做出判断。

在使用适应性网格技术的时候，体积分也可以用来判断解是否与网格有关，即在网格变化的过程中，如果解不随网格变化而变化，那么证明计算得到的解与网格无关。

设置体积分监视器时，选择 Solution→Monitors→Report Files→New→New→Volume Report，弹出如图 5-72 所示的 Volume Report Definition（体积报告定义）对话框。

体积分监视器面板与面积分监视器面板十分相似，设置过程也类似，可以在这里设定准备做积分的体域、流场变量、报告类型等，这里不再重复。

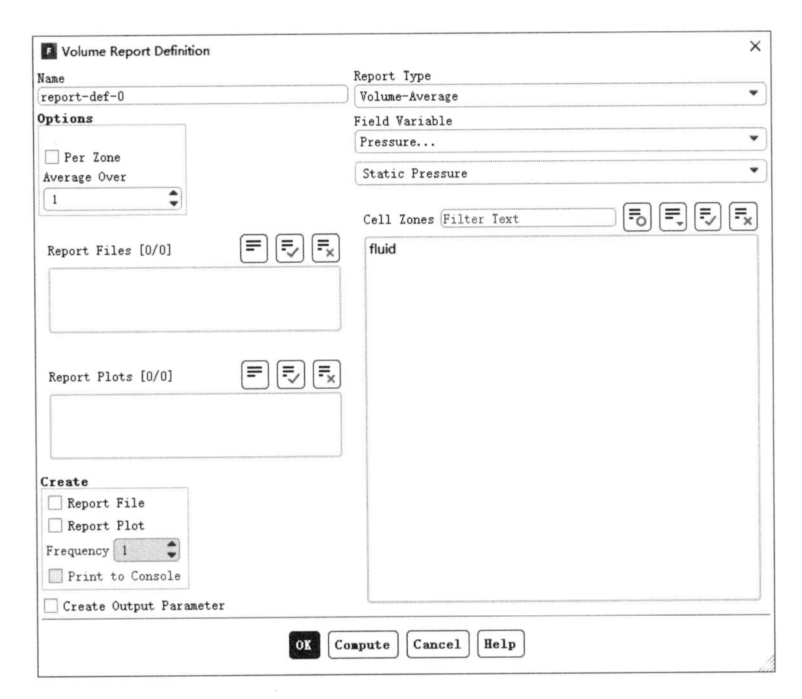

图 5-72　体积报告定义对话框

5.9 本章小结

本章介绍了 Fluent 计算设置中导入网格、定义模拟类型、指定边界条件、给出初始条件、定义求解控制参数、定义求解监视等功能。通过本章的学习，读者可以掌握 Fluent 计算设置的使用方法。

第 6 章 计算结果后处理

导言

求解完成后，使用者需要使用后处理对求解后的数据进行图形化显示和统计处理，从而对计算结果进行分析。后处理可以生成点、点样本、直线、平面、体、等值面等位置，显示云图、矢量图，也可以用动画功能制作动画短片等。

Fluent 软件本身具有计算结果后处理功能，同时可以通过 ANSYS 软件包提供的专业后处理器 CFD-Post 完成后处理工作。

本章将重点介绍 Fluent 后处理功能和后处理器 CFD-Post 的使用方法。

学习目标

★ 掌握 Fluent 的后处理功能

★ 熟悉 CFD-Post 的使用方法

6.1 Fluent的后处理功能

Fluent 可以用多种方式显示和输出计算结果，如显示速度矢量图、压力等值线图、等温线图、压力云图、流线图，绘制 XY 散点图、残差图，生成流场变化的动画，报告流量、力、界面积分、体积分及离散相的信息等。

6.1.1 创建表面

在 Fluent 中可以方便地选择进行可视化流场的区域。这些区域称为表面，有很多方式可以创建表面。对于 3D 问题，因为不可能对整个区域进行矢量、等值线、XY 曲线的绘制，所以必须创建表面进行相关操作。

另一种情况是，无论是 2D 还是 3D，如果希望创建表面积分报告，就必须建立表面。下面将集中讲解如何创建、重命名、组合、删除和确定尺寸等操作。

创建表面需单击 Results 选项卡 Surface 面板中的 Create 按钮下的 Iso-Surface 选项，弹出如图 6-1 所示的 Iso-Surface（等值面）对话框。

图 6-1　等值面对话框

设置等值面的步骤如下：

步骤 01 在 Surface of Constant 中选择变量。

步骤 02 如果希望在已存在的面上建立面，就要在 From Surface 中选择该面，否则面会生成在整个流域中。

步骤 03 单击 Compute 按钮，在 Min 和 Max 中显示在计算域中选择变量的最大值和最小值。

步骤 04 在 Iso-Values 中设定数值，有下面两种方法：

- 用滑动条选择。
- 直接输入数值。

步骤 05 在 New Surface Name 中输入新名字。

步骤 06 单击 Create 按钮创建完成。

6.1.2　图形及可视化技术

利用 Fluent 提供的图形工具可以很方便地观察 CFD 求解结果，并得到满意的数据和图形，用来定性或定量研究整个计算。

1. 生成网格图

在问题求解的开始或计算完成需要检查计算结果时，往往需要能够观察某些特定表面上的网格划分情况。在 Fluent 中可以利用强大的图形功能显示求解对象的部分和全部轮廓。

生成网格图需单击 Domain 选项卡 Mesh 面板中的 Display 按钮，弹出如图 6-2 所示的 Mesh Display（网格显示）对话框。

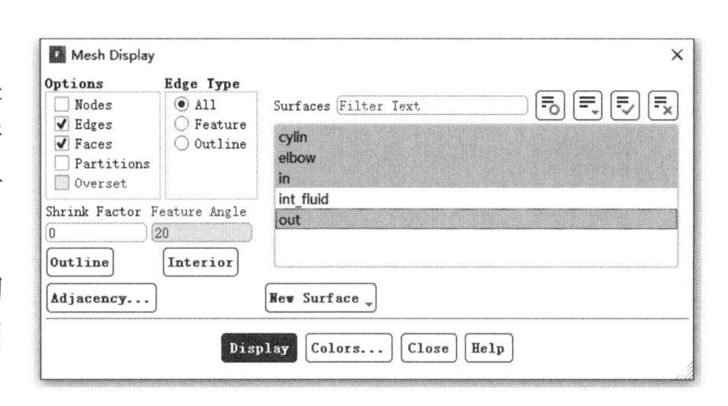

图 6-2　网格显示对话框

根据需要显示的内容，可以选择进行下列操作：

- 显示所选表面的轮廓线，在对话框中的 Options 选项组中勾选 Edges 复选框，在 Edge Type 选项组中选中 Outline 单选按钮。
- 显示网格线，在 Options 选项组中勾选 Edges 复选框，在 Edge Type 选项组中选中 ALL 单选按钮。
- 绘制一个网格填充图形，在 Options 选项组中勾选 Faces 复选框。
- 显示选中面的网格节点，在 Options 选项组中勾选 Nodes 复选框。

2．绘制等值线和轮廓图

在 Fluent 中，可以在求解对象上绘制等值线或外形。等值线是由某个选定变量（如等温线、等压线）为固定值的线所组成的。轮廓是将等值线沿一个参考向量并按照一定比例投影到某个面上形成的。

生成等值线和轮廓图需单击 Results 选项卡 Graphics 面板中的 Contours 按钮下的 New 或 Edit 选项。也可以单击信息树中的 Graphics 选项，弹出如图 6-3 所示的 Graphics and Animations（图形和动画）面板。双击 Contours 选项，弹出如图 6-4 所示的 Contours（等值线）对话框。

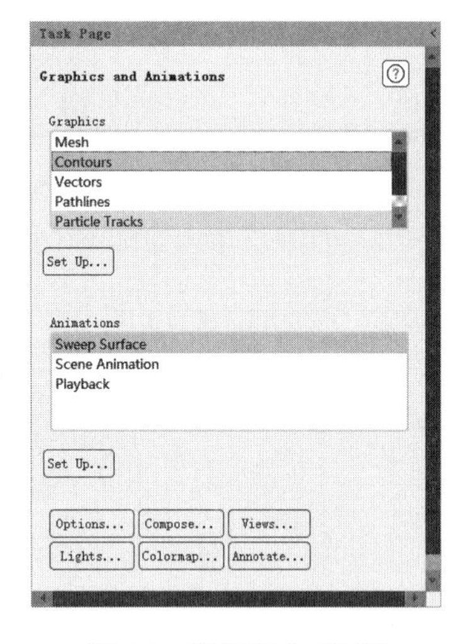

图 6-3　图形和动画面板

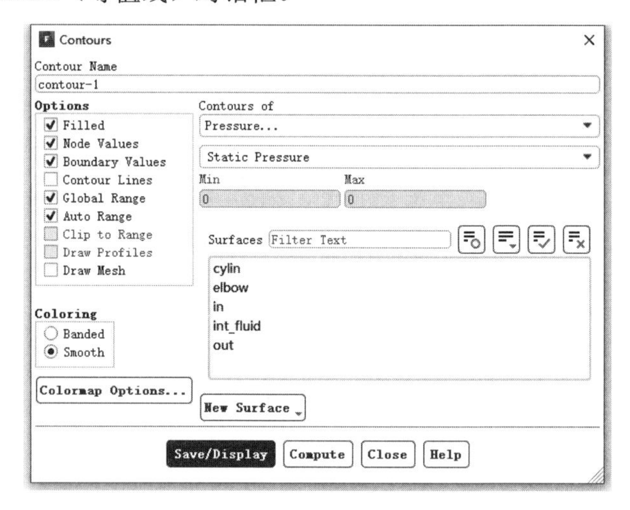

图 6-4　等值线对话框

生成等值线或轮廓的基本步骤如下：

步骤01 在 Contours Of 下拉列表框中选择一个变量或函数作为绘制的对象。首先在上面的列表中选择相关分类，然后在下面的列表中选择相关变量。

步骤02 在 Surfaces 列表中选择待绘制等值线或轮廓的平面。对于 2D 情况，如果没有选取任何面，那么会在整个求解对象上绘制等值线或轮廓。对于 3D 情况，至少需要选择一个表面。

步骤03 在 Levels 编辑框中指定轮廓或等值线的数目，最大数为 100。

步骤04 如果需要生成一个轮廓视图，那么需要在 Options 中勾选 Draw Profiles 复选框。

步骤05 单击显示（Display）按钮，在激活的图形窗口中绘制指定的等值线和轮廓。显示的结果将包含选定变量指定的等值线和轮廓的指定数目，同时将数值量级的变化范围在最小和最大区域按照增加的方式进行显示。

3．绘制速度矢量图

除了等值线图与轮廓图，另一种经常用到的结果处理图为在选中的表面上绘制速度矢量图。默认情况下，速度矢量被绘制在每个单元的中心（或在每个选中表面的中心），用长度和箭头的颜色代表梯度。

矢量绘制的设置参数可以用来修改箭头的间隔、尺寸和颜色。注意，在绘制速度矢量时总是采用单元节点中心值，不能采用节点平均值。

单击信息树中的 Graphics 选项，弹出如图 6-5 所示的 Graphics and Animations（图形和动画）面板。双击 Vectors 选项，弹出如图 6-6 所示的 Vectors（矢量）对话框。

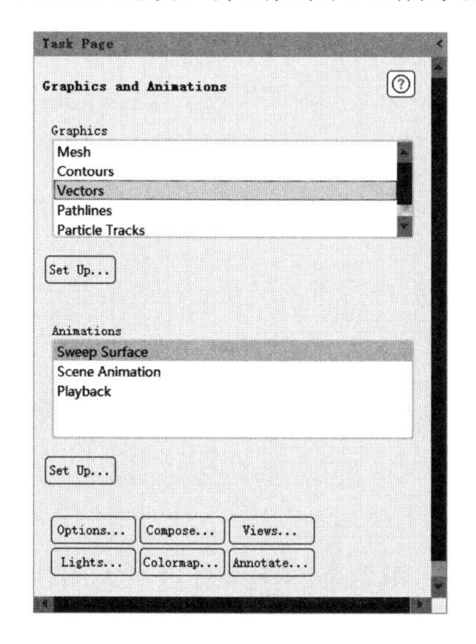

图 6-5　图形和动画面板

图 6-6　矢量对话框

生成速度矢量图的基本步骤如下：

步骤 01　在 Surfaces 列表中，选择希望绘制速度矢量图的表面。如果希望显示的对象为整个求解对象，就不要选择列表中的任何一项。

步骤 02　设置速度向量对话框中的其他选项。

步骤 03　单击 Display 按钮，在激活的窗口中绘制速度矢量图。

4. 显示轨迹

打开如图 6-7 所示的 Graphics and Animations（图形和动画）面板，在 Graphics 下双击 Pathlines，弹出如图 6-8 所示的 Pathlines（轨迹）对话框。

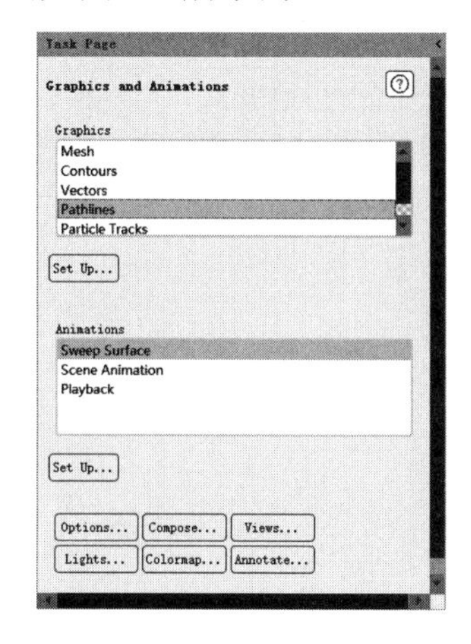

图 6-7　图形和动画面板

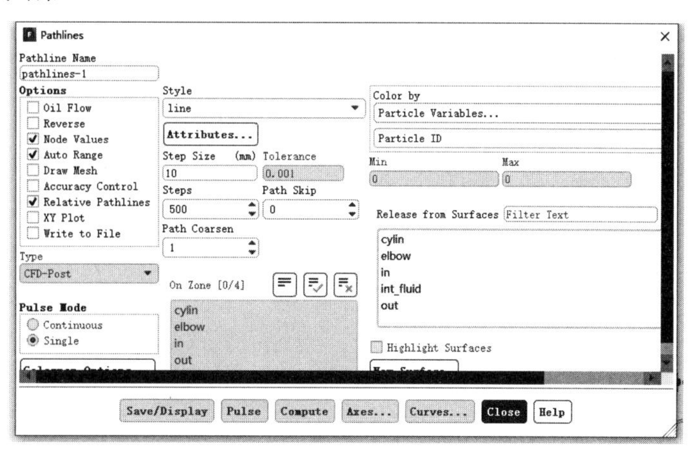

图 6-8　轨迹对话框

生成轨迹图的基本步骤如下：

步骤01 在 Release from Surfaces 列表中选择相关平面。

步骤02 设置 Step size 和 Steps 的最大数目。Step Size 设置长度间隔用来计算下一个微粒的位置。(注意，当一个微粒进入/离开一个表面时，位置通常由计算得到。即便指定了一个很大的 Step Size，微粒在每个单元入口/出口的位置仍然被计算并被显示)。Steps 设置了一个微粒能够前进的最大步数。当一个微粒离开求解对象并且飞行的步数超过该值时将停止。如果希望微粒能够前进的距离超过一个长度大于 L 的求解对象，一个最简单的定义上述两个参数的方法是 Step Size 和 Steps 的乘积应该近似等于 L。

步骤03 设置轨迹线对话框中的其他选项。

步骤04 单击 Display 按钮绘制轨迹线，或者单击 Pulse 按钮显示微粒位置的动画。在动画显示中 Pulse 按钮将变成 Stop 按钮，可以通过单击该按钮停止动画的运行。

6.1.3 动画技术

在 Fluent 软件中可以生成关键帧动画，通过把静态的图像转化为动态的图像可以大大加强结果的演示效果。动画的创建需要在动画面板中完成。

生成动画需单击信息树中的 Graphics 选项，弹出如图 6-9 所示的 Graphics and Animations（图形和动画）面板，在 Animations 下双击 Scene Animation，弹出如图 6-10 所示的 Playback（回放）对话框。

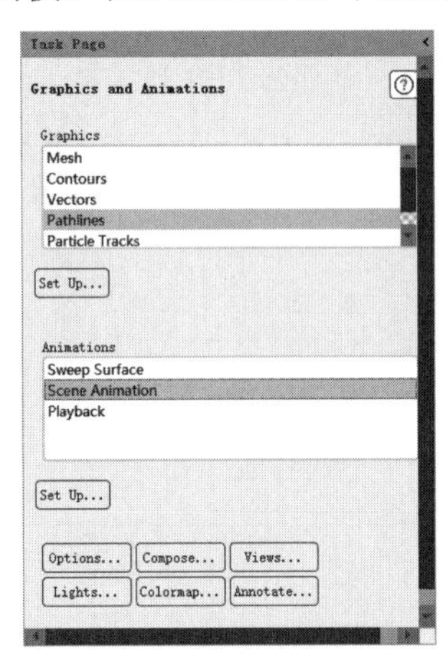

图 6-9 图形和动画面板

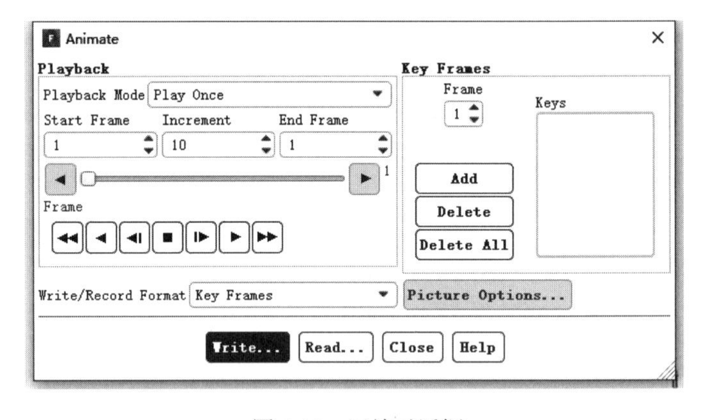

图 6-10 回放对话框

生成动画的基本步骤如下：

（1）创建动画

步骤01 输入帧数。

步骤02 选择需要的关键帧，可以包括不同视角。

步骤03 选择关键帧的时间。

步骤04 利用关键帧构成动画。

步骤05 可以回放检查效果，满意后选择保存。

（2）动画保存

动画创建完成后可以进行保存，方便以后的查阅和结果的展示。Fluent 支持 3 种动画格式：动画文件（Fluent 专用）、图形文件和 Video 文件。

其中，动画文件只可以被 Fluent 软件识别和读取数据，特点是文件小、不失真；图形文件把动画的每一帧生成一个图像，可以为不同的图像格式（如 jpg、bmp 和 tiff 格式）；Video 文件将动画转化为视频文件。

（3）读取动画文件

动画文件的读取非常方便，首先单击动画面板中的 Read（读取）按钮，打开选择文件面板，只要选择目标文件便可以打开动画文件。

6.2 CFD-Post后处理器

6.2.1 启动后处理器

在 Windows 系统下执行“开始”→“所有程序”→ANSYS 2020→CFD-Post 2020 命令，可启动 CFD-Post，进入如图 6-11 所示的 CFD-Post 2020 软件界面。

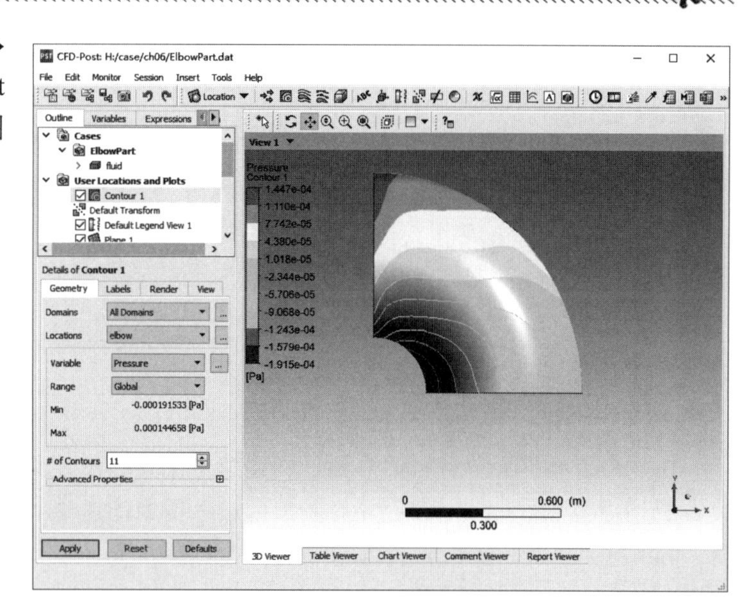

图 6-11　CFD-Post 界面

6.2.2 工作界面

后处理器的工作界面主要包含 5 部分，如图 6-12 所示。

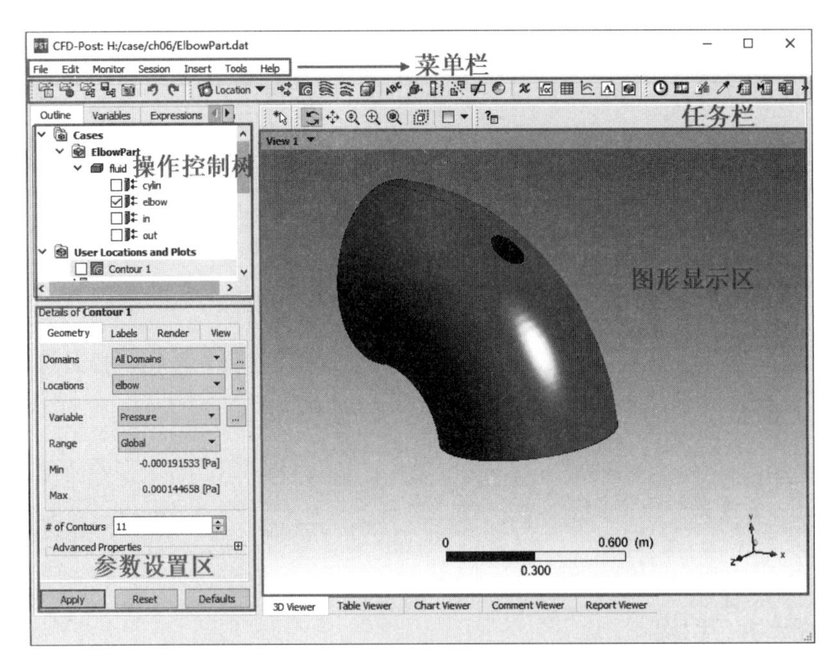

图 6-12　后处理器工作界面

- 菜单栏：后处理的所有操作，包括新建、打开求解过程文件，编辑、插入等基本操作，以及打开帮助文件等功能。
- 任务栏：主要功能为快捷键，通过使用任务栏可以快速实现部分功能与操作。
- 操作控制树：在此区域可以显示、关闭、编辑创建的位置、数据等。
- 图形显示区：显示几何图形、制表、制图等。
- 参数设置区：对某次操作进行具体的参数设置。

6.2.3　创建位置

用户可以根据计算分析的需要，创建特定位置显示计算结果。可以创建的位置包括点、点云、线、面、体、等值面、区域值面、型芯区域、旋转面、曲线、自定义面、多组面、旋转机械面、旋转机械线等，如图 6-13 所示。

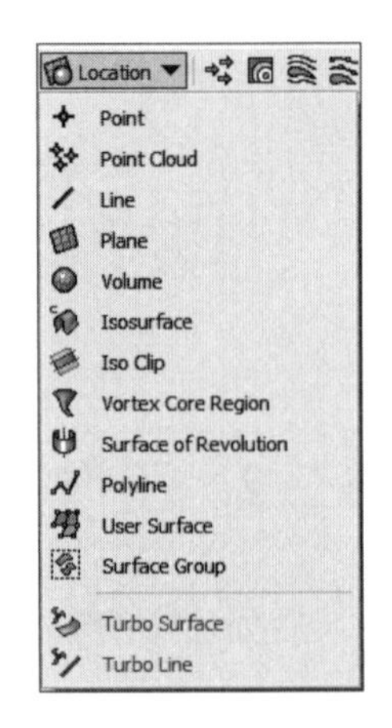

图 6-13　创建位置类型

1. Point（生成点）

（1）Geometry（几何）：在几何选项卡中，可以设定点的位置。

在设定点的位置时，一般选择输入点坐标值的方法设定，如图 6-14 所示。Method（方法）选择 XYZ，在 Point（点）中依次填入点的 X、Y、Z 坐标值，生成如图 6-15 所示的点。

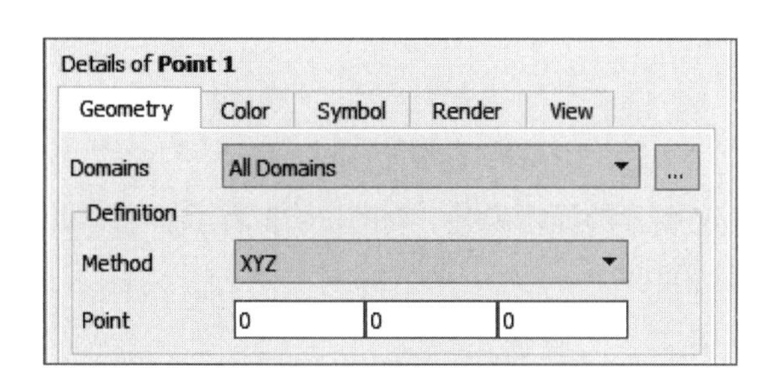

图 6-14　几何选项

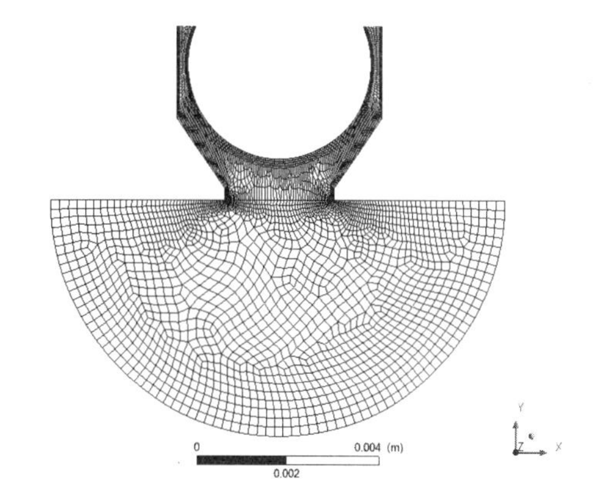

图 6-15　设置点位置

（2）Color（颜色）：在颜色选项卡中，可以设定点的显示颜色，如图 6-16 所示。

生成点的颜色一般有两种方法，即 Constant 和 Variable。

- Constant（恒量）：颜色为恒定值，点默认的颜色为黄色。
- Variable（变量）：可以设定变量，根据变量所在点位置的大小决定点的显示颜色。

（3）Symbol（样式）：在样式选项卡中，可以设定点的显示样式，如图 6-17 所示。点的样式包括十字架形、八面体形、立面体形和球形等，默认为十字架形。

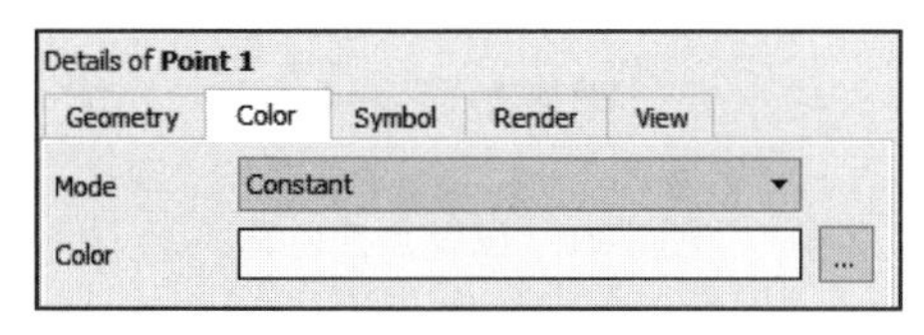

图 6-16　颜色选项

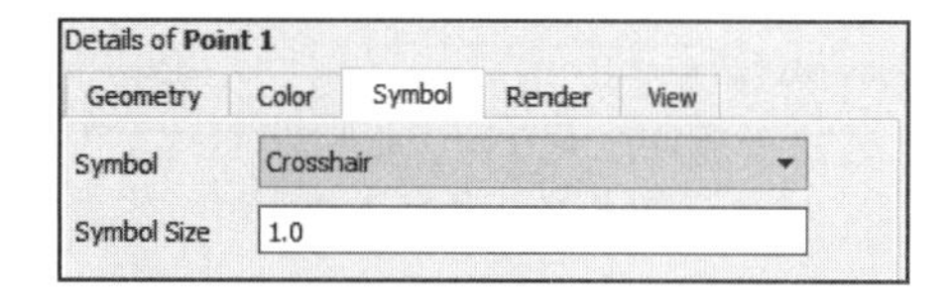

图 6-17　样式选项

（4）Render（绘制）：生成点的过程中绘制选项为灰色，无法编辑，如图 6-18 所示。

（5）View（显示）：将生成的点按一定规则改变，如旋转、平移、镜像等，如图 6-19 所示。

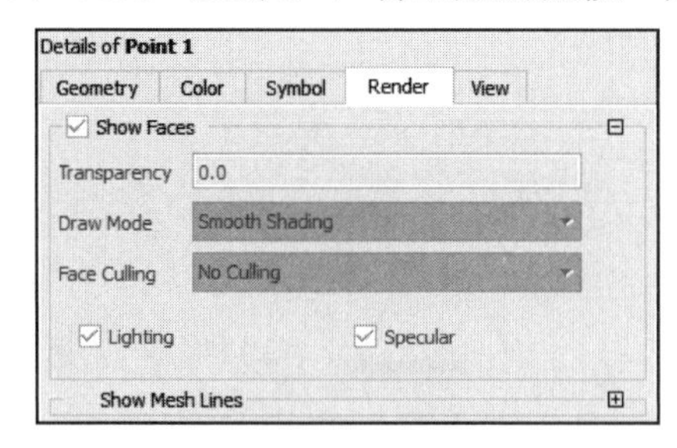

图 6-18　绘制选项

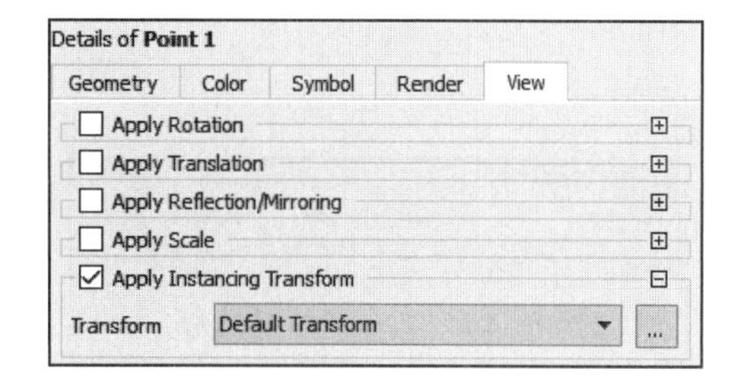

图 6-19　显示选项

2. Point Cloud（点云）

（1）Geometry（几何）：在几何选项卡中，可以设定点云的所在域、所在位置、生成方法和生成个数位置，如图 6-20 所示。

点云的生成方法有 6 种，下面分别进行介绍。

- Equally Spaced（等空间）：点云所在位置的平均分布。

- Rectangular Grid（角网格）：按一定比例、距离、角度排列点，生成点云。
- Vertex（顶点）：将点生成在网格的顶点处。
- Face Center（面中心）：将点生成在网格面的中心处。
- Free Edge（自由边界）：将点生成在线段中心的外边缘处。
- Random（随机）：随机生成点云。

生成点云的效果如图 6-21 所示。

（2）Color（颜色）：在颜色选项卡中，可以设定点云的显示颜色，如图 6-22 所示。

生成点云的颜色一般有两种方法，即 Constant 和 Variable。

- Constant（恒量）：颜色为恒定值，点云默认的颜色为黄色。
- Variable（变量）：可以设定变量，根据变量所在点云位置的大小决定点云的显示颜色。

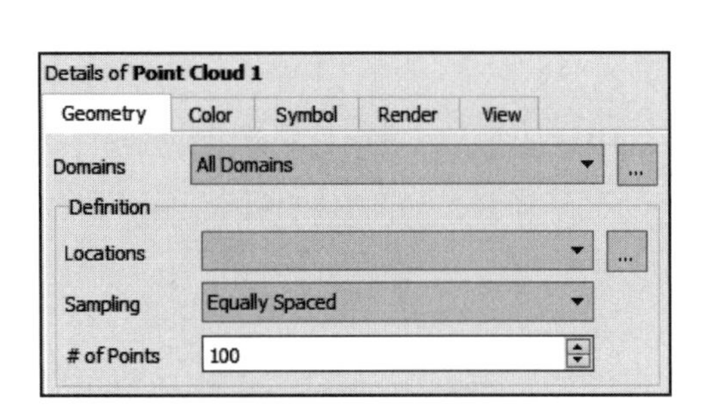

图 6-20　几何选项

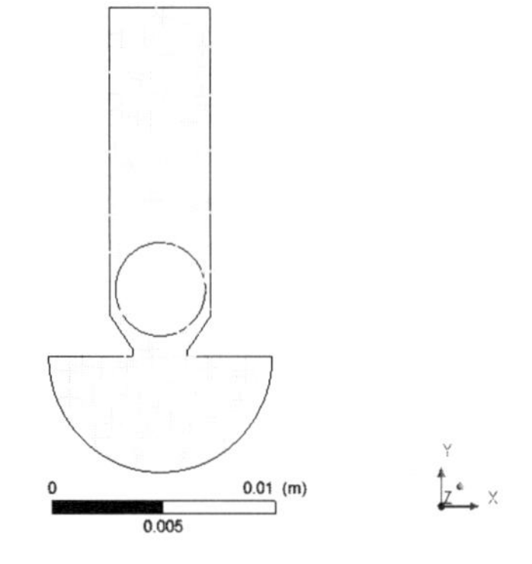

图 6-21　设置点云位置

生成点云的效果如图 6-23 所示。

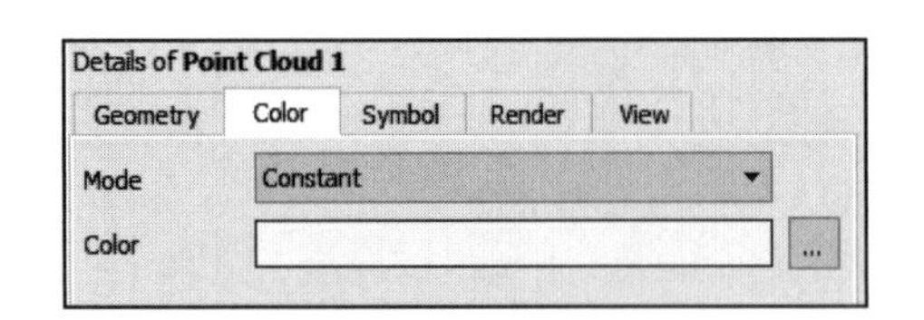

图 6-22　颜色选项

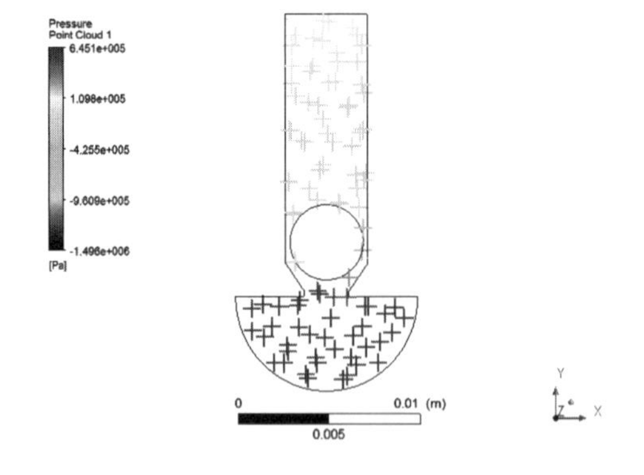

图 6-23　点云变量颜色显示

点云的样式、绘制及显示设定与点的设置相同，此处不再赘述。

3. Line（线）

（1）Geometry（几何）：在几何选项卡中，可以设定线的所在域、生成方法、生成线的类型，如图 6-24 所示。

生成线的方法为两点坐标确定直线的方法。生成线的类型有两种，即 Sample 和 Cut。

- Sample（取样法）：生成线上两点之间的点平均分布在线上。
- Cut（相交法）：生成的线自动延伸至域边界处，线上的点在线与网格节点的交点处。

生成线的效果如图 6-25 所示。

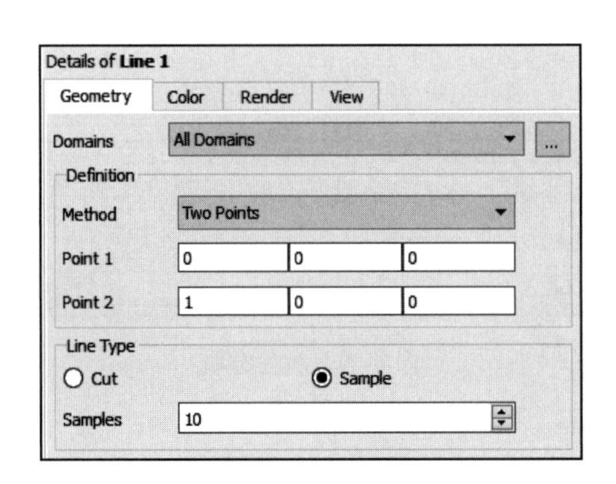

图 6-24 几何选项

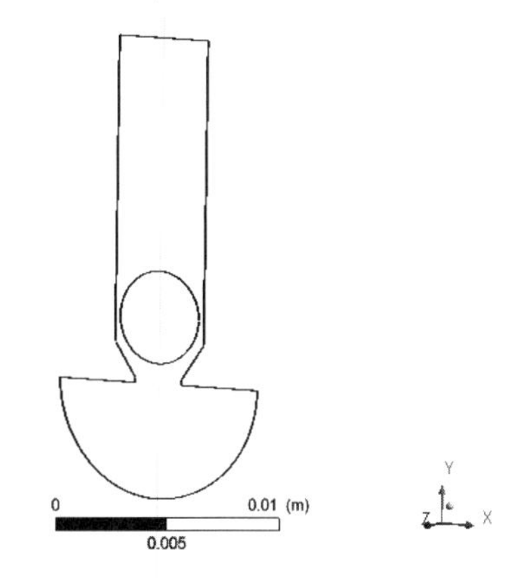

图 6-25 设置线位置

（2）Color（颜色）：在颜色选项卡中，可以设定线的显示颜色，如图 6-26 所示。生成线的颜色一般有两种方法，即 Constant 和 Variable。

- Constant（恒量）：颜色为恒定值，线默认的颜色为黄色。
- Variable（变量）：可以设定变量，根据变量所在线位置的大小决定线的显示颜色。

生成线的效果如图 6-27 所示。

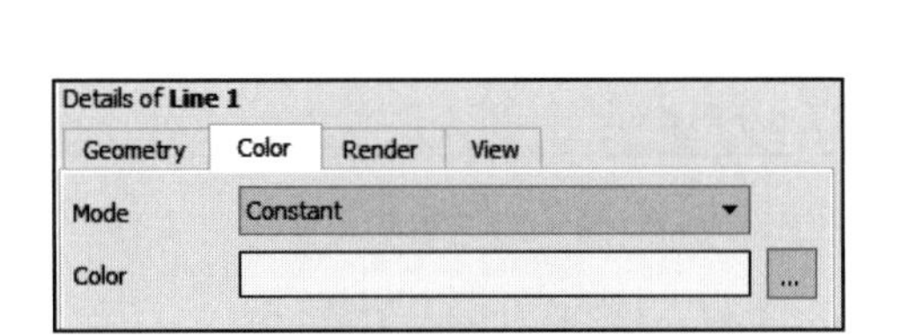

图 6-26 颜色选项

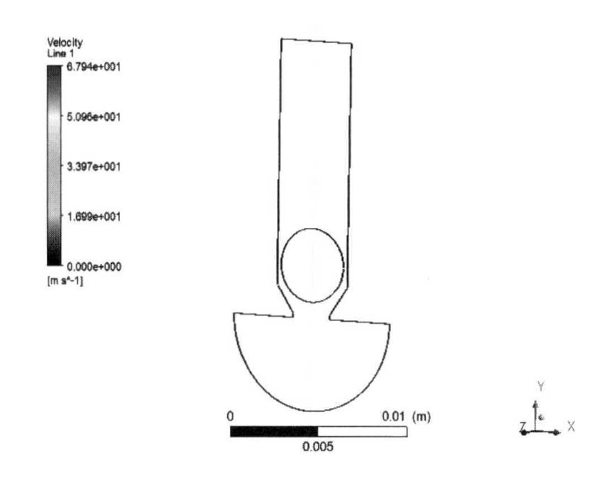

图 6-27 线变量颜色显示

线的样式、绘制及显示设定与点的设置相同，此处不再赘述。

4. Plane（面）

（1）Geometry（几何）：在几何选项卡中，可以设定面的所在域、生成方法，如图 6-28 所示。生成面的方法有 3 种，下面分别进行介绍。

- YZ Plane、XY Plane、XZ Plane（切面法）：指定与面垂直的坐标轴，设定面与坐标原点间的距离。

- Point and Normal（点与垂线法）：指定面上一点和与面垂直的向量。
- Three Points（三点法）：通过 3 个点确定平面。

（2）Color（颜色）：在颜色选项卡中，可以设定面的显示颜色，如图 6-29 所示。

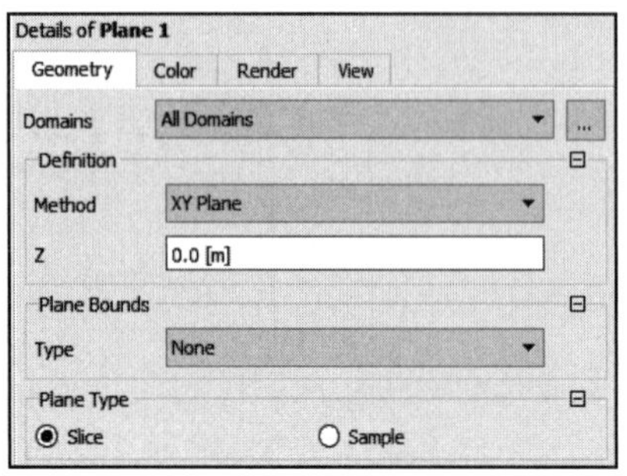

图 6-28　几何选项

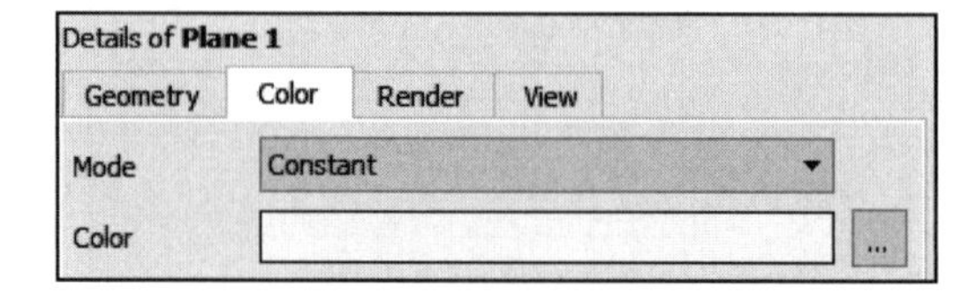

图 6-29　颜色选项

生成面的颜色一般有两种方法，即 Constant 和 Variable。

- Constant（恒量）：颜色为恒定值，面默认的颜色为黄色。
- Variable（变量）：可以设定变量，根据变量所在面位置的大小决定面的显示颜色。

生成面的效果如图 6-30 所示。

（3）Render（绘制）：在绘制选项卡中，可以设置显示面、网格线和纹理，如图 6-31 所示。

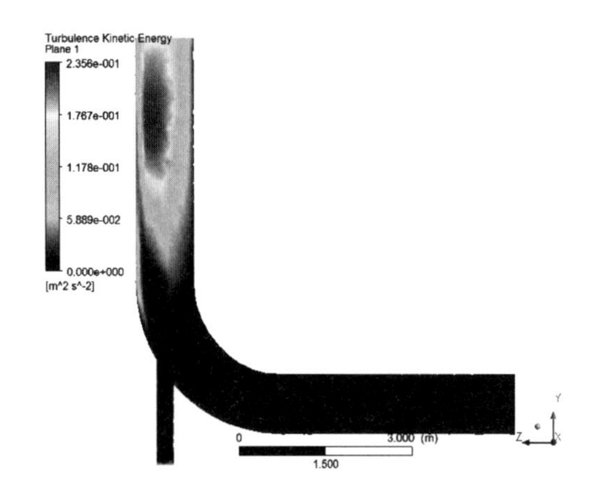

图 6-30　面变量颜色显示

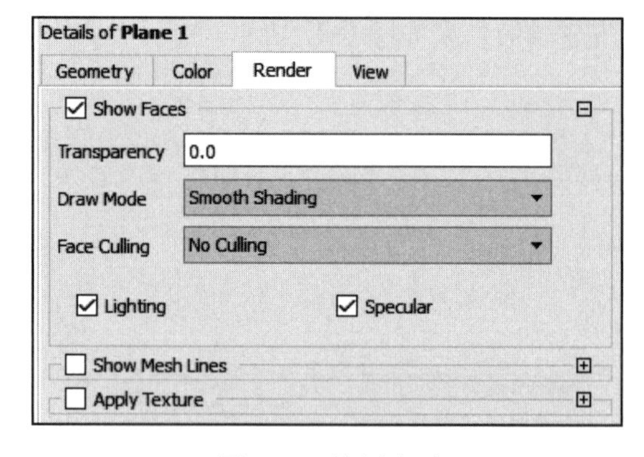

图 6-31　绘制选项

在 Show Faces（显示面）部分，需要设定 Transparency、Draw Mode、Face Culling。

- Transparency（透明度）：设定值为 0 时，平面完全不透明；设定值为 1 时，平面完全透明。
- Draw Mode（绘制模式）：设置面颜色的绘制方法，默认为 Smooth Shading（平滑明暗法），节点处颜色与周围颜色相同。
- Face Culling（面挑选）：一般默认选择 No Culling，面显示完全。

在 Show Mesh Lines（显示网格线）部分，设定边界角度、线宽和颜色模式。

在 Apply Texture（纹理应用）部分，可为生成面显示纹理。

5．Volume（体）

（1）Geometry（几何）：在几何选项卡中，可以设定体的所在域、网格类型及生成方法，如图 6-32 所示。网格类型包括四面体、金字塔形、楔形、六面体形等。

生成面的方法有 4 种，下面分别进行介绍。

- Sphere（球形体）：指定球形中心和球径生成球形体。
- From Surface（自由面组成）：选择平面，表面上的网格节点形成体。
- Isovolume（等值线）：指定一个变量，设定变量值，由此变量值形成的等值面围成一个等值体。
- Surrounding Node（围绕节点）：指定节点编号，节点处网格形成体。

（2）Color（颜色）：在颜色选项卡中，可以设定体的显示颜色，如图 6-33 所示。

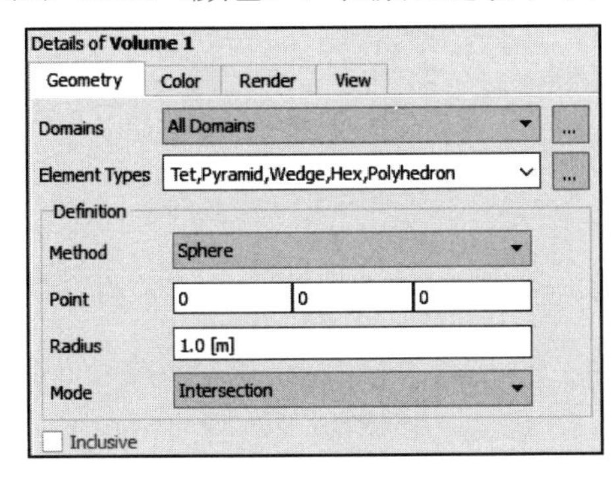

图 6-32　几何选项

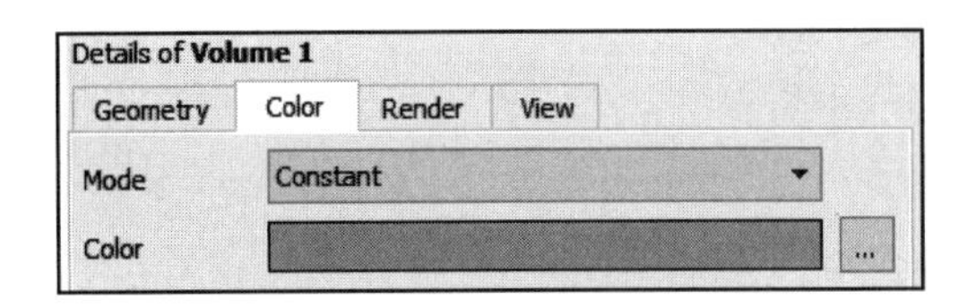

图 6-33　颜色选项

生成体的颜色一般有两种方法，即 Constant 和 Variable。

- Constant（恒量）：颜色为恒定值，体默认的颜色为黄色。
- Variable（变量）：可以设定变量，根据变量所在体位置的大小决定体的显示颜色。

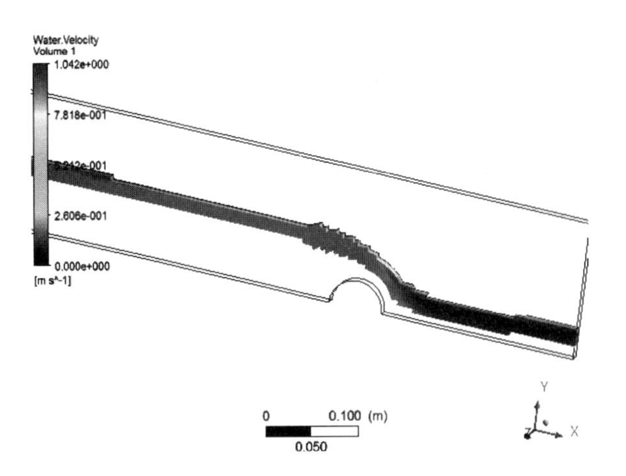

图 6-34　体变量颜色显示

生成体的效果如图 6-34 所示。

体的样式、绘制及显示设定与线的设置相同，此处不再赘述。

6．Isosurface（等值面）

（1）Geometry（几何）：在几何选项卡中，可以设定等值面的所在域、选择变量、设定变量类型、为变量设定数值，如图 6-35 所示。

（2）Color（颜色）：在颜色选项卡中，可以设定等值面的显示颜色，如图 6-36 所示。

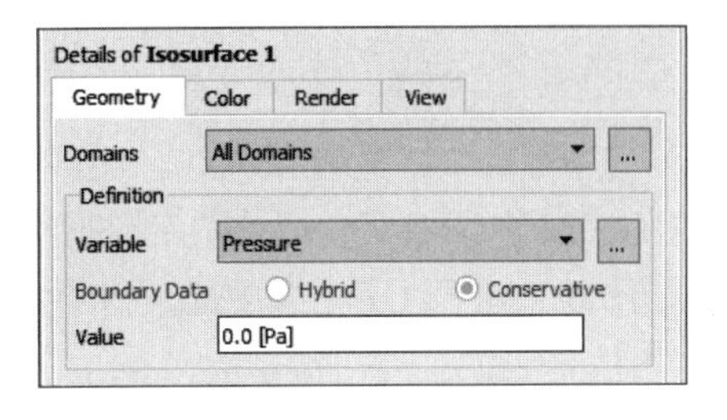

图 6-35　几何选项

生成体的颜色一般有 3 种方法，下面分别进行介绍。

- Use Plot Variable（使用当前变量）：等值面的颜色设定使用等值面选定变量，只能更改变量极值，然后根据变量范围决定此时等值面的颜色。
- Variable（变量）：可以设定变量，根据变量所在的等值面位置的大小决定体的显示颜色。
- Constant（恒量）：颜色为恒定值。

生成等值面的效果如图 6-37 所示。

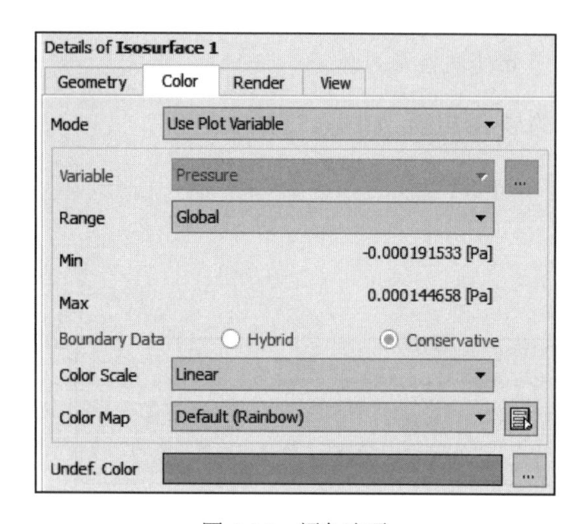

图 6-36　颜色选项

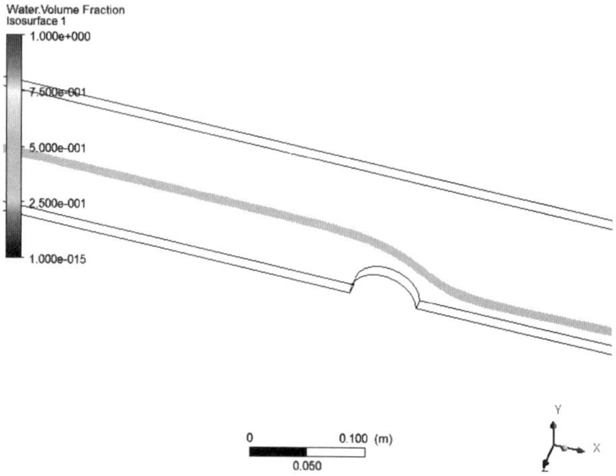

图 6-37　等值面变量颜色显示

Color Scale（颜色比例尺）是指比例尺的颜色分布，颜色比例尺有两种类型：Linear 和 Logarithmic。

- Linear（线性比例尺）：此时变量范围均匀分布在比例尺上。
- Logarithmic（对数比例尺）：此时变量范围成对数函数分布在比例尺上。

Color Map（颜色绘制）设定了颜色描述的模式，主要有以下 5 种。

- Rainbow（彩虹状）：使用绘图颜色，以蓝色描述最小，以红色描述最大，若设置 Inverse，则颜色与极值反转。
- Rainbow 6（扩展彩虹状）：使用标准绘图的扩展颜色，以蓝色描述最小，以紫红色描述最大，若设置 Inverse，则颜色与极值反转。
- Greyscale（灰色标尺）：以黑色描述最小，以白色描述最大，若设置 Inverse，则颜色与极值反转。
- Blue to White（蓝白标尺）：以蓝色和白色代表极值部分。
- Zebra（斑马状）：将指定范围划分为 6 部分，每部分均为黑色向白色过渡。

等值面的样式、绘制及显示设定与线的设置相同，此处不再赘述。

7．Iso Clip（区域值面）

（1）Geometry（几何）：在几何选项卡中，可以设定区域值面的所在域、位置，如图 6-38 所示。
（2）Color（颜色）：在颜色选项卡中，可以设定区域值面的显示颜色，如图 6-39 所示。

生成区域值面的颜色一般有两种方法：Constant 和 Variable。

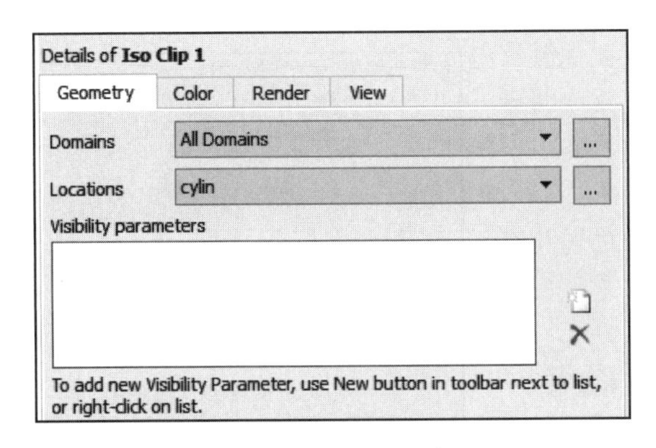

图 6-38　几何选项

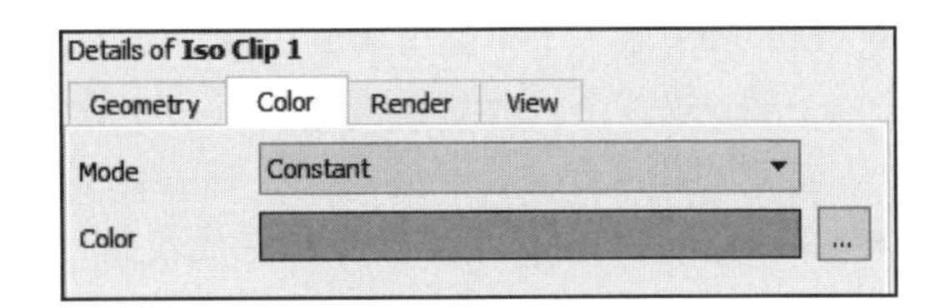

图 6-39　颜色选项

- Constant（恒量）：颜色为恒定值，区域值面默认的颜色为黄色。
- Variable（变量）：可以设定变量，根据变量所在区域值面位置的大小决定区域值面的显示颜色。

生成区域值面的效果如图 6-40 所示。

区域值面的样式、绘制及显示设定与线的设置相同，此处不再赘述。

8．Vortex Core Region（型芯区域）

Geometry（几何）：在几何选项卡中，可以设定型芯区域的所在域、生成方法，如图 6-41 所示。

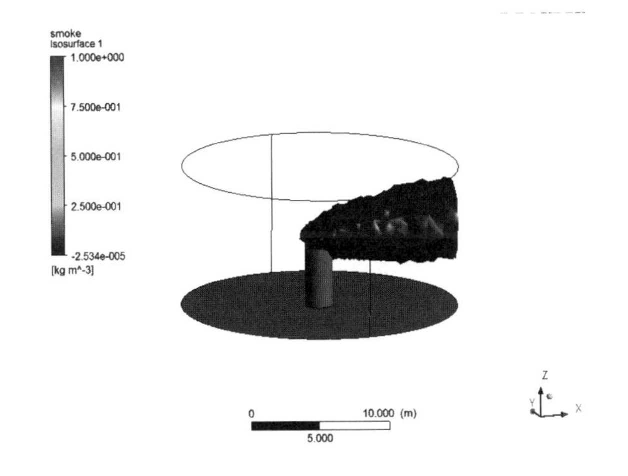

图 6-40　区域值面变量颜色显示

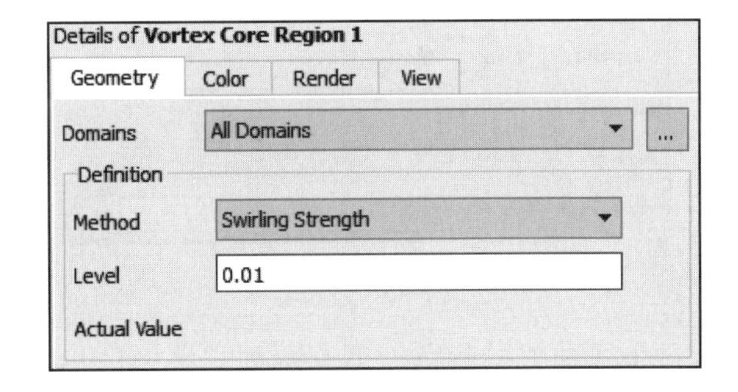

图 6-41　几何选项

型芯区域的颜色、样式、绘制及显示设定与线的设置相同，此处不再赘述。

9．Surface of Revolution（旋转面）

Geometry（几何）：在几何选项卡中，可以设定旋转面的所在域、生成方法，如图 6-42 所示。

旋转面的生成方法有以下 5 种。

- Cylinder（圆柱体）：生成圆柱面，通过点 1 设置底面位置及旋转半径，通过点 2 设置圆柱高度，取样个数为圆柱面上数据点的个数，角样本是形成旋转面的轮廓个数，个数越多，圆柱面越光滑。
- Cone（圆锥面）：生成圆锥面，通过点 1 设置底面位置及底面半径，通过点 2 设置圆锥高度，取样个数为圆锥面上数据点的个数，角样本是形成旋转面的轮廓个数，个数越多，圆锥面越光滑。

- Disc（圆盘面）：生成圆盘面，通过点 1 设置底面位置及外径大小，通过点 2 设置圆盘内径大小，取样个数为圆盘面上数据点的个数，角样本是形成旋转面的轮廓个数，个数越多，圆盘面越光滑。
- Sphere（球面）：生成球面，通过点 1 设置球心位置及球半径，取样个数为球面上数据点的个数，角样本是形成旋转面的轮廓个数，个数越多，球面越光滑。
- From Line（由线生成）：指定线段按一定旋转轴旋转。

旋转面的颜色、样式、绘制及显示设定与线的设置相同，此处不再赘述。

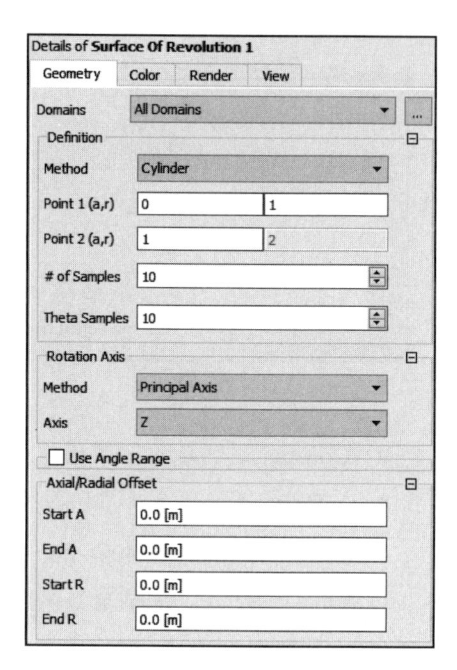

图 6-42　几何选项

10. Ployline（曲线）

（1）Geometry（几何）：在几何选项卡中，可以设定曲线的所在域、生成方法，如图 6-43 所示。

曲线的生成方法有以下 3 种。

- From File（从文件导入）：从文件导入点。
- Boundary Intersection（边界交点）：生成边界与几何体上面之间的交线。
- From Contour（从云图生成）：由云图的边线生成的曲线。

（2）Color（颜色）：在颜色选项卡中，可以设定曲线的显示颜色，如图 6-44 所示。

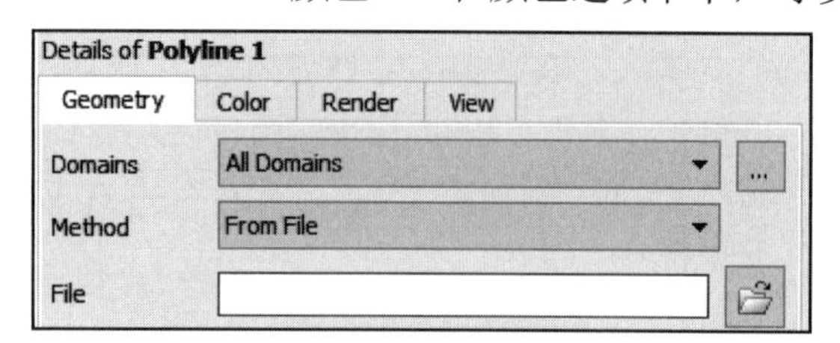

图 6-43　几何选项

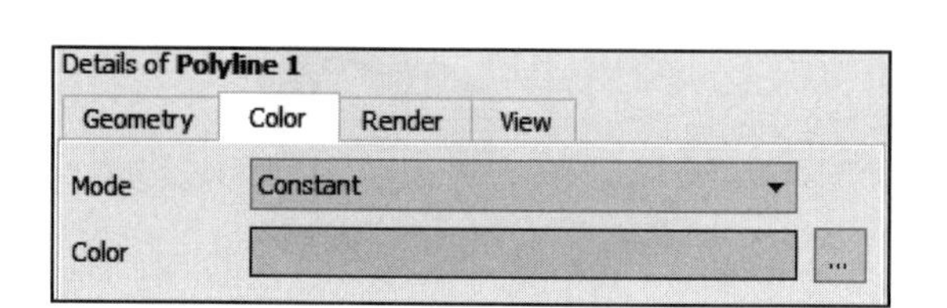

图 6-44　颜色选项

生成曲线的颜色一般有两种方法：Constant 和 Variable。

- Constant（恒量）：颜色为恒定值，曲线默认的颜色为黄色。
- Variable（变量）：可以设定变量，根据变量所在曲线位置的大小决定曲线的显示颜色。

生成曲线的效果如图 6-45 所示。

曲线的样式、绘制及显示设定与线的设置相同，此处不再赘述。

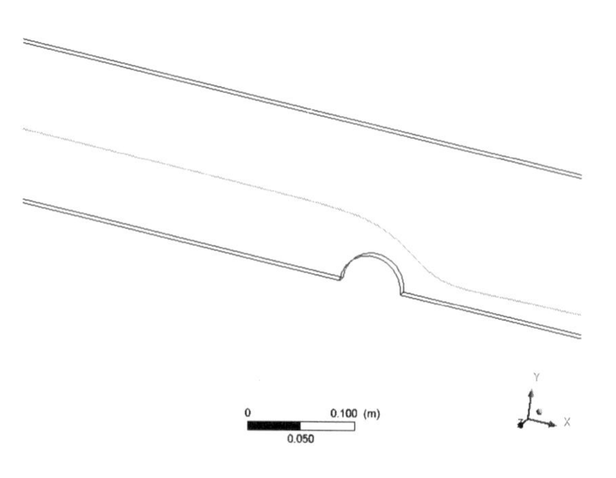

图 6-45　曲线变量颜色显示

11. User Surface（自定义面）

（1）Geometry（几何）：在几何选项卡中，可以设定自定义面的所在域、生成方法，如图 6-46 所示。

自定义面的生成方法有以下 5 种。

- From File（从文件导入）：从文件导入点。
- Boundary Intersection（边界交点）：生成边界与几何体上面之间的面。
- From Contour（从云图生成）：由云图的边线生成的面。
- Transformed Surface（面转换）：编辑一个已经生成的面，对其进行旋转、移动、放大等操作，生成一个新面。
- Offset From Surface（面偏移）：将一个已经生成的面按一定方向偏移一定距离生成新面。

（2）Color（颜色）：在颜色选项卡中，可以设定面的显示颜色，如图 6-47 所示。

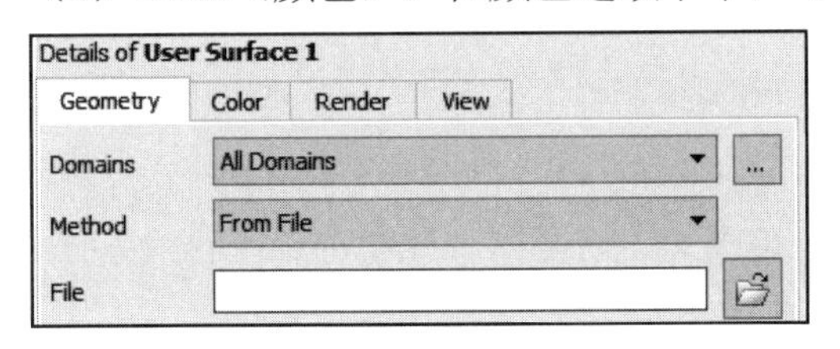

图 6-46　几何选项

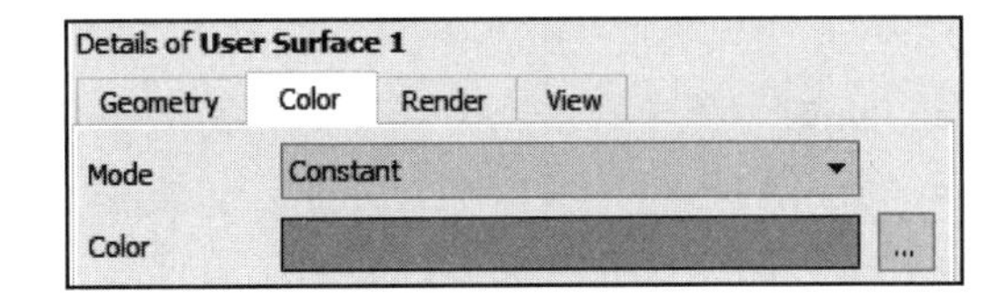

图 6-47　颜色选项

生成面的颜色一般有两种方法：Constant 和 Variable。

- Constant（恒量）：颜色为恒定值，面默认的颜色为黄色。
- Variable（变量）：可以设定变量，根据变量所在面位置的大小决定面的显示颜色。

生成面的效果如图 6-48 所示。

自定义面的样式、绘制及显示设定与线的设置相同，此处不再赘述。

12. Surface Group（多组面）

Geometry（几何）：在几何选项卡中，可以设定多组面的所在域、位置，如图 6-49 所示。

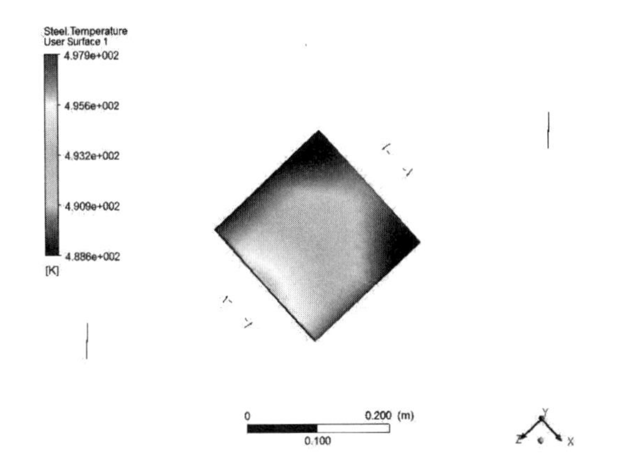

图 6-48　自定义面变量颜色显示

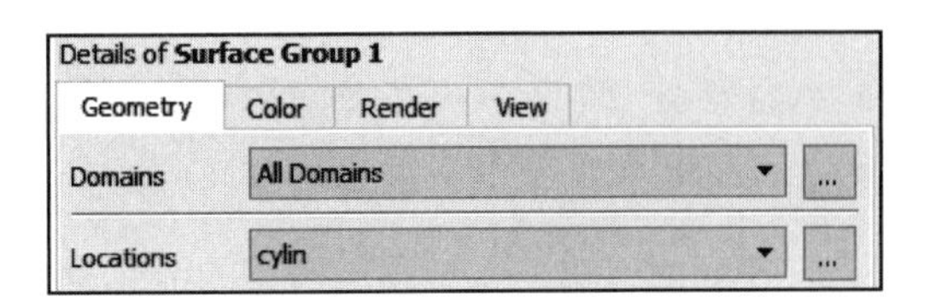

图 6-49　几何选项

多组面的颜色、样式、绘制及显示设定与线的设置相同，此处不再赘述。

6.2.4 创建对象

CFD-Post 可以创建的对象包括矢量、云图、流线、粒子轨迹、体绘制、文本、坐标系、图例、场景转换、修剪面、彩图等，如图 6-50 所示。

图 6-50 创建对象类型

1. Vector（矢量）

（1）Geometry（几何）：在几何选项卡中，可以设定矢量的所在域、位置、取样、缩减、比例因子、变量选择投影等，如图 6-51 所示。

Projection（投影）设定矢量的方向显示，有以下 4 种方式。

- None（无设定）：矢量投影方向为矢量的实际方向。
- Coord Frame（坐标系设定）：设定矢量投影的坐标方向，仅显示与此坐标轴平行的矢量方向。
- Normal（垂直设定）：矢量仅显示与面垂直方向的分量。
- Tangential（切向设定）：矢量仅显示与面平行方向的分量。

（2）Color（颜色）：在颜色选项卡中，可以设定矢量的显示颜色，如图 6-52 所示。

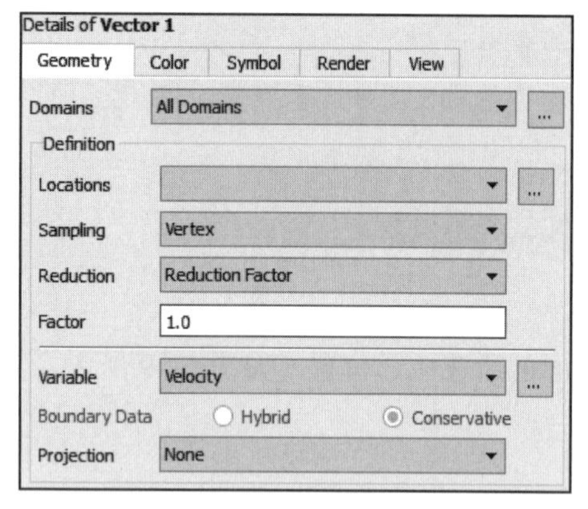

图 6-51 几何选项

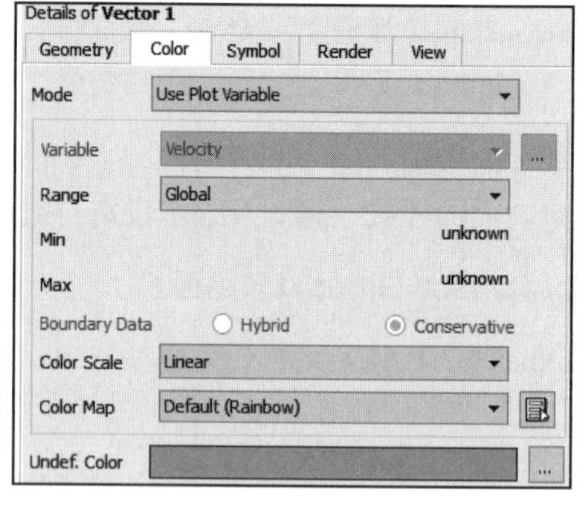

图 6-52 颜色选项

生成矢量的颜色一般有 3 种方法，下面分别进行介绍。

- Use Plot Variable（使用当前变量）：矢量颜色设定使用矢量选定变量，只能更改变量极值，然后根据变量范围决定此时的矢量颜色。
- Variable（变量）：可以设定变量，根据变量所在矢量位置的大小决定矢量的显示颜色。
- Constant（恒量）：颜色为恒定值。

（3）Symbol（样式）：设定矢量的显示样式，包括矢量箭头的样式和箭头的大小，如图 6-53 所示。

（4）Render（绘制）：可以设置显示面、网格线和纹理，如图 6-54 所示。

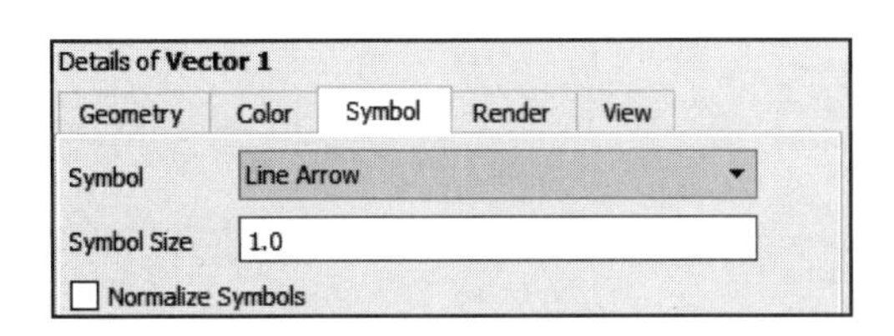

图 6-53　样式选项

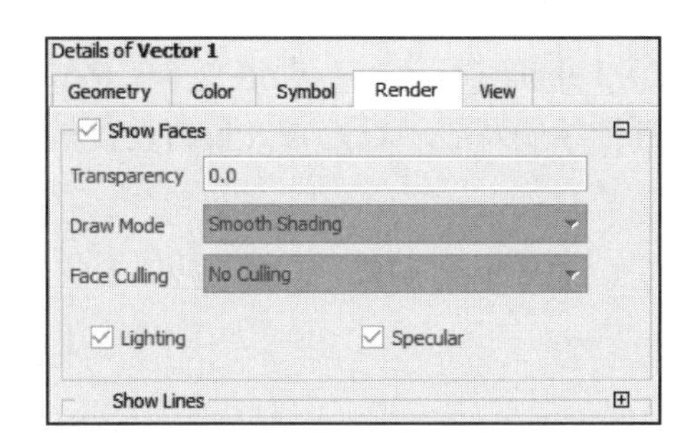

图 6-54　绘制选项

在 Show Faces（显示面）部分，需要设定 Transparency、Draw Mode 和 Face Culling。

- Transparency（透明度）：设定值为 0 时，平面完全不透明；设定值为 1 时，平面完全透明。
- Draw Mode（绘制模式）：设置面颜色的绘制方法，默认为 Smooth Shading（平滑明暗法），节点处的颜色与周围的颜色相同。
- Face Culling（面挑选）：一般默认选择 No Culling，面显示完全。

在 Show Lines（显示网格线）部分，设定边界角度、线宽和颜色模式。

（5）View（显示）：将生成的矢量按一定规则改变，如旋转、平移、镜像等，如图 6-55 所示。矢量图如图 6-56 所示。

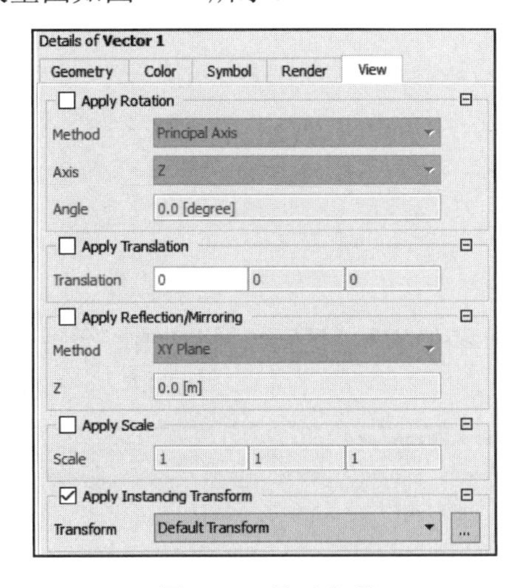

图 6-55　显示选项

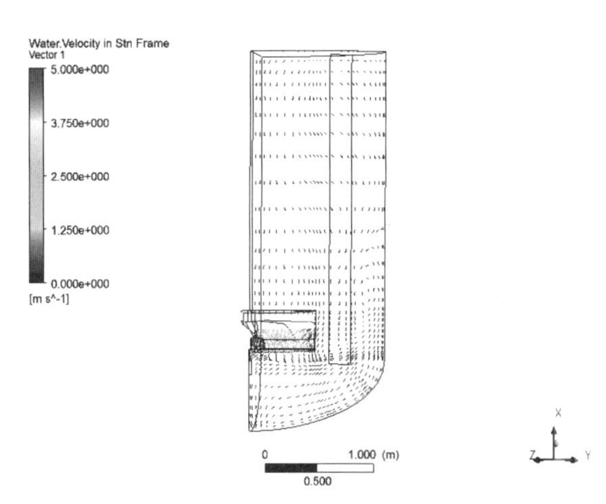

图 6-56　矢量图

2. Contour（云图）

（1）Geometry（几何）：在几何选项卡中，可以设定云图的所在域、位置、变量选择等，如图 6-57 所示。

Range（变量范围）指定方法有以下 3 种。

- Global（全局值）：变量范围由整个计算域内变量值决定。
- Local（局部值）：变量范围由所在位置内变量值决定。
- User Specified（用户定义）：变量范围由用户确定。

Details of Contour 2
Geometry　Labels　Render　View
Domains　All Domains
Locations　cylin
Variable　Pressure
Range　Global
Min　-0.000191533 [Pa]
Max　0.000144658 [Pa]
# of Contours　11
Advanced Properties

图 6-57　几何选项

（2）Labels（标记）：设定文本的格式，如图 6-58 所示。

云图的绘制及显示设定与矢量的设置相同，此处不再赘述。云图如图 6-59 所示。

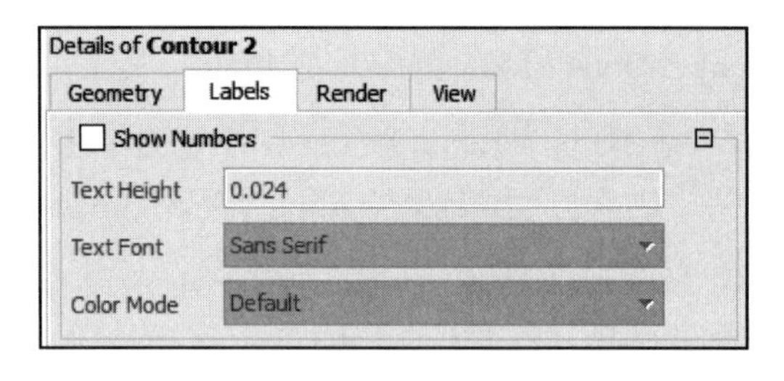

图 6-58　标记选项

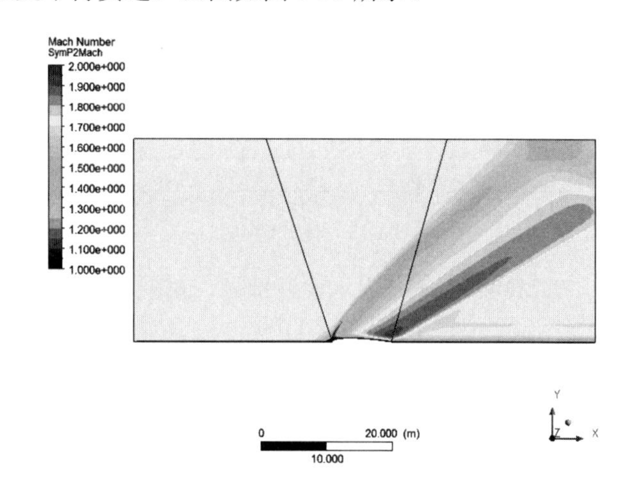

图 6-59　云图

3. Streamline（流线）

（1）Geometry（几何）：在几何选项卡中，可以设定流线的所在域、位置、流线类型等，如图 6-60 所示。

Type（流线类型）有以下两种方式：

- 3D Streamline（三维流线）。
- Surface Streamline（面流线）。

流线的颜色与矢量的设置相同，此处不再赘述。

（2）Symbol（样式）：设定流线的显示样式，设定最小和最大时间显示时间范围，通过设定时间间隔指定两个样式间的时间跨度，如图 6-61 所示。

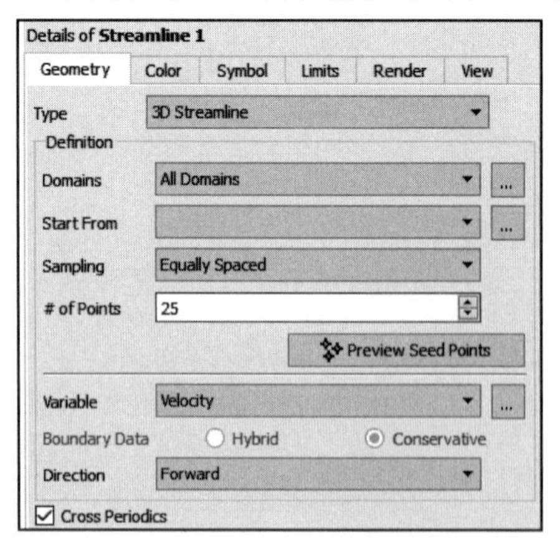

图 6-60　几何选项

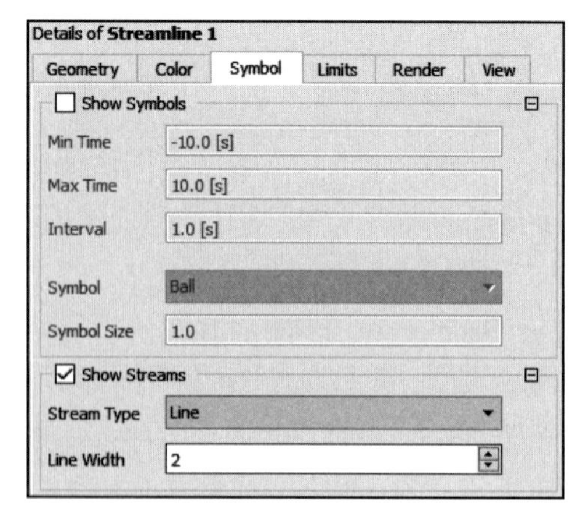

图 6-61　样式选项

（3）Limits（限制）：可以设置公差、线段数、最大时间和最大周期，如图 6-62 所示。

流线的绘制及显示与矢量的设置相同，此处不再赘述。流线图如图 6-63 所示。

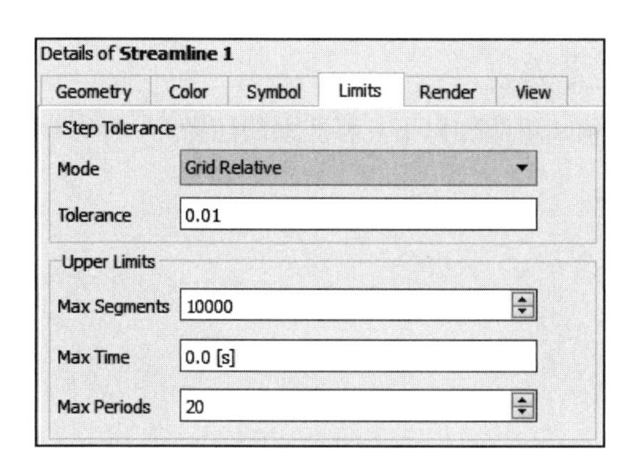

图 6-62　限制选项

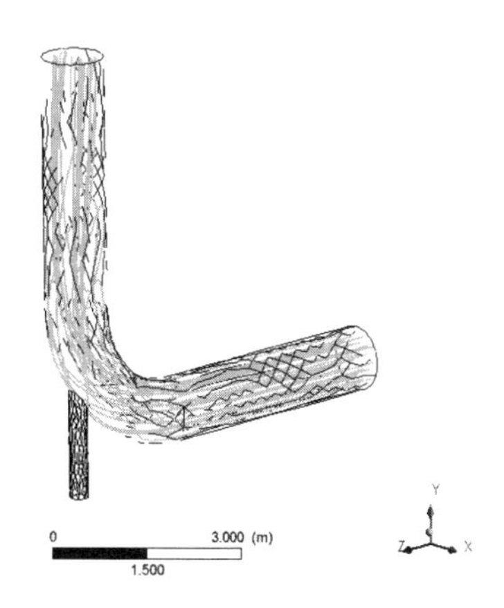

图 6-63　流线图

4．Particle Track（粒子轨迹）

Geometry（几何）：在几何选项卡中，可以设定粒子轨迹的创建方法、所在域、粒子材料、缩减因子等，如图 6-64 所示。

粒子创建方法（Method）有两种，分别为 From Res（来自结果文件）和 From File（来自文件）。

粒子线缩减因子（Reduction Type）有两种方法：一种是设定缩减因子，另一种是设定粒子线的最大条数，直接指定最大数值。

限制选项（Limits Option）限定了粒子跟踪线开始绘制的时间，主要有以下 3 种方法：

- Up to Current Timestep（等于当前时间步长）。
- Since Last Timestep（开始于上个时间步长）。
- User Specified（用户自定义）。

粒子轨迹的颜色、样式、绘制及显示与矢量的设置相同，此处不再赘述。

5．Volume Rendering（体绘制）

Geometry（几何）：在几何选项卡中，可以设定体绘制的所在域、变量选择等，如图 6-65 所示。

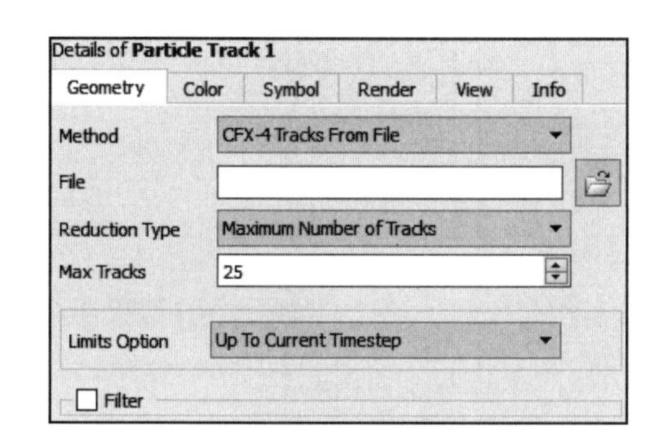

图 6-64　几何选项

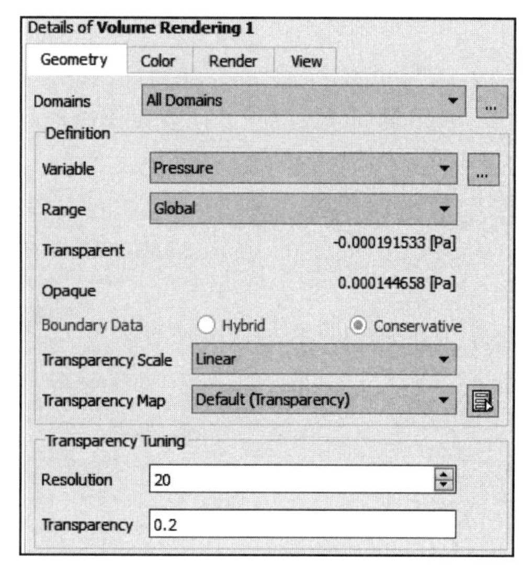

图 6-65　几何选项

体绘制的颜色、样式、绘制及显示与矢量的设置相同，此处不再赘述。

6. Text（文本）

（1）Definition（定义）：设定文本的内容，如图 6-66 所示。

选中 Embed Auto Annotation（自动嵌入注释）复选框，可添加以下 6 种类型的注释。

- Expression（表达式）：在标题位置显示表达式。
- Timestep（时间步长）：显示时间步长值。
- Time Value（时间值）：显示时间值。
- Filename（文件名）：显示文件名。
- File Date（文件日期）：显示文件创建的日期。
- File Time（文件时间）：显示文件创建的时间。

（2）Location（位置）：设定文本的位置，如图 6-67 所示。

（3）Appearance（样式）：设定文本的高低、颜色等显示样式，如图 6-68 所示。

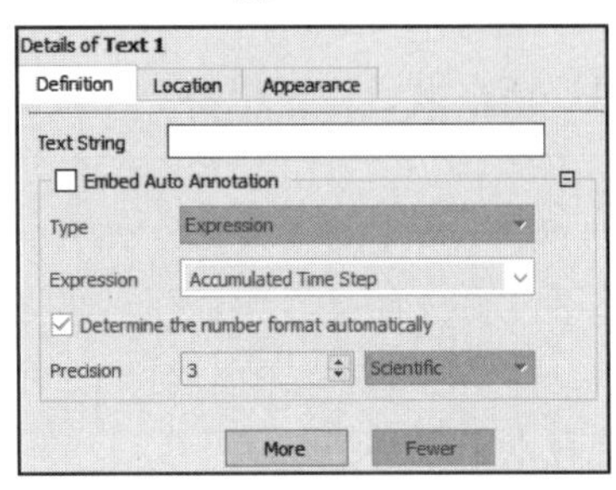

图 6-66　定义选项

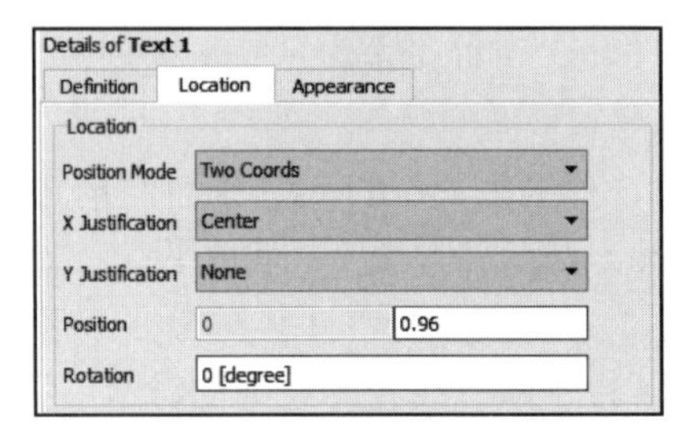

图 6-67　位置选项

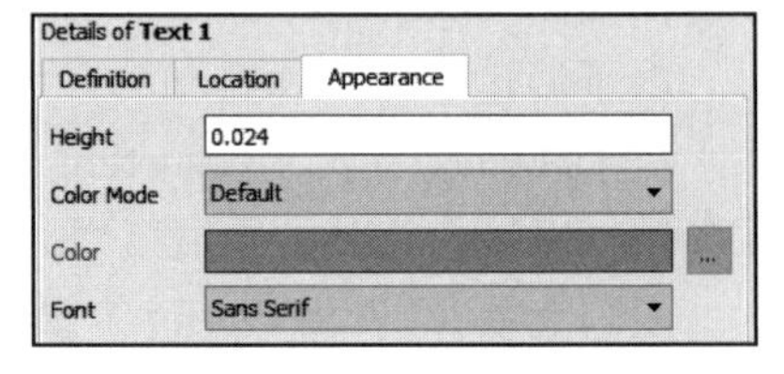

图 6-68　样式选项

7. Coordinate Frame（坐标系）

Definition（定义）：设定坐标系的位置，如图 6-69 所示。

8. Legend（图例）

（1）Definition（定义）：设定图例的标题模式、显示位置等，如图 6-70 所示。

（2）Appearance（样式）：设定图例的尺寸参数和文本参数等显示样式，如图 6-71 所示。

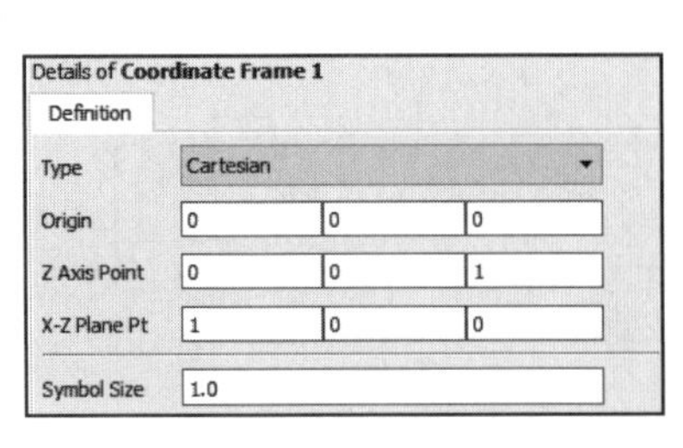

图 6-69　定义选项

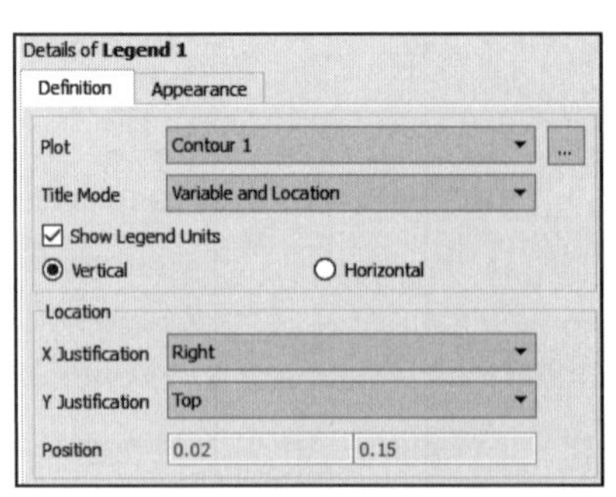

图 6-70　定义选项

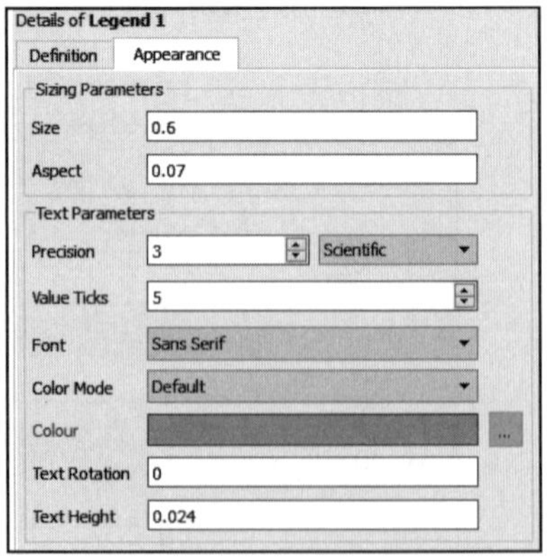

图 6-71　样式选项

9. Instance Transform（场景转换）

Definition（定义）：设定场景转换的旋转、移动、投影等场景变换方式，如图 6-72 所示。

10. Clip Plane（修剪面）

Definition（定义）：设定修剪面的位置，如图 6-73 所示。

11. Color Map（彩图）

Definition（定义）：设定彩图显示方式，如图 6-74 所示。

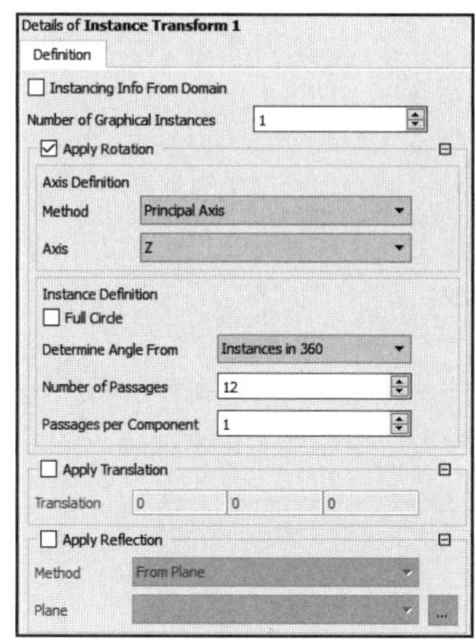

图 6-72　定义选项

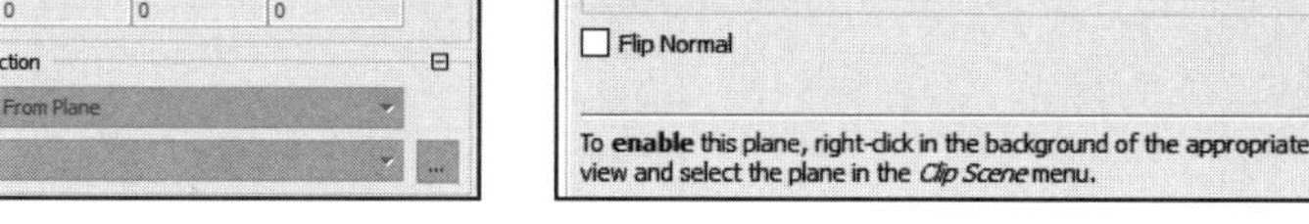

图 6-73　定义选项

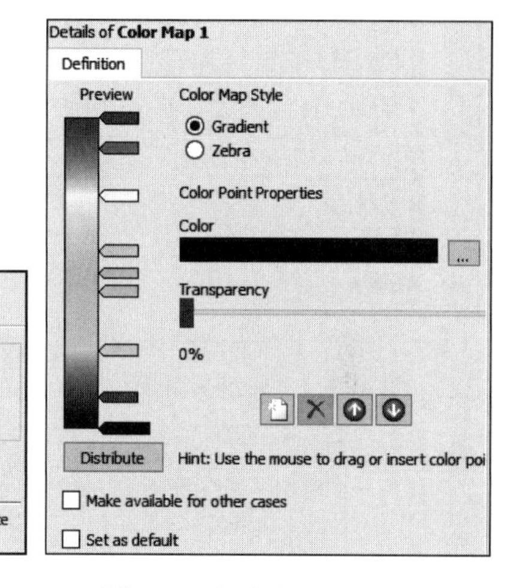

图 6-74　设定彩图显示方式

6.2.5　创建数据

CFD-Post 可以创建的数据包括变量和表达式，如图 6-75 所示。

图 6-75　创建数据类型

1. Variables（变量）

CFD-Post 提供了单独的变量处理界面，如图 6-76 所示，可以生成新的变量，并且可以编辑变量。

2. Expressions（表达式）

CFD-Post 提供了专门的表达式处理界面，如图 6-77 所示，可以得到计算域内任何位置的变量值。表达式处理界面包括以下 3 部分。

（1）Definition（定义）：通过此选项生成新的表达式或修改原有表达式，如图 6-78 所示。
（2）Plot（绘制）：绘制表达式变化曲线，如图 6-79 所示。
（3）Evaluate（求值）：求出表达式在某个点的值，如图 6-80 所示。

表达式创建的方法有以下 5 种。

- Functions（函数）：选用提供的函数或自定义函数编写表达式的主题结构。
- Expressions（表达式）：通过修改已有的表达式创建新表达式。

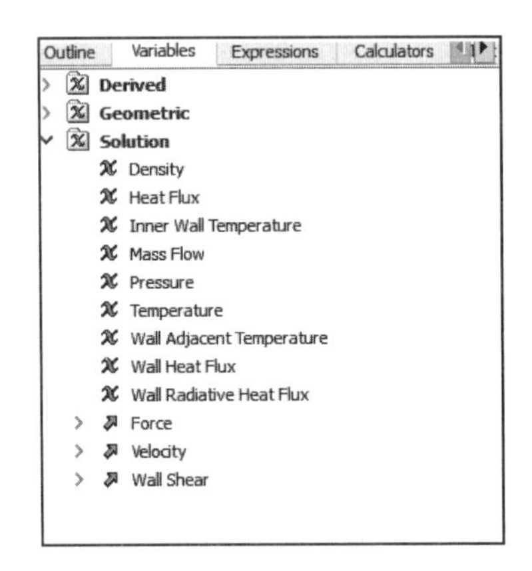

图 6-76　变量处理界面

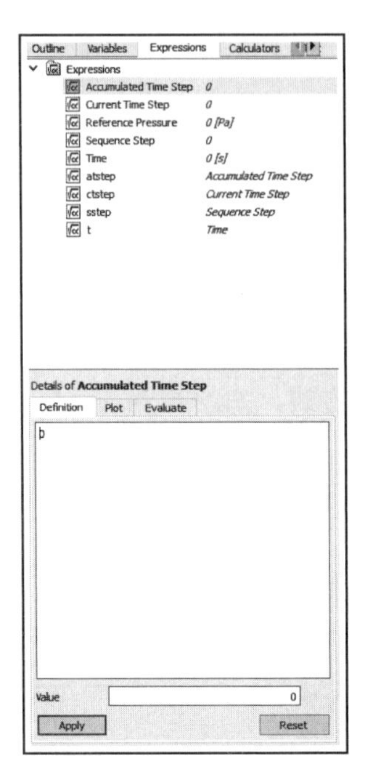

图 6-77　表达式处理界面

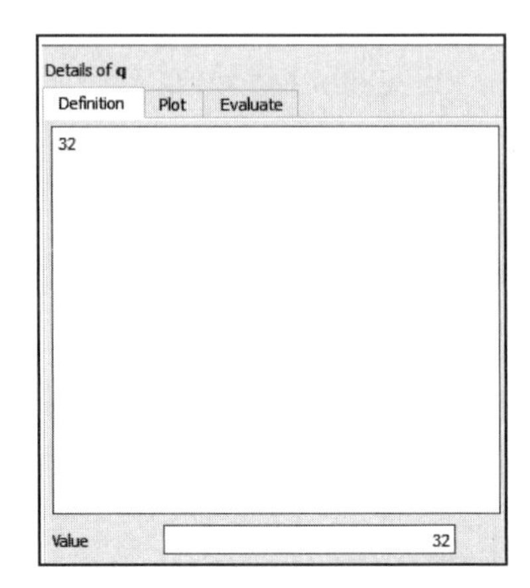

图 6-78　定义选项

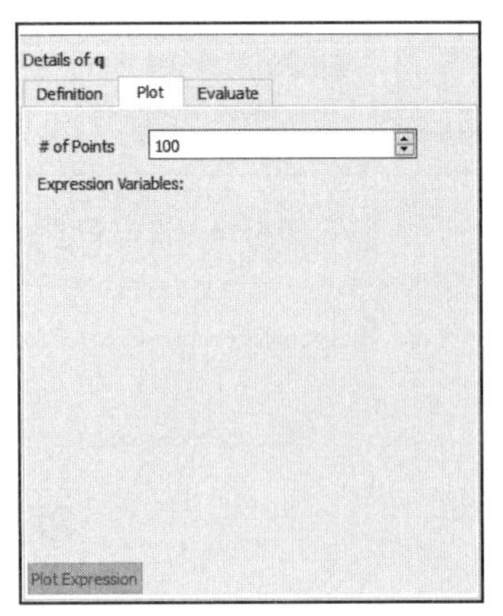

图 6-79　绘制选项

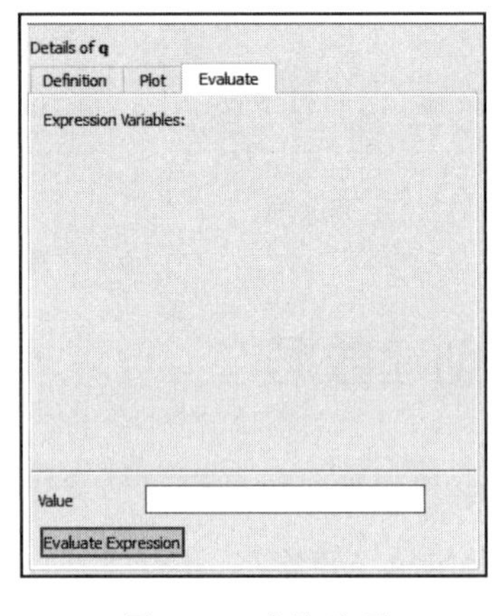

图 6-80　求值选项

- Variable（变量）：设定要显示值的变量。
- Locations（位置）：设定变量所在位置。
- Constant（常数）：设定值为定值的表达式。

6.3　本章小结

本章介绍了 Fluent 后处理的基本功能和 CFD-Post 的启动方法和工作界面，以及生成点、点样本、直线、平面、体、等值面等位置，显示云图、矢量图，制作动画短片等功能。

通过本章的学习，读者可以掌握 Fluent 关于后处理和 CFD-Post 的使用方法。

第 7 章 稳态和非稳态模拟实例

导言

一般流体流动根据与时间的关系可分为稳态流动（定常流动）和瞬态流动（非定常流动）。稳态流动是指流体流动不随时间改变，计算域内任意一点的物理量不随时间变化而变化，从数学角度上讲，就是物理量对时间的偏导数为 0；而瞬态流动是指流体流动随时间的发展发生变化，物理量是时间的函数。

本章将通过实例分析分别介绍稳态流动和瞬态流动。

学习目标

★ 掌握稳态、非稳态计算的设定

★ 掌握稳态、非稳态初始值的设定

★ 掌握稳态、非稳态求解控制的设定

★ 掌握非稳态时间步长的设定

★ 掌握稳态、非稳态的输出控制

7.1 管内稳态流动

下面将通过一个管内流动分析案例，让读者对 ANSYS Fluent 2020 分析处理稳态流动的基本操作有一个初步的了解。

7.1.1 案例介绍

如图 7-1 所示，喷射混合管入口 1 的流速为 0.4m/s、温度为 293.15K，入口 2 的流速为 1.2m/s、温度为 313.15K，出口压力为 0Pa，请用 ANSYS Fluent 求解出压力与速度的分布云图。

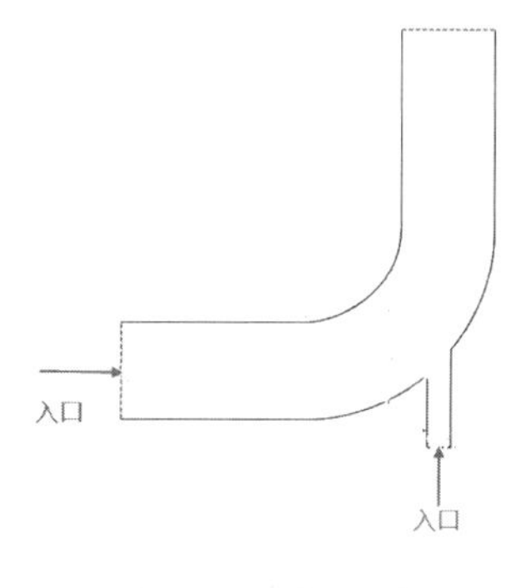

图 7-1 喷射混合管

7.1.2 启动 Fluent 并导入网格

步骤 01 在 Windows 系统下执行“开始”→“所有程序”→ANSYS 2020→Fluent 2020 命令，启动 Fluent 2020，进入如图 7-2 所示的 Fluent Launcher 界面。

步骤 02 在 Fluent Launcher 界面中的 Dimension 中选择 2D，在 Options 中勾选 Display Mesh After Reading 复选框，单击 OK 按钮进入 Fluent 主界面。

步骤 03 在 Fluent 主界面中，单击主菜单中的 File→Read→Mesh 按钮，弹出如图 7-3 所示的 Select File 对话框，选择名称为 elbow.msh 的网格文件，单击 OK 按钮便可导入网格。

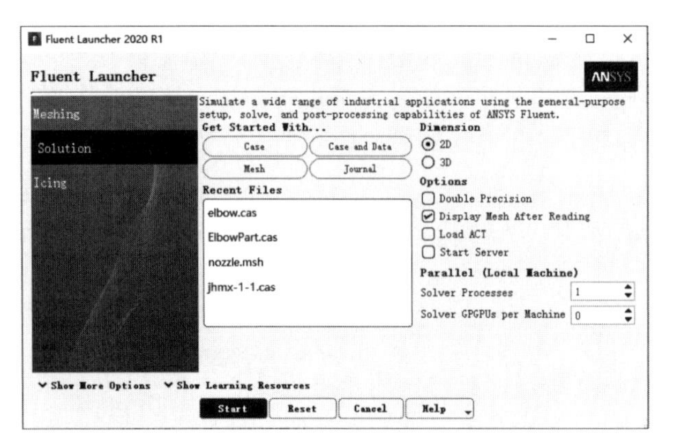

图 7-2 Fluent Launcher 界面

图 7-3 导入网格对话框

步骤 04 导入网格后，在图形显示区将显示几何模型，如图 7-4 所示。

步骤 05 单击 Check 按钮，检查网格质量，确保不存在负体积。

步骤 06 单击 Scale 按钮，弹出如图 7-5 所示的 Scale Mesh（网格缩放）对话框。在 Scaling 中选中 Convert Units 单选按钮，在 Mesh Was Created In 下拉列表中选择 in，单击 Scale 按钮完成网格缩放，在 View Length Unit In 下拉列表中选择 in。

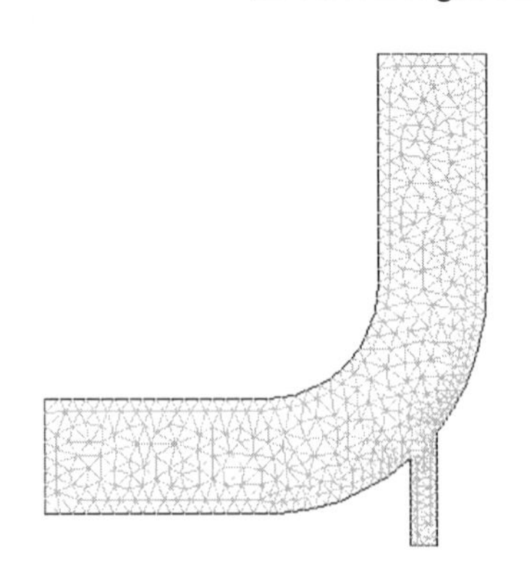

图 7-4 显示几何模型

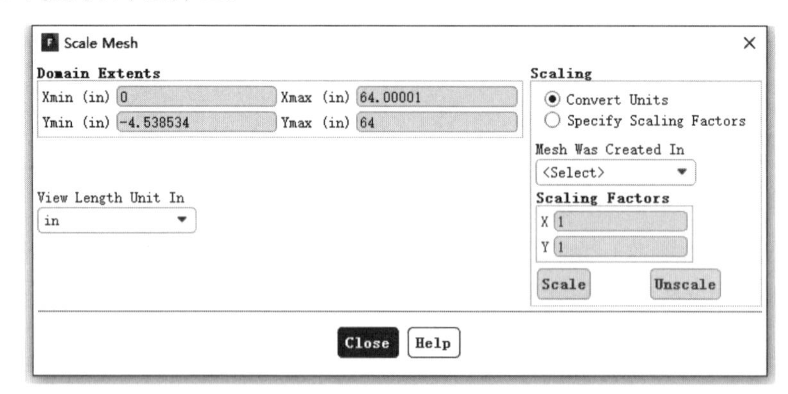

图 7-5 网格缩放对话框

步骤 07 单击主菜单中的 File→Write→Case 按钮，弹出 Select File 对话框，在 Case File 中填入 Elbow，单击 OK 按钮便可保存项目。

7.1.3 定义求解器

步骤01 单击信息树中的 General 项，弹出如图 7-6 所示的 General（总体模型设定）面板。在 Solver 中设置 Time 类型为 Steady。

步骤02 单击 Physics 选项卡 Solver 面板中的 Operating Conditions 按钮，弹出如图 7-7 所示的 Operating Conditions（操作条件）对话框。保持默认值，单击 OK 按钮确认。

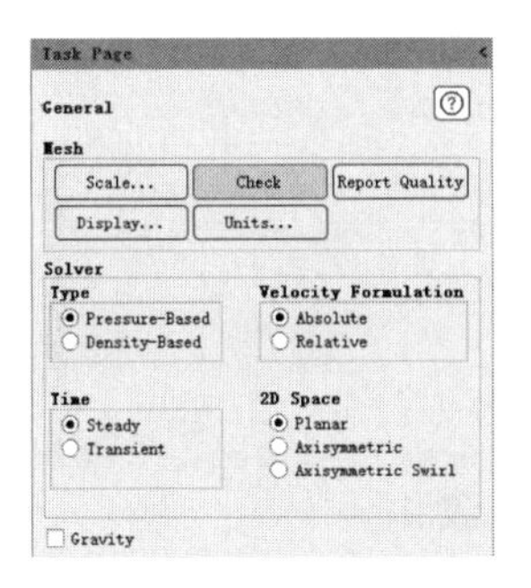

图 7-6 总体模型设定面板

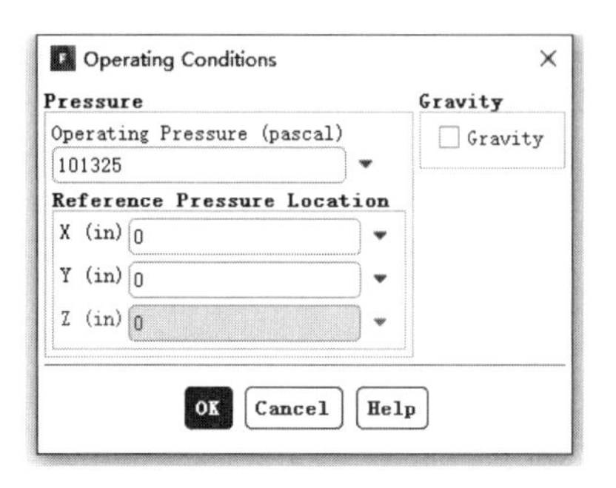

图 7-7 操作条件对话框

7.1.4 定义模型

步骤01 在信息树中单击 Models 项，弹出如图 7-8 所示的 Models（模型设定）面板。在模型设定面板双击 Viscous 项，弹出如图 7-9 所示的 Viscous Model（湍流模型）对话框。

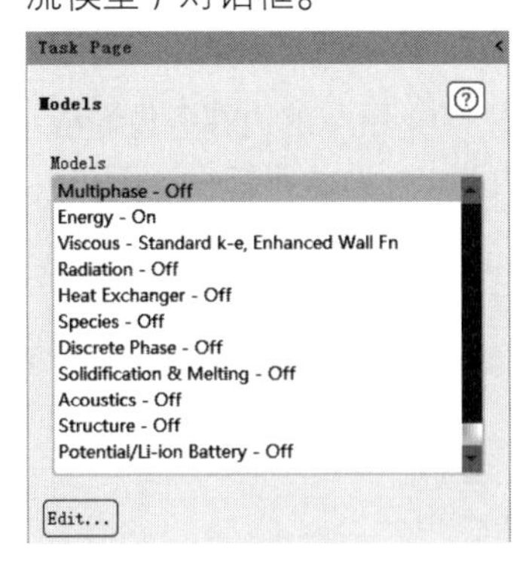

图 7-8 模型设定面板

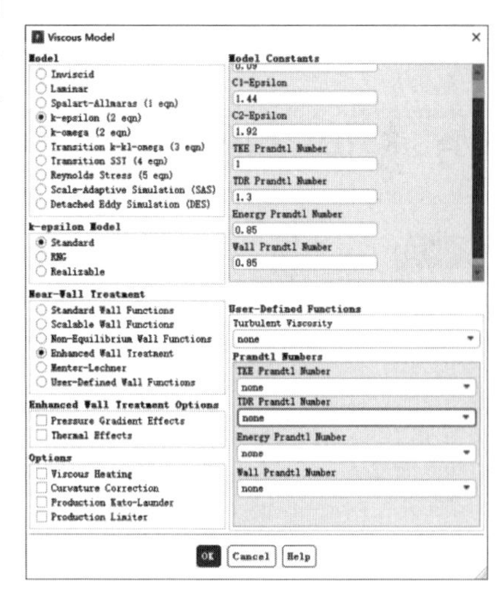

图 7-9 湍流模型对话框

在 Model 中选中 k-epsilon(2 eqn)单选按钮，在 k-epsilon Model 中选中 Standard 单选按钮，单击 OK 按钮确认。

步骤02 在模型设定面板双击 Energy 按钮，弹出如图 7-10 所示的 Energy（能量模型）对话框，勾选 Energy Equation（激活能量方程）复选框，单击 OK 按钮确认。

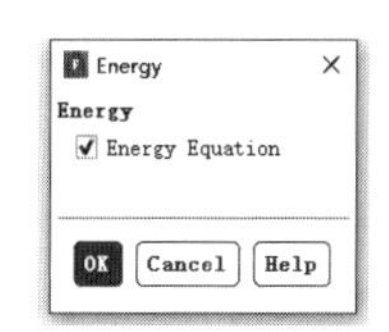

图 7-10 能量模型对话框

7.1.5 设置材料

单击信息树中的 Materials 项，弹出如图 7-11 所示的 Materials（材料）面板。在材料面板中，单击 Create/Edit 按钮，弹出如图 7-12 所示的 Create/Edit Materials（物性参数设定）对话框。

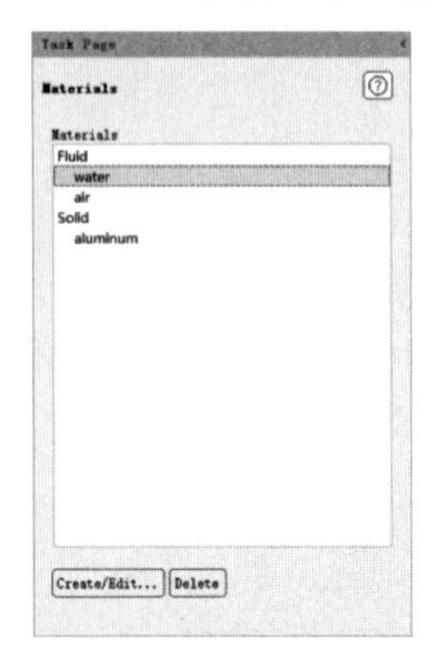

图 7-11 材料面板

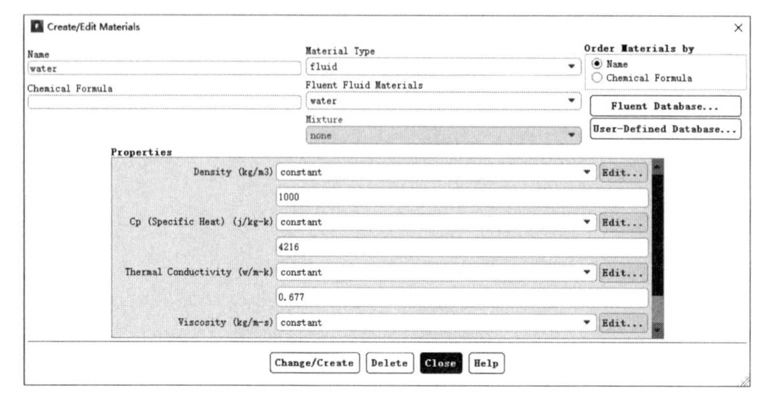

图 7-12 物性参数设定对话框

在 Name 中输入“water”，在 Density 中输入“1000”，在 Cp 中输入“4216”，在 Thermal Conductivity 中输入“0.677”，在 Viscosity 中输入“8e-04”，单击 Change/Create 按钮创建新物质，在弹出的如图 7-13 所示的 Question（疑问）对话框中单击 No 按钮，不替换原来 air 的设置参数。

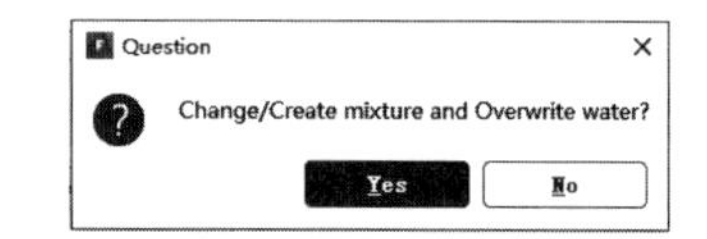

图 7-13 疑问对话框

7.1.6 边界条件

步骤 01 单击信息树中的 Boundary Conditions 项，启动如图 7-14 所示的边界条件面板。

步骤 02 在边界条件面板中，双击 velocity-inlet-5 选项，弹出如图 7-15 所示的边界条件设置对话框。

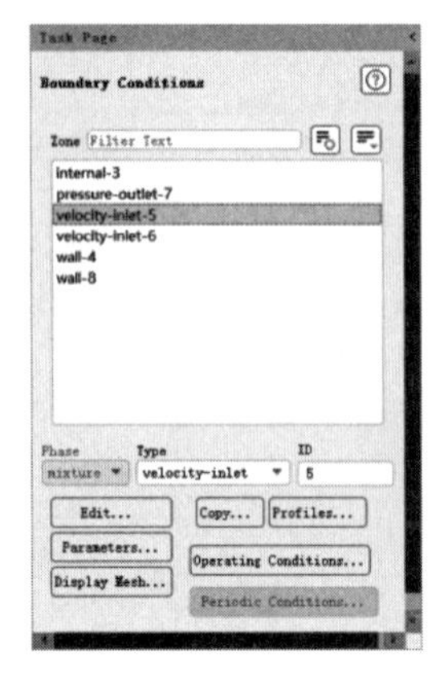

图 7-14 边界条件面板

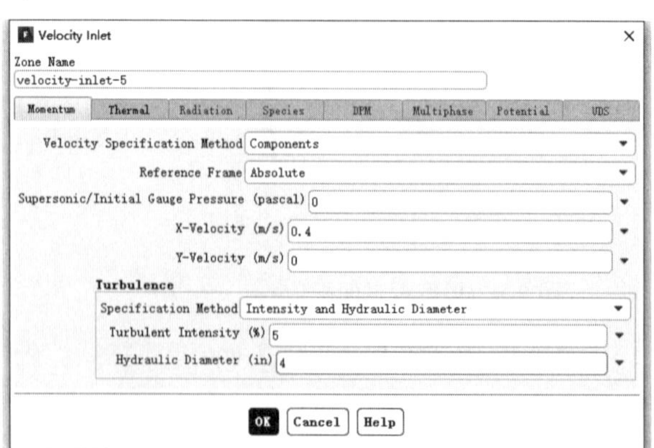

图 7-15 边界条件设置对话框

在 Velocity Specification Method 中选择 Components，在 X-Velocity 中填入 0.4，在 Turbulence 的 Specification Method 中选择 Intensity and Hydraulic Diameter，在 Turbulent Intensity 中填入 5，在 Hydraulic Diameter 中填入 4。

切换至如图 7-16 所示的 Thermal 选项卡，在 Temperature 中填入 293.15，单击 OK 按钮确认。

步骤03 同步骤 02，设置 velocity-inlet-6，在 Y-Velocity 中填入 1.2，在 Turbulence 的 Specification Method 中选择 Intensity and Hydraulic Diameter，在 Turbulent Intensity 中填入 5，在 Hydraulic Diameter 中填入 1，如图 7-17 所示。

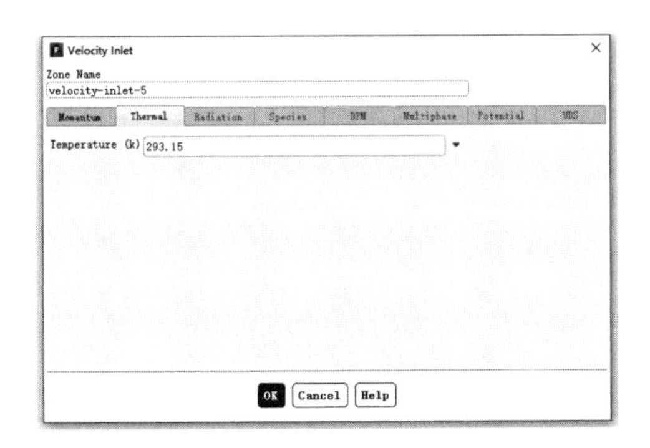

图 7-16　边界条件设置对话框

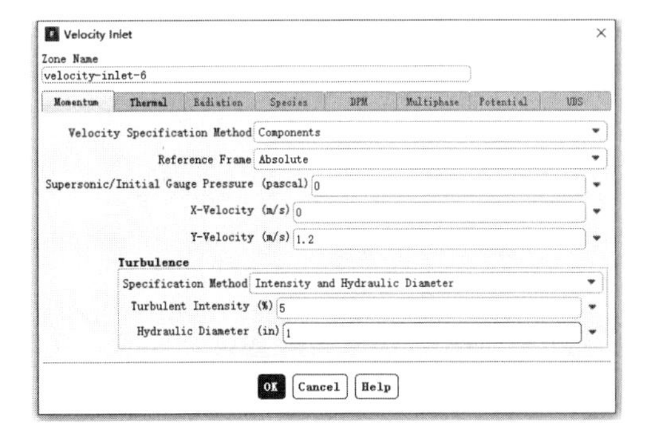

图 7-17　边界条件设置对话框

步骤04 在边界条件面板中，双击 pressure-outlet-7，弹出如图 7-18 所示的边界条件设置对话框。保持默认设置，单击 OK 按钮退出。

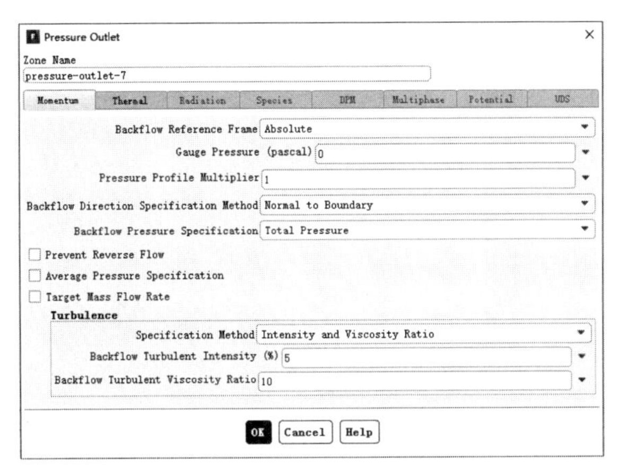

图 7-18　边界条件设置对话框

7.1.7　设置计算域

步骤01 单击信息树中的 Cell Zone Conditions 项，启动如图 7-19 所示的 Cell Zone Conditions（网格域条件）面板。

步骤02 单击 Edit 按钮，弹出如图 7-20 所示的 Fluid（流体域）对话框。在 Material Name 中选择 water，单击 OK 按钮确认。

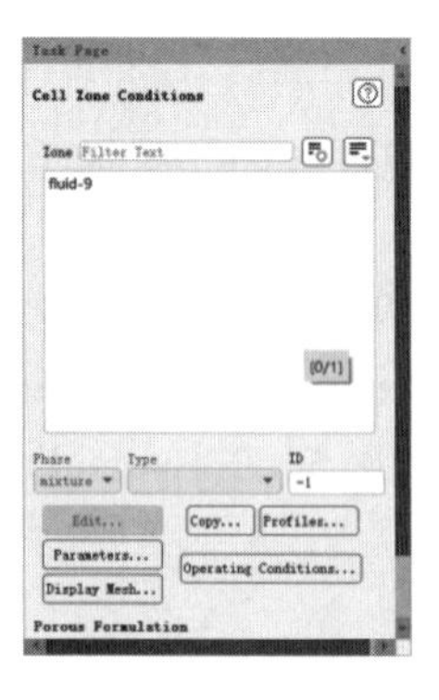

图 7-19　网格域条件面板

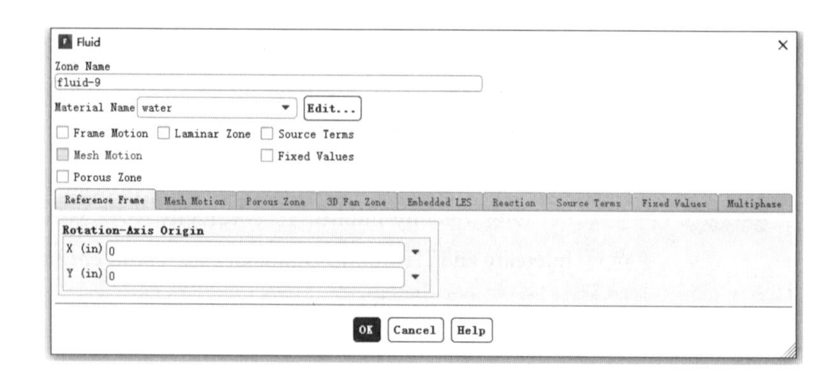

图 7-20　流体域对话框

7.1.8　求解控制

步骤 01　单击信息树中的 Methods 项，弹出如图 7-21 所示的 Solution Methods（求解方法设置）面板。保持默认设置不变。

步骤 02　单击信息树中的 Controls 项，弹出如图 7-22 所示的 Solution Controls（求解过程控制）面板。保持默认设置不变。

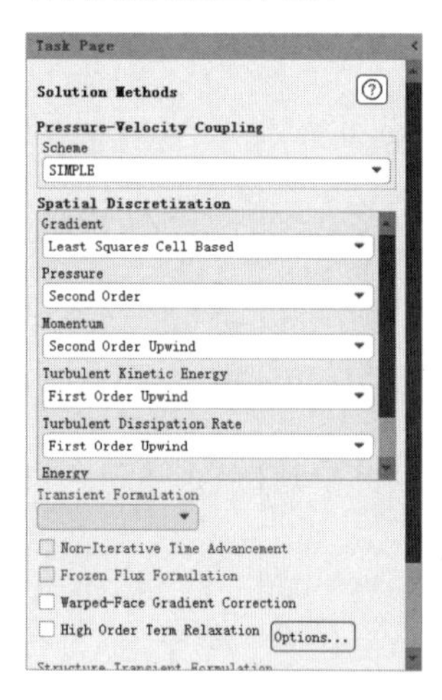

图 7-21　求解方法设置面板

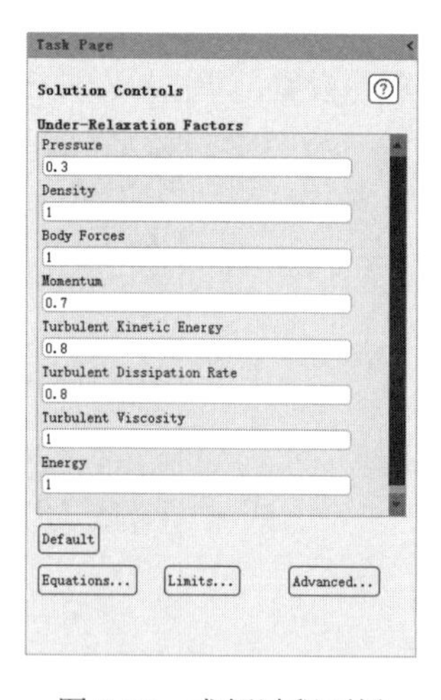

图 7-22　求解过程面板

7.1.9　初始条件

单击信息树中的 Initialization 项，弹出如图 7-23 所示的 Solution Initialization（初始化设置）面板。

在 Initialization Methods 中选中 Hybrid Initialization 单选按钮，单击 Initialize 按钮进行初始化。

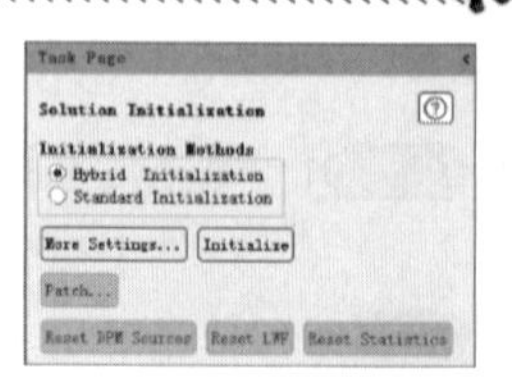

图 7-23　初始条件设置面板

7.1.10 求解过程监视

步骤 01 单击信息树中的 Monitors 项，弹出如图 7-24 所示的 Monitors（监视）面板，双击 Residual，弹出如图 7-25 所示的 Residual Monitors（残差监视）对话框。

保持默认设置不变，单击 OK 按钮确认。

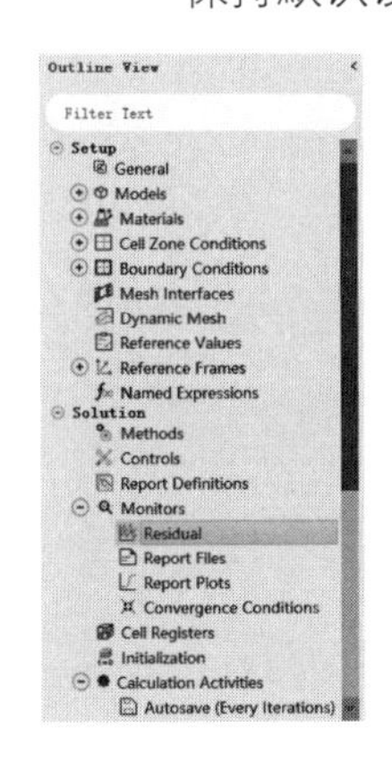

图 7-24 监视面板

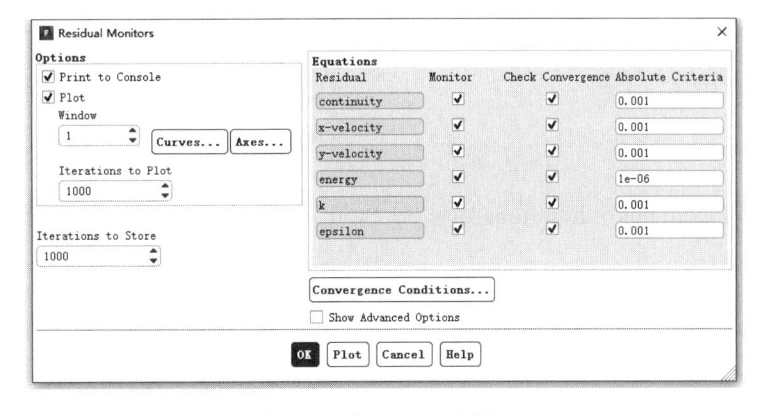

图 7-25 残差监视对话框

步骤 02 在 Report Files 下单击 New 后选择 Surface report 中的 Mass-Weighted Average，弹出如图 7-26 所示的 Surface Report Definition 对话框。在 Field Variable 中选择 Temperature 和 Static Temperature，在 Surfaces 中选择 pressure-outlet-7，单击 OK 按钮确认。

图 7-26 表面监视对话框

7.1.11 计算求解

单击信息树中的 Run Calculation 项，弹出如图 7-27 所示的 Run Calculation（运行计算）面板。

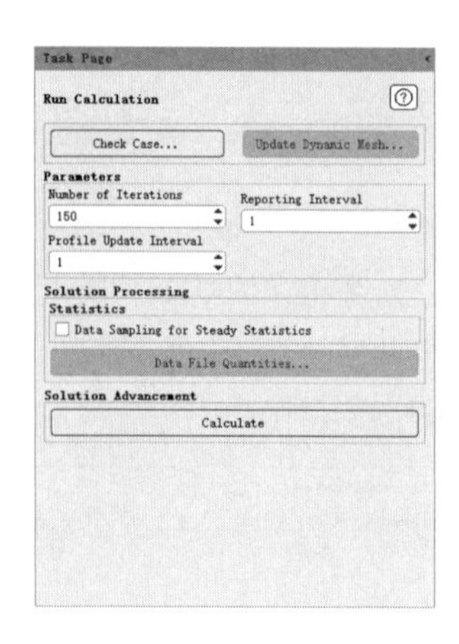

图 7-27　运行计算面板

在 Number of Iterations 中输入“150”，单击 Calculate 按钮开始计算。

7.1.12　结果后处理

步骤 01　单击信息树中的 Graphics 项，弹出如图 7-28 所示的 Graphics and Animations（图形和动画）面板，在 Graphics 下双击 Contours，弹出如图 7-29 所示的 Contours（等值线）对话框。在 Contours of 中选择 Pressure，单击 Save/Display 按钮，显示如图 7-30 所示的压力云图。

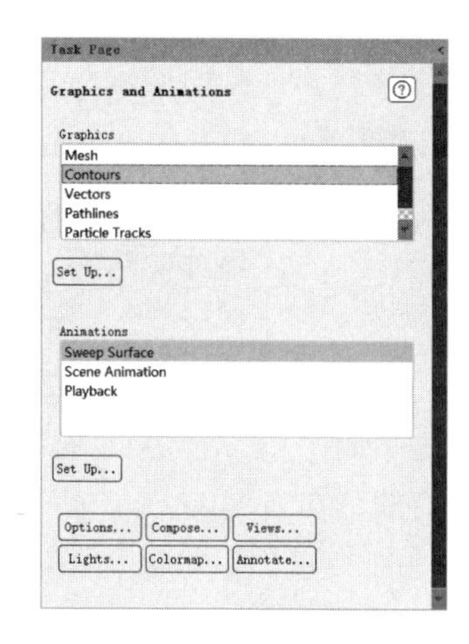

图 7-28　图形和动画面板

图 7-29　等值线对话框

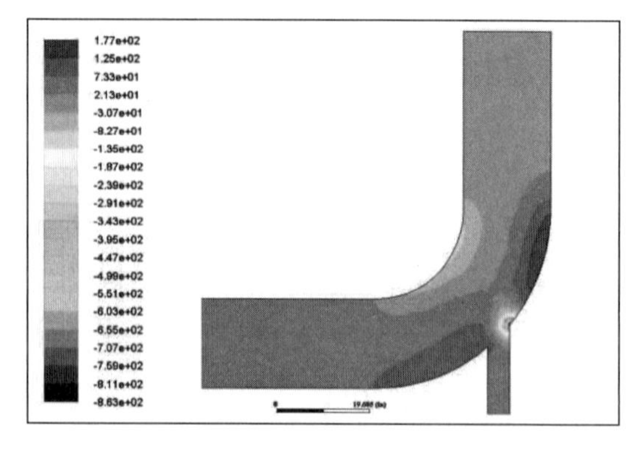

图 7-30　压力云图

步骤 02 在 Graphics 下双击 Vectors，弹出如图 7-31 所示的 Vectors（矢量）对话框，在 Scale 中输入 2。单击 Save/Display 按钮，显示如图 7-32 所示的速度矢量图。

图 7-31　矢量对话框

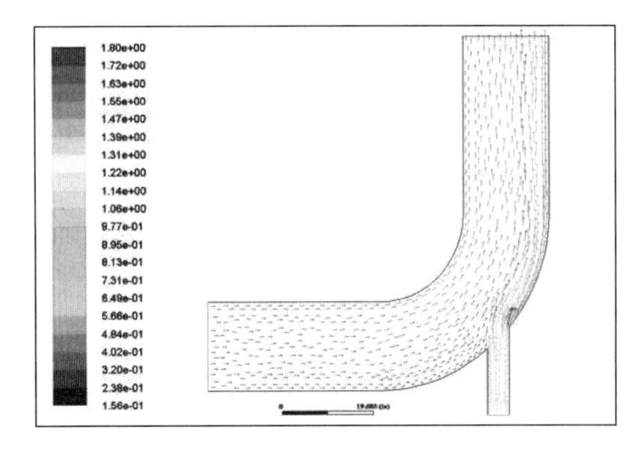

图 7-32　速度矢量图

7.2 喷嘴内瞬态流动

下面将通过一个喷嘴内流动分析案例，让读者对 ANSYS Fluent 2020 分析处理瞬态流动的基本操作有一个初步的了解。

7.2.1 案例介绍

如图 7-33 所示，喷嘴中的入口压力为 0.9atm、温度为 315K，出口平均压力为 0.7369atm，请用 ANSYS Fluent 求解出压力与速度的分布云图。

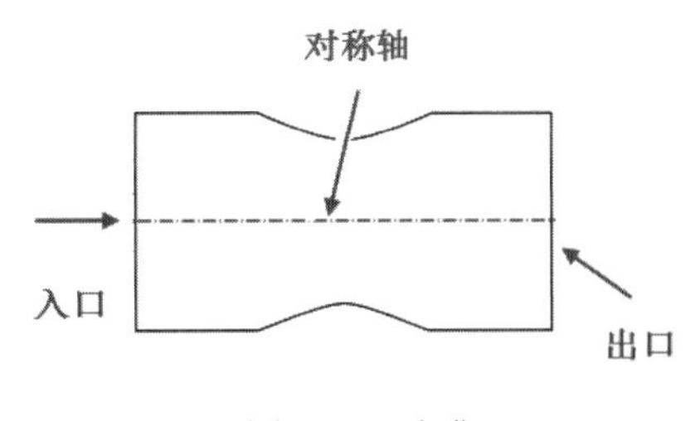

图 7-33　喷嘴

7.2.2 启动 Fluent 并导入网格

步骤 01 在 Windows 系统下执行"开始"→"所有程序"→ANSYS 2020→Fluent 2020 命令，启动 Fluent 2020，进入 Fluent Launcher 界面。

步骤 02 在 Fluent Launcher 界面中的 Dimension 中选择 2D，在 Options 中选中 Display Mesh After Reading，单击 OK 按钮进入 Fluent 主界面。

步骤 03 在 Fluent 主界面中，单击主菜单中的 File→Read→Mesh 按钮，弹出如图 7-34 所示的 Select File 对话框，选择名称为 nozzle.msh 的网格文件，单击 OK 按钮便可导入网格。

步骤04 导入网格后，在图形显示区显示几何模型，如图 7-35 所示。

图 7-34 导入网格对话框

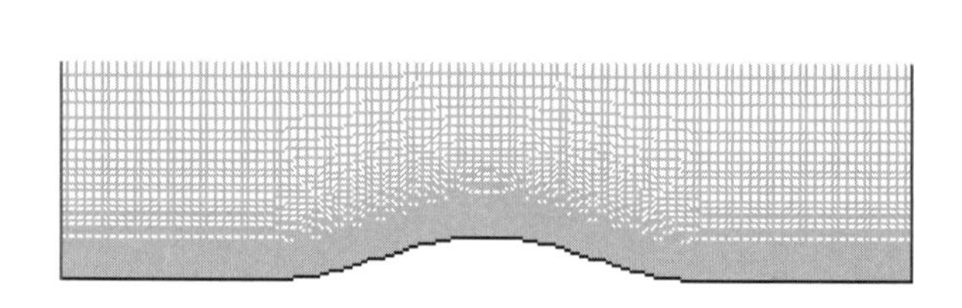

图 7-35 显示几何模型

步骤05 单击 Check 按钮，检查网格质量，确保不存在负体积。

步骤06 单击信息树中的 Graphics 项，弹出如图 7-36 所示的 Graphics and Animations（图形和动画）面板。单击 Views 按钮，弹出如图 7-37 所示的 Views（视图设置）对话框，在 Mirror Planes 中选择 symmetry，单击 Apply 按钮，显示如图 7-38 所示的几何模型。

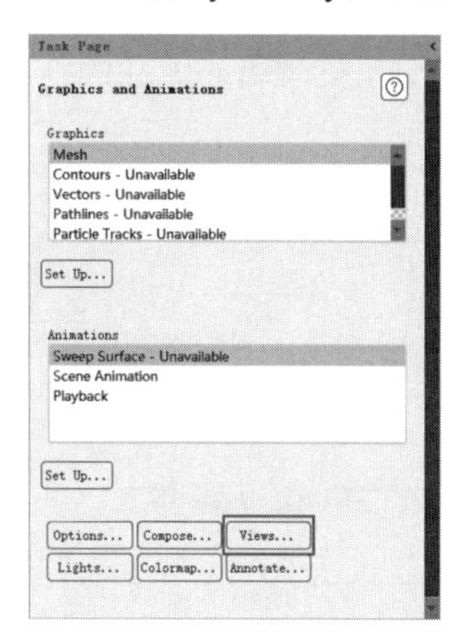

图 7-36 图形和动画对话框

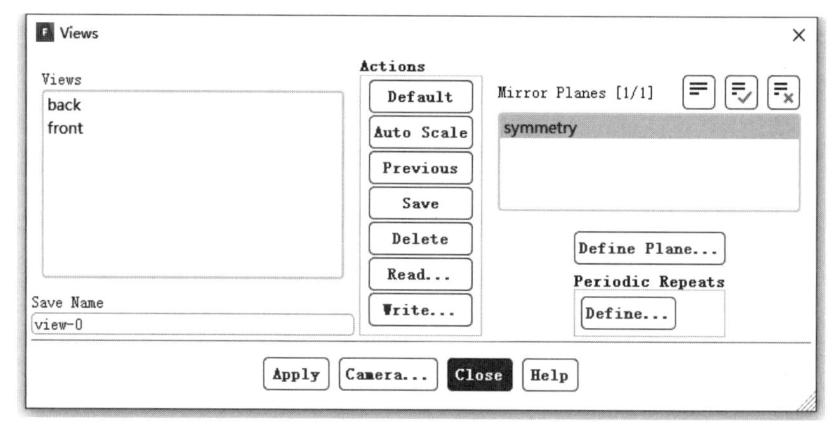

图 7-37 视图设置对话框

步骤07 单击 General 面板中的 Units 按钮，弹出如图 7-39 所示的 Set Units（设置单位）对话框。将 Pressure 的单位设为 atm。

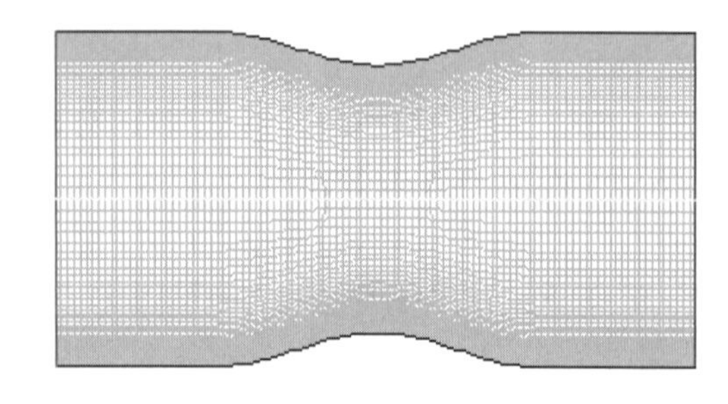

图 7-38 显示几何模型

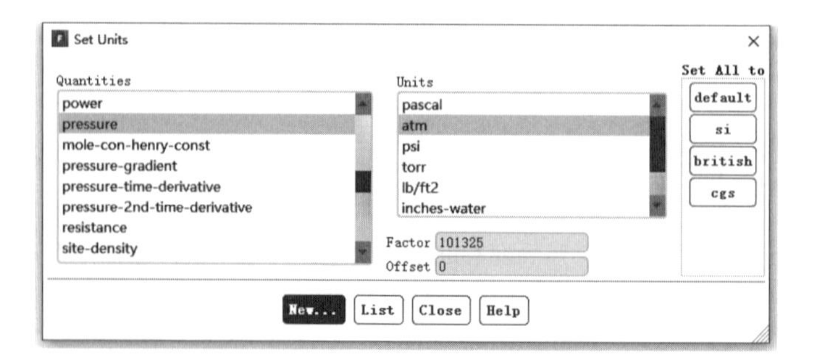

图 7-39 设置单位对话框

步骤 08 单击主菜单中的 File→Write→Case 按钮，弹出 Select File 对话框，在 Case File 中填入 nozzle，单击 OK 按钮便可保存项目。

7.2.3 定义求解器

步骤 01 单击信息树中的 General 项，弹出如图 7-40 所示的 General（总体模型设定）面板。在 Solver 中，Type 类型选择 Density-Based，Time 类型选择 Steady。

步骤 02 单击 Physics 选项卡 Solver 面板中的 Operating Conditions 按钮，弹出如图 7-41 所示的 Operating Conditions（操作条件）对话框。在 Operating Pressure 中填入 0，单击 OK 按钮确认。

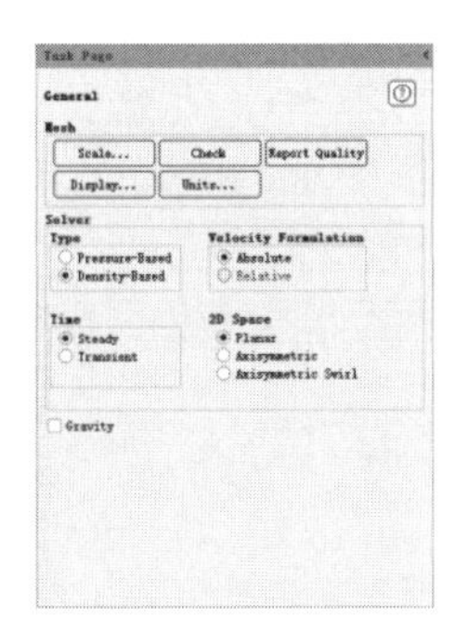

图 7-40 总体模型设定面板

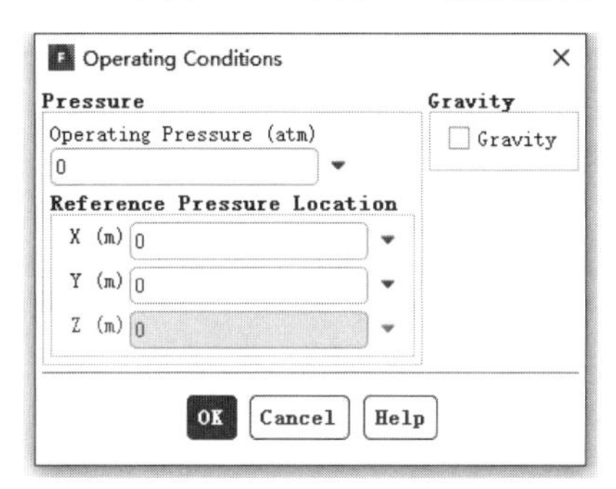

图 7-41 操作条件对话框

7.2.4 定义模型

步骤 01 在信息树中单击 Models 项，弹出如图 7-42 所示的 Models（模型设定）面板。在模型设定面板中双击 Viscous 按钮，弹出如图 7-43 所示的 Viscous Model（湍流模型）对话框。在 Model 中选择 k-omega (2 eqn)，在 k-omega Model 中选择 SST，单击 OK 按钮确认。

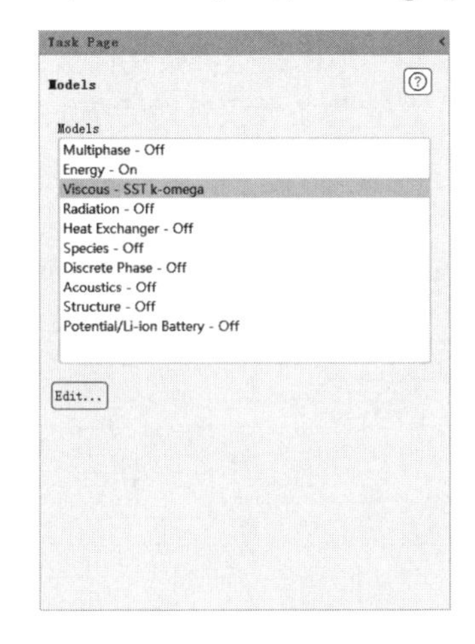

图 7-42 模型设定面板

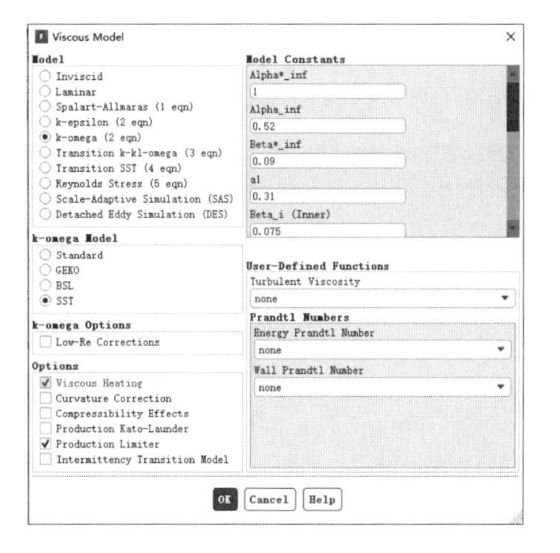

图 7-43 湍流模型对话框

步骤 02 在模型设定面板中双击 Energy，弹出如图 7-44 所示的 Energy（能量模型）对话框，勾选 Energy

Equation（激活能量方程）复选框，单击 OK 按钮确认。

图 7-44　能量模型对话框

7.2.5　设置材料

步骤 01　单击信息树中的 Materials 项，弹出如图 7-45 所示的 Materials（材料）面板。在材料面板中，双击 air 选项，可弹出如图 7-46 所示的 Create/Edit Materials（物性参数设定）对话框。

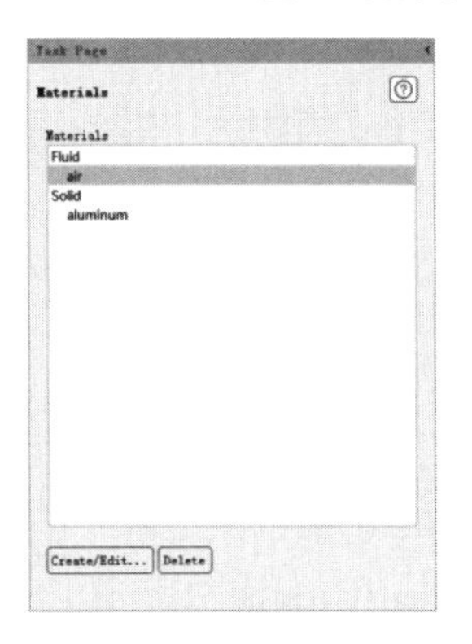

图 7-45　材料面板

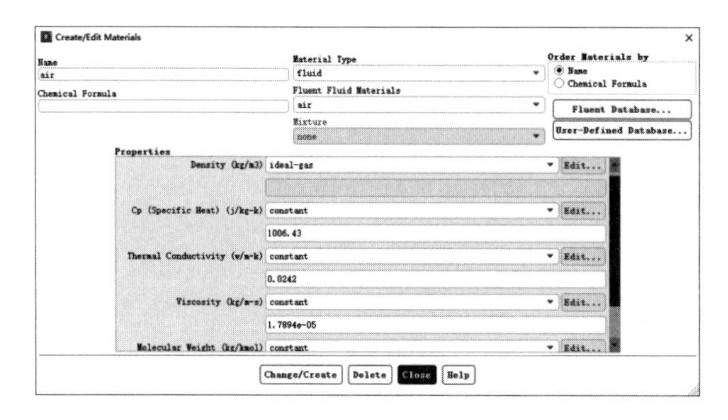

图 7-46　物性参数设定对话框

步骤 02　在 Density 中选择 ideal-gas。

步骤 03　在物性参数设定对话框中单击 Change/Create 按钮，再单击 Close 按钮关闭窗口。

7.2.6　边界条件

步骤 01　单击信息树中的 Boundary Conditions 选项，启动如图 7-47 所示的边界条件面板。

步骤 02　在边界条件面板中双击 inlet 选项，弹出如图 7-48 所示的边界条件设置对话框。

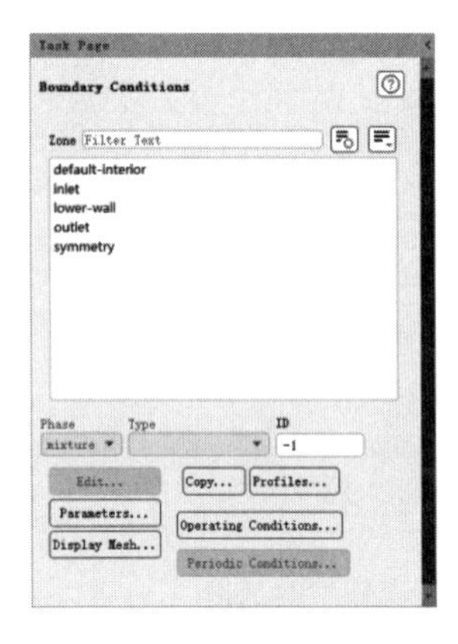

图 7-47　边界条件面板

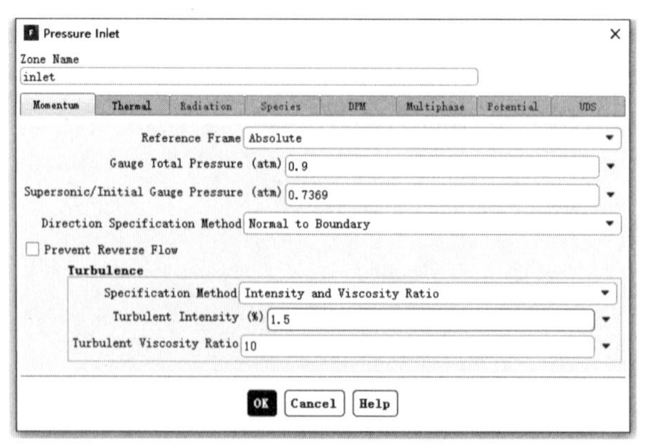

图 7-48　边界条件设置对话框

在 Gauge Total Pressure 中填入 0.9，在 Supersonic/Initial Gauge Pressure 中填入 0.7369，在 Turbulence 的 Specification Method 中选择 Intensity and Viscosity Ratio，在 Turbulent Intensity 中填入 1.5，在 Turbulent Viscosity Ratio 中填入 10，单击 OK 按钮确认退出。

步骤 03 在边界条件面板中双击 outlet，弹出如图 7-49 所示的边界条件设置对话框。

在 Gauge Pressure 中填入 0.7369，在 Turbulence 的 Specification Method 中选择 Intensity and Viscosity Ratio，在 Backflow Turbulent Intensity 中填入 1.5，在 Backflow Turbulent Viscosity Ratio 中填入 10，单击 OK 按钮确认退出。

图 7-49　边界条件设置对话框

7.2.7　求解控制

步骤 01 单击信息树中的 Methods 项，弹出如图 7-50 所示的 Solution Methods（求解方法设置）面板。在 Turbulent Kinetic Energy 和 Specific Dissipation Rate 中选择 Second Order Upwind。

步骤 02 单击信息树中的 Controls 项，弹出如图 7-51 所示的 Solution Controls（求解过程控制）面板。在 Courant Number 中输入"50"。

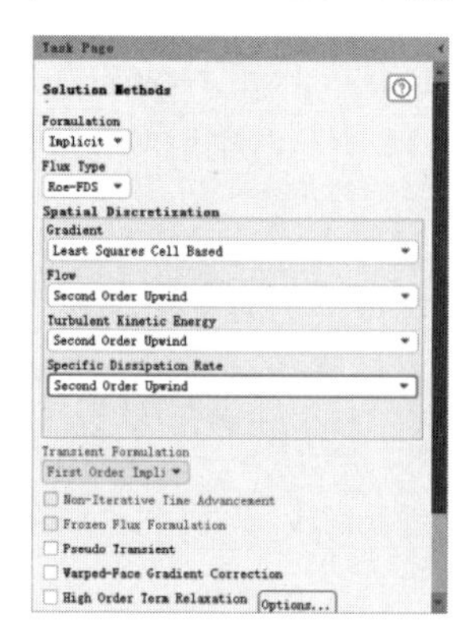

图 7-50　求解方法设置面板

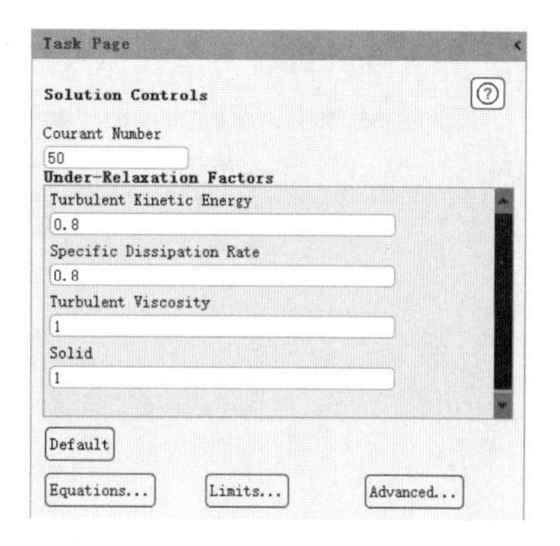

图 7-51　求解过程控制面板

7.2.8　初始条件

单击信息树中的 Initialization 项，弹出如图 7-52 所示的 Solution Initialization（初始化设置）面板。

在 Initialization Methods 中选择 Hybrid Initialization 单选按钮，单击 Initialize 按钮进行初始化。

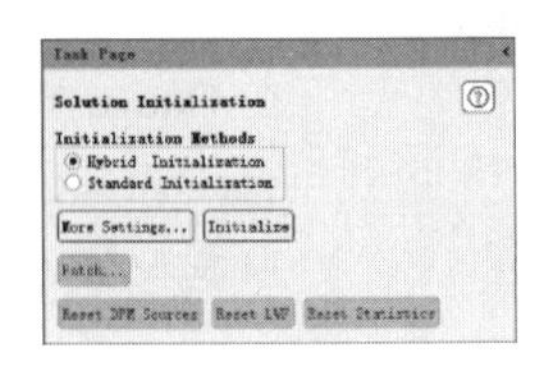

图 7-52　初始化设置面板

7.2.9　求解过程监视

步骤 01　单击信息树中的 Monitors 项，弹出如图 7-53 所示的 Monitors（监视）面板，双击 Residual，便弹出如图 7-54 所示的 Residual Monitors（残差监视）对话框。

保持默认设置不变，单击 OK 按钮确认。

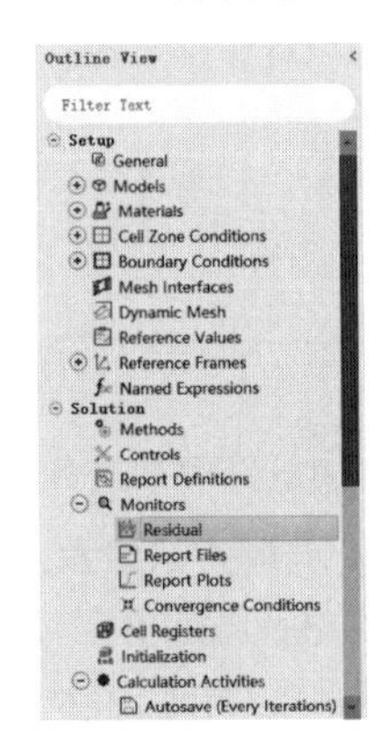

图 7-53　监视面板

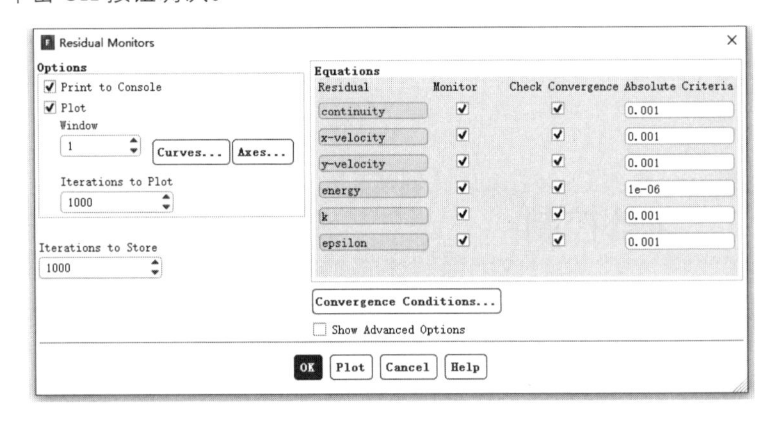

图 7-54　残差监视对话框

步骤 02　在 Report Files 下单击 New 按钮，弹出 Edit Report File 对话框，单击 New 后选择 Surface report 中的 Mass Flow Rate，在 Surfaces 中选择 outlet，如图 7-55 所示，单击 OK 按钮确认。

图 7-55　表面监视对话框

7.2.10 网格自适应

步骤 01 单击 Domain 选项卡 Adapt 面板中的 Refine/Coarsen 按钮，弹出如图 7-56 所示的 Adaption Controls（梯度适应）对话框。单击 Cell Registers 中 New 下的 Field Variable Register，如图 7-57 所示，在 Type 下拉列表框中选择 Cells in Range，在 Derivative Option 下拉列表框中选择 Gradient，在 Scaling Option 下拉列表框中选择 Scale by Global Average。在 Gradient-Max 中输入“20000”，单击 Save 按钮保存。在 Refinement Criterion 下拉列表框中选择 dynamic_adapt_refine，在 Coarsening Criterion 下拉列表框中选择 dynamic_adapt_coarse。

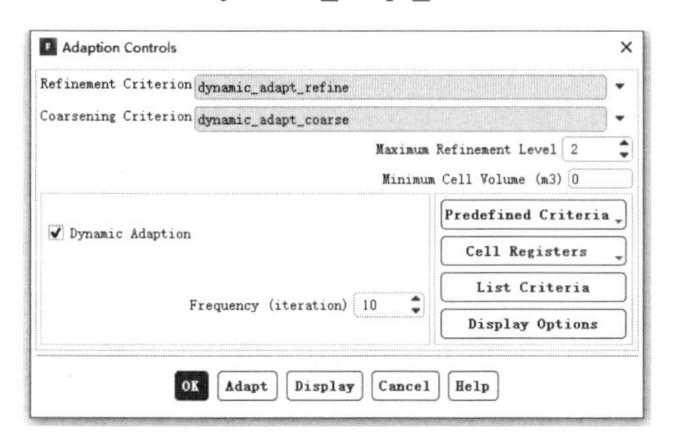

图 7-56　梯度适应对话框

图 7-57　网格自适应控制对话框

步骤 02 单击 Close 按钮，关闭梯度适应对话框。

7.2.11 计算求解

单击信息树中的 Run Calculation 项，弹出如图 7-58 所示的 Run Calculation（运行计算）面板。在 Number of Iterations 中输入“500”，单击 Calculate 按钮开始计算。

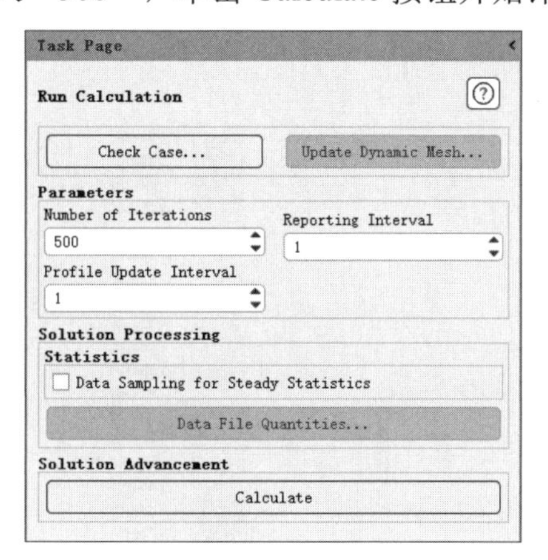

图 7-58　运行计算面板

7.2.12 结果后处理

步骤 01 单击信息树中的 Graphics 项，弹出如图 7-59 所示的 Graphics and Animations（图形和动画）面板，在 Graphics 下双击 Contours，弹出如图 7-60 所示的 Contours（等值线）对话框。

在 Contours of 中选择 Pressure，勾选 Filled 复选框，单击 Display 按钮，显示如图 7-61 所示的压力云图。

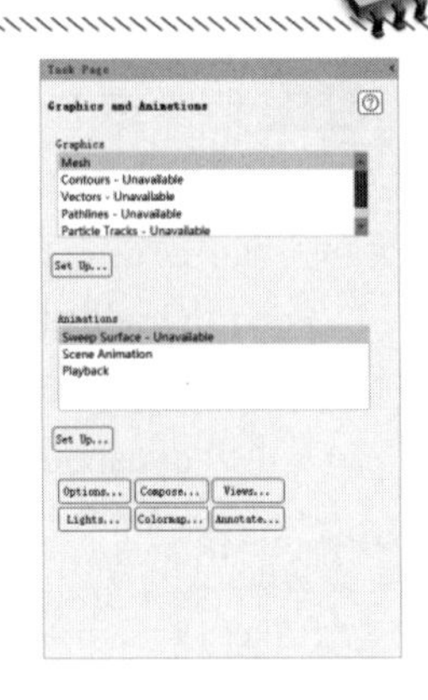

图 7-59 图形和动画面板

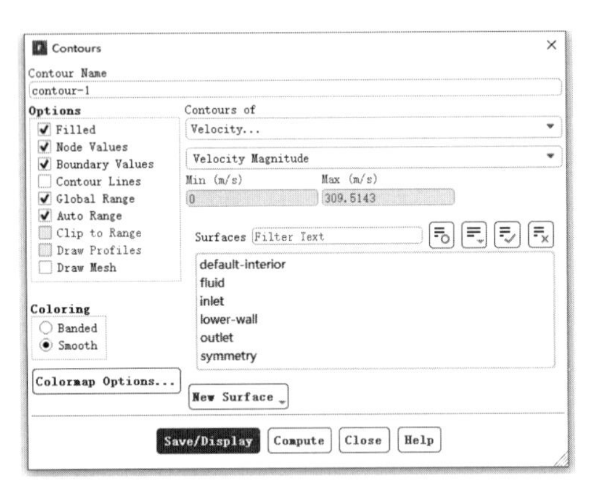

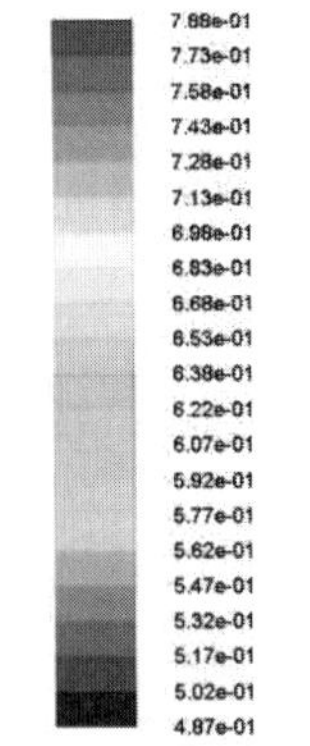

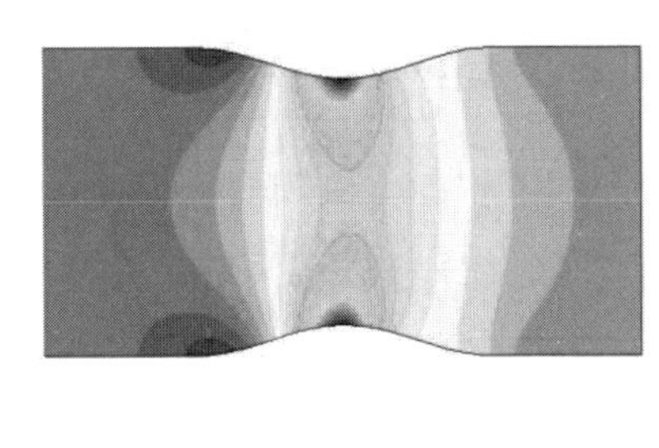

图 7-60 等值线对话框

图 7-61 压力云图

步骤 02 在 Graphics 下双击 Vectors，弹出如图 7-62 所示的 Vectors（矢量）对话框。单击 Save/Display 按钮，显示如图 7-63 所示的速度矢量图。

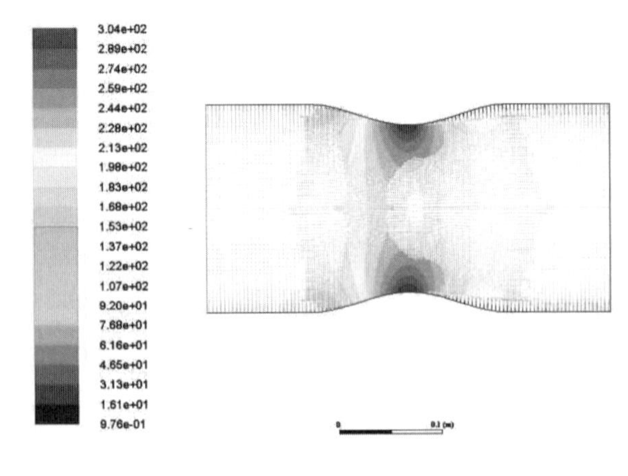

图 7-62 矢量对话框

图 7-63 速度矢量图

步骤03 单击信息树中的 Reports 项，弹出如图 7-64 所示的 Reports（结果）面板。

双击 Fluxes，弹出如图 7-65 所示的 Flux Reports（流量结果）对话框，在 Boundaries 中选择 inlet 和 outlet，单击 Compute 按钮进行计算。

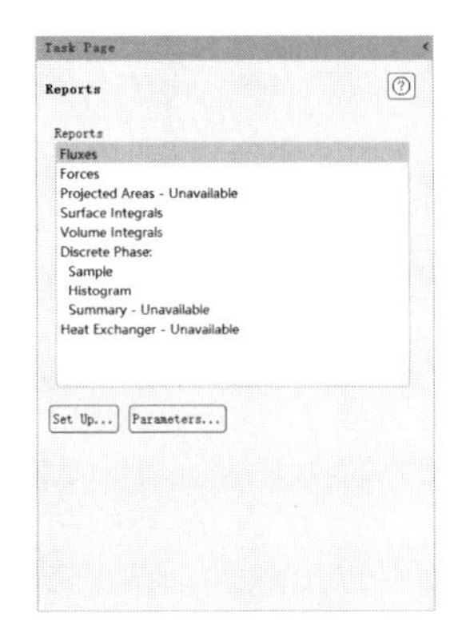

图 7-64 结果面板

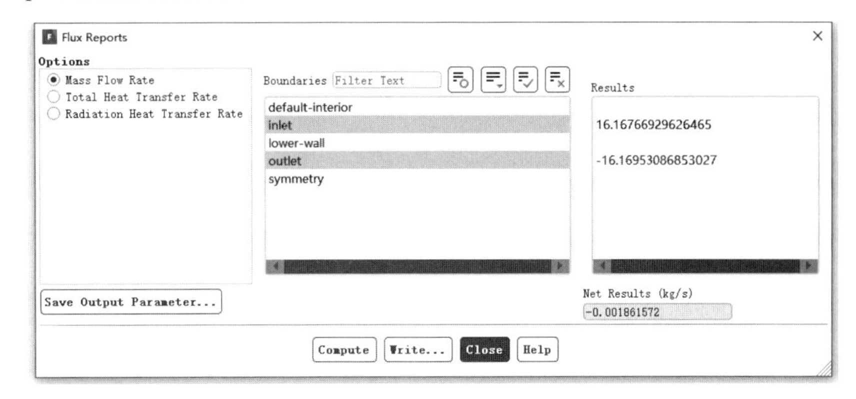

图 7-65 流量结果对话框

7.2.13 瞬态计算

步骤01 在 General（总体模型设定）面板中，将 Time 类型改选为 Transient，如图 7-66 所示。

步骤02 在如图 7-67 所示的 Adaption Controls（梯度适应）对话框中，勾选 Dynamic Adaption 复选框，在 Frequency(interation)中输入“10”，单击 Cell Registers 中 New 下的 Field Variable Register，弹出如图 7-68 所示的对话框，在 Type 下拉列表框中选择 Cells in Range，在 Derivative Option 下拉列表框中选择 Gradient，在 Scaling Option 下拉列表框中选择 Scale by Global Average。在 Gradient-Min 中输入“8000”，在 Gradient-Max 中输入“20000”，单击 Save 按钮保存。在 Refinement Criterion 下拉列表框中选择 scaled_gradient_0，在 Coarsening Criterion 下拉列表框中选择 scaled_gradient_0。

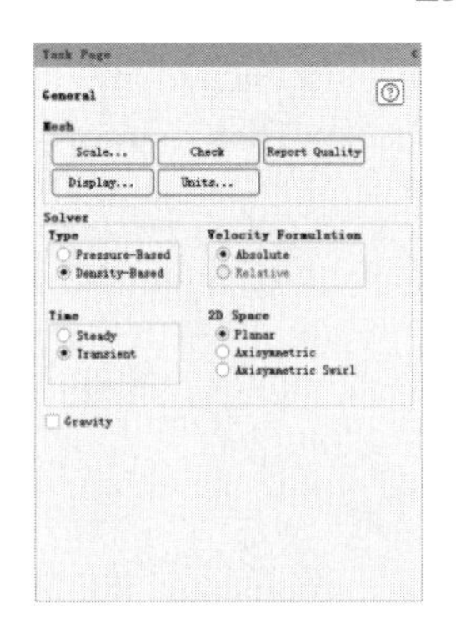

图 7-66 总体模型设定面板

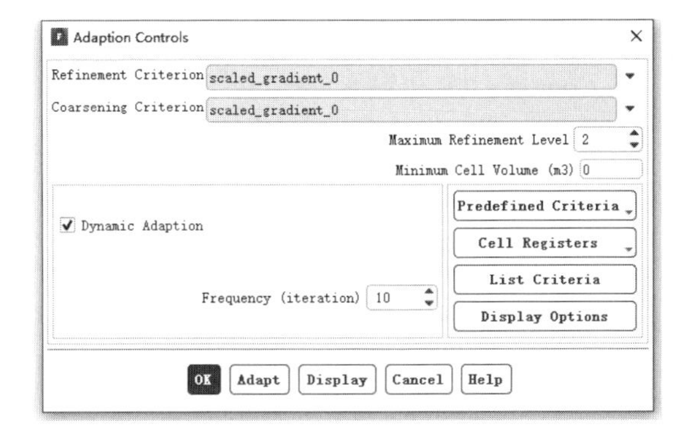

图 7-67 梯度适应对话框

步骤03 打开如图 7-69 所示的 Run Calculation（运行计算）面板，在 Time Step Size 中输入“2.85596e-05”，在 Max Iterations/Time Step 中输入“10”，在 Number of Time Steps 中输入“600”，单击 Calculate 按钮开始计算。

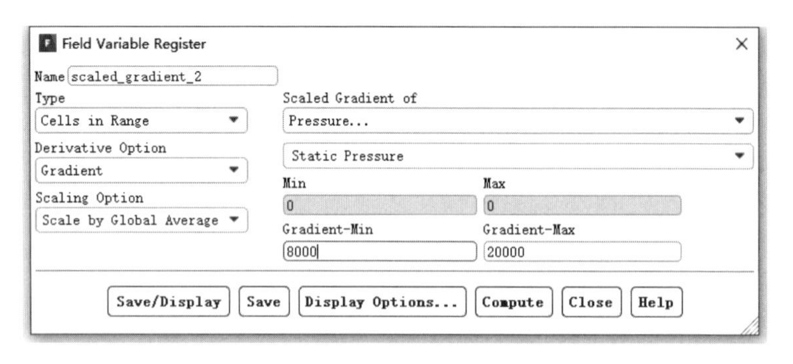

图 7-68　网格自适应控制对话框

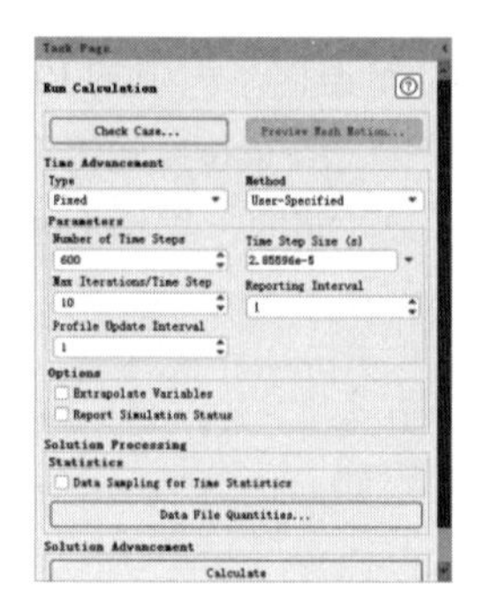

图 7-69　运行计算面板

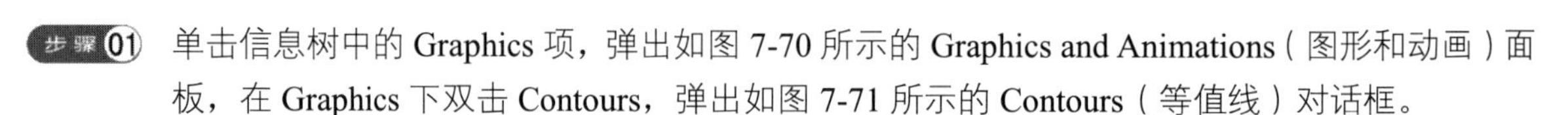

7.2.14　瞬态计算结果

步骤 01　单击信息树中的 Graphics 项，弹出如图 7-70 所示的 Graphics and Animations（图形和动画）面板，在 Graphics 下双击 Contours，弹出如图 7-71 所示的 Contours（等值线）对话框。

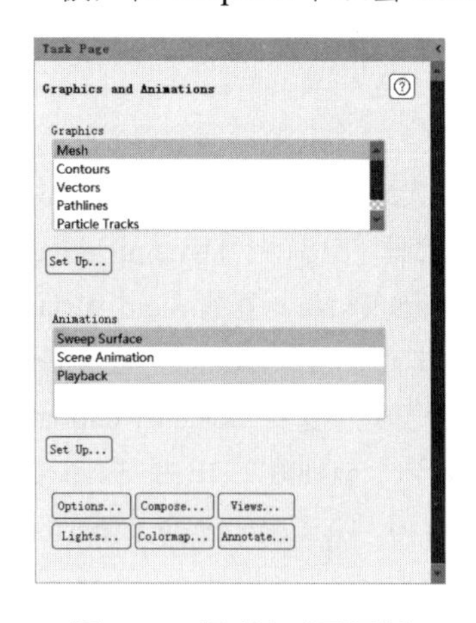

图 7-70　图形和动画面板

图 7-71　等值线对话框

在 Contours of 中选择 Pressure，勾选 Filled 复选框，单击 Save/Display 按钮，显示如图 7-72 所示的压力云图。

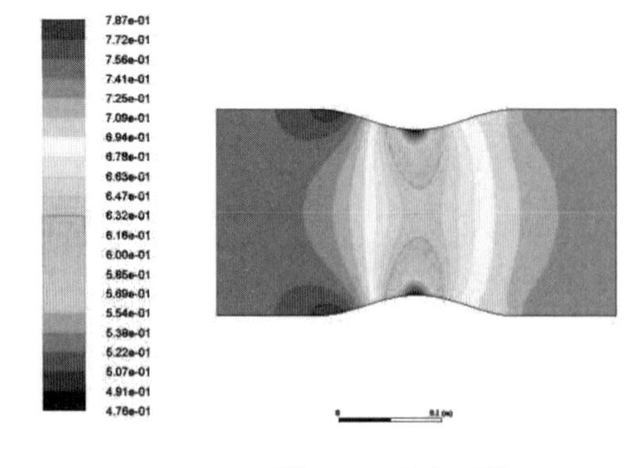

图 7-72　压力云图

步骤 02 在 Graphics 下双击 Vectors，弹出如图 7-73 所示的 Vectors（矢量）对话框。单击 Display 按钮，显示如图 7-74 所示的速度矢量图。

图 7-73　矢量对话框

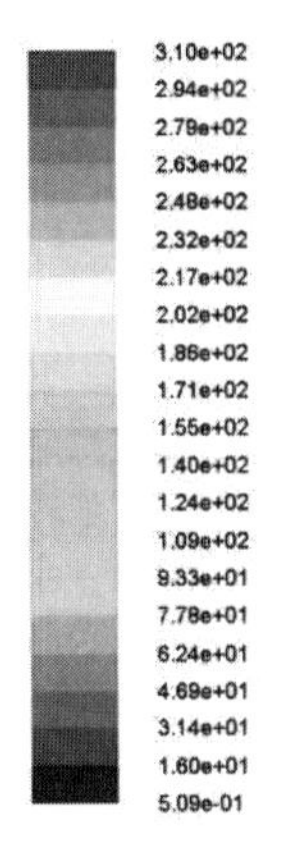

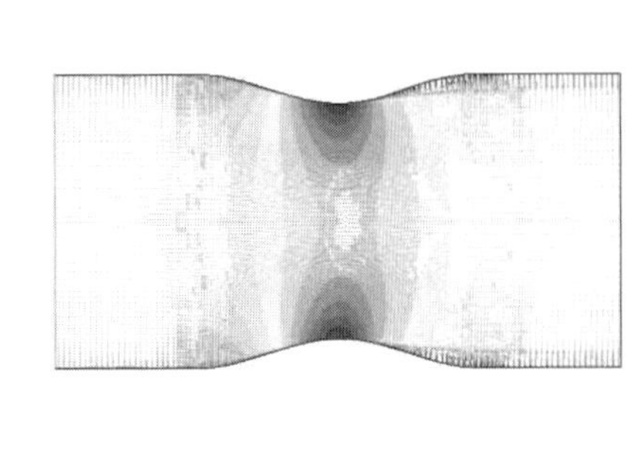

图 7-74　速度矢量图

步骤 03 单击信息树中的 Reports 项，弹出如图 7-75 所示的 Reports（结果）面板。

双击 Fluxes，弹出如图 7-76 所示的 Flux Reports（流量结果）对话框，在 Boundaries 中选择 inlet 和 outlet，单击 Compute 按钮进行计算。

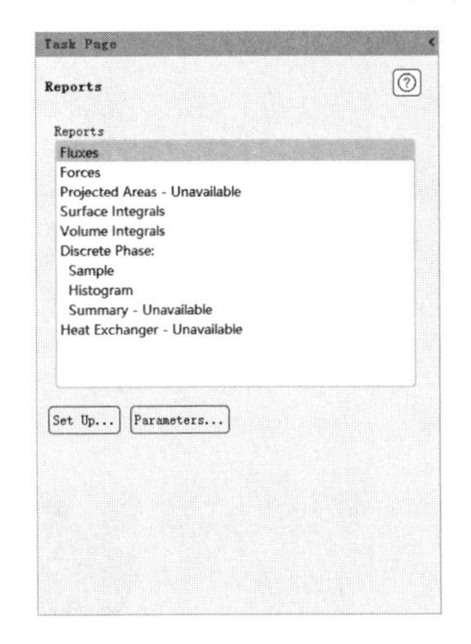

图 7-75　结果面板

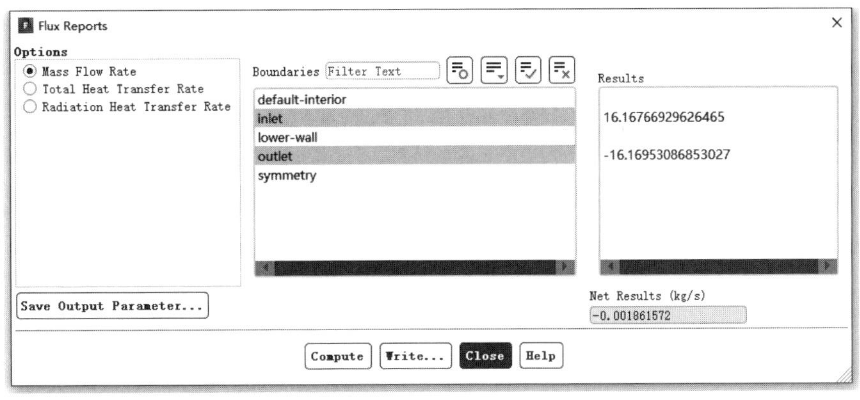

图 7-76　流量结果对话框

7.3 本章小结

本章通过管内稳态流动和喷嘴内瞬态流动两个实例分别介绍了 Fluent 处理稳态和非稳态流动的工作流程。

通过本章的学习，读者可以掌握 Fluent 中稳态、非稳态计算的设定，稳态、非稳态初始值的设定，非稳态时间步长的设定，稳态、非稳态求解控制的设定，以及稳态、非稳态的输出控制。

第 8 章 内部流动分析实例

导言

本章将通过物理模型内部流动的分析实例介绍 Fluent 前处理、求解和后处理的基本操作，以便熟悉 Fluent 的设定原理和求解方法。

学习目标

★ 掌握网格模型的导入操作
★ 掌握域的生成操作
★ 掌握边界条件的设定
★ 掌握湍流模型的设定
★ 掌握后处理的基本操作

8.1 圆管内气体的流动

下面将通过一个圆管内气体流动分析案例，让读者对 ANSYS Fluent 2020 分析处理内部流动的基本操作有一个初步的了解。

8.1.1 案例介绍

如图 8-1 所示，圆管一端为速度入口 10m/s，另一端为压力出口 0Pa，请用 ANSYS Fluent 求解出压力与速度的分布云图。

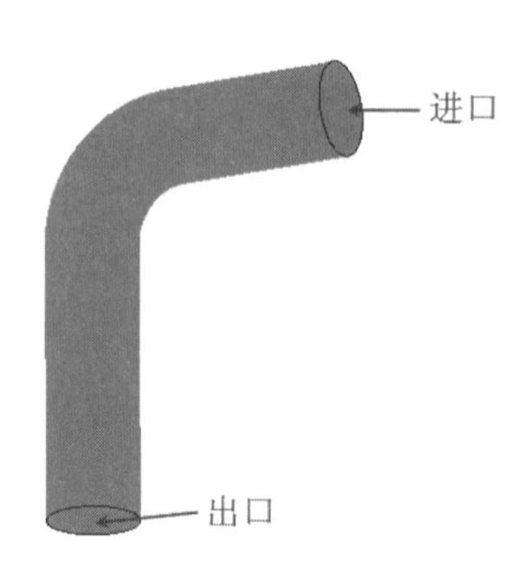

图 8-1　圆管

8.1.2 启动 Fluent 并导入网格

步骤 01 在 Windows 系统下执行“开始”→“所有程序”→ANSYS 2020→Fluent 2020 命令，启动 Fluent 2020，进入 Fluent Launcher 界面。

步骤 02 在 Fluent Launcher 界面的 Dimension 中选择 3D，在 Options 中选中 Display Mesh After Reading，单击 OK 按钮进入 Fluent 主界面。

步骤 03 在 Fluent 主界面中，单击主菜单中的 File→Read→Mesh 按钮，弹出如图 8-2 所示的 Select File 对话框，选择名称为 tube.msh 的网格文件，单击 OK 按钮便可导入网格。

步骤 04 导入网格后，在图形显示区将显示几何模型，如图 8-3 所示。

图 8-2　导入网格对话框

图 8-3　显示几何模型

步骤 05 单击 Check 按钮，检查网格质量，确保不存在负体积。

步骤 06 单击主菜单中的 File→Write→Case 按钮，弹出 Select File 对话框，在 Case File 中填入 tube，单击 OK 按钮便可保存项目。

8.1.3 定义求解器

步骤 01 单击信息树中的 General 项，弹出如图 8-4 所示的 General（总体模型设定）面板。在 Solver 中，将 Time 类型设为 Steady。

步骤 02 单击 Physics 选项卡 Solver 面板中的 Operating Conditions 按钮，弹出如图 8-5 所示的 Operating Conditions（操作条件）对话框。保持默认设置，单击 OK 按钮确认。

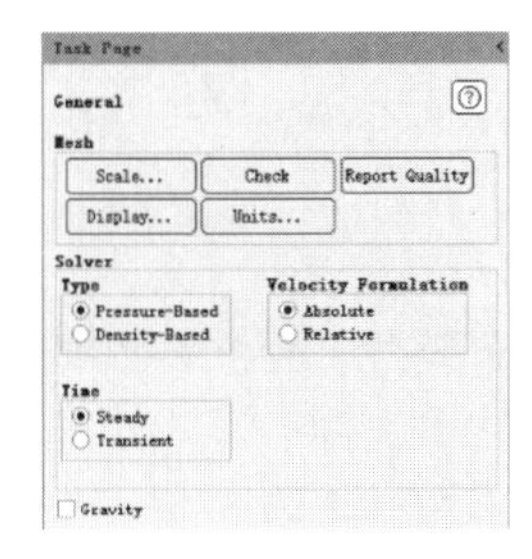

图 8-4　总体模型设定面板

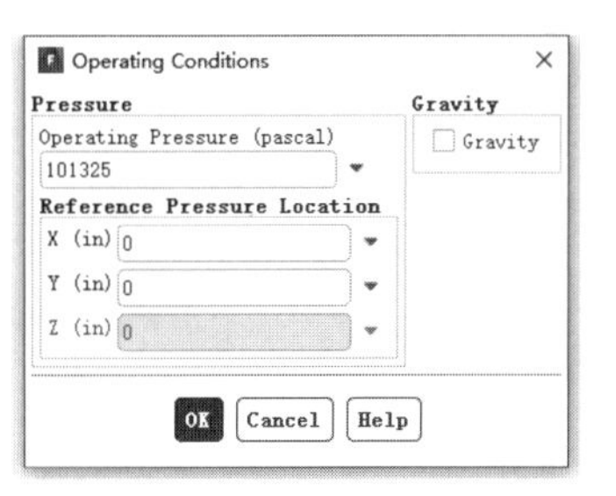

图 8-5　操作条件对话框

8.1.4 定义模型

在信息树中单击 Models 项，弹出如图 8-6 所示的 Models（模型设定）面板。在模型设定面板中双击 Viscous，弹出如图 8-7 所示的 Viscous Model（湍流模型）对话框。

在 Model 中选中 k-epsilon(2 eqn)单选按钮，单击 OK 按钮确认。

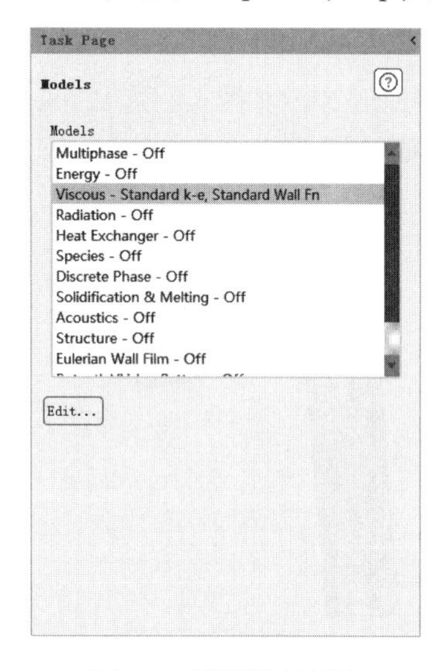

图 8-6 模型设定面板

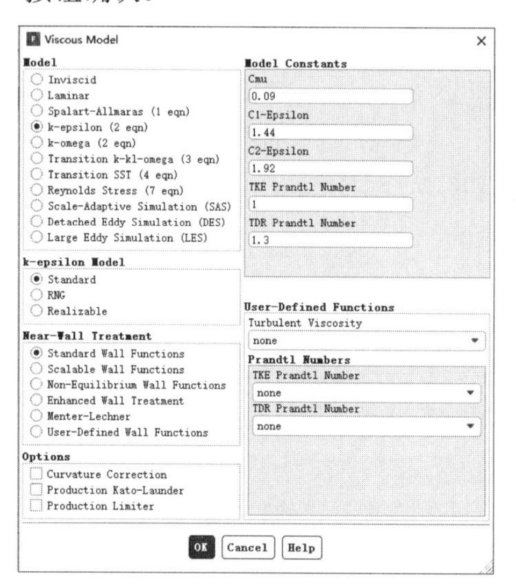

图 8-7 湍流模型对话框

8.1.5 设置材料

单击信息树中的 Materials 项，弹出如图 8-8 所示的 Materials（材料）面板。在材料面板中，双击 air 便可弹出如图 8-9 所示的 Create/Edit Materials（物性参数设定）对话框。保持默认值，单击 Close 按钮退出。

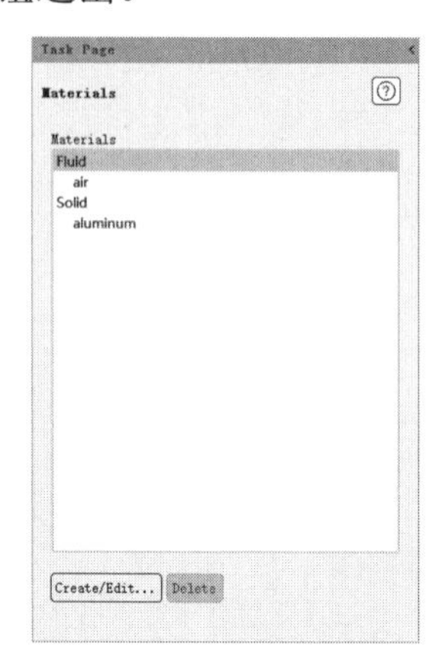

图 8-8 材料面板

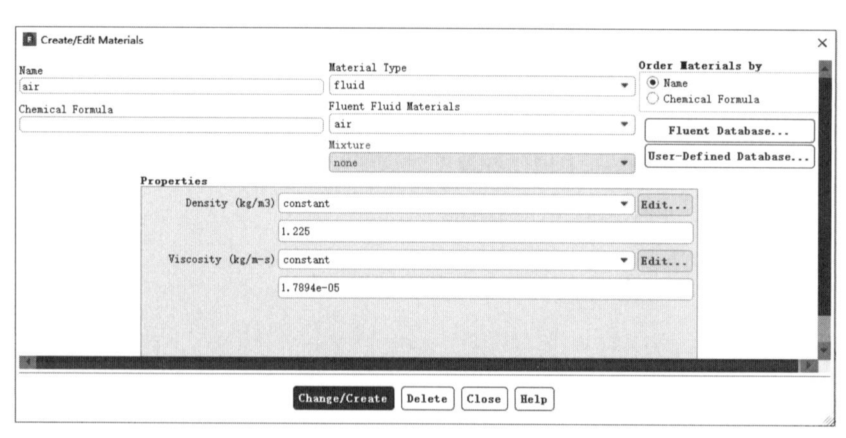

图 8-9 物性参数设定对话框

8.1.6 边界条件

步骤01 单击信息树中的 Boundary Conditions 项，启动如图 8-10 所示的边界条件面板。

步骤02 在边界条件面板中单击 in，在 Type 中选择 velocity-inlet，弹出如图 8-11 所示的边界条件设置对话框。在 Velocity Magnitude 中填入 10，单击 OK 按钮确认退出。

图 8-10　边界条件面板

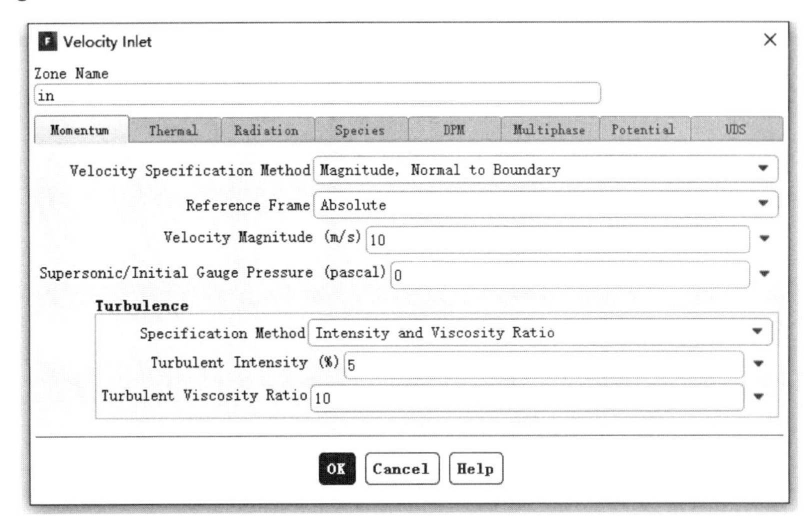

图 8-11　边界条件设置对话框

步骤03 在边界条件面板中单击 out，在 Type 中选择 outflow，单击 Edit 按钮，弹出如图 8-12 所示的边界条件设置对话框。保持默认设置，单击 OK 按钮确认退出。

图 8-12　边界条件设置对话框

8.1.7 求解控制

步骤01 单击信息树中的 Methods 项，弹出如图 8-13 所示的 Solution Methods（求解方法设置）面板。保持默认设置不变。

步骤02 单击信息树中的 Controls 项，弹出如图 8-14 所示的 Solution Controls（求解过程控制）面板。保持默认设置不变。

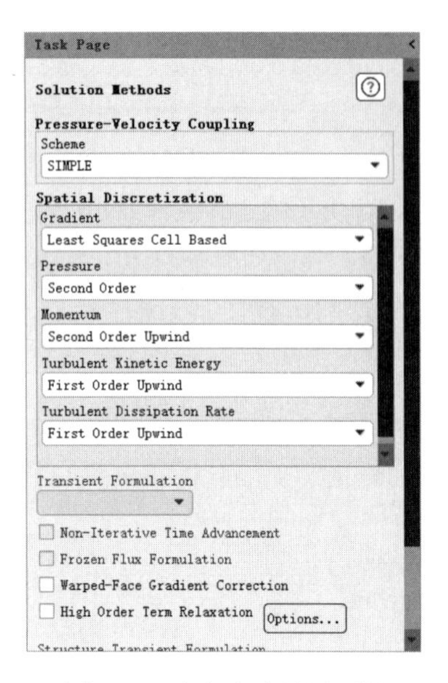

图 8-13　求解方法设置面板

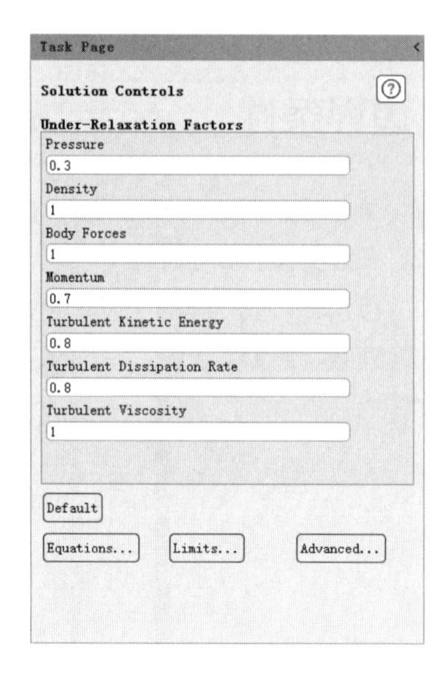

图 8-14　求解过程控制面板

8.1.8　初始条件

单击信息树中的 Initialization 项，弹出如图 8-15 所示的 Solution Initialization（初始化设置）面板。

在 Initialization Methods 中选择 Standard Initialization，在 Compute from 中选择 in，单击 Initialize 按钮进行初始化。

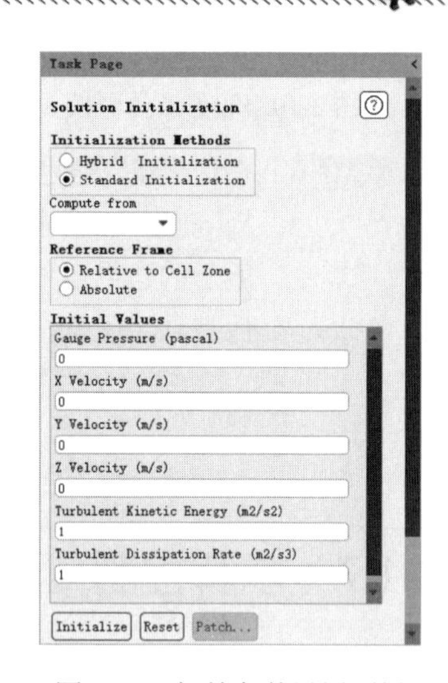

图 8-15　初始条件设置面板

8.1.9　求解过程监视

单击信息树中的 Monitors 项，弹出如图 8-16 所示的 Monitors（监视）面板，双击 Residual，便弹出如图 8-17 所示的 Residual Monitors（残差监视）对话框。

保持默认设置不变，单击 OK 按钮确认。

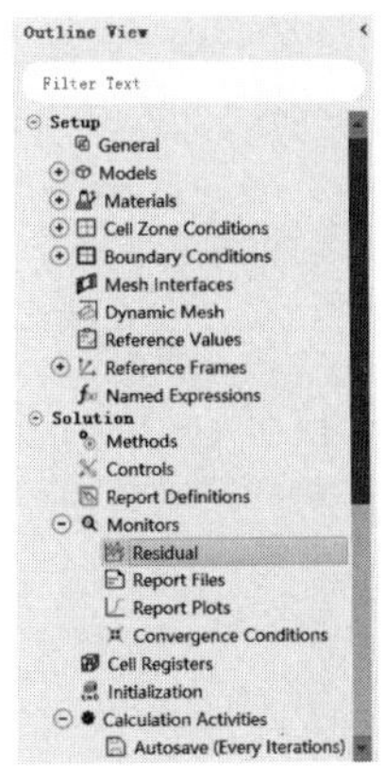

图 8-16　监视面板

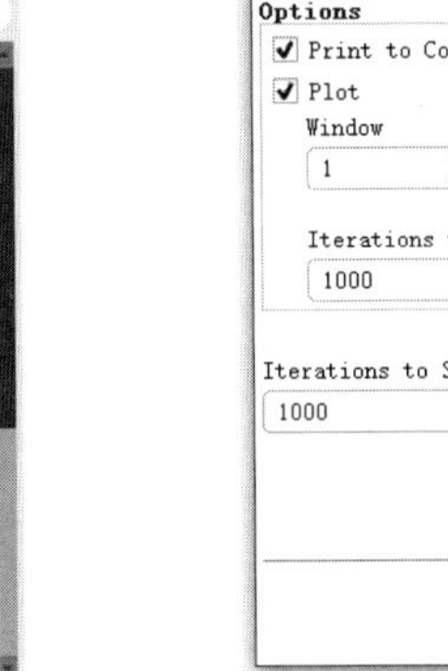

图 8-17　残差监视对话框

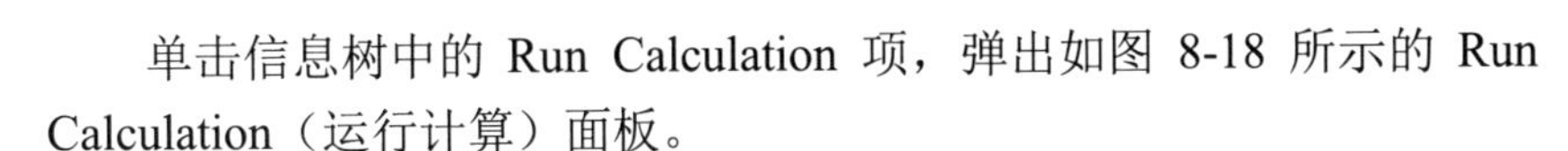

8.1.10　计算求解

单击信息树中的 Run Calculation 项，弹出如图 8-18 所示的 Run Calculation（运行计算）面板。

在 Number of Iterations 中输入“200”，单击 Calculate 按钮开始计算。

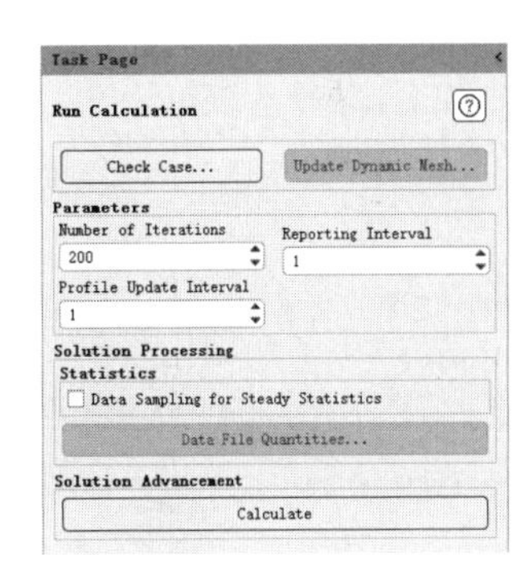

图 8-18　计算面板

8.1.11　结果后处理

步骤 01 单击 Results 选项卡 Surface 面板中的 Create Iso-Surface 按钮，弹出如图 8-19 所示的 Iso-Surface（等值面）对话框。

图 8-19　等值面对话框

在 Surface of Constant 中选择 Mesh 和 Z-Coordinate，在 Iso-Values 中输入“0”，在 New Surface Name 中保持默认设置，单击 Create 按钮。

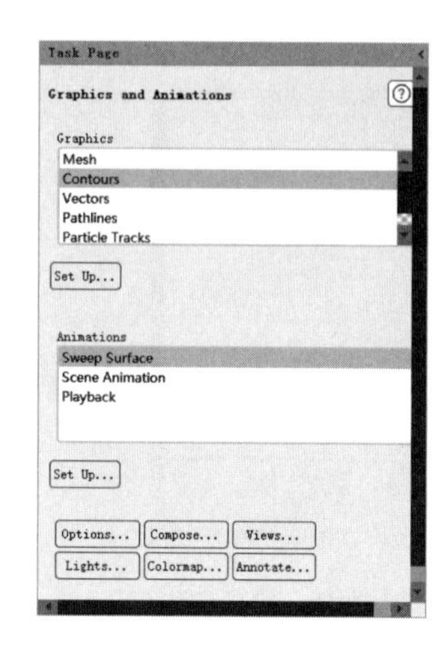

图 8-20　图形和动画面板

步骤 02 单击信息树中的 Graphics 项，弹出如图 8-20 所示的 Graphics and Animations（图形和动画）面板，在 Graphics 下双击 Contours，弹出如图 8-21 所示的 Contours（等值线）对话框。

在 Contours of 中选择 Pressure，在 Options 中勾选 Filled 复选框，在 Surfaces 中选择新创建的 z-coordinate-4，单击 Save/Display 按钮，显示如图 8-22 所示的压力云图。

步骤 03 在 Graphics 下双击 Vectors，弹出如图 8-23 所示的 Vectors（矢量）对话框。在 Surfaces 中选择新创建的 z-coordinate-4，单击 Save/Display 按钮，显示如图 8-24 所示的速度矢量图。

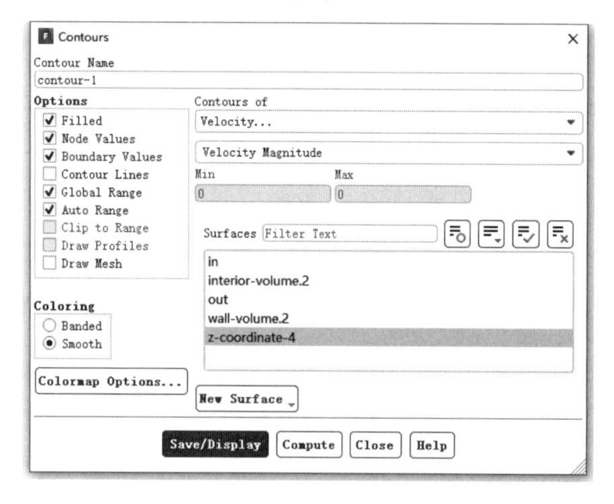

图 8-21　等值线对话框

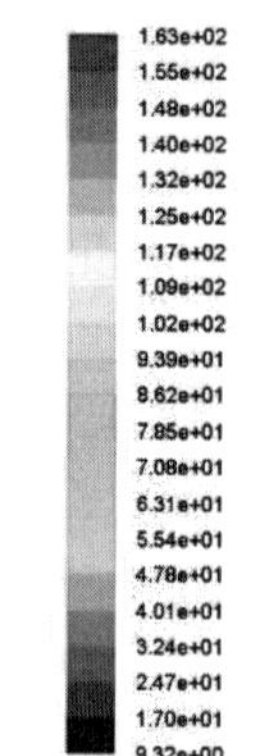

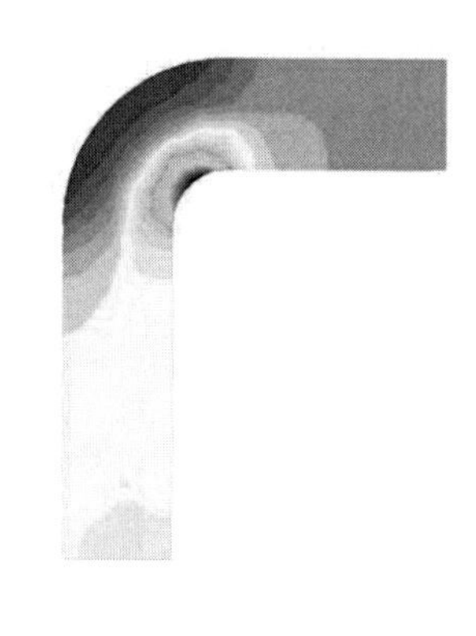

图 8-22　压力云图

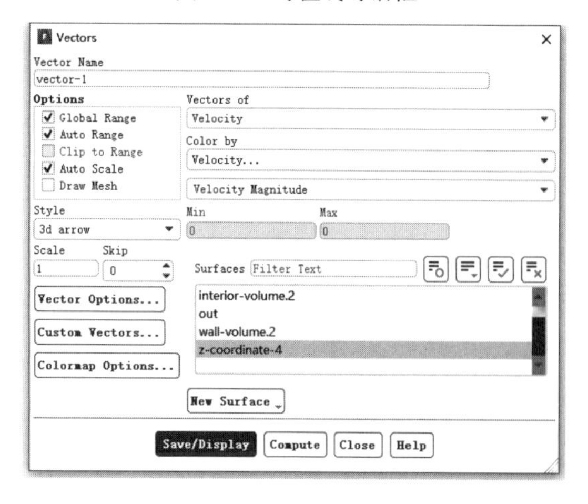

图 8-23　矢量对话框

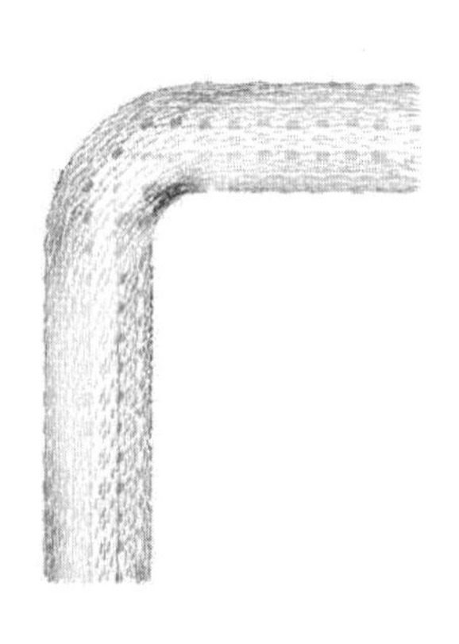

图 8-24　速度矢量图

8.2 三通内水的流动

下面将通过一个三通内水的流动分析案例让读者对 ANSYS Fluent 2020 分析处理内部流动的基本操作有一个初步的了解。

8.2.1 案例介绍

三通管道的水从两个入口流入，混合后从一个出口流出，如图 8-25 所示。两个入口水的流速分别为 5m/s 和 3 m/s，温度分别为 10℃和 90℃。

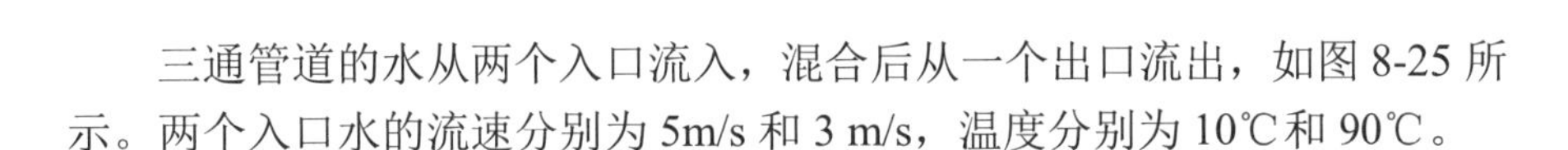

图 8-25 三通管道

8.2.2 启动 Fluent 并导入网格

步骤01 在 Windows 系统下执行“开始”→“所有程序”→ANSYS 2020→Fluent 2020 命令，启动 Fluent 2020，进入 Fluent Launcher 界面。

步骤02 在 Fluent Launcher 界面的 Dimension 中选择 3D，在 Options 中选中 Display Mesh After Reading，单击 OK 按钮进入 Fluent 主界面。

步骤03 在 Fluent 主界面中，单击主菜单中的 File→Read→Mesh 按钮，弹出如图 8-26 所示的 Select File 对话框，选择名称为 tee.msh 的网格文件，单击 OK 按钮便可导入网格。

步骤04 导入网格后，在图形显示区将显示几何模型，如图 8-27 所示。

图 8-26 导入网格对话框

图 8-27 显示几何模型

步骤05 单击 Check 按钮，检查网格质量，确保不存在负体积。

步骤06 单击 General 面板中的 Units 按钮，弹出如图 8-28 所示的 Set Units（设置单位）对话框。设置 temperature 的单位为 c。

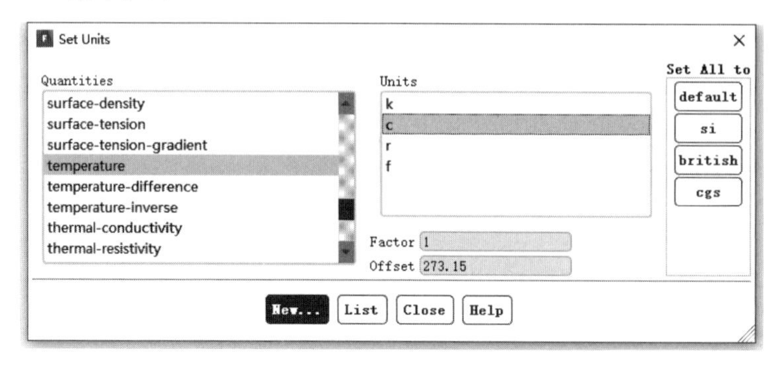

图 8-28　设置单位对话框

步骤07 单击主菜单中的 File→Write→Case 按钮，弹出 Select File 对话框，在 Case File 中填入 tee，单击 OK 按钮便可保存项目。

8.2.3　定义求解器

步骤01 单击信息树中的 General 项，弹出如图 8-29 所示的 General（总体模型设定）面板。在 Solver 中，设置 Time 类型为 Steady。

步骤02 单击 Physics 选项卡 Solver 面板中的 Operating Conditions 按钮，弹出如图 8-30 所示的 Operating Conditions（操作条件）对话框。保持默认设置，单击 OK 按钮确认。

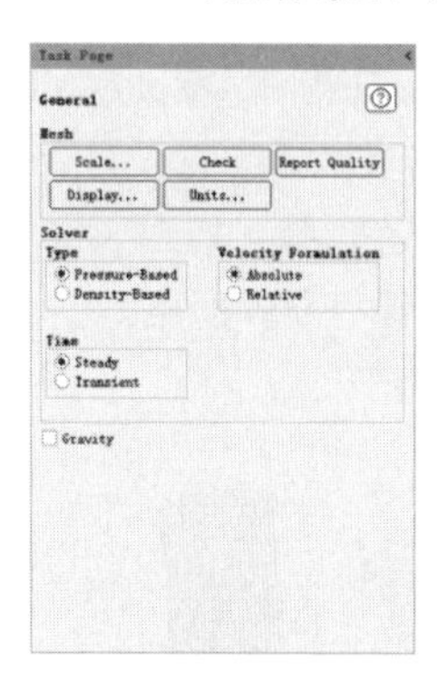

图 8-29　总体模型设定面板

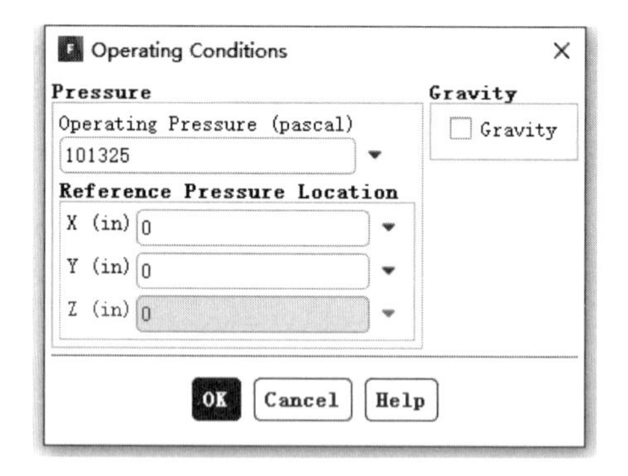

图 8-30　操作条件对话框

8.2.4　定义模型

步骤01 在信息树中单击 Models 项，弹出如图 8-31 所示的 Models（模型设定）面板。通过在模型设定面板中双击 Viscous 按钮，弹出如图 8-32 所示的 Viscous Model（湍流模型）对话框。

在 Model 中选中 k-epsilon(2 eqn)单选按钮，在 k-epsilon Model 中选中 Realizable 单选按钮，单击 OK 按钮确认。

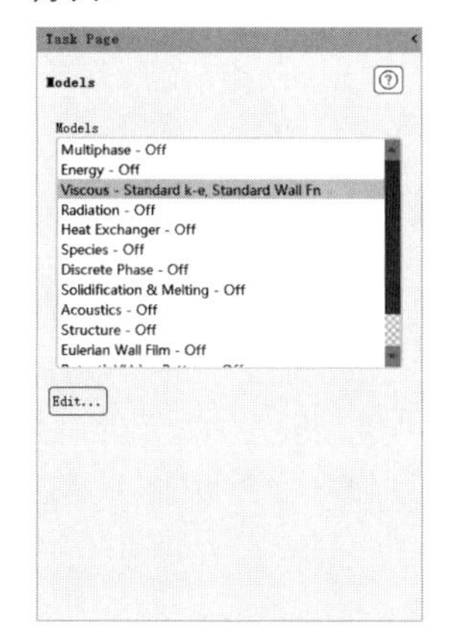

图 8-31　模型设定面板

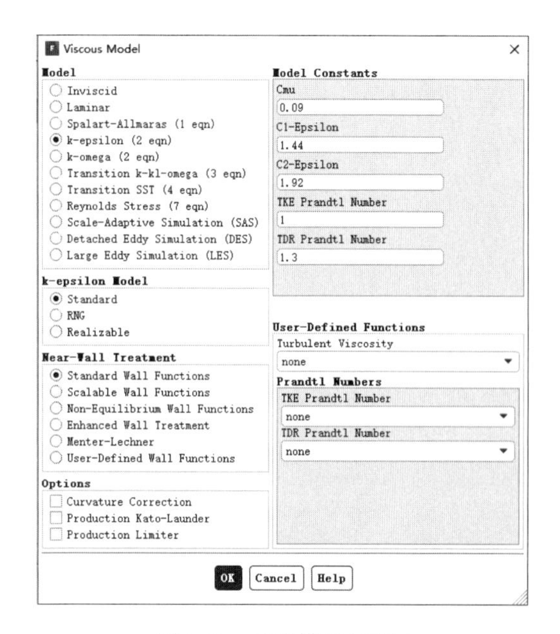

图 8-32　湍流模型对话框

步骤 02 在模型设定面板中双击 Energy 按钮，弹出如图 8-33 所示的 Energy（能量模型）对话框，勾选 Energy Equation（激活能量方程）复选框，单击 OK 按钮确认。

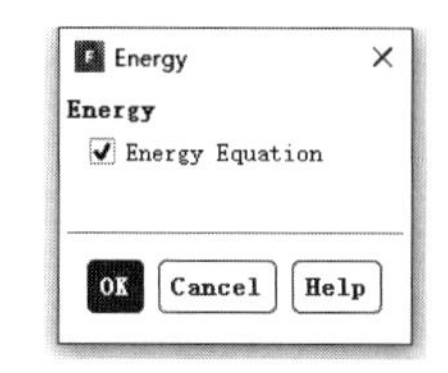

图 8-33　能量模型对话框

8.2.5　设置材料

单击信息树中的 Materials 项，弹出如图 8-34 所示的 Materials（材料）面板。在材料面板中单击 Create/Edit 按钮，弹出如图 8-35 所示的 Create/Edit Materials（物性参数设定）对话框。

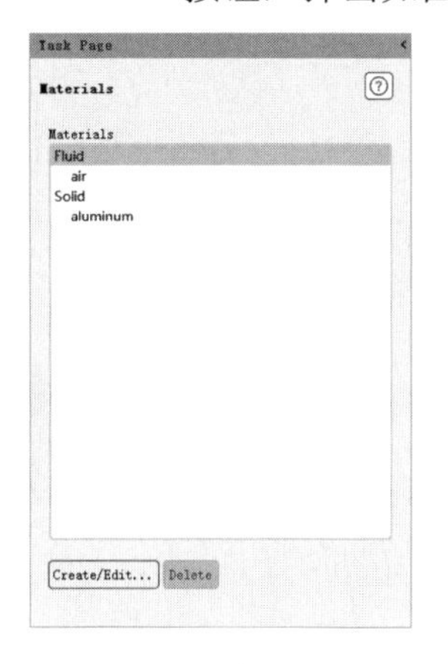

图 8-34　材料面板

图 8-35　物性参数设定对话框

单击 Fluent Database 按钮，弹出如图 8-36 所示的 Fluent Database Materials（材料数据库）对话框。在 Fluent Fluid Materials 中选择 water-liquid，单击 Copy 按钮确认，单击 Close 按钮退出。

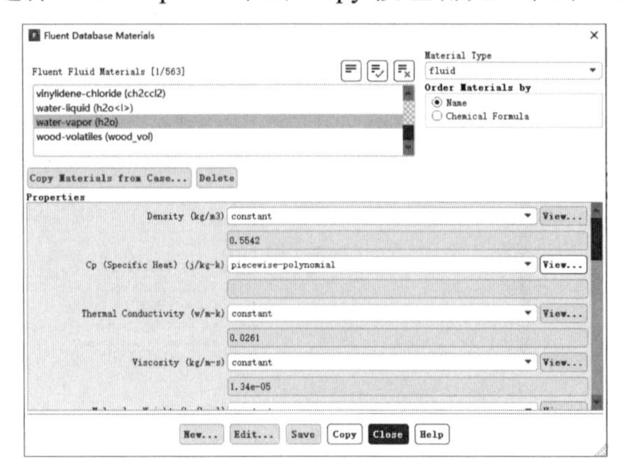

图 8-36　材料数据库对话框

8.2.6　设置区域条件

单击信息树中的 Cell Zone Conditions 项，启动如图 8-37 所示的 Cell Zone Condition（区域条件）对话框。

双击 fluid，弹出如图 8-38 所示的 Fluid（流体域设置）对话框，在 Material Name 中选择 water-liquid，单击 OK 按钮确认。

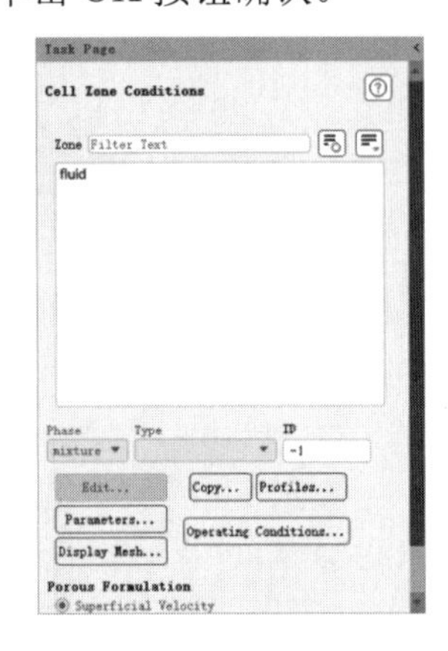

图 8-37　区域条件对话框　　　　图 8-38　流体域设置对话框

8.2.7　边界条件

步骤 01　单击信息树中的 Boundary Conditions 项，启动如图 8-39 所示的边界条件面板。

步骤 02 在边界条件面板中双击 inlet-y，弹出如图 8-40 所示的边界条件设置对话框。

在 Velocity Magnitude 中填入 5，在 Turbulence 的 Specification Method 中选择 Intensity and Hydraulic Diameter，在 Turbulent Intensity 中填入 5，在 Hydraulic Diameter 中填入 0.15。

切换至如图 8-41 所示的 Thermal 选项卡，在 Temperature 中填入 10，单击 OK 按钮确认退出。

步骤 03 在边界条件面板中双击 inlet-z，弹出如图 8-42 所示的边界条件设置对话框。

在 Velocity Magnitude 中填入 3，在 Turbulence 的 Specification Method 中选择 Intensity and Hydraulic Diameter，在 Turbulent Intensity 中填入 5，在 Hydraulic Diameter 中填入 0.1。

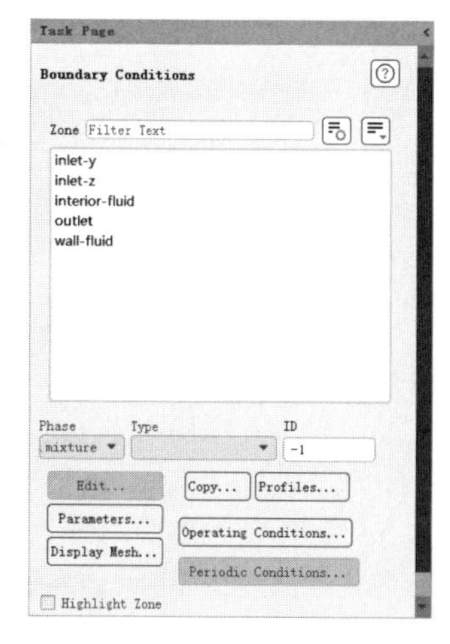

图 8-39　边界条件面板

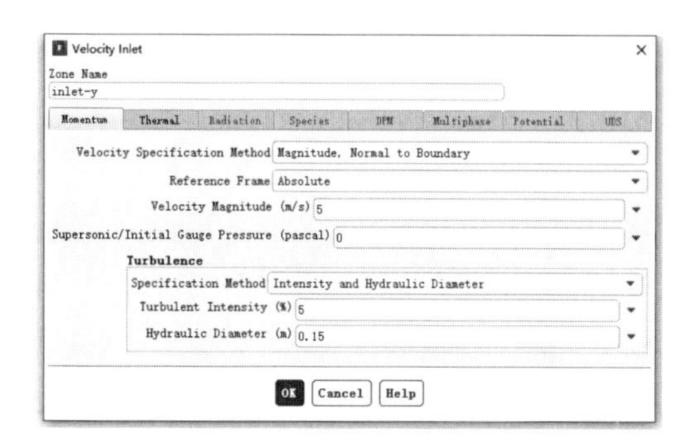

图 8-40　边界条件设置对话框

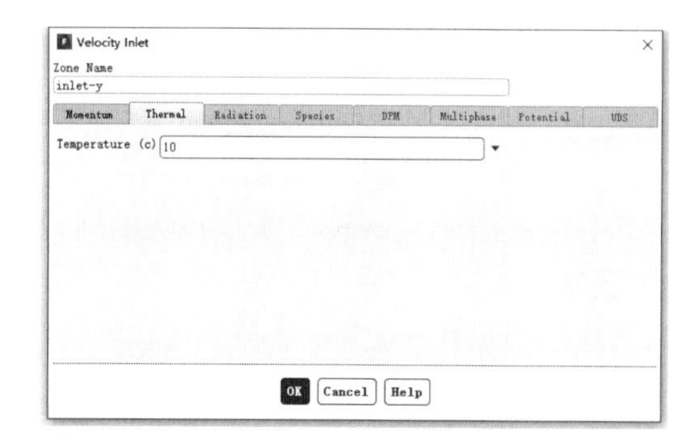

图 8-41　Thermal 选项卡

切换至如图 8-43 所示的 Thermal 选项卡中，在 Temperature 中填入 90，单击 OK 按钮确认退出。

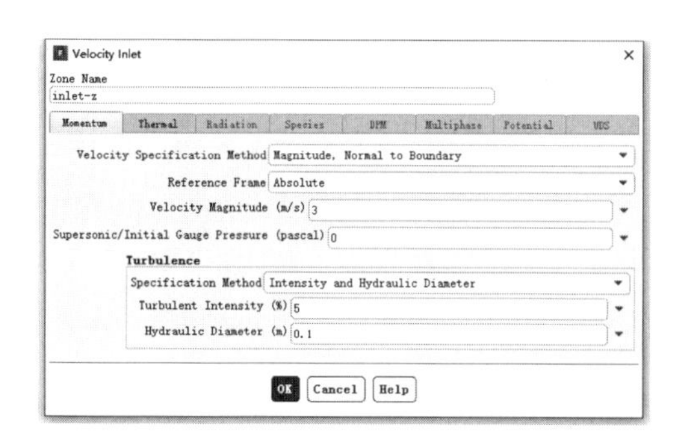

图 8-42　边界条件设置对话框

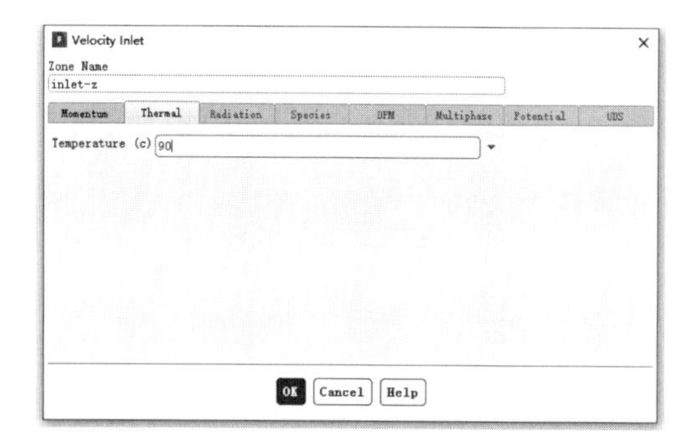

图 8-43　Thermal 选项卡

步骤 04 在边界条件面板中双击 out，弹出如图 8-44 所示的边界条件设置对话框。

在 Gauge Pressure 中填入 0，在 Turbulence 的 Specification Method 中选择 Intensity and Hydraulic Diameter，在 Backflow Turbulent Intensity 中填入 5，在 Backflow Hydraulic Diameter 中填入 0.15。

切换至如图 8-45 所示的 Thermal 选项卡，在 Backflow Total Temperature 中填入 30，单击 OK 按钮确认退出。

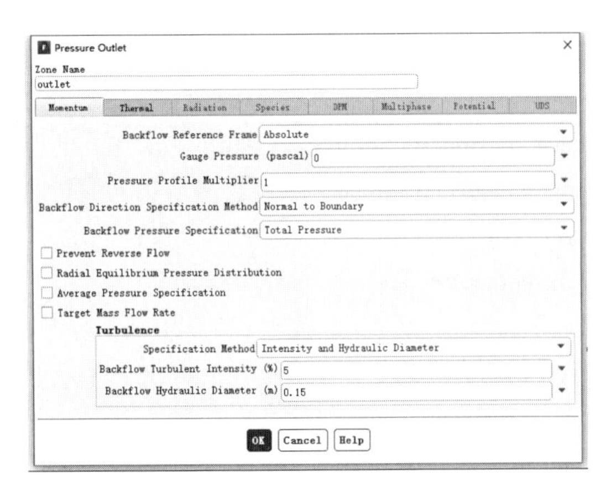

图 8-44　边界条件设置对话框

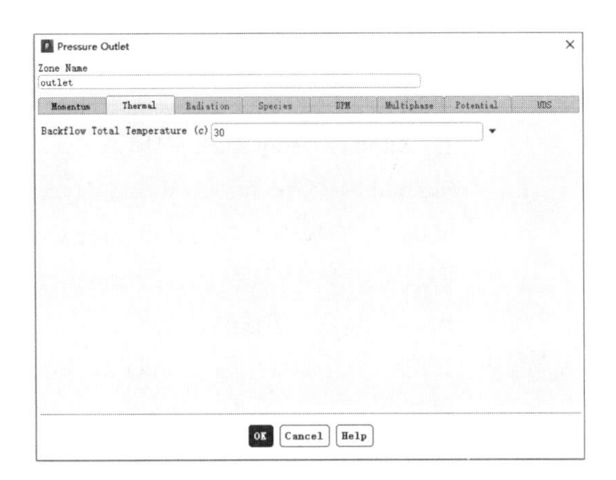

图 8-45　Thermal 选项卡

8.2.8　求解控制

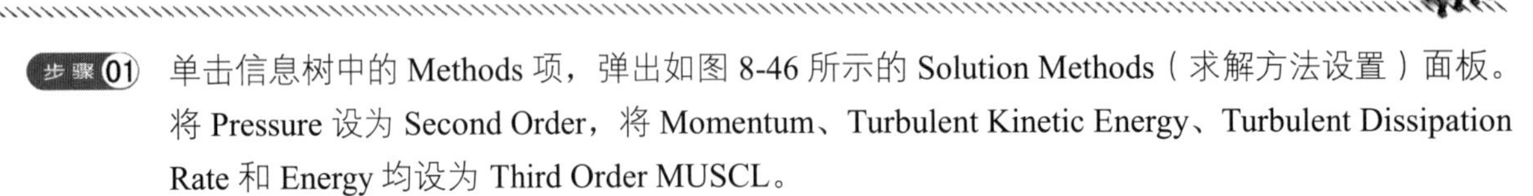

步骤 01　单击信息树中的 Methods 项，弹出如图 8-46 所示的 Solution Methods（求解方法设置）面板。将 Pressure 设为 Second Order，将 Momentum、Turbulent Kinetic Energy、Turbulent Dissipation Rate 和 Energy 均设为 Third Order MUSCL。

步骤 02　单击信息树中的 Controls 项，弹出如图 8-47 所示的 Solution Controls（求解过程控制）面板，保持默认设置不变。

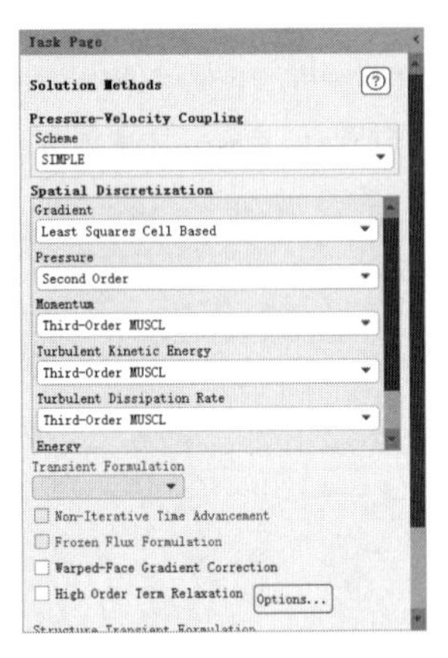

图 8-46　求解方法设置面板

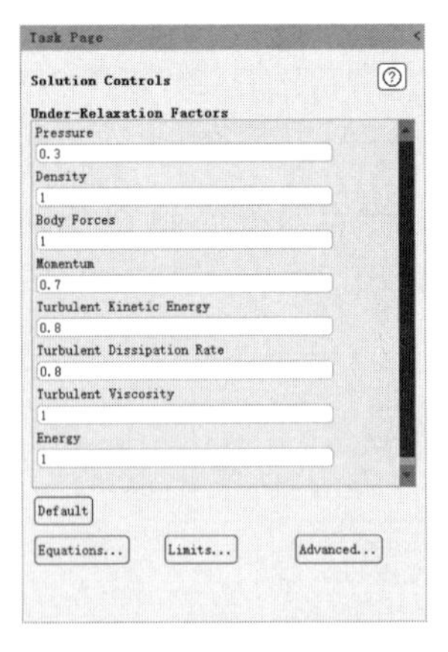

图 8-47　求解过程控制面板

8.2.9　初始条件

单击信息树中的 Initialization 项，弹出如图 8-48 所示的 Solution Initialization（初始化设置）面板。

在 Initialization Methods 中选中 Hybrid Initialization 单选按钮，单击 Initialize 按钮进行初始化。

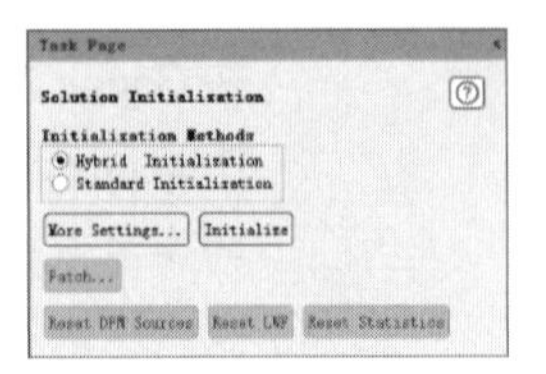

图 8-48　初始化设置面板

8.2.10 求解过程监视

步骤 01 单击信息树中的 Monitors 项，弹出如图 8-49 所示的 Monitors（监视）面板，双击 Residual，便弹出如图 8-50 所示的 Residual Monitors（残差监视）对话框。

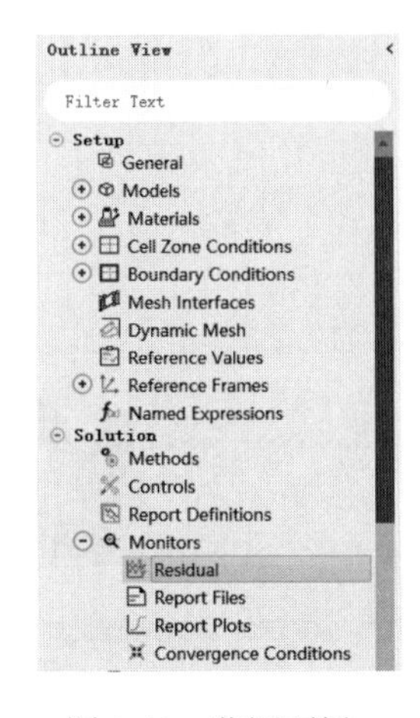

图 8-49 监视面板

图 8-50 残差监视对话框

保持默认设置不变，单击 OK 按钮确认。

步骤 02 在 Report Files 下单击 New 按钮，弹出 Edit Report File 对话框，单击 New 后选择 Surface report 中的 Area-Weighted Average。在 Name 中输入 p-inlet-y，在 Report Plots 中选中 p-inlet-y-pset，在 Field Variable 中选择 Pressure 和 Static Pressure，在 Surfaces 中选择 inlet-y，单击 OK 按钮确认，如图 8-51 所示。

步骤 03 同步骤 02，设置 inlet-z 的监视面，如图 8-52 所示。

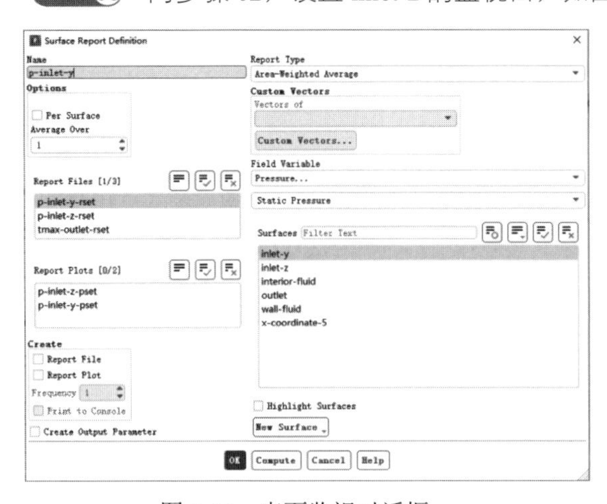

图 8-51 表面监视对话框

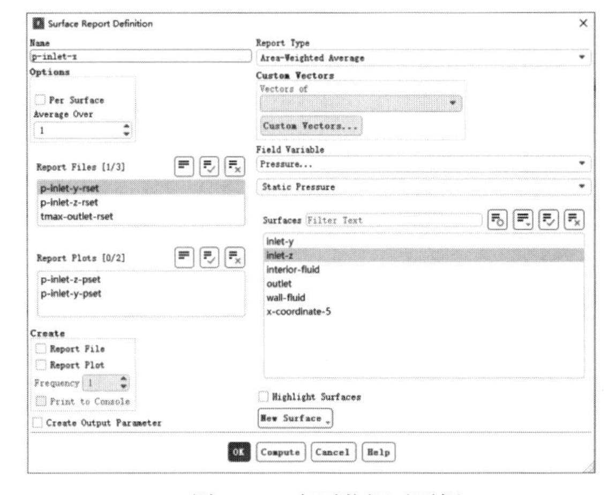

图 8-52 表面监视对话框

步骤 04 在 Surface Monitors 下单击 Create 按钮，弹出如图 8-53 所示的 Surface Monitor（表面监视）对话框。在 Name 中输入 tmax-outlet，在 Report Type 中选择 Vertex Maximum，在 Field Variable 中选择 Temperature 和 Static Temperature，在 Surfaces 中选择 outlet，单击 OK 按钮确认。

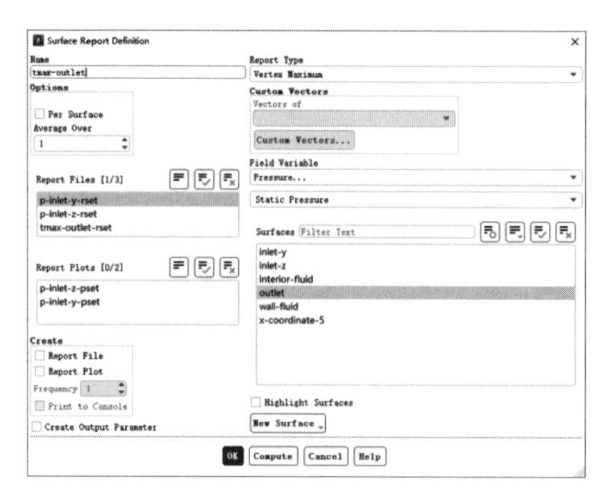

图 8-53　表面监视对话框

8.2.11　计算求解

单击信息树中的 Run Calculation 项，弹出如图 8-54 所示的 Run Calculation（运行计算）面板。

在 Number of Iterations 中输入 200，单击 Calculate 开始计算。

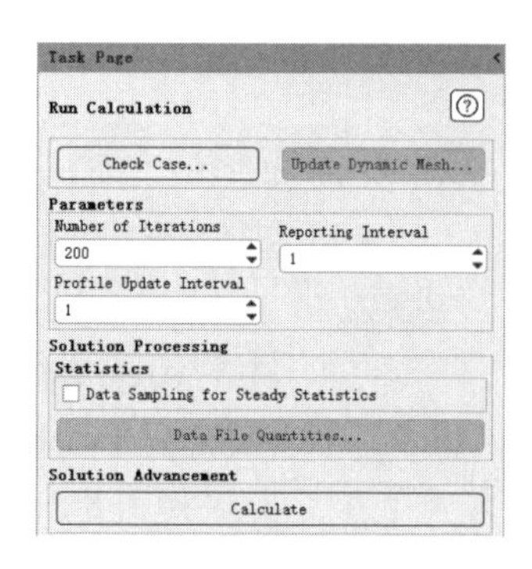

图 8-54　运行计算面板

8.2.12　结果后处理

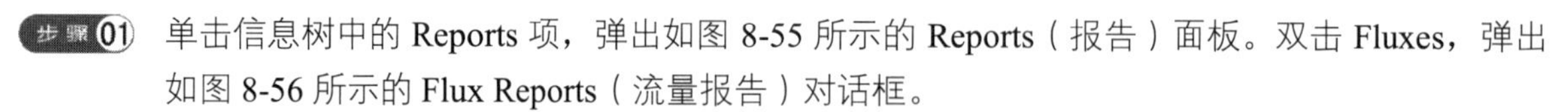

步骤 01 单击信息树中的 Reports 项，弹出如图 8-55 所示的 Reports（报告）面板。双击 Fluxes，弹出如图 8-56 所示的 Flux Reports（流量报告）对话框。

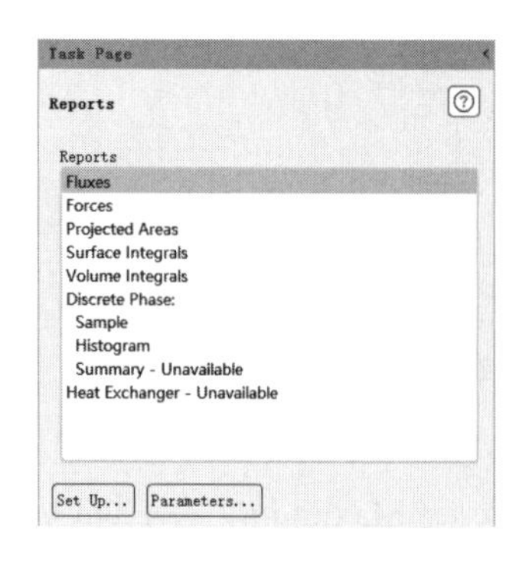

图 8-55　报告面板

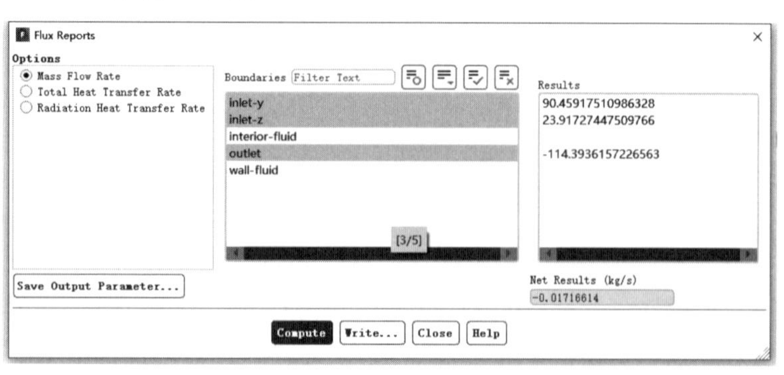

图 8-56　流量报告对话框

在 Options 中选中 Mass Flow Rate 单选按钮，在 Boundaries 中选择 inlet-y、inlet-z 和 outlet，单击 Compute 按钮计算。

步骤 02 单击信息树中的 Graphics 项，弹出如图 8-57 所示的 Graphics and Animations（图形和动画）面板，在 Graphics 下双击 Contours，弹出如图 8-58 所示的 Contours（等值线）对话框。

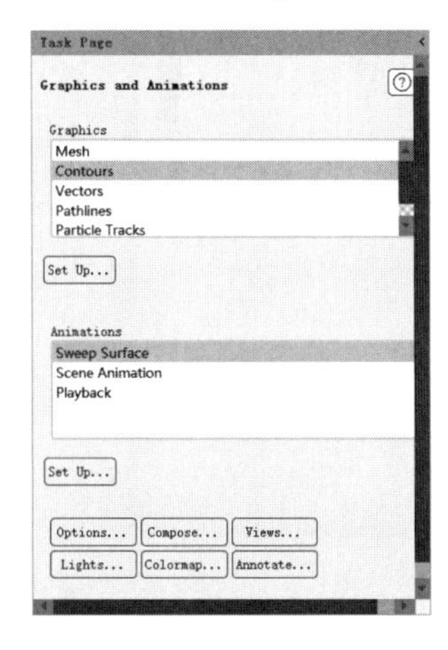

图 8-57　图形和动画面板

图 8-58　等值线对话框

在 Contours of 中选择 Turbulence 和 Wall Yplus，在 Options 中勾选 Filled 复选框，在 Surfaces 中选择新创建的 wall-fluid，单击 Save/Display 按钮，显示如图 8-59 所示的云图。

步骤 03 在如图 8-60 所示的 Contours of 中选择 Temperature 和 Static Temperature，在 Options 中勾选 Filled 复选框，在 Surfaces 中选择新创建的 wall-fluid，单击 Save/Display 按钮，显示如图 8-61 所示的温度云图。

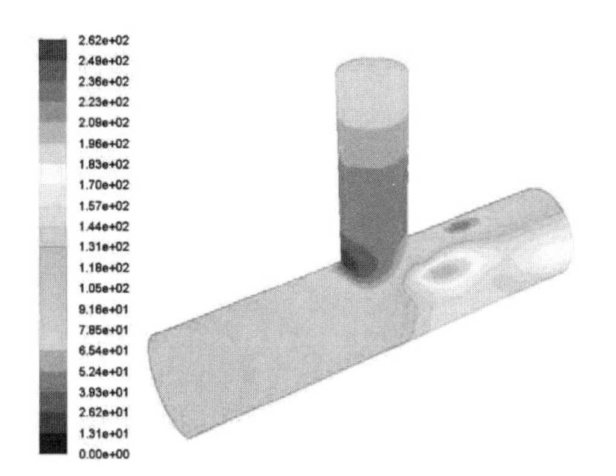

图 8-59　Yplus 云图

图 8-60　等值线对话框

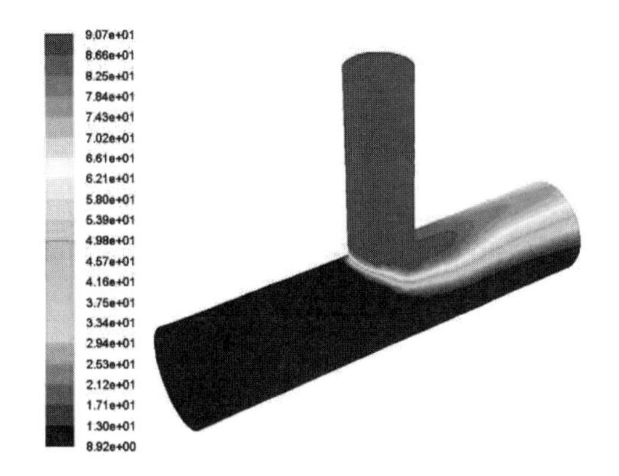

图 8-61　温度云图

步骤04 单击 Results 选项卡 Surface 面板中的 Create Iso-Surface 按钮，弹出如图 8-62 所示的 Iso-Surface（等值面）对话框。

图 8-62　等值面对话框

在 Surface of Constant 中选择 Mesh 和 X-Coordinate，在 Iso-Values 中输入 0，在 New Surface Name 中保持默认设置，单击 Create 按钮。

步骤05 在 Graphics 下双击 Vectors，弹出如图 8-63 所示的 Vectors（矢量）对话框。在 Surfaces 中选择新创建的 x-coordinate-5，单击 Save/Display 按钮，显示如图 8-64 所示的速度矢量图。

图 8-63　矢量对话框

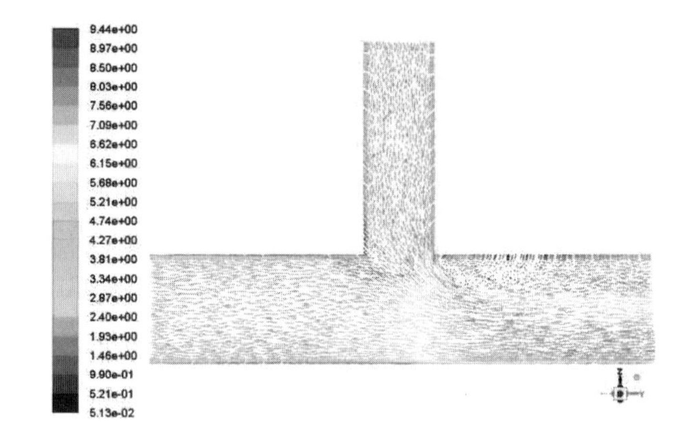

图 8-64　速度矢量图

8.3 本章小结

本章通过圆管内气体流动和三通内水的流动两个实例介绍了 Fluent 处理内部流动的工作流程。

通过本章的学习，读者可以掌握 Fluent 模拟的基本操作和实现最简单的模拟方法，通过按步骤完成所列的实例，可以基本了解 Fluent 前处理和后处理的基本操作，对 Fluent 模拟有初步的认识。

第 9 章 外部流动分析实例

导言

进行物理模型外部流动模拟分析是十分常见的，比如计算汽车外流场、建筑物室外风环境等。一般在计算前，在物理模型外部需设定一个足够大的空间作为计算域，这样可以尽量减小边界条件对物理模型周边流场计算结果的影响。

本章将通过实例介绍 Fluent 处理外部流动模拟的工作步骤。

学习目标

★ 掌握网格模型的导入操作
★ 掌握边界条件的设定
★ 掌握湍流模型的设定
★ 掌握后处理的基本操作

9.1 圆柱绕流

下面将通过一个圆柱绕流分析案例让读者对 ANSYS Fluent 2020 分析处理外部流动的基本操作有一个初步的了解。

9.1.1 案例介绍

圆柱中的来流流速为 1m/s（见图 9-1），请用 ANSYS Fluent 分析圆柱外流场情况。

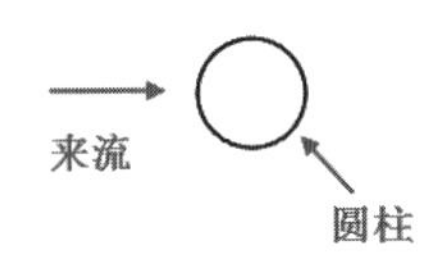

图 9-1 圆柱

9.1.2 启动 Fluent 并导入网格

步骤 01 在 Windows 系统下执行“开始”→“所有程序”→ANSYS 2020→Fluent 2020 命令，启动 Fluent 2020，进入 Fluent Launcher 界面。

步骤 02 在 Fluent Launcher 界面中的 Dimension 中选择 2D，在 Options 中选中 Display Mesh After Reading，单击 OK 按钮进入 Fluent 主界面。

步骤 03 在 Fluent 主界面中，单击主菜单中的 File→Read→Mesh 按钮，弹出如图 9-2 所示的 Select File 对话框，选择名称为 column.msh 的网格文件，单击 OK 按钮便可导入网格。

步骤 04 导入网格后，在图形显示区将显示几何模型，如图 9-3 所示。

图 9-2 导入网格对话框

图 9-3 显示几何模型

步骤 05 单击 Check 按钮，检查网格质量，确保不存在负体积。

步骤 06 单击 Scale 按钮，弹出如图 9-4 所示的 Scale Mesh（网格缩放）对话框。在 Scaling 中选中 Specify Scaling Factors 单选按钮，在 Scaling Factors 中的 X、Y 文本框中分别输入 0.5，单击 Scale 按钮完成网格缩放，单击 Close 按钮关闭对话框。

图 9-4 网格缩放对话框

步骤 07 单击主菜单中的 File→Write→Case 按钮，弹出 Select File 对话框，在 Case File 中填入 column，单击 OK 按钮便可保存项目。

9.1.3 定义求解器

步骤 01 单击信息树中的 General 项，弹出如图 9-5 所示的 General（总体模型设定）面板。在 Solver 中，将 Time 类型设为 Steady。

步骤 02 单击 Physics 选项卡 Solver 面板中的 Operating Conditions 按钮，弹出如图 9-6 所示的 Operating Conditions（操作条件）对话框。保持默认设置，单击 OK 按钮确认。

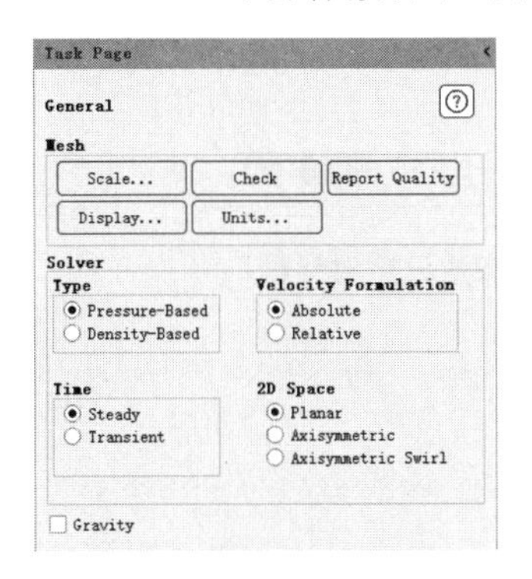

图 9-5　总体模型设定面板

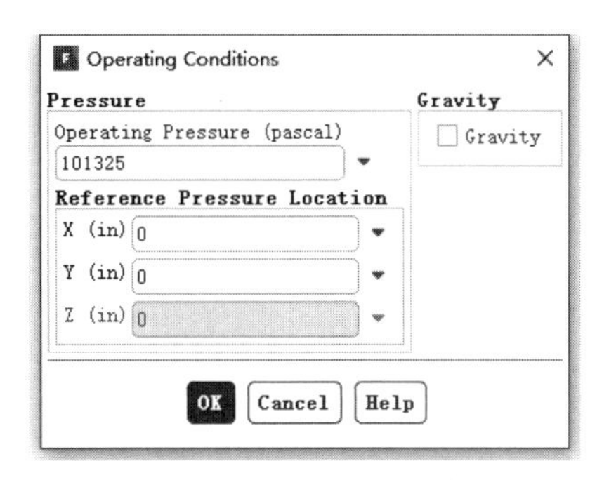

图 9-6　操作条件对话框

9.1.4 定义模型

在信息树中单击 Models 项，弹出如图 9-7 所示的 Models（模型设定）面板。在模型设定面板中双击 Viscous，弹出如图 9-8 所示的 Viscous Model（湍流模型）对话框。

在 Model 中选中默认的 Laminar 单选按钮，单击 OK 按钮确认。

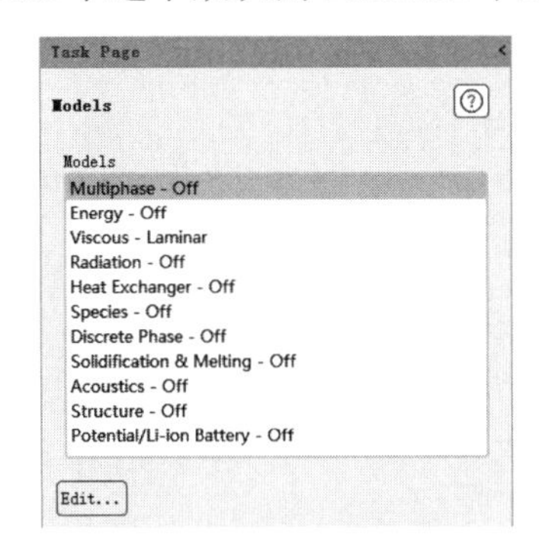

图 9-7　模型设定面板

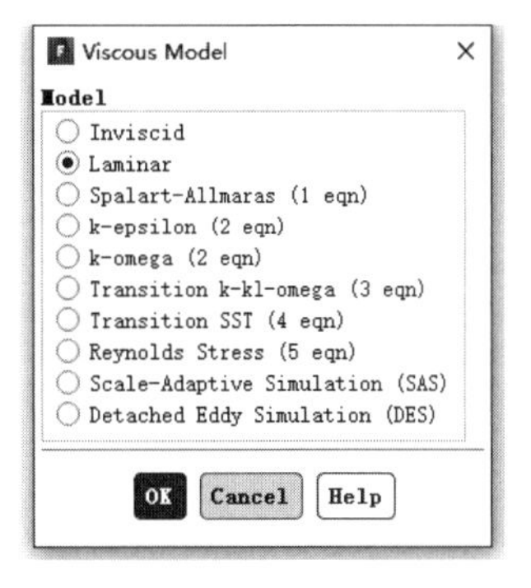

图 9-8　湍流模型对话框

9.1.5 设置材料

单击信息树中的 Materials 项，弹出如图 9-9 所示的 Materials（材料）面板。在材料面板中双击 air，弹出如图 9-10 所示的 Create/Edit Materials（物性参数设定）对话框。

在 Density 中输入 1，在 Viscosity 中输入 0.01，单击 Change/Create 按钮，然后单击 Close 按钮关闭窗口。

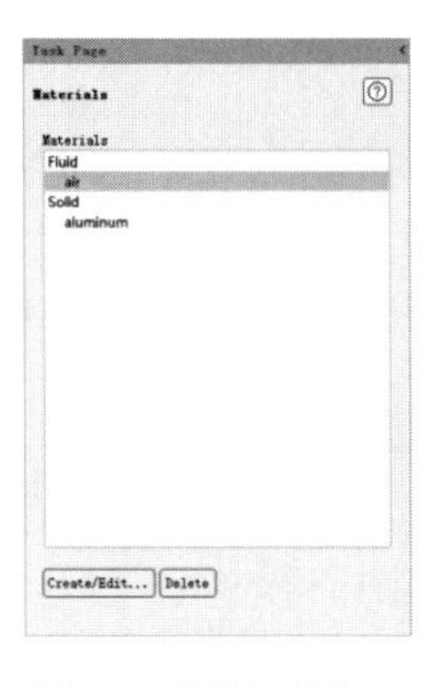

图 9-9　材料面板

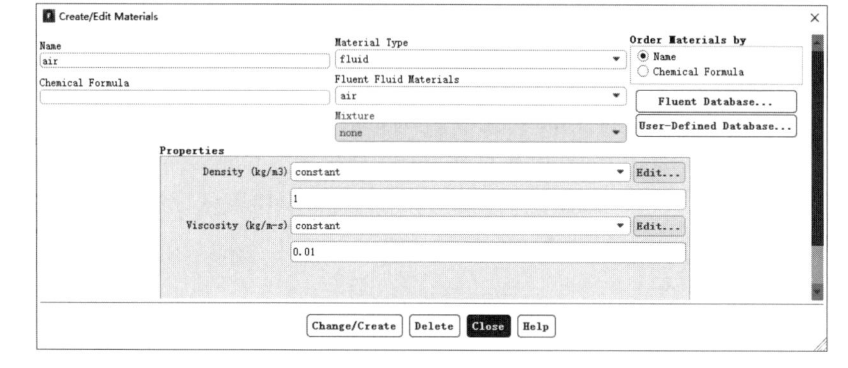

图 9-10　物性参数设定对话框

9.1.6　边界条件

步骤 01　单击信息树中的 Boundary Conditions 项，启动如图 9-11 所示的边界条件面板。

步骤 02　在边界条件面板中双击 in，弹出如图 9-12 所示的边界条件设置对话框。在 Velocity Magnitude 中输入 1，单击 OK 按钮确认退出。

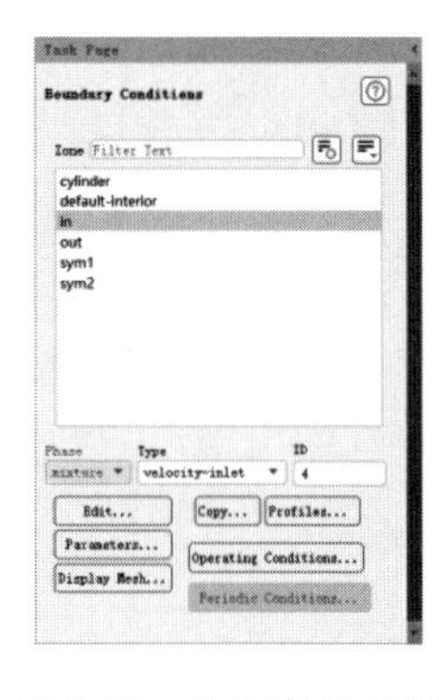

图 9-11　边界条件面板

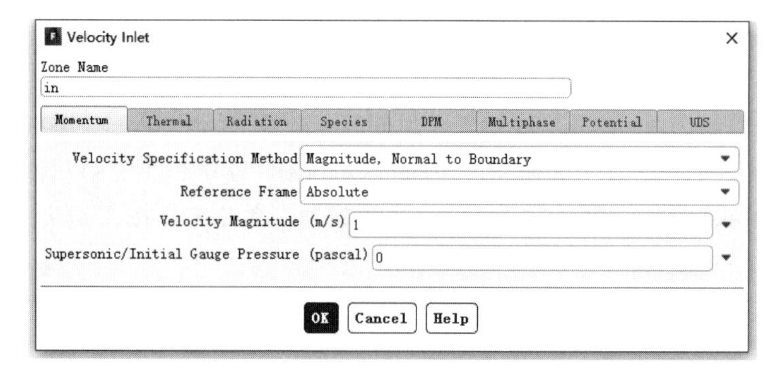

图 9-12　边界条件设置对话框

步骤 03　在边界条件面板中双击 out，弹出如图 9-13 所示的边界条件设置对话框。在 Gauge Pressure 中输入 0，单击 OK 按钮确认退出。

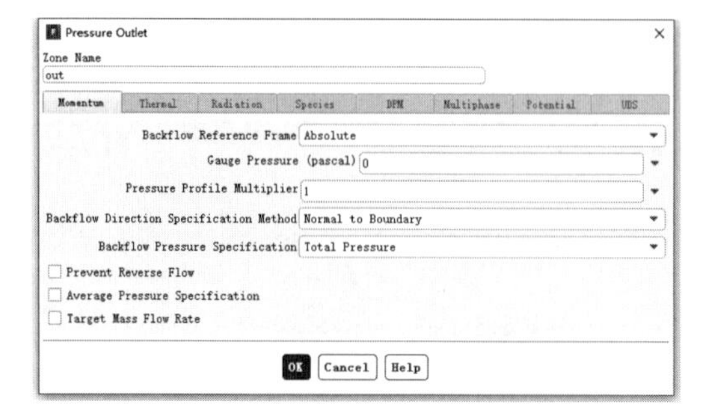

图 9-13　边界条件设置对话框

9.1.7 求解控制

步骤 01 单击信息树中的 Methods 项，弹出如图 9-14 所示的 Solution Methods（求解方法设置）面板，在 Momentum 中选择 QUICK。

步骤 02 单击信息树中的 Controls 项，弹出如图 9-15 所示的 Solution Controls（求解过程控制）面板，保持默认设置。

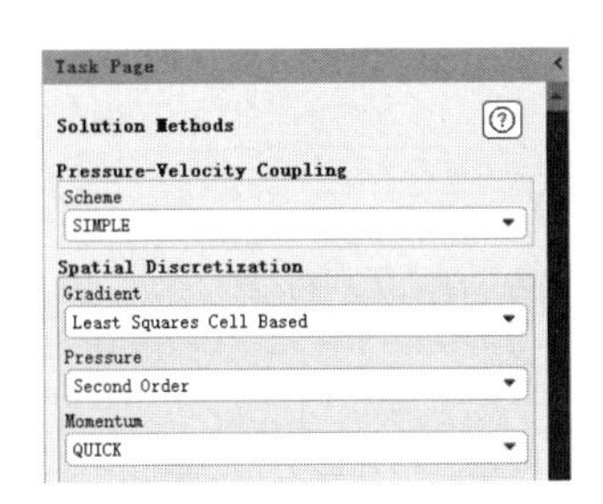

图 9-14 求解方法设置面板

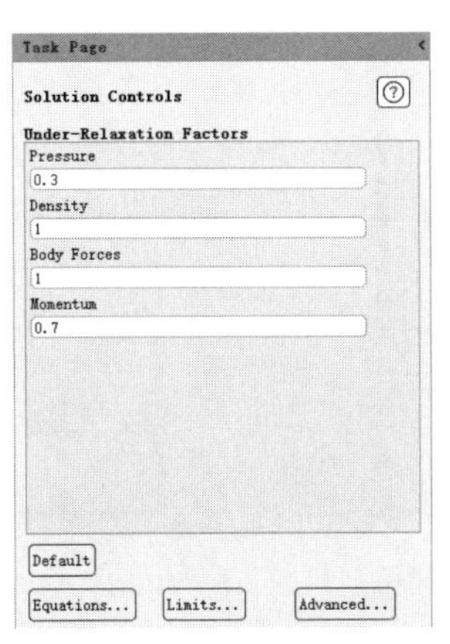

图 9-15 求解过程控制面板

9.1.8 初始条件

单击信息树中的 Initialization 项，弹出如图 9-16 所示的 Solution Initialization（初始化设置）面板。在 Initialization Methods 中选中 Standard Initialization 单选按钮，在 Compute from 中选择 in，单击 Initialize 按钮进行初始化。

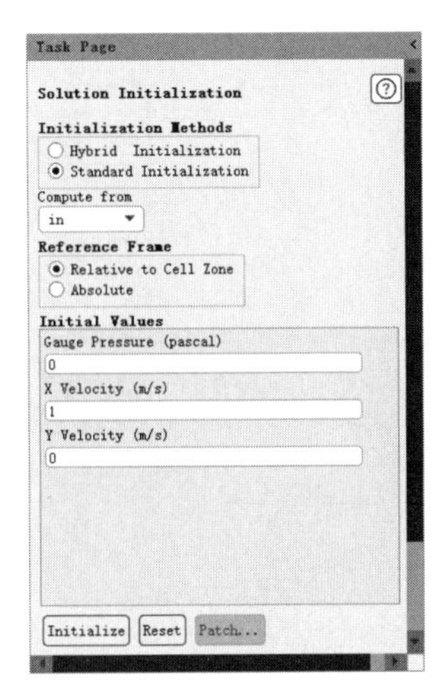

图 9-16 初始化设置面板

9.1.9 求解过程监视

步骤 01 单击信息树中的 Monitors 项，弹出如图 9-17 所示的 Monitors（监视）面板，双击 Residual，便弹出如图 9-18 所示的 Residual Monitors（残差监视）对话框。

保持默认设置不变，单击 OK 按钮确认。

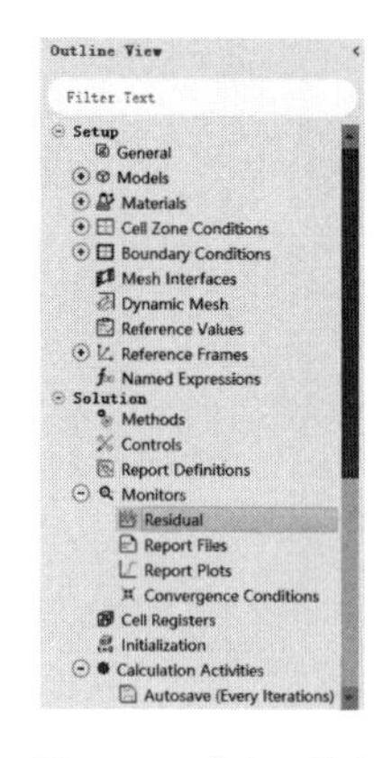

图 9-17 监视面板

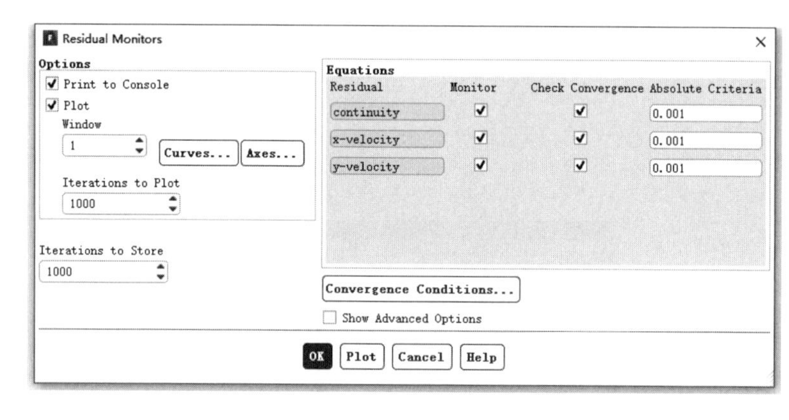

图 9-18 残差监视对话框

步骤 02 单击 Results 选项卡 Surface 面板中的 Create Point 按钮，弹出如图 9-19 所示的 Point Surface（点）对话框。

在 Coordinates 的 x 和 y 文本框中分别输入 2 和 1，单击 Create 按钮。

步骤 03 在 Report Files 下，单击 New 后选择 Surface Report 中的 Vertex Average，弹出如图 9-20 所示的 Surface Report Definition（表面报告定义）对话框。

在 Report Plots 中选中新建的 Surface Report，在 Report Type 中选择 Vertex Average，在 Field Variable 中选择 Velocity 和 Y Velocity，在 Surfaces 中选择 point-6，单击 OK 按钮确认。

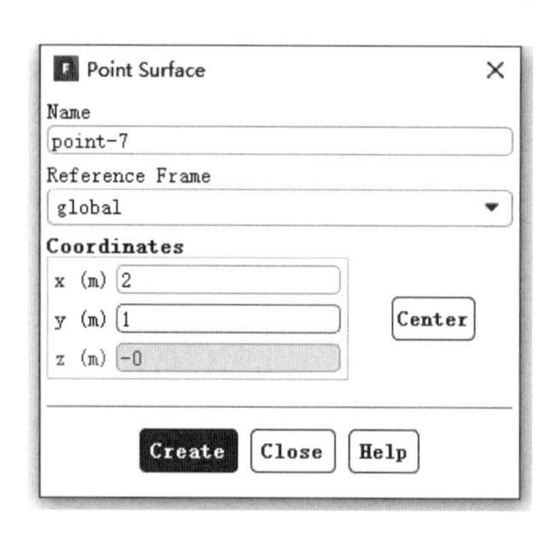

图 9-19 点对话框

图 9-20 表面报告定义对话框

9.1.10 计算求解

单击信息树中的 Run Calculation 项，弹出如图 9-21 所示的 Run Calculation（运行计算）面板。

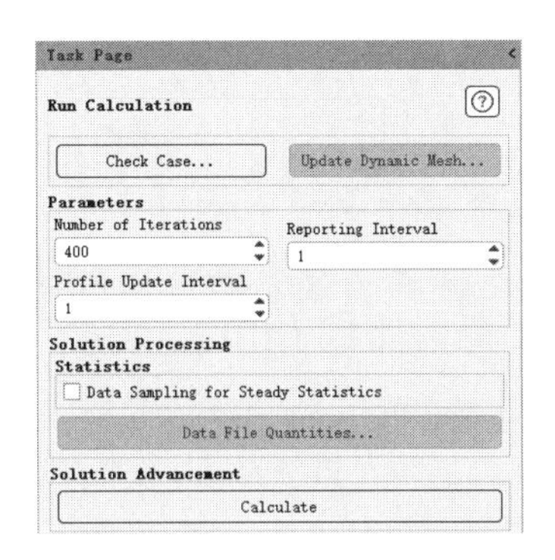

图 9-21　运行计算面板

在 Number of Iterations 中输入 400，单击 Calculate 按钮开始计算。

9.1.11　结果后处理

单击信息树中的 Graphics 项，弹出如图 9-22 所示的 Graphics and Animations（图形和动画）面板。在 Graphics 下双击 Vectors，弹出如图 9-23 所示的 Vectors（矢量）对话框。单击 Save/Display 按钮，显示如图 9-24 所示的速度矢量图。

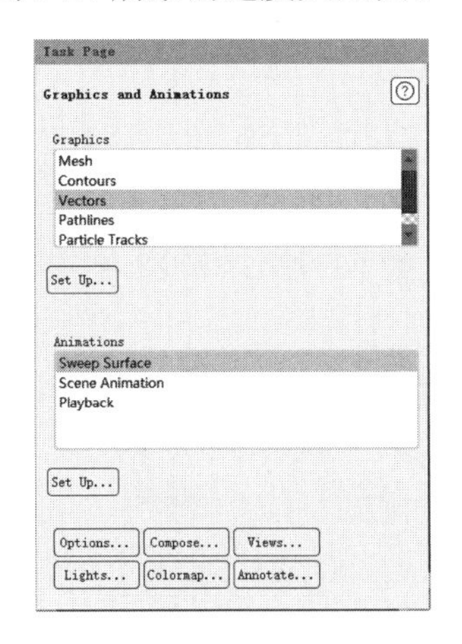

图 9-22　图形和动画对话框

图 9-23　矢量对话框

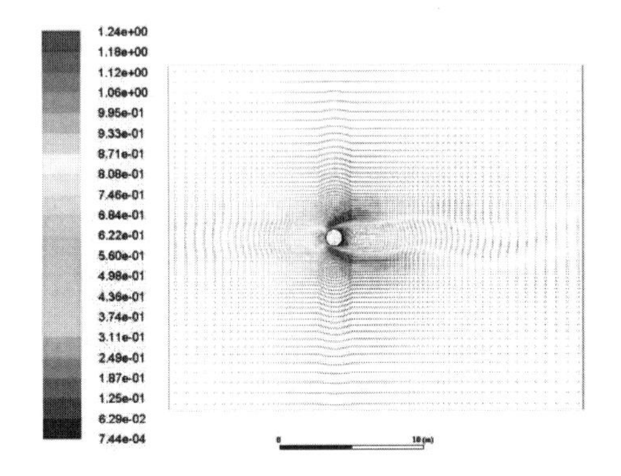

图 9-24　速度矢量图

9.1.12 定义求解器修改

单击信息树中的 General 项，弹出如图 9-25 所示的 General（总体模型设定）面板。在 Solver 中，将 Time 类型设为 Transient。

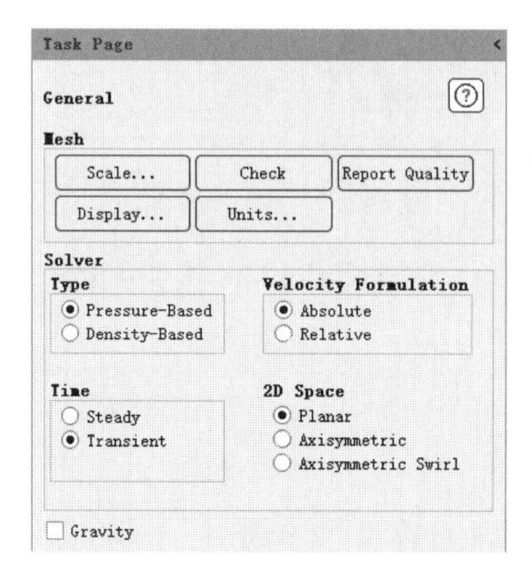

图 9-25 总体模型设定面板

9.1.13 求解控制修改

步骤 01 单击信息树中的 Methods 项，弹出如图 9-26 所示的 Solution Methods（求解方法设置）面板。在 Pressure-Velocity Coupling 中选择 PISO，在 Transient Formulation 中选择 Second Order Implicit。

步骤 02 单击信息树中的 Controls 项，弹出如图 9-27 所示的 Solution Controls（求解过程控制）面板，在 Pressure 中输入 0.7。

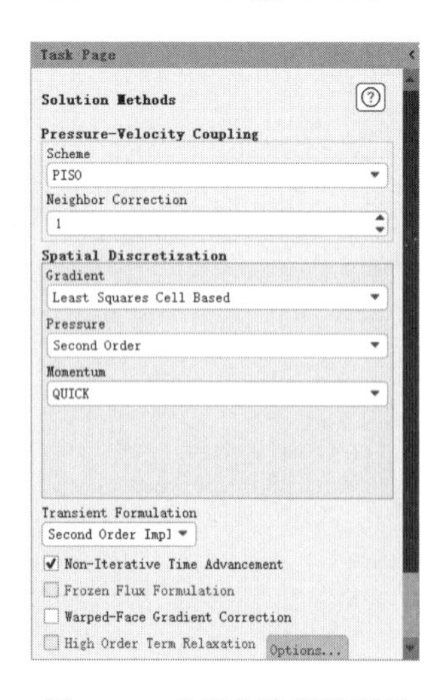

图 9-26 求解方法设置面板

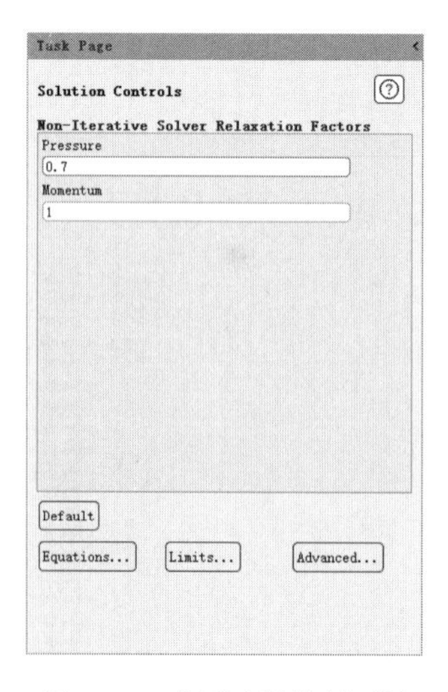

图 9-27 求解过程控制面板

9.1.14 计算求解

单击信息树中的 Run Calculation 项，弹出如图 9-28 所示的 Run Calculation（运行计算）面板。

在 Time Step Size 中输入 0.1，在 Number of Time Steps 中输入 120，在 Options 中勾选 Extrapolate Variables 复选框，单击 Calculate 按钮开始计算。

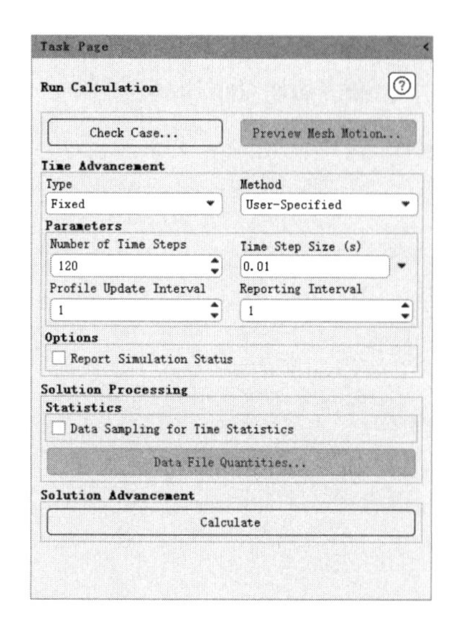

图 9-28　运行计算面板

9.1.15 求解控制修改

单击信息树中的 Methods 项，弹出如图 9-29 所示的 Solution Methods（求解方法设置）面板。

在 Transient Formulation 中勾选 Non-Iterative Time Advancement 复选框，在 Pressure-Velocity Coupling 中选择 Fractional Step。

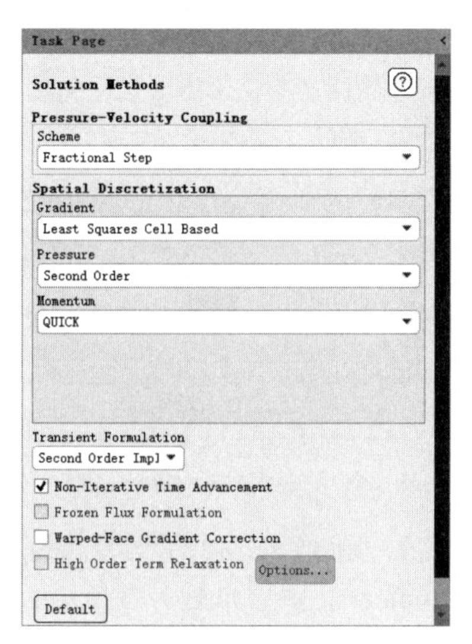

图 9-29　求解方法设置面板

9.1.16 计算求解

单击信息树中的 Run Calculation 项，弹出如图 9-30 所示的 Run Calculation（运行计算）面板。在 Time Step Size 中输入 0.05，在 Number of Time Steps 中输入 240，单击 Calculate 按钮开始计算。

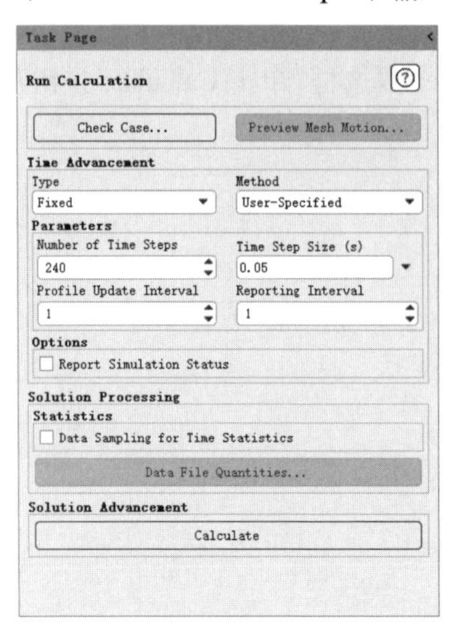

图 9-30 运行计算面板

9.1.17 结果后处理

步骤 01 单击 User Defined 选项卡 Field Functions 面板中的 Custom Field Function 按钮，弹出如图 9-31 所示的 Custom Field Function Calculator（用户函数定义）对话框，在 Definition 中输入 dx-velocity-dx * dy-velocity-dx * dx-velocity-dy * dy-velocity-dy，在 New Function Name 中输入 q-criterion，单击 Define 按钮确认，单击 Close 按钮关闭对话框。

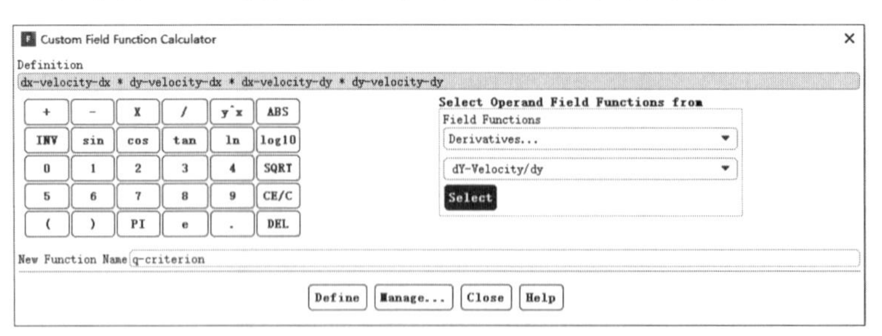

图 9-31 用户函数定义对话框

步骤 02 单击信息树中的 Graphics 项，弹出如图 9-32 所示的 Graphics and Animations（图形和动画）面板，在 Graphics 下双击 Contours，弹出如图 9-33 所示的 Contours（等值线）对话框。在 Contours of 中选择 Custom Field Functions 和 q-criterion，在 Options 中勾选 Filled 复选框，取消选择 Auto Range 复选框，在 Min 和 Max 中分别输入 0.1 和 1.25，单击 Save/Display 按钮，

显示如图 9-34 所示的云图。

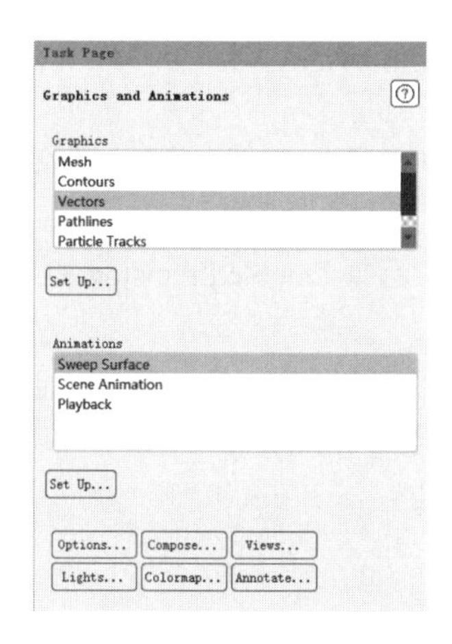

图 9-32　图形和动画面板

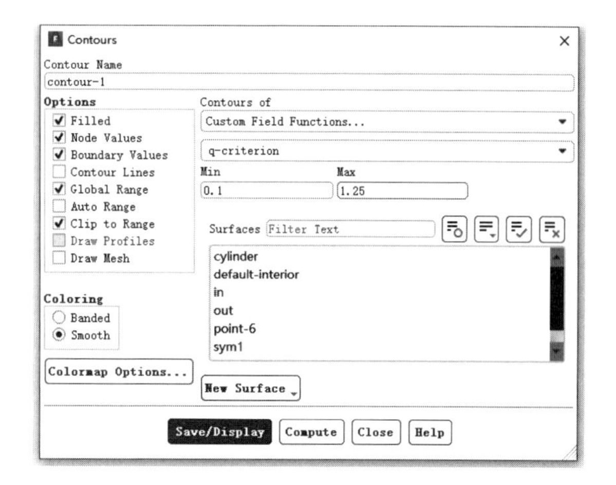

图 9-33　等值线对话框

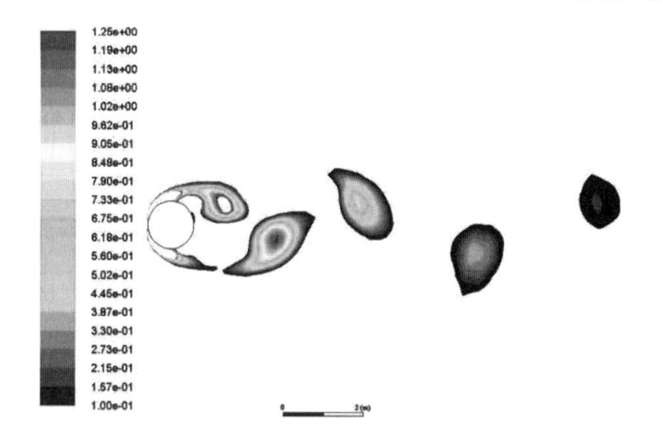

图 9-34　q-criterion 云图

9.2　机翼超音速流动

下面将通过一个机翼超音速流动分析案例让读者对 ANSYS Fluent 2020 分析处理外部流动的基本操作有一个初步的了解。

9.2.1　案例介绍

机翼（见图 9-35）周围边界马赫数为 0.8，请用 ANSYS Fluent 分析机翼外流场情况。

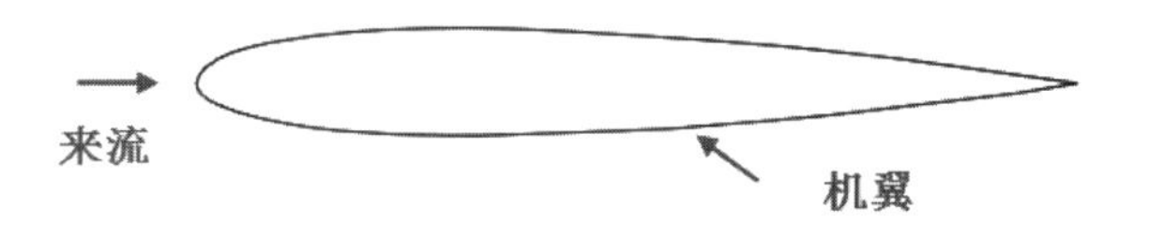

图 9-35　机翼

9.2.2 启动 Fluent 并导入网格

步骤01 在 Windows 系统下执行“开始”→“所有程序”→ANSYS 2020→Fluent 2020 命令，启动 Fluent 2020，进入 Fluent Launcher 界面。

步骤02 在 Fluent Launcher 界面中的 Dimension 中选择 2D，在 Option 中选择 Double Precision 和 Display Mesh After Reading，单击 OK 按钮进入 Fluent 主界面。

步骤03 在 Fluent 主界面中，单击主菜单中的 File→Read→Mesh 按钮，弹出如图 9-36 所示的 Select File 对话框，选择名称为 Airfoil.msh 的网格文件，单击 OK 按钮便可导入网格。

步骤04 导入网格后，在图形显示区将显示几何模型，如图 9-37 所示。

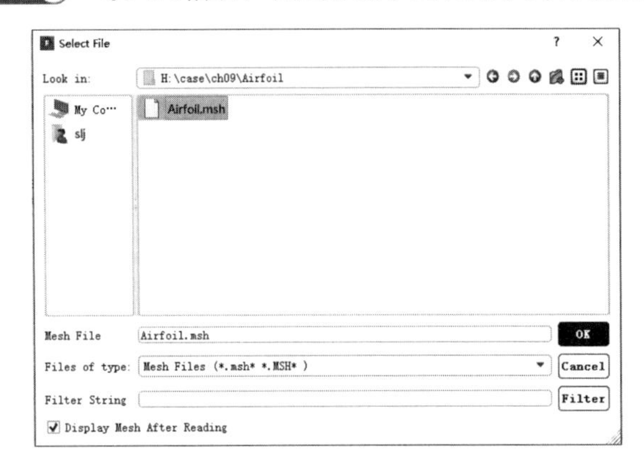

图 9-36 导入网格对话框

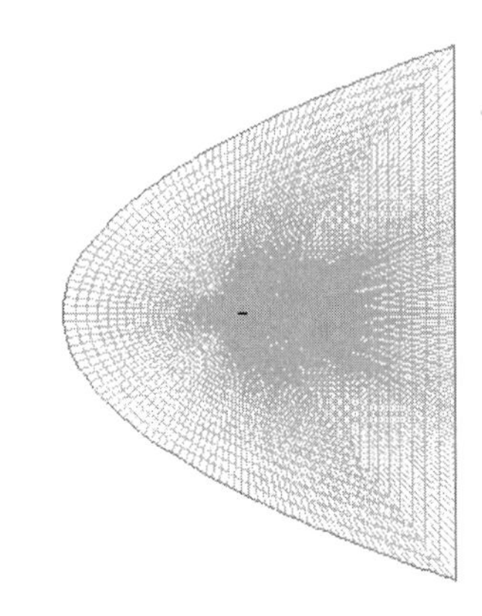

图 9-37 显示几何模型

步骤05 单击 Check 按钮，检查网格质量，确保不存在负体积。

步骤06 在 Console 窗口内输入 Mesh/reorder/reorder-domain，显示文本信息，如图 9-38 所示，还可对网格矩阵进行重新排列，加快运算速度。

```
>> Reordering domain using Reverse Cuthill-McKee method:
     zones, cells, faces, done.
   Bandwidth reduction = 30400/230 = 132.17
   Done.
```

图 9-38 文本信息显示

步骤07 单击主菜单中的 File→Write→Case 按钮，弹出 Select File 对话框，在 Case File 中填入 Airfoil，单击 OK 按钮便可保存项目。

9.2.3 定义求解器

步骤01 单击信息树中的 General 项，弹出如图 9-39 所示的 General（总体模型设定）面板。在 Solver 中，将 Time 类型设为 Steady。

步骤02 单击 Physics 选项卡 Solver 面板中的 Operating Conditions 按钮，弹出如图 9-40 所示的 Operating Conditions（操作条件）对话框。保持默认设置，单击 OK 按钮确认。

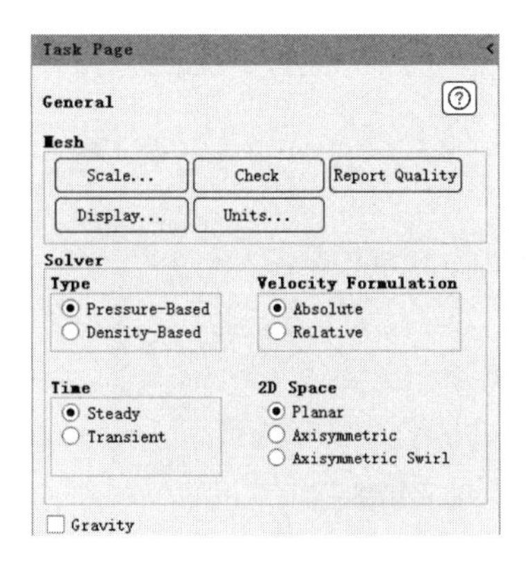

图 9-39　总体模型设定面板

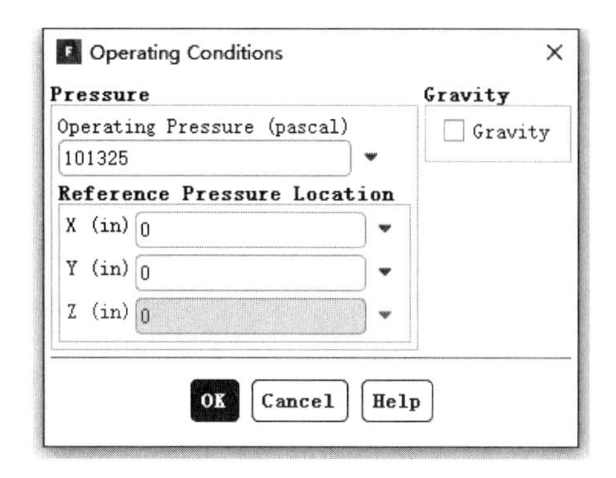

图 9-40　操作条件对话框

9.2.4　定义模型

在信息树中单击 Models 项，弹出如图 9-41 所示的 Models（模型设定）面板。在模型设定面板中双击 Viscous，弹出如图 9-42 所示的 Viscous Model（湍流模型）对话框。

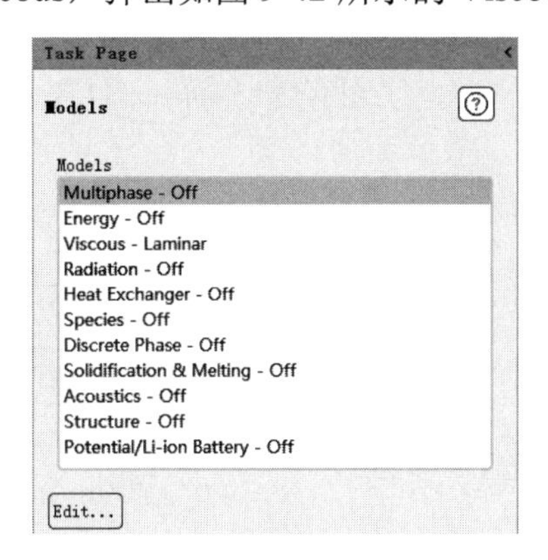

图 9-41　模型设定面板

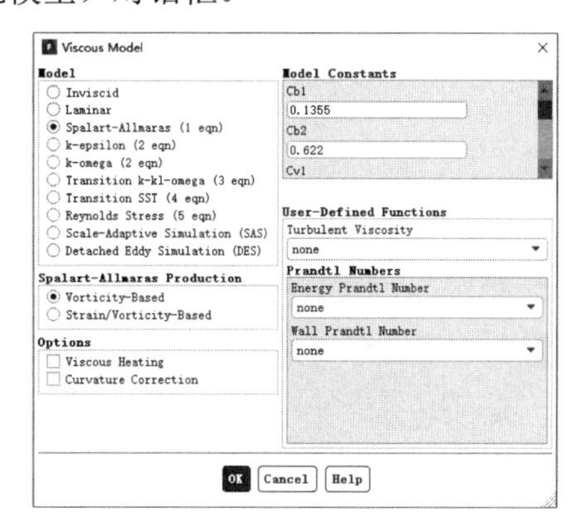

图 9-42　湍流模型对话框

在 Model 中选中 Spalart-Allmaras (1 eqn)单选按钮，单击 OK 按钮确认。

9.2.5　设置材料

步骤 01　单击信息树中的 Materials 项，弹出如图 9-43 所示的 Materials（材料）面板。在材料面板中双击 air，弹出如图 9-44 所示的 Create/Edit Materials（物性参数设定）对话框。

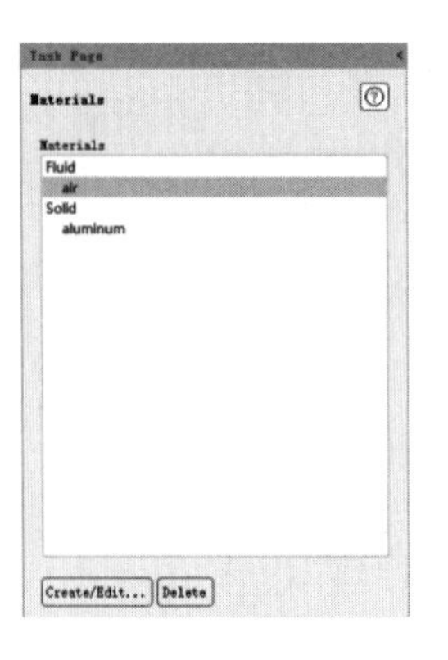

图 9-43　材料面板

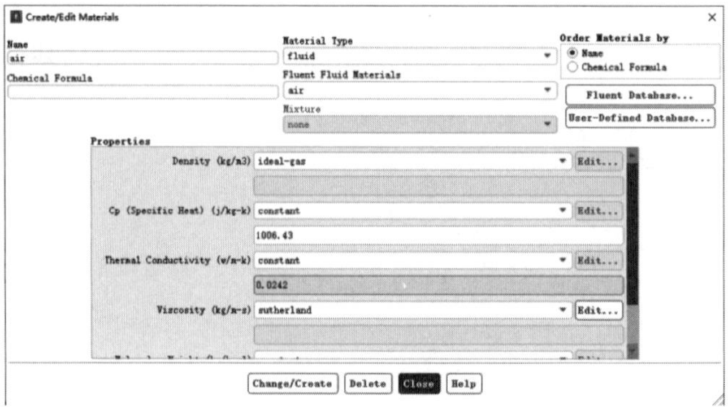

图 9-44　物性参数设定对话框

步骤 02 在 Density 中选择 ideal-gas，Energy Equation（能量方程）将被激活。

在 Viscosity 中选择 sutherland，单击 Edit 按钮，打开如图 9-45 所示的 Sutherland Law 对话框，保持默认设置，单击 OK 按钮确认退出。

步骤 03 在物性参数设定对话框中单击 Change/Create 按钮，单击 Close 按钮关闭窗口。

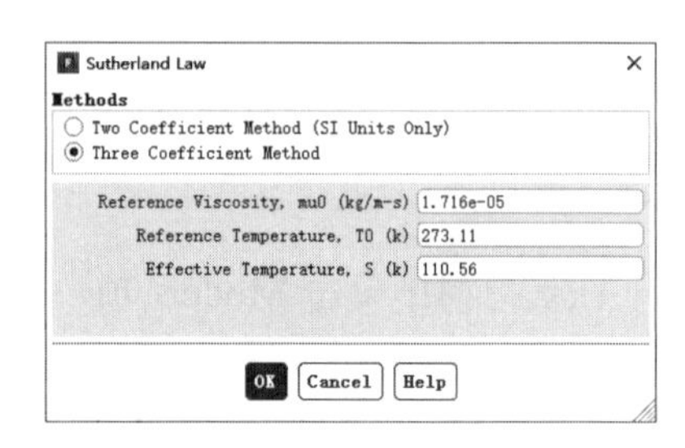

图 9-45　Sutherland Law 对话框

9.2.6　边界条件

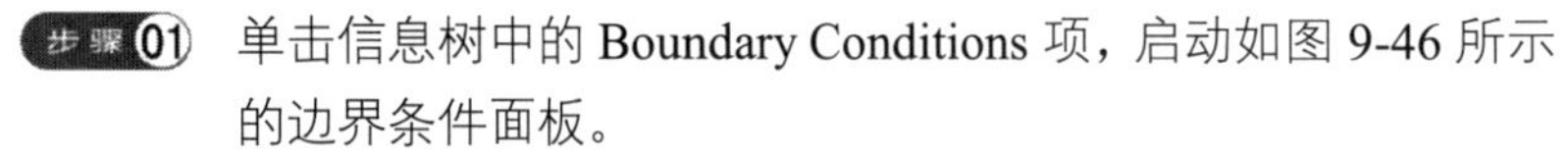

步骤 01 单击信息树中的 Boundary Conditions 项，启动如图 9-46 所示的边界条件面板。

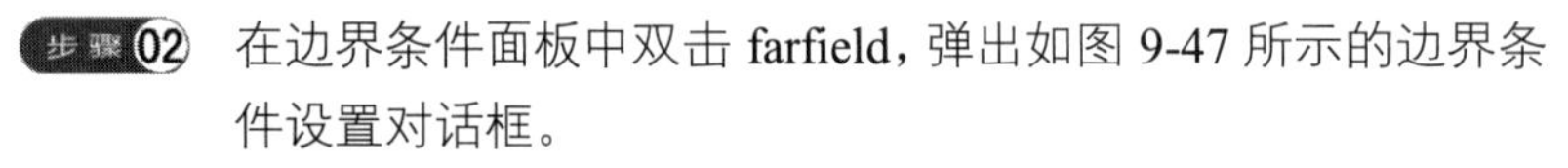

步骤 02 在边界条件面板中双击 farfield，弹出如图 9-47 所示的边界条件设置对话框。

在 Mach Number 中填入 0.8，在 X-Component of Flow Direction 和 Y-Component of Flow Direction 中分别填入 0.997564 和 0.069756。

切换至如图 9-48 所示的 Thermal 选项卡，在 Temperature 中输入 300，单击 OK 按钮确认退出。

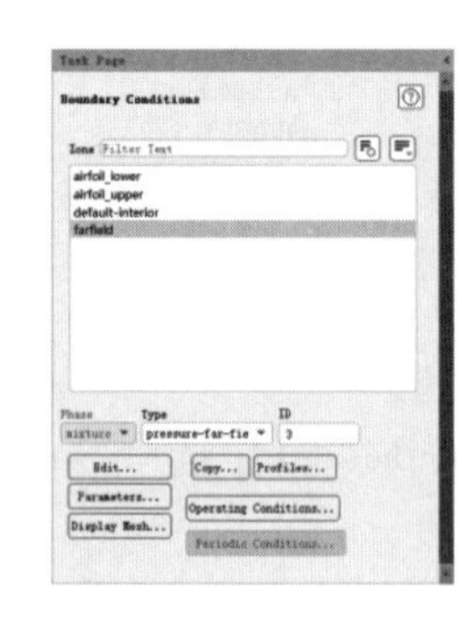

图 9-46　边界条件面板

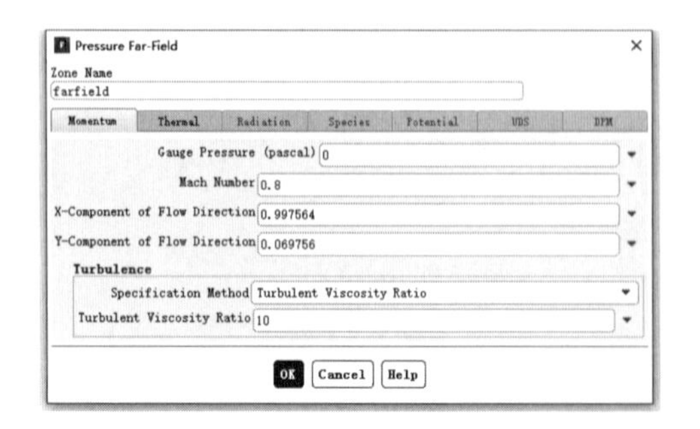

图 9-47　边界条件设置对话框

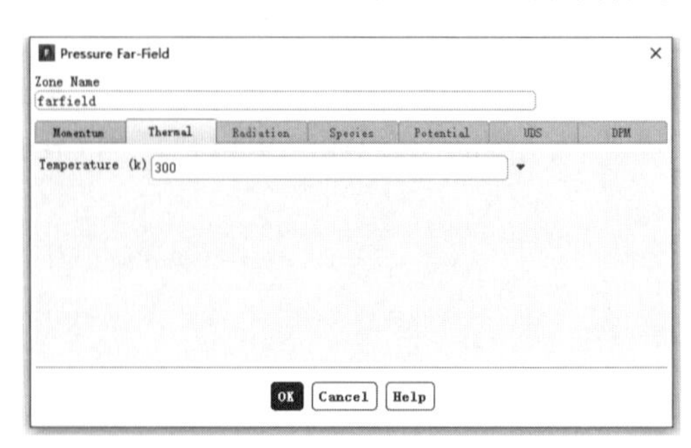

图 9-48　边界条件设置对话框

9.2.7 求解控制

步骤 01 单击信息树中的 Methods 项，弹出如图 9-49 所示的 Solution Methods（求解方法设置）面板。在 Pressure-Velocity Coupling 中选择 Coupled，在 Modified Turbulent Viscosity 中选择 Second Order Upwind，勾选 Pseudo Transient 复选框。

步骤 02 单击信息树中的 Controls 项，弹出如图 9-50 所示的 Solution Controls（求解过程控制）面板。在 Pseudo Transient Explicit Relaxation Factors 的 Density 中填入 0.5，在 Modified Turbulent Viscosity 中输入 0.9。

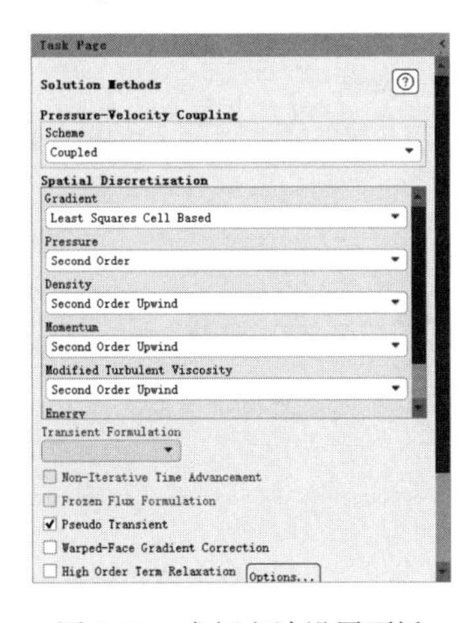

图 9-49 求解方法设置面板

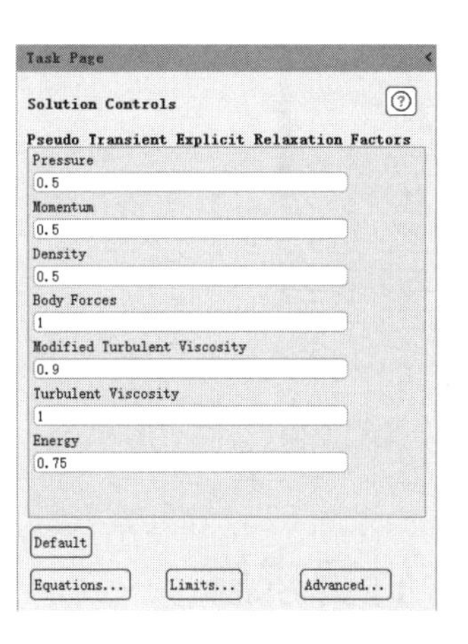

图 9-50 求解过程控制面板

9.2.8 初始条件

单击信息树中的 Initialization 项，弹出如图 9-51 所示的 Solution Initialization（初始化设置）面板。在 Initialization Methods 中选中 Hybrid Initialization 单选按钮，单击 Initialize 按钮进行初始化。

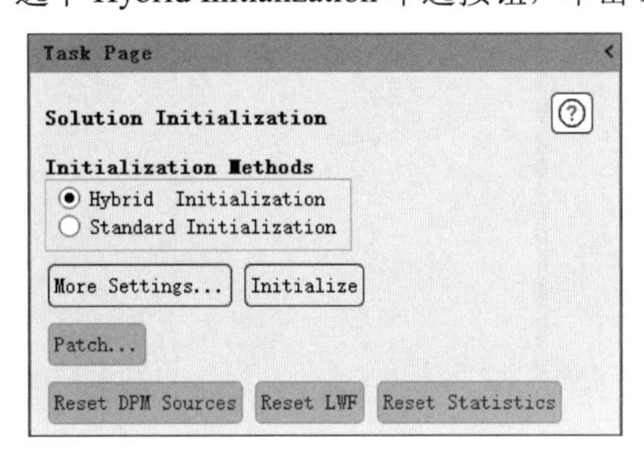

图 9-51 初始化设置面板

9.2.9 求解过程监视

单击信息树中的 Monitors 项，弹出如图 9-52 所示的 Monitors（监视）面板，双击 Residuals 便弹出如图 9-53 所示的 Residual Monitors（残差监视）对话框。

保持默认设置不变，单击 OK 按钮确认。

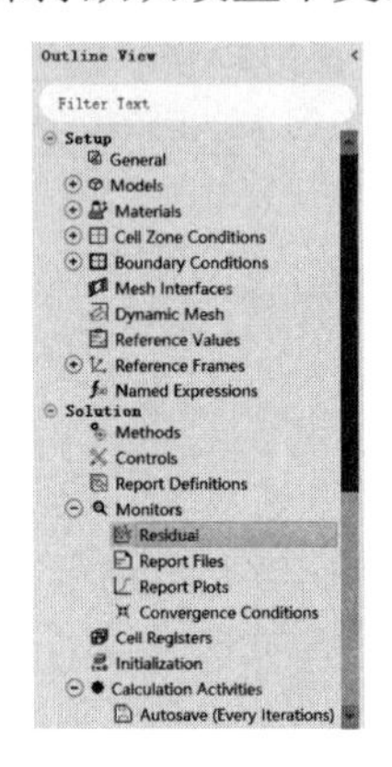

图 9-52 监视面板

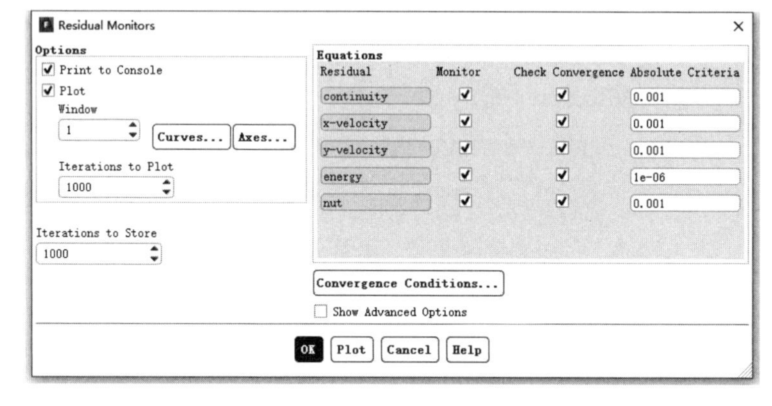

图 9-53 残差监视对话框

9.2.10 计算求解

步骤 01 单击信息树中的 Run Calculation 项，弹出如图 9-54 所示的 Run Calculation（运行计算）面板。在 Number of Iterations 中输入 200，单击 Calculate 按钮开始计算。

步骤 02 单击主菜单中的 Setup→Reference Values 按钮，弹出如图 9-55 所示的 Reference Values（参考值）面板。在 Compute from 中选择 farfield。

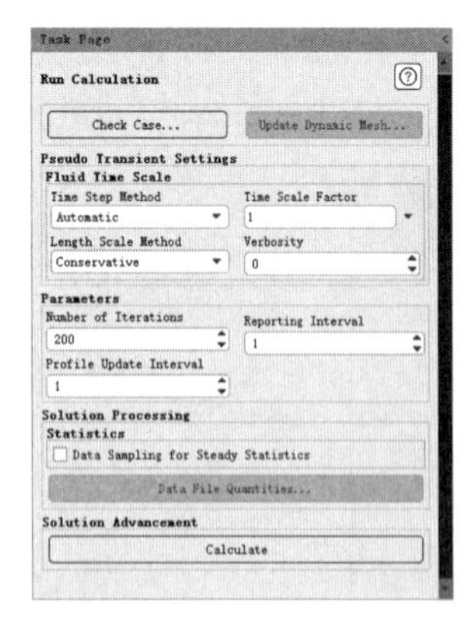

图 9-54 运行计算面板

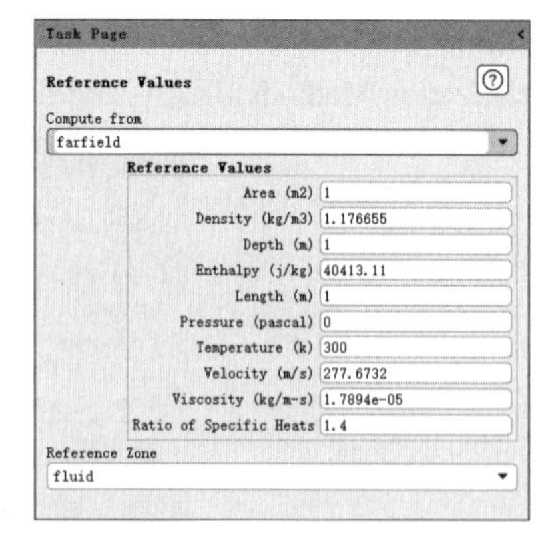

图 9-55 参考值面板

步骤 03 单击信息树中的 Monitors 项，单击 Report Files，单击 New 选项，在下拉菜单中选择 Force Report 下 Drag，弹出如图 9-56 所示的 Drag Report Definition 对话框。

在 Report Plots 及 Report Files 中选中 cd-1-pset、cd-1-rset，在 Force Vector 的 X、Y 文本框中

分别输入 0.9976 和 0.06976，在 Wall Zones 中选择 airfoil_lower 和 airfoil_upper，单击 OK 按钮确认。

步骤 04 单击信息树中的 Monitors 项，单击 Report Files，单击 New 选项，在下拉菜单中 Force Report 选择 Lift，弹出如图 9-57 所示的 Lift Report Definition 对话框。

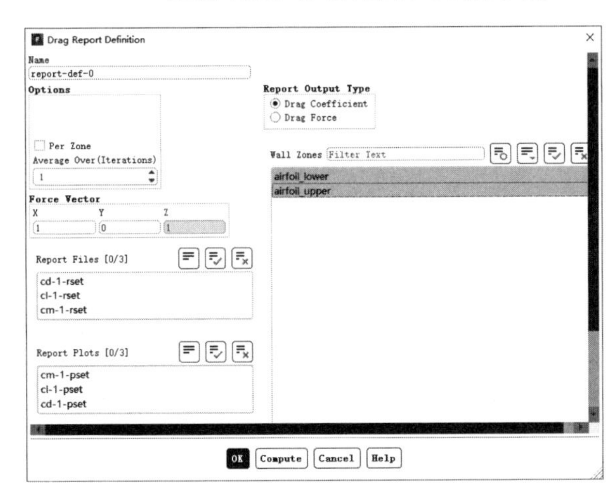

图 9-56　Drag Report Definition 对话框

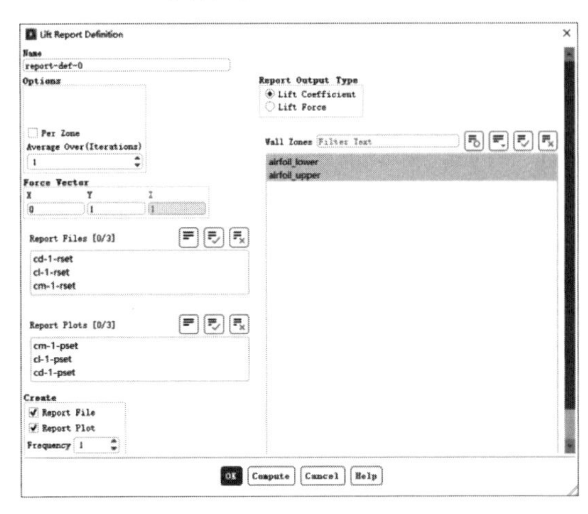

图 9-57　Lift Report Definition 对话框

在 Report Plots 及 Report Files 中选中 cm-1-pset、cm-1-rset，在 Force Vector 的 X、Y 文本框中分别输入-0.0698 和 0.9976，在 Wall Zones 中选择 airfoil_lower 和 airfoil_upper，单击 OK 按钮确认。

步骤 05 单击信息树中的 Monitors 项，单击 Report Files，单击 New 选项，在下拉菜单中 Force Report 选择 Moment，弹出如图 9-58 所示的 Moment Report Definition 对话框。

在 Report Plots 及 Report Files 中选中 cm-1-pset 和 cm-1-rset，在 Moment Center 的 X 中输入 0.25，在 Wall Zones 中选择 airfoil_lower 和 airfoil_upper，单击 OK 按钮确认。

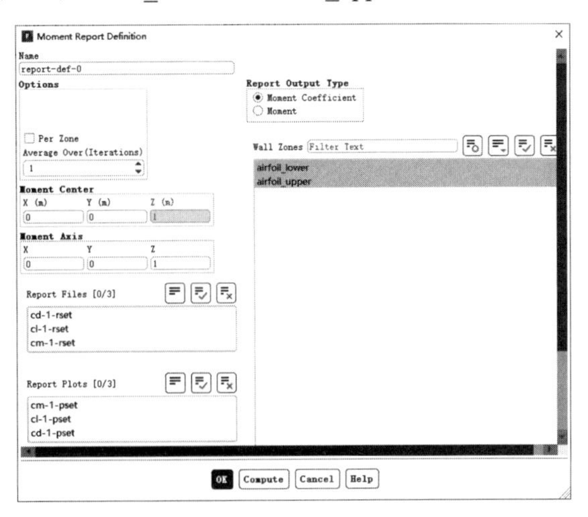

图 9-58　Moment Report Definition 对话框

步骤 06 单击 Results 选项卡 Surface 面板中的 Create Point 按钮，弹出如图 9-59 所示的 Point Surface（点设置）对话框，在 Coordinates 的 x 和 y 文本框中分别输入 0.53 和 0.51，单击 Create 按钮创建

新的点。

步骤 07 单击信息树中的 Run Calculation 项，弹出如图 9-60 所示的 Run Calculation（运行计算）面板。

在 Number of Iterations 中输入 200，单击 Calculate 按钮开始计算。

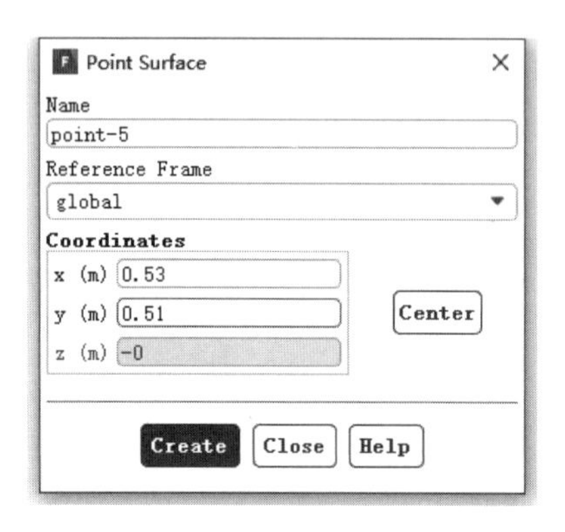

图 9-59　点设置对话框

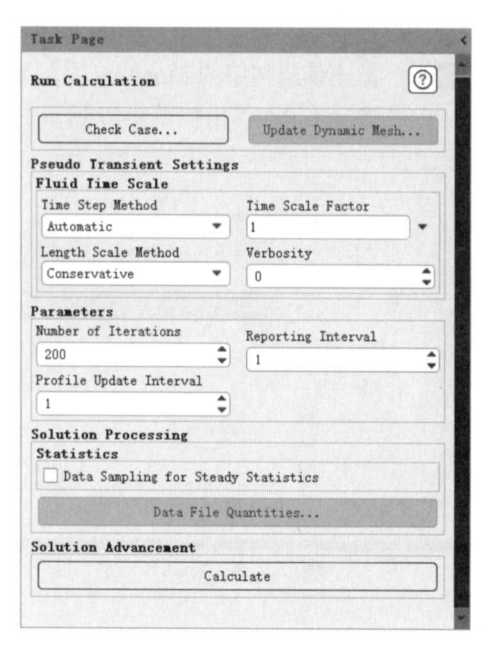

图 9-60　运行计算面板

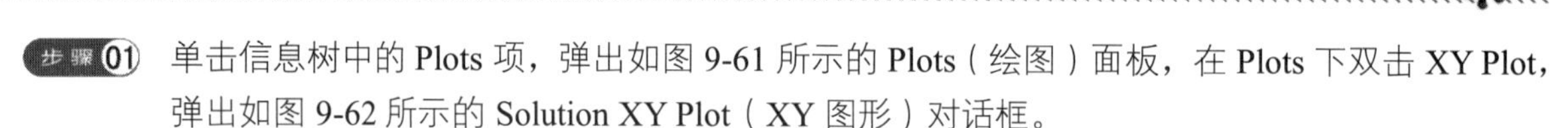

9.2.11　结果后处理

步骤 01 单击信息树中的 Plots 项，弹出如图 9-61 所示的 Plots（绘图）面板，在 Plots 下双击 XY Plot，弹出如图 9-62 所示的 Solution XY Plot（XY 图形）对话框。

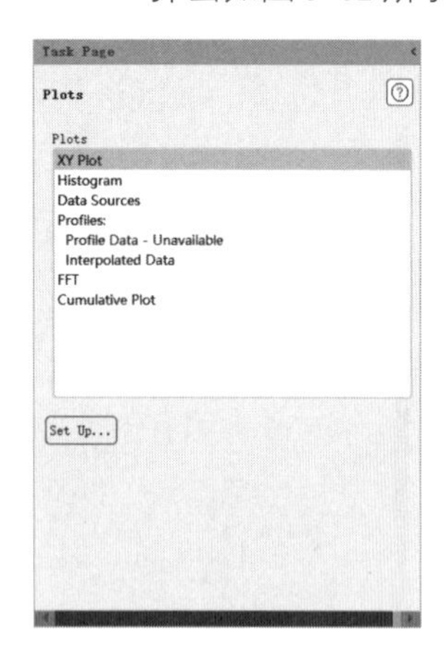

图 9-61　绘图面板

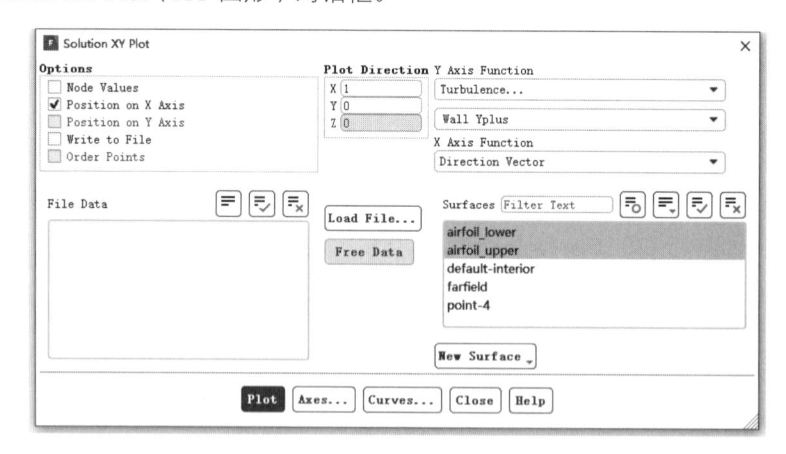

图 9-62　XY 图形对话框

取消选择 Node Values，在 Y Axis Function 中选择 Turbulence 和 Wall Yplus，在 Surfaces 中选择 airfoil_lower 和 airfoil_upper，单击 Plot 按钮，显示如图 9-63 所示的图形。

步骤 02 单击信息树中的 Graphics 项，弹出如图 9-64 所示的 Graphics and Animations（图形和动画）面板，在 Graphics 下双击 Contours，弹出如图 9-65 所示的 Contours（等值线）对话框。

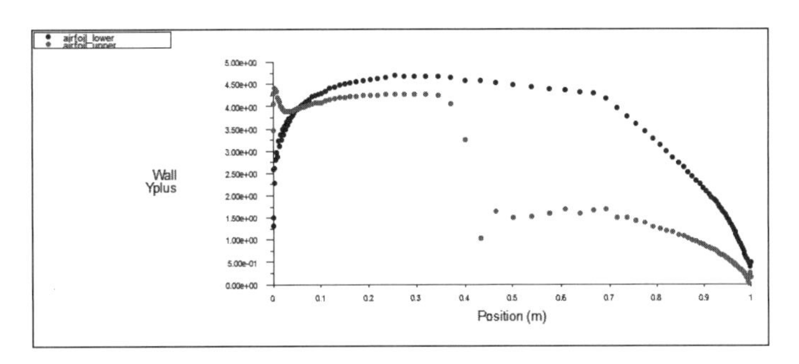

图 9-63　Yplus 图形

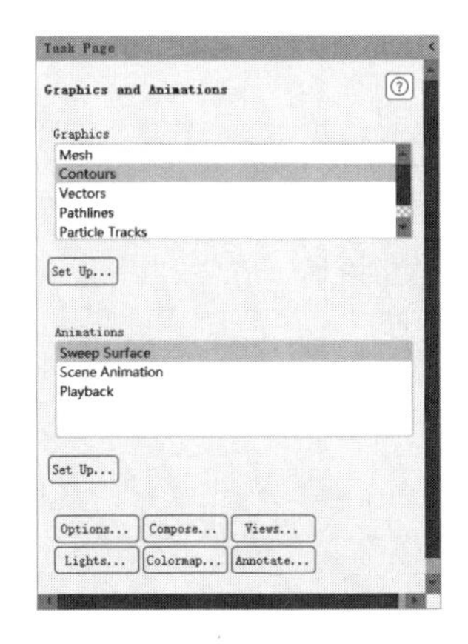

图 9-64　图形和动画面板

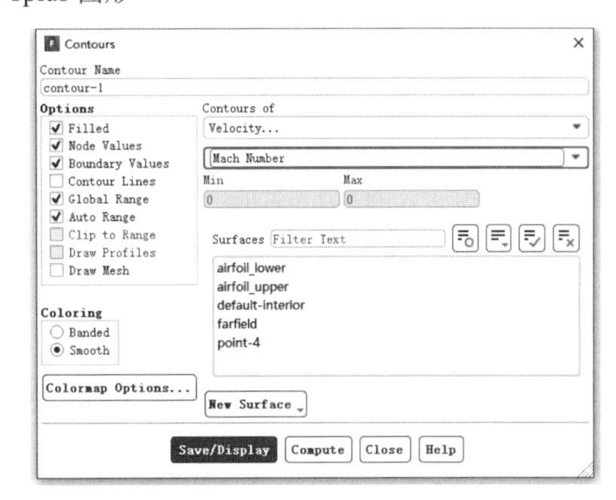

图 9-65　等值线对话框

在 Contours of 中选择 Velocity 和 Mach Number，单击 Save/Display 按钮，显示如图 9-66 所示的马赫数云图。

步骤 03 单击信息树中的 Plots 项，弹出 Plots（绘图）面板，在 Plots 下双击 XY Plot，弹出如图 9-67 所示的 Solution XY Plot（XY 图形）对话框。

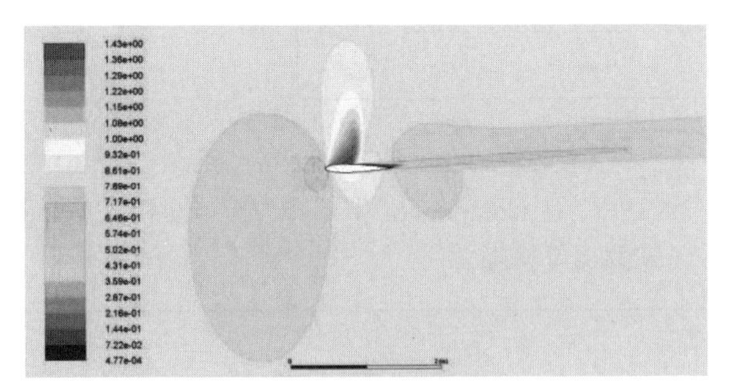

图 9-66　马赫数云图

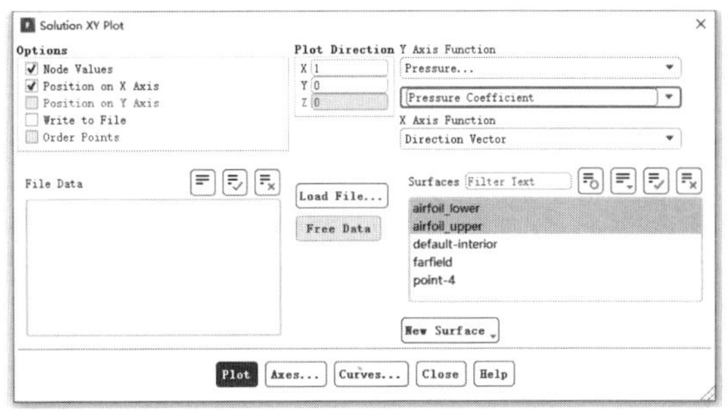

图 9-67　XY 图形对话框

勾选 Node Values 复选框，在 Y Axis Function 中选择 Pressure 和 Pressure Coefficient，在 Surfaces 中选择 airfoil_lower 和 airfoil_upper，单击 Plot 按钮，显示如图 9-68 所示的图形。

步骤 04 在如图 9-69 所示的 Solution XY Plot（XY 图形）对话框中取消选择 Node Values 复选框，在 Y Axis Function 中选择 Wall Fluxes 和 Wall Shear Stress，在 Surfaces 中选择 airfoil_lower 和 airfoil_upper，单击 Plot 按钮，显示如图 9-70 所示的图形。

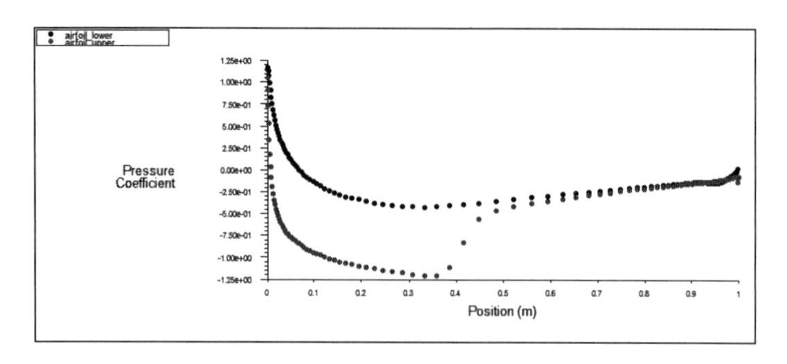

图 9-68　y+图形

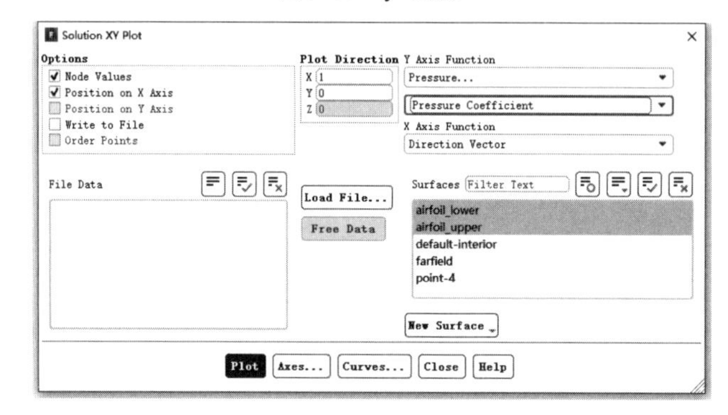

图 9-69　XY 图形对话框

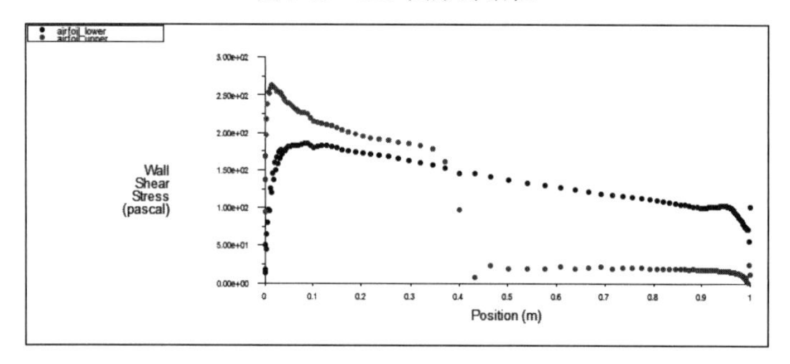

图 9-70　y+图形

步骤 05　打开如图 9-71 所示的 Contours（等值线）对话框，在 Contours of 中选择 Velocity 和 X Velocity，单击 Save/Display 按钮，显示如图 9-72 所示的速度云图。

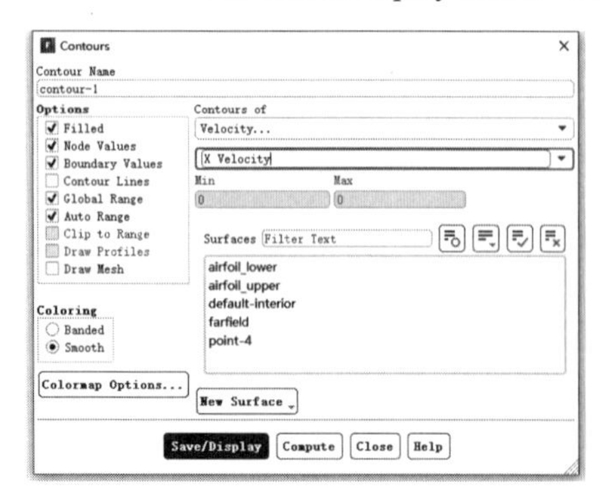

图 9-71　等值线对话框

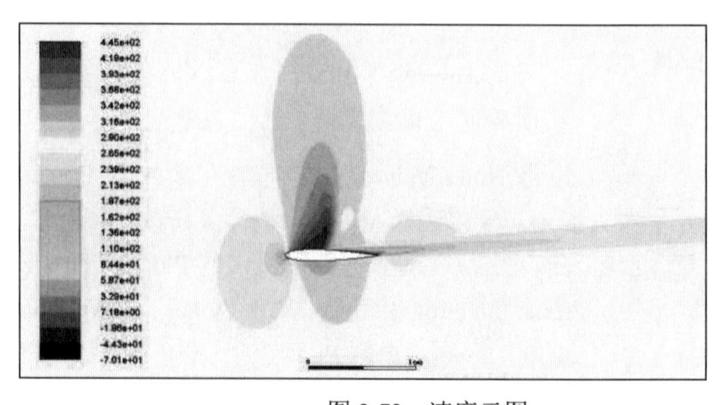

图 9-72　速度云图

步骤 06 在 Graphics 下双击 Vectors，弹出如图 9-73 所示的 Vectors（矢量）对话框。在 Scale 中填入 1，单击 Save/Display 按钮，显示如图 9-74 所示的速度矢量图。

图 9-73　矢量对话框

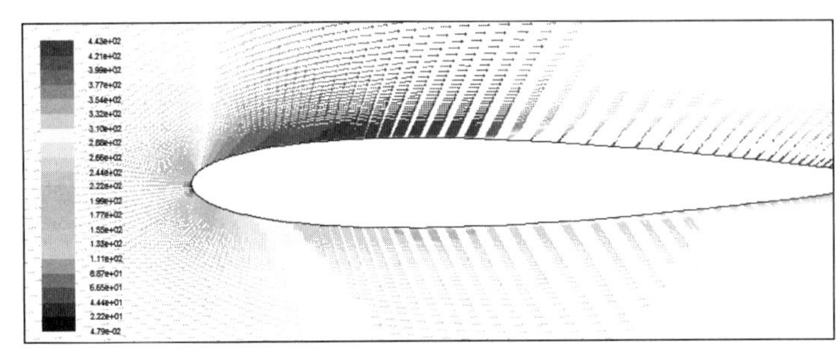

图 9-74　速度矢量图

9.3 本章小结

本章通过圆柱绕流和机翼超音速流动两个实例介绍了 Fluent 处理外部流动的工作流程。

通过本章的学习，读者可以掌握 Fluent 处理外部流动的基本思路，即首先生成一个相对模型，形成一个较大的封闭空间，然后在封闭空间内生成模型形状的空腔，在空间内添加流体，与模型前进的速度相反，可以模拟出流体在模型外表面的绕流情况。

第 10 章 多相流分析实例

导言

自然界和工程问题中会遇到大量多相流动。物质一般具有气态、液态和固态三相，但是多相流系统中相的概念具有更为广泛的意义。在多相流动中，“相”可以定义为具有相同类别的物质，该类物质在所处的流动中具有特定的惯性响应并与流场相互作用。比如说，相同材料的固体物质颗粒如果具有不同尺寸，就可以把它们看成不同的相，因为相同尺寸粒子的集合对流场有相似的动力学响应。

我们可以根据下面的原则将多相流分成 4 类：

- 气-液或液-液两相流，如气泡流动、液滴流动、分层自由面流动等。
- 气-固两相流，如充满粒子的流动、流化床等。
- 液-固两相流，如泥浆流、水力运输、沉降运动等。
- 三相流，上面各种情况的组合。

本章将通过实例介绍 Fluent 处理多相流模拟的工作步骤。

学习目标

★ 掌握网格模型的导入操作
★ 掌握边界条件的设定
★ 掌握多相流模型的设定

10.1 自由表面流动

下面将通过一个自由表面流动分析案例让读者对 ANSYS Fluent 2020 分析处理多相流问题的基本操作有一个初步的了解。

10.1.1 案例介绍

用 ANSYS Fluent 分析模拟溃坝过程中自由表面流动情况（见图 10-1）。

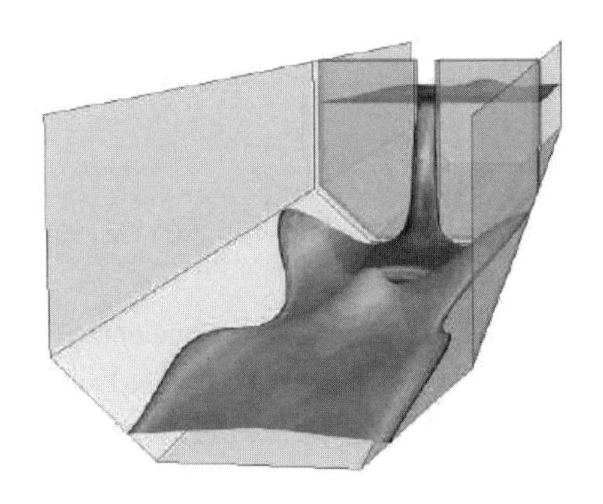

图 10-1　案例问题

10.1.2　启动 Fluent 并导入网格

步骤 01　在 Windows 系统下执行“开始”→“所有程序”→ANSYS 2020→Fluent 2020 命令，启动 Fluent 2020，进入 Fluent Launcher 界面。

步骤 02　在 Fluent Launcher 界面中的 Dimension 中选择 2D，在 Options 中选中 Display Mesh After Reading，单击 OK 按钮进入 Fluent 主界面。

步骤 03　在 Fluent 主界面中，单击主菜单中的 File→Read→Mesh 按钮，弹出如图 10-2 所示的 Select File 对话框，选择扩展名为 dambreak.msh 的网格文件，单击 OK 按钮便可导入网格。

步骤 04　导入网格后，在图形显示区将显示几何模型，如图 10-3 所示。

图 10-2　导入网格对话框

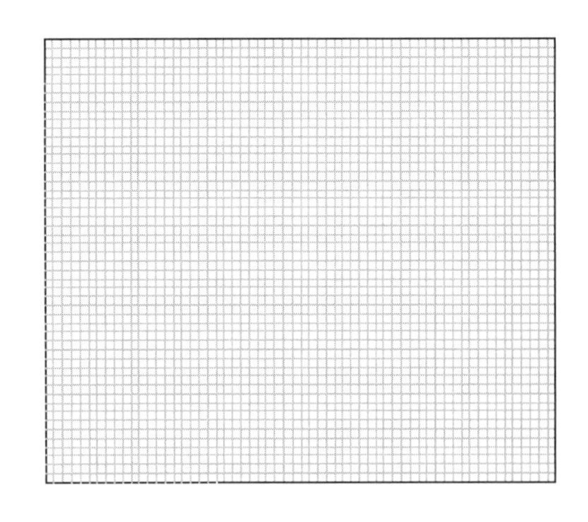

图 10-3　显示几何模型

步骤 05　单击 Check 按钮，检查网格质量，确保不存在负体积。

步骤 06　单击主菜单中的 File→Write→Case 按钮，弹出 Select File 对话框，在 Case File 中填入 dambreak，单击 OK 按钮便可保存项目。

10.1.3 定义求解器

步骤 01 单击信息树中的 General 项，弹出如图 10-4 所示的 General（总体模型设定）面板。在 Solver 中将 Time 类型设为 Transient。

步骤 02 单击 Physics 选项卡 Solver 面板中的 Operating Conditions 按钮，弹出如图 10-5 所示的 Operating Conditions（操作条件）对话框。在 Reference Pressure Location 中的 X 和 Y 文本框中分别填入 6 和 5，勾选 Gravity 复选框，在 Y 中输入-9.81，勾选 Specified Operating Density 复选框，单击 OK 按钮确认。

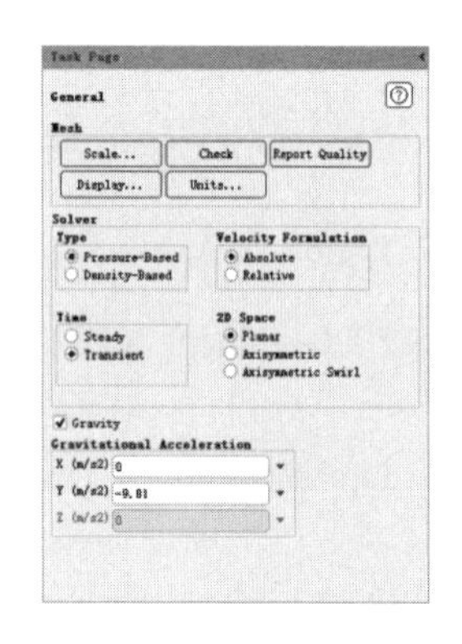

图 10-4　总体模型设定面板

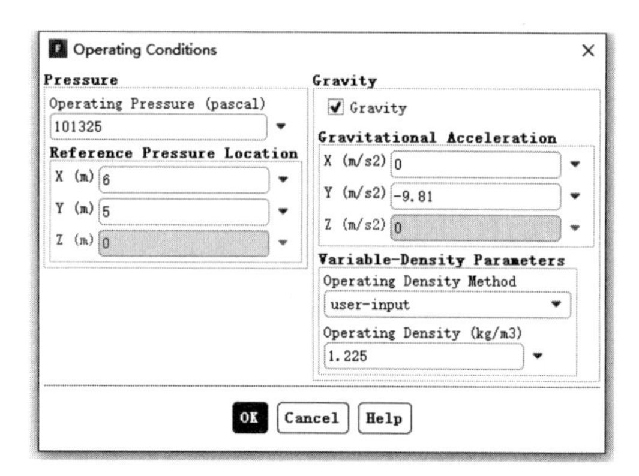

图 10-5　操作条件对话框

10.1.4 定义湍流模型

在信息树中单击 Models 项，弹出如图 10-6 所示的 Models（模型设定）面板。通过在模型设定面板双击 Viscous，弹出如图 10-7 所示的 Viscous Model（湍流模型）对话框。

在 Model 中选中 k-epsilon(2 eqn)单选按钮，单击 OK 按钮确认。

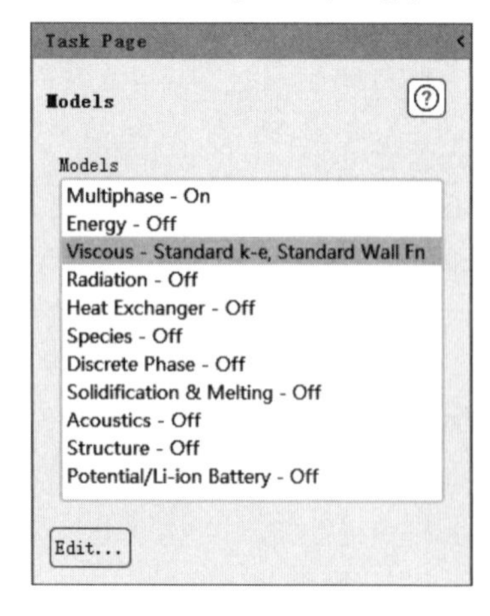

图 10-6　模型设定面板

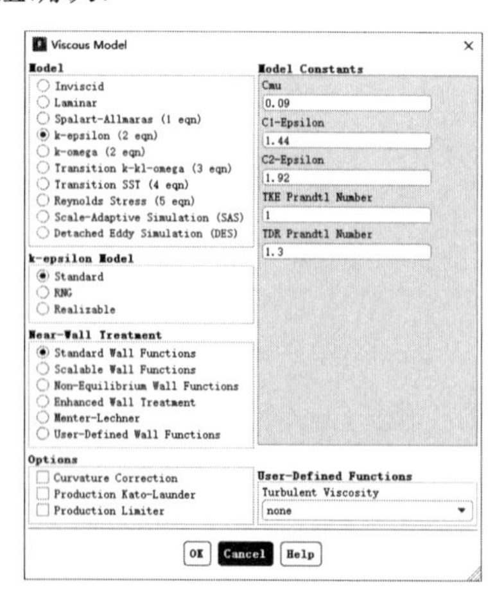

图 10-7　湍流模型对话框

10.1.5 设置材料

步骤 01 单击信息树中的 Materials 项，弹出如图 10-8 所示的 Materials（材料）面板。在材料面板中单击 Create/Edit 按钮，弹出如图 10-9 所示的 Create/Edit Materials（物性参数设定）对话框。

步骤 02 单击 Fluent Database 按钮，弹出如图 10-10 所示的 Fluent Database Materials（材料数据库）对话框。在 Fluent Fluid Materials 中选择 water-liquid，单击 Copy 按钮确认，然后单击 Close 按钮退出。

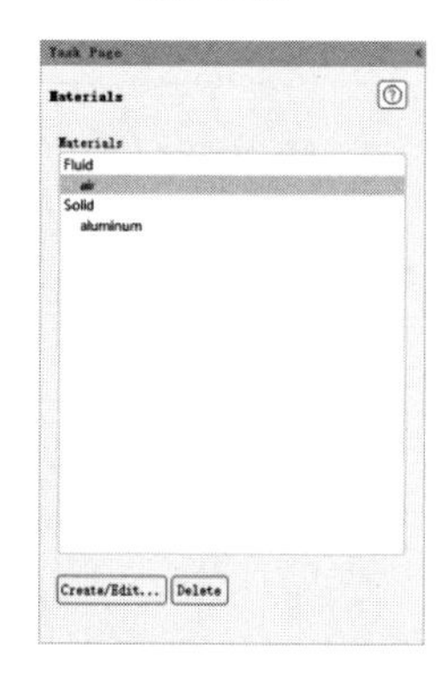

图 10-8 材料面板

图 10-9 物性参数设定对话框

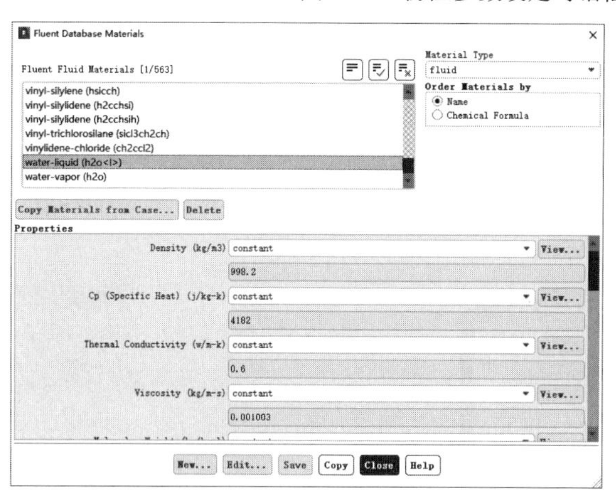

图 10-10 材料数据库对话框

10.1.6 定义多相流模型

步骤 01 在信息树中单击 Models 项，弹出 Models（模型设定）面板。通过在模型设定面板双击 Multiphase 按钮，弹出如图 10-11 所示的 Multiphase Model（多相流模型）对话框。

在 Model 中选中 Volume of Fluid 单选按钮，选中 Implicit Body Force，单击 OK 按钮确认。

步骤 02 在信息树中双击 Multiphase 项的 Phases 子项，弹出如图 10-12 所示的 Phases（相设定）面板。双击 phase-1，弹出如图 10-13 所示的 Primary Phase（主项）对话框，单击 OK 按钮确认。

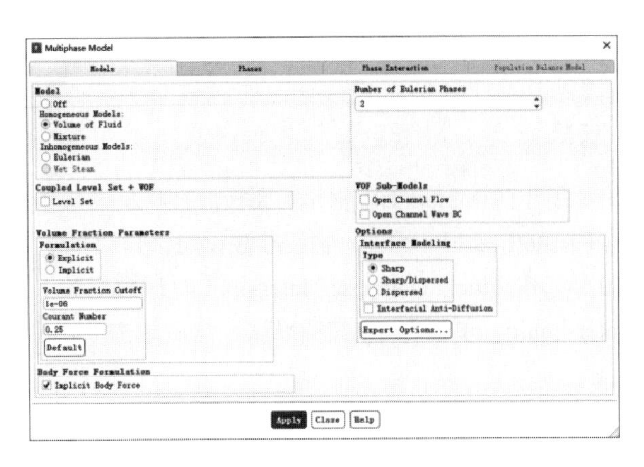

图 10-11　多相流模型对话框

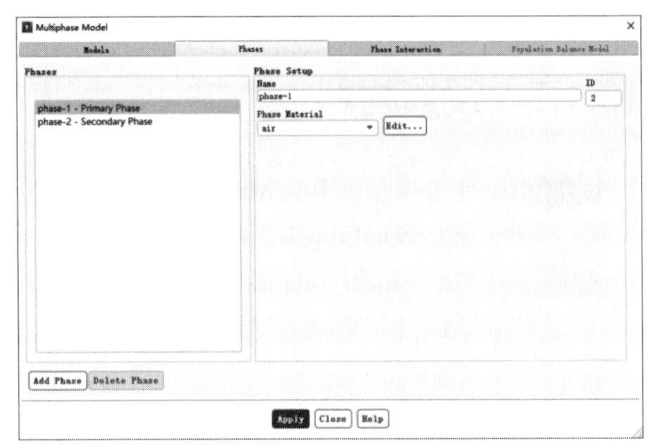

图 10-12　相设定面板

双击 phase-2，弹出如图 10-14 所示的 Secondary Phase（次项）对话框，单击 OK 按钮确认。

图 10-13　主项对话框

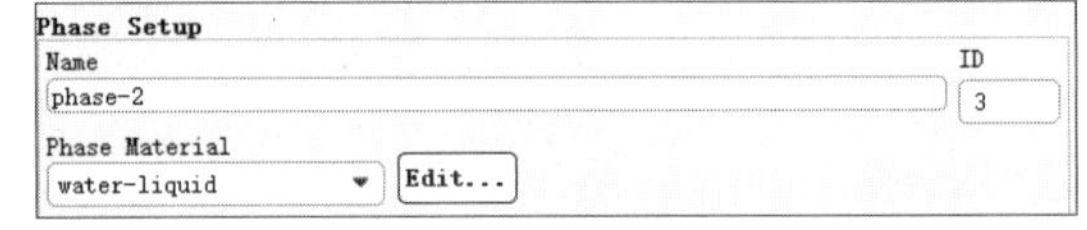

图 10-14　次项对话框

10.1.7　求解控制

步骤 01　单击信息树中的 Methods 项，弹出如图 10-15 所示的 Solution Methods（求解方法设置）面板。在 Scheme 中选择 PISO，在 Pressure 中选择 Body Force Weighted。

步骤 02　单击信息树中的 Controls 项，弹出如图 10-16 所示的 Solution Controls（求解过程控制）面板。保持默认设置不变。

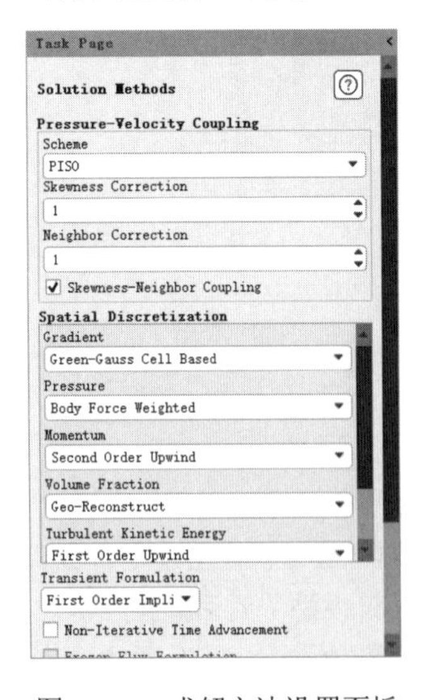

图 10-15　求解方法设置面板

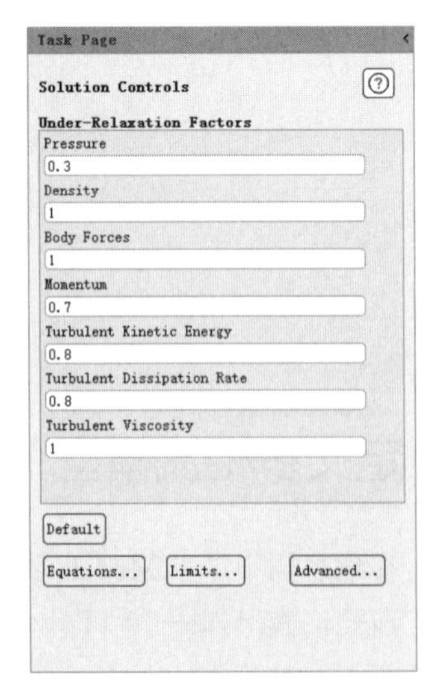

图 10-16　求解过程控制面板

10.1.8 初始条件

步骤 01 单击信息树中的 Initialization 项，弹出如图 10-17 所示的 Solution Initialization（初始化设置）面板。在 Initialization Methods 中选择 Standard Initialization，保持默认设置，单击 Initialize 按钮进行初始化。

步骤 02 在初始化设置面板中单击 Patch 按钮，弹出如图 10-18 所示的 Patch（修补）对话框。在 Phase 中选择 phase-2，在 Variable 中选择 Volume Fraction，在 Zones to Patch 中选择 fluid-3：007，在 Value 中填入 1，单击 Patch 按钮。

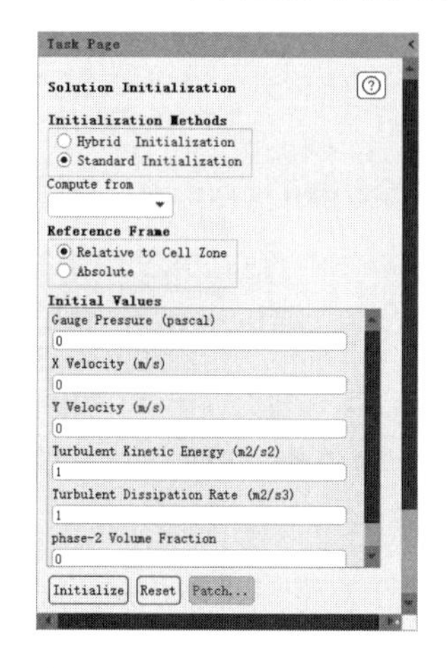

图 10-17 初始化设置面板

图 10-18 修补对话框

10.1.9 求解过程监视

单击信息树中的 Monitors 项，弹出如图 10-19 所示的 Monitors（监视）树形窗，双击 Residual 便弹出如图 10-20 所示的 Residual Monitors（残差监视）对话框。

保持默认设置不变，单击 OK 按钮确认。

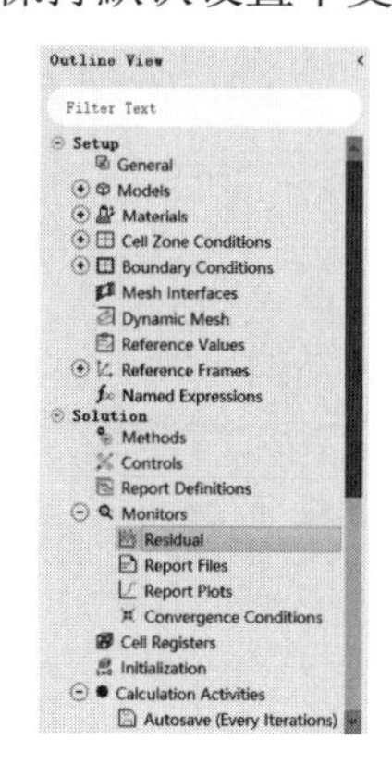

图 10-19 监视面板

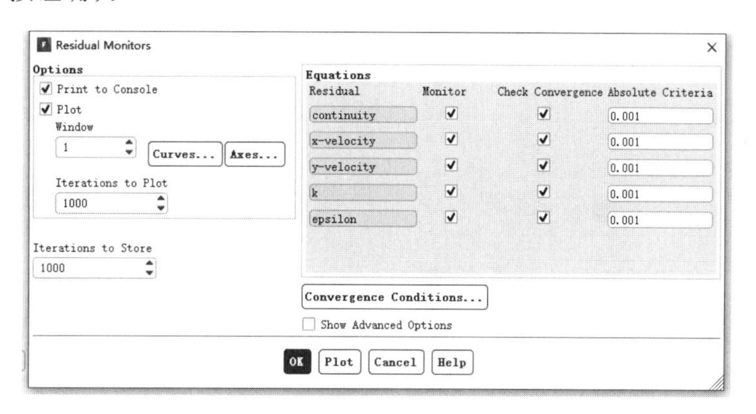

图 10-20 残差监视对话框

10.1.10 动画设置

步骤01 双击 Solution→Calculation Activities，则弹出如图 10-21 所示的自动计算设置对话框。单击功能区 Solution→Activities→Create→Solution Animations，如图 10-22 所示，弹出如图 10-23 所示的 Animation Definition（动画定义）对话框。

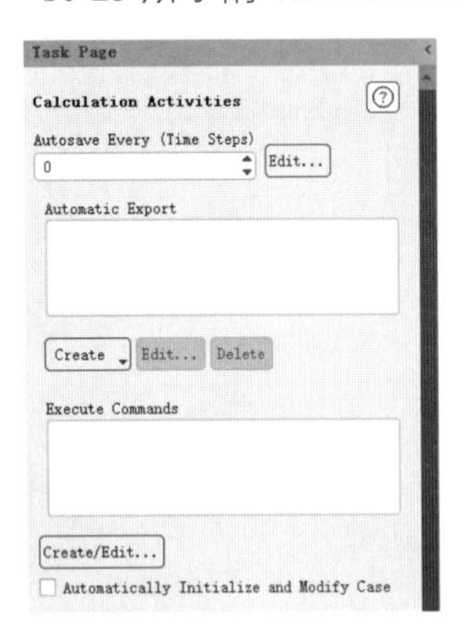

图 10-21 自动计算设置对话框

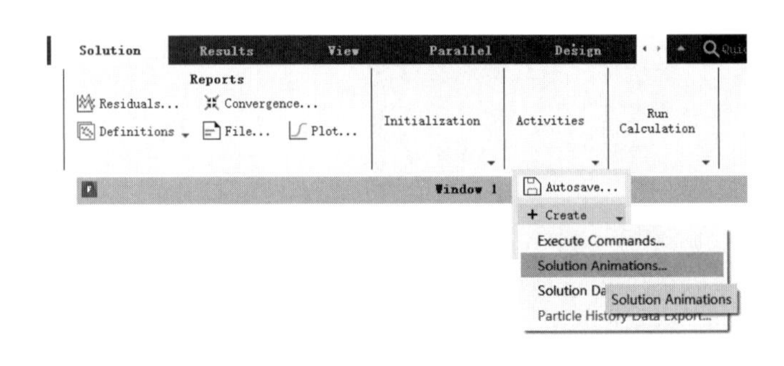

图 10-22 动画设置对话框

在 Record after every 中填入 1，选择 time-step。在 Window Id 中选择 2。

单击 New Object 按钮，弹出如图 10-24 所示的 Contours（等值线）对话框。在 Contours of 中选择 Phases 和 Volume fraction，单击 Save/Display 按钮，在窗口 2 显示如图 10-25 所示的体积组分云图。

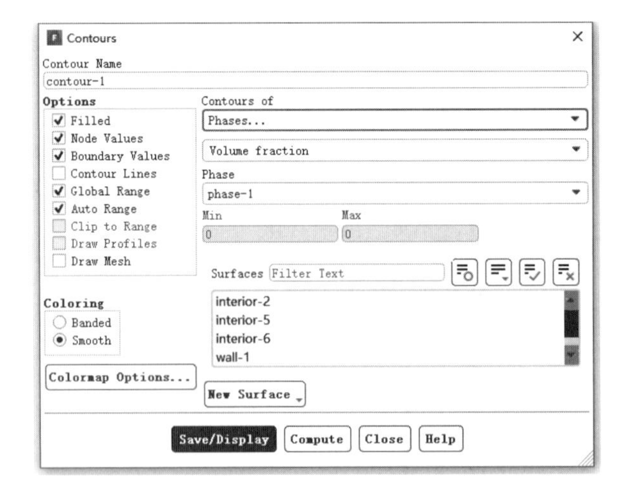

图 10-23 动画帧设置对话框

图 10-24 等值线对话框

步骤02 关闭 Contours 对话框，单击 OK 按钮确认关闭 Solution Animation。

图 10-25　体积组分云图

10.1.11　计算求解

单击信息树中的 Run Calculation 项，弹出如图 10-26 所示的 Run Calculation（运行计算）面板。在 Time Step Size 中输入 0.01，在 Number of Time Steps 中输入 200，单击 Calculate 按钮开始计算。

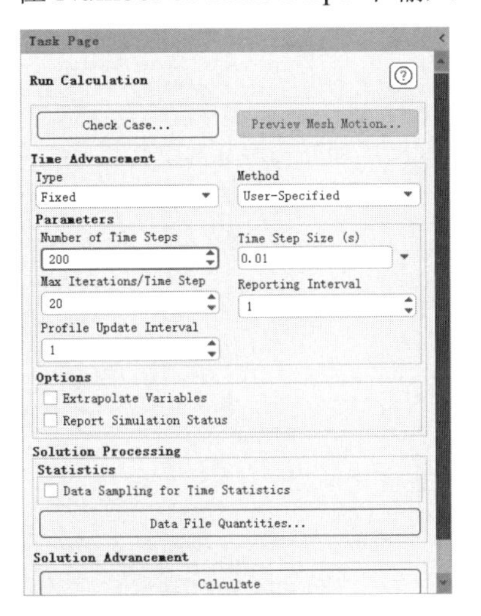

图 10-26　运行计算面板

10.1.12　结果后处理

步骤 01　单击信息树中的 Results 项，在 Animations 下双击 Playback，弹出如图 10-27 所示的 Playback（回放）界面，单击“播放”按钮便可回放动画。

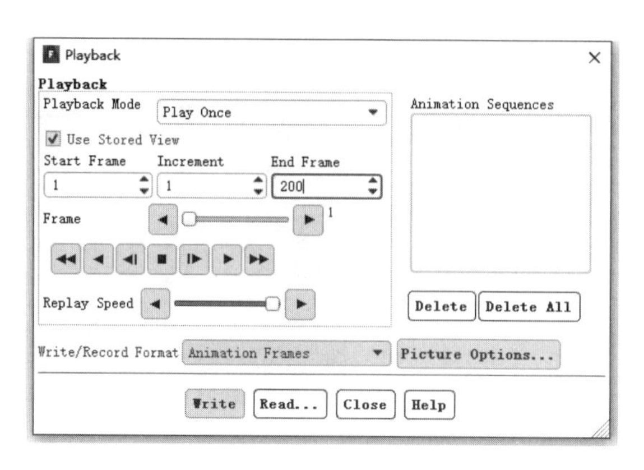

图 10-27　回放对话框

步骤 02　单击信息树中的 Graphics 项，弹出如图 10-28 所示的 Graphics and Animations（图形和动画）面板，在 Graphics 下双击 Contours，弹出如图 10-29 所示的 Contours（等值线）对话框。在 Contours of 中选择 Pressure，单击 Save/Display 按钮，显示如图 10-30 所示的压力云图。

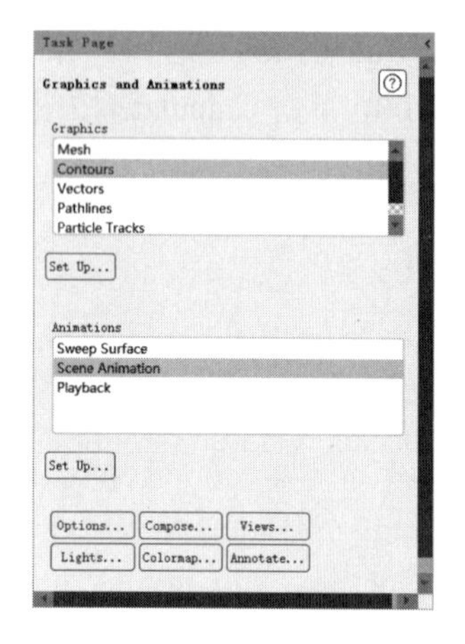

图 10-28　图形和动画对话框

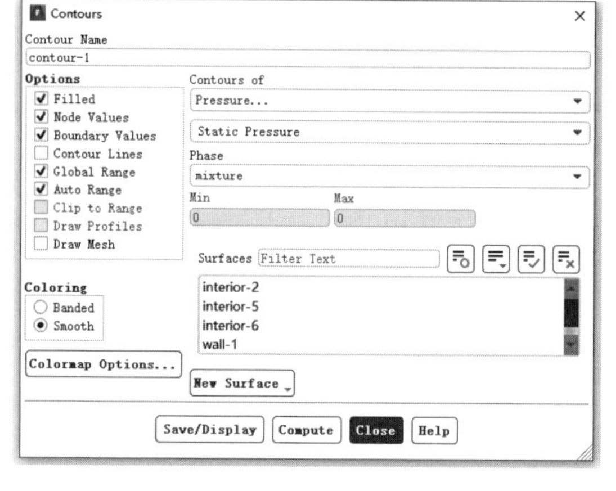

图 10-29　等值线对话框

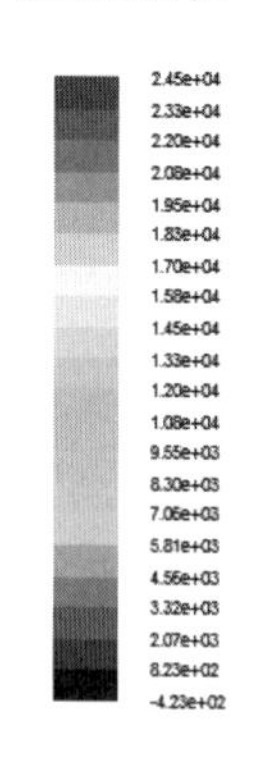

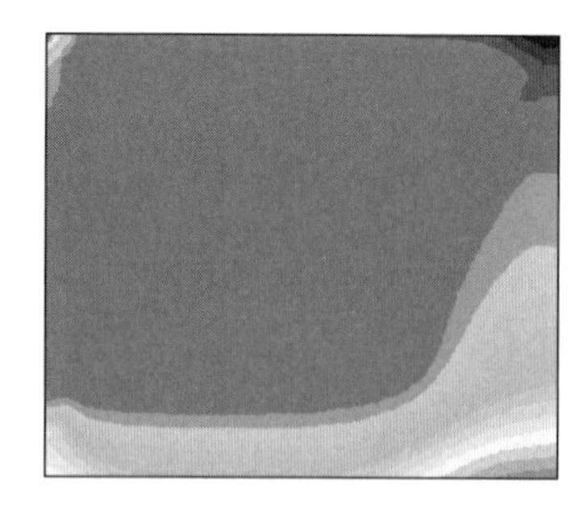

图 10-30　压力云图

10.2 水罐内多相流动

下面将通过一个水罐内各项流动分析案例让读者对 ANSYS Fluent 2020 分析处理多相流问题的基本操作有一个初步的了解。

10.2.1 案例介绍

请用 ANSYS Fluent 分析水罐冲水过程中多相流的流动情况（见图 10-31）。

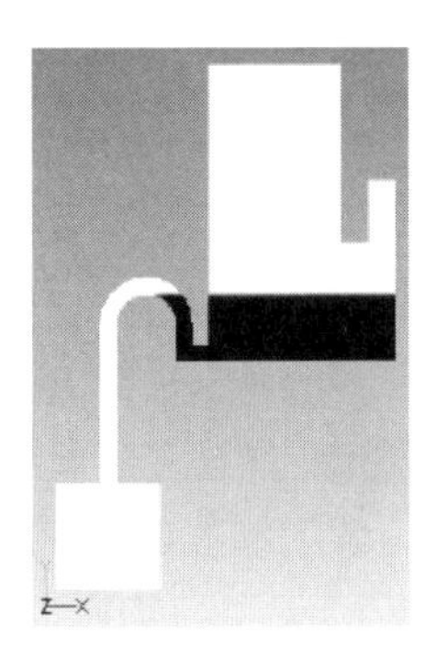

图 10-31 案例问题

10.2.2 启动 Fluent 并导入网格

步骤 01 在 Windows 系统下执行“开始”→“所有程序”→ANSYS 2020→Fluent 2020 命令，启动 Fluent 2020，进入 Fluent Launcher 界面。

步骤 02 在 Fluent Launcher 界面中的 Dimension 中选择 3D，在 Options 中选中 Display Mesh After Reading，单击 OK 按钮进入 Fluent 主界面。

步骤 03 在 Fluent 主界面中，单击主菜单中的 File→Read→Mesh 按钮，弹出如图 10-32 所示的 Select File 对话框，选择名称为 tank-flush.msh 的网格文件，单击 OK 按钮便可导入网格。

步骤 04 导入网格后，在图形显示区将显示几何模型，如图 10-33 所示。

图 10-32 导入网格对话框

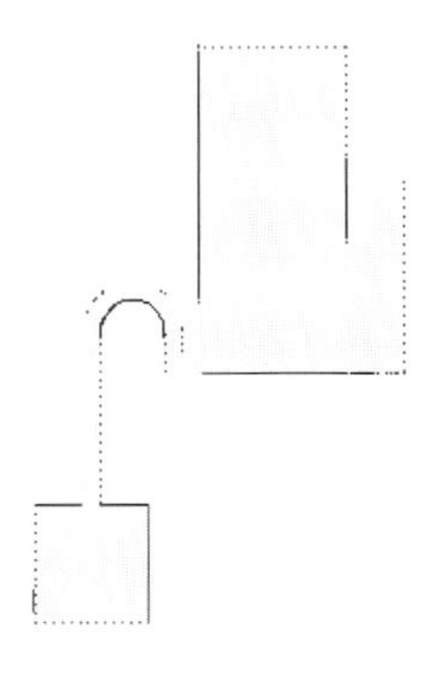

图 10-33 显示几何模型

步骤05 单击 Check 按钮，检查网格质量，确保不存在负体积。

步骤06 单击 Scale 按钮，弹出如图 10-34 所示的 Scale Mesh（网格缩放）对话框。在 Scaling 中，选中 Convert Units 单选按钮，在 Mesh Was Created In 中选择 cm，单击 Scale 按钮完成网格缩放，在 View Length Unit In 中选择 cm。

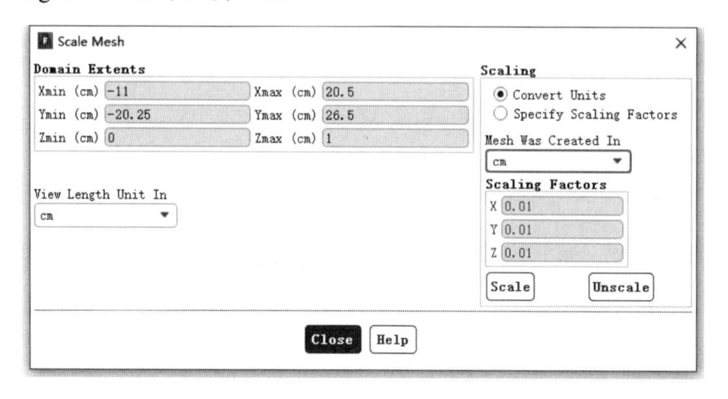

图 10-34 网格缩放对话框

步骤07 单击主菜单中的 File→Write→Case 按钮，弹出 Select File 对话框，在 Case File 中填入 tank-flush，单击 OK 按钮便可保存项目。

10.2.3 定义求解器

步骤01 单击信息树中的 General 项，弹出如图 10-35 所示的 General（总体模型设定）面板。在 Solver 中将 Time 类型设为 Transient。

步骤02 单击 Physics 选项卡 Solver 面板中的 Operating Conditions 按钮，弹出如图 10-36 所示的 Operating Conditions（操作条件）对话框。勾选 Gravity 复选框，在 Y 中输入-9.81，勾选 Specified Operating Density 复选框，单击 OK 按钮确认。

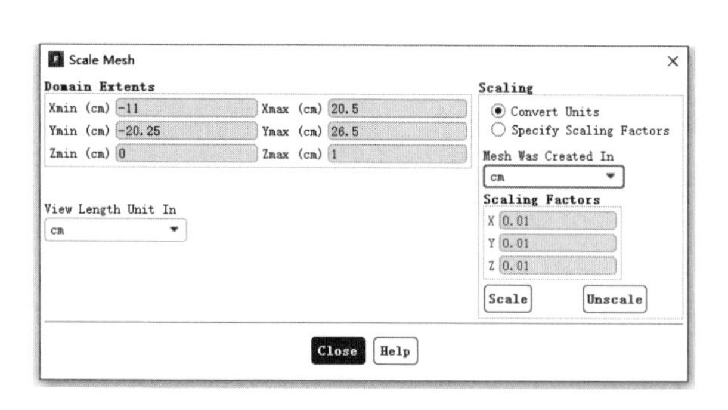

图 10-35 总体模型设定面板

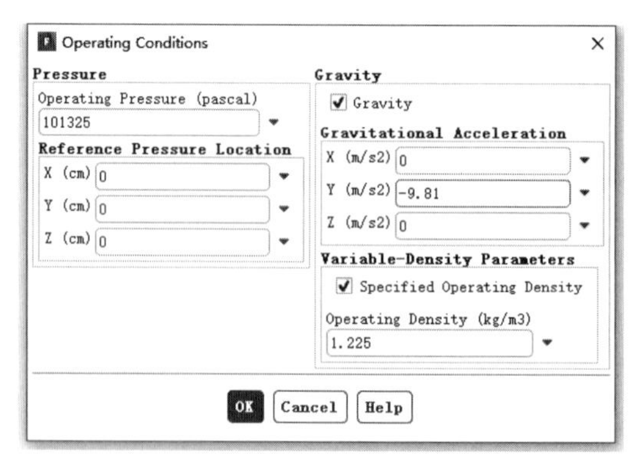

图 10-36 操作条件对话框

10.2.4 定义湍流模型

在信息树中单击 Models 项，弹出如图 10-37 所示的 Models（模型设定）面板。在模型设定面板双击 Viscous，弹出如图 10-38 所示的 Viscous Model（湍流模型）对话框。

在 Model 中选中 k-epsilon(2 eqn)单选按钮，在 k-epsilon Model 中选中 Realizable 单选按钮，单击 OK 按钮确认。

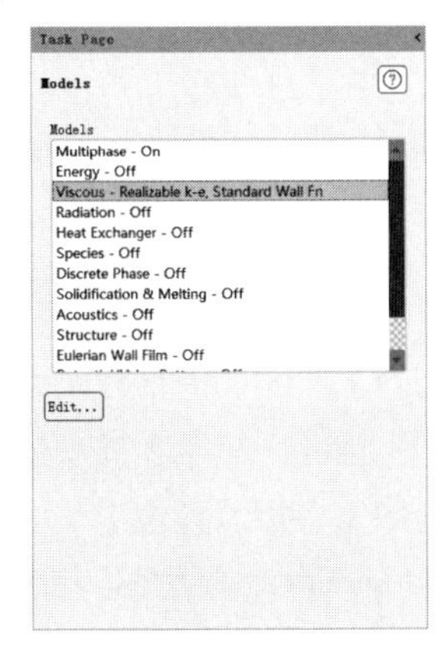

图 10-37 模型设定面板

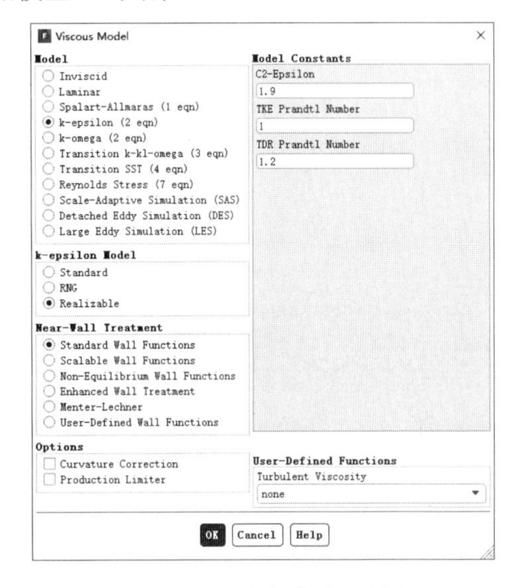

图 10-38 湍流模型对话框

10.2.5 设置材料

单击信息树中的 Materials（材料）项，弹出如图 10-39 所示的 Materials 面板。在材料面板中单击 Create/Edit 按钮，弹出如图 10-40 所示的 Create/Edit Materials（物性参数设定）对话框。

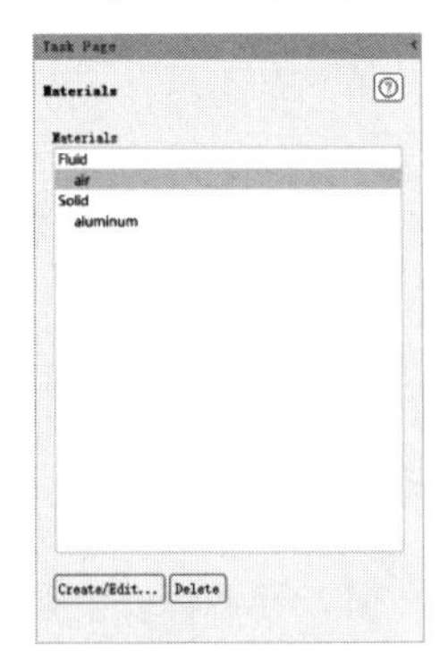

图 10-39 材料面板

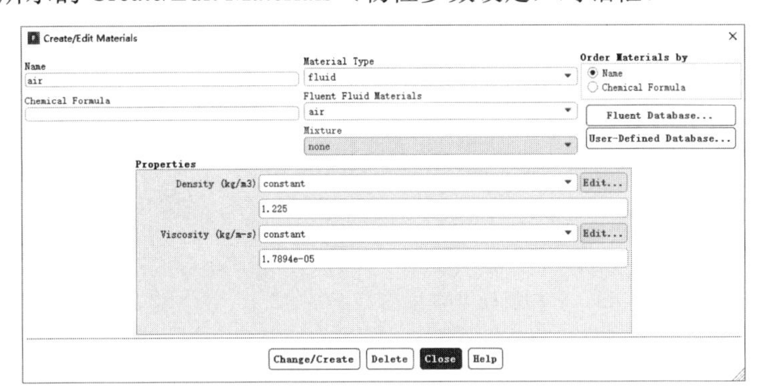

图 10-40 物性参数设定对话框

单击 Fluent Database 按钮，弹出如图 10-41 所示的 Fluent Database Materials（材料数据库）对话框。在 Fluent Fluid Materials 中选择 water-liquid，单击 Copy 按钮确认，单击 Close 按钮退出。

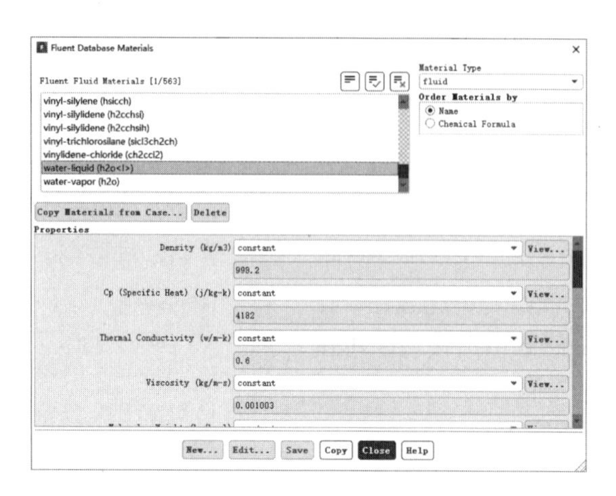

图 10-41　材料数据库对话框

10.2.6　定义多相流模型

步骤01 在信息树中单击 Models 项，弹出 Models（模型设定）面板。通过在模型设定面板中双击 Multiphase 按钮，弹出如图 10-42 所示的 Multiphase Model（多相流模型）对话框。

在 Model 中选择 Volume of Fluid 单选按钮，勾选 Implicit Body Force 复选框，单击 OK 按钮确认。

步骤02 在信息树中双击 Multiphase 项的 Phases 子项，弹出如图 10-43 所示的 Phases（相设定）面板。双击 phase-1，弹出如图 10-44 所示的 Primary Phase（主项）对话框，在 Name 中输入 water，在 Phase Material 中选择 water-liquid，单击 OK 按钮确认。

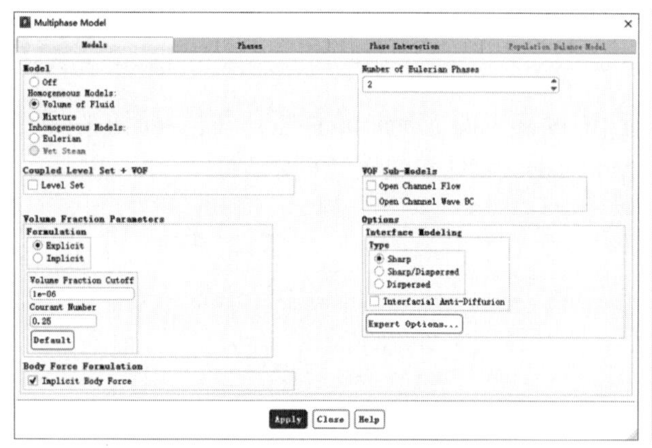

图 10-42　多相流模型对话框

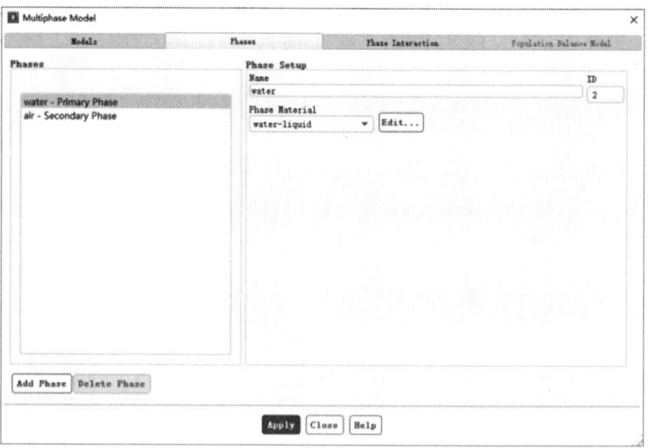

图 10-43　相设定面板

双击 phase-2，弹出如图 10-45 所示的 Secondary Phase（次项）对话框，在 Name 中输入 air，在 Phase Material 中选择 air，单击 OK 按钮确认。

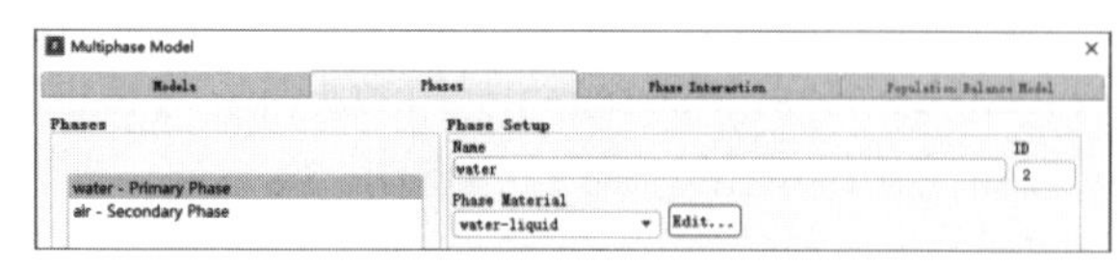

图 10-44　主项对话框

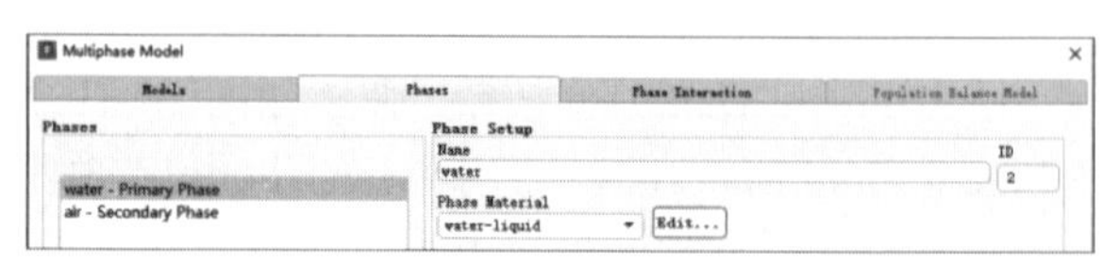

图 10-45　次项对话框

步骤 03 在相设定面板中单击 Interaction 按钮，弹出如图 10-46 所示的 Phase Interaction（相相互作用）对话框。

在 Global Options 选项卡中选中 Surface Tension Force Modeling 复选框，在 Surface Tension Coefficients 中选择 constant，输入 0.072，单击 OK 按钮确认退出。

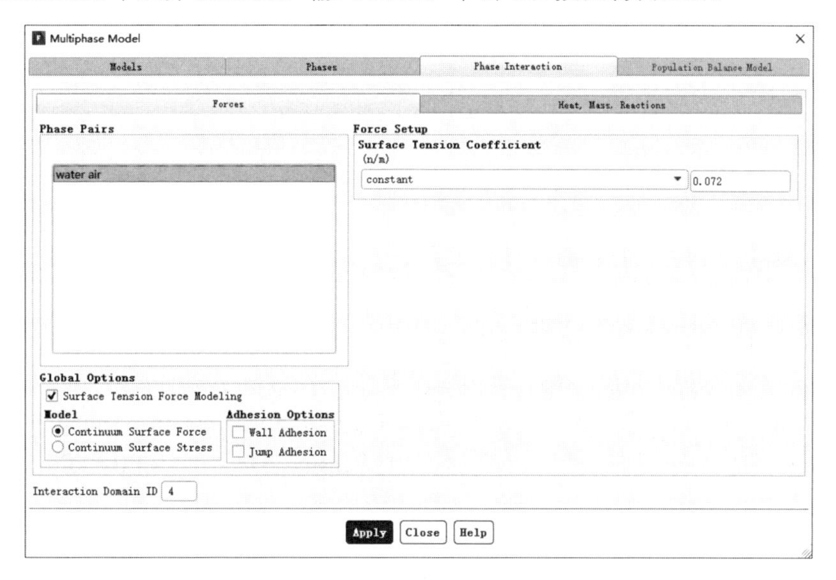

图 10-46 相相互作用对话框

10.2.7 边界条件

步骤 01 单击信息树中的 Boundary Conditions 项，启动如图 10-47 所示的边界条件面板。

步骤 02 在边界条件面板中双击 inlet，弹出如图 10-48 所示的边界条件设置对话框。

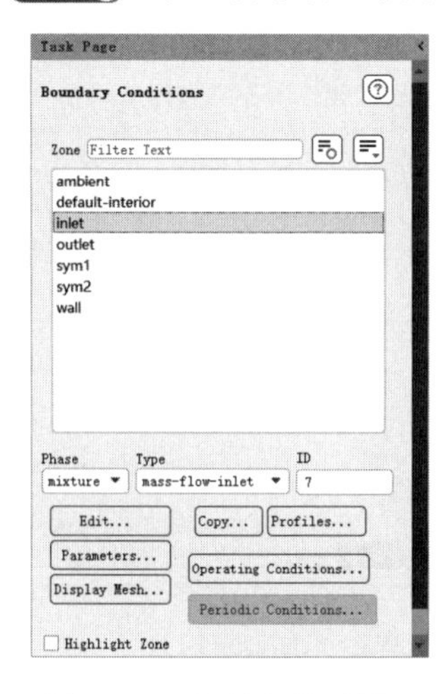

图 10-47 边界条件面板

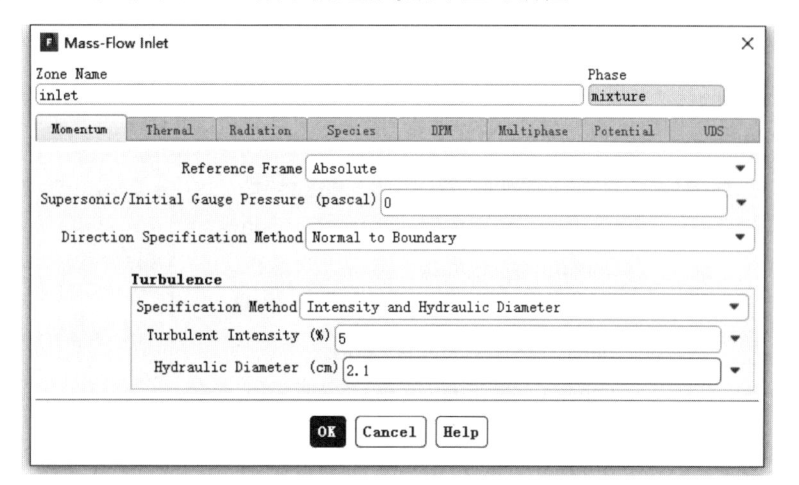

图 10-48 边界条件设置对话框

在 Direction Specification Method 中选择 Normal to Boundary，在 Turbulence 中的 Specification Method 中选择 Intensity and Hydraulic Diameter，在 Turbulent Intensity 中填入 5，在 Hydraulic

Diameter 中填入 2.1。

在边界条件面板中，在 Phase 中选择 water，单击 Edit 按钮，弹出图 10-49 所示的对话框，在 Mass Flow Rate 中输入 0.2，单击 OK 按钮确认。

在边界条件面板中，在 Phase 中选择 air，单击 Edit 按钮，弹出图 10-50 所示的对话框，在 Mass Flow Rate 中输入 0，单击 OK 按钮确认。

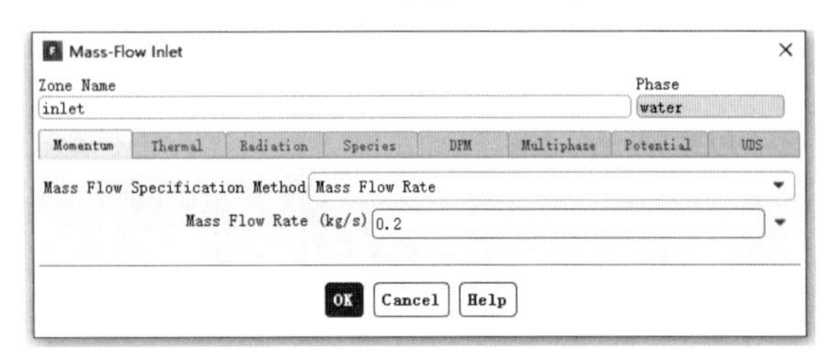

图 10-49　边界条件设置对话框

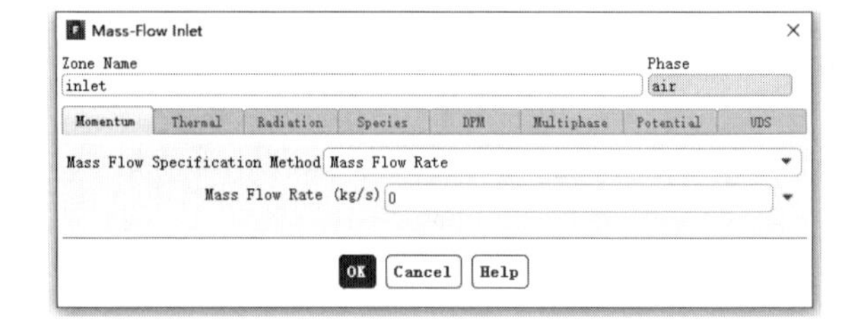

图 10-50　边界条件设置对话框

步骤 03　在边界条件面板中双击 outlet，弹出如图 10-51 所示的边界条件设置对话框。

在 Gauge Pressure 中填入 0，在 Turbulence 中的 Specification Method 中选择 Intensity and Hydraulic Diameter，在 Backflow Turbulent Intensity 中填入 5，在 Backflow Hydraulic Diameter 中填入 12.5。

在边界条件面板中，在 Phase 中选择 air，单击 Edit 按钮，弹出图 10-52 所示的对话框，在 Multiphase 选项卡中的 Backflow Volume Fraction 中输入 1，单击 OK 按钮确认。

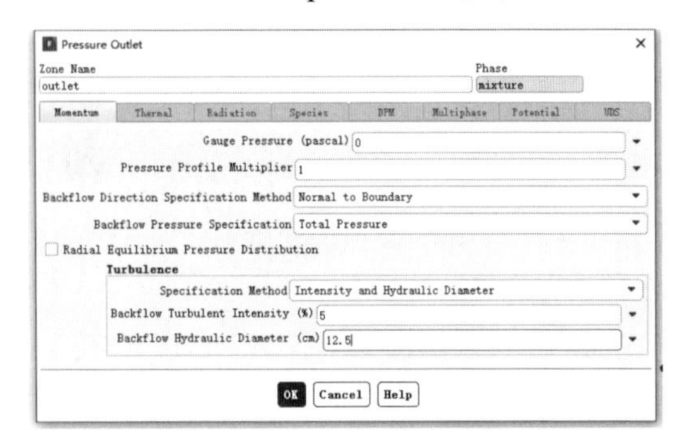

图 10-51　边界条件设置对话框

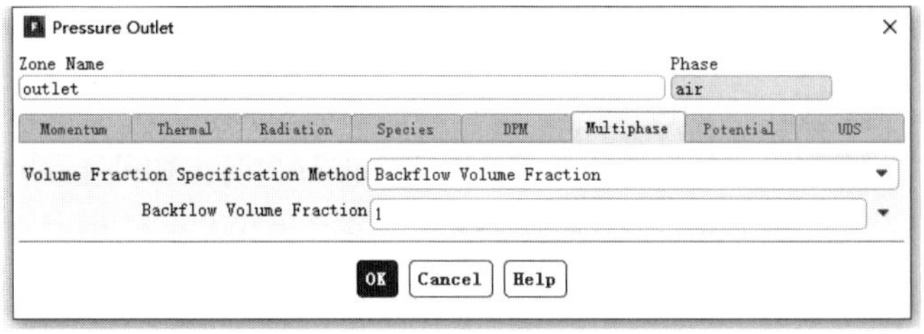

图 10-52　边界条件设置对话框

步骤 04　在边界条件面板中单击 Copy 按钮，弹出如图 10-53 所示的 Copy Conditions（边界条件复制）对话框。在 From Boundary Zone 中选择 outlet，在 To Boundary Zones 中选择 ambient，单击 Copy 按钮完成复制。同以上步骤，在边界条件面板中，在 Phase 中选择 air，完成边界复制。

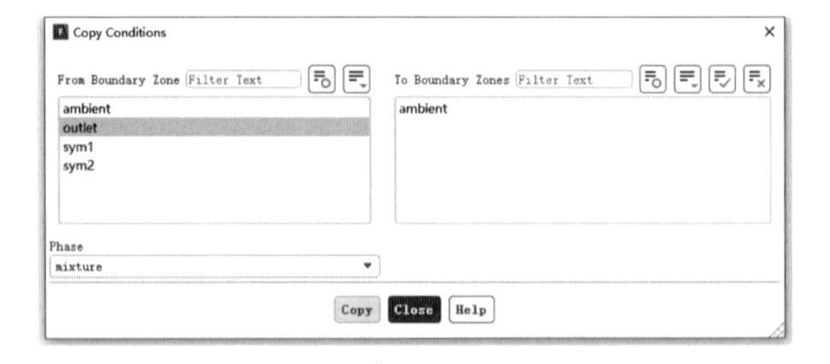

图 10-53　边界条件复制对话框

10.2.8 求解控制

步骤 01 单击信息树中的 Methods 项，弹出如图 10-54 所示的 Solution Methods（求解方法设置）面板。在 Scheme 中选择 PISO，在 Pressure 中选择 PRESTO。

步骤 02 单击信息树中的 Controls 项，弹出如图 10-55 所示的 Solution Controls（求解过程控制）面板。在 Momentum 中输入 0.3，在 Turbulent Kinetic Energy 和 Turbulent Dissipation Rate 中输入 0.5。

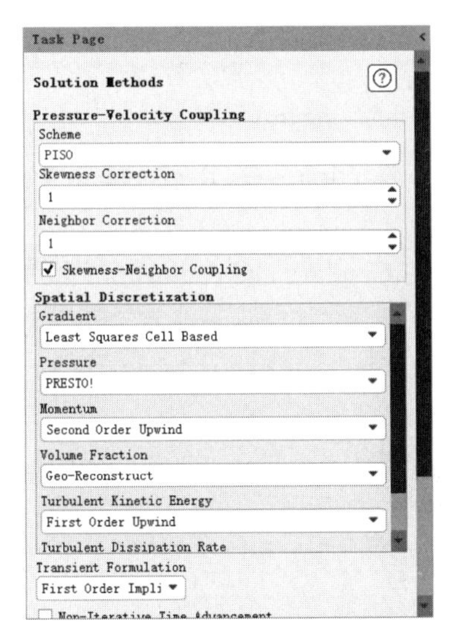

图 10-54 求解方法设置面板

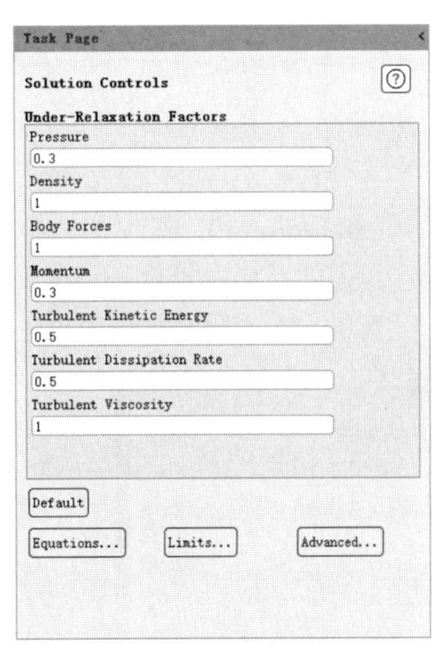

图 10-55 求解过程控制面板

10.2.9 初始条件

步骤 01 单击信息树中的 Initialization 项，弹出如图 10-56 所示的 Solution Initialization（初始化设置）面板。

在 Initialization Methods 中选中 Standard Initialization 单选按钮，在 Compute from 中选择 inlet，单击 Initialize 按钮进行初始化，在 air Volume Fraction 中填入 1。

步骤 02 单击选项卡中的 Domain → Adapt → Refine/Coarsen 下 Cell Registers 下 New→ Region 按钮，弹出如图 10-57 所示的 Region Adaption（区域适应）对话框。

在 X Min 中输入-2.8，在 X Max 中输入 30，在 Y Min 中输入-1，在 Y Max 中输入 6，在 Z Min 中输入-1，在 Z Max 中输入 1，单击 Mark 按钮。

步骤 03 在初始化设置面板中单击 Patch 按钮，弹出如图 10-58 所示的 Patch（修补）对话框。

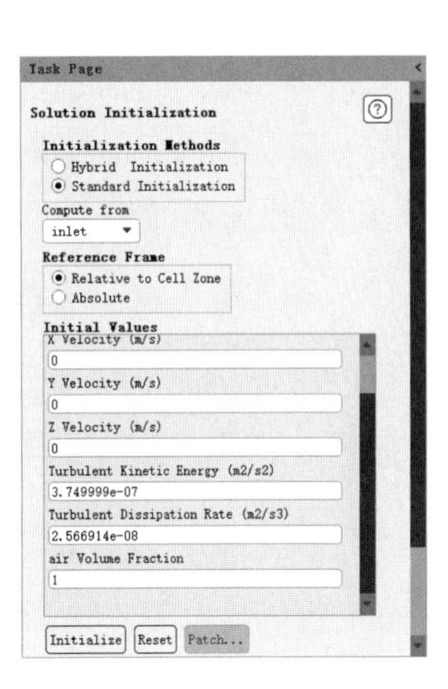

图 10-56 初始化设置面板

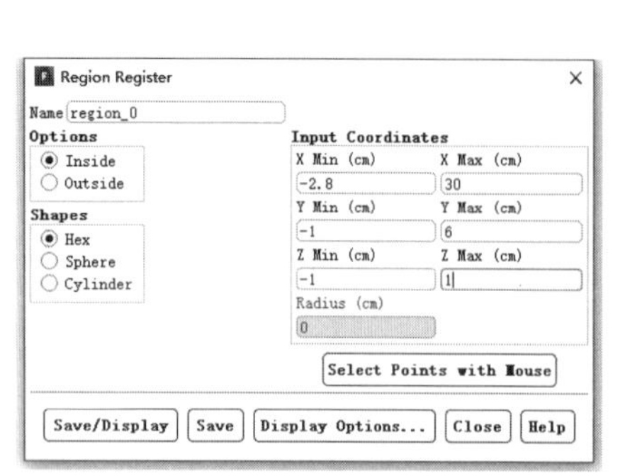

图 10-57　区域适应对话框

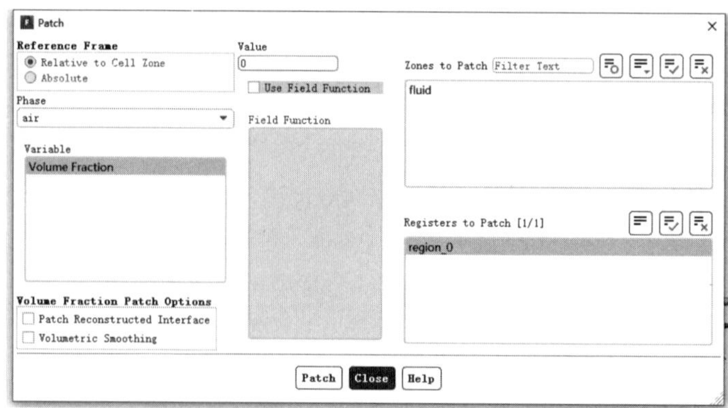

图 10-58　修补对话框

在 Phase 中选择 air，在 Variable 中选择 Volume Fraction，在 Registers to Patch 中选择 hexahedron-r0，在 Value 中填入 0，单击 Patch 按钮。

步骤 04 单击信息树中的 Graphics 项，弹出如图 10-59 所示的 Graphics and Animations（图形和动画）面板，在 Graphics 下双击 Contours，弹出如图 10-60 所示的 Contours（等值线）对话框。

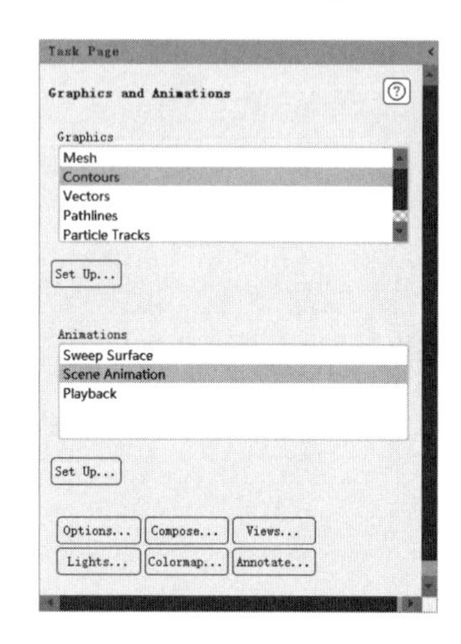

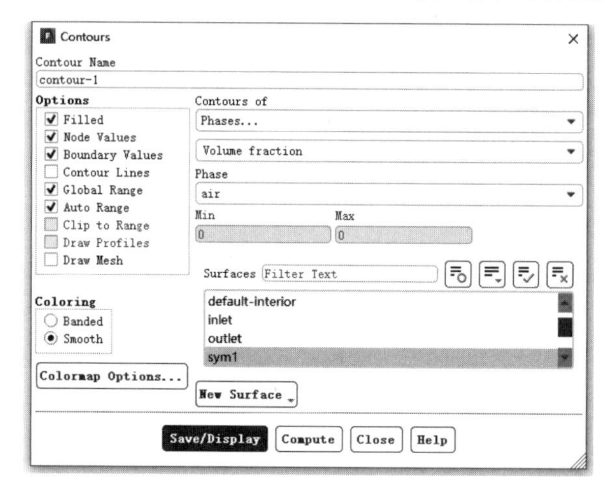

图 10-59　图形和动画面板

图 10-60　等值线对话框

在 Contours of 中选择 Phases，在 Surfaces 中选择 sym1，单击 Save/Display 按钮，显示如图 10-61 所示的云图。

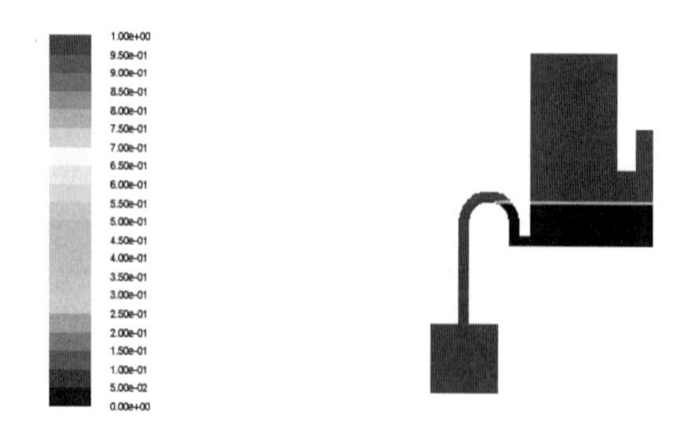

图 10-61　体积组分云图

10.2.10 计算结果输出设置

单击主菜单中的 File→Write→Autosave 按钮，弹出如图 10-62 所示的 Autosave（自动保存）对话框，在 Save Data File Every（Time Steps）中输入 25，在 File Name 中输入 tank-flush，单击 OK 按钮确认。

图 10-62 自动保存对话框

10.2.11 定义计算活动

单击信息树中的 Calculation Activities 项，弹出如图 10-63 所示的 Calculation Activities（计算活动）面板，在 Execute Commands 下单击 Create/Edit 按钮，弹出如图 10-64 所示的 Execute Commands（命令执行）对话框。

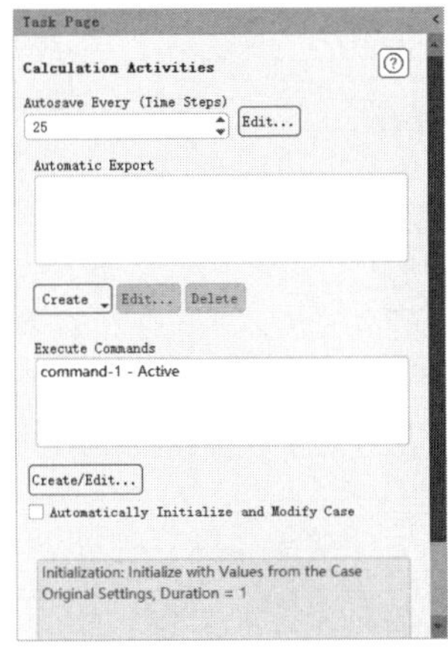

图 10-63 计算活动面板

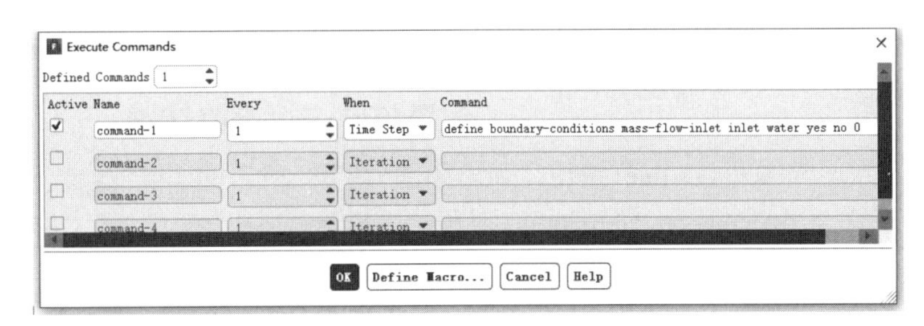

图 10-64 命令执行对话框

在 Defined Commands 中输入 1，勾选 Active 复选框，在 Every 中输入 1，在 When 中选择 Time Step，在 Command 中输入 define boundary-conditions mass-flow-inlet inlet water yes no 0，单击 OK 按钮确认。

10.2.12 求解过程监视

单击信息树中的 Monitors 项，弹出如图 10-65 所示的 Monitors（监视）面板，双击 Residual 便弹出如图 10-66 所示的 Residual Monitors（残差监视）对话框。

保持默认设置不变，单击 OK 按钮确认。

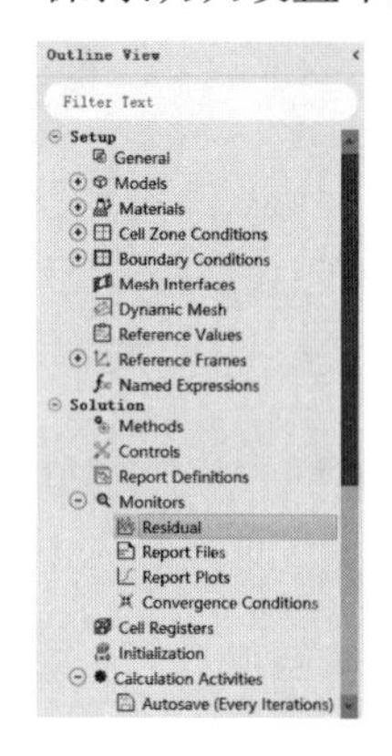

图 10-65　监视面板

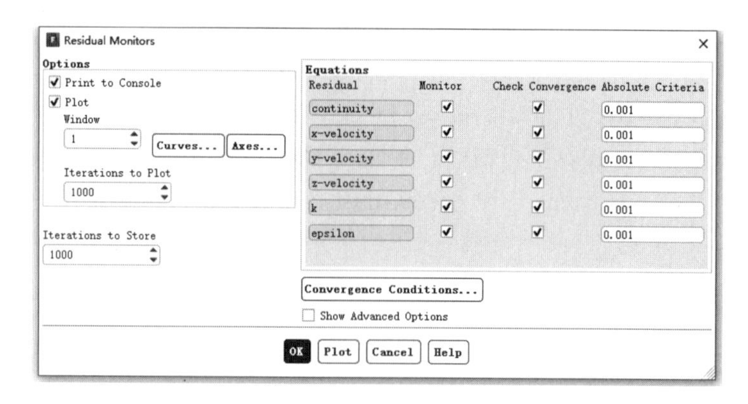

图 10-66　残差监视对话框

10.2.13　动画设置

步骤 01　单击 Solution→Calculation Activities→Solution Animations，如图 10-67 所示，弹出 Solution Animation（动画设置）对话框。

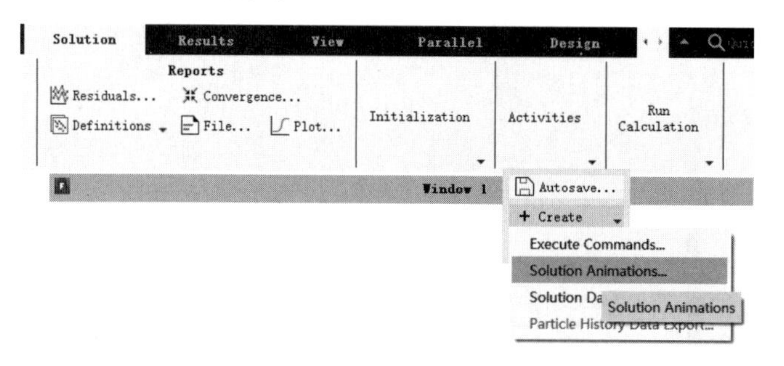

图 10-67　动画设置对话框

单击 Define 按钮，弹出如图 10-68 所示的 Animation Definition（动画帧设置）对话框，在 Window Id 中选择 2，单击 OK 按钮。

在 New Object 中选中 Contours 单选按钮，弹出如图 10-69 所示的等值线对话框，在 Contours of 中选择 Phases 和 Volume fraction，单击 Save/Display 按钮，在窗口 2 显示如图 10-70 所示的体积组分云图。

步骤 02　关闭 Contours 对话框，单击 OK 按钮确认关闭 Animation Definition 对话框。

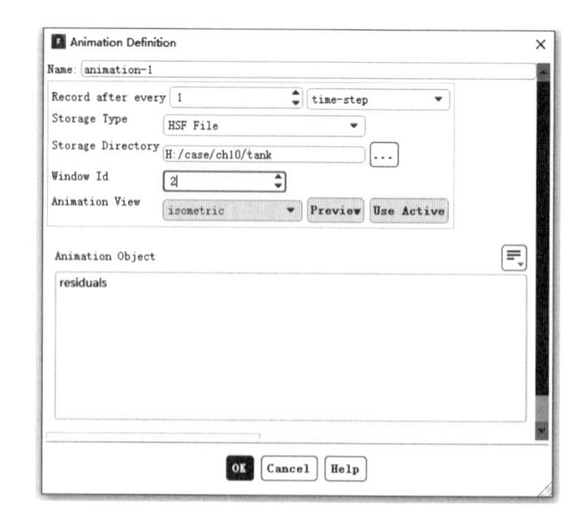

图 10-68　动画帧设置对话框

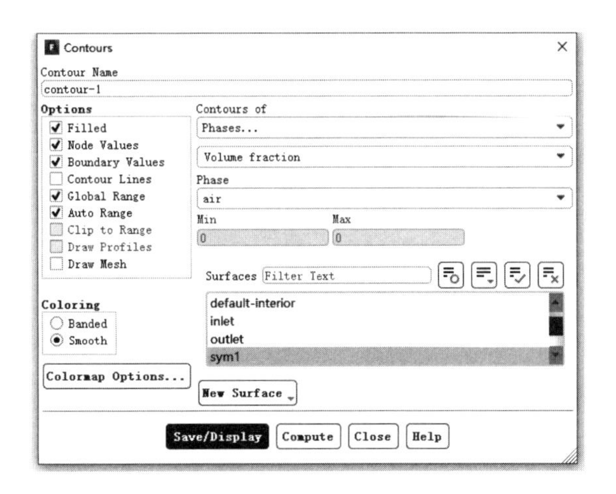

图 10-69　等值线对话框

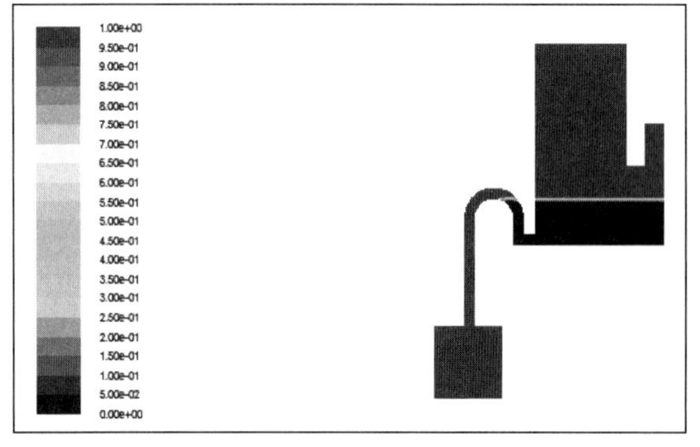

图 10-70　体积组分云图

10.2.14　计算求解

单击信息树中的 Run Calculation 项，弹出如图 10-71 所示的 Run Calculation（运行计算）面板。在 Time Step Size 中输入 0.01，在 Number of Time Steps 中输入 350，单击 Calculate 按钮开始计算。

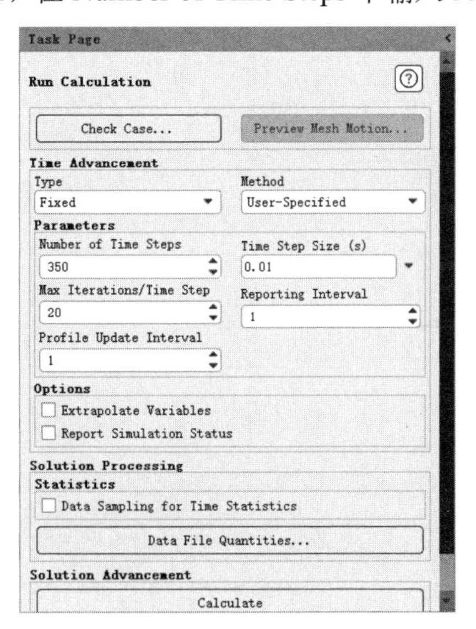

图 10-71　运行计算面板

10.2.15　结果后处理

单击信息树中的 Graphics 项，弹出 Graphics and Animations（图形和动画）面板，在 Animations 下双击 Solution Animation Playback，弹出如图 10-72 所示的 Playback（回放）对话框，单击“播放”按钮便可回放动画。

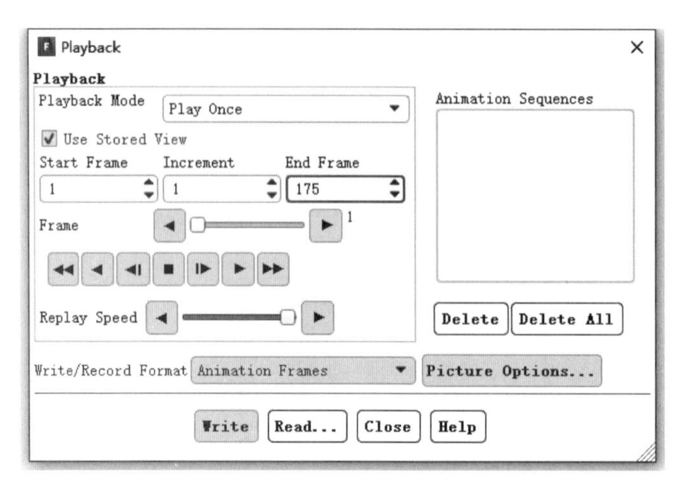

图 10-72　回放对话框

10.3 本章小结

本章通过自由表面流动和水罐内多相流动两个实例介绍了 Fluent 处理多相流动的工作流程。通过本章的学习，读者可以掌握 Fluent 中多相流模型设定的基本操作，基本掌握 Fluent 处理多相流问题的基本思路和操作。

第11章 离散相分析实例

导言

离散相计算是在拉格朗日观点下进行的，即在计算过程中是以单个粒子为对象进行计算的，而不像连续相计算那样是在欧拉观点下以空间点为对象。比如在油气混合气的计算中，作为连续相的空气，其计算结果是以空间点上的压强、温度、密度等变量分布为表现形式的，而作为弥散相的油滴，却是以某个油滴的受力、速度、轨迹作为表现形式的。

本章将通过实例介绍 Fluent 处理离散相问题的工作步骤。

学习目标

★ 掌握分析类型设置

★ 掌握边界条件的设定

★ 掌握离散相的设定

★ 掌握后处理的设定

11.1 反应器内粒子流动

下面将通过一个反应器分析案例让读者对 ANSYS Fluent 2020 分析处理离散相问题的基本操作有一个初步的了解。

11.1.1 案例介绍

请用 ANSYS Fluent 分析模拟反应器内粒子流动的情况（见图 11-1）。

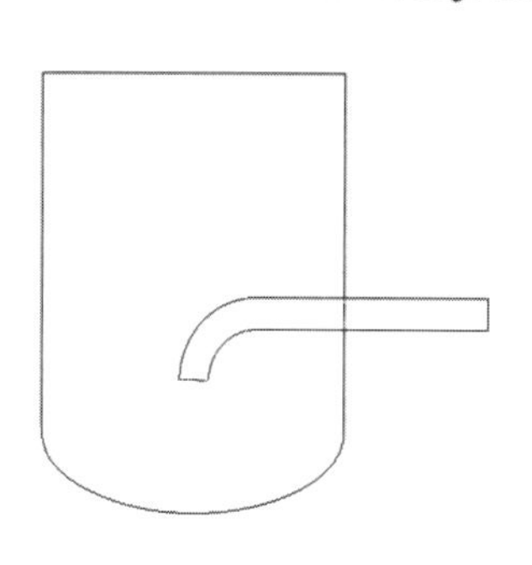

图 11-1　案例问题

11.1.2 启动 Fluent 并导入网格

步骤01 在 Windows 系统下执行“开始”→“所有程序”→ANSYS 2020→Fluent 2020 命令，启动 Fluent 2020，进入 Fluent Launcher 界面。

步骤02 在 Fluent Launcher 界面中的 Dimension 中选择 3D，在 Options 中选中 Display Mesh After Reading，单击 OK 按钮进入 Fluent 主界面。

步骤03 在 Fluent 主界面中，单击主菜单中的 File→Read→Mesh，弹出如图 11-2 所示的 Select File 对话框，选择名称为 reactor.msh 的网格文件，单击 OK 按钮便可导入网格。

图 11-2 导入网格对话框

步骤04 导入网格后，在图形显示区将显示几何模型，如图 11-3 所示。

步骤05 单击 Check 按钮，检查网格质量，确保不存在负体积。

步骤06 单击 Setting Up Domain 功能区中 Mesh 区下的 Make Polyhedra 按钮，网格数量将大大减少，重新显示网格，如图 11-4 所示。

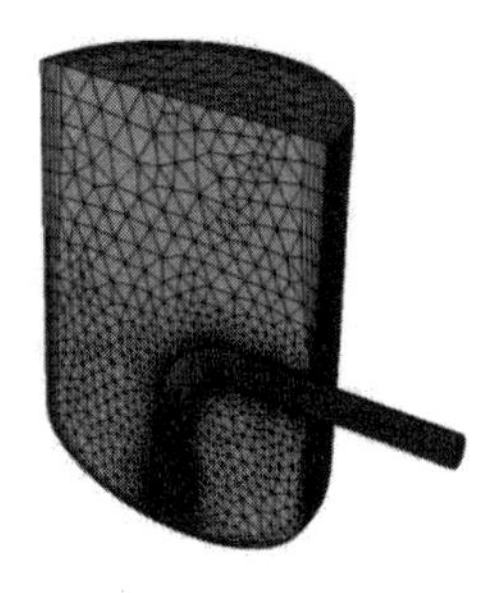

图 11-3 显示几何模型

图 11-4 显示网格

步骤07 单击主菜单中的 File→Write→Case，弹出 Select File 对话框，在 Case File 中填入 reactor，单击 OK 按钮便可保存项目。

11.1.3 定义求解器

步骤01 单击信息树中的 General 项，弹出如图 11-5 所示的 General（总体模型设定）面板。在 Solver 中将 Time 类型设为 Steady。

步骤02 单击 Physics 选项卡 Solver 面板中的 Operating Conditions 按钮，弹出如图 11-6 所示的 Operating Conditions（操作条件）对话框。勾选 Gravity 复选框，在 Y 中输入-9.81，勾选 Specified Operating Density 复选框，单击 OK 按钮确认。

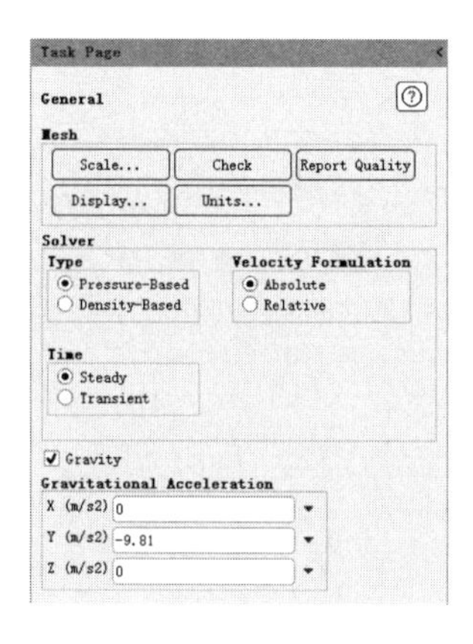

图 11-5　总体模型设定面板

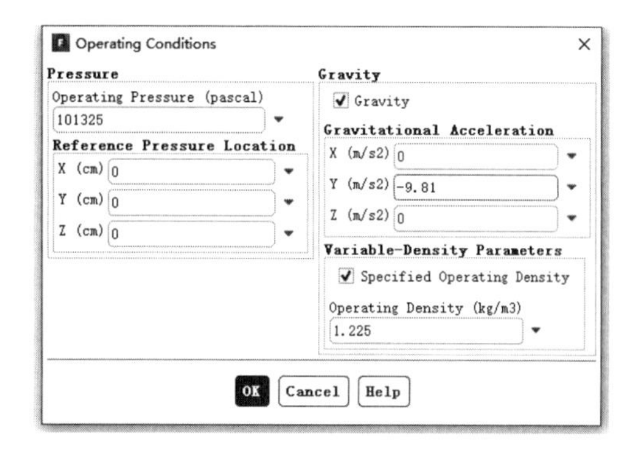

图 11-6　操作条件对话框

11.1.4　定义湍流模型

在信息树中单击 Models 项，弹出如图 11-7 所示的 Models（模型设定）面板。通过在模型设定面板双击 Viscous 按钮，弹出如图 11-8 所示的 Viscous Model（湍流模型）对话框。

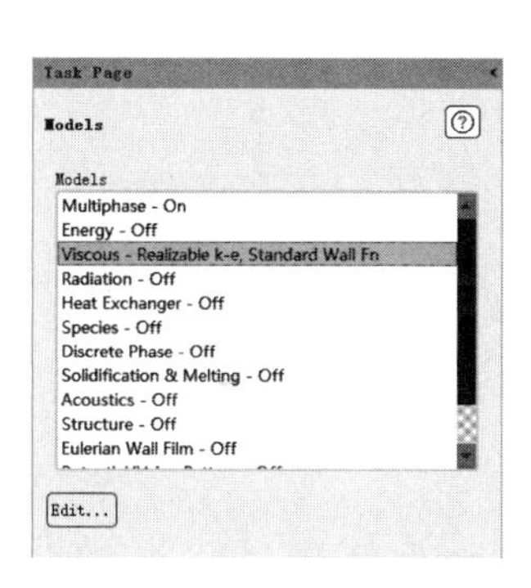

图 11-7　模型设定面板

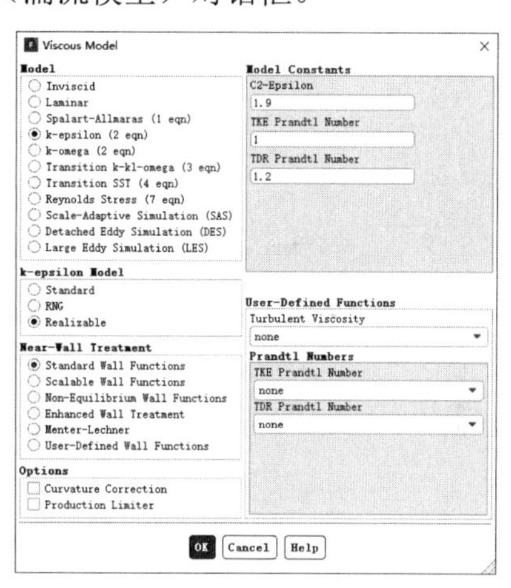

图 11-8　湍流模型对话框

在 Model 中单击 k-epsilon(2 eqn)单选按钮，在 k-epsilon Model 中单击 Realizable 单选按钮，单击 OK 按钮确认。

11.1.5　边界条件

步骤 01　单击信息树中的 Boundary Conditions 项，启动如图 11-9 所示的边界条件面板。

步骤 02　在边界条件面板中双击 inlet，弹出如图 11-10 所示的边界条件设置对话框。

在 Velocity Magnitude 中填入 15，在 Turbulence 中的 Specification Method 中选择 Intensity and Hydraulic Diameter，在 Turbulent Intensity 中填入 3，在 Hydraulic Diameter 中填入 0.4，单击 OK 按钮确认退出。

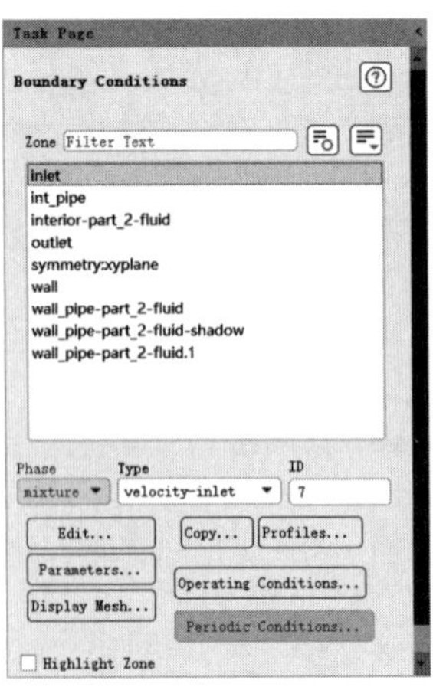

图 11-9　边界条件面板

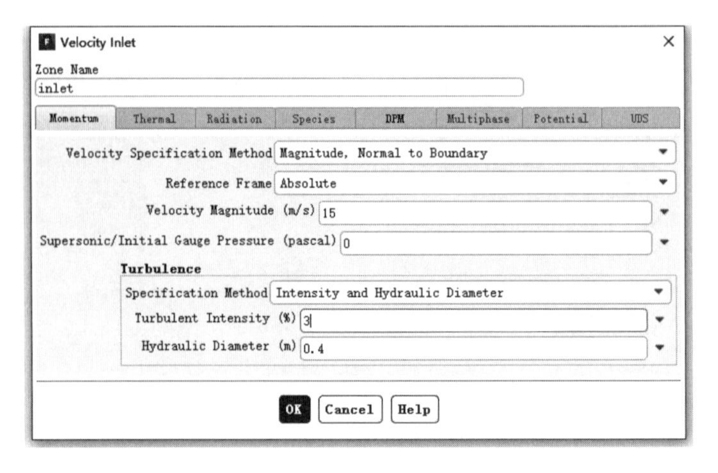

图 11-10　边界条件设置对话框

步骤 03　在边界条件面板中双击 outlet，弹出如图 11-11 所示的边界条件设置对话框。

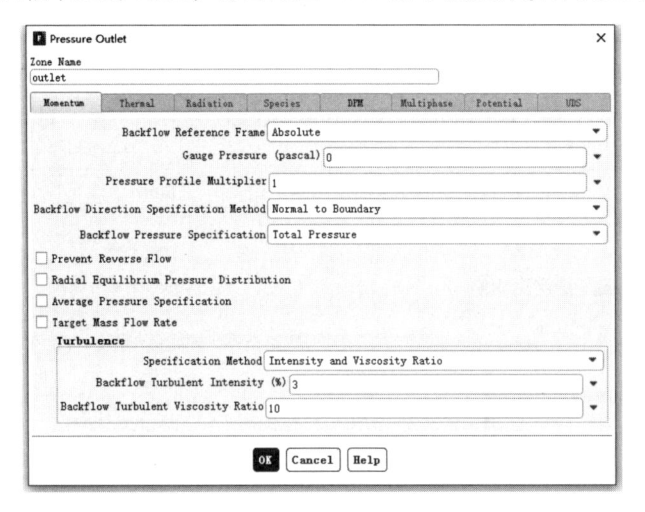

图 11-11　边界条件设置对话框

在 Gauge Pressure 中填入 0，在 Backflow Turbulent Intensity 中填入 3，在 Backflow Turbulent Viscosity Ratio 中填入 10，单击 OK 按钮确认退出。

11.1.6　定义离散相模型

步骤 01　在信息树中单击 Models 项，弹出 Models（模型设定）面板。在模型设定面板双击 Discrete Phase，弹出如图 11-12 所示的 Discrete Phase Model（离散相模型）对话框。

在 Tracking 选项卡的 Max. Number of Steps 中填入 50000，在 Step Length Factor 中填入 5，单击 OK 按钮确认。

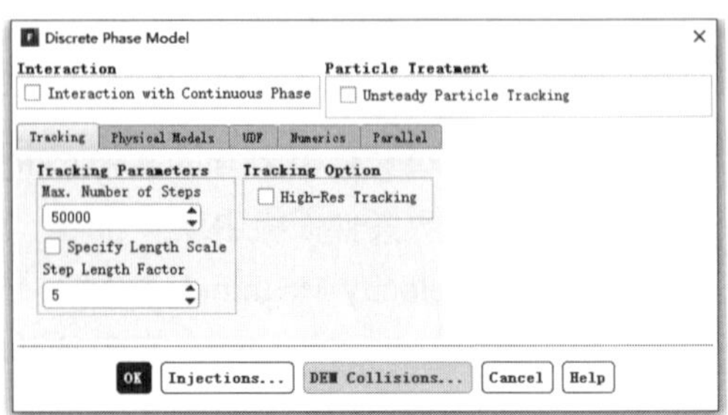

图 11-12　离散相模型对话框

步骤 02 单击 Physics 选项卡 Models 面板中的 Discrete Phase Model 按钮下的 Injections 选项，弹出如图 11-13 所示的 Injections（喷射）对话框。单击 Create 按钮，弹出如图 11-14 所示的 Set Injection Properties（喷嘴设置）对话框。

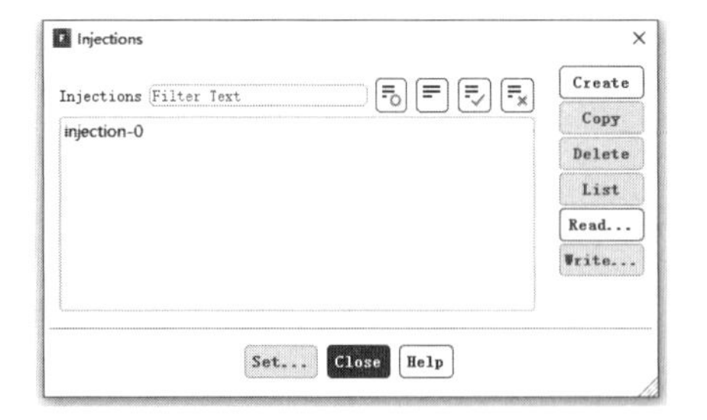

图 11-13　喷射对话框

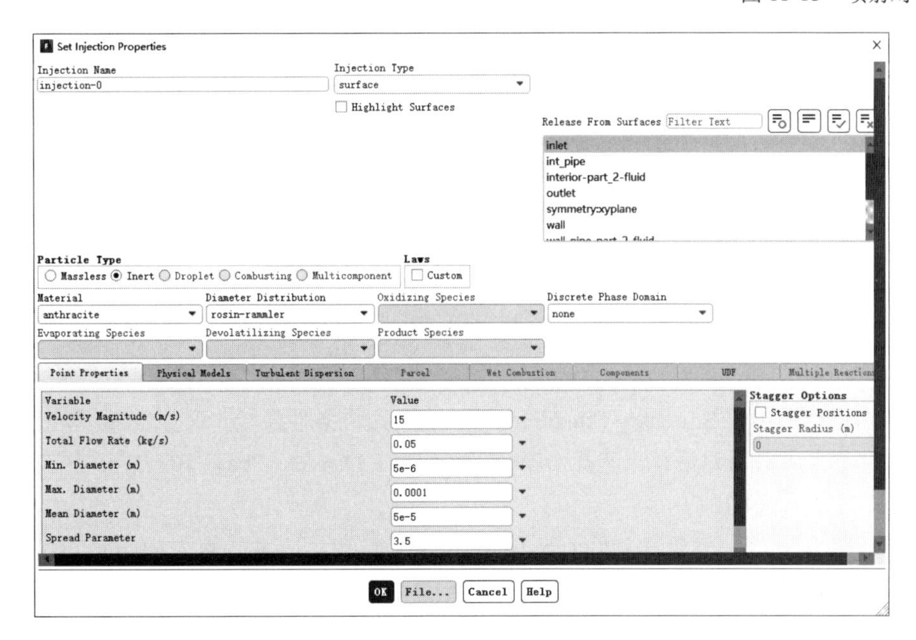

图 11-14　喷嘴设置对话框

在 Injection Type 中选择 surface，在 Release From Surfaces 中选择 inlet，在 Diameter Distribution 中选择 rosin-rammler，勾选 Inject Using Face Normal Direction 复选框，在 Point Properties 中输入表 11-1 中的数据，单击 OK 按钮确认。

表 11-1　输入数据

项　　目	数　　值
Velocity (normal to inlet)	15 m/s
Mass Flow	0.05 kg/s
Min. Diameter	5e–6 m
Max Diameter	1e–4 m
Mean Diameter	5e–5 m
Spread Factor	3.5
Number of Diameters	20

步骤 03 在如图 11-15 所示的 Turbulent Dispersion 选项卡中，勾选 Discrete Random Walk Model 复选框，在 Number of Tries 中输入 10，单击 OK 按钮确认。

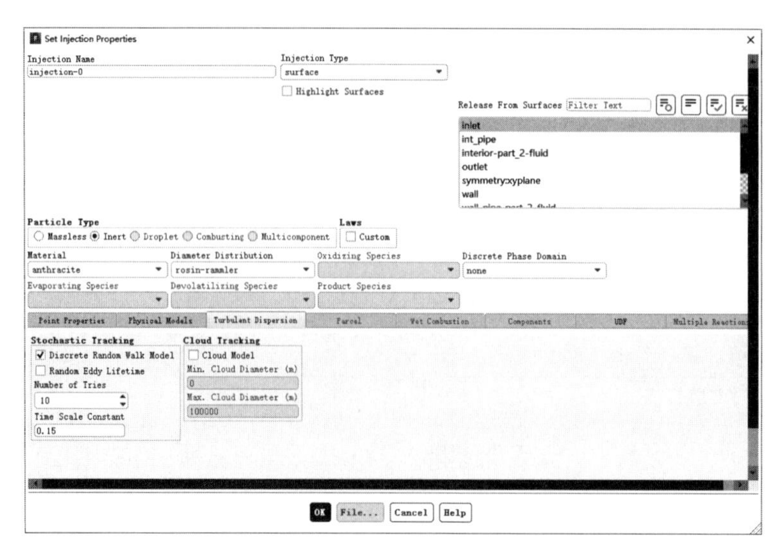

图 11-15　Turbulent Dispersion 选项卡

11.1.7　修改边界条件

步骤 01　单击信息树中的 Boundary Conditions 项，启动边界条件面板。双击 inlet，弹出如图 11-16 所示的边界条件设置对话框，选择 DPM 选项卡，在 Discrete Phase BC Type 中选择 escape，单击 OK 按钮确认退出。

步骤 02　同步骤 01，将边界条件 outlet 的 Discrete Phase BC Type 设置为 escape、wall 设置为 trap、wall_pipe-[*]设置为 reflect。

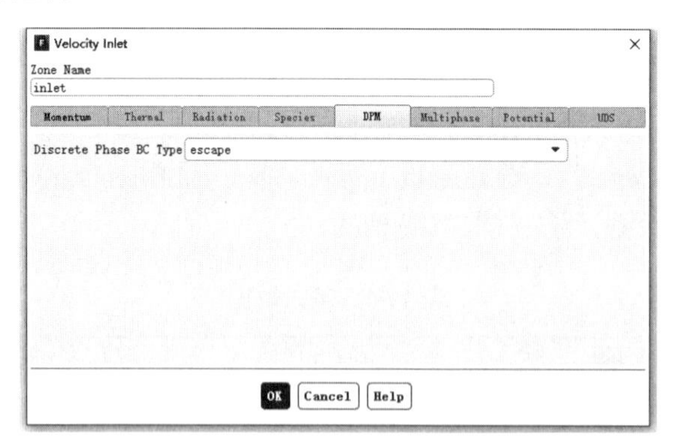

图 11-16　边界条件设置对话框

11.1.8　设置材料

单击信息树中的 Materials 项，弹出如图 11-17 所示的 Materials（材料）面板。在材料面板中双击 anthracite，弹出如图 11-18 所示的 Create/Edit Materials（物性参数设定）对话框，在 Density 中输入 700，单击 Change/Create 按钮确认，单击 Close 按钮退出。

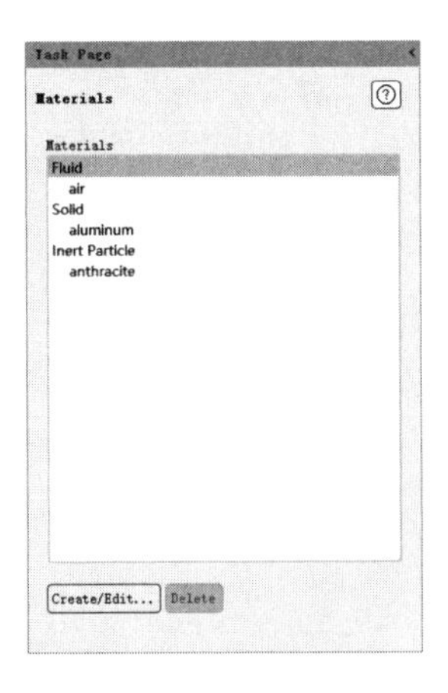

图 11-17 材料面板

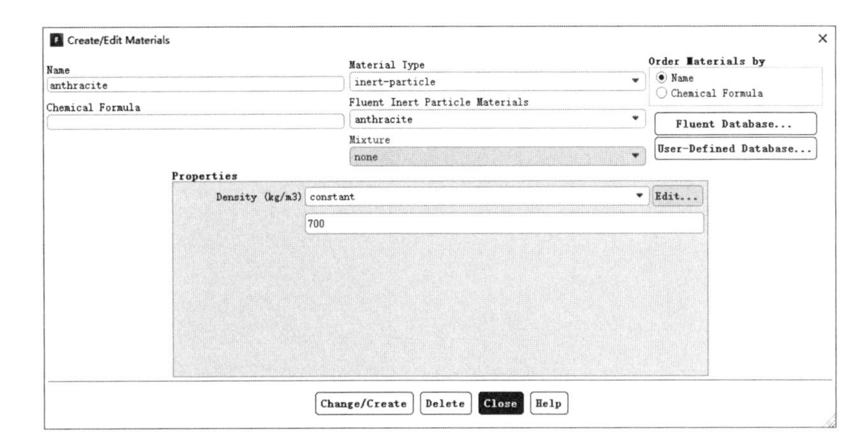

图 11-18 物性参数设定对话框

11.1.9 求解控制

步骤 01 单击信息树中的 Methods 项，弹出如图 11-19 所示的 Solution Methods（求解方法设置）面板。在 Scheme 中选择 Coupled，在 Gradient 中选择 Green-Gauss Cell Based，在 Momentum 中选择 Second Order Upwind。

步骤 02 单击信息树中的 Controls 项，弹出如图 11-20 所示的 Solution Controls（求解过程控制）面板。在 Flow Courant Number 中输入 50。

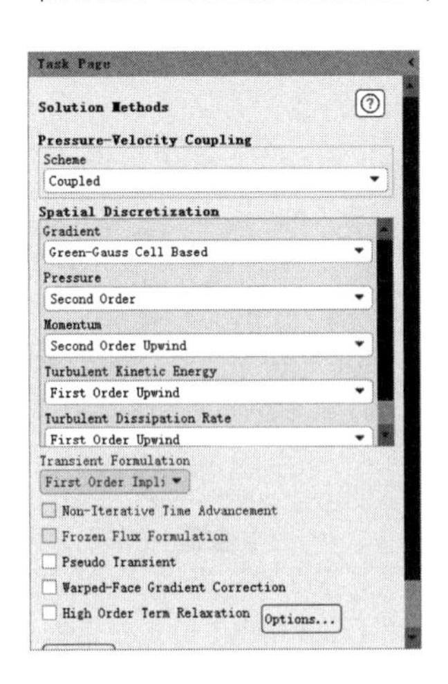

图 11-19 求解方法设置面板

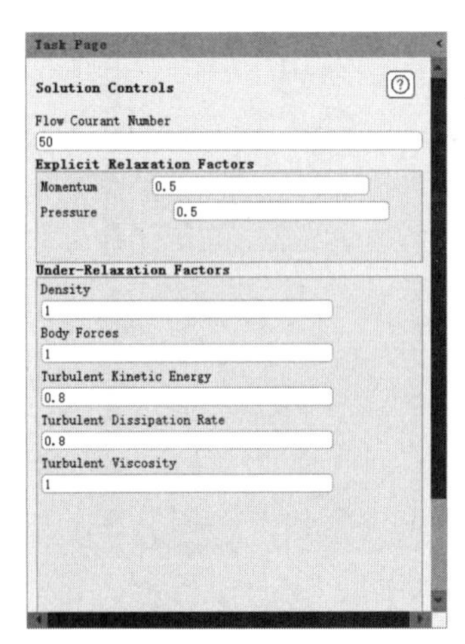

图 11-20 求解过程控制面板

11.1.10 初始条件

单击信息树中的 Initialization 项，弹出如图 11-21 所示的 Solution Initialization（初始化设置）面板。

在 Initialization Methods 中选择 Standard Initialization，在 Compute from 中选择 all-zones，单击 Initialize 按钮进行初始化。

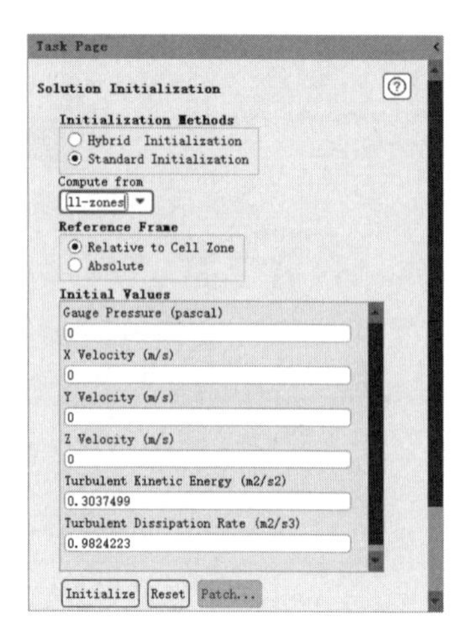

图 11-21　初始条件设置面板

11.1.11　求解过程监视

单击信息树中的 Monitors 项，弹出如图 11-22 所示的 Monitors（监视）面板，双击 Residuals 便弹出如图 11-23 所示的 Residual Monitors（残差监视）对话框。

保持默认设置不变，单击 OK 按钮确认。

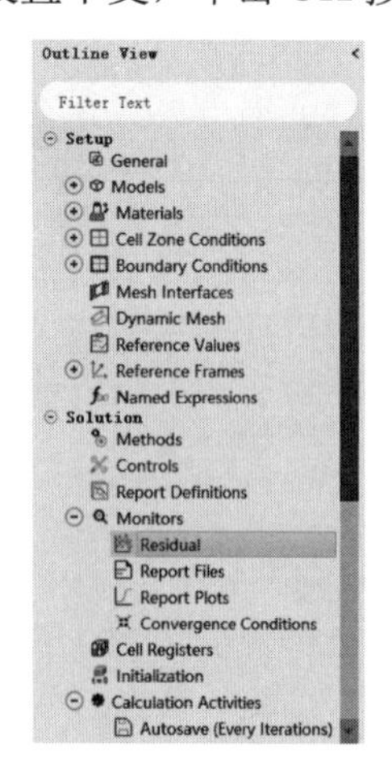

图 11-22　监视面板

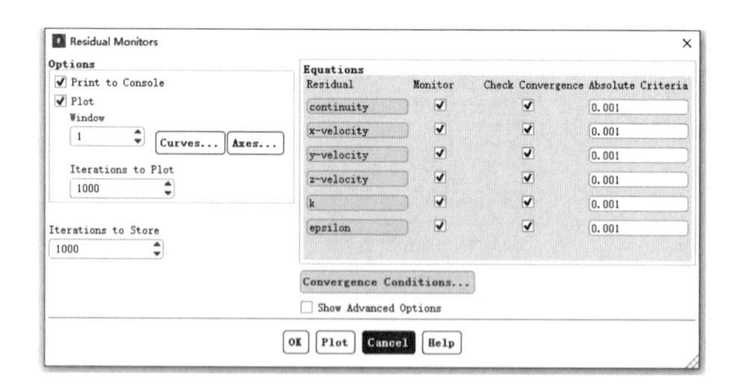

图 11-23　残差监视对话框

11.1.12　计算求解

单击信息树中的 Run Calculation 项，弹出如图 11-24 所示的 Run Calculation（运行计算）面板。

在 Number of Iterations 中输入 100，单击 Calculate 按钮开始计算。

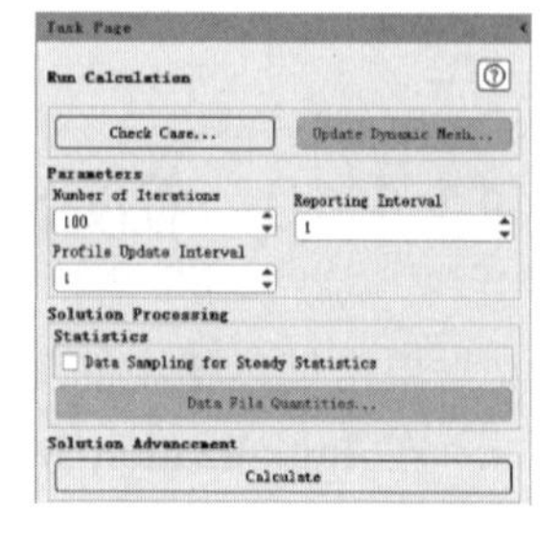

图 11-24　运行计算面板

11.1.13 结果后处理

步骤 01 单击信息树中的 Graphics 项，弹出如图 11-25 所示的 Graphics and Animations（图形和动画）面板，在 Graphics 下双击 Contours，弹出如图 11-26 所示的 Contours（等值线）对话框。

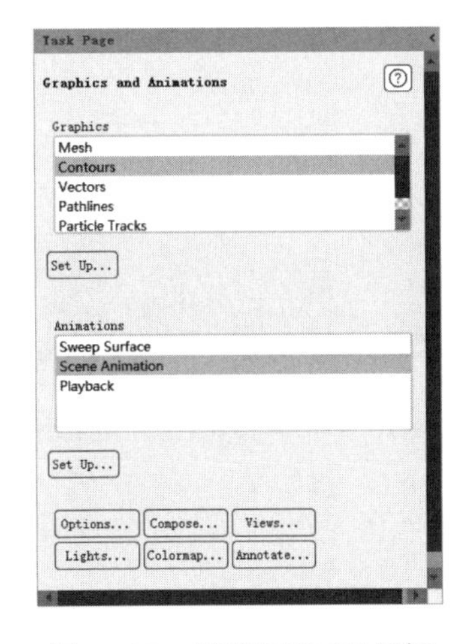

图 11-25 图形和动画对话框

图 11-26 等值线对话框

勾选 Filled 复选框，在 Contours of 中选择 Velocity，在 Surfaces 中选择 symmetry:xyplane，单击 Save/Display 按钮，显示如图 11-27 所示的速度云图。

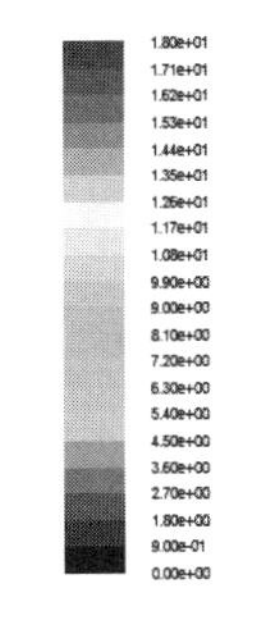

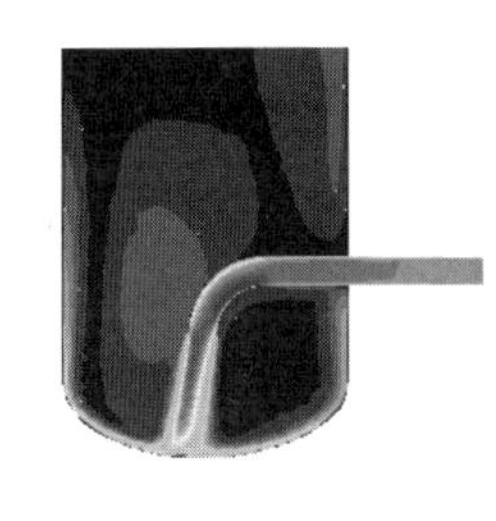

图 11-27 速度云图

步骤 02 在 Graphics and Animations（图形和动画）面板中，在 Graphics 下双击 Particle Tracks，弹出如图 11-28 所示的 Particle Tracks（粒子径迹）对话框。

勾选 Draw Mesh 复选框，弹出如图 11-29 所示的 Mesh Display（网格显示）对话框。在 Edge Type 中选中 Outline 单选按钮，在 Surfaces 中选择 symmetry:xyplane。

图 11-28 粒子径迹对话框

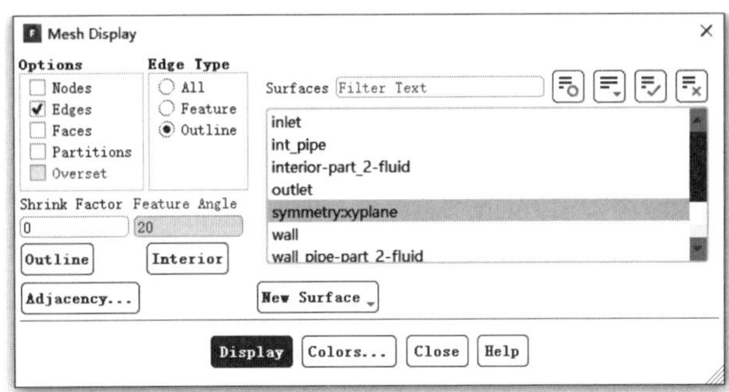

图 11-29 网格显示对话框

在 Particle Tracks（粒子径迹）对话框中，在 Color by 中选择 Particle Diameter，在 Release from Injections 中选择 injection-0，在 Skip 中填入 5，在 Coarsen 中填入 10，单击 Save/Display 按钮，显示如图 11-30 所示的粒子径迹。

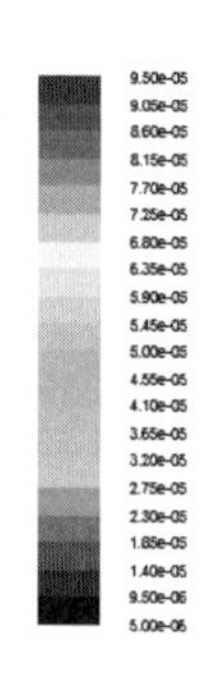
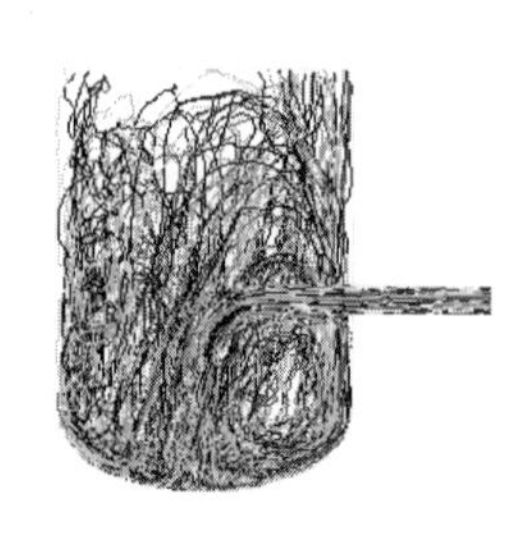

图 11-30　粒子径迹

11.2 喷嘴内粒子流动

下面将通过一个喷嘴内粒子流动的分析案例让读者对 ANSYS Fluent 2020 分析处理离散相问题的基本操作有一个初步的了解。

11.2.1 案例介绍

请用 ANSYS Fluent 分析模拟喷嘴内粒子流动的情况(见图 11-31)。

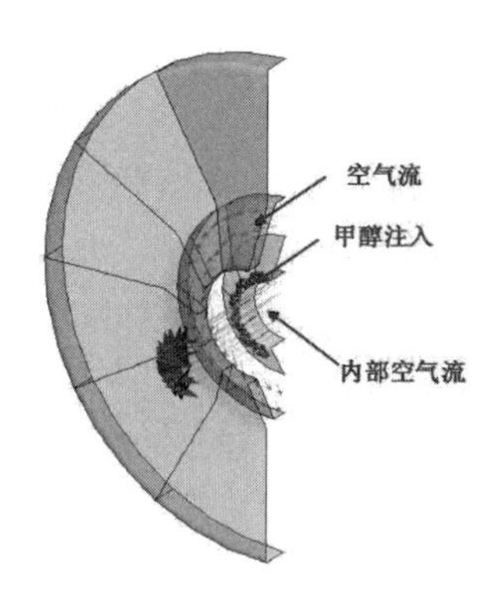

图 11-31　案例问题

11.2.2 启动 Fluent 并导入网格

步骤 01　在 Windows 系统下执行"开始"→"所有程序"→ANSYS 2020→Fluent 2020 命令，启动 Fluent 2020，进入 Fluent Launcher 界面。

步骤 02　在 Fluent Launcher 界面中的 Dimension 中选择 3D，在 Options 中选中 Display Mesh After Reading，单击 OK 按钮进入 Fluent 主界面。

步骤 03　在 Fluent 主界面中，单击主菜单中的 File→Read→Mesh，弹出如图 11-32 所示的 Select File 对话框，选择名称为 sector.msh 的网格文件，单击 OK 按钮便可导入网格。

步骤 04　导入网格后，在图形显示区将显示几何模型，如图 11-33 所示。

图 11-32　导入网格对话框

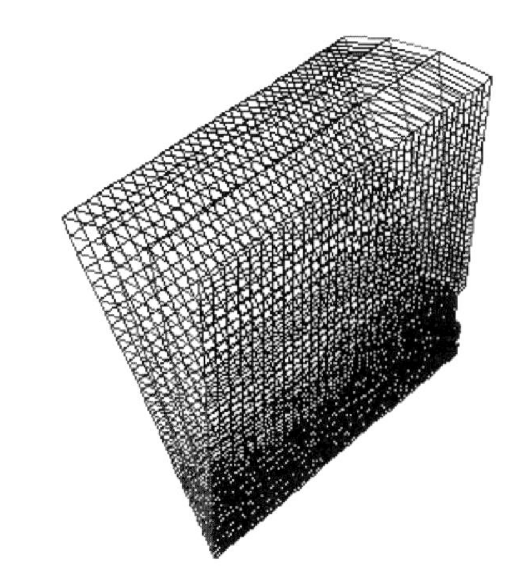

图 11-33　显示几何模型

步骤 05 单击 Check 按钮，检查网格质量，确保不存在负体积。

步骤 06 在 Console 窗口内输入 Mesh/reorder/reorder-domain，显示如图 11-34 所示的文本信息，对网格矩阵进行重新排列，加快运算速度。

```
>> Reordering domain using Reverse Cuthill-McKee method:
     zones, cells, faces, done.
   Bandwidth reduction = 3286/146 = 22.51
   Done.
```

图 11-34　文本信息显示

步骤 07 单击主菜单中的 File→Write→Case，弹出 Select File 对话框，在 Case File 中填入 sector，单击 OK 按钮便可保存项目。

11.2.3　定义求解器

步骤 01 单击信息树中的 General 项，弹出如图 11-35 所示的 General（总体模型设定）面板。在 Solver 中将 Time 类型设为 Steady。

步骤 02 单击 Physics 选项卡 Solver 面板中的 Operating Conditions 按钮，弹出如图 11-36 所示的 Operating Conditions（操作条件）对话框。勾选 Gravity 复选框，在 Y 中输入-9.81，勾选 Specified Operating Density 复选框，单击 OK 按钮确认。

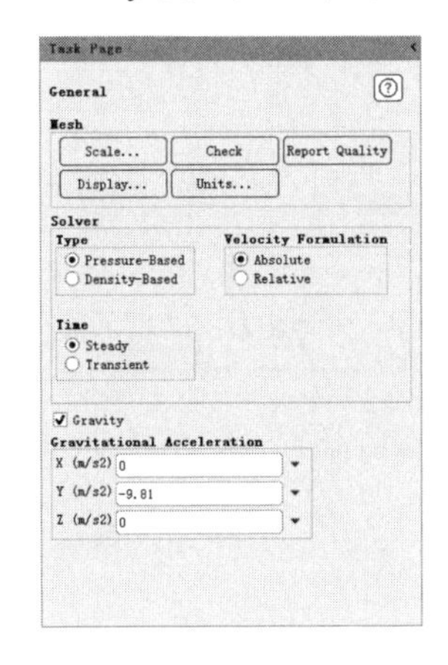

图 11-35　总体模型设定面板

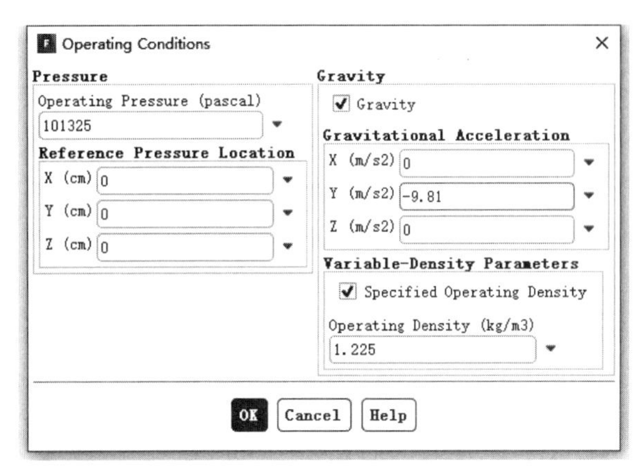

图 11-36　操作条件对话框

11.2.4 定义模型

步骤 01 在信息树中单击 Models 项，弹出如图 11-37 所示的 Models（模型设定）面板。在模型设定面板双击 Viscous，弹出如图 11-38 所示的 Viscous Model（湍流模型）对话框。

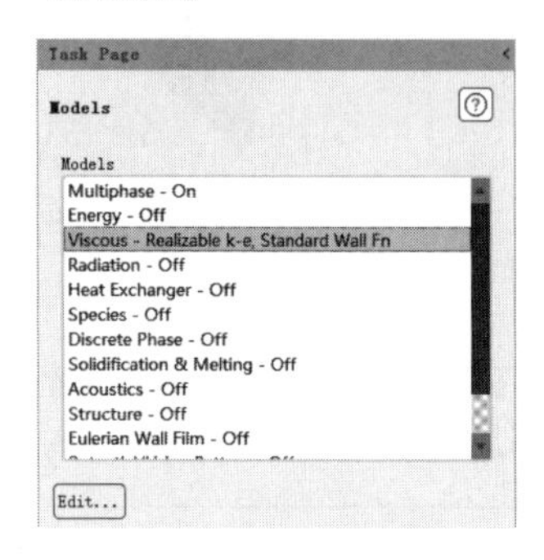

图 11-37 模型设定面板

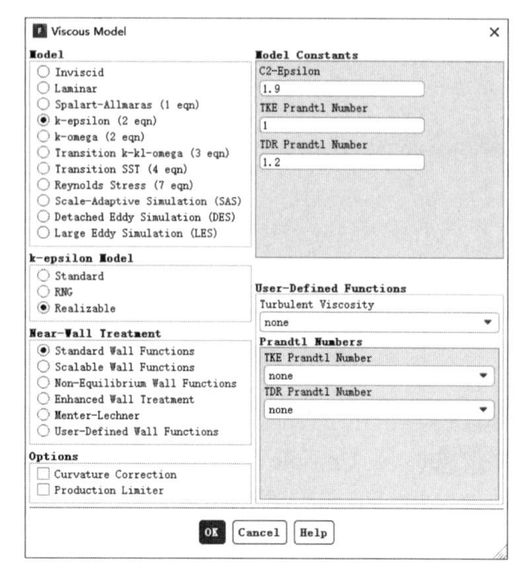

图 11-38 湍流模型对话框

在 Model 中选中 k-epsilon(2 eqn)单选按钮，在 k-epsilon Model 中选中 Realizable 单选按钮，单击 OK 按钮确认。

步骤 02 在模型设定面板中双击 Energy，弹出如图 11-39 所示的 Energy(能量模型)对话框，勾选 Energy Equation 激活能量方程，单击 OK 按钮确认。

步骤 03 在模型设定面板中双击 Species，弹出如图 11-40 所示的 Species Model（组分模型）对话框，在 Model 中选中 Species Transport 单选按钮，弹出如图 11-41 所示的信息对话框，在 Mixture Material 中选择 methyl-alcohol-air，单击 OK 按钮确认。

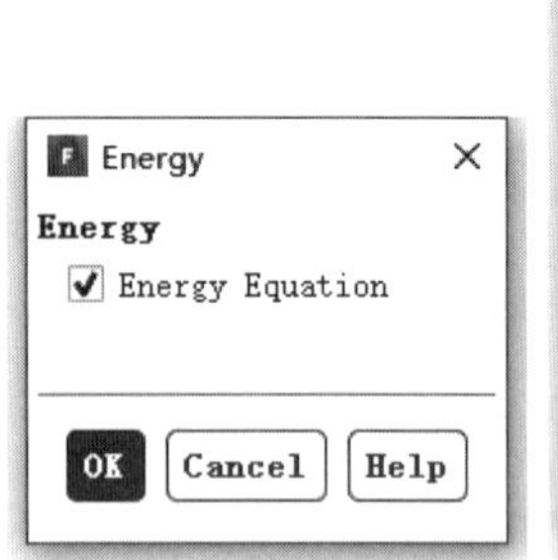

图 11-39 能量模型对话框

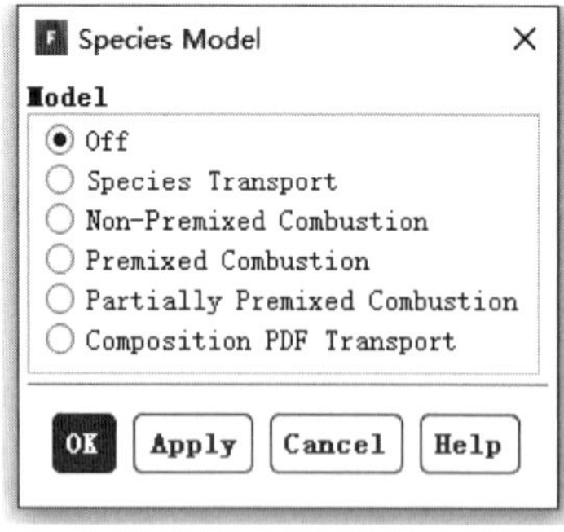

图 11-40 组分模型对话框

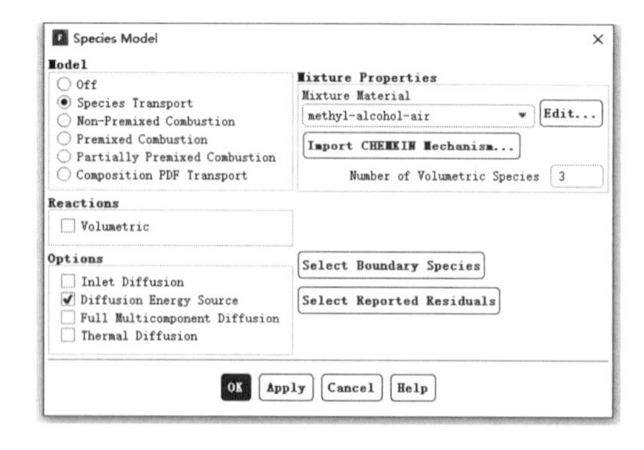

图 11-41 信息对话框

11.2.5 设置材料

单击信息树中的 Materials 项，弹出如图 11-42 所示的 Materials（材料）面板。在材料面板中双击

Mixture，弹出如图 11-43 所示的 Create/Edit Materials（物性参数设定）对话框，在 Mixture Species 旁单击 Edit 按钮，弹出如图 11-44 所示的 Species（组分）对话框。

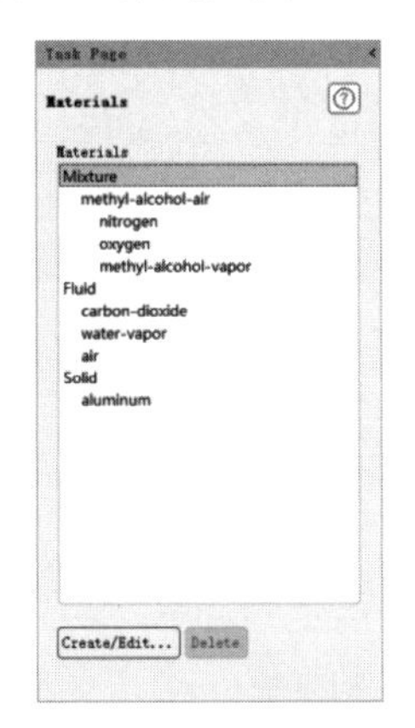

图 11-42　材料面板

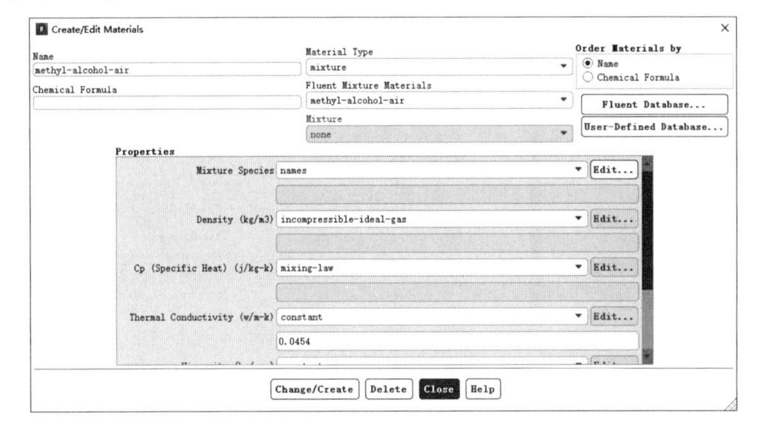

图 11-43　物性参数设定对话框

图 11-44　组分对话框

在 Selected Species 中选择 o2 和 n2，单击 Remove 按钮去除，单击 OK 按钮确认。

在物性参数设定对话框中单击 Change/Create 按钮确认，单击 Close 按钮退出。

11.2.6　边界条件

步骤 01　单击信息树中的 Boundary Conditions 项，启动如图 11-45 所示的边界条件面板。

步骤 02　在边界条件面板中双击 central_air，弹出如图 11-46 所示的边界条件设置对话框。

在 Mass Flow Rate 中填入 9.167e-5，在矢量方向中输入(0,0,1)，在 Turbulence 中的 Specification Method 中选择 Intensity and Hydraulic Diameter，在 Turbulent Intensity 填入 10，在 Hydraulic Diameter 中填入 0.0037。

切换至 Thermal 选项卡，在 Total Temperature 中输入 293，如图 11-47 所示。

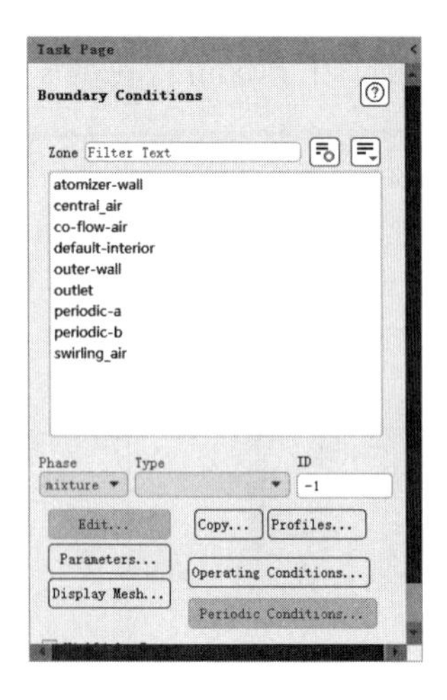

图 11-45 边界条件面板

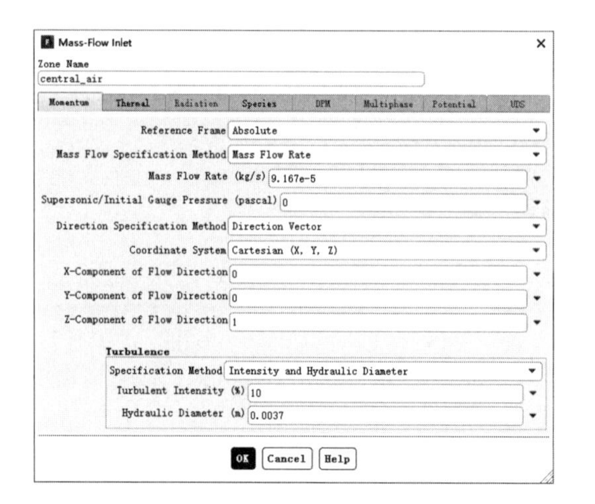

图 11-46 边界条件设置对话框

切换至 Species 选项卡，在 Species Mass Fractions 中的 o2 文本框中输入 0.23，如图 11-48 所示。

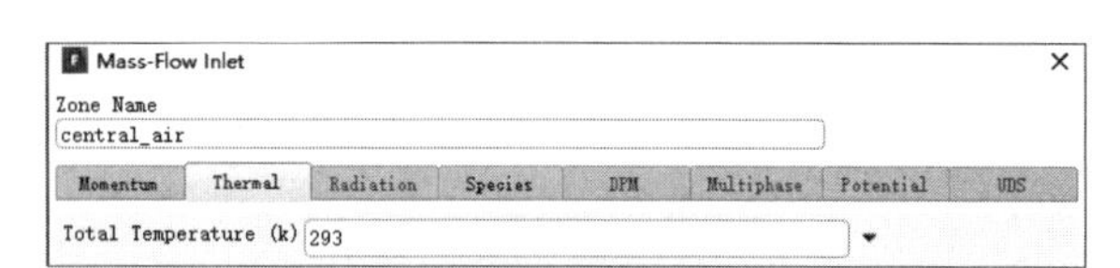

图 11-47 Thermal 选项卡

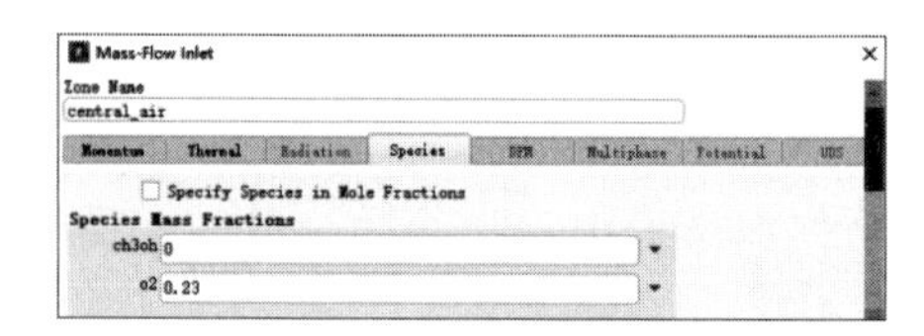

图 11-48 Species 选项卡

单击 OK 按钮确认退出。

步骤 03 在边界条件面板中双击 co-flow-air，弹出如图 11-49 所示的边界条件设置对话框。

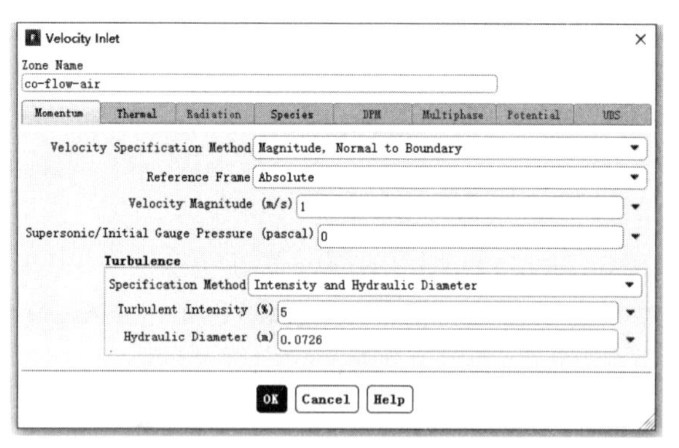

图 11-49 边界条件设置对话框

在 Velocity Magnitude 中填入 1，在 Turbulence 中的 Specification Method 中选择 Intensity and Hydraulic Diameter，在 Turbulent Intensity 中填入 5，在 Hydraulic Diameter 中填入 0.0726。

切换至 Thermal 选项卡，在 Total Temperature 中输入 293。

切换至 Species 选项卡，在 Species Mass Fractions 中的 o2 文本框中输入 0.23。

单击 OK 按钮确认退出。

步骤 04 在边界条件面板中双击 outlet，弹出如图 11-50 所示的边界条件设置对话框。

在 Backflow Direction Specification Method 中选择 From Neighboring Cell，在 Gauge Pressure 中填入 0，在 Backflow Turbulent Intensity 中填入 5，在 Backflow Turbulent Viscosity Ratio 中填入 5。

切换至 Thermal 选项卡，在 Total Temperature 中输入 293。

切换至在 Species 选项卡，在 Species Mass Fractions 中的 o2 文本框中输入 0.23。

单击 OK 按钮确认退出。

步骤 05 在边界条件面板中双击 swirling_air，弹出如图 11-51 所示的边界条件设置对话框。

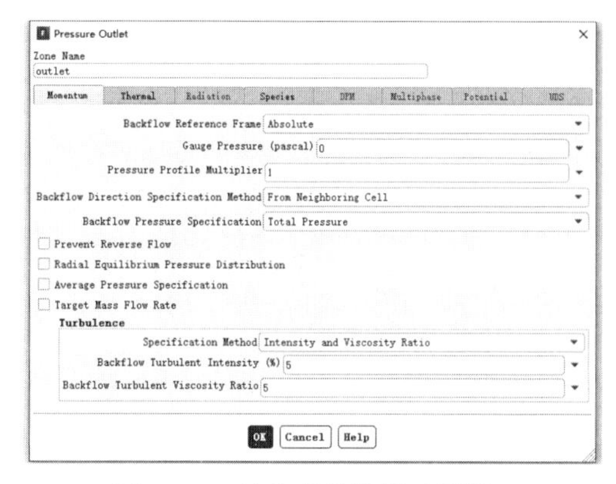

图 11-50　边界条件设置对话框

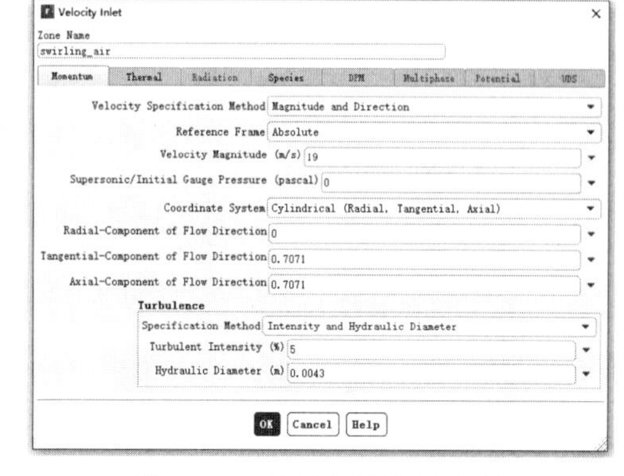

图 11-51　边界条件设置对话框

在 Velocity Specification Method 中选择 Magnitude and Direction，在 Velocity Magnitude 中填入 19，在 Coordinate System 中选择 Cylindrical (Radial, Tangential, Axial)，在 Radial-Component of Flow Direction 中输入 0，在 Tangential-Component of Flow Direction 中输入 0.7071，在 Axial-Component of Flow Direction 中输入 0.7071。

在 Turbulence 中的 Specification Method 中选择 Intensity and Hydraulic Diameter，在 Turbulent Intensity 中填入 5，在 Hydraulic Diameter 中填入 0.0043。

切换至 Thermal 选项卡，在 Total Temperature 中输入 293。

切换至 Species 选项卡，在 Species Mass Fractions 中的 o2 文本框中输入 0.23。

单击 OK 按钮确认退出。

步骤 06 在边界条件面板中双击 outer-wall，弹出如图 11-52 所示的边界条件设置对话框。

在 Shear Condition 中选中 Specified Shear 单选按钮，单击 OK 按钮确认退出。

图 11-52　边界条件设置对话框

11.2.7 求解控制

步骤01 单击信息树中的 Methods 项，弹出如图 11-53 所示的 Solution Methods（求解方法设置）面板。在 Scheme 中选择 Coupled，在 Momentum 中选择 Second Order Upwind，勾选 Pseudo Transient 复选框。

步骤02 单击信息树中的 Controls 项，弹出如图 11-54 所示的 Solution Controls（求解过程控制）面板。保持默认设置。

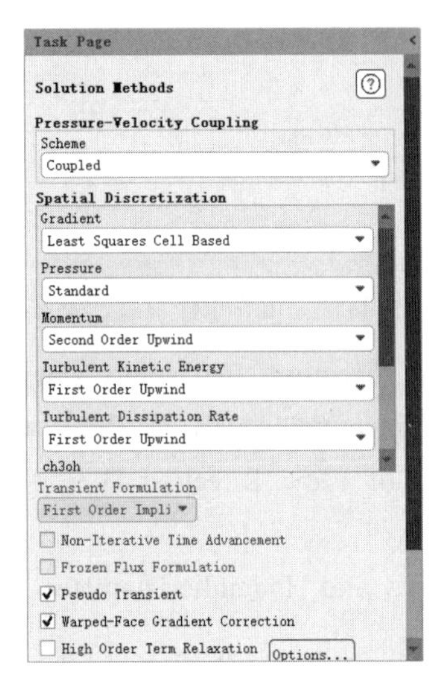

图 11-53 求解方法设置面板

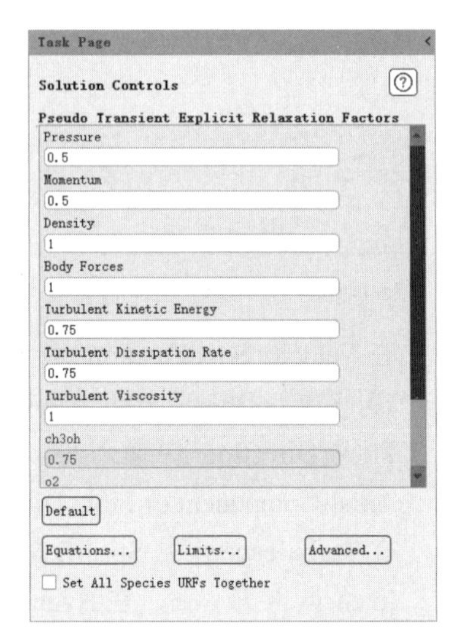

图 11-54 求解过程控制面板

11.2.8 初始条件

单击信息树中的 Initialization 项，弹出如图 11-55 所示的 Solution Initialization（初始化设置）面板。

在 Initialization Methods 中选择 Hybrid Initialization 单选按钮，单击 Initialize 按钮进行初始化。

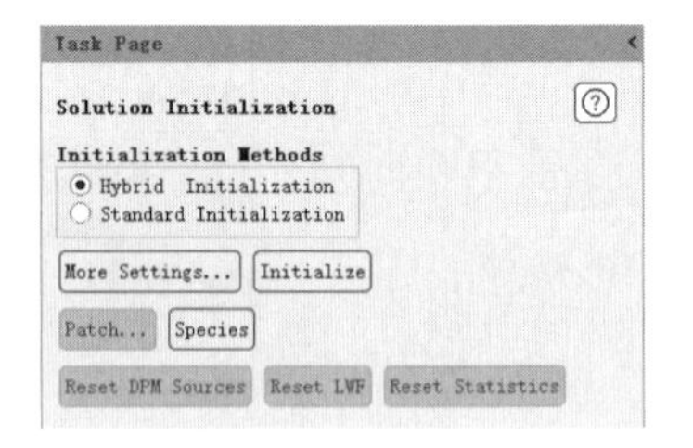

图 11-55 初始化设置面板

11.2.9 求解过程监视

单击信息树中的 Monitors 项，弹出如图 11-56 所示的 Monitors（监视）面板，双击 Residual，弹出如图 11-57 所示的 Residual Monitors（残差监视）对话框。

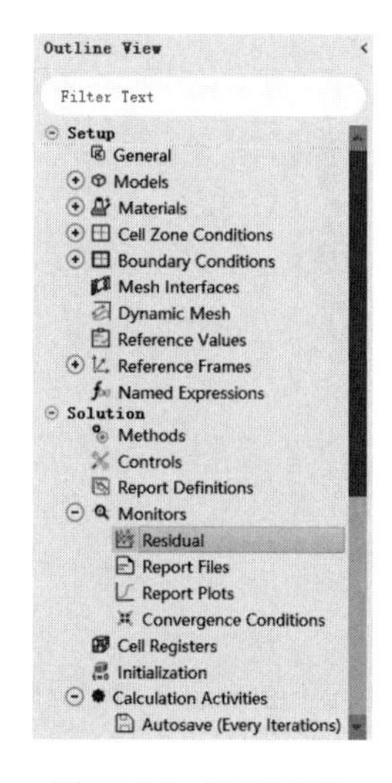

图 11-56　监视面板

图 11-57　残差监视对话框

保持默认设置不变，单击 OK 按钮确认。

11.2.10　计算求解

单击信息树中的 Run Calculation 项，弹出如图 11-58 所示的 Run Calculation（运行计算）面板。

在 Time Step Method 中选中 User Specified 单选按钮，在 Pseudo Time Step 中输入 1，在 Number of Iterations 中输入 150，单击 Calculate 按钮开始计算。

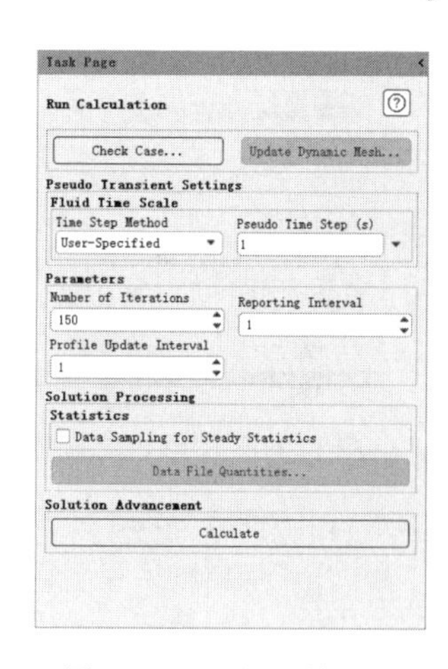

图 11-58　运行计算面板

11.2.11　结果后处理

步骤 01　单击 Results 选项卡 Surface 面板中的 Create 按钮下的 Iso-Surface 选项，弹出如图 11-59 所示的 Iso-Surface（等值面）对话框。

在 Surface of Constant 中选择 Mesh 和 Angular Coordinate，在 Iso-Values 中输入 15，在 New Surface Name 中输入 angular =15，单击 Create 按钮。

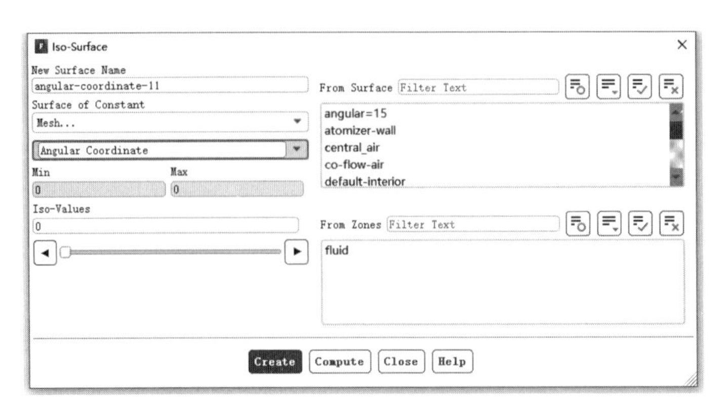

图 11-59　等值面对话框

步骤02　单击信息树中的 Graphics 项，弹出如图 11-60 所示的 Graphics and Animations（图形和动画）面板，在 Graphics 下双击 Contours，弹出如图 11-61 所示的 Contours（等值线）对话框。

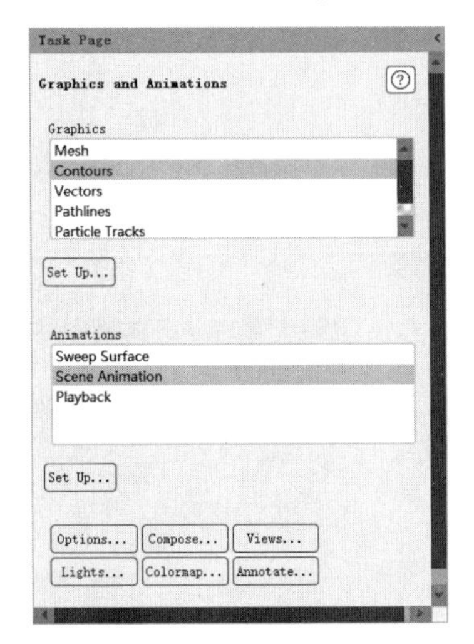

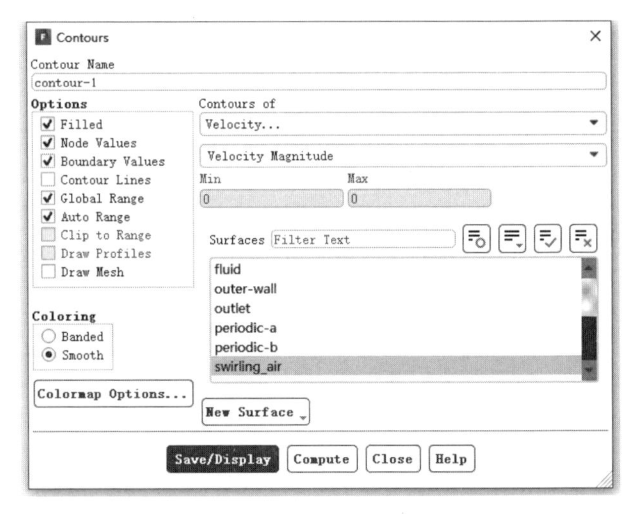

图 11-60　图形和动画对话框　　　　图 11-61　等值线对话框

勾选 Filled 和 Draw Mesh 复选框，弹出如图 11-62 所示的 Mesh Display（网格显示）对话框，保持默认设置，单击 Close 按钮关闭。

打开等值线对话框，在 Contours of 中选择 Velocity，在 Surfaces 中选择 angular = 15，单击 Display 按钮，显示如图 11-63 所示的速度云图。

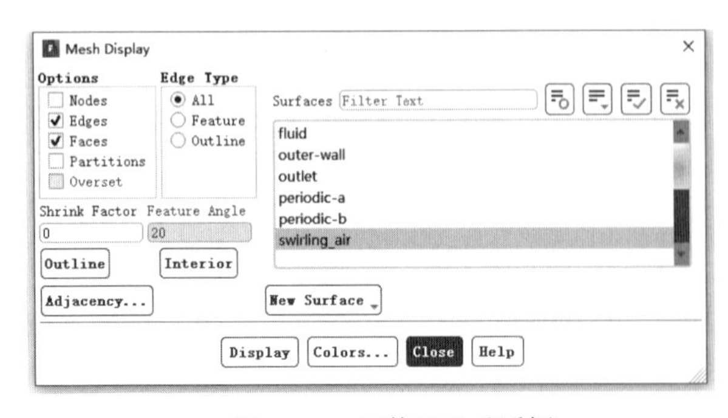

图 11-62　网格显示对话框　　　　图 11-63　速度云图

步骤 03 在 Graphics and Animations（图形和动画）面板中单击 Views 按钮，弹出如图 11-64 所示的 Views（视图）对话框，单击 Define 按钮，弹出如图 11-65 所示的 Graphics Periodicity 对话框，在 Periodic Type 中选择 Rotational 单选按钮，在 Angle 中输入 30，在 Axis Direction 中填入（0,0,1），在 Number of Repeats 中输入 12，单击 Set 按钮显示图形，如图 11-66 所示。

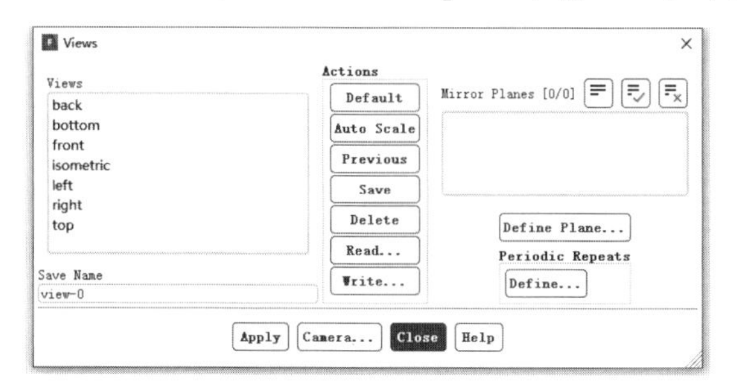

图 11-64　视图对话框

图 11-65　Graphics Periodicity 对话框

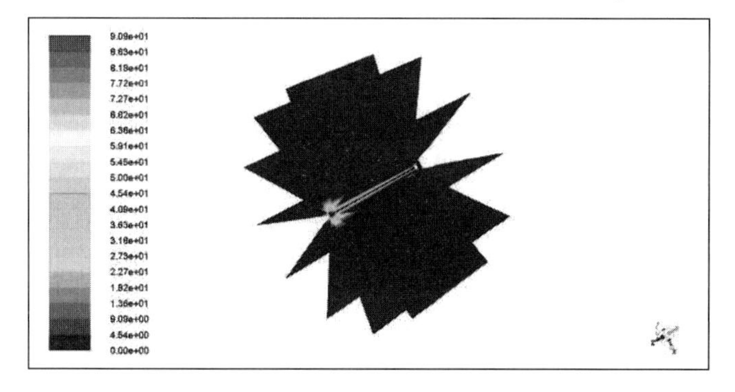

图 11-66　速度云图

步骤 04 在 Graphics and Animations（图形和动画）面板中，在 Graphics 下双击 Pathlines，弹出如图 11-67 所示的 Pathlines（迹线）对话框。

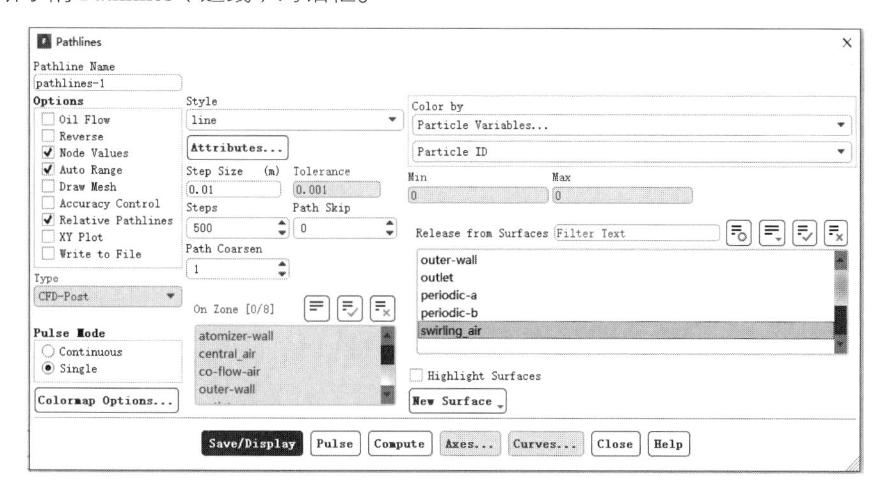

图 11-67　迹线对话框

勾选 Draw Mesh 复选框，在 Path Skip 中输入 5，在 Release from Surfaces 中选择 swirling_air，单击 Save/Display 按钮，显示如图 11-68 所示的粒子径迹。

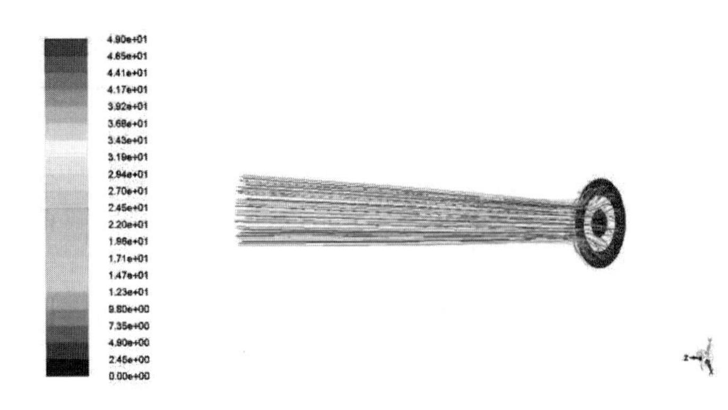

图 11-68　粒子径迹

11.2.12　定义离散相模型

步骤 01　在信息树中单击 Models 项，弹出 Models（模型设定）面板。在模型设定面板双击 Discrete Phase，弹出如图 11-69 所示的 Discrete Phase Model（离散相模型）对话框。

勾选 Interaction with Continuous Phase 和 Unsteady Particle Tracking 复选框，在 Particle Time Step Size 中输入 0.0001。

在如图 11-70 所示的 Physical Models 选项卡中勾选 Breakup 复选框。

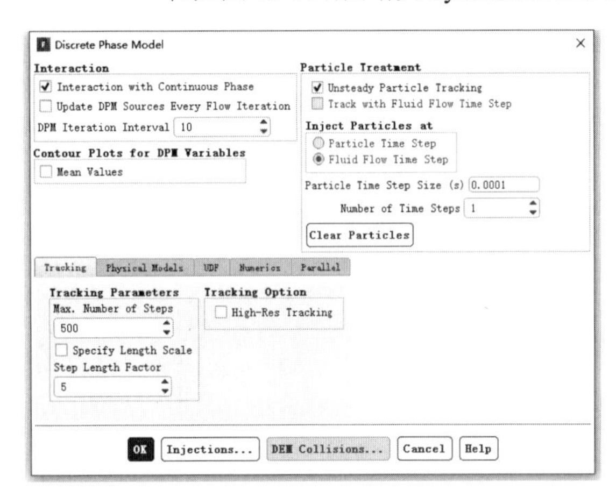

图 11-69　离散相模型对话框

图 11-70　勾选 Breakup 复选框

切换至 Tracking 选项卡，在 Max. Number of Steps 中填入 500，在 Step Length Factor 中填入 5，在 Drag Law 中选择 dynamic-drag，单击 OK 按钮确认。

步骤 02　单击 Physics 选项卡 Models 面板中的 Discrete Phase Model 按钮下的 Injections 选项，弹出如图 11-71 所示的 Injections（喷射）对话框。单击 Create 按钮，弹出如图 11-72 所示的 Set Injection Properties（喷嘴设置）对话框。

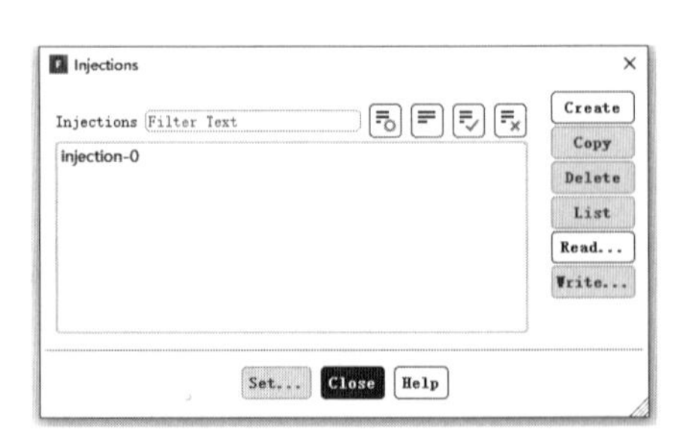

图 11-71　喷射对话框

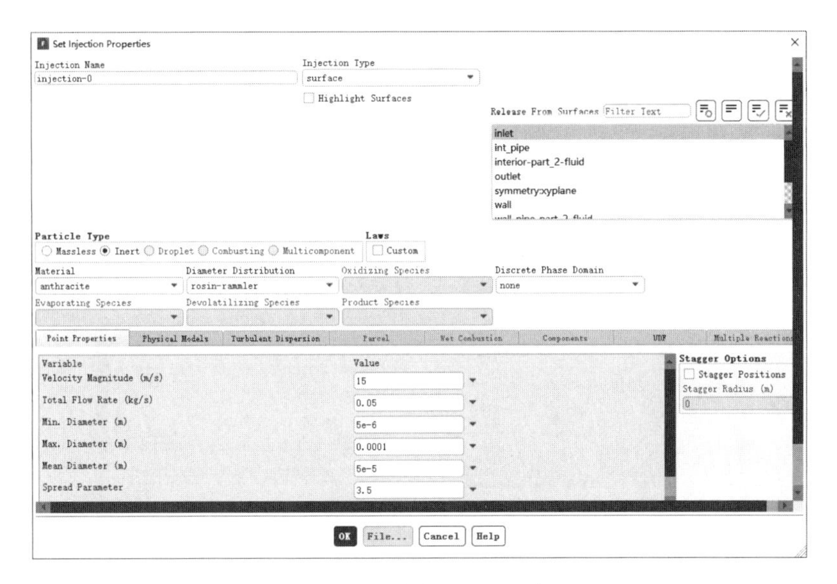

图 11-72　喷嘴设置对话框

在 Injection Type 中选择 air-blast-atomizer，在 Number of Streams 中输入 60，在 Particle Type 中选中 Droplet 单选按钮，在 Material 中选择 methyl-alcohol-liquid，在 Z-Position 中输入 0.0015，在 Temperature 中输入 263，在 Flow Rate 中输入 8.5e-5，在 Injector Inner Diameter 中输入 0.0035，在 Injector Outer Diameter 中输入 0.0045，在 Spray Half Angle 中输入-45，在 Relative Velocity 中输入 82.6。

步骤 03 在如图 11-73 所示的 Turbulent Dispersion 选项卡中勾选 Discrete Random Walk Model 和 Random Eddy Lifetime 复选框，单击 OK 按钮确认。

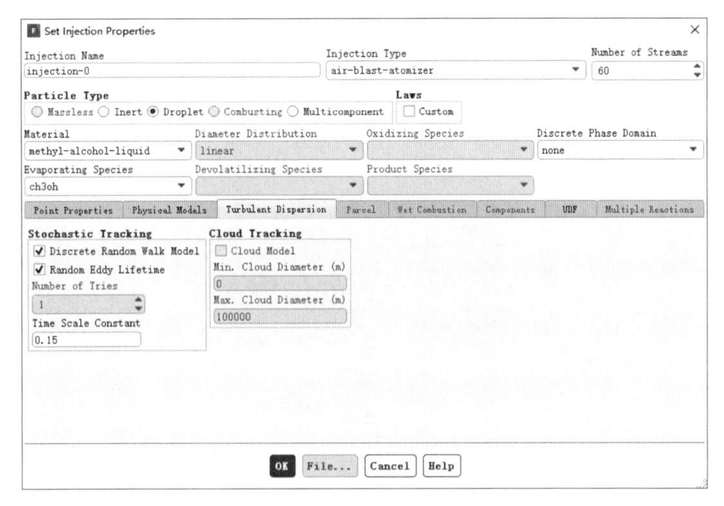

图 11-73　喷嘴设置对话框

11.2.13　修改材料设置

在材料面板中双击 methyl-alcohol-liquid，弹出如图 11-74 所示的 Create/Edit Materials（物性参数设

定）对话框，在 Viscosity 中输入 0.0056，在 Staturation Vapor Pressure 旁单击 Edit 按钮，弹出如图 11-75 所示的 Piecewise-Linear Profile 对话框，单击 OK 按钮确认。在物性参数设定对话框中单击 Change/Create 按钮确认，单击 Close 按钮退出。

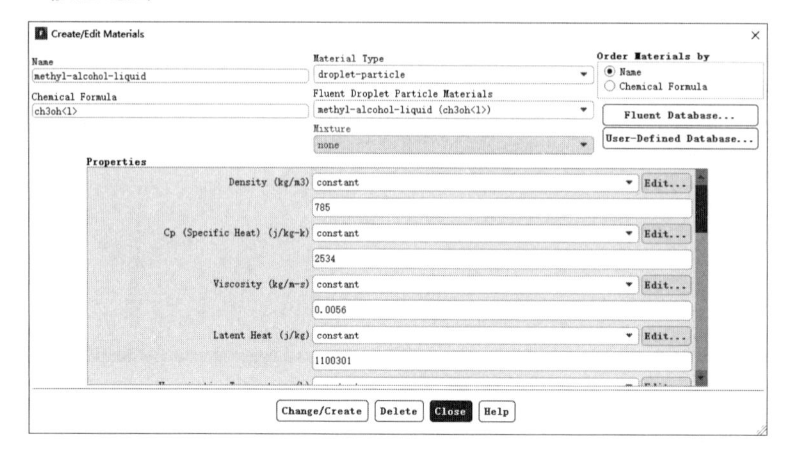

图 11-74　物性参数设定对话框

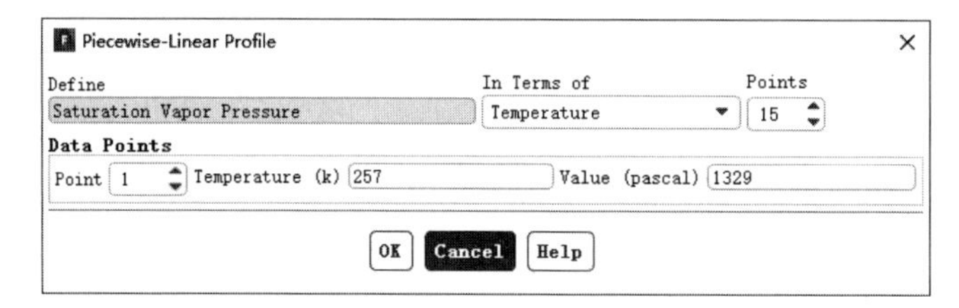

图 11-75　Piecewise-Linear Profile 对话框

11.2.14　计算求解

在 Number of Iterations 中输入 1000（见图 11-76），单击 Calculate 按钮开始计算。

图 11-76　计算参数设置面板

11.2.15 结果后处理

在 Graphics and Animations（图形和动画）面板中，在 Graphics 下双击 Particle Tracks，弹出如图 11-77 所示的 Particle Tracks（粒子径迹）对话框。

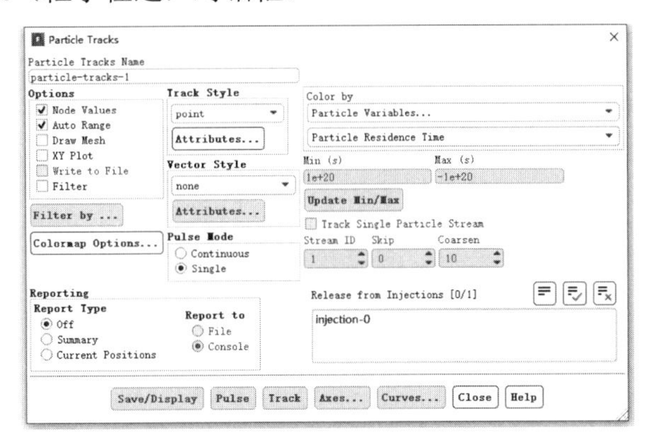

图 11-77　粒子径迹对话框

勾选 Draw Mesh 复选框，弹出如图 11-78 所示的 Mesh Display（网格显示）对话框。在 Surfaces 中选择 swirling_air。

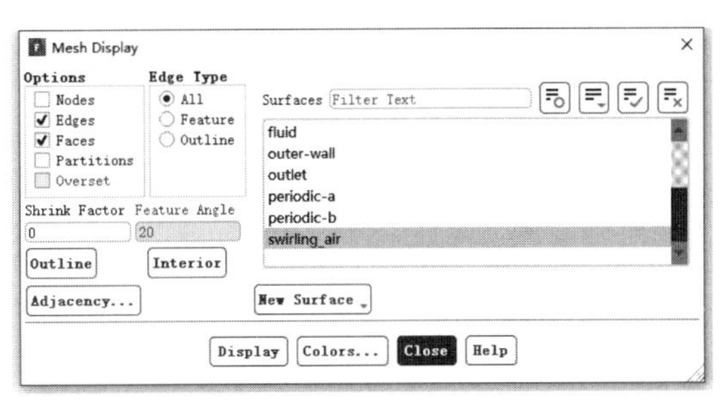

图 11-78　网格显示对话框

在 Particle Tracks（粒子径迹）对话框中，在 Track Style 中选择 Point，在 Color by 中选择 Particle Variables，在 Release from Injections 中选择 injection-0，单击 Display 按钮，显示如图 11-79 所示的粒子径迹。

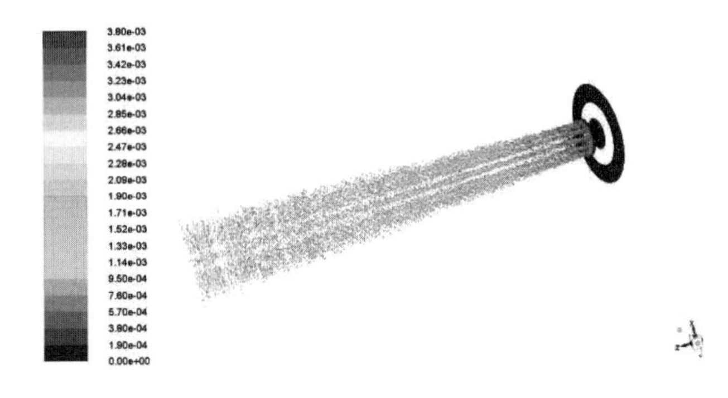

图 11-79　粒子径迹

11.3 本章小结

本章通过反应器内和喷嘴内粒子流动两个实例介绍了 Fluent 处理离散相问题的工作流程。

通过本章的学习，读者可以掌握 Fluent 中离散相模型设定的基本操作以及 Fluent 处理离散相问题的基本思路和操作。

第 12 章 传热流动分析实例

导言

传热是自然界和工程问题中常见的物理现象。传热是一种复杂现象，物体的传热过程分为 3 种基本方式，即传导、对流和辐射。辐射是一种由电磁波传播热能的过程。辐射传热不仅有能量的转移，而且伴随着能量形式的转化，即热能转变为辐射能，辐射出的辐射能被物体吸收后又转化为热能。

本章将通过实例介绍 Fluent 处理传热流动模拟的工作步骤。

学习目标

★ 掌握边界条件的设定
★ 掌握传热模型的设定
★ 掌握物质属性的设定

12.1 芯片传热分析

下面将通过一个电路板上芯片的传热分析案例让读者对 ANSYS Fluent 2020 分析处理传热流动的基本操作有一个初步的了解。

12.1.1 案例介绍

电路板的入口流速为 0.5m/s，芯片为高温热源，如图 12-1 所示。用 ANSYS Fluent 分析芯片传热情况。

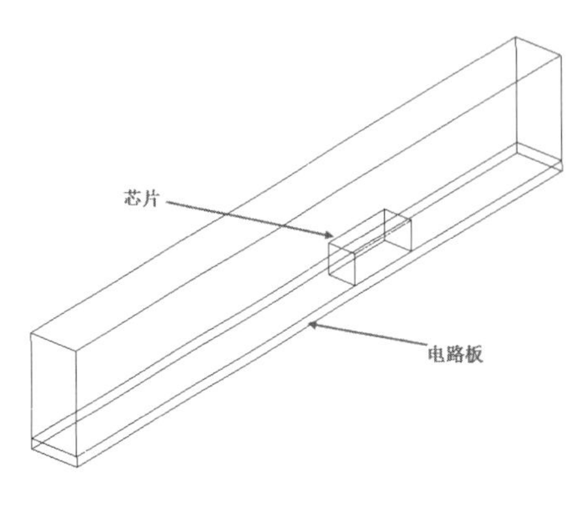

图 12-1 电路板

12.1.2 启动 Fluent 并导入网格

步骤01 在 Windows 系统下执行“开始”→“所有程序”→ANSYS 2020→Fluent 2020 命令，启动 Fluent 2020，进入 Fluent Launcher 界面。

步骤02 在 Fluent Launcher 界面中的 Dimension 中选择 3D，在 Options 中选中 Display Mesh After Reading，单击 OK 按钮进入 Fluent 主界面。

步骤03 在 Fluent 主界面中，单击主菜单中的 File→Read→Mesh，弹出如图 12-2 所示的 Select File 对话框，选择名称为 chip.msh 的网格文件，单击 OK 按钮便可导入网格。

步骤04 导入网格后，在图形显示区将显示几何模型，如图 12-3 所示。

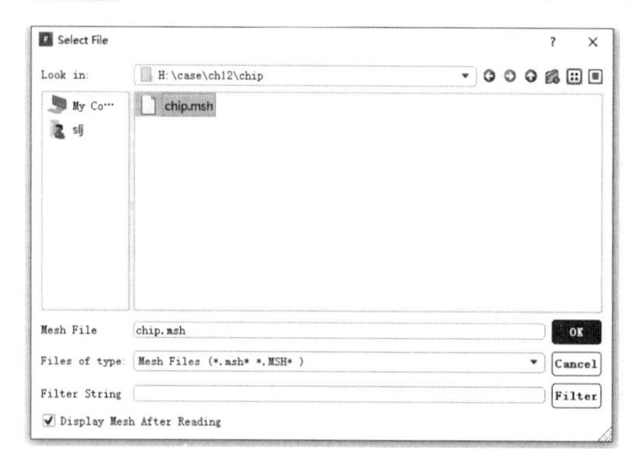

图 12-2 导入网格对话框

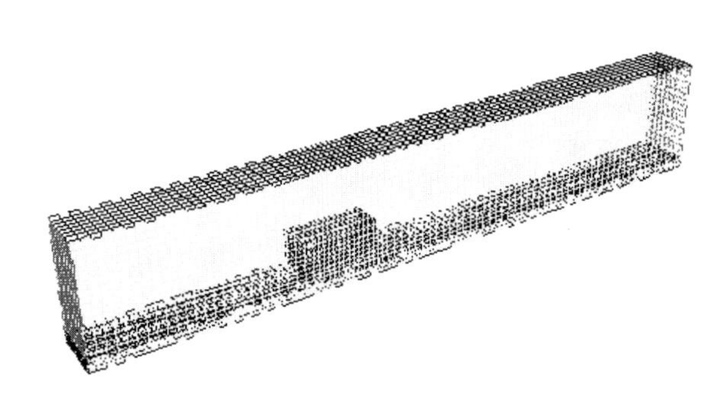

图 12-3 显示几何模型

步骤05 单击 Check 按钮，检查网格质量，确保不存在负体积。

步骤06 单击 Domain 选项卡 Mesh 面板中的 Scale 按钮，弹出如图 12-4 所示的 Scale Mesh（网格缩放）对话框。在 Scaling 中选中 Convert Units 单选按钮，在 Mesh Was Created In 中选择 in，单击 Scale 按钮完成网格缩放，在 View Length Unit In 中选择 in。

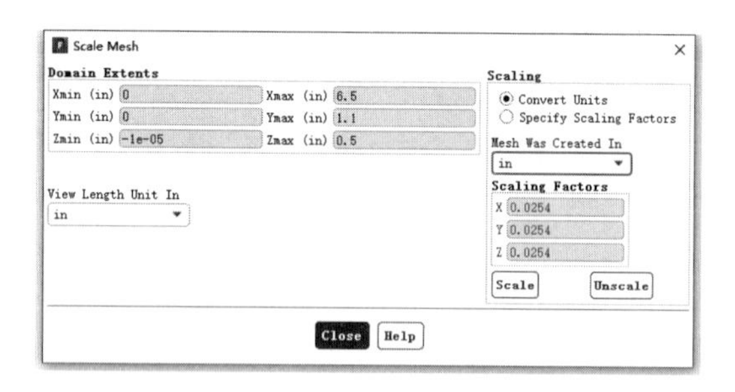

图 12-4 网格缩放对话框

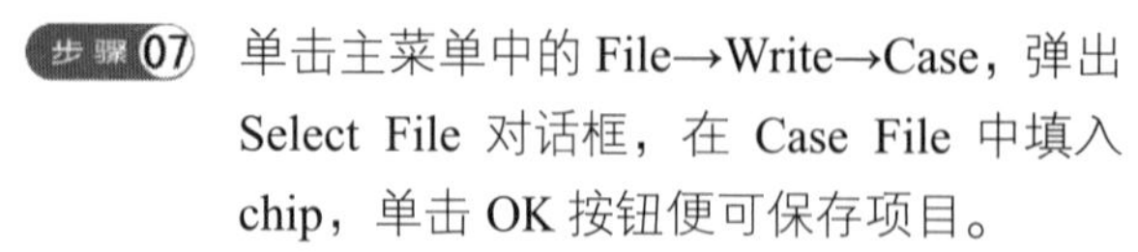

步骤07 单击主菜单中的 File→Write→Case，弹出 Select File 对话框，在 Case File 中填入 chip，单击 OK 按钮便可保存项目。

12.1.3 定义求解器

步骤01 单击信息树中的 General 项，弹出如图 12-5 所示的 General（总体模型设定）面板。在 Solver 中将 Time 类型设为 Steady。

步骤02 单击 Physics 选项卡 Solver 面板中的 Operating Conditions 按钮，弹出如图 12-6 所示的 Operating

Conditions（操作条件）对话框。保持默认设置，单击 OK 按钮确认。

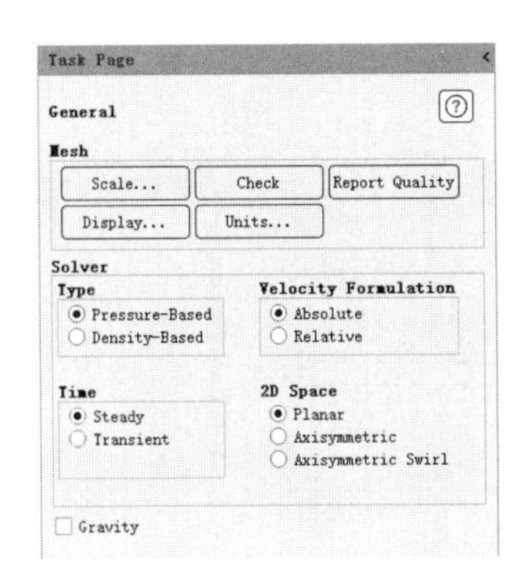

图 12-5　总体模型设定面板

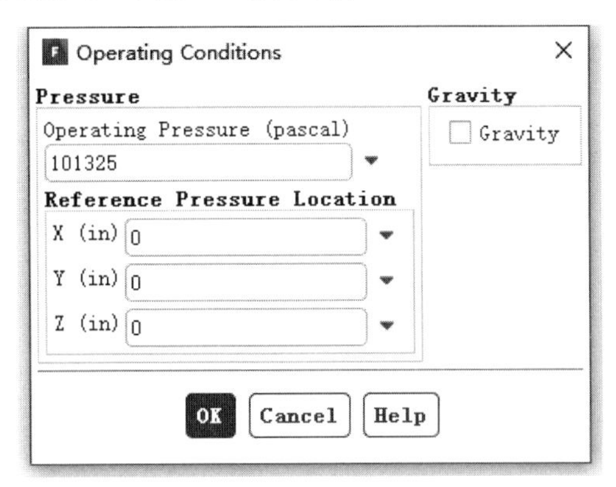

图 12-6　操作条件对话框

12.1.4　定义模型

步骤 01　在信息树中单击 Models 项，弹出如图 12-7 所示的 Models（模型设定）面板。在模型设定面板双击 Viscous，弹出如图 12-8 所示的 Viscous Model（湍流模型）对话框。

在该对话框中选择默认的 Laminar 单选按钮，单击 OK 按钮确认。

步骤 02　在模型设定面板中双击 Energy 按钮，弹出如图 12-9 所示的 Energy（能量模型）对话框，勾选 Energy Equation 复选框激活能量方程，单击 OK 按钮确认。

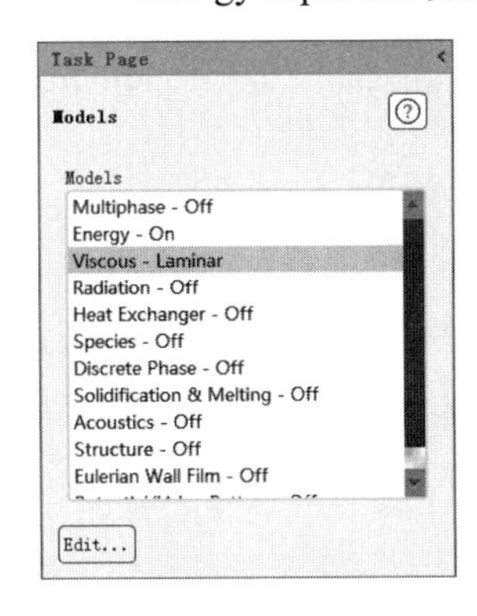

图 12-7　模型设定面板

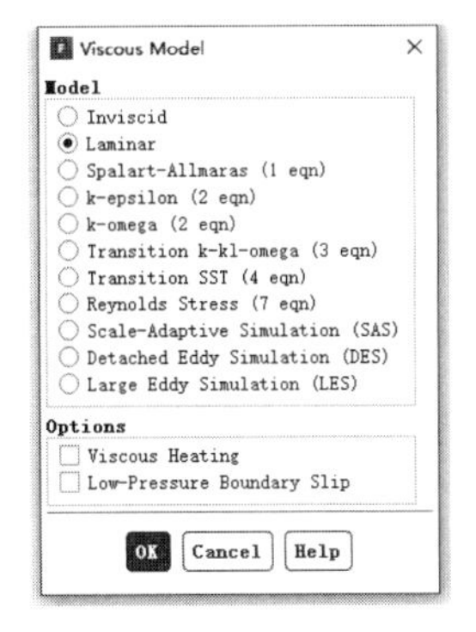

图 12-8　湍流模型对话框

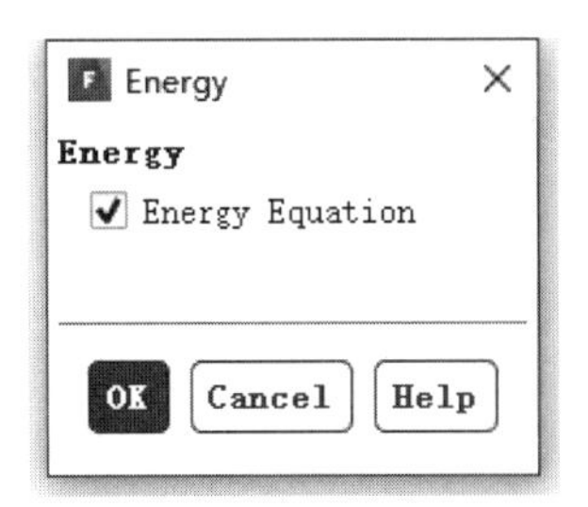

图 12-9　能量模型对话框

12.1.5　设置材料

步骤 01　单击信息树中的 Materials 项，弹出如图 12-10 所示的 Materials（材料）面板。在材料面板中双击 air，弹出如图 12-11 所示的 Create/Edit Materials（物性参数设定）对话框。

步骤 02　在 Density 中选择 incompressible-ideal-gas，单击 Change/Create 按钮。

步骤 03　在 Material Type 中选择 solid，在 Name 中输入 chip，在 Thermal Conductivity 中输入 1.0，单击 Change/Create 按钮创建新物质，在弹出的如图 12-12 所示的 Question（疑问）对话框中单

击 No 按钮，不替换原来的物质。

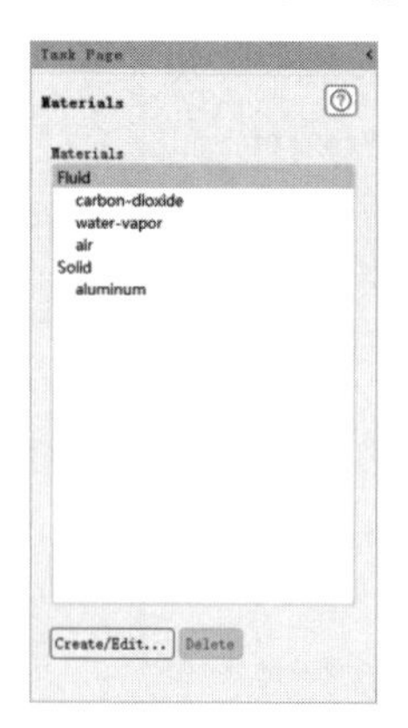

图 12-10　材料面板

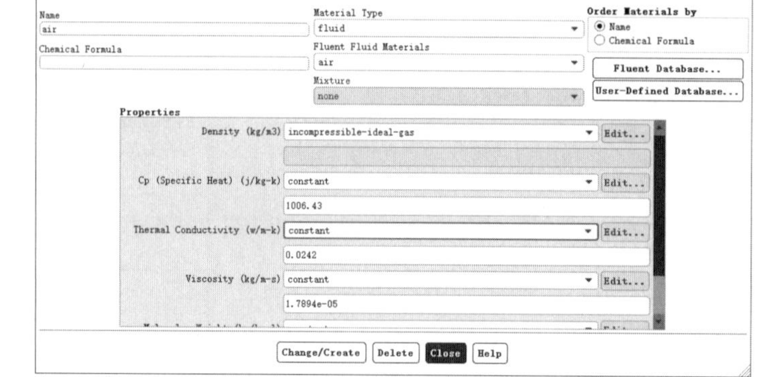

图 12-11　物性参数设定对话框

步骤 04　在 Material Type 中选择 solid，在 Name 中输入 board，在 Thermal Conductivity 中输入 0.1，单击 Change/Create 按钮创建新物质，在弹出的 Question（疑问）对话框中单击 No 按钮，不替换原来的物质。

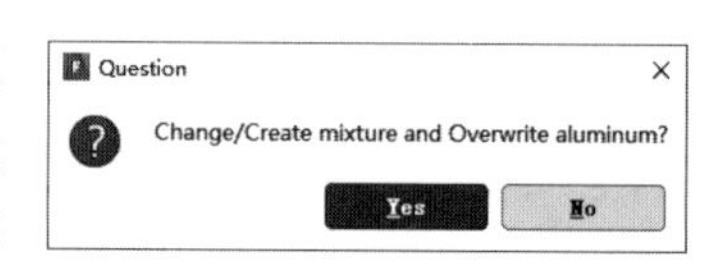

图 12-12　疑问对话框

步骤 05　单击 Close 按钮关闭窗口。

12.1.6　设置区域条件

步骤 01　单击信息树中的 Cell Zone Conditions 项，启动如图 12-13 所示的 Cell Zone Conditions（区域条件）对话框。

步骤 02　双击 cont-solid-board，弹出如图 12-14 所示的 Solid（固体域设置）对话框，在 Material Name 中选择 board，单击 OK 按钮确认。

步骤 03　双击 cont-solid-chip，弹出如图 12-15 所示的 Solid（固体域设置）对话框，在 Material Name 中选择 chip，勾选 Source Terms 复选框，在 Source Terms 选项卡中单击 Edit 按钮，弹出图 12-16 所示的 Energy sources（能量源）对话框，在 Number of Energy sources 中输入 1，选择 constant 并输入 904055，单击 OK 按钮确认。

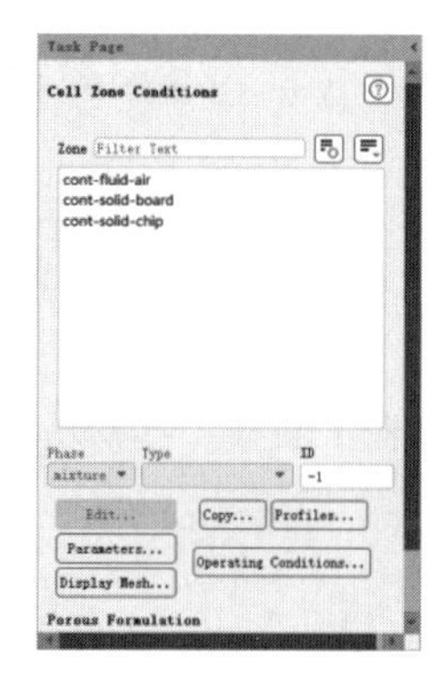

图 12-13　区域条件对话框

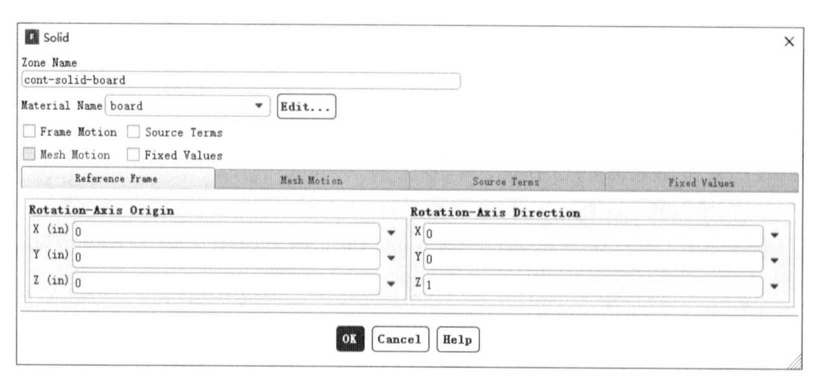

图 12-14　固体域设置对话框

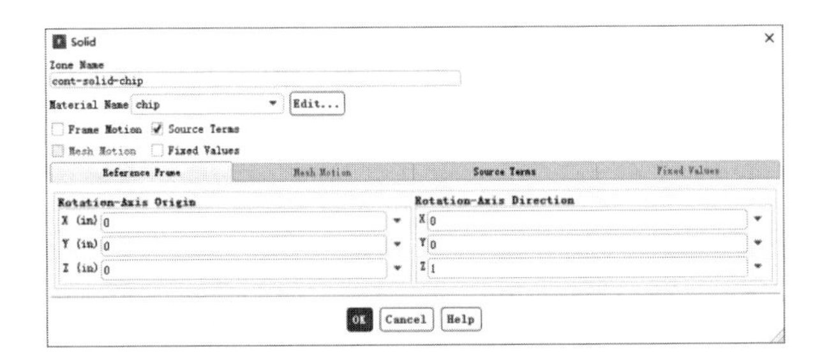

图 12-15　固体域设置对话框

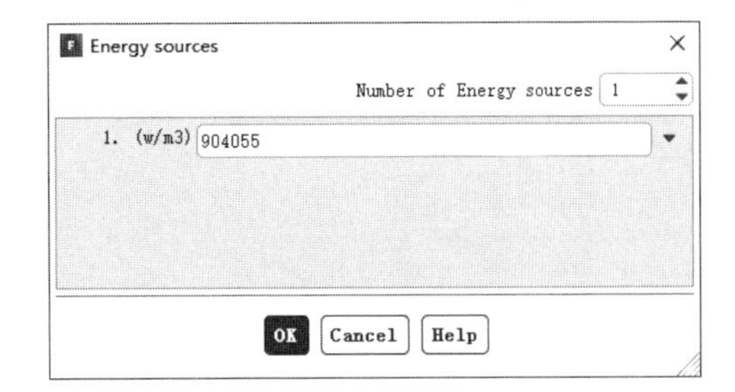

图 12-16　能量源对话框

12.1.7　边界条件

步骤 01　单击信息树中的 Boundary Conditions 项，启动如图 12-17 所示的边界条件面板。

步骤 02　在边界条件面板中双击 inlet，弹出如图 12-18 所示的边界条件设置对话框。

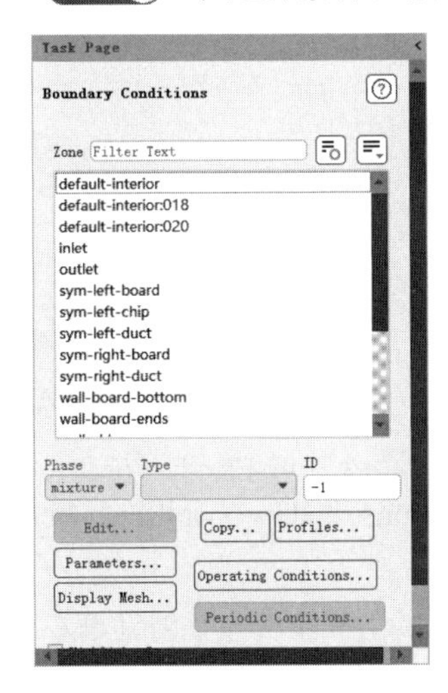

图 12-17　边界条件面板

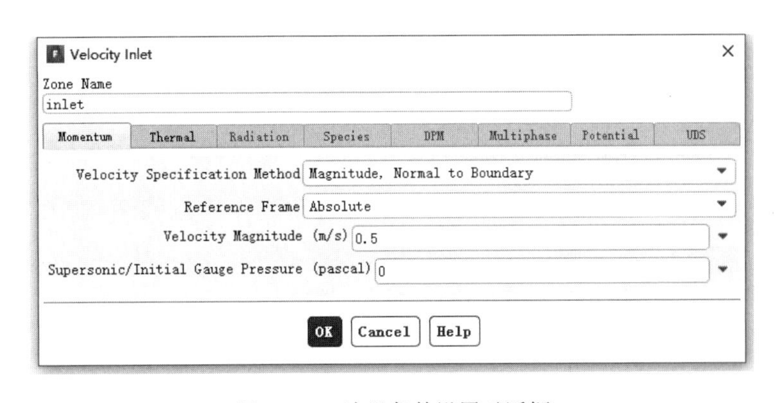

图 12-18　边界条件设置对话框

在 Velocity Magnitude 中填入 0.5，切换至如图 12-19 所示的 Thermal 选项卡，在 Temperature 中输入 298，单击 OK 按钮确认退出。

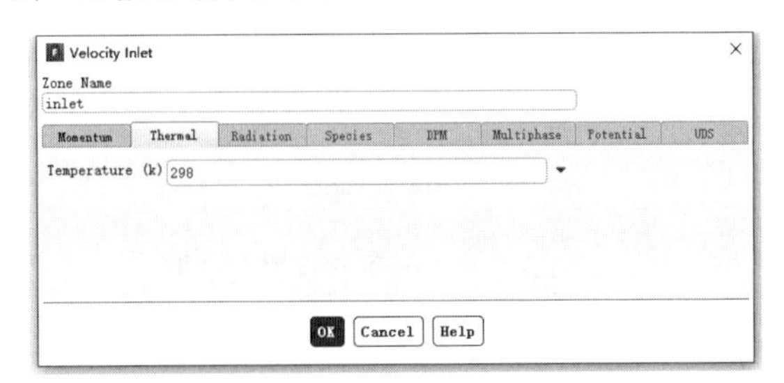

图 12-19　边界条件设置对话框

步骤 03　在边界条件面板中双击 outlet，弹出如图 12-20 所示的边界条件设置对话框。

在 Gauge Pressure 中填入 0，切换至如图 12-21 所示的 Thermal 选项卡，在 Backflow Total Temperature 中输入 298，单击 OK 按钮确认退出。

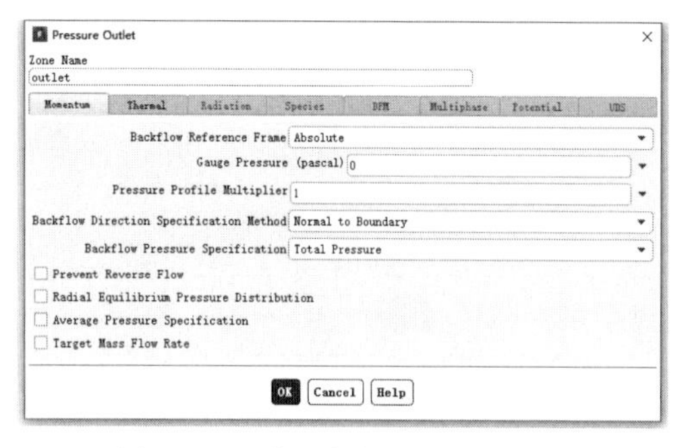

图 12-20　边界条件设置对话框

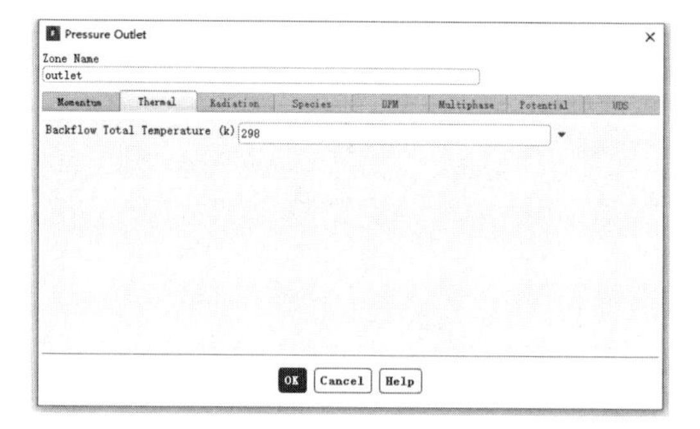

图 12-21　Thermal 选项卡

步骤04　在边界条件面板中双击 wall-chip，弹出如图 12-22 所示的边界条件设置对话框。切换至 Thermal 选项卡，在 Thermal Conditions 中选择 Coupled，单击 OK 按钮确认退出。

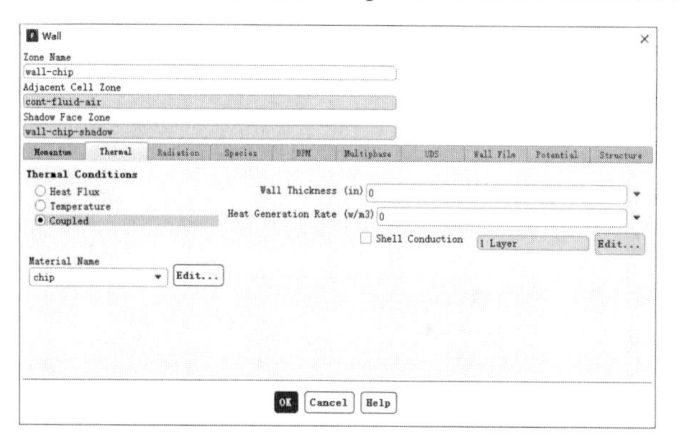

图 12-22　边界条件设置对话框

步骤05　同步骤 04，将 wall-chip-shadow、wall-chip-bottom、wall-chip-bottom-shadow、wall-duct-bottom 和 wall-duct-bottom-shadow 中的 Thermal Conditions 设为 Coupled。

步骤06　在边界条件面板中双击 wall-board-bottom，弹出如图 12-23 所示的边界条件设置对话框。

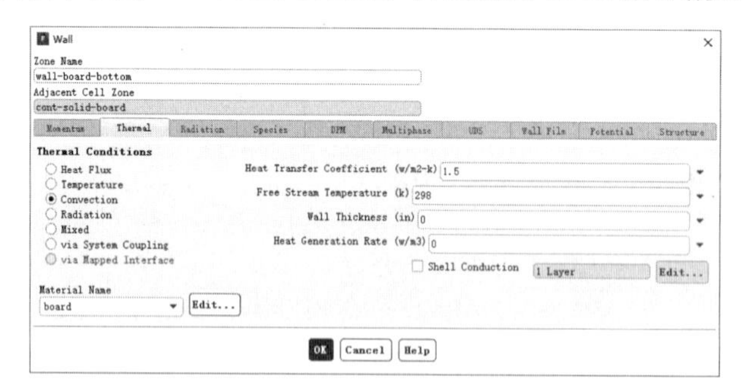

图 12-23　边界条件设置对话框

在 Thermal 选项卡中，在 Thermal Conditions 中选中 Convection 单选按钮，在 Heat Transfer Coefficient 中输入 1.5，在 Free Stream Temperature 中输入 298，单击 OK 按钮确认退出。

步骤07　在边界条件面板中单击 Copy 按钮，弹出如图 12-24 所示的 Copy Conditions（边界条件复制）对话框。

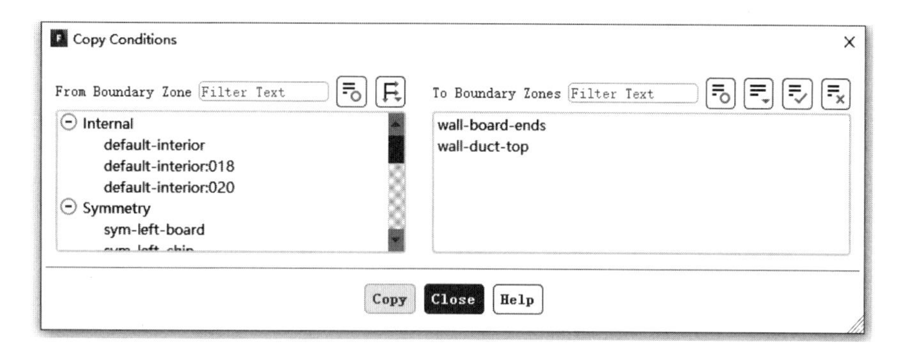

图 12-24　边界条件复制对话框

在 From Boundary Zone 中选择 wall-board-bottom，在 To Boundary Zones 中选择 wall-duct-top，单击 Copy 按钮完成复制。

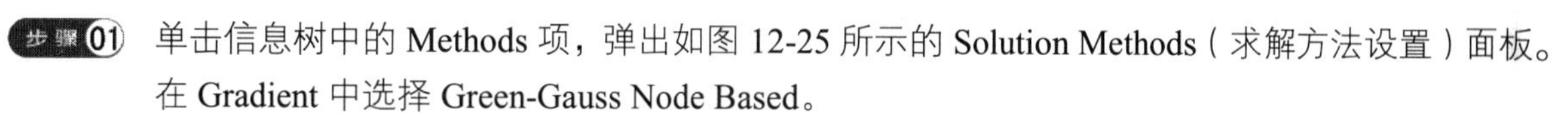

12.1.8　求解控制

步骤 01　单击信息树中的 Methods 项，弹出如图 12-25 所示的 Solution Methods（求解方法设置）面板。在 Gradient 中选择 Green-Gauss Node Based。

步骤 02　单击信息树中的 Controls 项，弹出如图 12-26 所示的 Solution Controls（求解过程控制）面板。保持默认设置不变。

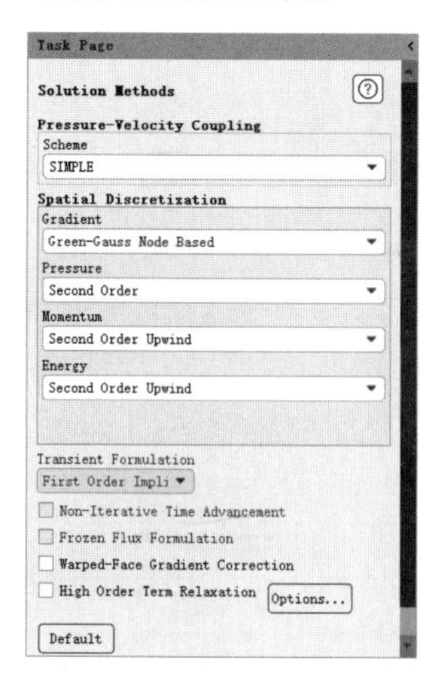

图 12-25　求解方法设置面板

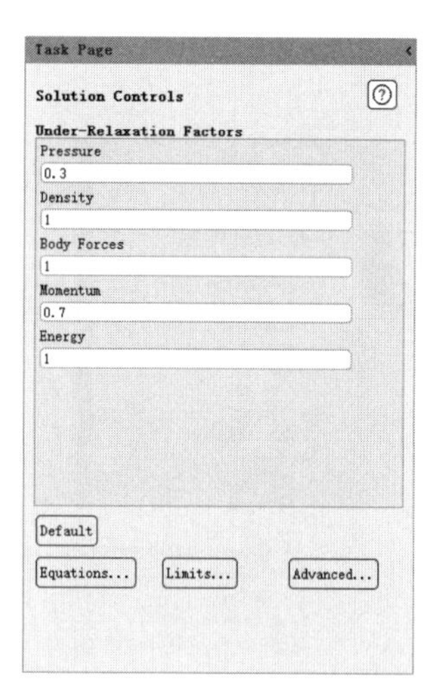

图 12-26　求解过程控制面板

12.1.9　初始条件

单击信息树中的 Initialization 项，弹出如图 12-27 所示的 Solution Initialization（初始化设置）面板。

在 Initialization Methods 中选择 Standard Initialization，在 Compute from 中选择 inlet，单击 Initialize 按钮进行初始化。

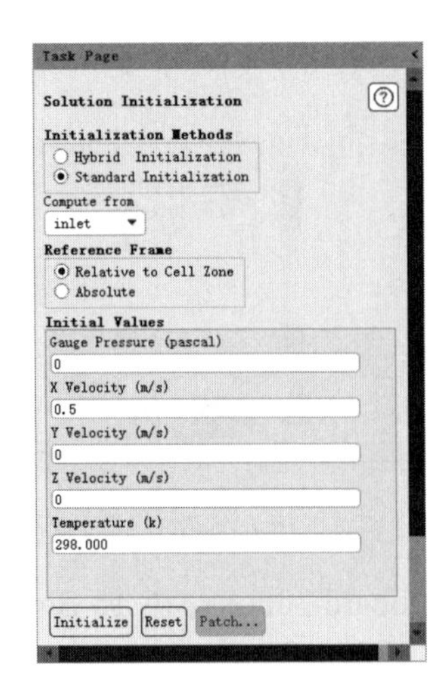

图 12-27　初始化设置面板

12.1.10　求解过程监视

步骤 01 单击信息树中的 Monitors 项，弹出如图 12-28 所示的 Monitors（监视）面板，双击 Residual，便弹出如图 12-29 所示的 Residual Monitors（残差监视）对话框。

在 continuity 的 Absolute Criteria 中输入 0.0001，单击 OK 按钮确认。

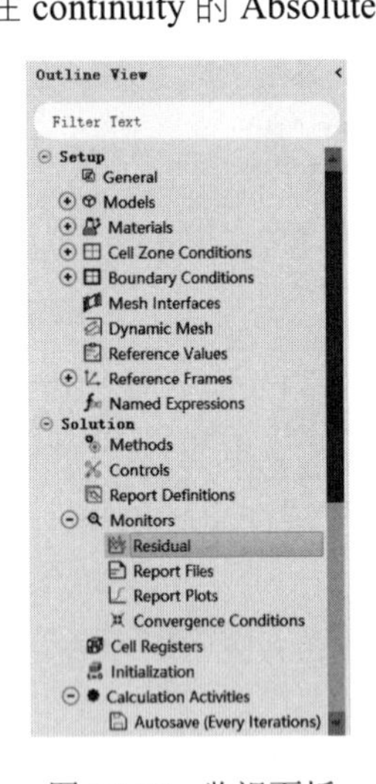

图 12-28　监视面板

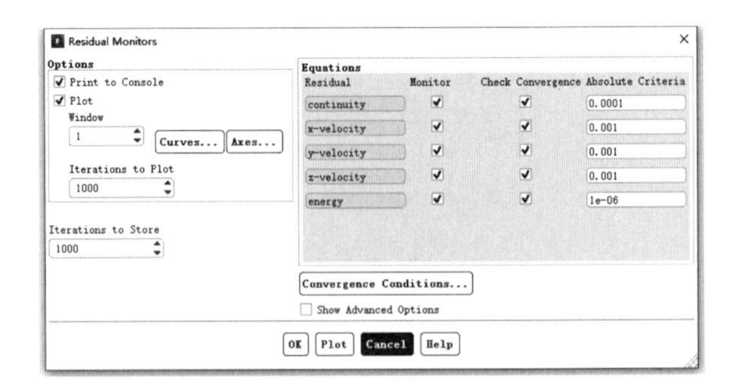

图 12-29　残差监视对话框

步骤 02 单击 Results 选项卡 Surface 面板中的 Create Point 按钮，弹出如图 12-30 所示的 Point Surface（点）对话框。

在 Coordinates 中的 x、y 和 z 文本框中分别输入 2.85、0.25 和 0.3，单击 Create 按钮。

步骤 03 单击 Solution→Report Definition→New→Surface Report，弹出如图 12-31 所示的 Surface Report Definition（表面报告定义）对话框。

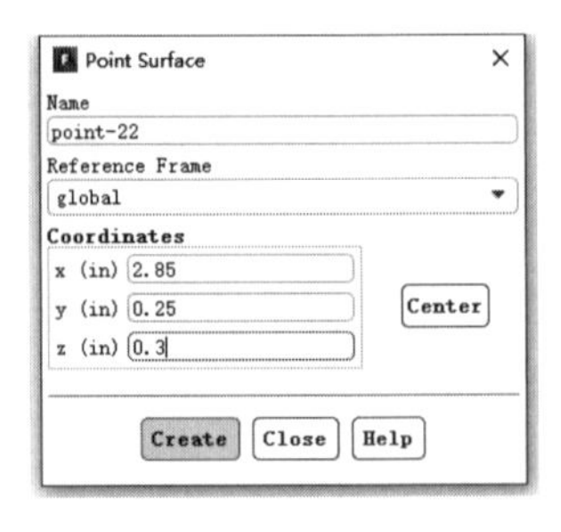

图 12-30　点对话框

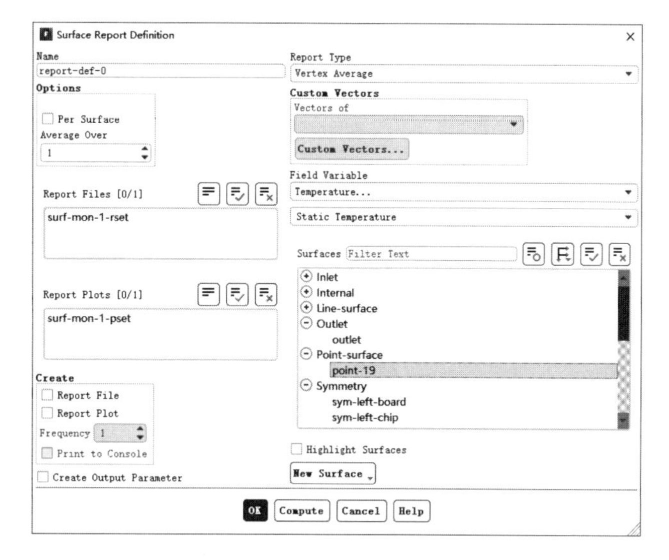

图 12-31 表面报告定义对话框

勾选 Plot 复选框，在 Report Type 中选择 Vertex Average，在 Field Variable 中选择 Temperature 和 Static Temperature，在 Surfaces 中选择 point-19，单击 OK 按钮确认。

12.1.11 计算求解

单击信息树中的 Run Calculation 项，弹出如图 12-32 所示的 Run Calculation（运行计算）面板。

在 Number of Iterations 中输入 200，单击 Calculate 按钮开始计算。

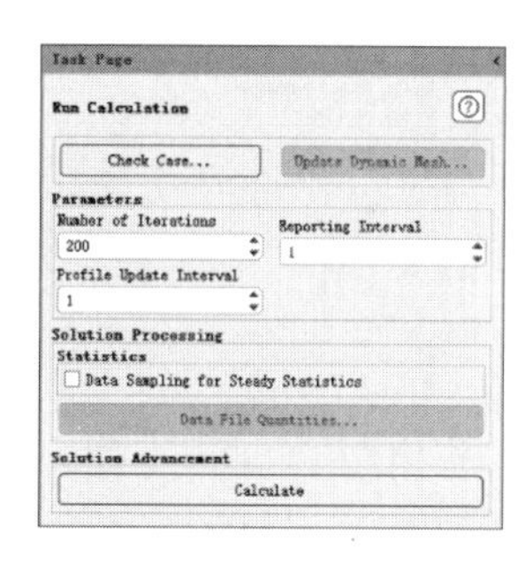

图 12-32 运行计算面板

12.1.12 结果后处理

步骤 01 单击信息树中的 Reports 项，弹出如图 12-33 所示的 Reports（报告）面板，双击 Fluxes，弹出如图 12-34 所示的 Fluxes Reports（流量报告）对话框。

在 Options 中选中 Mass Flow Rate 单选按钮，在 Boundaries 中选择 inlet 和 outlet，单击 Compute 按钮计算。

步骤 02 单击 Results 选项卡 Surface 面板中的 Create Line/Rake，弹出如图 12-35 所示的 Line/Rake Surface 对话框。

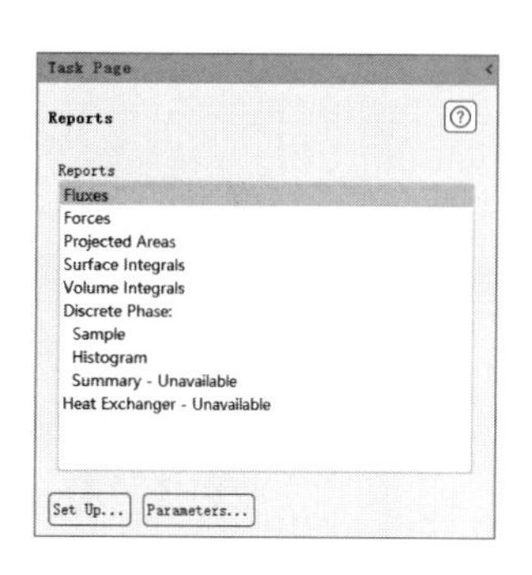

图 12-33 报告面板

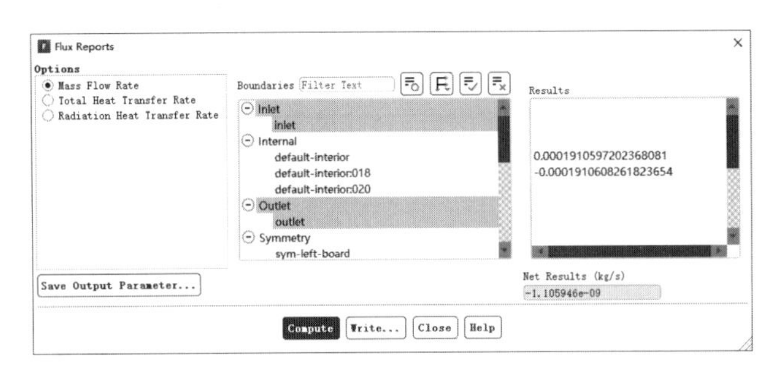

图 12-34　流量报告对话框

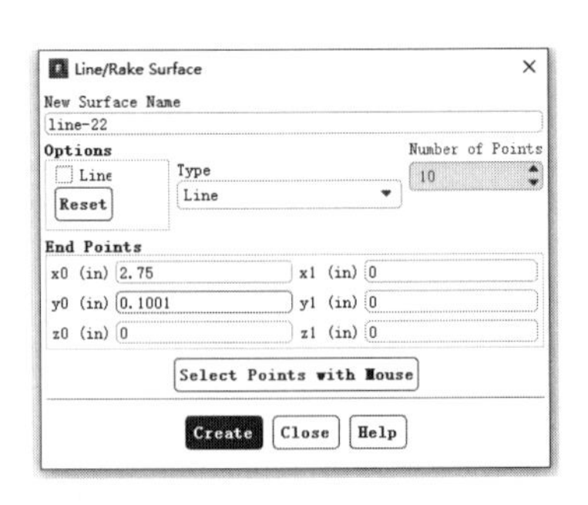

图 12-35　Line/Rake Surface 对话框

分别创建表 12-1 所示的两条线，单击 Create 按钮。

表 12-1　创建线坐标

Line	x0	y0	z0	x1	y1	z1
line-xwss	2.75	0.1001	0	4.75	0.1001	0
line-cross	3.5	0.25	0	3.5	0.25	0.5

步骤 03　单击信息树中的 Plots 项，弹出如图 12-36 所示的 Plots（图形）面板，双击 XY Plot，弹出如图 12-37 所示的 Solution XY Plot（XY 曲线）对话框。

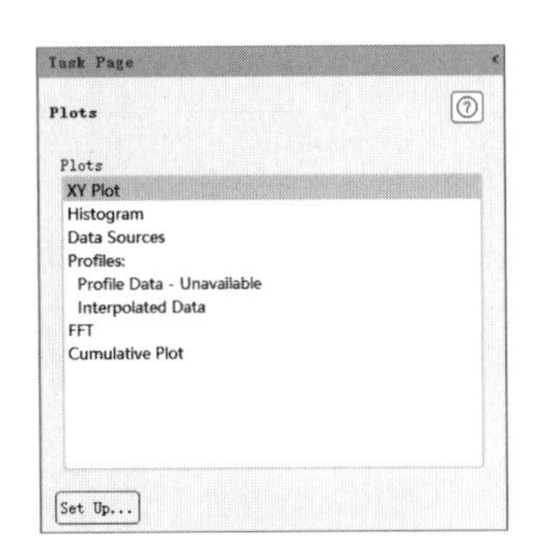

图 12-36　图形面板

图 12-37　XY 曲线对话框

在 Plot Direction 中输入(0, 0, 1)，在 Y Axis Function 中选择 Temperature 和 Static Temperature，在 Surfaces 中选择 line-cross，单击 Plot 按钮，显示如图 12-38 所示的温度图。

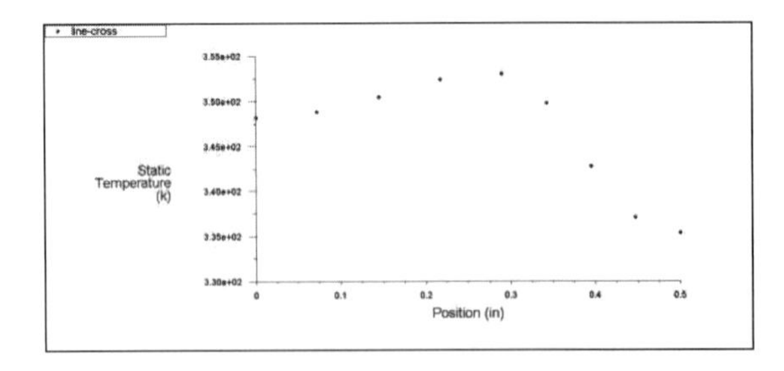

图 12-38　温度图

步骤 04　如图 12-39 所示，在 Plot Direction 中输入（1，0，0），在 Y Axis Function 中选择 Wall Fluxes 和 X-Wall Shear Stress，在 Surfaces 中选择 line-xwss，单击 Plot 按钮，显示如图 12-40 所示的剪切应力图。

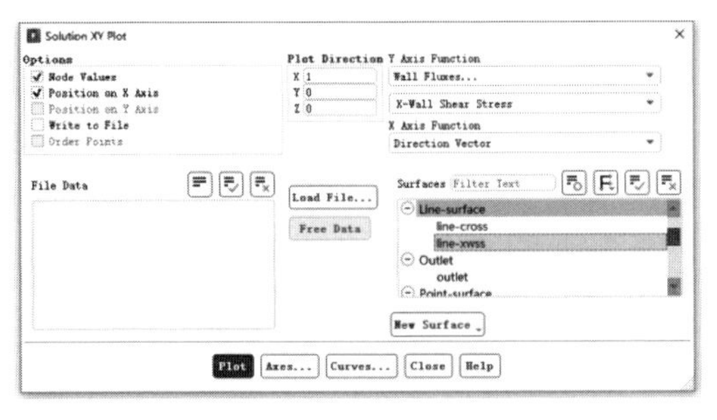

图 12-39　XY 曲线对话框

图 12-40　剪切应力图

12.1.13　网格自适应

步骤 01　单击 Domain 选项卡 Adapt 面板中的 Refine/Coarsen 按钮，弹出如图 12-41 所示的 Adaption Controls（梯度适应）对话框，单击 Cell Register 中 New 下的 Field Variable Register，如图 12-42 所示对话框，在 Type 下拉列表框中选择 Cells in Range，在 Field Value of 中选择 Pressure 和 Static Pressure，单击 Compute 按钮。在 Iso-Max 中输入 1.9e-5，单击 Save/Display 按钮，显示如图 12-43 所示的区域。

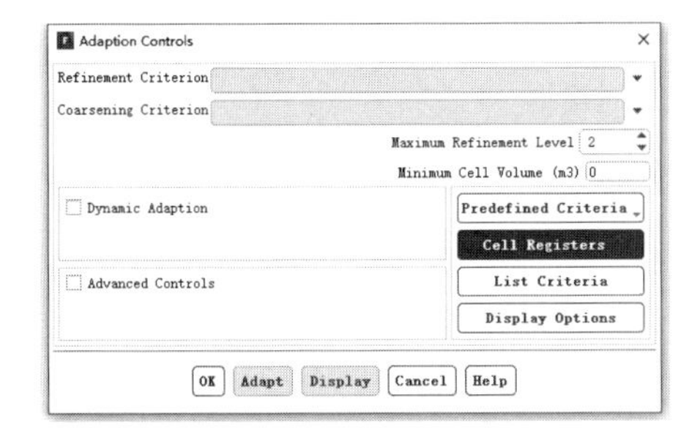

图 12-41　梯度适应对话框

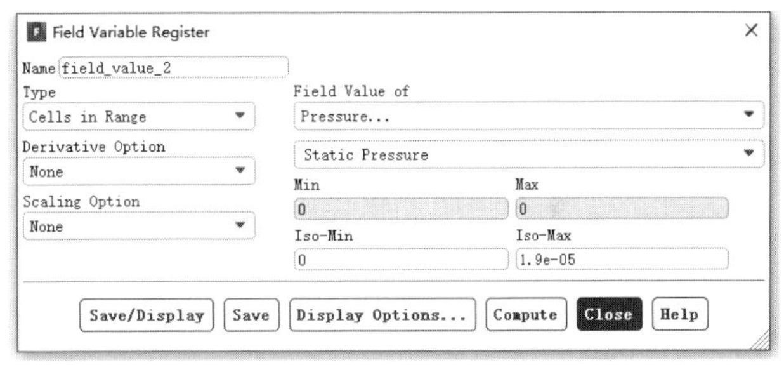

图 12-42　管理自适应区域对话框

步骤 02　在 Field Value of 中选择 Velocity 和 Velocity Magnitude，单击 Compute 按钮，如图 12-44 所示。

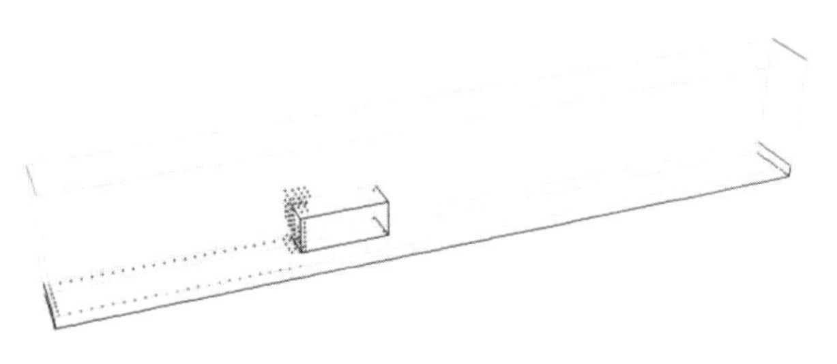

图 12-43　自适应区域

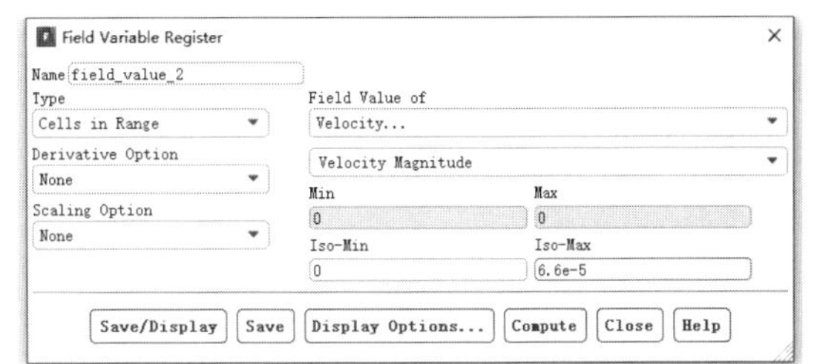

图 12-44　管理自适应区域对话框

打开 Manage Cell Registers 对话框，选择 field_value_0，单击 Close 按钮，如图 12-45 所示。在 Iso-Max 中输入 6.6e-5，单击 Save/Display 按钮，显示如图 12-46 所示的区域。

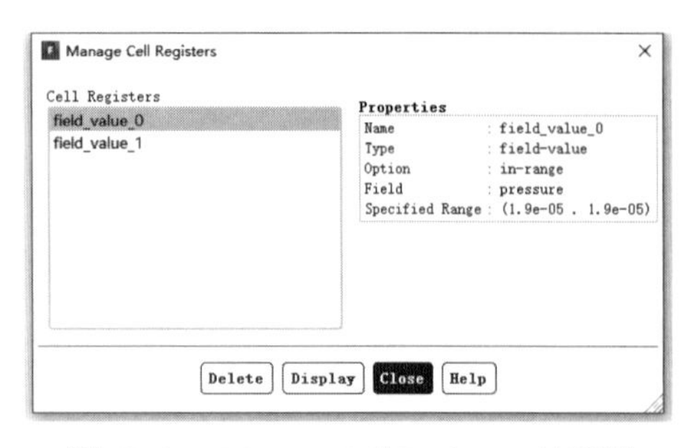

图 12-45　Manage Cell Registers 对话框

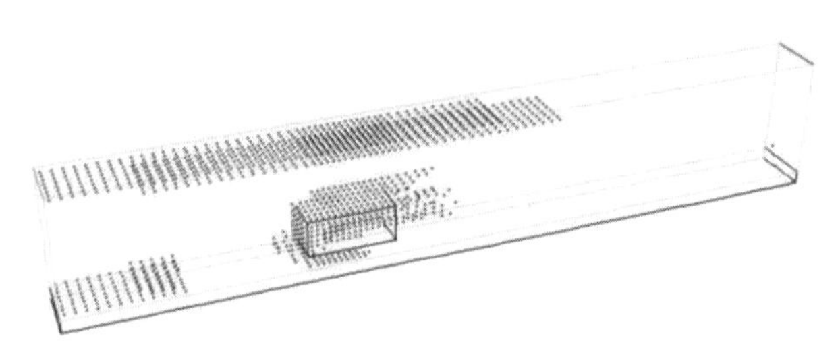

图 12-46　自适应区域

步骤03 在 Field value of 中选择 Temperature 和 Static Temperature，单击 Compute 按钮，如图 12-47 所示。

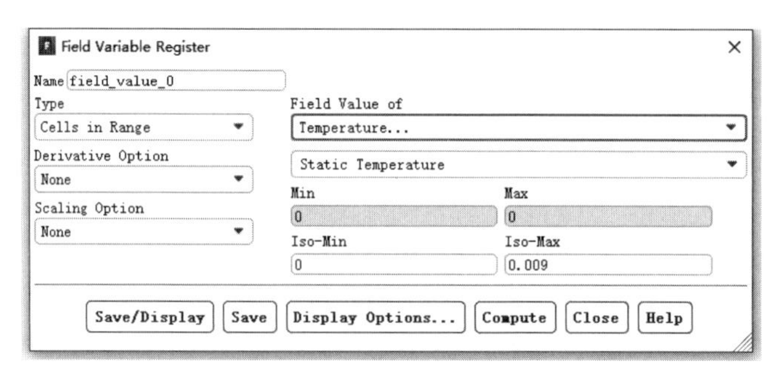

图 12-47　梯度适应对话框

打开 Manage Cell Registers 对话框，里面的元素如图 12-48 所示。在 Iso-Max 中输入 0.009，单击 Save/Display 按钮，显示如图 12-49 所示的区域。

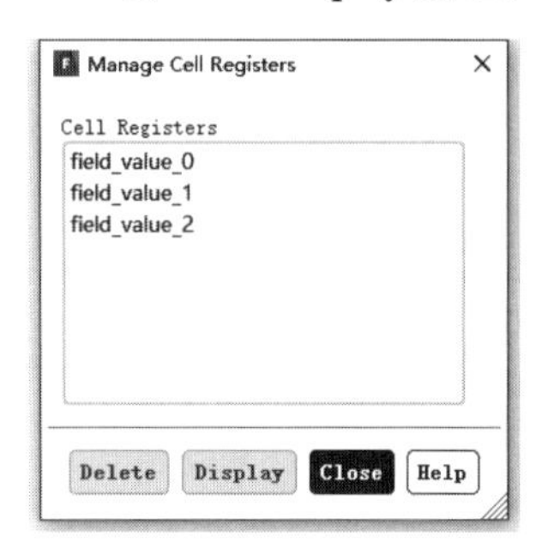

图 12-48　Manage Cell Registers 对话框

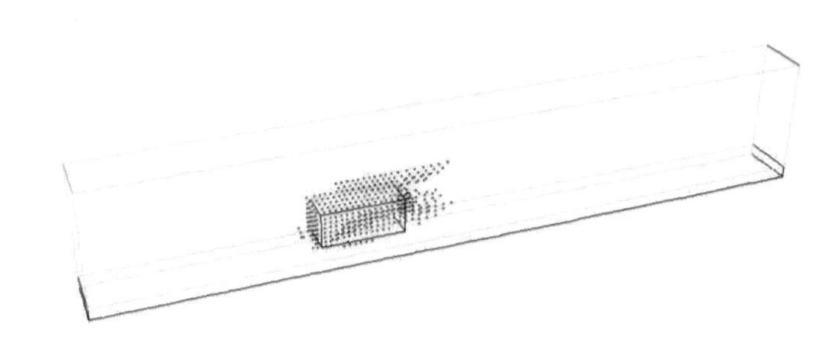

图 12-49　自适应区域

步骤04 单击 Domain 选项卡中的 Adapt→Refine/Coarsen→Cell Registers→New→Region，弹出如图 12-50 所示的 Region Adaption（区域适应）对话框。

在 X Min 中输入 2.75，在 X Max 中输入 5，在 Y Min 中输入 0.1，在 Y Max 中输入 0.4，在 Z Min 中输入 0，在 Z Max 中输入 0.5，单击 Mark 按钮。

单击 Manage 按钮，弹出如图 12-51 所示的 Manage Adaption Registers（管理自适应区域）对话框，单击 Display 按钮，显示如图 12-52 所示的区域。

步骤05 打开 Manage Adaption Registers（管理自适应区域）对话框，在 Registers 中选择 gradient-r0、gradient-r1、gradient-r2 和 hexahedron-r3，单击 Combine 按钮，生成 combination-r4，单击 Display 按钮，显示如图 12-53 所示的区域。

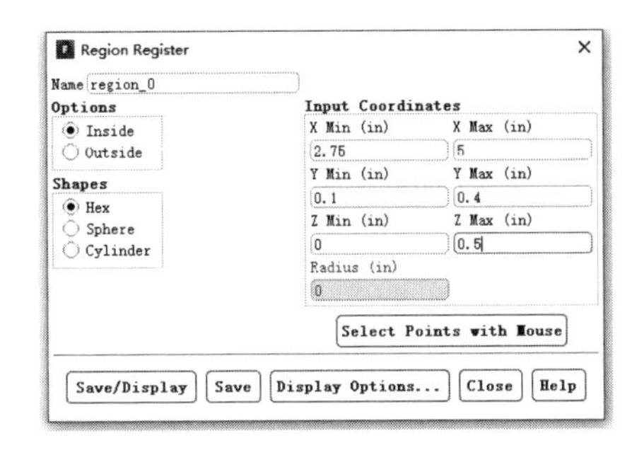

图 12-50　区域适应对话框

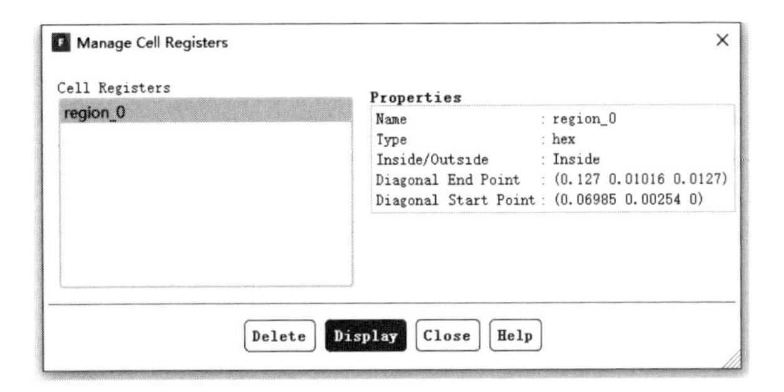

图 12-51　Manage Cell Registers 对话框

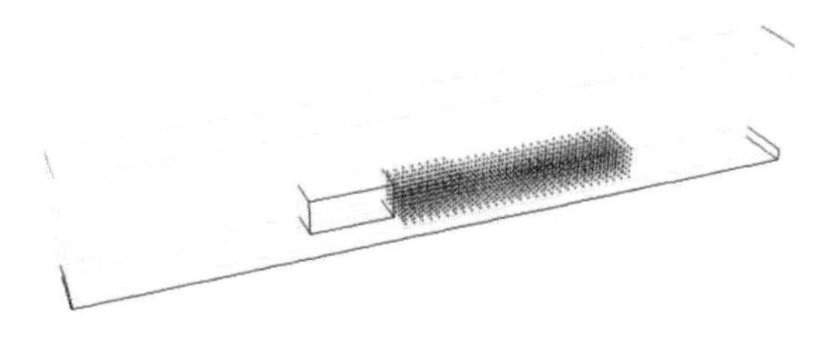

图 12-52　自适应区域

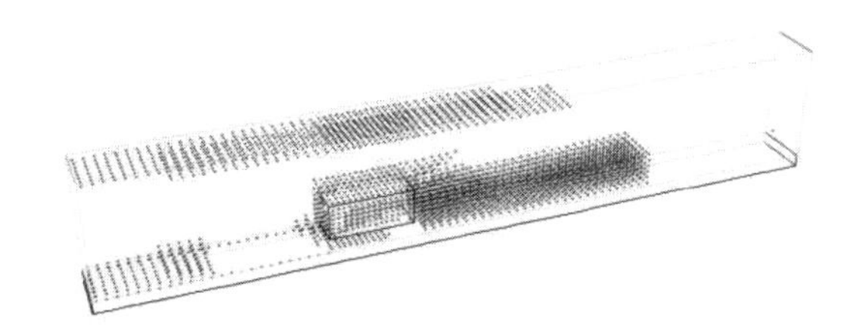

图 12-53　自适应区域

步骤 06 打开 Manage Adaption Registers（管理自适应区域）对话框，在 Registers 中选择 combination-r4，单击 Adapt 按钮，弹出如图 12-54 所示的 Question 对话框，单击 Yes 按钮确认。

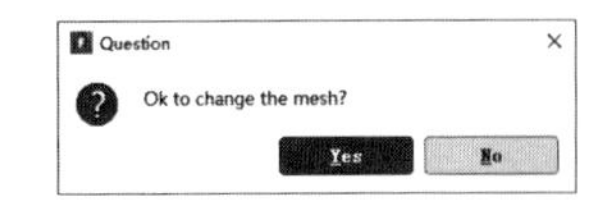

图 12-54　Question 对话框

12.1.14　计算求解

单击信息树中的 Run Calculation 项，弹出如图 12-55 所示的 Run Calculation（运行计算）面板。

在 Number of Iterations 中输入 400，单击 Calculate 按钮开始计算。

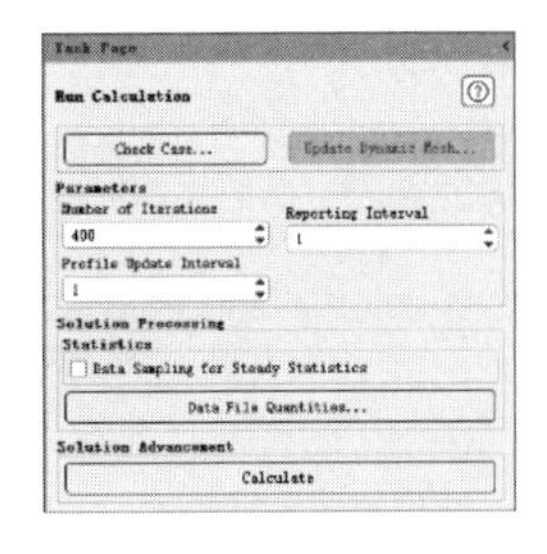

图 12-55　运行计算面板

12.1.15　结果后处理

步骤 01 单击信息树中的 Plots 项，弹出如图 12-56 所示的 Plots（图形）面板，双击 XY Plot，弹出如图 12-57 所示的 Solution XY Plot（XY 曲线）对话框。

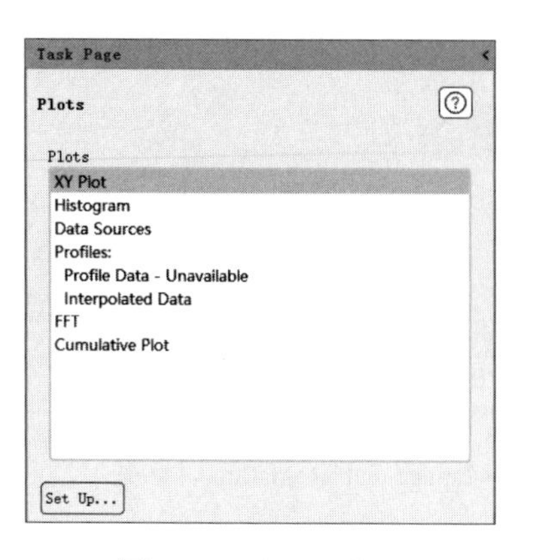

图 12-56　图形面板

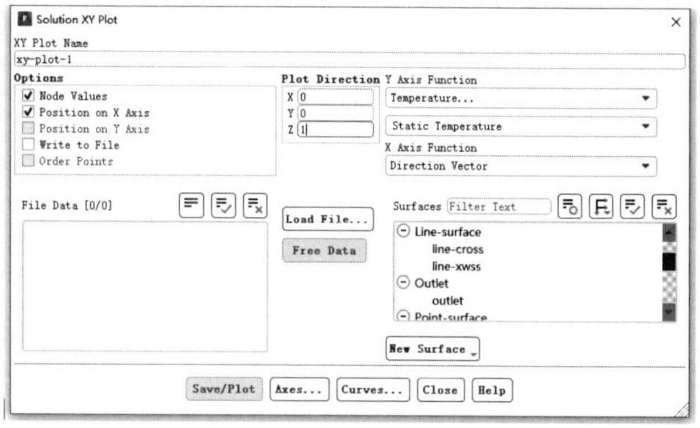

图 12-57　XY 曲线对话框

在 Plot Direction 中输入（0,0,1），在 Y Axis Function 中选择 Temperature 和 Static Temperature，在 Surfaces 中选择 line-cross，单击 Plot 按钮，显示如图 12-58 所示的温度图。

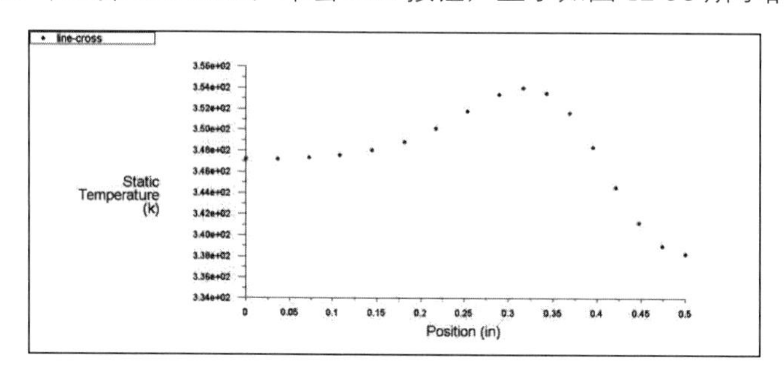

图 12-58　温度图

步骤 02　如图 12-59 所示，在 Plot Direction 中输入（1,0,0），在 Y Axis Function 中选择 Wall Fluxes 和 X-Wall Shear Stress，在 Surfaces 中选择 line-xwss，单击 Plot 按钮，显示如图 12-60 所示的剪切应力图。

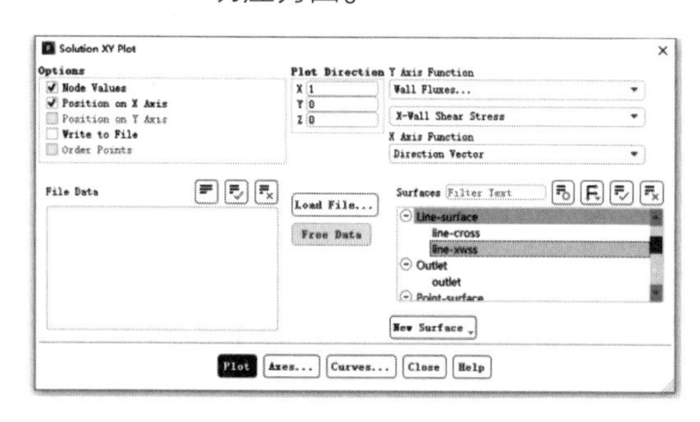

图 12-59　XY 曲线对话框

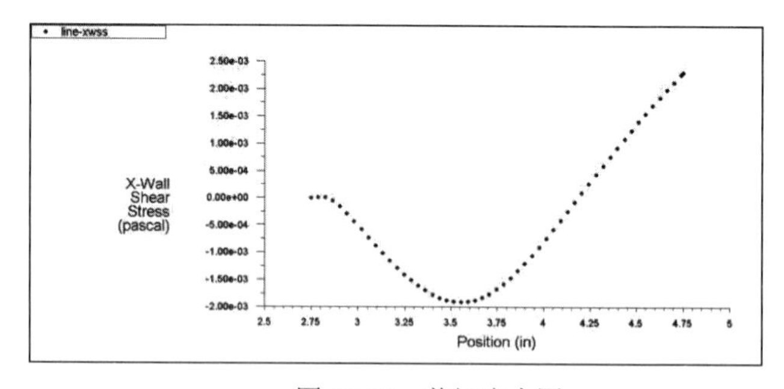

图 12-60　剪切应力图

步骤 03　单击信息树中的 Graphics 项，弹出如图 12-61 所示的 Graphics and Animations（图形和动画）面板。在 Graphics 下双击 Contours，弹出如图 12-62 所示的 Contours（等值线）对话框。勾选 Filled 和 Draw Mesh 复选框，在 Contours of 中选择 Temperature 和 Static Temperature，在 Surfaces 中选择 sym-left-board、sym-left-chip、sym-left-duct，单击 Save/Display 按钮，显示如图 12-63 所示的温度云图。

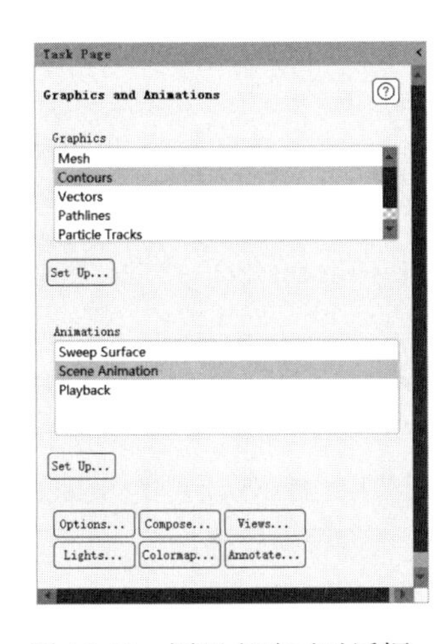

图 12-61　图形和动画对话框

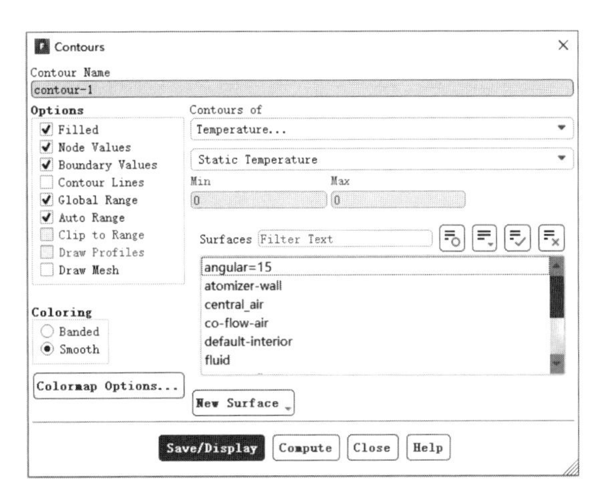

图 12-62　等值线对话框

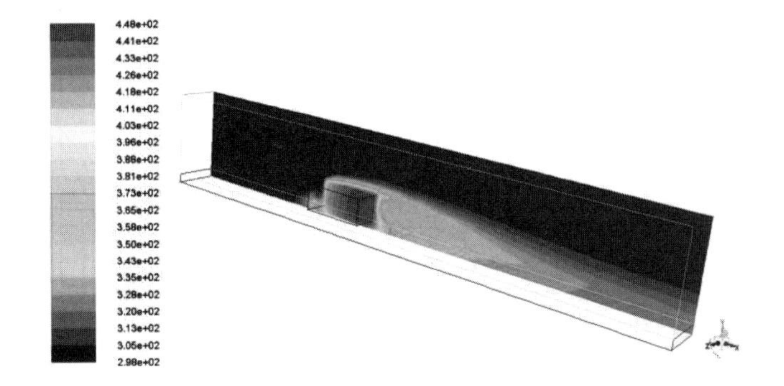

图 12-63　温度云图

12.2　车灯传热分析

下面将通过一个车灯传热流动分析案例让读者对 ANSYS Fluent 2020 分析处理传热流动的基本操作有一个初步的了解。

12.2.1　案例介绍

有一个如图 12-64 所示的车灯，请用 ANSYS Fluent 分析车灯内流场的情况。

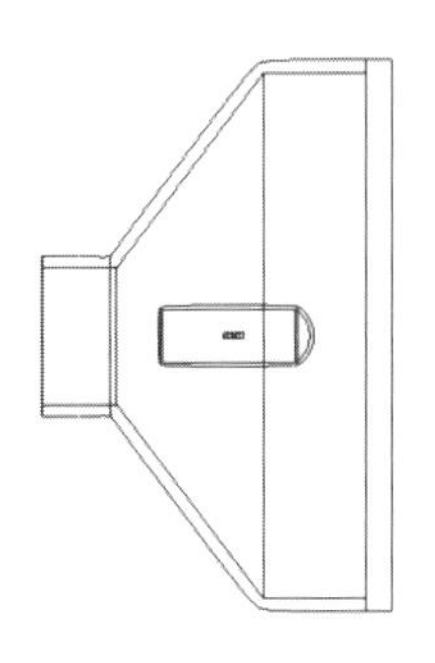

图 12-64　案例问题

12.2.2 启动 Fluent 并导入网格

步骤01 在 Windows 系统下执行“开始”→“所有程序”→ANSYS 2020→Fluent 2020 命令，启动 Fluent 2020，进入 Fluent Launcher 界面。

步骤02 在 Fluent Launcher 界面中的 Dimension 中选择 3D，在 Options 中选中 Display Mesh After Reading，单击 OK 按钮进入 Fluent 主界面。

步骤03 在 Fluent 主界面中，单击主菜单中的 File→Read→Mesh，弹出如图 12-65 所示的 Select File 对话框，选择名称为 Headlamp.msh 的网格文件，单击 OK 按钮便可导入网格。

步骤04 导入网格后，在图形显示区将显示几何模型，如图 12-66 所示。

图 12-65 导入网格对话框

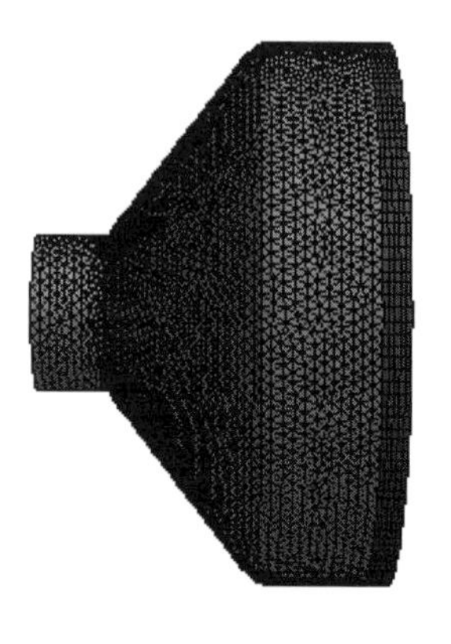

图 12-66 显示几何模型

步骤05 单击 Check 按钮，检查网格质量，确保不存在负体积。

步骤06 单击 Scale 按钮，弹出如图 12-67 所示的 Scale Mesh（网格缩放）对话框。在 Scaling 中选中 Convert Units 单选按钮，在 Mesh Was Created In 中选择 mm，单击 Scale 按钮完成网格缩放，在 View Length Unit In 中选择 mm。

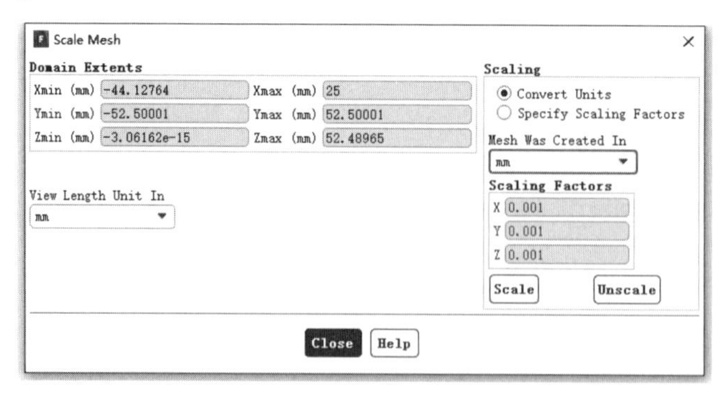

图 12-67 网格缩放对话框

步骤07 单击主菜单中的 File→Write→Case，弹出 Select File 对话框，在 Case File 中填入 headlamp，单击 OK 按钮便可保存项目。

12.2.3 定义求解器

步骤01 单击信息树中的 General 项，弹出如图 12-68 所示的 General（总体模型设定）面板。在 Solver 中将 Time 类型设为 Steady。

步骤02 单击 Physics 选项卡 Solver 面板中的 Operating Conditions 按钮，弹出如图 12-69 所示的 Operating Conditions（操作条件）对话框。勾选 Gravity 复选框，在 Y 中输入-9.81，单击 OK 按钮确认。

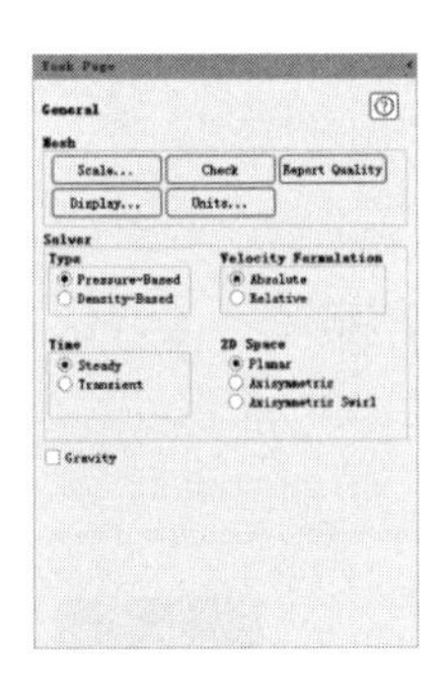

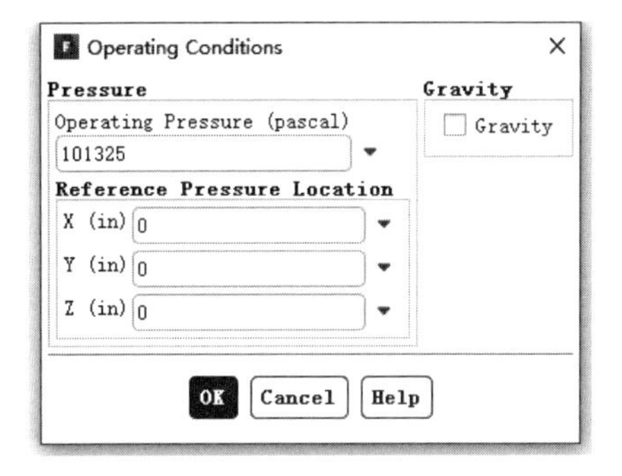

图 12-68 总体模型设定面板

图 12-69 操作条件对话框

12.2.4 定义模型

在信息树中单击 Models 项，弹出如图 12-70 所示的 Models（模型设定）面板。通过在模型设定面板双击 Radiation-off，弹出如图 12-71 所示的 Radiation Model（辐射模型）对话框。

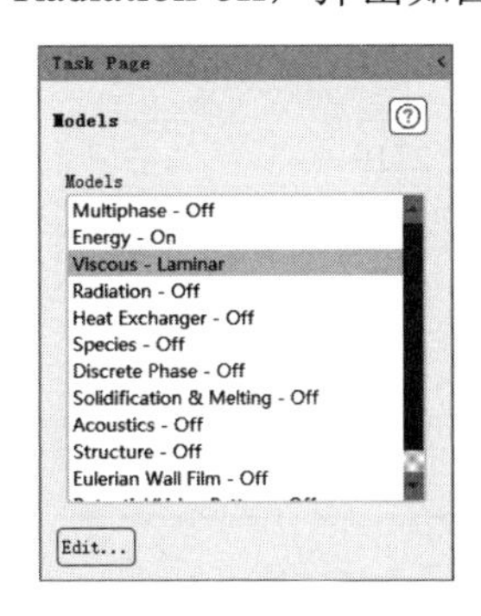

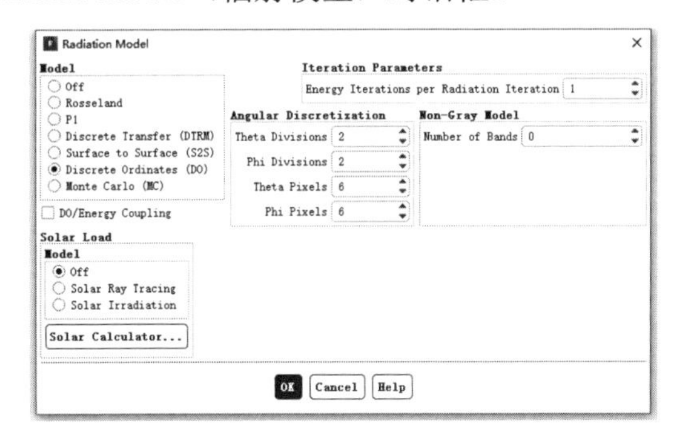

图 12-70 模型设定面板

图 12-71 辐射模型对话框

在 Model 中选中默认的 Discrete Ordinates (DO)单选按钮，在 Energy Iterations per Radiation Iteration 中输入 1，在 Theta Pixels 和 Phi Pixels 中分别输入 6，单击 OK 按钮确认。

12.2.5 设置材料

步骤01 单击信息树中的 Materials 项，弹出如图 12-72 所示的 Materials（材料）面板。在材料面板中单击 Create/Edit 按钮，弹出如图 12-73 所示的 Create/Edit Materials（物性参数设定）对话框。

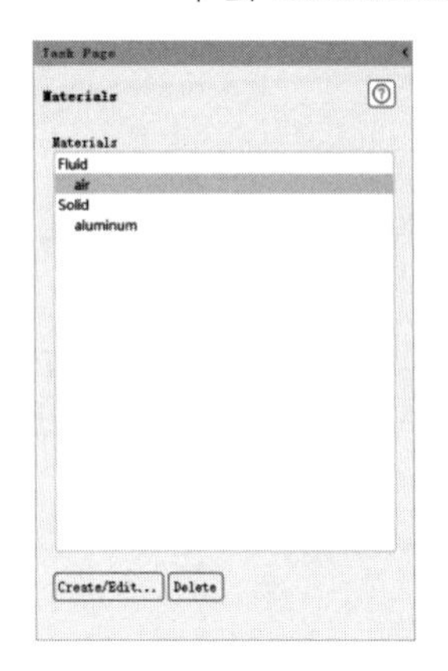

图 12-72　材料面板

图 12-73　物性参数设定对话框

步骤 02　在 Material Type 中选择 solid，在 Name 中输入 glass，在 Density 中输入 2220，在 Cp 中输入 745，在 Thermal Conductivity 中输入 1.38，在 Absorption Coefficient 中输入 831，在 Refractive Index 中输入 1.5，单击 Change/Create 按钮创建新物质，在弹出的如图 12-74 所示的 Question（疑问）对话框中单击 No 按钮，不替换原来的物质。

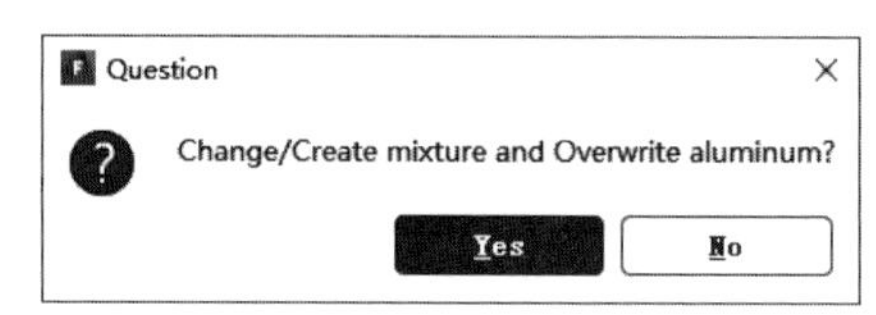

图 12-74　疑问对话框

步骤 03　同步骤 02，创建表 12-2 中的新物质。

表 12-2　创建物质

物　质 / 参　数	数　值		
	polycarbonate	coating	socket
Density	1200	2000	2719
Cp	1250	400	871
Thermal Conductivity	0.3	0.5	0.7
Absorption Coefficient	930	0	0
Scattering Coefficient	0	0	0
Refractive Index	1.57	1	1

步骤 04　在材料面板中双击 air，弹出 Create/Edit Materials（物性参数设定）对话框，在 Density 中选择 incompressible-ideal-gas，在 Thermal Conductivity 中选择 polynomial，弹出如图 12-75 所示的 Polynomial Profile 对话框。

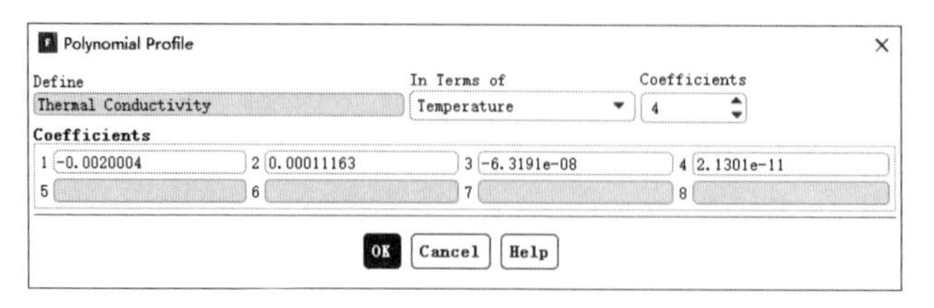

图 12-75　Polynomial Profile 对话框

在上方的 Coefficients 中输入 4，在下方的 Coefficients 选项组中分别输入-2.0004e-03、1.1163e-04、-6.3191e-08 和 2.1301e-11。单击 OK 按钮确认退出。

步骤 05 在材料面板中单击 Change/Create 按钮，单击 Close 按钮关闭窗口。

12.2.6 设置区域条件

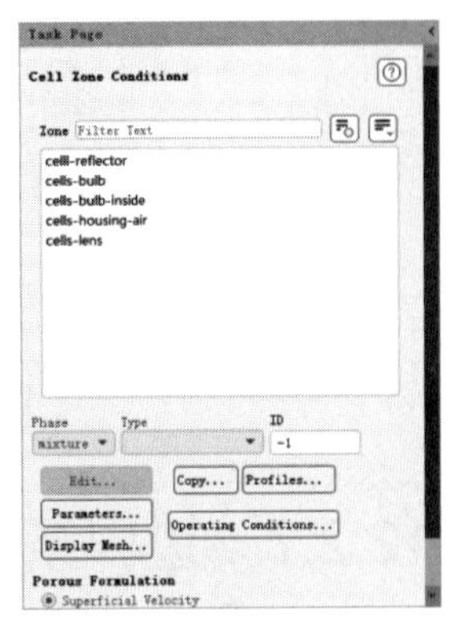

图 12-76 区域条件对话框

步骤 01 单击信息树中的 Cell Zone Conditions 项，启动如图 12-76 所示的 Cell Zone Conditions（区域条件）对话框。

步骤 02 双击 celll-reflector，弹出如图 12-77 所示的 Solid（固体域设置）对话框，在 Material Name 中选择 polycarbonate，选中 Participates In Radiation 复选框，单击 OK 按钮确认。

步骤 03 双击 cells-bulb，弹出如图 12-78 所示的 Solid（固体域设置）对话框，在 Material Name 中选择 polycarbonate，选中 Participates In Radiation，单击 OK 按钮确认。

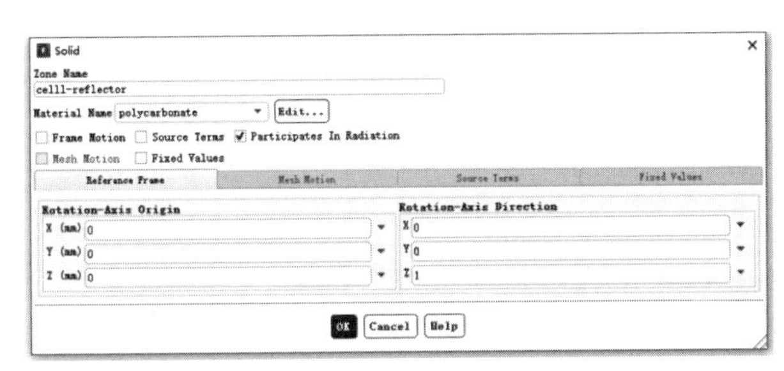

图 12-77 固体域设置对话框

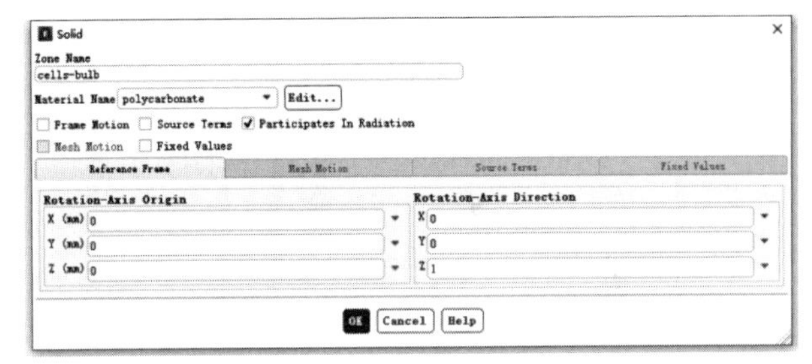

图 12-78 固体域设置对话框

步骤 04 双击 cells-housing-air，弹出如图 12-79 所示的 Fluid（流体域设置）对话框，在 Material Name 中选择 air，选中 Participates In Radiation 复选框，单击 OK 按钮确认。

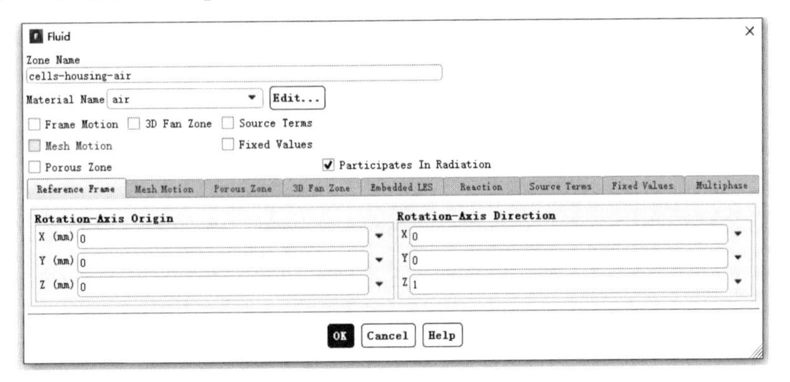

图 12-79 流体域设置对话框

步骤05 双击 cells-lens，弹出如图 12-80 所示的 Solid（固体域设置）对话框，在 Material Name 中选择 glass，选中 Participates In Radiation 复选框，单击 OK 按钮确认。

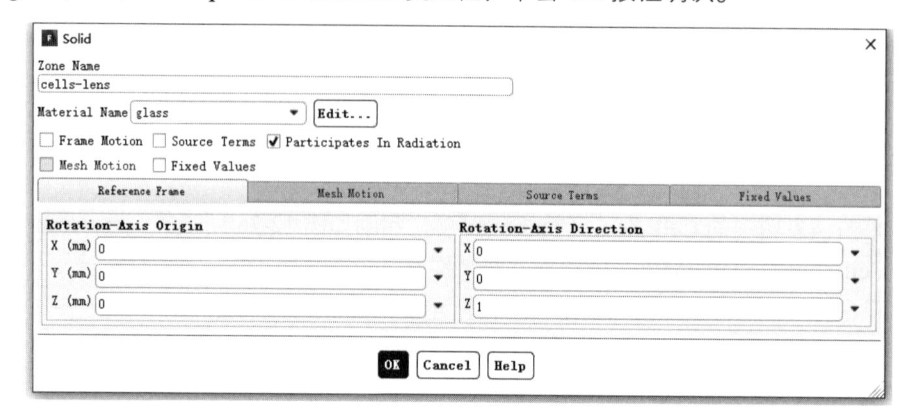

图 12-80　固体域设置对话框

12.2.7　边界条件

步骤01 单击信息树中的 Boundary Conditions 项，启动如图 12-81 所示的边界条件面板。

步骤02 在边界条件面板中双击 lens-inner，弹出如图 12-82 所示的边界条件设置对话框。

图 12-81　边界条件面板

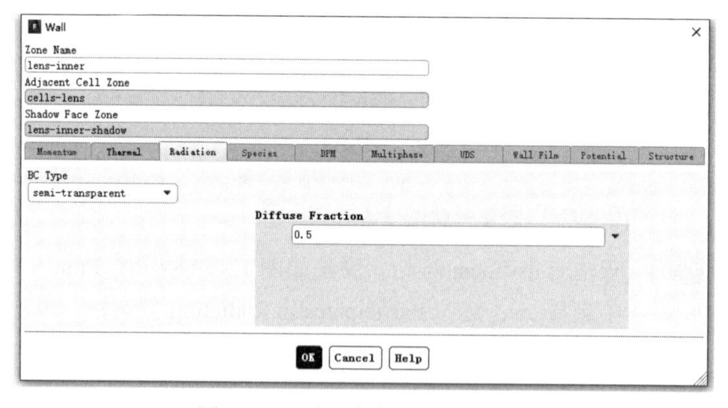

图 12-82　边界条件设置对话框

在 Radiation 选项卡中，在 BC Type 中选择 semi-transparent，在 Diffuse Fraction 中输入 0.5，单击 OK 按钮确认退出。

步骤03 在边界条件面板中双击 lens-inner-shadow，弹出如图 12-83 所示的边界条件设置对话框。在 Radiation 选项卡中，在 BC Type 中选择 semi-transparent，在 Diffuse Fraction 中输入 0.5，单击 OK 按钮确认退出。

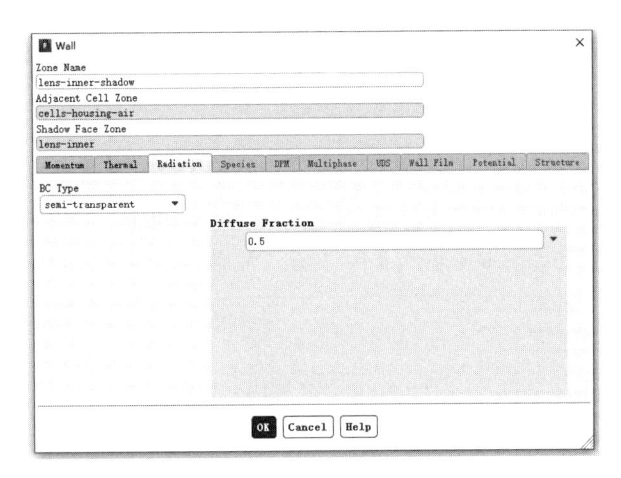

图 12-83　边界条件设置对话框

步骤 04　在边界条件面板中双击 lens-outer，弹出如图 12-84 所示的边界条件设置对话框。

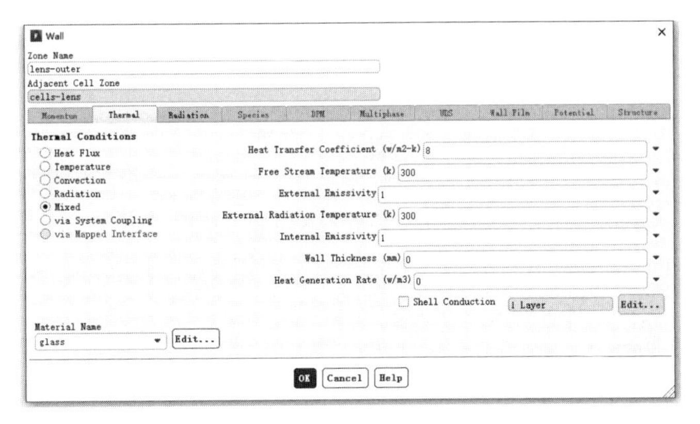

图 12-84　边界条件设置对话框

在 Thermal 选项卡中，在 Thermal Conditions 中选中 Mixed 单选按钮，在 Heat Transfer Coefficient 中输入 8。

在如图 12-85 所示的 Radiation 选项卡中，在 BC Type 中选择 semi-transparent，在 Diffuse Fraction 中输入 1。单击 OK 按钮确认退出。

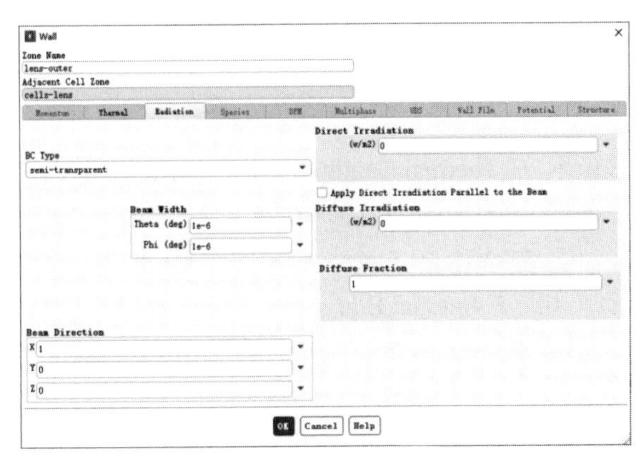

图 12-85　边界条件设置对话框

步骤05 同步骤 02，在 bulb-outer、bulb-outer-shadow、bulb-inner 和 bulb-inner-shadow 中的 Radiation 选项卡中，在 BC Type 中选择 semi-transparent，在 Diffuse Fraction 中输入 0.5，单击 OK 按钮确认退出。

步骤06 在边界条件面板中双击 bulb-coatings，弹出如图 12-86 所示的边界条件设置对话框。

在 Thermal 选项卡中，在 Material Name 中选择 coating，选中 Shell Conduction 复选框，单击 Edit，在 Wall Thickness 中输入 0.1，单击 OK 按钮确认退出。

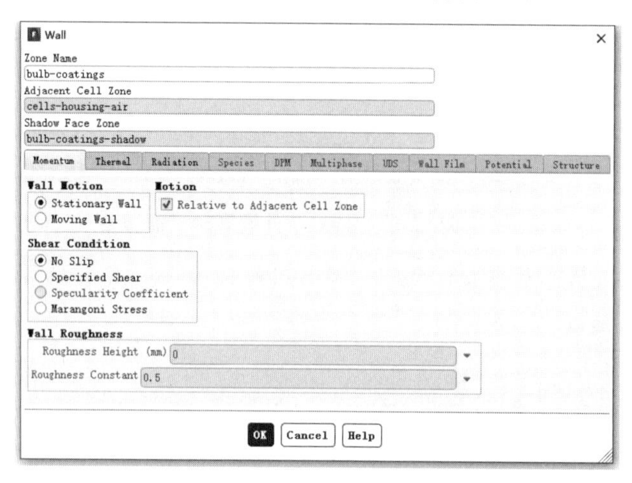

图 12-86　边界条件设置对话框

步骤07 在边界条件面板中双击 reflector-outer，弹出如图 12-87 所示的边界条件设置对话框。

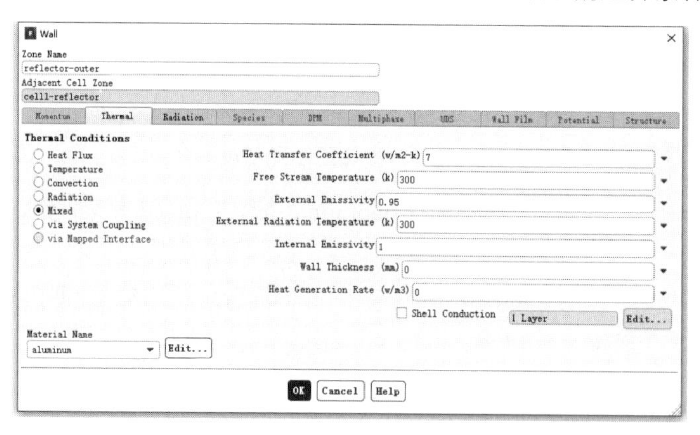

图 12-87　边界条件设置对话框

在 Thermal 选项卡中，在 Thermal Conditions 中选中 Mixed 单选按钮，在 Heat Transfer Coefficient 中输入 7，在 External Emissivity 中输入 0.95。单击 OK 按钮确认退出。

步骤08 在边界条件面板中双击 reflector-inner，弹出如图 12-88 所示的边界条件设置对话框（1）。

在 Thermal 选项卡中，在 Internal Emissivity 中输入 0.95。

在如图 12-89 所示的 Radiation 选项卡中，在 Diffuse Fraction 中输入 0.3，单击 OK 按钮确认退出。

步骤09 同步骤 08，双击 reflector-inner-shadow，弹出边界条件设置对话框。在 Thermal 选项卡中，在 Internal Emissivity 中输入 0.2。

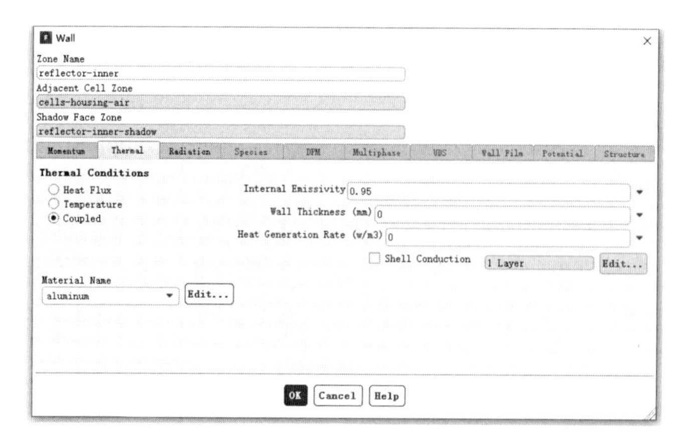

图 12-88　边界条件设置对话框（1）

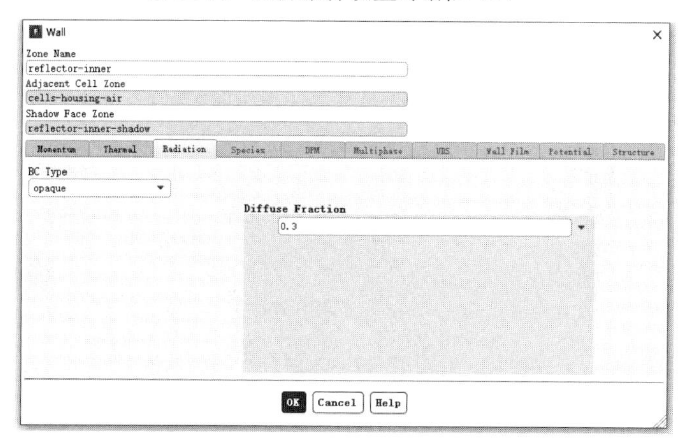

图 12-89　边界条件设置对话框（2）

在 Radiation 选项卡中，在 Diffuse Fraction 中输入 0.3。单击 OK 按钮确认退出。

步骤 10　在边界条件面板中双击 filament，弹出如图 12-90 所示的边界条件设置对话框（3）。

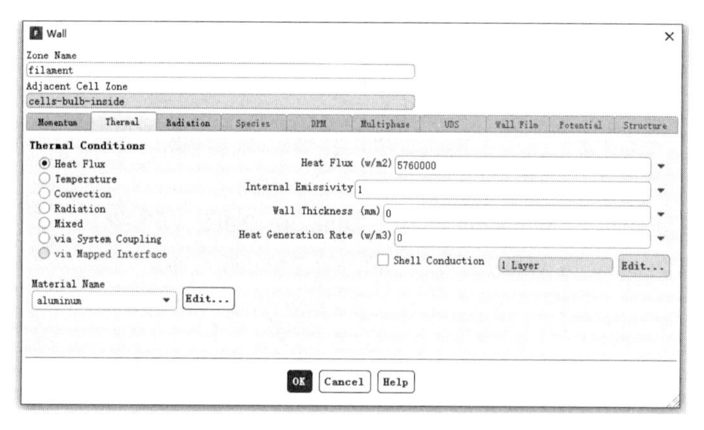

图 12-90　边界条件设置对话框（3）

在 Thermal 选项卡中，在 Heat Flux 中输入 5760000，单击 OK 按钮确认退出。

12.2.8 求解控制

步骤01 单击信息树中的 Methods 项，弹出如图 12-91 所示的 Solution Methods（求解方法设置）面板。在 Pressure 中选择 Body Force Weighted。

步骤02 单击信息树中的 Controls 项，弹出如图 12-92 所示的 Solution Controls（求解过程控制）面板。在 Pressure 中输入 0.3，在 Momentum 中输入 0.6，其他参数均为 0.8。

步骤03 单击 Equations 按钮，弹出如图 12-93 所示的 Equations（方程）对话框，取消选择 Flow，单击 OK 按钮确认。

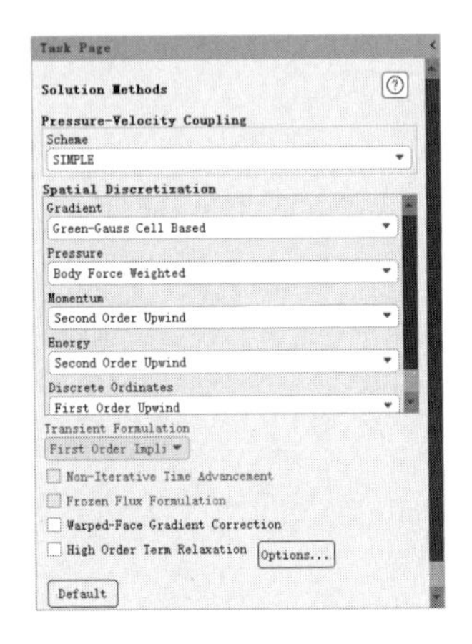

图 12-91 求解方法设置面板

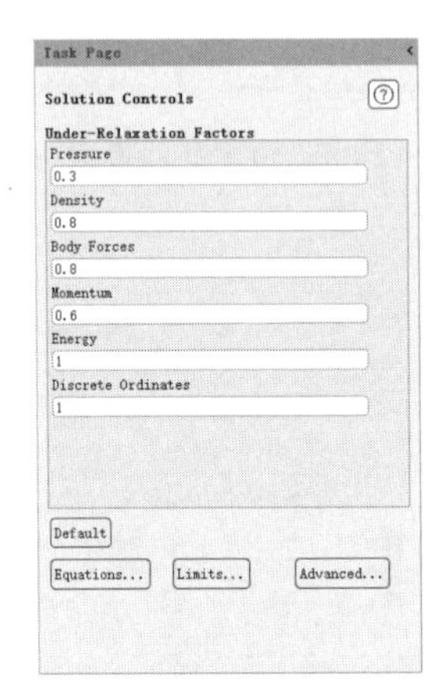

图 12-92 求解过程控制面板

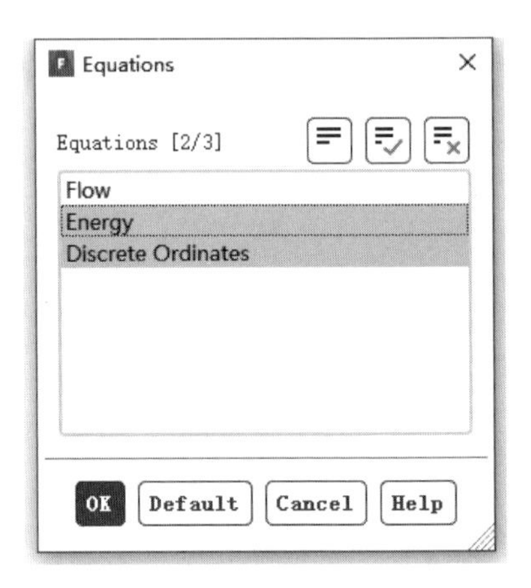

图 12-93 方程对话框

12.2.9 初始条件

步骤01 单击信息树中的 Initialization 项，弹出如图 12-94 所示的 Solution Initialization（初始化设置）面板。

在 Initialization Methods 中选中 Standard Initialization 单选按钮，单击 Initialize 按钮进行初始化。

步骤02 在初始化设置面板中单击 Patch 按钮，弹出如图 12-95 所示的 Patch（修补）对话框。

在 Variable 中选择 Temperature，在 Zones to Patch 中选择 cells-bulb-inside，在 Value 中填入 500，单击 Patch 按钮。

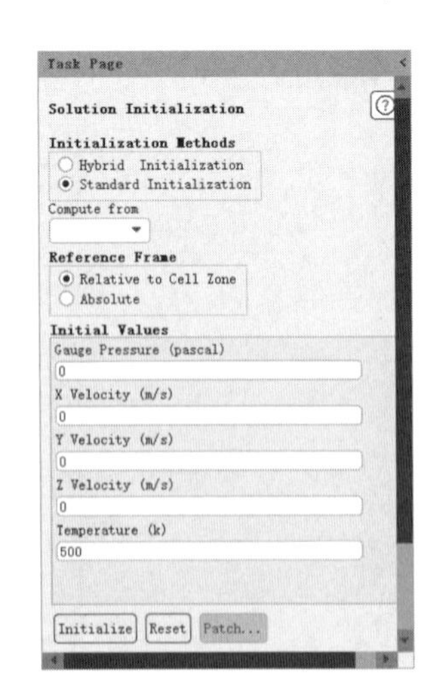

图 12-94 初始化设置面板

图 12-95 修补对话框

12.2.10 求解过程监视

步骤 01 单击信息树中的 Graphics 项，弹出如图 12-96 所示的 Graphics and Animations（图形和动画）面板，在 Graphics 下双击 Mesh，弹出如图 12-97 所示的 Mesh Display（网格显示）对话框。

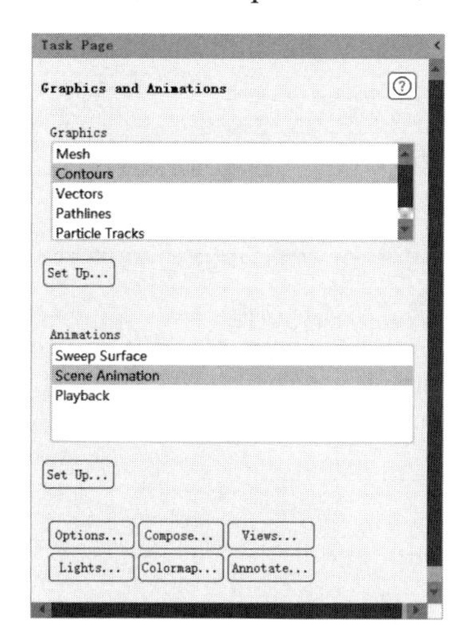

图 12-96 图形和动画对话框

图 12-97 网格显示对话框

在 Surfaces 中取消选择全部表面，在 Edge Type 中选择 Outline 单选按钮，在 Surface Types 中选择 symmetry，单击 Display 按钮，显示如图 12-98 所示的网格。

步骤 02 单击 Results 选项卡 Surface 面板中的 Create Line/Rake 按钮，弹出如图 12-99 所示的 Line/Rake Surface 等值面对话框。

在 Type 中选择 Rake，在 Number of Points 中输入 20，单击 Select Points with Mouse 按钮，在如图 12-100 所示的图形框中右击，选择两个点。

在 New Surface Name 中输入 rake-velocity，单击 Create 和 Close 按钮关闭对话框。

步骤 03 单击信息树中的 Monitors 项，弹出如图 12-101 所示的 Monitors（监视）面板，双击 Residual，便弹出如图 12-102 所示的 Residual Monitors（残差监视）对话框。

保持默认值，单击 OK 按钮确认。

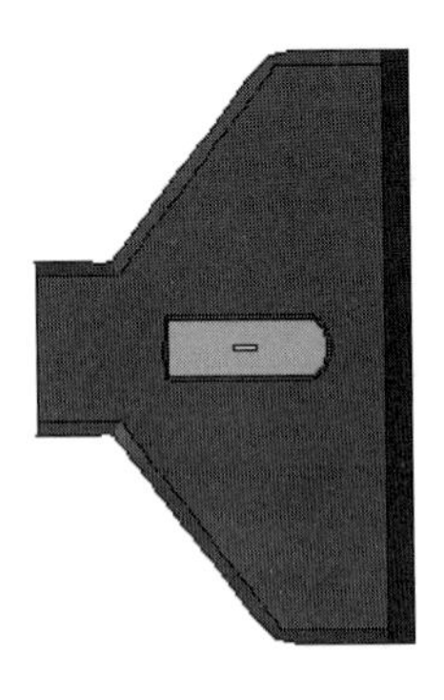

图 12-98　网格图

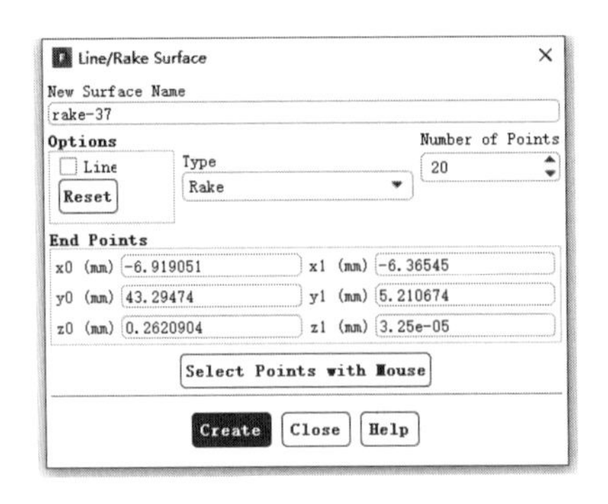

图 12-99　等值面对话框

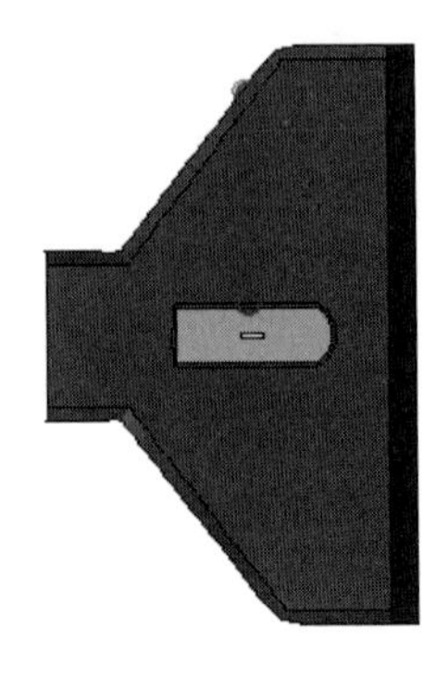

图 12-100　选择点位置

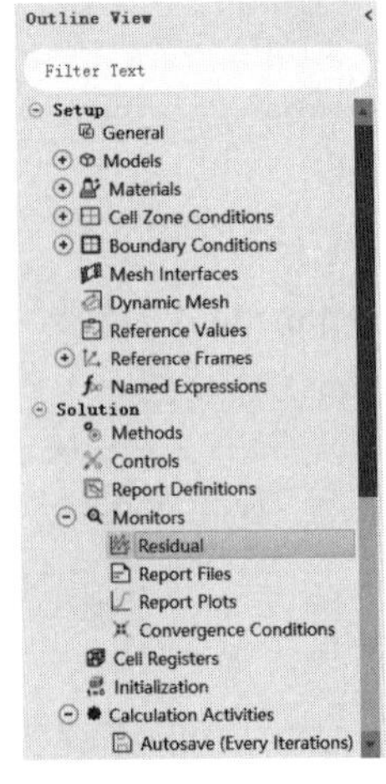

图 12-101　监视面板

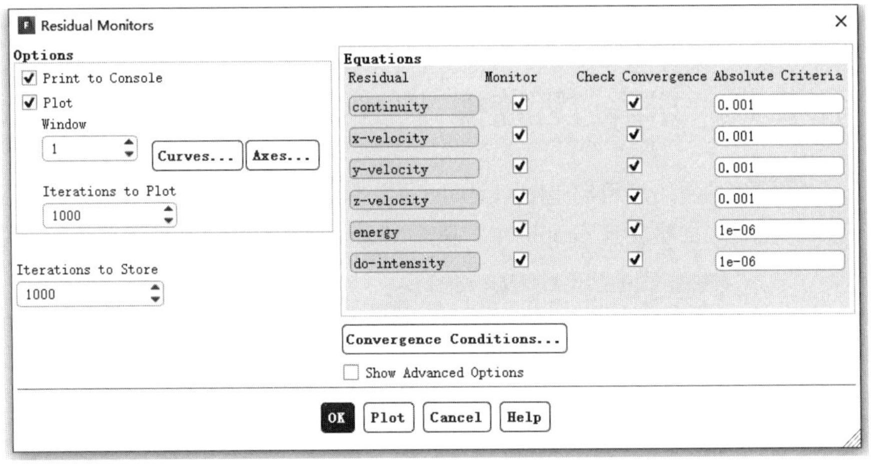

图 12-102　残差监视对话框

步骤 04　选择 Solution→Report Definition→New→Surface Report，弹出如图 12-103 所示的 Surface Report Definition（表面报告定义）对话框。

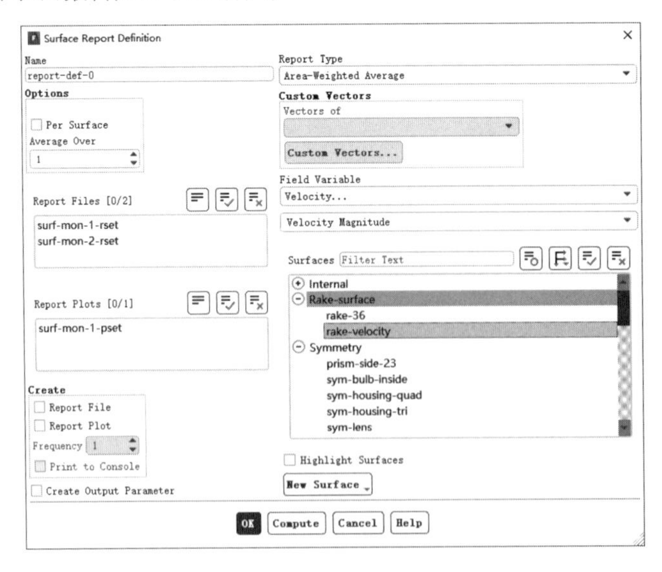

图 12-103　表面报告定义对话框

在 Report Type 中选择 Area-Weighted Average，在 Field Variable 中选择 Velocity 和 Velocity Magnitude，在 Surfaces 中选择 rake-velocity，单击 OK 按钮确认。

步骤 05 选择 Solution→Report Definition→New→Surface Report，弹出如图 12-104 所示的 Surface Report Definition（表面报告定义）对话框。

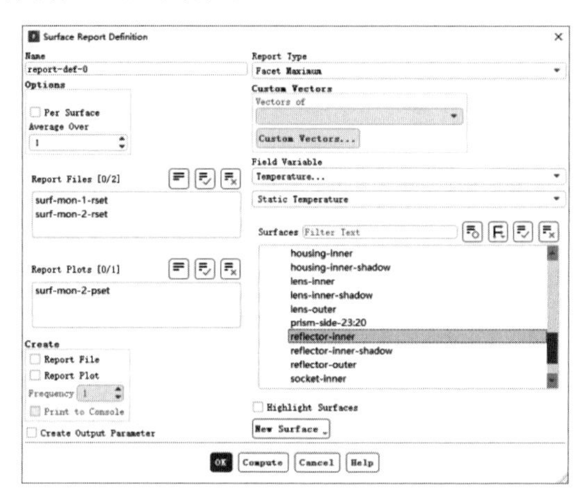

图 12-104　表面报告定义对话框

在 Report Type 中选择 Facet Maximum，在 Field Variable 中选择 Temperature 和 Static Temperature，在 Surfaces 中选择 reflector-inner，单击 OK 按钮确认。

12.2.11　计算求解

步骤 01 单击信息树中的 Run Calculation 项，弹出如图 12-105 所示的 Run Calculation（运行计算）面板。在 Number of Iterations 中输入 20，单击 Calculate 按钮开始计算。

步骤 02 单击信息树中的 Controls 项，弹出如图 12-106 所示的 Solution Controls（求解过程控制）面板，在 Energy 和 Discrete Ordinates 中输入 1。

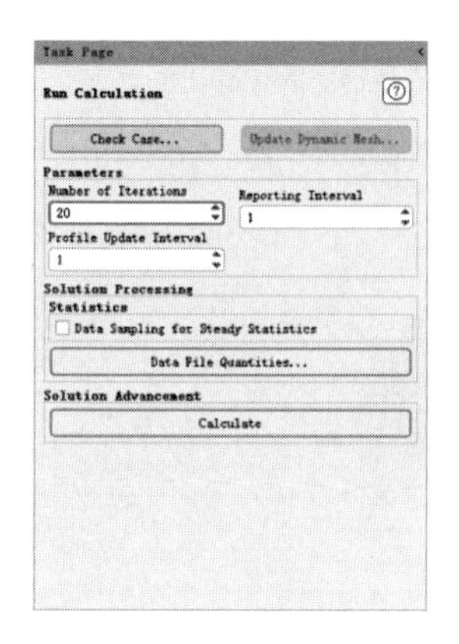

图 12-105　运行计算面板

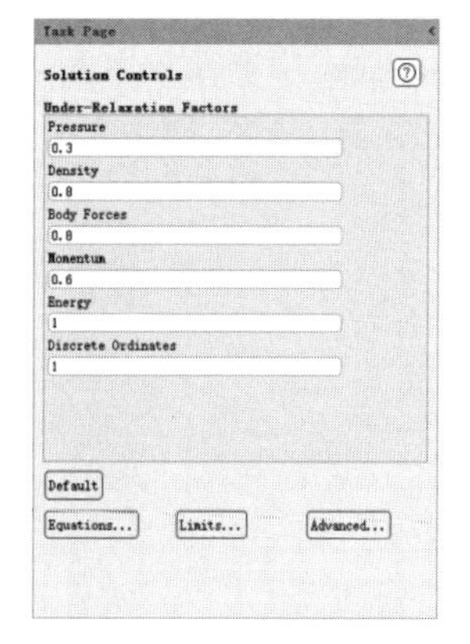

图 12-106　求解过程控制面板

步骤 03 在 Run Calculation（运行计算）面板中，在 Number of Iterations 中输入 500，单击 Calculate 按钮开始计算。

步骤04 在 Solution Controls（求解过程控制）面板中单击 Equations 按钮，弹出 Equations（方程）对话框，取消选择 Discrete Ordinates，选择 Flow 和 Energy，单击 OK 按钮确认。

步骤05 在 Run Calculation（运行计算）面板中，在 Number of Iterations 中输入 1000，单击 Calculate 按钮开始计算。

步骤06 在 Solution Controls（求解过程控制）面板中单击 Equations 按钮，弹出 Equations（方程）对话框，选择 Flow、Energy 和 Discrete Ordinates，单击 OK 按钮确认。

步骤07 在 Run Calculation（运行计算）面板中，在 Number of Iterations 中输入 500，单击 Calculate 开始计算。

12.2.12 结果后处理

步骤01 单击信息树中的 Graphics 项，弹出如图 12-107 所示的 Graphics and Animations（图形和动画）面板，在 Graphics 下双击 Contours，弹出如图 12-108 所示的 Contours（等值线）对话框。

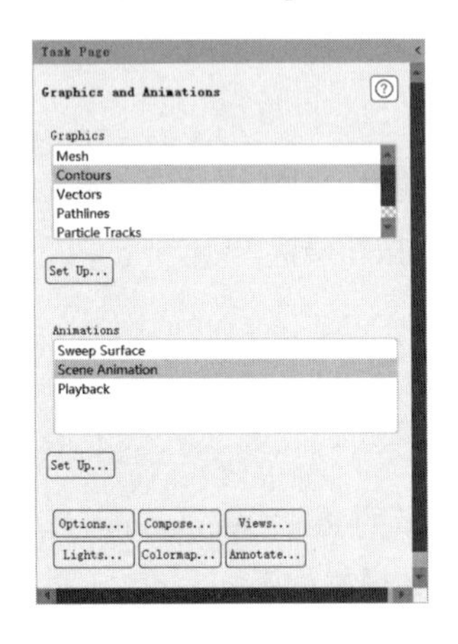

图 12-107 图形和动画面板

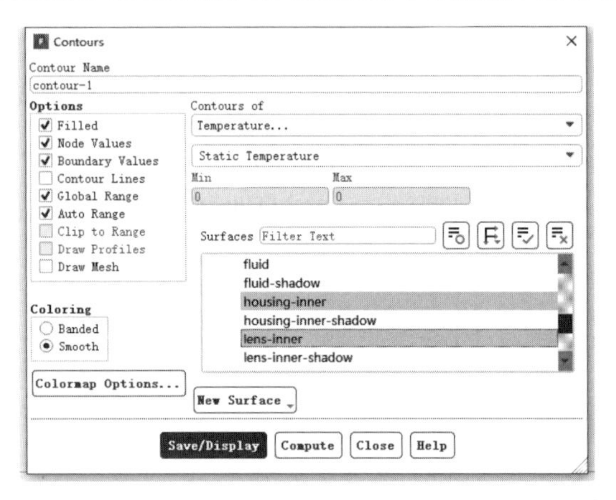

图 12-108 等值线对话框

在 Contours of 中选择 Temperature 和 Static Temperature，在 Options 中勾选 Filled 复选框，在 Surfaces 中选择 housing-inner、lens-inner、reflector-inner 和 socket-inner，单击 Save/Display 按钮，显示如图 12-109 所示的温度云图。

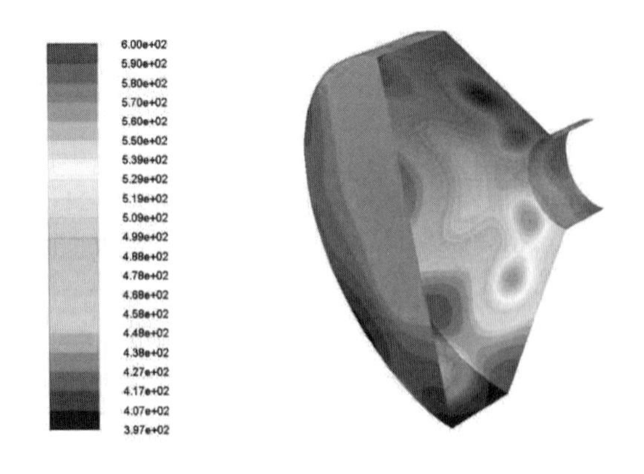

图 12-109 温度云图

步骤02 在如图 12-110 所示的 Contours(等值线)对话框中，在 Contours of 中选择 Wall Fluxes 和 Surface Incident Radiation，在 Options 中勾选 Filled 复选框，在 Surfaces 中选择 housing-inner、lens-inner、reflector-inner 和 socket-inner，单击 Save/Display 按钮，显示如图 12-111 所示的辐射强度云图。

图 12-110 等值线对话框

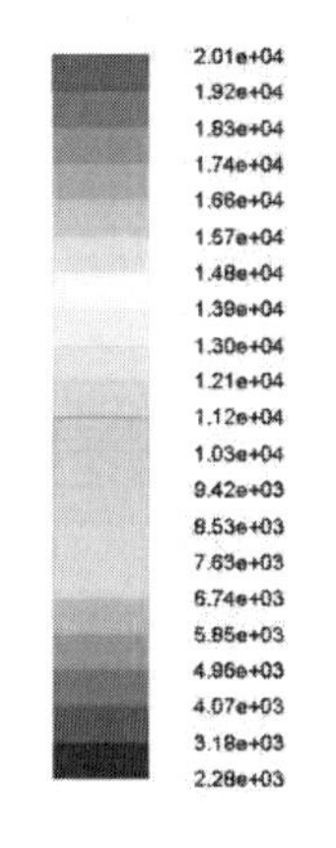

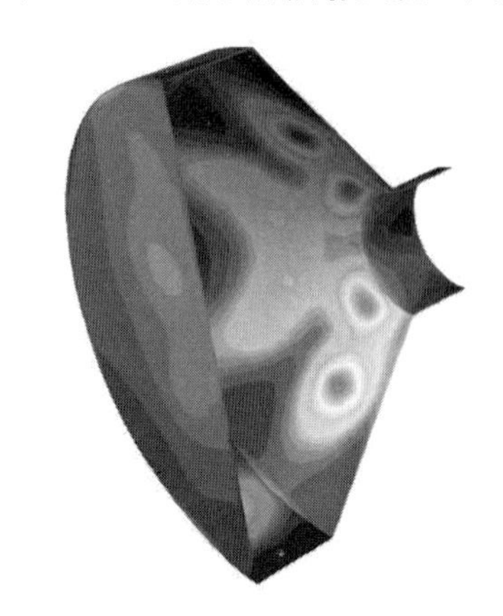

图 12-111 辐射强度云图

步骤03 在 Graphics 下双击 Vectors，弹出如图 12-112 所示的 Vectors (矢量) 对话框。在 Surfaces 中选择 Symmetry，单击 Save/Display 按钮，显示如图 12-113 所示的速度矢量图。

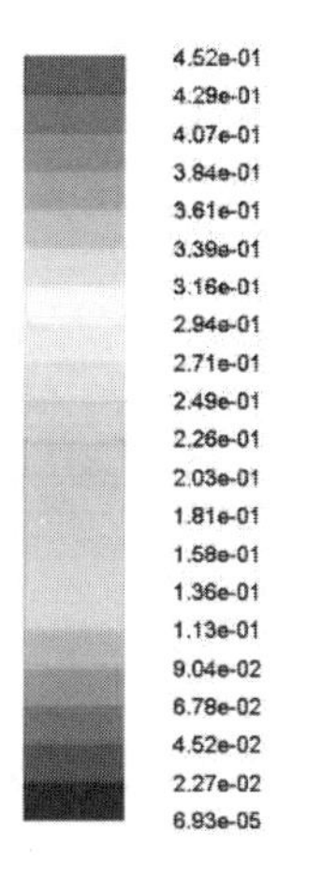

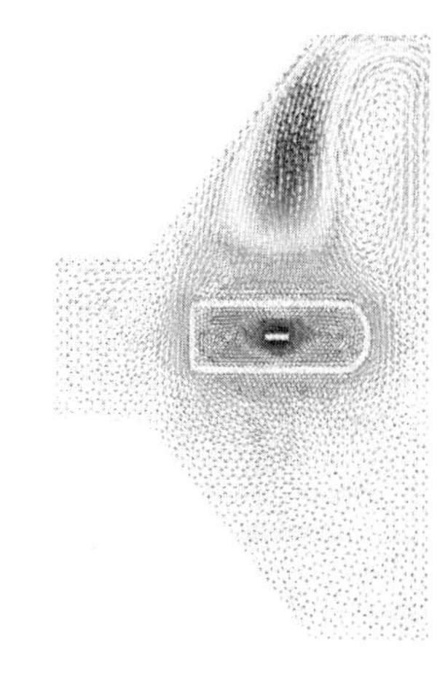

图 12-112 矢量对话框

图 12-113 速度矢量图

12.3 本章小结

本章通过芯片传热和车灯传热两个实例分别介绍了 Fluent 处理传热流动的工作流程。实例中说明了 Fluent 生成热传输模型的过程，同时介绍了 Fluent 物质库导入新物质的方法。通过本章的学习，读者可以掌握 Fluent 传热模型的设定和物质属性的设定。

第 13 章 多孔介质和气动噪声分析实例

导言

多孔介质是由固体物质组成的骨架和由骨架分隔成大量密集成群的微小空隙构成的介质。多孔介质是由多相物质所占据的共同空间，也是多相物质共存的一种组合体，没有固体骨架的那部分空间叫作孔隙，由液体或气体或气液两相共同占有，相对于其中一相来说，其他相都弥散在其中，并以固相为固体骨架，构成空隙空间的某些空洞相互连通。

气动噪声的生成和传播可以通过求解可压 NS 方程的方式进行数值模拟。然而与流场流动的能量相比，声波的能量要小几个数量级，客观上要求气动噪声计算所采用的格式应有很高的精度，同时从音源到声音测试点划分的网格也要足够精细，因此进行直接模拟对系统资源的要求很高，而且计算时间也很长。为了弥补直接模拟的这个缺点，可以采用 Lighthill 的声学近似模型，即将声音的产生与传播过程分别进行计算，从而达到加快计算速度的目的。

本章将通过催化转换器和圆柱外气动噪声两个实例分别介绍 Fluent 处理多孔介质和气动噪声模拟的工作步骤。

学习目标

★ 掌握离散化设置
★ 掌握表达式的运行
★ 掌握边界条件的设定
★ 掌握气动噪声模型的设定
★ 掌握多孔介质的设定

13.1 催化转换器内多孔介质流动

下面将通过一个催化转换器内多孔介质流动的分析案例让读者对 ANSYS Fluent 2020 分析处理多孔介质流动问题的基本操作有一个初步的了解。

13.1.1 案例介绍

催化转换器如图 13-1 所示，其中入口废气流速为 22.6m/s，出口压力为 0，请用 ANSYS Fluent 分

析催化转换器内的流动情况。

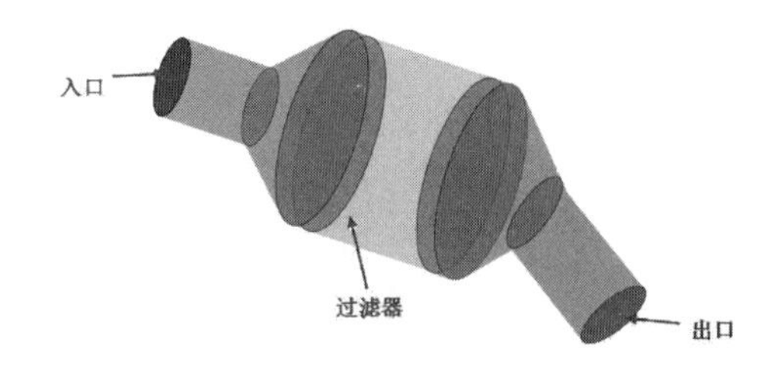

图 13-1　案例问题

13.1.2　启动 Fluent 并导入网格

步骤 01　在 Windows 系统下执行“开始”→“所有程序”→ANSYS 2020→Fluent 2020 命令，启动 Fluent 2020，进入 Fluent Launcher 界面。

步骤 02　在 Fluent Launcher 界面中的 Dimension 中选择 3D，在 Options 中选中 Display Mesh After Reading 和 Double-Precision，单击 OK 按钮进入 Fluent 主界面。

步骤 03　在 Fluent 主界面中，单击主菜单中的 File→Read→Mesh，弹出如图 13-2 所示的 Select File 对话框，选择名称为 catalytic.msh 的网格文件，单击 OK 按钮便可导入网格。

步骤 04　导入网格后，在图形显示区将显示几何模型，如图 13-3 所示。

图 13-2　导入网格对话框

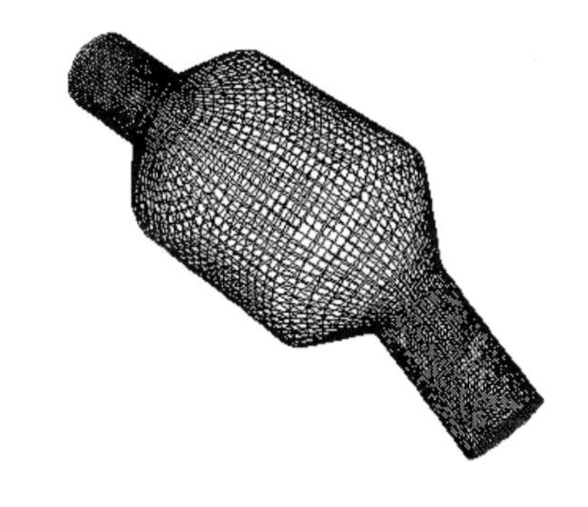

图 13-3　显示几何模型

步骤 05　单击 Check 按钮，检查网格质量，确保不存在负体积。

步骤 06　单击 Scale 按钮，弹出如图 13-4 所示的 Scale Mesh（网格缩放）对话框。在 Scaling 中选中 Convert Units 单选按钮，在 Mesh Was Created In 中选择 mm，单击 Scale 按钮完成网格缩放，在 View Length Unit In 中选择 mm。

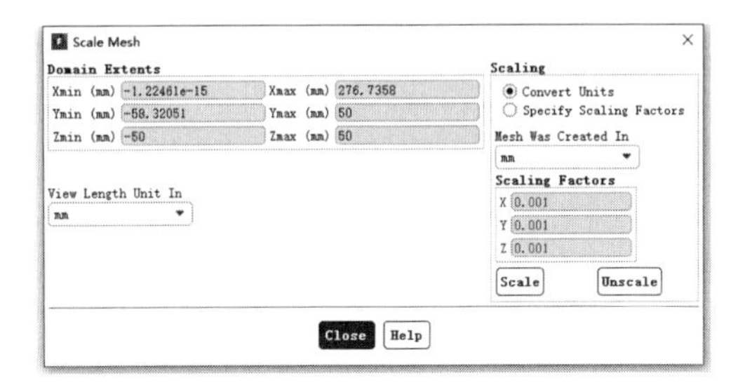

图 13-4　网格缩放对话框

步骤 07　单击主菜单中的 File→Write→Case，弹出 Select File 对话框，在 Case File 中填入 catalytic，单击 OK 按钮便可保存项目。

13.1.3 定义求解器

步骤01 单击信息树中的 General 项，弹出如图 13-5 所示的 General（总体模型设定）面板。在 Solver 中将 Time 类型设为 Steady。

步骤02 单击 Physics 选项卡 Solver 面板中的 Operating Conditions 按钮，弹出如图 13-6 所示的 Operating Conditions（操作条件）对话框。保持默认值，单击 OK 按钮确认。

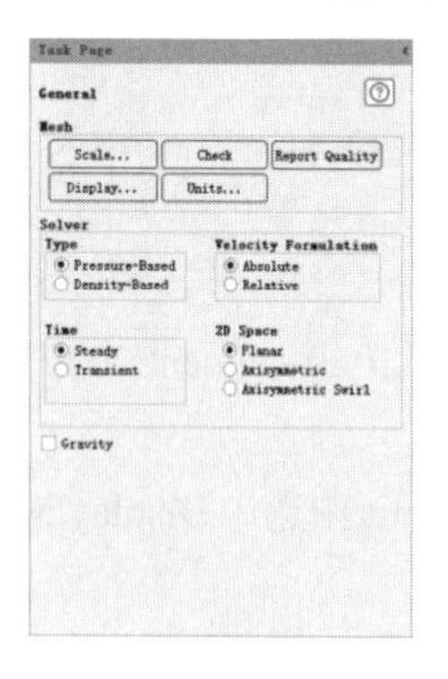

图 13-5 总体模型设定面板

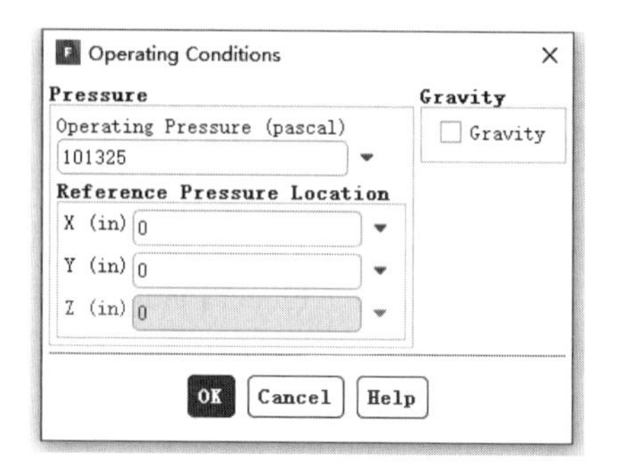

图 13-6 操作条件对话框

13.1.4 定义湍流模型

在信息树中单击 Models 项，弹出如图 13-7 所示的 Models（模型设定）面板。在模型设定面板中双击 Viscous - Laminar，弹出如图 13-8 所示的 Viscous Model（湍流模型）对话框。

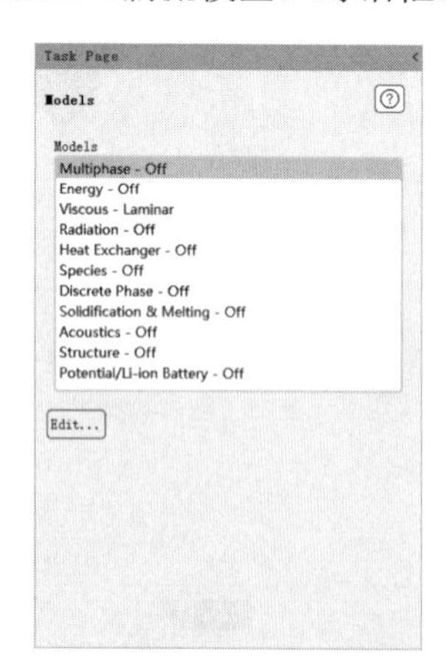

图 13-7 模型设定面板

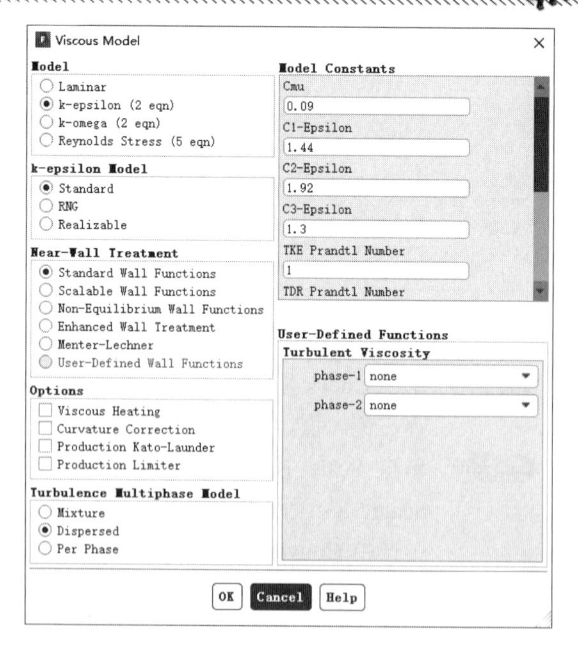

图 13-8 湍流模型对话框

在 Model 中选中 k-epsilon(2 eqn)单选按钮，在 Turbulence Multiphase Model 中选择 Dispersed 单选按钮，单击 OK 按钮确认。

13.1.5 设置材料

单击信息树中的 Materials 项，弹出如图 13-9 所示的 Materials（材料）面板。在材料面板中单击 Create/Edit 按钮，弹出如图 13-10 所示的 Create/Edit Materials（物性参数设定）对话框。

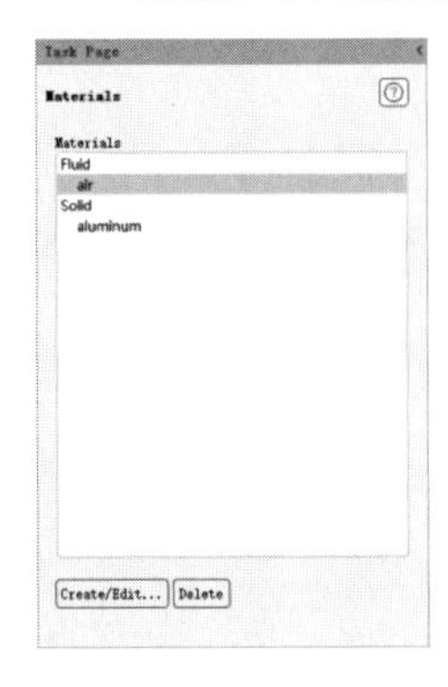

图 13-9 材料面板

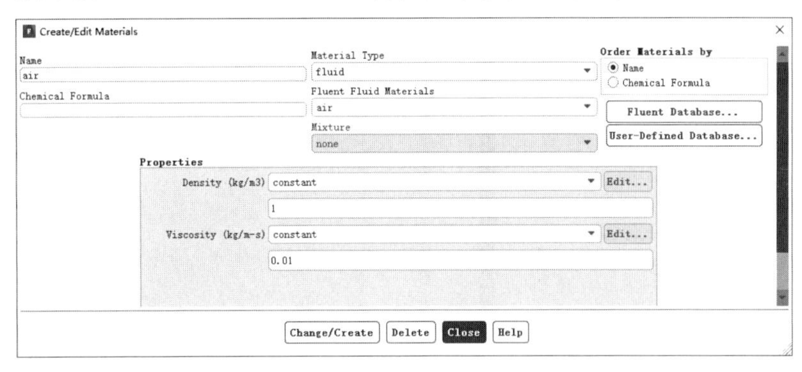

图 13-10 物性参数设定对话框

单击 Fluent Database 按钮，弹出如图 13-11 所示的 Fluent Database Materials（材料数据库）对话框。在 Material Type 中选择 fluid，在 Fluent Fluid Materials 中选择 nitrogen (n2)，单击 Copy 按钮确认，单击 Close 按钮退出。

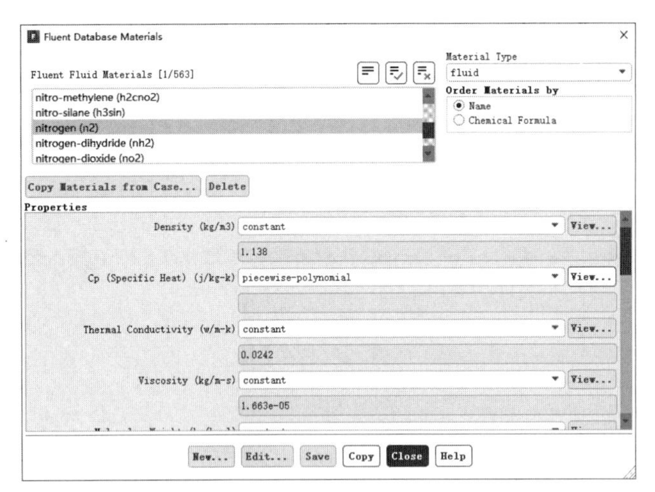

图 13-11 材料数据库对话框

13.1.6 设置计算域

步骤 01 单击信息树中的 Cell Zone Conditions 项，启动如图 13-12 所示的 Cell Zone Conditions（区域条件）面板。

双击 fluid，弹出如图 13-13 所示的 Fluid（流体域设置）对话框。在 Material Name 中选择 nitrogen，单击 OK 按钮确认。

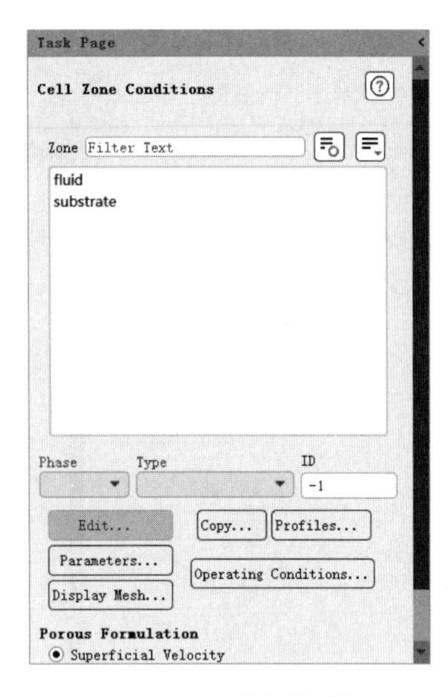

图 13-12　区域条件面板

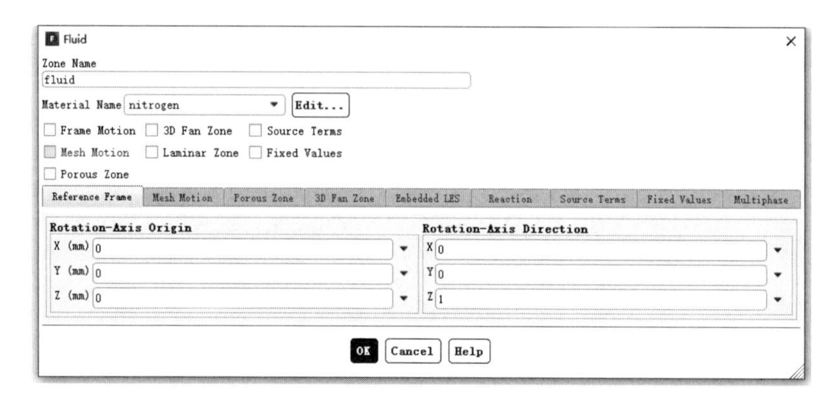

图 13-13　流体域设置对话框

步骤 02 在 Cell Zone Conditions（区域条件）面板中双击 substrate，弹出如图 13-14 所示的 Fluid（流体域设置）对话框。在 Material Name 中选择 nitrogen，勾选 Porous Zone 和 Laminar Zone 复选框。在 Porous Zone 选项卡中，在 Direction-1 Vector 中输入（1, 0, 0），在 Direction-2 Vector 中输入（0, 1, 0）。在 Viscous Resistance 中，将 Direction-1、Direction-2 和 Direction-3 分别设为 3.846e+07、3.846e+10 和 3.846e+10。在 Inertial Resistance 中，将 Direction-1、Direction-2 和 Direction-3 分别设为 20.414、20414 和 20414。单击 OK 按钮确认。

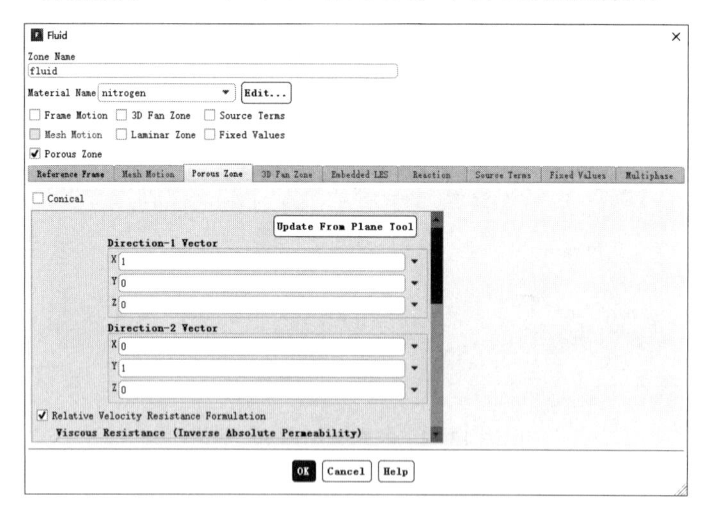

图 13-14　流体域设置对话框

13.1.7　边界条件

步骤 01 单击信息树中的 Boundary Conditions 项，启动如图 13-15 所示的边界条件面板。

步骤02 在边界条件面板中双击 inlet，弹出如图 13-16 所示的边界条件设置对话框。

在 Velocity Magnitude 中填入 22.6，在 Turbulence 中的 Specification Method 中选择 Intensity and Hydraulic Diameter，在 Turbulent Intensity 中填入 10，在 Hydraulic Diameter 中填入 42，单击 OK 按钮确认。

步骤03 在边界条件面板中双击 outlet，弹出如图 13-17 所示的边界条件设置对话框。

在 Turbulence 中的 Specification Method 中选择 Intensity and Hydraulic Diameter，在 Backflow Turbulent Intensity 中填入 5，在 Backflow Hydraulic Diameter 中填入 42。

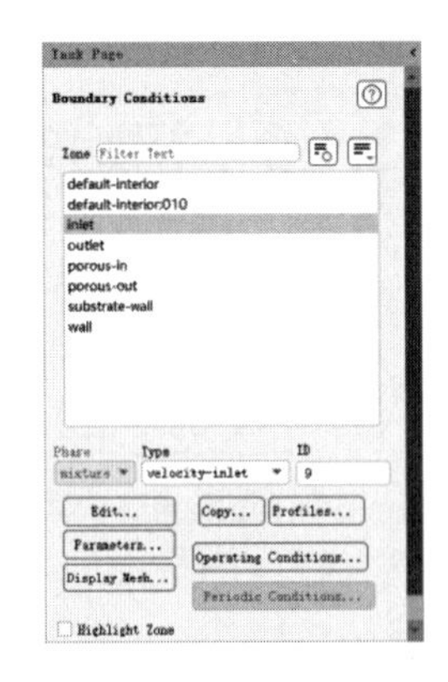

图 13-15 边界条件面板

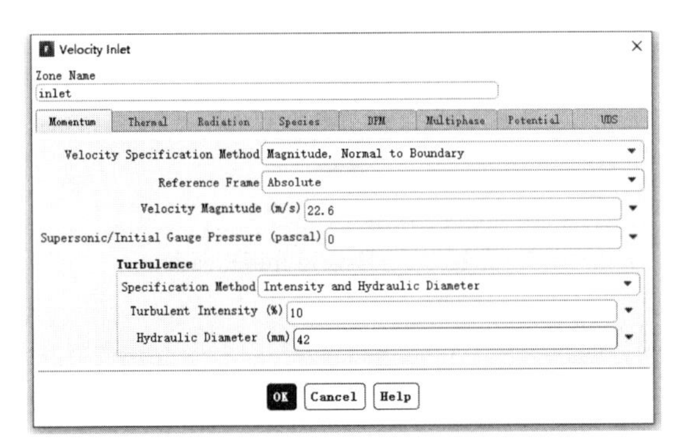

图 13-16 边界条件设置对话框

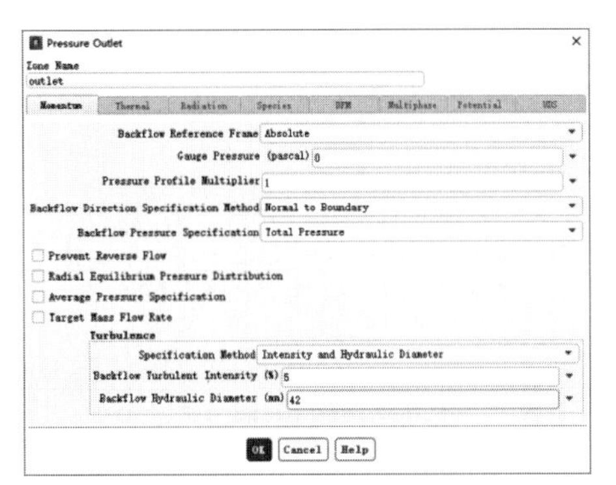

图 13-17 边界条件设置对话框

13.1.8 求解控制

步骤01 单击信息树中的 Methods 项，弹出如图 13-18 所示的 Solution Methods（求解方法设置）面板。在 Scheme 中选择 Coupled，勾选 Pseudo Transient 复选框。

步骤02 单击信息树中的 Controls 项，弹出如图 13-19 所示的 Solution Controls（求解过程控制）面板。保持默认设置不变。

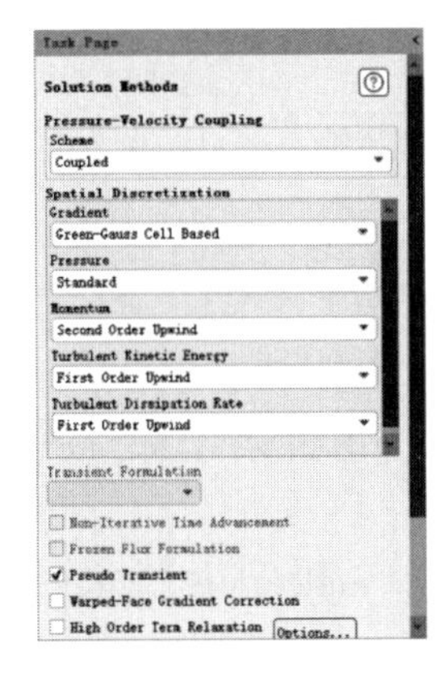

图 13-18 求解方法设置面板

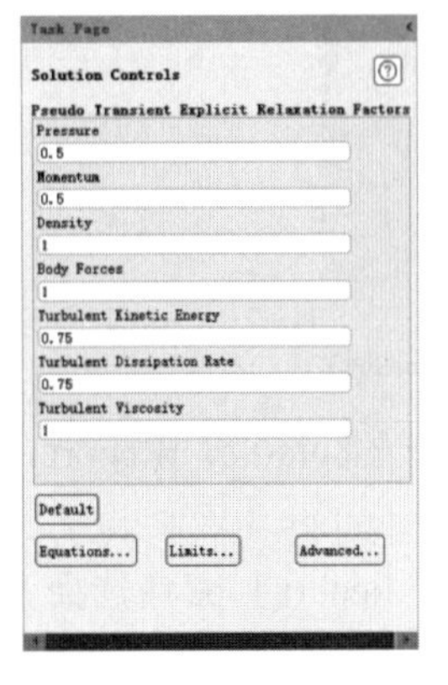

图 13-19 求解过程控制面板

13.1.9 初始条件

单击信息树中的 Initialization 项，弹出如图 13-20 所示的 Solution Initialization（初始化设置）面板。在 Initialization Methods 中选中 Hybrid Initialization 单选按钮，单击 Initialize 按钮进行初始化。

单击 More Settings 按钮，弹出如图 13-21 所示的 Hybrid Initialization 对话框，在 Number of Iterations 中输入 15，单击 OK 按钮确认。

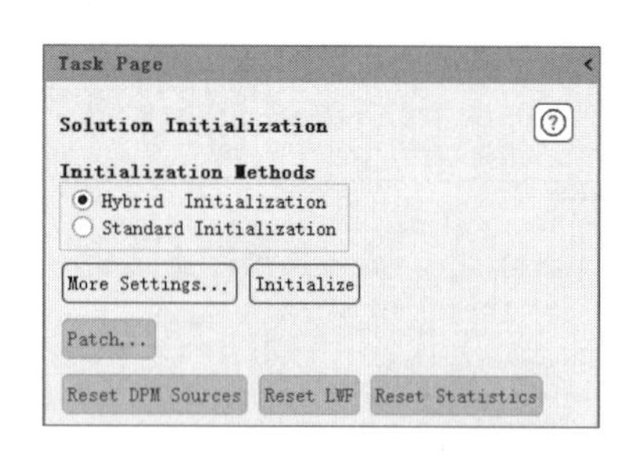

图 13-20 初始化设置面板

图 13-21 Hybrid Initialization 对话框

13.1.10 求解过程监视

步骤 01 单击信息树中的 Monitors 项，弹出如图 13-22 所示的 Monitors（监视）面板，双击 Residual，便弹出如图 13-23 所示的 Residual Monitors（残差监视）对话框。

保持默认设置不变，单击 OK 按钮确认。

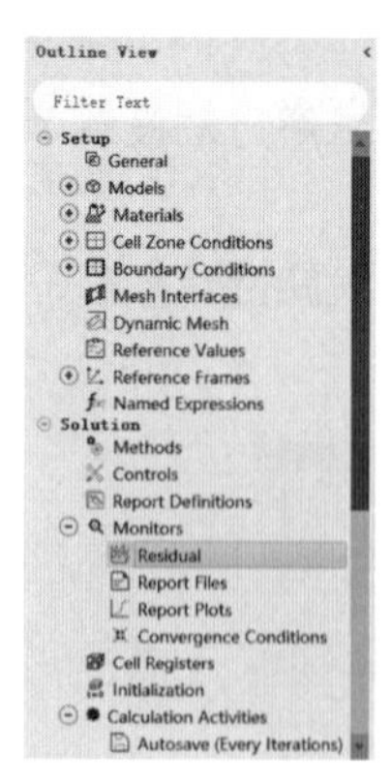

图 13-22 监视面板

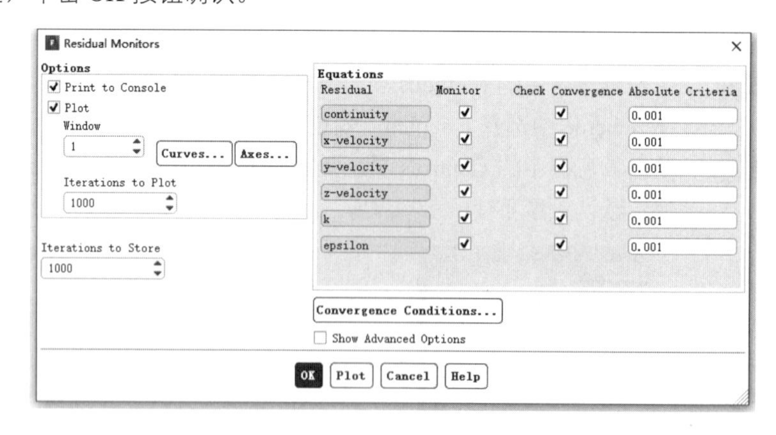

图 13-23 残差监视对话框

步骤 02 单击 Solution→Report Definition→New→Surface Report，弹出如图 13-24 所示的 Surface Report Definition（表面报告定义）对话框。

在 Report Type 中选择 Mass Flow Rate，在 Surfaces 中选择 outlet，单击 OK 按钮确认。

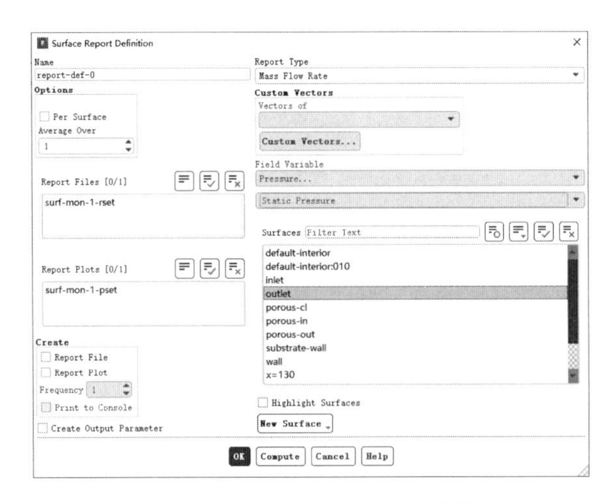

图 13-24 表面报告定义对话框

13.1.11 计算求解

单击信息树中的 Run Calculation 项，弹出如图 13-25 所示的 Run Calculation（运行计算）面板。在 Number of Iterations 中输入 100，单击 Calculate 按钮开始计算。

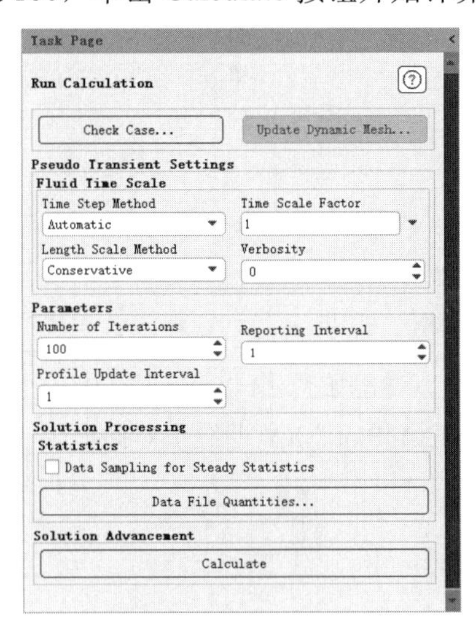

图 13-25 运行计算面板

13.1.12 结果后处理

步骤 01 单击 Results 选项卡 Surface 面板中 Create 按钮下的 Iso-Surface 选项，弹出如图 13-26 所示的 Iso-Surface（等值面）对话框。

在 Surface of Constant 中选择 Mesh 和 Y-Coordinate，在 Iso-Values 中输入 0，在 New Surface Name 中输入 y=0，单击 Create 按钮。

图 13-26 等值面对话框

步骤02 在 Iso-Surface（等值面）对话框中的 Surface of Constant 中选择 Mesh 和 X-Coordinate，在 Iso-Values 中输入 95，在 New Surface Name 中输入 x=95，单击 Create 按钮，如图 13-27 所示。重复以上步骤，创建平面 x=130 和 x=165。

步骤03 单击 Results 选项卡 Surface 面板中的 Create 按钮下的 Line/Rake 选项，弹出如图 13-28 所示的 Line/Rake Surface 对话框。在 x0 中输入 95，在 x1 中输入 185，在 New Surface Name 中输入 porous-cl，单击 Create 按钮。

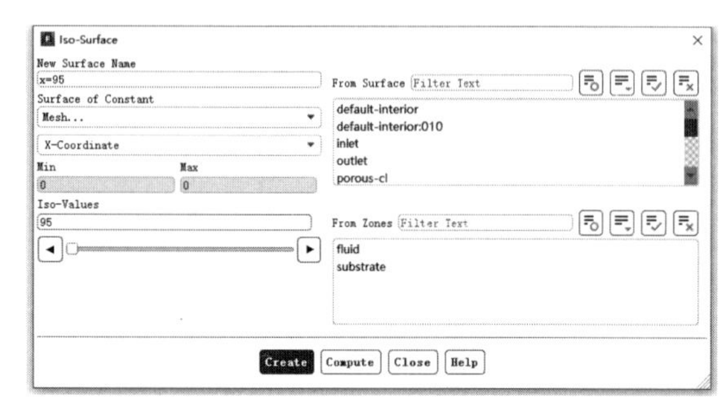

图 13-27 等值面对话框

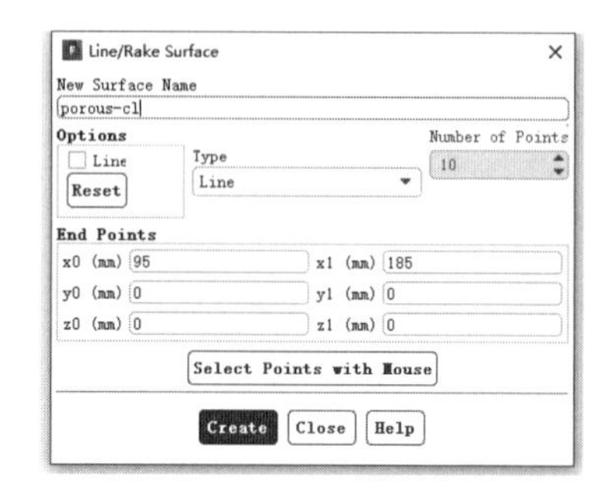

图 13-28 Link/Rake Surface 对话框

步骤04 单击信息树中的 Plots 项，弹出如图 13-29 所示的 Plots（图形）面板，双击 XY Plot，弹出如图 13-30 所示的 Solution XY Plot（XY 曲线）对话框。

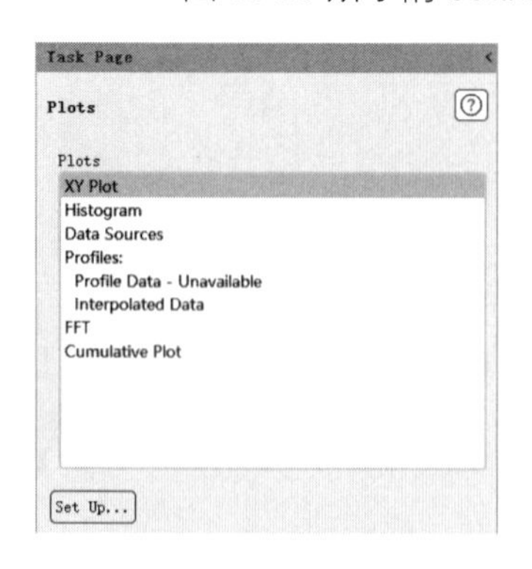

图 13-29 图形面板

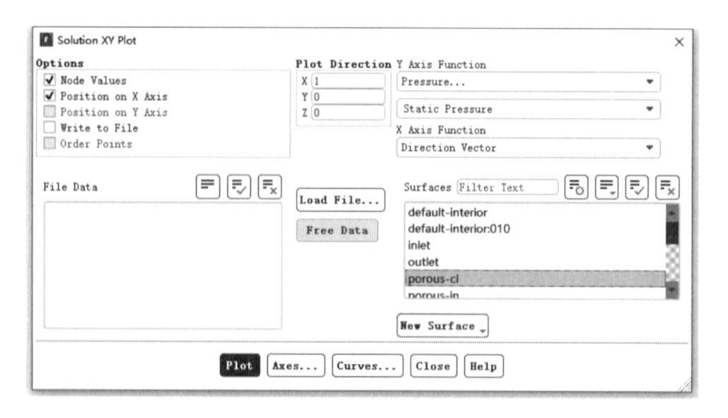

图 13-30 XY 曲线对话框

在 Plot Direction 中输入（1,0,0），在 Y Axis Function 中选择 Pressure 和 Static Pressure，在 Surfaces 中选择 porous-cl，单击 Plot 按钮，显示如图 13-31 所示的压力图。

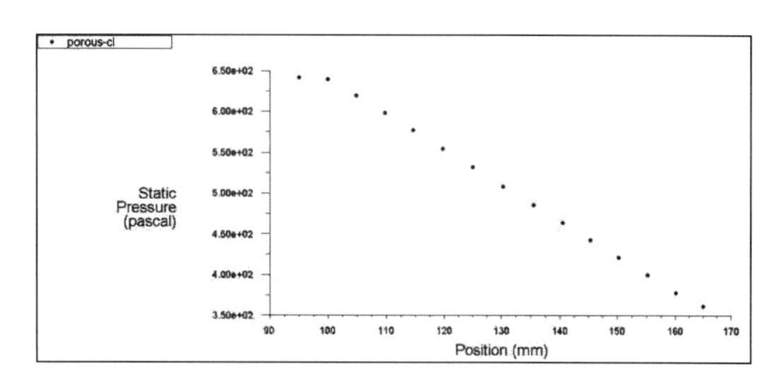

图 13-31　压力图

步骤 05　单击信息树中的 Graphics 项，弹出如图 13-32 所示的 Graphics and Animations（图形和动画）面板，在 Graphics 下双击 Mesh，弹出如图 13-33 所示的 Mesh Display（网格显示）对话框。取消选择 Edges，勾选 Faces 复选框，在 Surfaces 中选择 substrate-wall 和 wall，单击 Save/Display 按钮，显示如图 13-34 所示的网格。

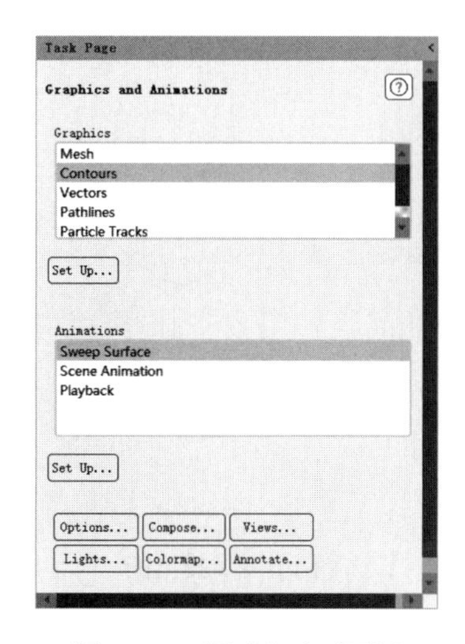

图 13-32　图形和动画面板

图 13-33　网格显示对话框

图 13-34　网格图

步骤 06　在 Graphics and Animations（图形和动画）面板中单击 Options 按钮，弹出如图 13-35 所示的 Display Options（显示选项）对话框。

取消选择 Double Buffering，勾选 Lights On 复选框，在 Lighting 中选择 Gouraud，单击 Apply 按钮。

步骤 07　在 Graphics and Animations（图形和动画）面板中单击 Compose 按钮，弹出如图 13-36 所示的 Scene Description（场景描绘）对话框。

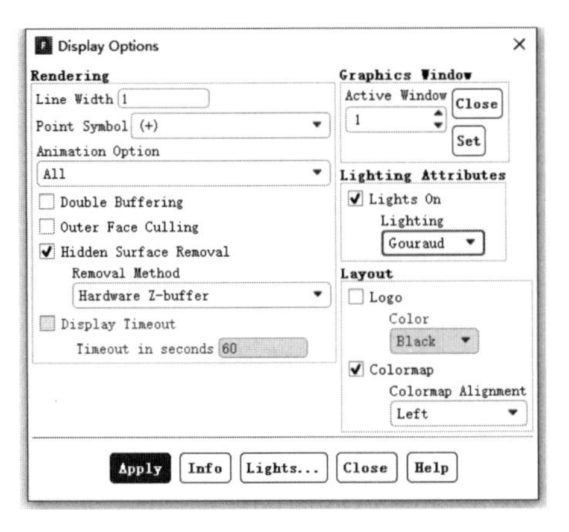

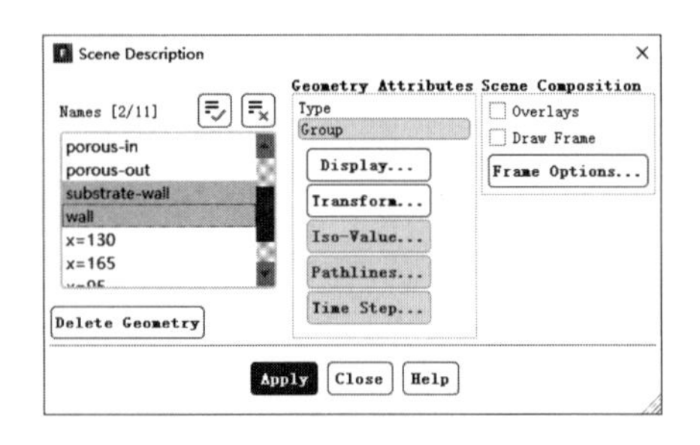

图 13-35　显示选项对话框　　　　图 13-36　场景描绘对话框

在 Names 中选择 substrate-wall 和 wall，单击 Display 按钮，弹出如图 13-37 所示的 Display Properties（显示属性）对话框。

将 Transparency 的值调整至 70，单击 Apply 按钮，调整后的模型如图 13-38 所示。

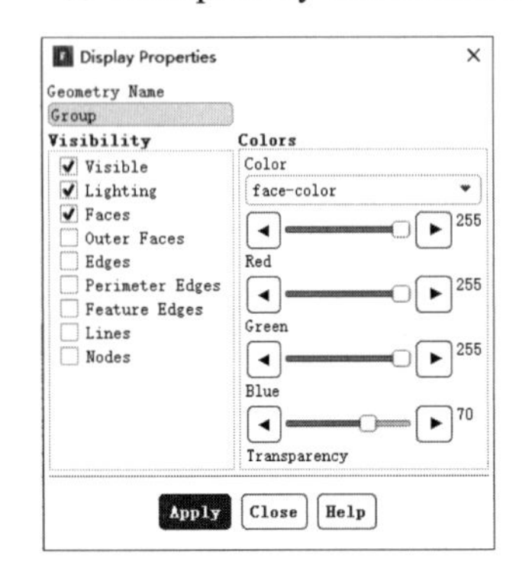

图 13-37　显示属性对话框　　　　图 13-38　模型图

步骤 08 在 Graphics and Animations（图形和动画）面板中双击 Vectors，弹出如图 13-39 所示的 Vectors（矢量）对话框。

在 Options 中勾选 Draw Mesh 复选框，弹出如图 13-40 所示的 Mesh Display（网格显示）对话框，单击 Display 按钮。

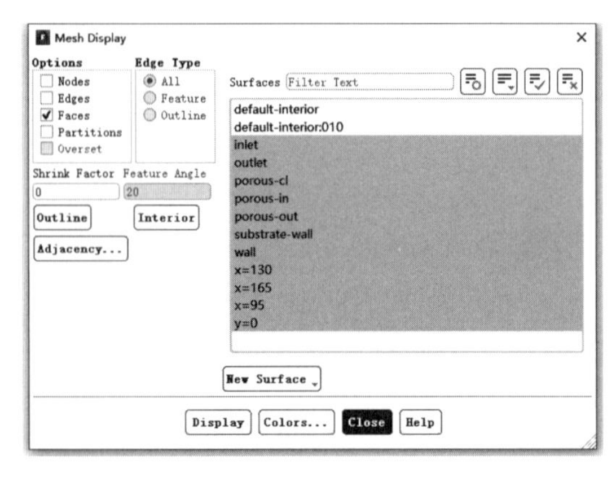

图 13-39　矢量对话框　　　　图 13-40　网格显示对话框

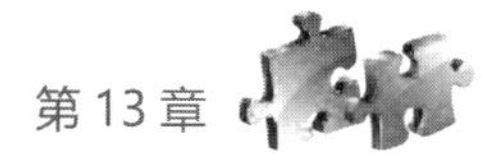

在 Vectors（矢量）对话框中，在 Scale 中输入 5，在 Skip 中输入 1，在 Surfaces 中选择 y=0，单击 Save/Display 按钮，显示如图 13-41 所示的速度矢量图。

步骤 09 在 Graphics and Animations（图形和动画）面板中双击 Contours，弹出如图 13-42 所示的 Contours（等值线）对话框。

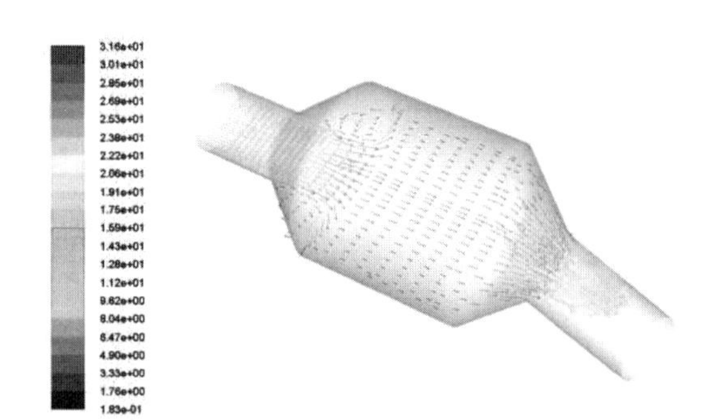

图 13-41　速度矢量图

图 13-42　等值线对话框

在 Contours of 中选择 Pressure 和 Static Pressure，在 Options 中勾选 Filled 复选框，在 Surfaces 中选择 y=0，单击 Save/Display 按钮，显示如图 13-43 所示的云图。

步骤 10 在 Contours of 中选择 Velocity 和 X Velocity，在 Options 中选中 Filled 复选框，在 Surfaces 中选择 x=130、x=165 和 x=95，单击 Display 按钮，显示如图 13-44 所示的云图。

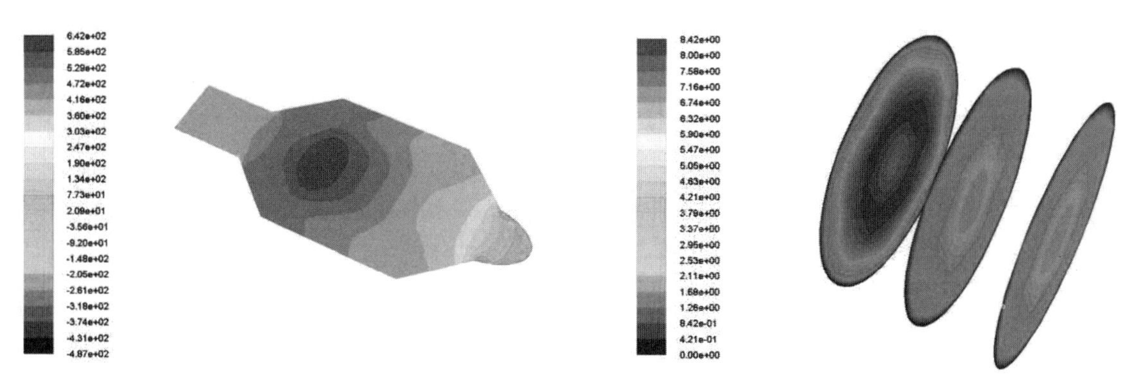

图 13-43　压力云图

图 13-44　速度云图

13.2 圆柱外气动噪声模拟

下面将通过一个圆柱绕流分析案例让读者对 ANSYS Fluent 2020 分析处理气动噪声的基本操作有一个初步的了解。

13.2.1 案例介绍

圆柱中来流流速为 69.2m/s（见图 13-45），用 ANSYS Fluent 分析计算圆柱外气动噪声的情况。

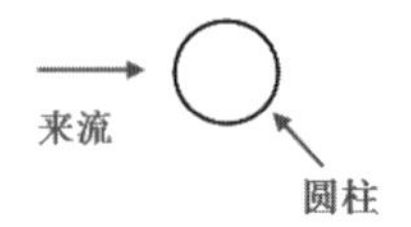

图 13-45　圆柱

13.2.2　启动 Fluent 并导入网格

步骤 01　在 Windows 系统下执行“开始”→“所有程序”→ANSYS 2020→Fluent 2020 命令，启动 Fluent 2020，进入 Fluent Launcher 界面。

步骤 02　在 Fluent Launcher 界面中的 Dimension 中选择 2D，在 Option 中选择 Double Precision 和 Display Mesh After Reading，单击 OK 按钮进入 Fluent 主界面。

步骤 03　在 Fluent 主界面中，单击主菜单中的 File→Read→Mesh，弹出如图 13-46 所示的 Select File 对话框，选择名称为 cylinder.msh 的网格文件，单击 OK 按钮便可导入网格。

步骤 04　导入网格后，在图形显示区将显示几何模型，如图 13-47 所示。

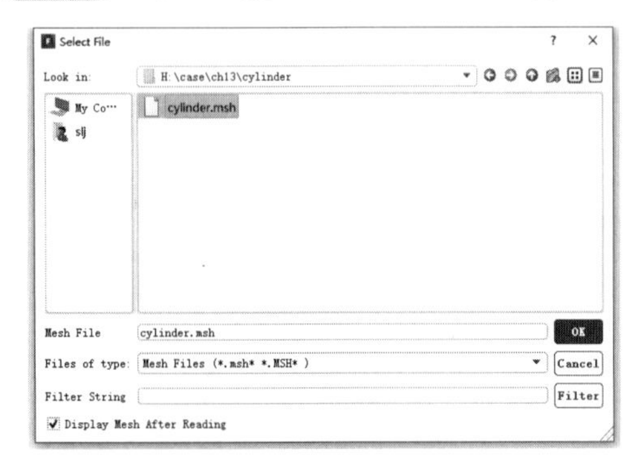

图 13-46　导入网格对话框

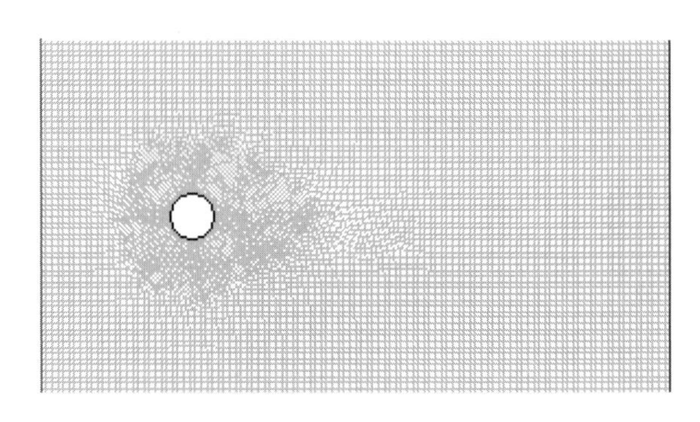

图 13-47　显示几何模型

步骤 05　单击 Check 按钮，检查网格质量，确保不存在负体积。

步骤 06　单击 Scale 按钮，弹出如图 13-48 所示的 Scale Mesh（网格缩放）对话框。在 Scaling 中选中 Convert Units 单选按钮，在 Mesh Was Created In 中选择 cm，单击 Scale 按钮完成网格缩放，在 View Length Unit In 中选择 cm。

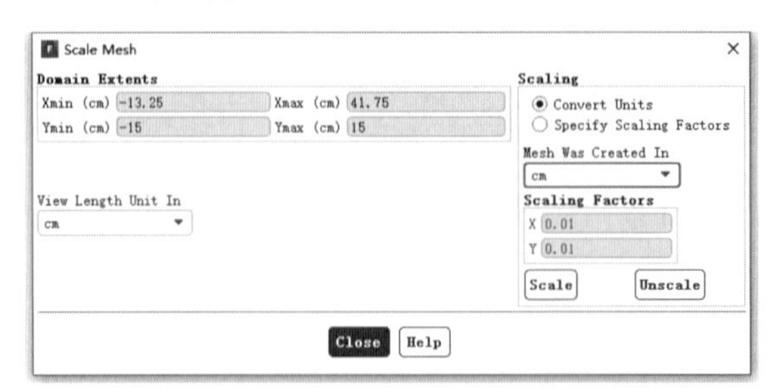

图 13-48　网格缩放对话框

步骤 07　单击主菜单中的 File→Write→Case，弹出 Select File 对话框，在 Case File 中填入 cylinder.cas，单击 OK 按钮便可保存项目。

13.2.3 定义求解器

步骤01 单击信息树中的 General 项，弹出如图 13-49 所示的 General（总体模型设定）面板。在 Solver 中将 Time 类型设为 Transient。

步骤02 单击 Physics 选项卡 Solver 面板中的 Operating Conditions 按钮，弹出如图 13-50 所示的 Operating Conditions（操作条件）对话框。保持默认值，单击 OK 按钮确认。

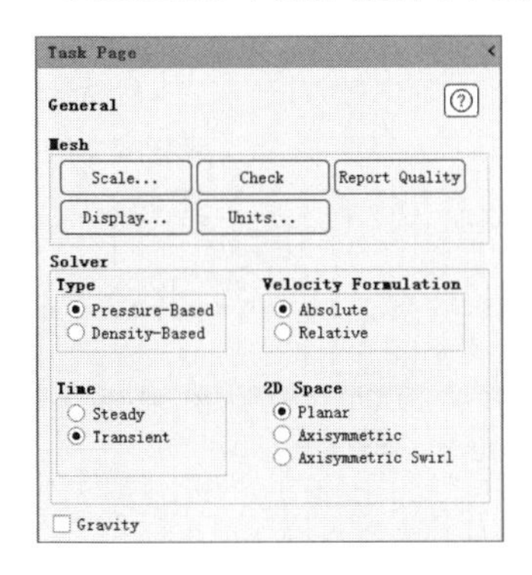

图 13-49 总体模型设定面板

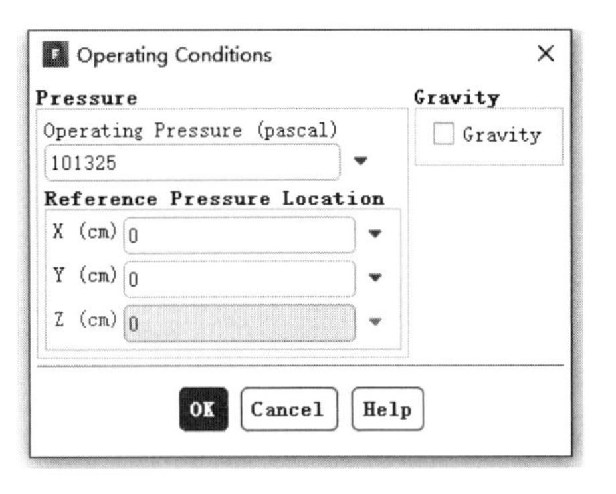

图 13-50 操作条件对话框

13.2.4 定义湍流模型

步骤01 在文本信息框中输入以下命令，启动大涡模拟。

```
(rpsetvar 'les-2d? #t)
```

步骤02 在信息树中单击 Models 项，弹出如图 13-51 所示的 Models（模型设定）面板。在模型设定面板中双击 Viscous，弹出如图 13-52 所示的 Viscous Model（湍流模型）对话框。

在 Model 中选中 Large Eddy Simulation (LES)单选按钮，单击 OK 按钮确认。

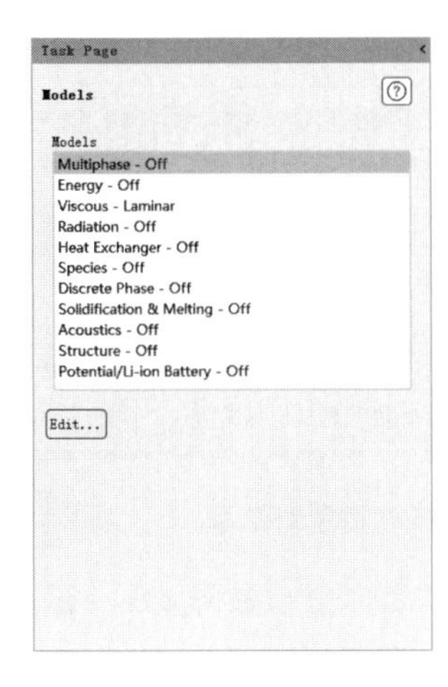

图 13-51 模型设定面板

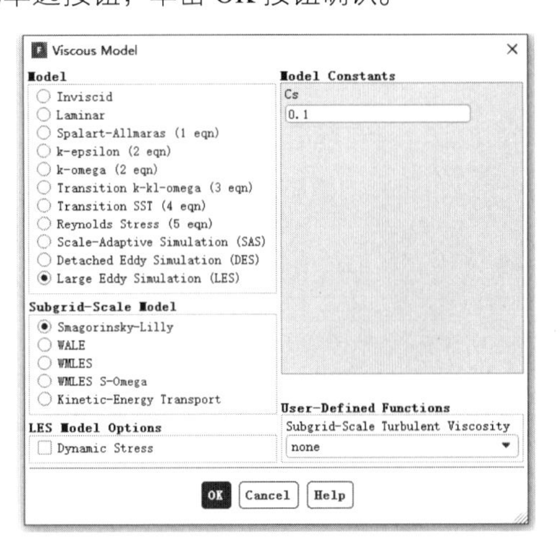

图 13-52 湍流模型对话框

13.2.5 设置材料

单击信息树中的 Materials 项，弹出如图 13-53 所示的 Materials（材料）面板。在材料面板中双击 air，弹出如图 13-54 所示的 Create/Edit Materials（物性参数设定）对话框。

保持默认值，单击 Close 按钮退出。

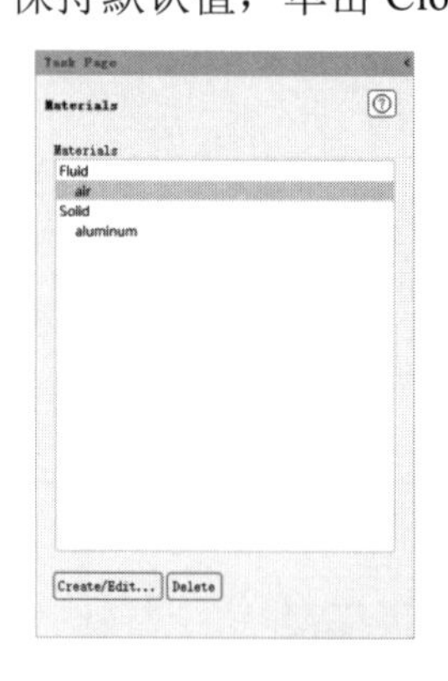

图 13-53 材料面板

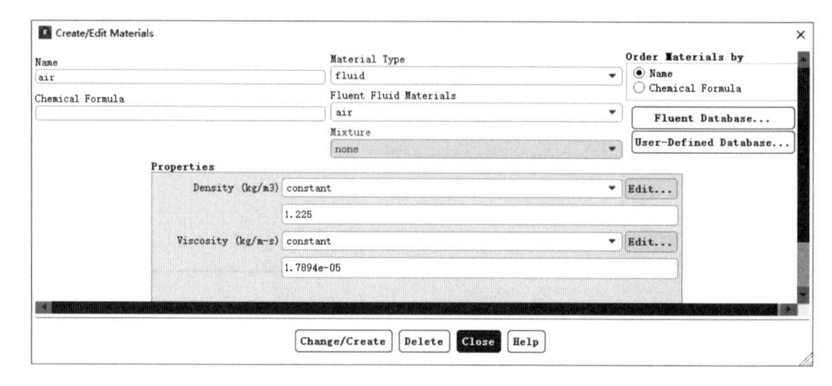

图 13-54 物性参数设定对话框

13.2.6 边界条件

步骤 01 单击信息树中的 Boundary Conditions 项，启动如图 13-55 所示的边界条件面板。

步骤 02 在边界条件面板中双击 inlet，弹出如图 13-56 所示的边界条件设置对话框。在 Velocity Magnitude 中输入 69.2，单击 OK 按钮确认退出。

图 13-55 边界条件面板

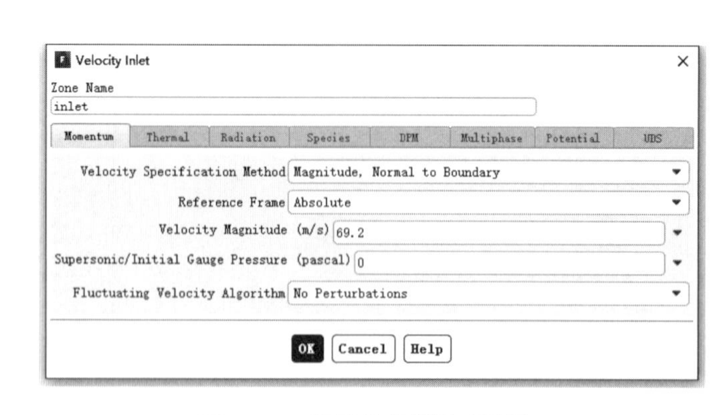

图 13-56 边界条件设置对话框

步骤 03 在边界条件面板中双击 outlet，弹出如图 13-57 所示的边界条件设置对话框。在 Gauge Pressure 中输入 0，单击 OK 按钮确认退出。

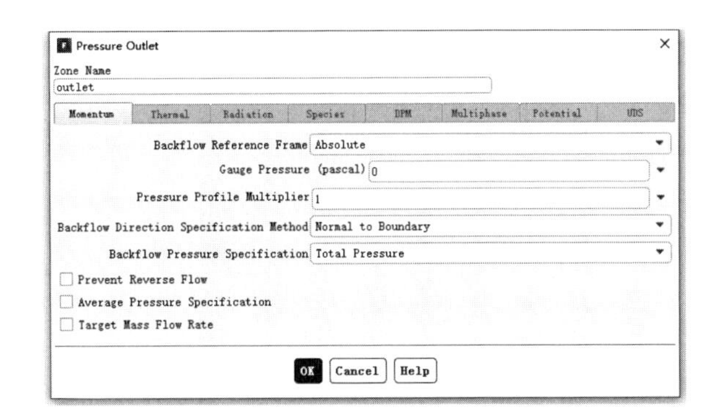

图 13-57 边界条件设置对话框

13.2.7 求解控制

步骤 01 单击信息树中的 Methods 项，弹出如图 13-58 所示的 Solution Methods（求解方法设置）面板。在 Scheme 中选择 PISO，在 Pressure 中选择“PRESTO!”。

步骤 02 单击信息树中的 Controls 项，弹出如图 13-59 所示的 Solution Controls（求解过程控制）面板。在 Pressure 中输入 0.75。

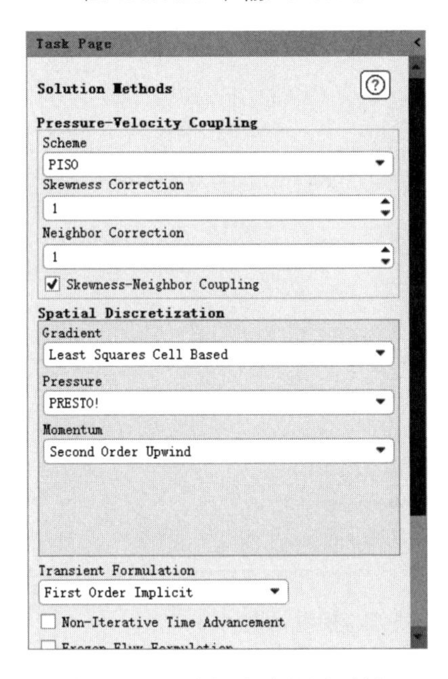

图 13-58 求解方法设置面板

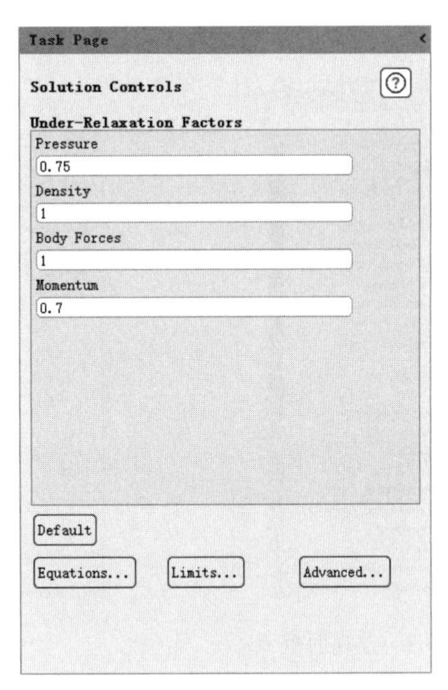

图 13-59 求解过程控制面板

13.2.8 初始条件

单击信息树中的 Initialization 项，弹出如图 13-60 所示的 Solution Initialization（初始化设置）面板。

在 Initialization Methods 中选择 Standard Initialization 单选按钮，在 Compute from 中选择 inlet，单击 Initialize 按钮进行初始化。

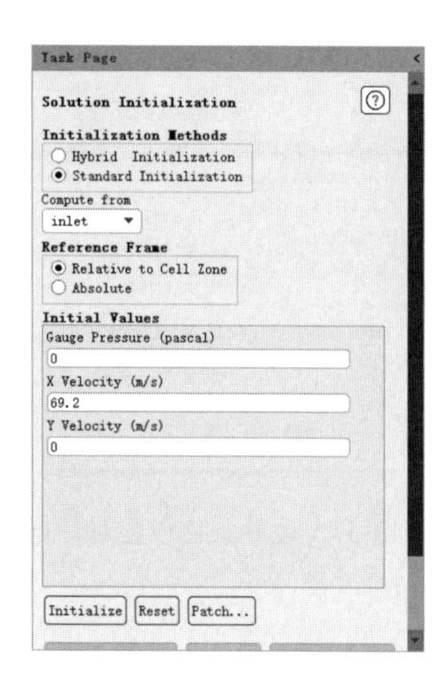

图 13-60　初始化设置面板

13.2.9　求解过程监视

步骤 01　单击信息树中的 Monitors 项，弹出如图 13-61 所示的 Monitors（监视）面板，双击 Residual，便弹出如图 13-62 所示的 Residual Monitors（残差监视）对话框。

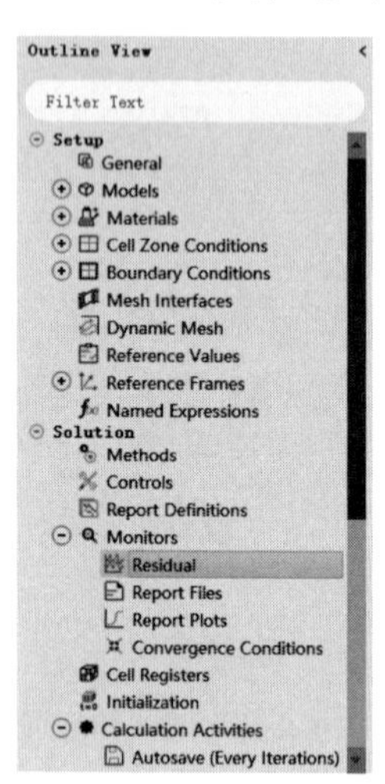

图 13-61　监视面板

图 13-62　残差监视对话框

保持默认设置不变，单击 OK 按钮确认。

步骤 02　单击 Solution→Report Definition→New→Force Report，选择 Lift，弹出如图 13-63 所示的 Lift Report Definition 对话框。在 Wall Zones 中选择 cylinder，单击 OK 按钮确认。

步骤 03　单击主菜单中的 Results 区下的 Report→Reference Values，弹出如图 13-64 所示的 Reference Values（参考值）面板。在 Compute from 中选择 inlet，在 Length 中输入 2。

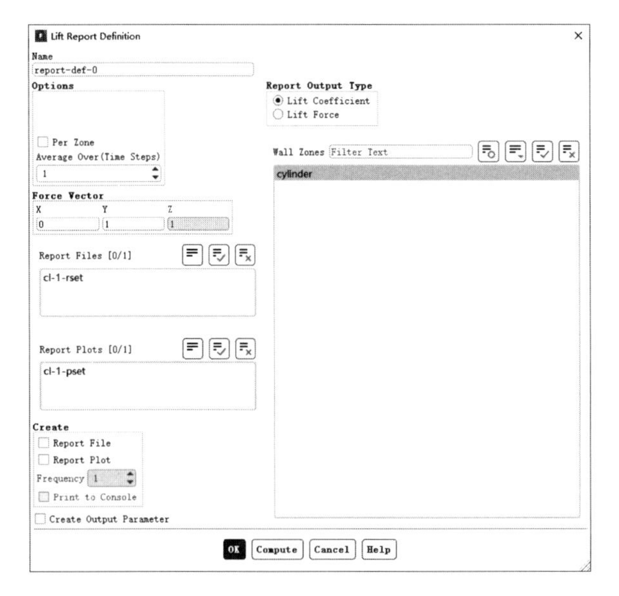

图 13-63　Lift Report Definition 对话框

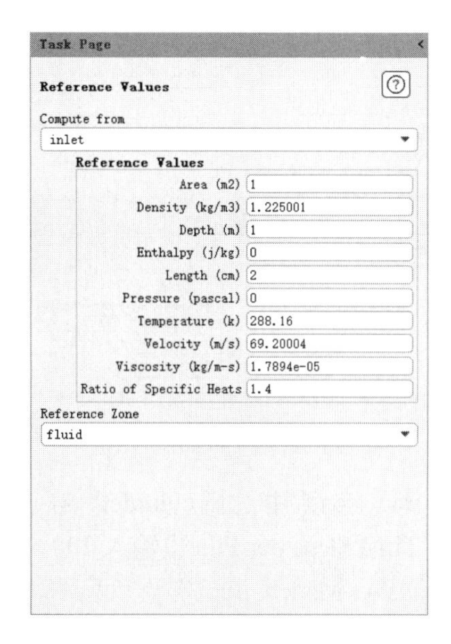

图 13-64　参考值面板

13.2.10　计算求解

单击信息树中的 Run Calculation 项，弹出如图 13-65 所示的 Run Calculation（运行计算）面板。在 Time Step Size 中输入 5e-06，在 Number of Time Steps 中输入 4000，单击 Calculate 按钮开始计算。

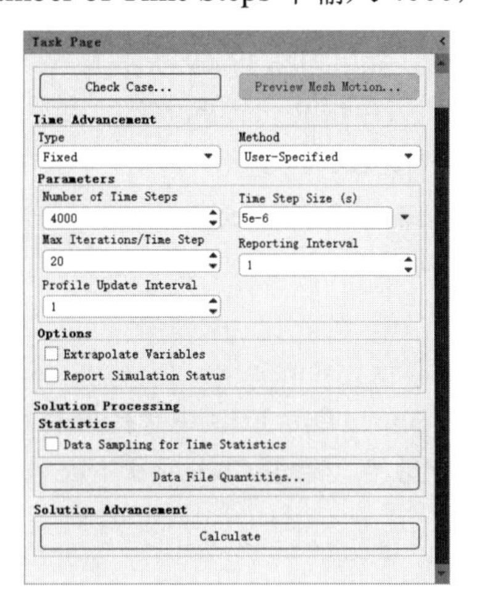

图 13-65　运行计算面板

13.2.11　定义声学模型

在模型设定面板双击 Acoustics 按钮，弹出如图 13-66 所示的 Acoustics Model（声学模型）对话框。

在 Model 中选中 Ffowcs Williams & Hawkings 单选按钮，勾选 Export Acoustic Source Data in ASD Format 复选框，单击 Define Sources 按钮，弹出如图 13-67 所示的 Acoustic Sources（声源）对话框。

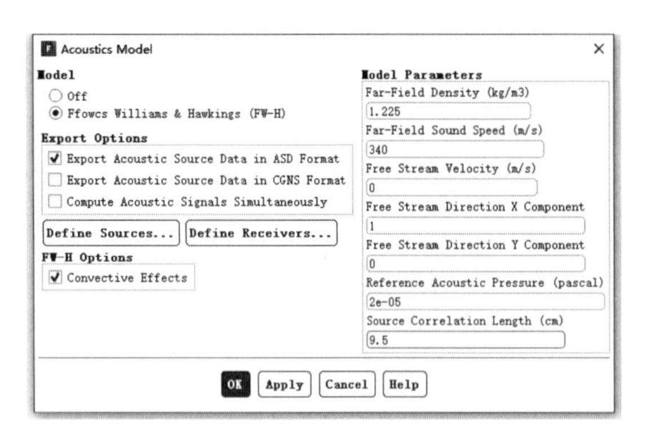

图 13-66　声学模型对话框

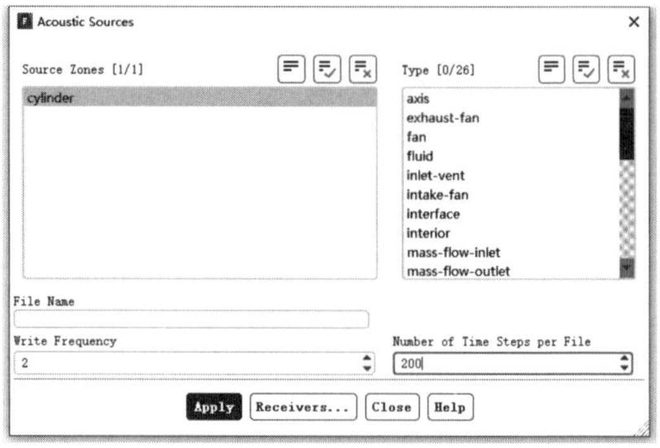

图 13-67　声源对话框

在 Source Zones 中选择 cylinder，在 File Name 中输入 cylinder，在 Write Frequency 中输入 2，在 Number of Time Steps per File 中输入 200，单击 Apply 按钮。

在 Acoustics Model（声学模型）对话框中的 Source Correlation Length 中输入 9.5，单击 OK 按钮确认。

13.2.12　计算求解

步骤 01　单击信息树中的 Run Calculation 项，弹出如图 13-68 所示的 Run Calculation（运行计算）面板。

在 Time Step Size 中输入 5e-6，在 Number of Time Steps 中输入 4000，单击 Calculate 按钮开始计算。

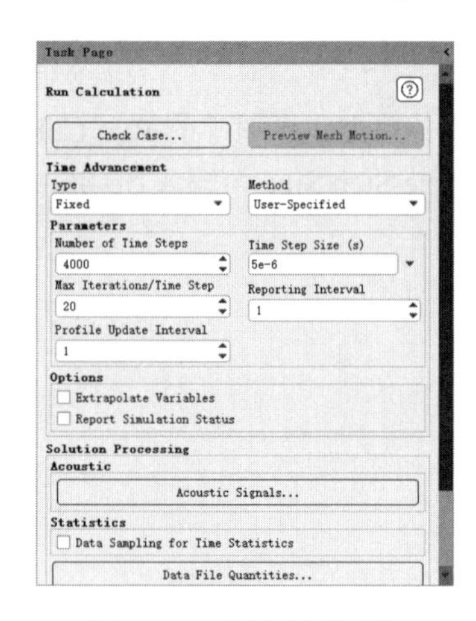

图 13-68　运行计算面板

步骤 02　单击 Acoustic Signals 按钮，弹出如图 13-69 所示的 Acoustic Signals（声学信号）对话框，单击 Receivers 按钮，弹出如图 13-70 所示的 Acoustic Receivers 对话框。

在 Number of Receivers 中输入 2，在 receiver-1 的 Y-Coord. 中输入-0.665，在 receiver-2 的 Y-Coord.中输入-2.432，单击 OK 按钮确认。

在 Acoustic Signals（声学信号）对话框中，在 Active Source Zones 中选择 cylinder，在 Source Data Files 中选择所有数据，在 Receivers 中选择两个接收点，单击 Compute/Write 按钮。

图 13-69　声学信号对话框

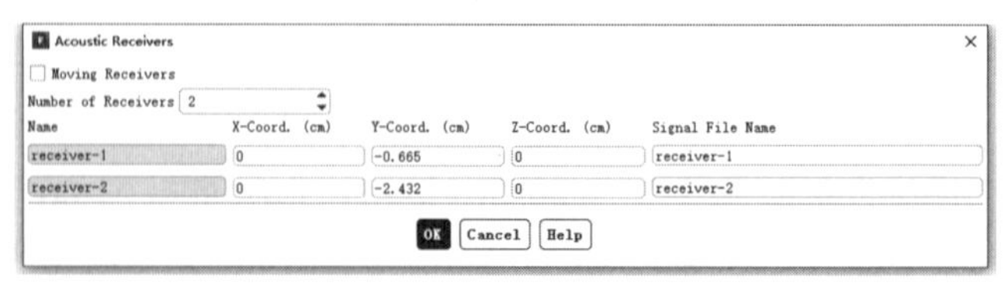

图 13-70　Acoustic Receivers 对话框

13.2.13 结果后处理

步骤 01 单击信息树中的 Plots 项，弹出如图 13-71 所示的 Plots（图形）面板。在 Plots 下双击 XY Plots，弹出如图 13-72 所示的 File XY Plots（XY 曲线）对话框。

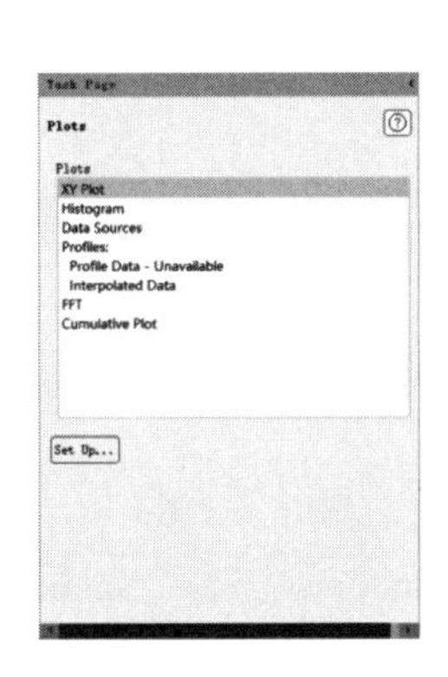

图 13-71 图形面板

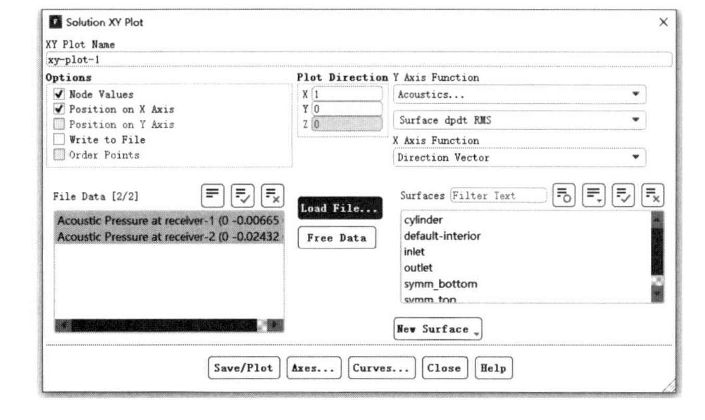

图 13-72 XY 曲线对话框

单击 Load File 按钮，弹出如图 13-73 所示的 Select File 对话框，选择 receiver-1.ard 和 receiver-2.ard，单击 OK 按钮确认。单击 Save/Plot 按钮，显示如图 13-74 所示的声压图。

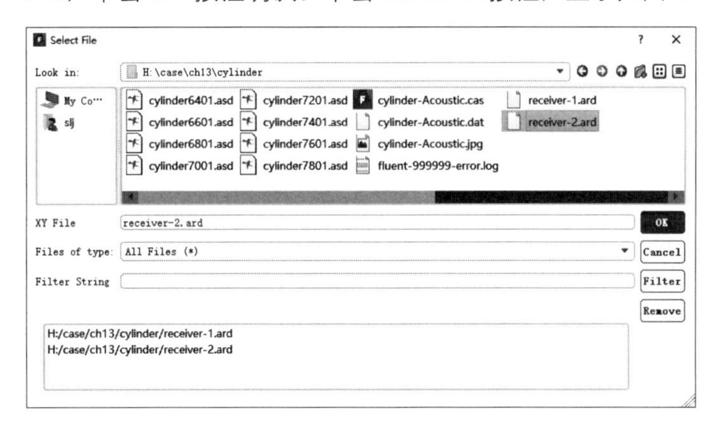

图 13-73 Select File 对话框

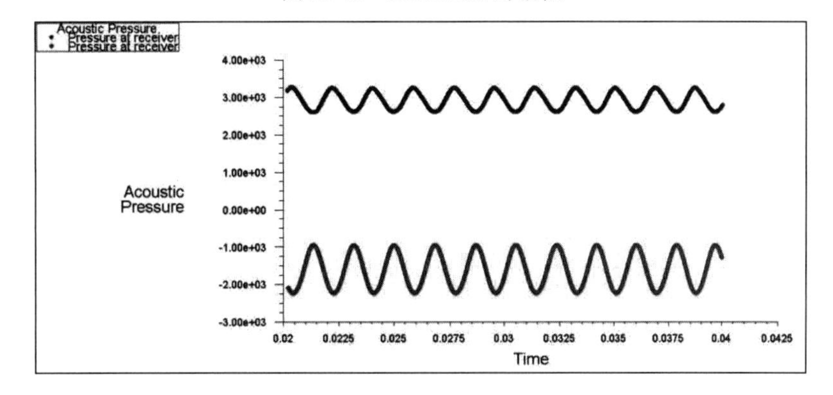

图 13-74 声压图

步骤 02 在 Plots（图形）面板中双击 FFT，弹出如图 13-75 所示的 Fourier Transform（傅里叶变换）对话框。

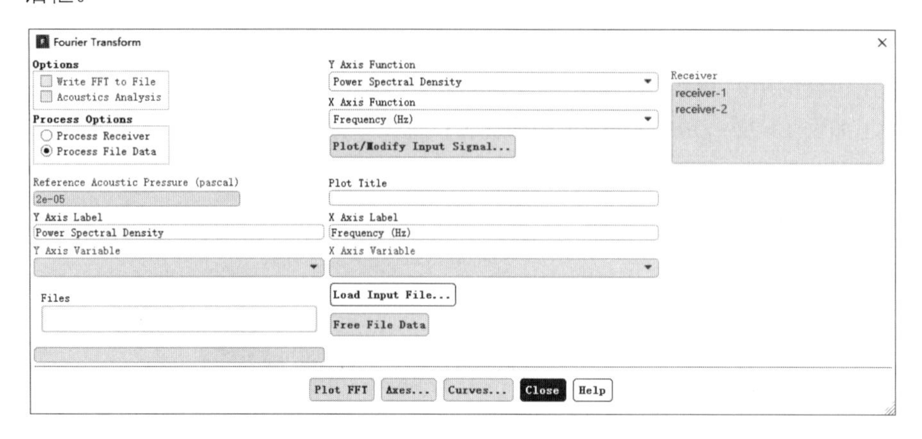

图 13-75　傅里叶变换对话框

在 Process Options 中选中 Process Receiver 单选按钮，在 Y Axis Function 中选择 Sound Pressure Level (dB)，在 X Axis Function 中选择 Frequency (Hz)，单击 Plot FFT 按钮，显示如图 13-76 所示的声压频谱图。

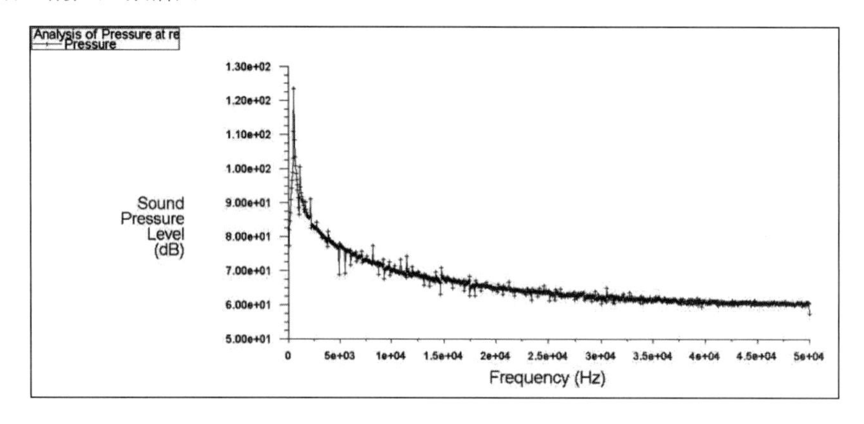

图 13-76　声压频谱图

13.3 本章小结

本章通过催化转换器和圆柱外气动噪声两个实例分别介绍了 Fluent 处理多孔介质和气动噪声模拟的工作流程，讲解了多孔介质模型的创建过程及多孔率、阻损等与多孔介质材料相关属性的设定，并且介绍了气动噪声模型的设置计算过程。

通过本章的学习，读者可以掌握 Fluent 中离散化的设置、多孔介质的设定和噪声模型的设定。

第14章 化学反应分析实例

导言

通常在流体流动过程中还伴随着化学反应的进行，Fluent 可以通过在基本流动模型的基础上加上相应的化学反应模型对实际问题进行精确的求解。

本章将通过多相流燃烧和表面化学反应的实例介绍 Fluent 处理化学反应模拟的工作流程，特别是燃烧模拟的工作步骤。

学习目标

★ 掌握参数修改设置
★ 掌握表达式的运用
★ 掌握边界条件的设定
★ 掌握燃烧模型的设定
★ 掌握后处理的设定

14.1 多相流燃烧模拟

下面将通过一个室内煤粉颗粒燃烧分析案例让读者对 ANSYS Fluent 2020 分析处理化学反应的基本操作有一个初步的了解。

14.1.1 案例介绍

燃烧室中多组分气体和煤粉颗粒从同一入口流入（见图 14-1），用 ANSYS Fluent 求解混合物燃烧反应过程。

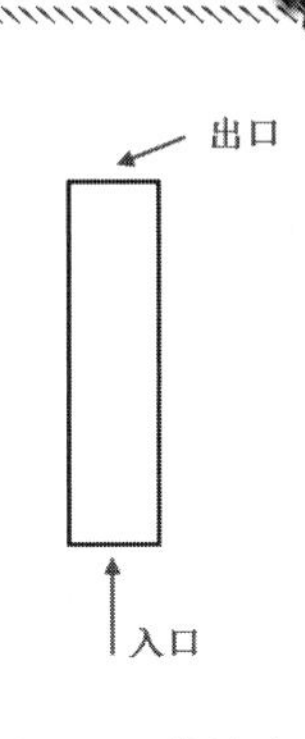

图 14-1 燃烧室

14.1.2 启动 Fluent 并导入网格

步骤01 在 Windows 系统下执行“开始”→“所有程序”→ANSYS 2020→Fluent 2020 命令，启动 Fluent 2020，进入 Fluent Launcher 界面。

步骤02 在 Fluent Launcher 界面中的 Dimension 中选择 2D，在 Options 中选中 Display Mesh After Reading，单击 OK 按钮进入 Fluent 主界面。

步骤03 在 Fluent 主界面中，单击主菜单中的 File→Read→Mesh，弹出如图 14-2 所示的 Select File 对话框，选择名称为 euler.msh 的网格文件，单击 OK 按钮便可导入网格。

步骤04 导入网格后，在图形显示区将显示几何模型，如图 14-3 所示。

图 14-2 选择文件对话框

图 14-3 显示几何模型

步骤05 单击 Check 按钮，检查网格质量，确保不存在负体积。

步骤06 单击主菜单中的 File→Write→Case，弹出 Select File 对话框，在 Case File 中填入 euler，单击 OK 按钮便可保存项目。

14.1.3 定义求解器

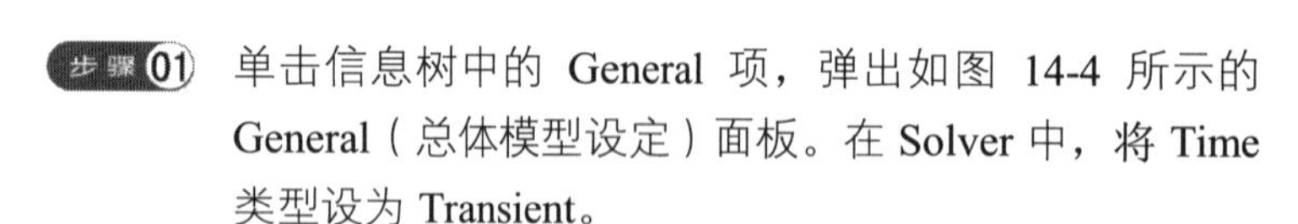

步骤01 单击信息树中的 General 项，弹出如图 14-4 所示的 General（总体模型设定）面板。在 Solver 中，将 Time 类型设为 Transient。

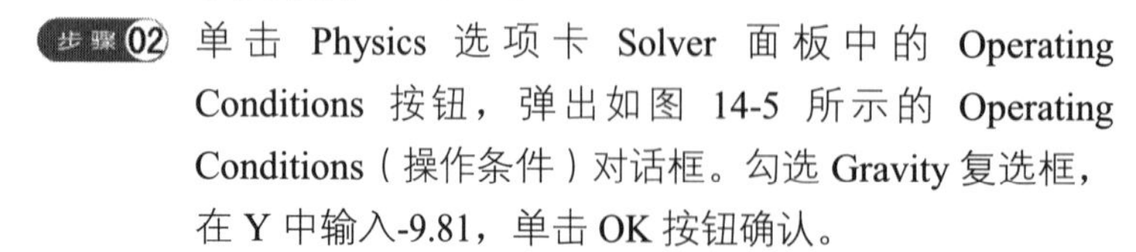

步骤02 单击 Physics 选项卡 Solver 面板中的 Operating Conditions 按钮，弹出如图 14-5 所示的 Operating Conditions（操作条件）对话框。勾选 Gravity 复选框，在 Y 中输入-9.81，单击 OK 按钮确认。

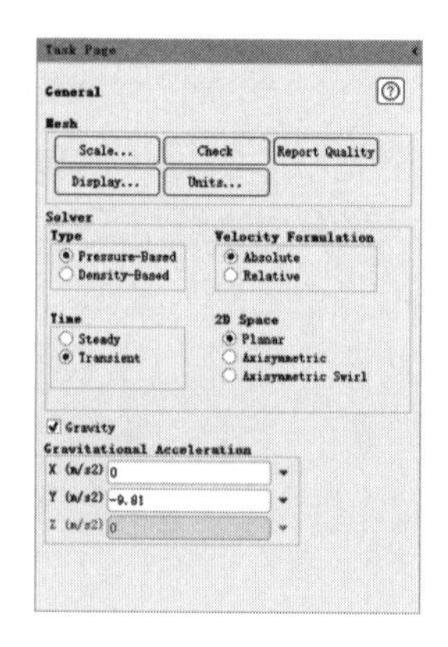

图 14-4 总体模型设定面板

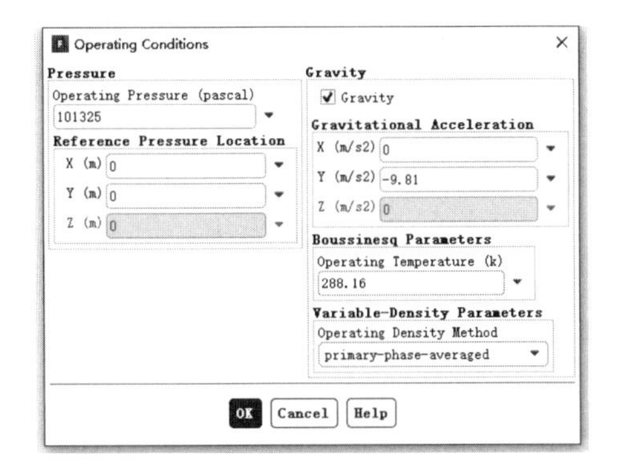

图 14-5 操作条件对话框

14.1.4 定义湍流模型

在信息树中单击 Models 项，弹出如图 14-6 所示的 Models（模型设定）面板。在模型设定面板双击 Viscous - Laminar，弹出如图 14-7 所示的 Viscous Model（湍流模型）对话框。

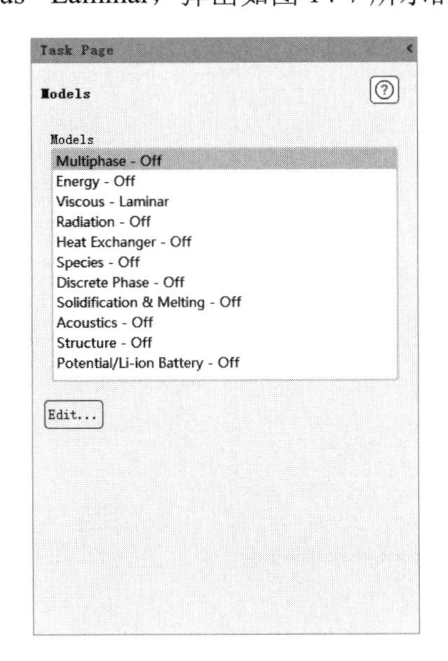

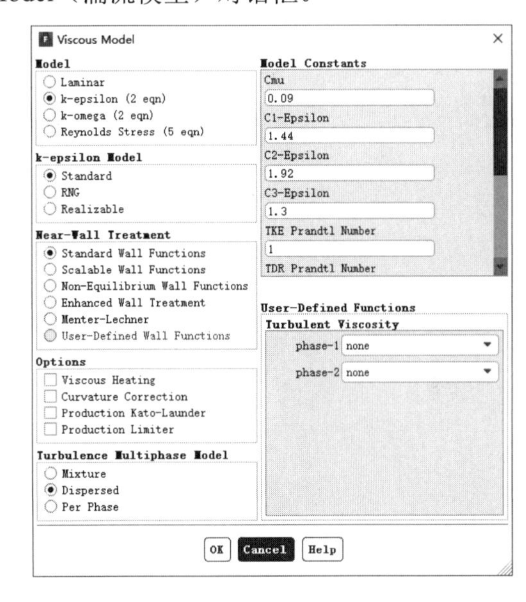

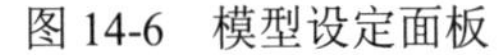

图 14-6 模型设定面板

图 14-7 湍流模型对话框

在 Model 中选择 k-epsilon(2 eqn)单选按钮，在 Turbulence Multiphase Model 中选中 Dispersed 单选按钮，单击 OK 按钮确认。

14.1.5 定义多相流模型

在信息树中单击 Models 项，弹出 Models（模型设定）面板。通过在模型设定面板双击 Multiphase 按钮，弹出如图 14-8 所示的 Multiphase Model（多相流模型）对话框。

在 Inhomogeneous Model 中选择 Eulerian，在 Number of Eulerian Phases 中输入 2，单击 OK 按钮确认。

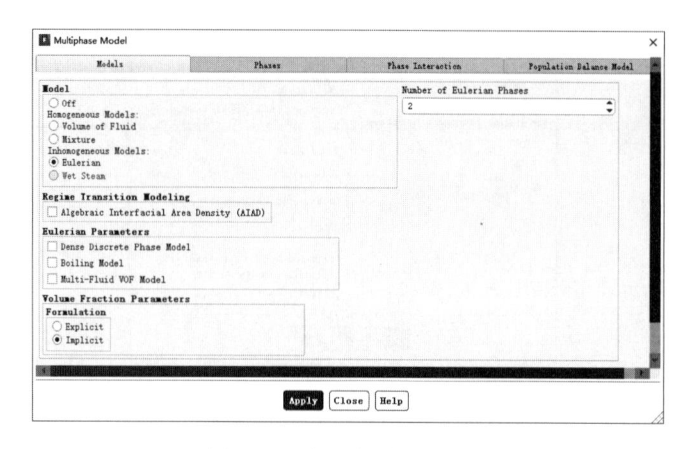

图 14-8　多相流模型对话框

14.1.6　定义多组分模型

在信息树中单击 Models 项，弹出 Models（模型设定）面板。在模型设定面板双击 Species，弹出如图 14-9 所示的 Species Model（多组分模型）对话框。

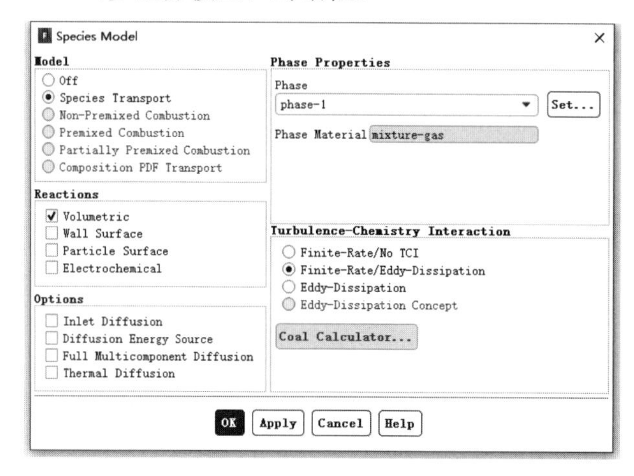

图 14-9　多组分模型对话框

在 Model 中选中 Species Transport 单选按钮，在 Reactions 中选中 Volumetric，在 Options 中取消选择 Diffusion Energy Source，在 Turbulence-Chemistry Interaction 中选择 Finite-Rate/ Eddy-Dissipation，单击 OK 按钮确认。

14.1.7　设置材料

步骤 01　单击信息树中的 Materials 项，弹出如图 14-10 所示的 Materials（材料）面板。在材料面板中，单击 Create/Edit 按钮，弹出如图 14-11 所示的 Create/Edit Materials（物性参数设定）对话框。

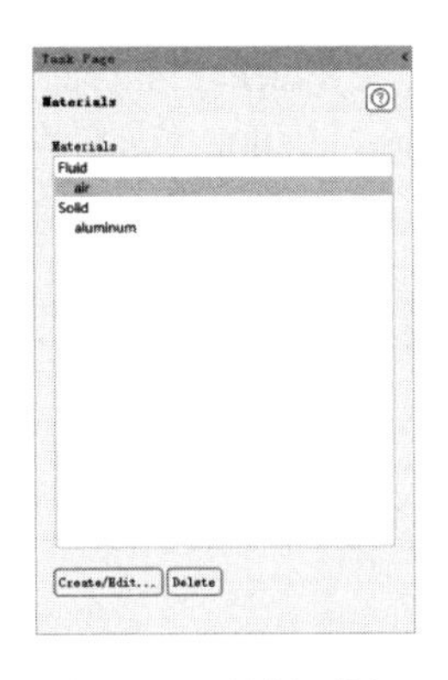

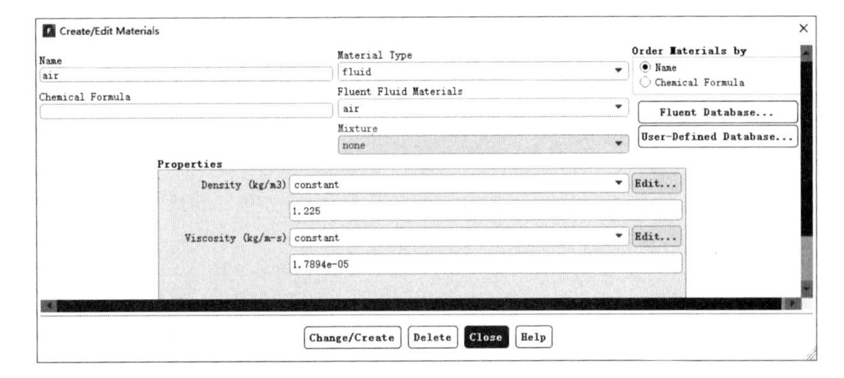

图 14-10　材料面板

图 14-11　物性参数设定对话框

单击 Fluent Database 按钮，弹出如图 14-12 所示的 Fluent Database Materials（材料数据库）对话框。在 Material Type 中选择 fluid，在 Fluent Fluid Materials 中选择 carbon-monoxide (co)、carbon-solid (c<s>)、coal-hv-volatiles (hv_vol)和 water-liquid (h2o<l>)，单击 Copy 按钮确认，单击 Close 按钮退出。

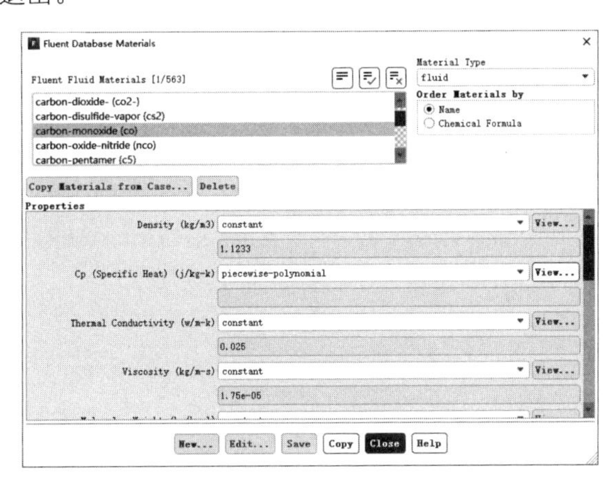

图 14-12　材料数据库对话框

步骤 02　在如图 14-13 所示的 Create/Edit Materials（物性参数设定）对话框中，在 Material Type 中选择 fluid，在 Fluent Fluid Materials 中选择 carbon-solid (c<s>)，在 Density 中输入 1400，在 Cp 中输入 2092，在 Standard State Enthalpy 中输入 0，单击 Change/Create 按钮。

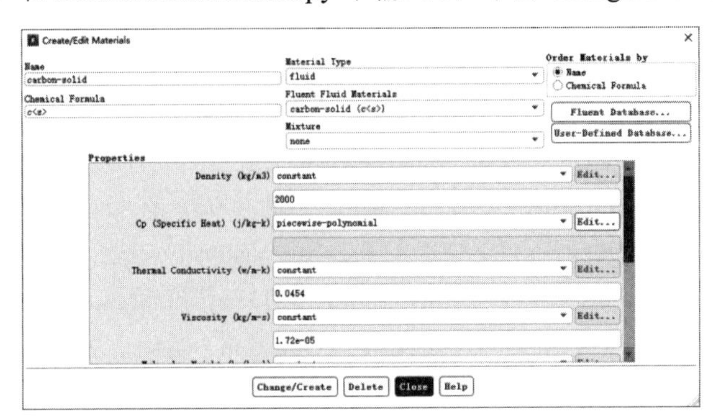

图 14-13　物性参数设定对话框

步骤 03 在如图 14-14 所示的 Create/Edit Materials（物性参数设定）对话框中，在 Fluent Fluid Materials 中选择 carbon-solid (c<s>)，在 Name 中输入 ash-coal，在 Density 中输入 1500，在 Cp 中输入 2092，在 Molecular Weight 中输入 120，在 Standard State Enthalpy 中输入 0，在 Standard State Entropy 中输入 210058.3，单击 Change/Create 按钮创建新物质，在弹出的如图 14-15 所示的 Question（疑问）对话框中单击 No 按钮，不替换原来的物质。

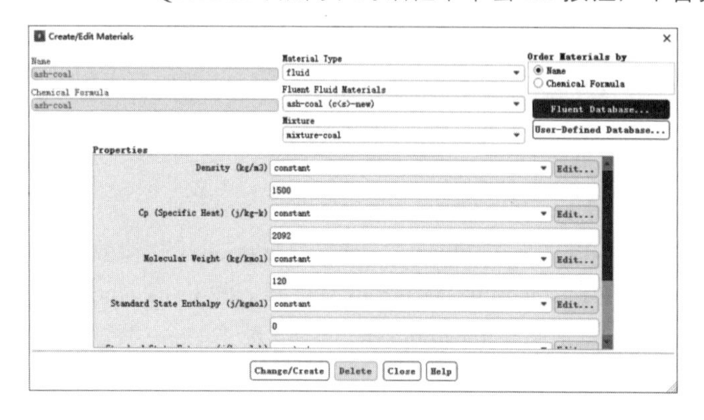

图 14-14　特性参数设定对话框

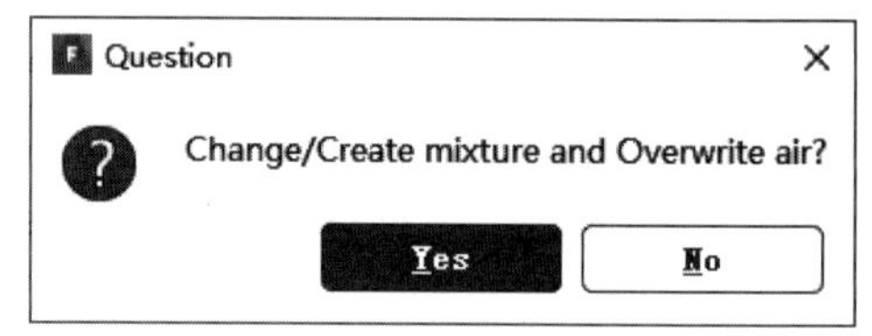

图 14-15　疑问对话框

步骤 04 在如图 14-16 所示的 Create/Edit Materials（物性参数设定）对话框中，在 Fluent Fluid Materials 中选择 coal-hv-volatiles (hv_vol)，在 Name 中输入 volatile，在 Density 中输入 1000，在 Cp 中输入 2092，在 Molecular Weight 中输入 56.168，在 Standard State Enthalpy 中输入-1.8859e+08，在 Standard State Entropy 中输入 0，单击 Change/Create 按钮创建新物质，在弹出的 Question（疑问）对话框中单击 No 按钮，不替换原来的物质。

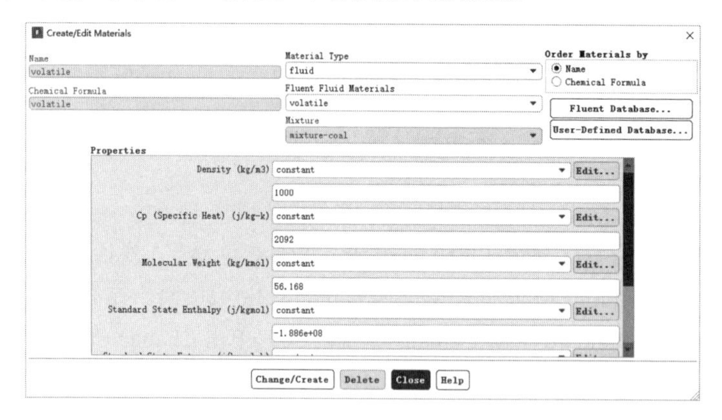

图 14-16　特性参数设定对话框

步骤 05 在如图 14-17 所示的 Create/Edit Materials（物性参数设定）对话框中，在 Fluent Fluid Materials 中选择 coal-hv-volatiles (hv_vol)，在 Name 中输入 tar，在 Density 中输入 1000，在 Cp 中输入 1200，在 Thermal Conductivity 中输入 0.1，在 Viscosity 中输入 0.001，在 Molecular Weight 中输入 144，在 Standard State Enthalpy 中输入 331176，在 Standard State Entropy 中输入 0，单击 Change/Create 按钮创建新物质，在弹出的 Question（疑问）对话框中单击 No 按钮，不替换原来的物质。

图 14-17　特性参数设定对话框

步骤 06 在如图 14-18 所示的 Create/Edit Materials（物性参数设定）对话框中，在 Material Type 中选择 mixture，在 Fluent Mixture Materials 中选择 mixture-template，在 Name 中输入 mixture-coal，在 Mixture Species 旁单击 Edit 按钮，弹出如图 14-19 所示的 Species（组分）对话框。

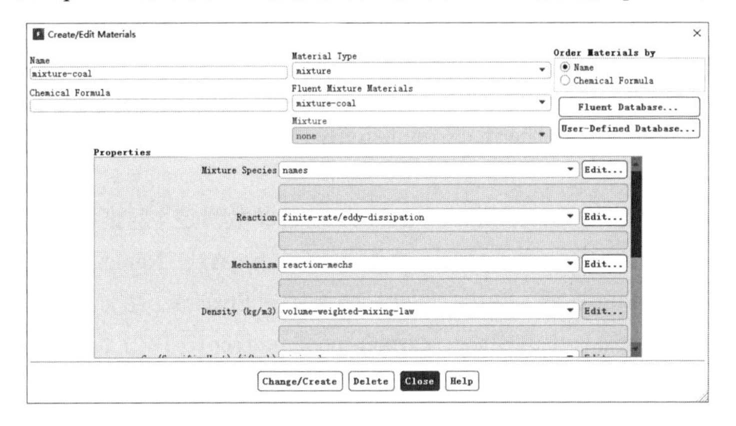

图 14-18　特性参数设定对话框

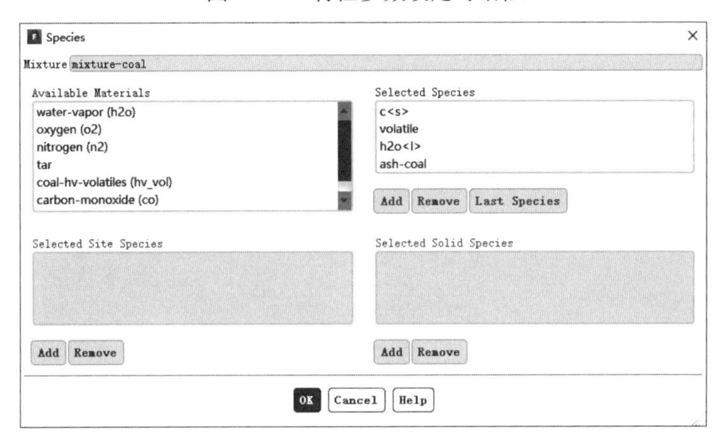

图 14-19　组分对话框

在 Available Materials 中选择 carbon-solid (c<s>)、volatile、water-liquid(h2o<l>)和 ash-coal，单击 Add 按钮。

在 Selected Species 中选择 h2o、o2 和 n2，单击 Remove 按钮。单击 OK 按钮确认。

步骤07 在 Create/Edit Materials（物性参数设定）对话框中，在 Material Type 中选择 mixture，在 Fluent Mixture Materials 中选择 mixture-coal，在 Mechanisms 旁单击 Edit 按钮，弹出如图 14-20 所示的 Reaction Mechanisms（反应动力学）对话框。

取消选择 reaction-1，单击 OK 按钮确认。

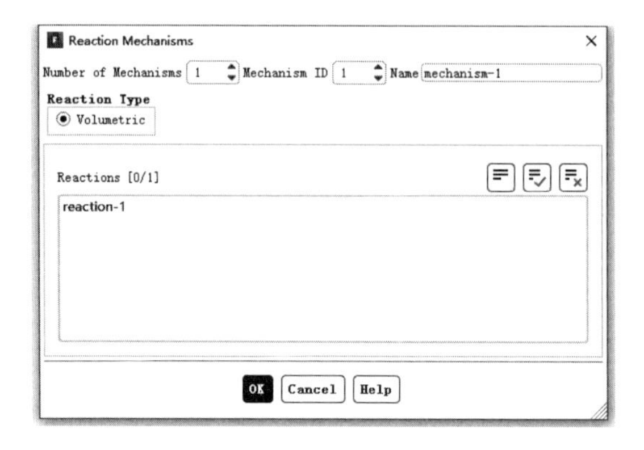

图 14-20 反应动力学对话框

步骤08 在 Create/Edit Materials（物性参数设定）对话框中，在 Material Type 中选择 mixture，在 Fluent Mixture Materials 中选择 mixture-coal，在 Density 中选择 volume-weighted-mixing-law，在 Cp 中选择 mixing-law，在 Thermal Conductivity 中输入 1.5，在 Mass Di_usivity 中输入 1e-12，单击 Change/Create 按钮。

步骤09 在如图 14-21 所示的 Create/Edit Materials（物性参数设定）对话框中，在 Material Type 中选择 mixture，在 Fluent Mixture Materials 中选择 mixture-gas，在 Name 中输入 mixture-gas，在 Mixture Species 旁单击 Edit 按钮，弹出如图 14-22 所示的 Species（组分）对话框。

在 Available Materials 中选择 tar、carbon-monoxide (co)，单击 Add 按钮。单击 OK 按钮确认。

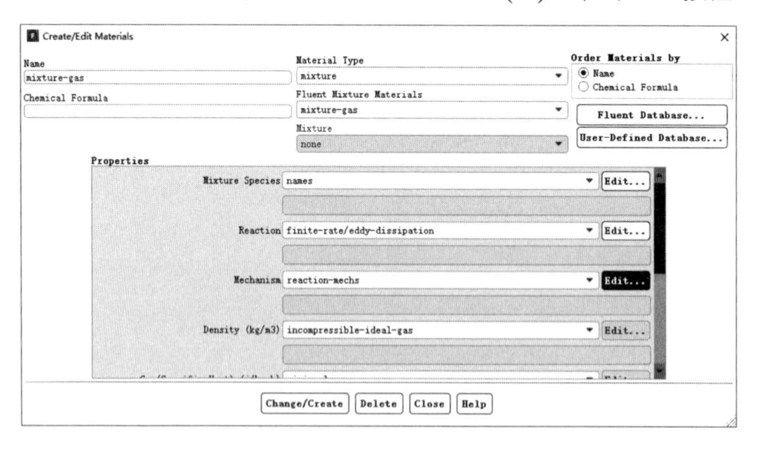

图 14-21 物性参数设定对话框

图 14-22　组分对话框

步骤 10　在 Create/Edit Materials（物性参数设定）对话框中，在 Material Type 中选择 mixture，在 Fluent Mixture Materials 中选择 mixture-gas，在 Reaction 旁单击 Edit 按钮，弹出如图 14-23 所示的 Reactions（反应）对话框。

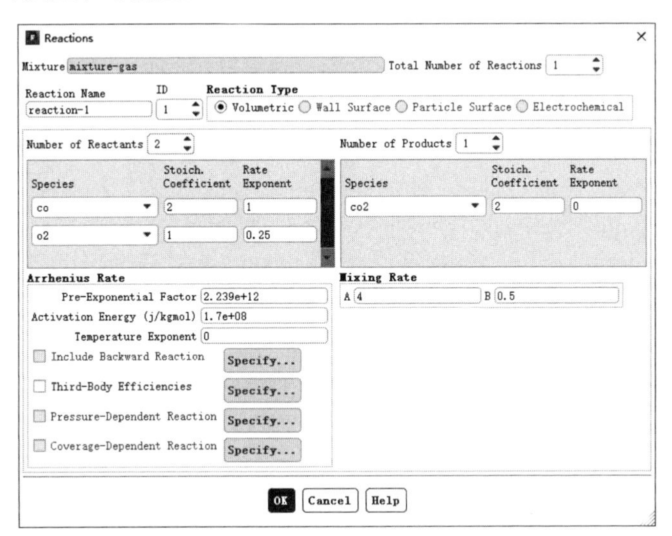

图 14-23　反应对话框

在 Number of Reactants 中输入 2，在 Number of Products 中输入 1，在 Species 中选择 co 和 o2，在 Products 中选择 co2，输入如表 14-1 所示的数据。在 Pre-Exponential Factor 中输入 2.239e+12，在 Activation Energy 中输入 1.7e+08。单击 OK 按钮确认。

表 14-1　输入数据

Species	Stoich. Coe_cient	Rate Exponent
co	2	1
o2	1	0.25
co2	2	0

步骤 11　在 Create/Edit Materials（物性参数设定）对话框中，在 Material Type 中选择 mixture，在 Fluent Mixture Materials 中选择 mixture-gas，在 Thermal Conductivity 中输入 0.06，在 Viscosity 中输入

6e-05，在 Mass Diffusivity 中输入 1e-07，单击 Change/Create 按钮。

步骤 12 在 Create/Edit Materials（物性参数设定）对话框中，在 Mixture Materials 中选择 mixture-gas，在 Mixture Species 旁单击 Edit 按钮，弹出 Species（组分）对话框，在 Selected Species 中删除 hv_vol。

步骤 13 在信息树中双击 Multiphase 项的 Phases 子项，弹出如图 14-24 所示的 Phases（相设定）面板。双击 phase-1，在 Phase Material 中选择 mixture-gas，单击 Apply 按钮确认，如图 14-25 所示。

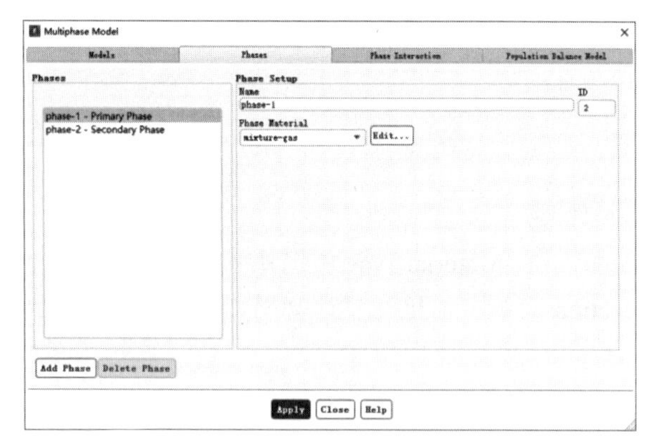

图 14-24 相设定面板

图 14-25 设置主项

双击 phase-2，弹出如图 14-26 所示的 Secondary Phase（次项）对话框，在 Phase Material 中选择 mixture-coal，勾选 Granular 复选框，在 Diameter 中输入 0.0005，在 Granular Viscosity 中选择 syamlal-obrien，在 Granular Bulk Viscosity 中选择 lun-et-al，在 Frictional Viscosity 中选择 schaeffer，在 Solids Pressure 中选择 syamlal-obrien，在 Radial Distribution 中选择 syamlal-obrien，单击 Apply 按钮确认。

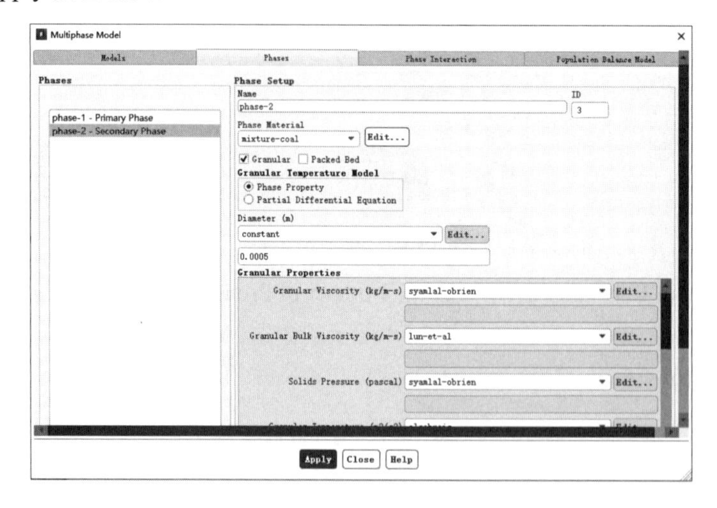

图 14-26 次项对话框

14.1.8 导入 UDF 文件

步骤 01 单击 User Defined 选项卡 User Defined 面板中 Functions 按钮下的 Compiled 选项，启动如图

14-27 所示的 Compiled UDFs（编辑 UDF）对话框。

在 Source Files 下单击 Add 按钮，弹出如图 14-28 所示的 Select File（导入文件）对话框，选择 mass_xfer_rate.c 文件，单击 OK 按钮，完成 UDF 文件的导入。

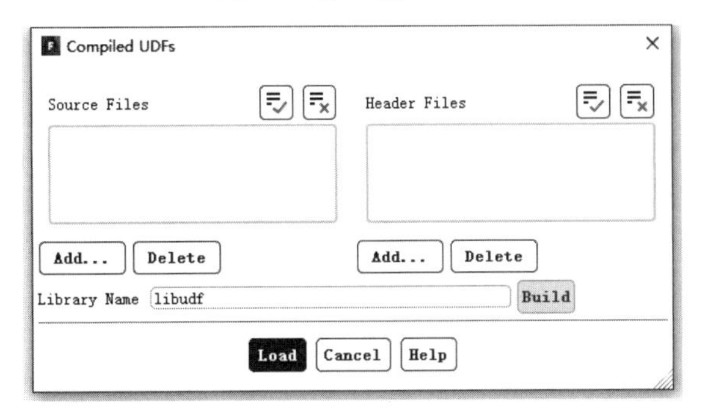

图 14-27　编辑 UDF 对话框

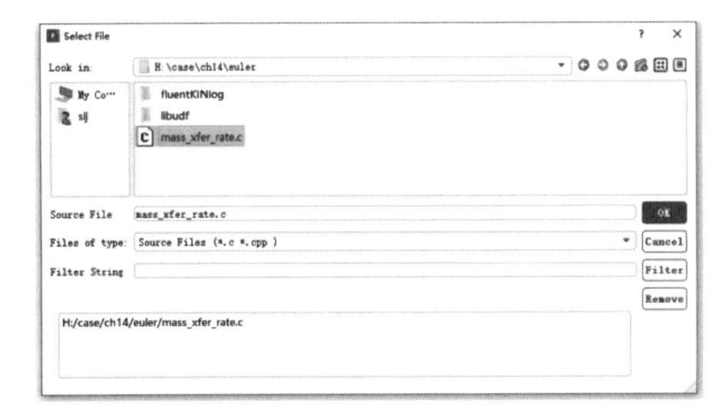

图 14-28　导入文件对话框

返回编辑 UDF 对话框，单击 Build 按钮进行编辑，在弹出的疑问对话框中单击 OK 按钮。单击 Load 按钮，加载刚刚编译完成的 UDF 函数库。

步骤 02 单击 User Defined 选项卡 User Defined 面板中的 Function Hooks 按钮，启动如图 14-29 所示的 User-Defined Function Hooks 对话框。

单击 Edit 按钮，弹出图 14-30 所示的 Adjust Function 对话框，在 Available Adjust Functions 中选择 gasification::libudf，单击 Add 按钮，然后单击 OK 按钮确认。

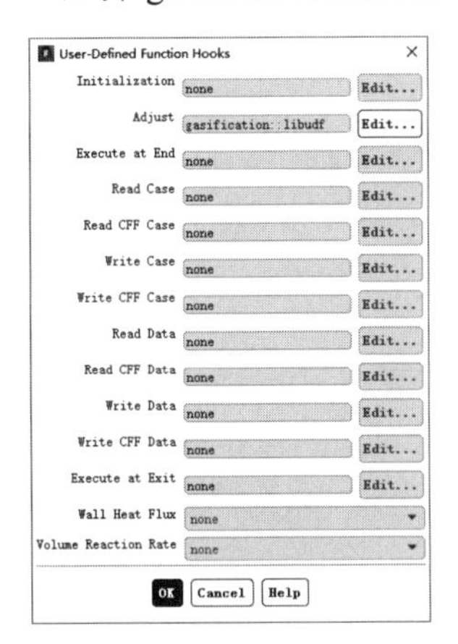

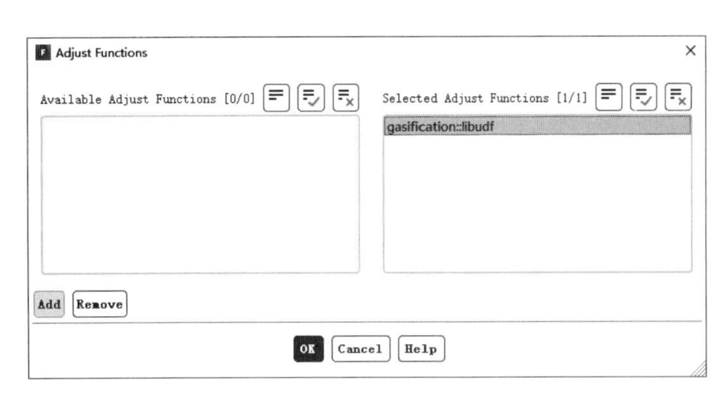

图 14-29　User-Defined Function Hooks 对话框

图 14-30　Adjust Functions 对话框

步骤 03 在相设定面板中单击 interaction 按钮，弹出如图 14-31 所示的 Phases Interaction（相相互作用）对话框。

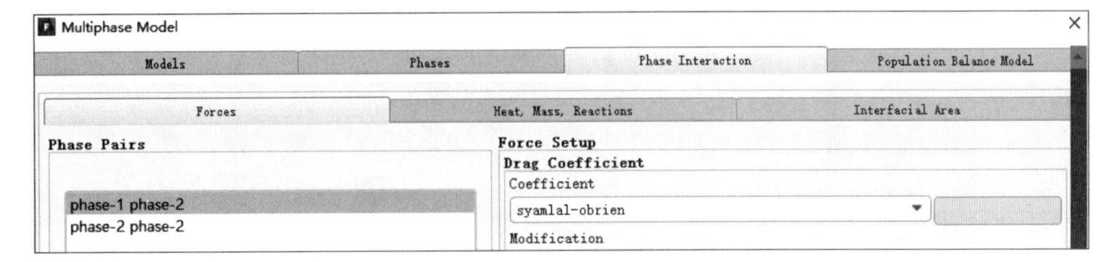

图 14-31　相相互作用对话框

在 Drag Coefficient 中选择 syamlal-obrien。在 Collisions 选项卡中的 Restitution Coefficient 中输入 0.8。

在 Heat 选项卡中，在 Heat Transfer Coefficient 中选择 gunn。

在 Reactions 选项卡中，在 Total Number of Heterogeneous Reactions 中输入 2，在 Number of Reactants 中输入 2，输入如表 14-2 所示的数据。

表 14-2　输入数据

	Phase	Species	Stoich. Coefficient
Reactants	phase-2	c<s>	1
	phase-1	o2	0.5
Products	phase-1	co	1

在 Reaction Rate Function 中选择 char combustion::libudf。

步骤 04 在 ID 中输入 2，在 Number of Products 中输入 4，输入如表 14-3 所示的数据。

表 14-3　输入数据

	Phase	Species	Stoich. Coefficient
Reactants	phase-2	volatile	1
Products	phase-1	tar	0.24
	phase-1	co	0.24
	phase-1	co2	0.24
	phase-1	h2o	0.231

在 Reaction Rate Function 中选择 devolatilization::libudf。单击 OK 按钮确认退出。

14.1.9　边界条件

步骤 01 单击信息树中的 Boundary Conditions 项，启动如图 14-32 所示的边界条件面板。

步骤 02 在边界条件面板中，在 Phase 中选择 phase-1，双击 inlet_gas，弹出如图 14-33 所示的边界条件设置对话框。

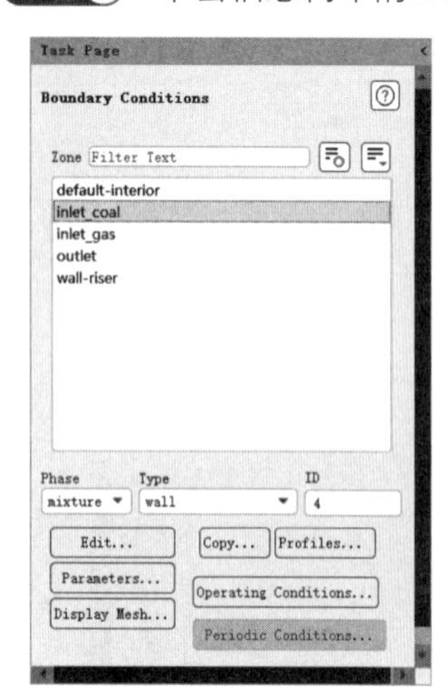

图 14-32　边界条件面板

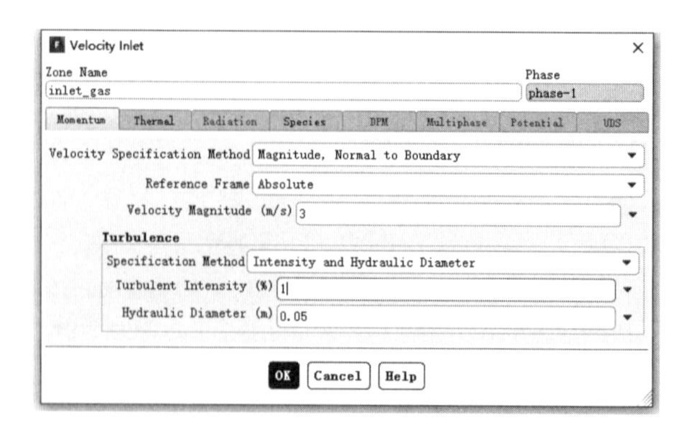

图 14-33　边界条件设置对话框

在 Velocity Magnitude 中填入 3，在 Turbulence 中的 Specification Method 中选择 Intensity and Hydraulic Diameter，在 Turbulent Intensity 中填入 1，在 Hydraulic Diameter 中填入 0.05。

在如图 14-34 所示的 Thermal 选项卡中，在 Temperature 中填入 1200。

在如图 14-35 所示的 Species 选项卡中，在 o2 中填入 0.75，单击 OK 按钮确认。

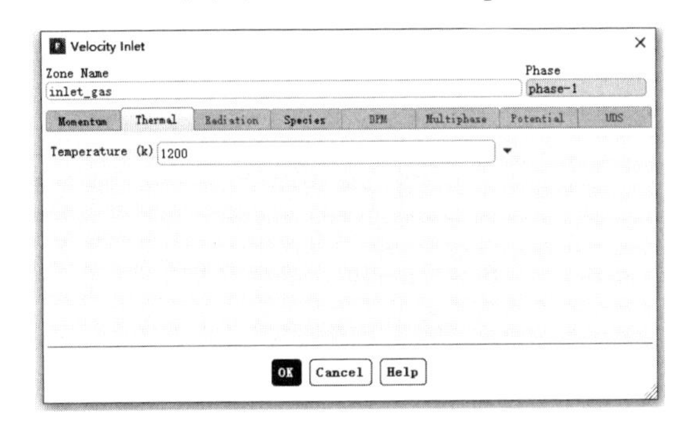

图 14-34　Thermal 选项卡

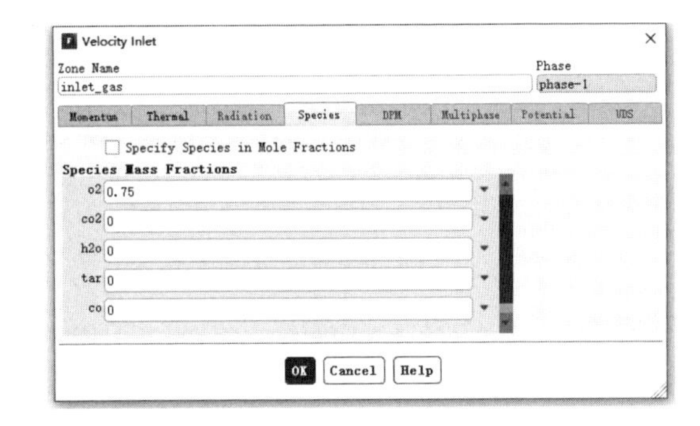

图 14-35　Species 选项卡

步骤 03 在边界条件面板中，在 Phase 中选择 phase-2，双击 inlet_gas，弹出如图 14-36 所示的边界条件设置对话框。

在 Velocity Magnitude 中填入 0.2。在如图 14-37 所示的 Thermal 选项卡中，在 Temperature 中填入 1200。在如图 14-38 所示的 Species 选项卡中，在 carbon-solid (c<s>)和 volatile 中填入 0.02。在如图 14-39 所示的 Multiphase 选项卡中，在 Volume Fraction 中填入 0.2，单击 OK 按钮确认。

步骤 04 在边界条件面板中，在 Phase 中选择 phase-1，双击 outlet，弹出如图 14-40 所示的边界条件设置对话框。

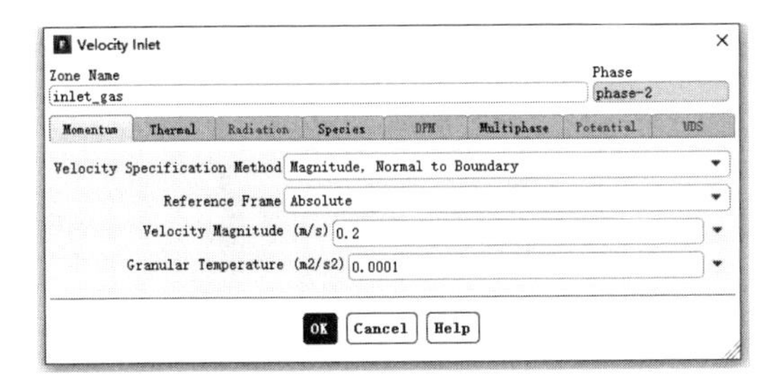

图 14-36　边界条件设置对话框

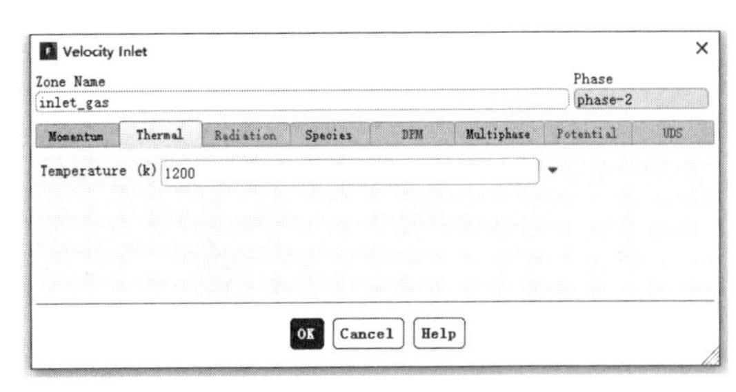

图 14-37　Thermal 选项卡

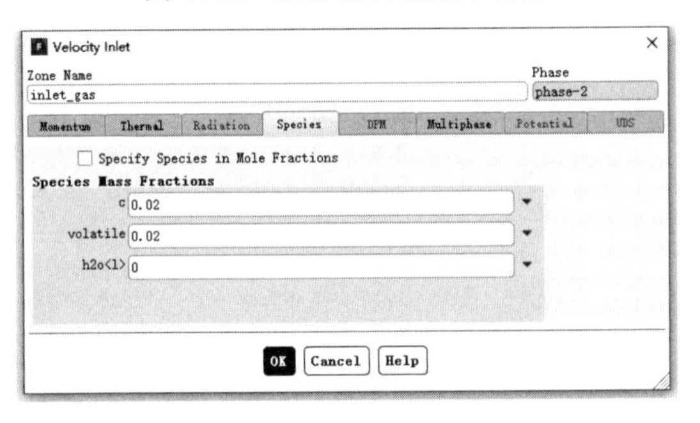

图 14-38　Species 选项卡

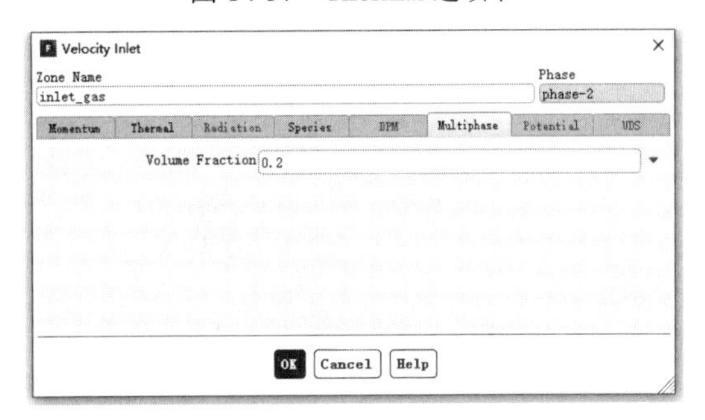

图 14-39　Multiphase 选项卡

在 Turbulence 中的 Specification Method 中选择 Intensity and Hydraulic Diameter，在 Backflow Turbulent Intensity 中填入 1，在 Backflow Hydraulic Diameter 中填入 0.05。

在如图 14-41 所示的 Thermal 选项卡中，在 Backflow Total Temperature 中填入 1144，单击 OK 按钮确认退出。

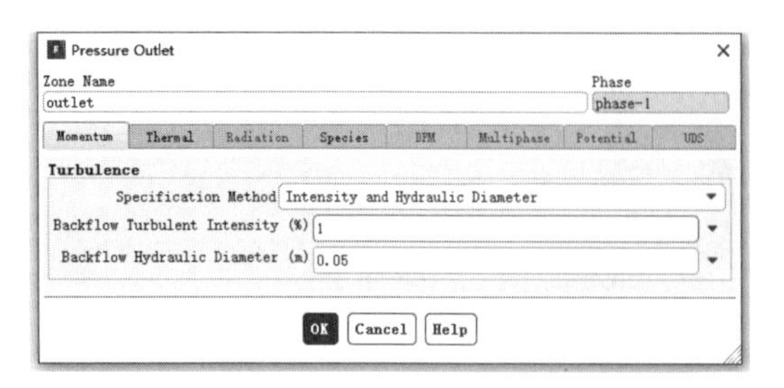

图 14-40　边界条件设置对话框

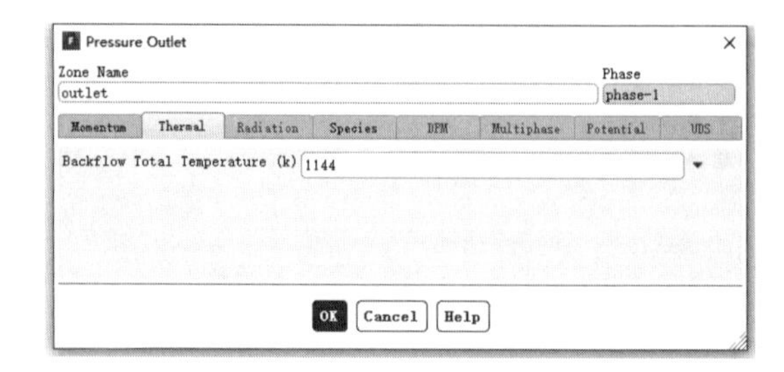

图 14-41　Thermal 选项卡

步骤 05　在边界条件面板中，在 Phase 中选择 phase-2，双击 outlet，弹出边界条件设置对话框。在 Thermal 选项卡中，在 Backflow Total Temperature 中填入 1144。在 Species 选项卡中，在 carbon-solid (c<s>)和 volatile 中填入 0.02，单击 OK 按钮确认。

14.1.10　求解控制

步骤 01　单击信息树中的 Methods 项，弹出如图 14-42 所示的 Solution Methods（求解方法设置）面板。保持默认设置不变。

步骤 02　单击信息树中的 Controls 项，弹出如图 14-43 所示的 Solution Controls（求解过程控制）面板。保持默认设置不变。

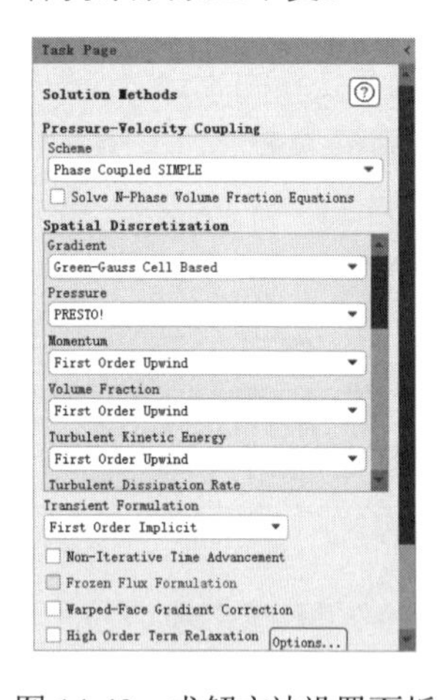

图 14-42　求解方法设置面板

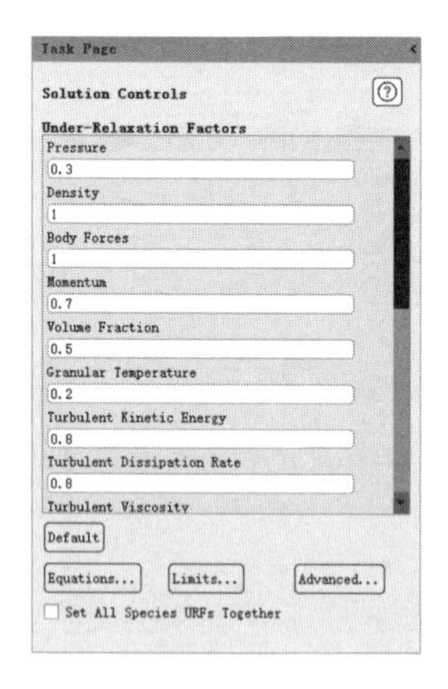

图 14-43　求解过程控制面板

14.1.11　初始条件

单击信息树中的 Initialization 项，弹出如图 14-44 所示的 Solution Initialization（初始化设置）面板。

在 Initialization Methods 中选择 Standard Initialization，在 Compute from 中选择 all-zones，单击 Initialize 按钮进行初始化。

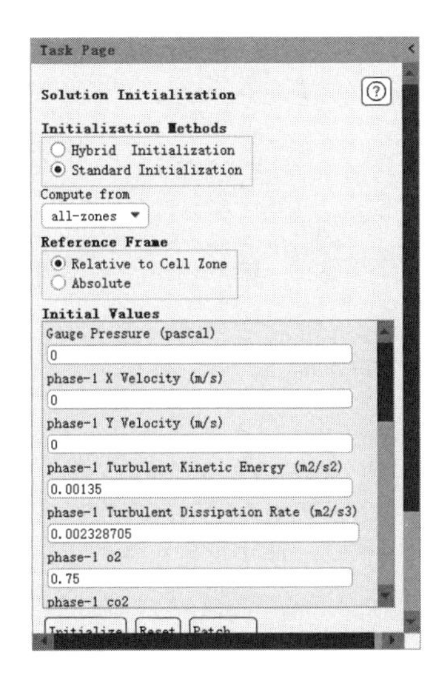

图 14-44　初始化设置面板

14.1.12　求解过程监视

步骤 01 单击信息树中的 Monitors 项，弹出如图 14-45 所示的 Monitors（监视）面板，双击 Residual，便弹出如图 14-46 所示的 Residual Monitors（残差监视）对话框。

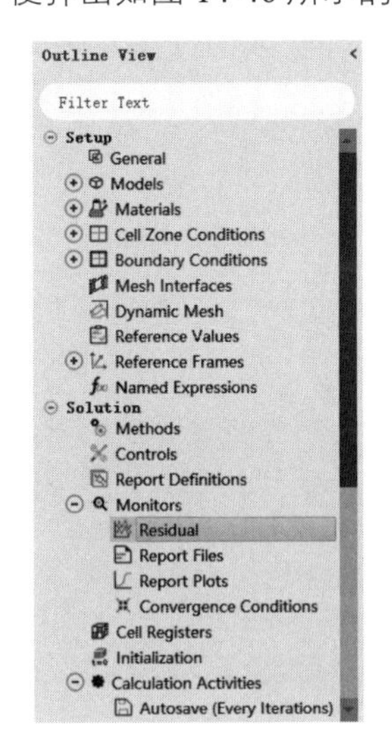

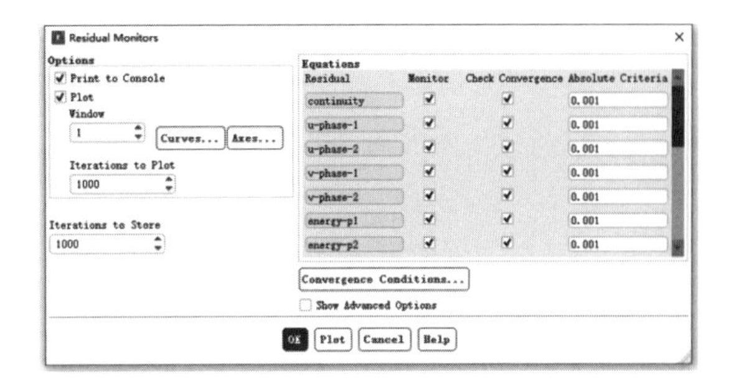

图 14-45　监视面板　　　　图 14-46　残差监视对话框

保持默认设置不变，单击 OK 按钮确认。

步骤 02 单击 Solution→Report Definition→New→Surface Report，弹出如图 14-47 所示的 Volume Report Definition（体积报告定义）对话框。

在 File Name 中输入 vol-solid.out，在 X Axis 中选择 Flow Time，在 Get Data Every 中选择 Time Step，在 Field Variable 中选择 Phases 和 phase-2，在 Cell Zones 中选择 fluid_riser，单击 OK 按钮确认。

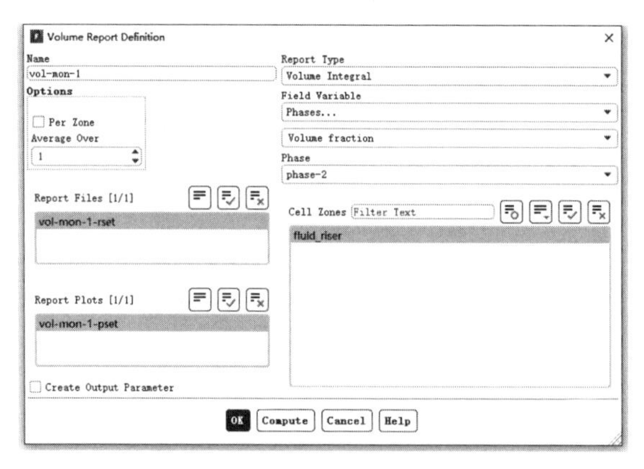

图 14-47 体积报告定义对话框

14.1.13 计算求解

单击信息树中的 Run Calculation 项，弹出如图 14-48 所示的 Run Calculation（运行计算）面板。

在 Time Step Size 中输入 0.001，在 Number of Time Steps 中输入 100，勾选 Data Sampling for Time Statistics 复选框，在 Max Iterations/Time Step 中输入 50，单击 Calculate 按钮开始计算。

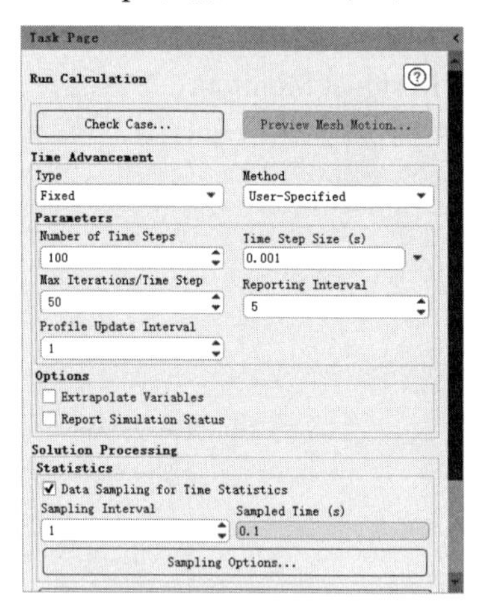

图 14-48 运行计算面板

14.1.14 结果后处理

步骤 01 单击信息树中的 Graphics 项，弹出如图 14-49 所示的 Graphics and Animations（图形和动画）面板，在 Graphics 下双击 Contours，弹出如图 14-50 所示的 Contours（等值线）对话框。在 Contours of 中选择 Unsteady Statistics 和 Mean Mass Fraction of co，在 Phase 中择 phase-1，在 Options 中勾选 Filled 复选框，单击 Save/Display 按钮，显示如图 14-51 所示的云图。

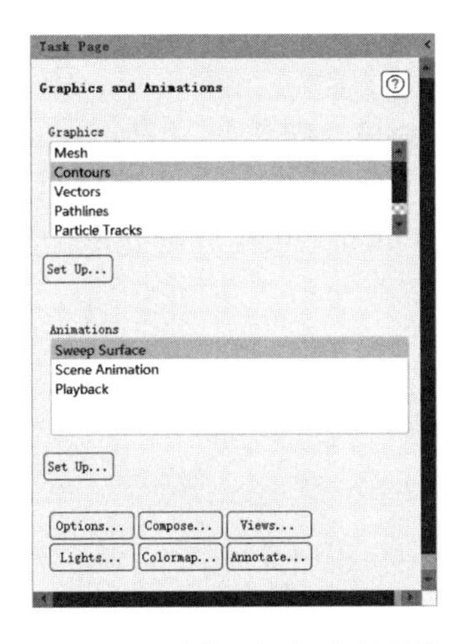

图 14-49　图形和动画对话框

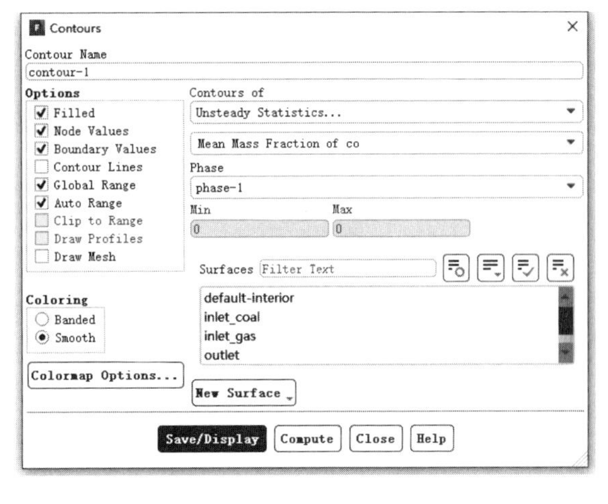

图 14-50　等值线对话框

步骤 02 在 Contours of 中选择 Unsteady Statistics 和 Mean Mass Fraction of o2，在 Phase 中选择 phase-1，在 Options 中勾选 Filled 复选框，单击 Save/Display 按钮，显示如图 14-52 所示的组分云图。

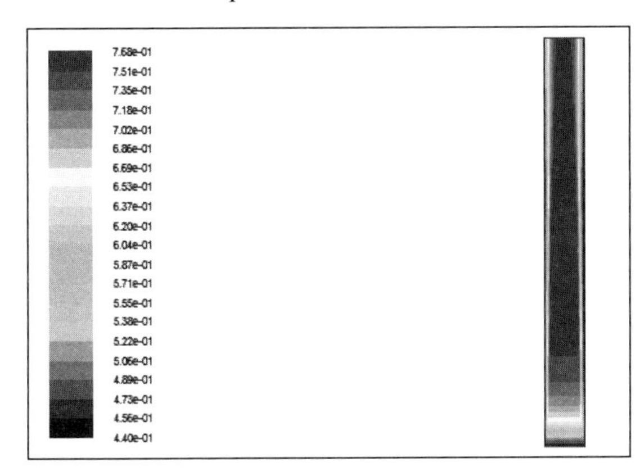

图 14-51　云图

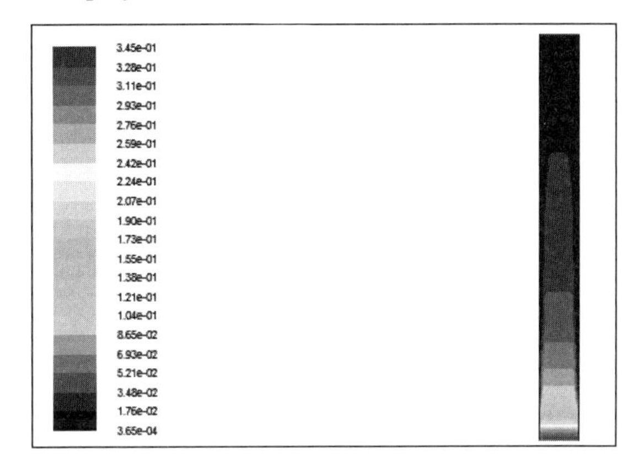

图 14-52　组分云图

步骤 03 在 Contours of 中选择 Unsteady Statistics 和 Mean Static Temperature，在 Phase 中选择 phase-2，在 Options 中勾选 Filled 复选框，单击 Save/Display 按钮，显示如图 14-53 所示的温度云图。

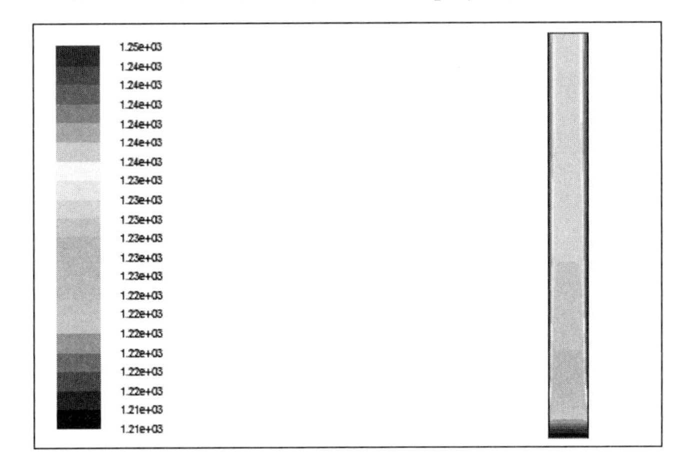

图 14-53　温度云图

14.2 表面化学反应模拟

下面将通过一个表面化学反应的分析案例让读者对 ANSYS Fluent 2020 分析处理化学反应的基本操作有一个初步的了解。

14.2.1 案例介绍

反应器中混合气体从入口流入，经过旋转盘时发生化学反应，如图 14-54 所示。请用 ANSYS Fluent 模拟分析表面化学反应的过程。

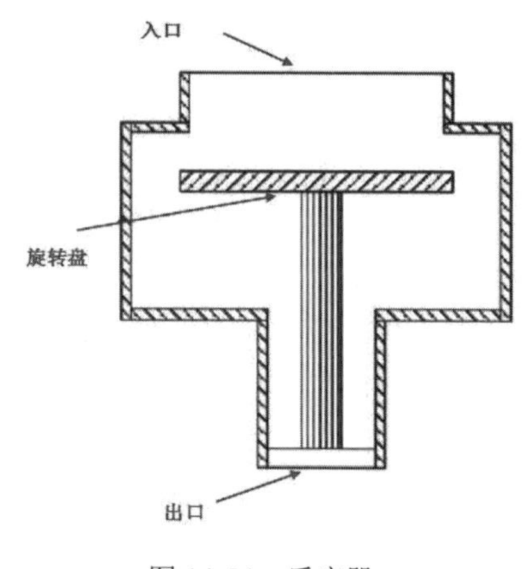

图 14-54 反应器

14.2.2 启动 Fluent 并导入网格

步骤 01 在 Windows 系统下执行“开始”→“所有程序”→ANSYS 2020→Fluent 2020 命令，启动 Fluent 2020，进入 Fluent Launcher 界面。

步骤 02 在 Fluent Launcher 界面中的 Dimension 中选择 3D，在 Options 中选中 Display Mesh After Reading，单击 OK 按钮进入 Fluent 主界面。

步骤 03 在 Fluent 主界面中，单击主菜单中的 File→Read→Mesh 按钮，弹出如图 14-55 所示的 Select File 对话框，选择名称为 surface.msh 的网格文件，单击 OK 按钮便可导入网格。

步骤 04 导入网格后，在图形显示区将显示几何模型，如图 14-56 所示。

步骤 05 单击 Check 按钮，检查网格质量，确保不存在负体积。

步骤 06 单击 Scale 按钮，弹出如图 14-57 所示的 Scale Mesh（网格缩放）对话框。在 Scaling 中选中 Convert Units 单选按钮，在 Mesh Was Created In 中选择 cm，单击 Scale 按钮完成网格缩放，在 View Length Unit In 中选择 cm。

步骤 07 单击主菜单中的 File→Write→Case，弹出 Select File 对话框，在 Case File 中填入 surface，单击 OK 按钮便可保存项目。

图 14-55　导入网格对话框

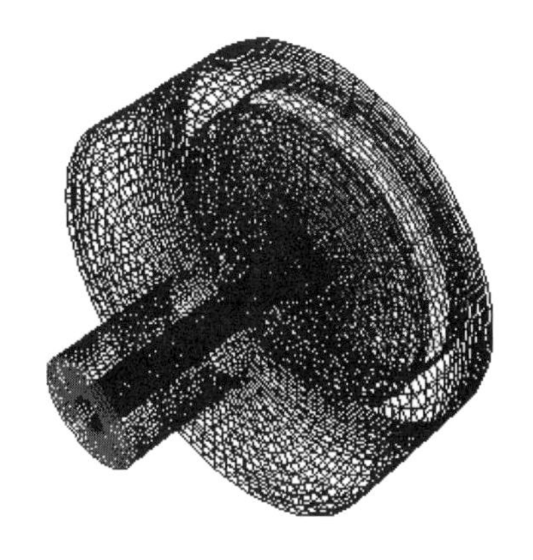

图 14-56　显示几何模型

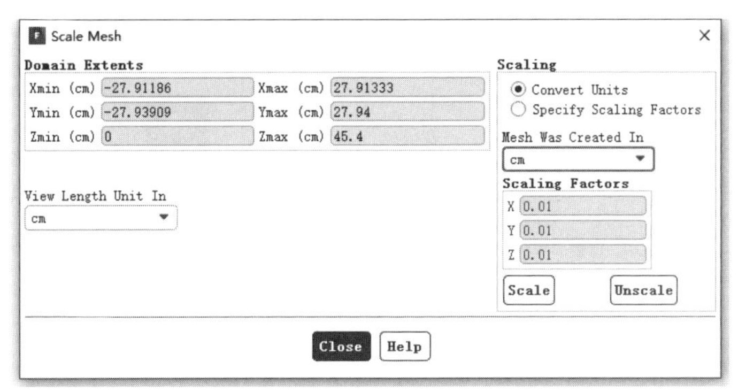

图 14-57　网格缩放对话框

14.2.3　定义求解器

步骤 01 单击信息树中的 General 项，弹出如图 14-58 所示的 General（总体模型设定）面板。在 Solver 中，将 Time 类型设为 Steady。

步骤 02 单击 Physics 选项卡 Solver 面板中的 Operating Conditions 按钮，弹出如图 14-59 所示的 Operating Conditions（操作条件）对话框。在 Operating Pressure 中输入 10000，勾选 Gravity 复选框，在 Z 中输入 9.81，在 Operating Temperature 中填入 303，单击 OK 按钮确认。

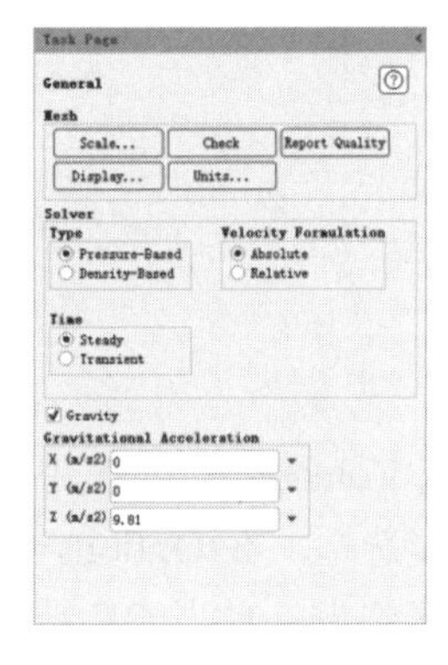

图 14-58　总体模型设定面板

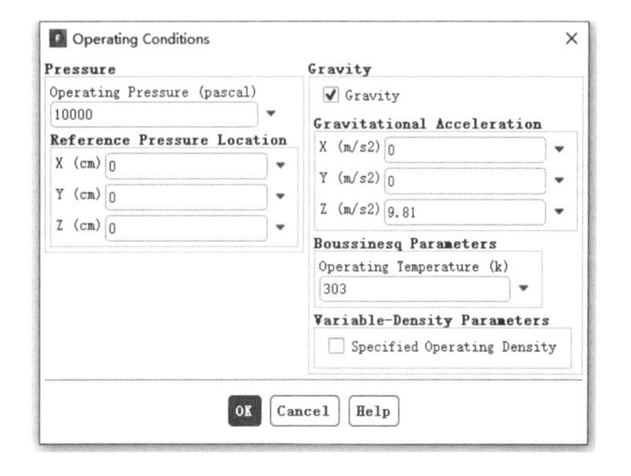

图 14-59　操作条件对话框

14.2.4　定义能量模型

在信息树中单击 Models 项，弹出如图 14-60 所示的 Models（模型设定）面板。在模型设定面板中双击 Energy，弹出如图 14-61 所示的 Energy（能量）对话框。

勾选 Energy Equation 复选框，单击 OK 按钮确认。

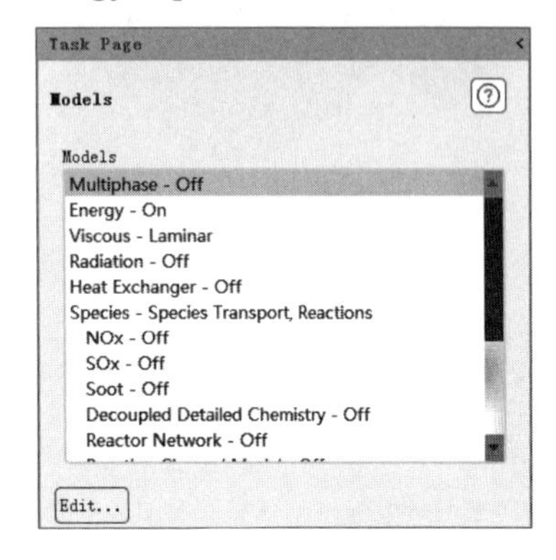

图 14-60　模型设定面板

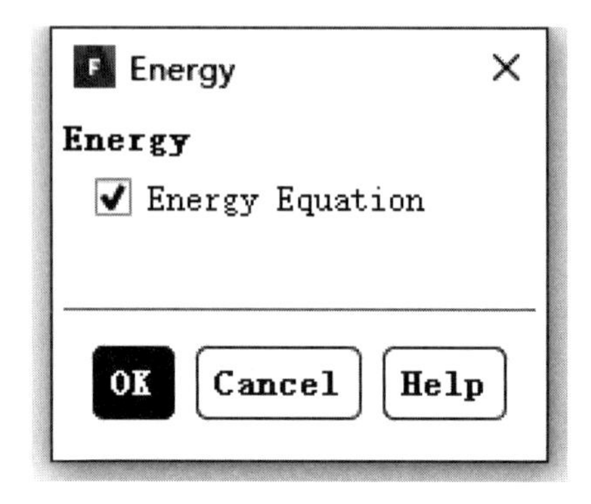

图 14-61　能量对话框

14.2.5　定义多组分模型

在信息树中单击 Models 项，弹出 Models（模型设定）面板。在模型设定面板中双击 Species，弹出如图 14-62 所示的 Species Model（多组分模型）对话框。

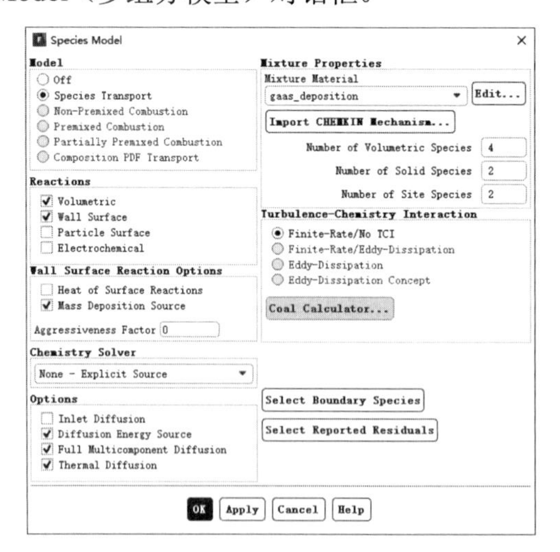

图 14-62　多组分模型对话框

在 Model 中选中 Species Transport 单选按钮，在 Reactions 中勾选 Volumetric 和 Wall Surface 复选框，在 Wall Surface Reaction Options 中勾选 Mass Deposition Source 复选框，在 Options 中勾选 Diffusion Energy Source、Full Multicomponent Diffusion 和 Thermal Diffusion 复选框，单击 OK 按钮确认。

14.2.6 设置材料

步骤 01 单击信息树中的 Materials 项，弹出如图 14-63 所示的 Materials（材料）面板。在材料面板中单击 Create/Edit 按钮，弹出如图 14-64 所示的 Create/Edit Materials（物性参数设定）对话框。

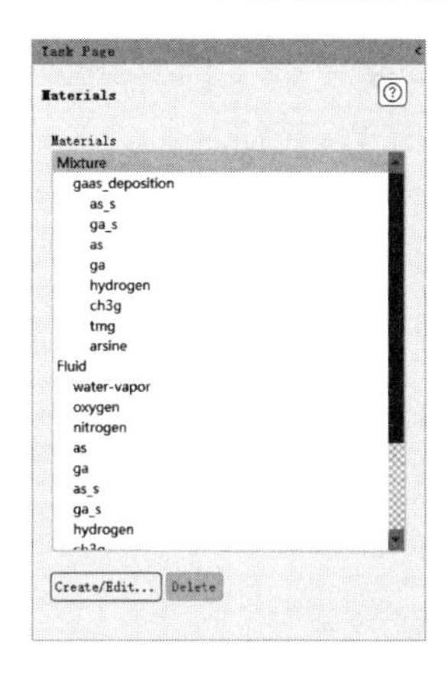

图 14-63 材料面板

图 14-64 物性参数设定对话框

在 Material Type 中选择 fluid，在 Name 中输入 arsine，在 Chemical Formula 中输入 ash3， 在 Cp 中选择 kinetic-theory，在 Thermal Conductivity 中选择 kinetic-theory，在 Viscosity 中选择 kinetic-theory，在 Molecular Weight 中输入 77.95，在 Standard State Enthalpy 中输入 0，在 Standard State Entropy 中输入 130579.1，在 Reference Temperature 中输入 298.15，单击 Change/Create 按钮创建新物质，在弹出的如图 14-65 所示的 Question（疑问）对话框中单击 No 按钮，不替换原来的物质。

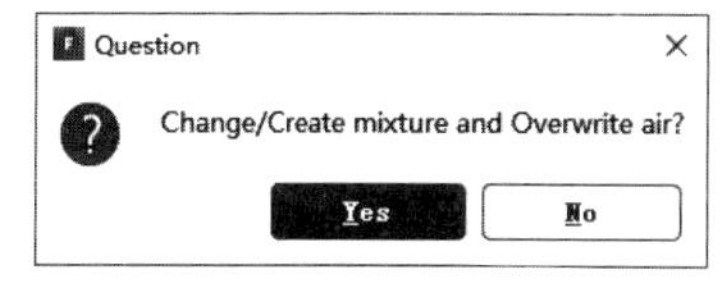

图 14-65 疑问对话框

在 Create/Edit Materials（物性参数设定）对话框中的 Fluent Fluid Materials 中选择 arsine (ash3)，在 L-J Characteristic Length 中输入 4.145，在 L-J Energy Parameter 中输入 259.8，单击 Change/Create 按钮。

步骤 02 同步骤 01，创建其他组分物质，见表 14-4。

表 14-4 组分物质

参 数	Ga(CH_3)_	3CH_3	H_2	Ga_s	As_s	Ga	As
Name	tmg	ch3g	hydro-gen	ga_s	as_s	ga	as
Chemical Formula	gach33	ch3	h2	ga_s	as_s	ga	as
Cp (Specific Heat)	kinetic-theory	kinetic-theory	kinetic-theory	520.64	520.64	1006.43	1006.43
Thermal Conductivity	kinetic-theory	kinetic-theory	kinetic-theory	0.0158	0.0158	kinetic-theory	kinetic-theory
Viscosity	kinetic-theory	kinetic-theory	kinetic-theory	2.125e-05	2.125e-05	kinetic-theory	kinetic-theory
Molecular Weight	114.83	15	2.02	69.72	74.92	69.72	74.92
Standard State Enthalpy	0	2.044e+07	0	3117.71	3117.71	0	0
Standard State Entropy	130579.1	257367.6	130579.1	154719.3	154719.3	0	0
Reference Temperature	298.15	298.15	298.15	298.15	298.15	298.15	298.15

（续表）

参　数	Ga(CH_3)_	3CH_3	H_2	Ga_s	As_s	Ga	As
L-J Characteristic Length	5.68	3.758	2.827	-	-	0	0
L-J Energy Parameter	398	148.6	59.7	-	-	0	0
Degrees of Freedom	0	0	5	-	-	-	-

步骤 03 在如图 14-66 所示的 Create/Edit Materials（物性参数设定）对话框中，在 Material Type 中选择 mixture，在 Fluent Mixture Materials 中选择 mixture-template，在 Name 中输入 gaas_deposition，单击 Change/Create 按钮，在弹出的 Question（疑问）对话框中单击 Yes 按钮。

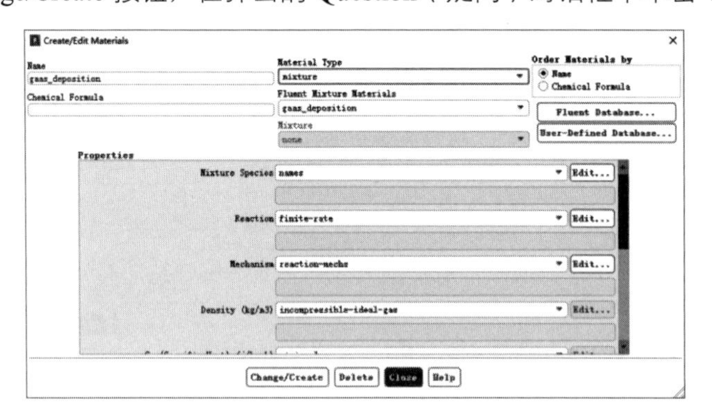

图 14-66　物性参数设定对话框

在 Mixture Species 旁单击 Edit 按钮，弹出如图 14-67 所示的 Species（组分）对话框。

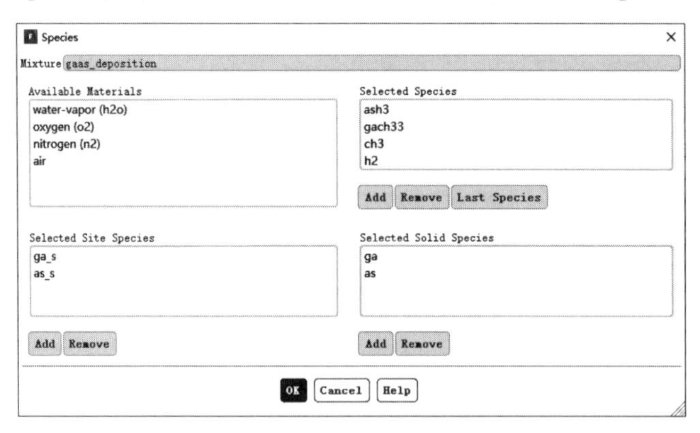

图 14-67　组分对话框

对 Selected Species、Selected Site Species 和 Selected Solid Species 进行设置（见表 14-5），单击 OK 按钮确认。

表 14-5　组分设置

Selected Species	Selected Site Species	Selected Solid Species
ash3	ga_s	ga
ga < ch3 >3	as_s	as
ch3	-	-
h2	-	-

在 Reaction 旁单击 Edit 按钮，弹出如图 14-68 所示的 Reactions（反应）对话框。在 Number of Reactants 中输入 2，化学反应的输入数据如表 14-6 所示。

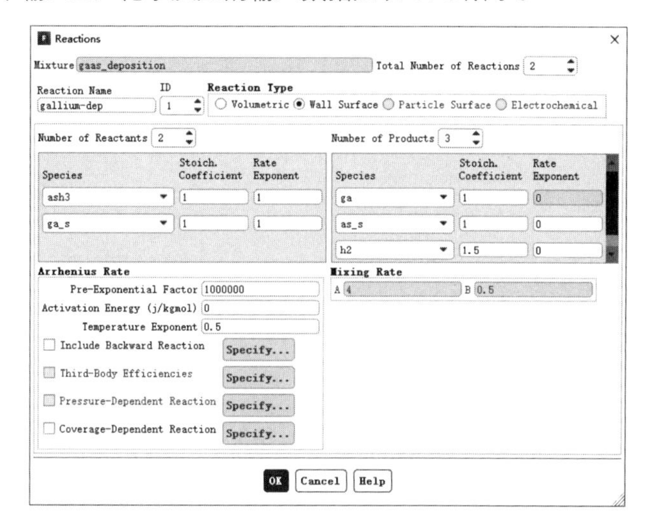

图 14-68　反应对话框

表 14-6　输入数据

参　数	反 应 一	反 应 二
Reaction Name	gallium-dep	arsenic-dep
Reaction ID	1	2
Reaction Type	Wall Surface	Wall Surface
Number of Reactants	2	2
Species	ash3, ga_s	ga ch3 3, as_s
Stoich. Coefficient	ash3= 1, ga_s= 1	ga ch3 3= 1, as_s= 1
Rate Exponent	ash3= 1, ga_s= 1	ga ch3 3= 1, as_s= 1
Arrhenius Rate	PEF= 1e+06, AE= 0, TE= 0.5	PEF= 1e+12, AE= 0, TE= 0.5
Number of Products	3	3
Species	ga, as_s, h2	as, ga_s, ch3
Stoich. Coefficient	ga= 1, as_s= 1, h2= 1.5	as= 1, ga_s= 1, ch3= 3
Rate Exponent	as_s= 0, h2= 0	ga_s= 0, ch3= 0

这里，PEF = Pre-Exponential Factor，AE = Activation Energy，TE = Temperature Exponent。

在 Mechanism 旁单击 Edit 按钮，弹出如图 14-69 所示的 Reaction Mechanisms（反应动力学）对话框。在 Number of Mechanisms 中输入 1，在 Name 中输入 gaas-ald，在 Reaction Type 中选中 Wall Surface 单选按钮，在 Reactions 中选择 gallium-dep 和 arsenic-dep，在 Number of Sites 中输入 1，在 Site Density 中输入 1e-08，单击 Define 按钮，弹出如图 14-70 所示的 Site Parameters 对话框，在 Total Number of Site Species 中输入 2，在 Initial Site Coverage 中将 ga_s 设为 0.7、as_s 设为 0.3，单击 Apply 按钮确认。

在 Create/Edit Materials（物性参数设定）对话框中，在 Thermal Conductivity 中选择 mass-weighted-mixing-law，在 Viscosity 中选择 mass-weighted-mixing-law，单击 Change/Create 按钮。

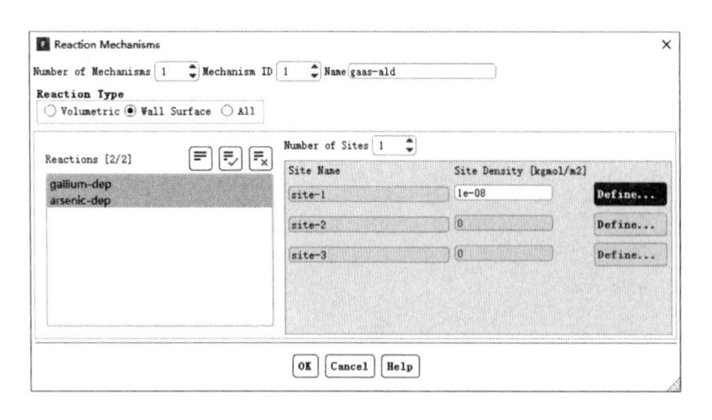

图 14-69　反应动力学对话框

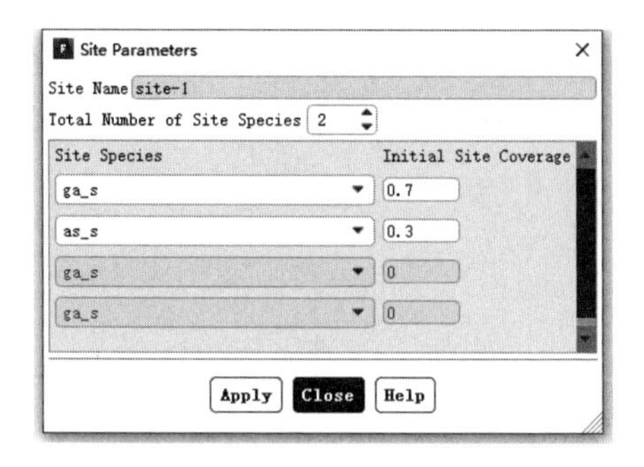

图 14-70　Site Parameters 对话框

14.2.7　边界条件

步骤01 单击信息树中的 Boundary Conditions 项，启动如图 14-71 所示的边界条件面板。

步骤02 在边界条件面板中双击 velocity-inlet，弹出如图 14-72 所示的边界条件设置对话框。

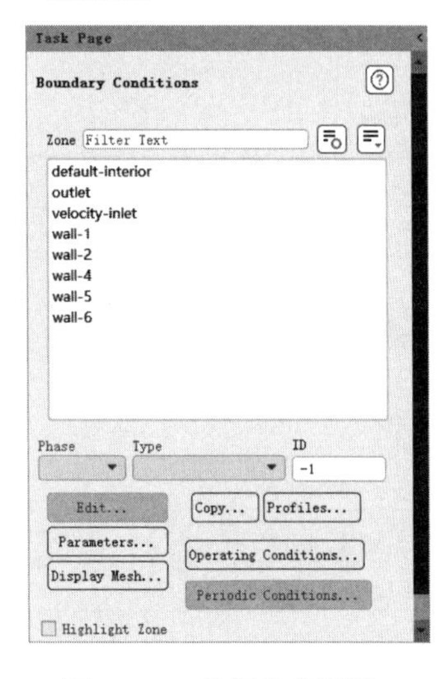

图 14-71　边界条件面板

Velocity Inlet
Zone Name velocity-inlet
Momentum | Thermal | Radiation | Species | DPM | Multiphase | Potential | UDS
Velocity Specification Method Magnitude, Normal to Boundary
Reference Frame Absolute
Velocity Magnitude (m/s) 0.02189
Supersonic/Initial Gauge Pressure (pascal) 0
OK Cancel Help

图 14-72　边界条件设置对话框

在 Velocity Magnitude 中填入 0.02189。在如图 14-73 所示的 Thermal 选项卡中，在 Temperature 中填入 293。在如图 14-74 所示的 Species 选项卡中，在 ash3 中填入 0.4，在 gach33 中填入 0.15，在 ch3 中填入 0，单击 OK 按钮确认。

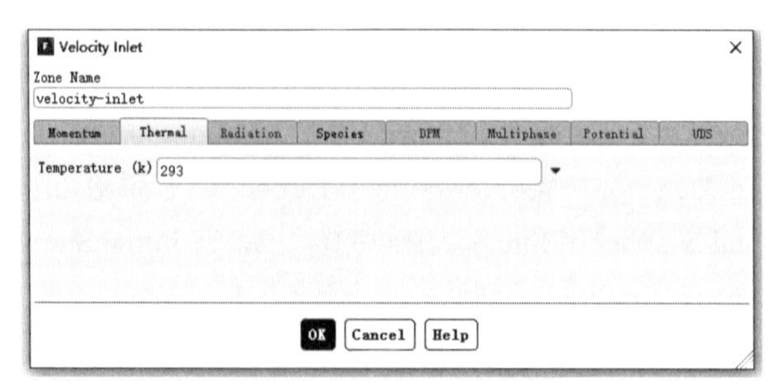

图 14-73　Thermal 选项卡

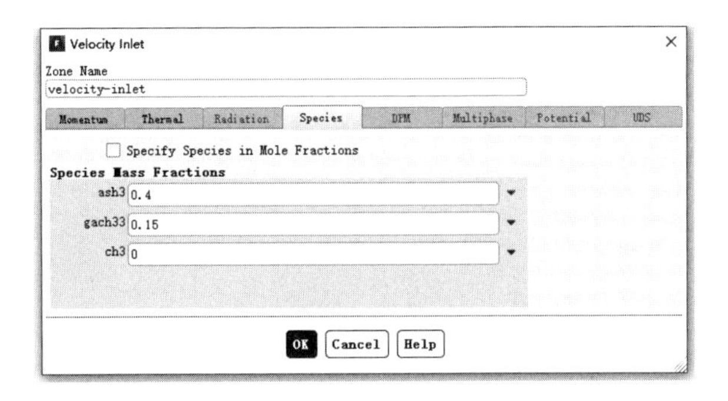

图 14-74　Species 选项卡

步骤 03　在边界条件面板中双击 outlet，弹出如图 14-75 所示的边界条件设置对话框。保持默认设置，单击 OK 按钮确认退出。

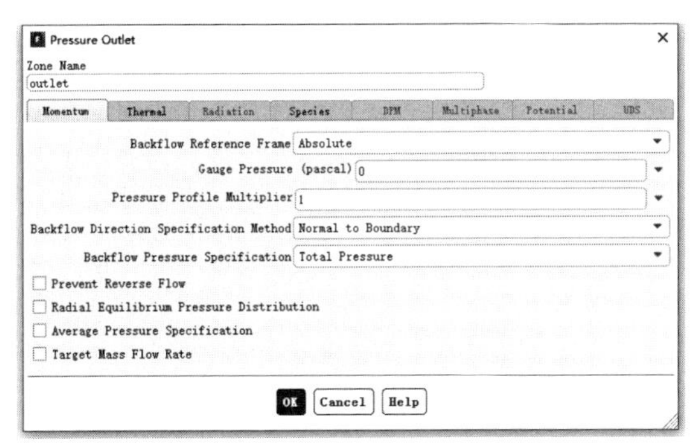

图 14-75　边界条件设置对话框

步骤 04　在边界条件面板中双击 wall-1，弹出如图 14-76 所示的边界条件设置对话框。在 Thermal 选项卡中，在 Thermal Conditions 中选择 Temperature 单选按钮，在 Temperature 中填入 473，单击 OK 按钮确认。

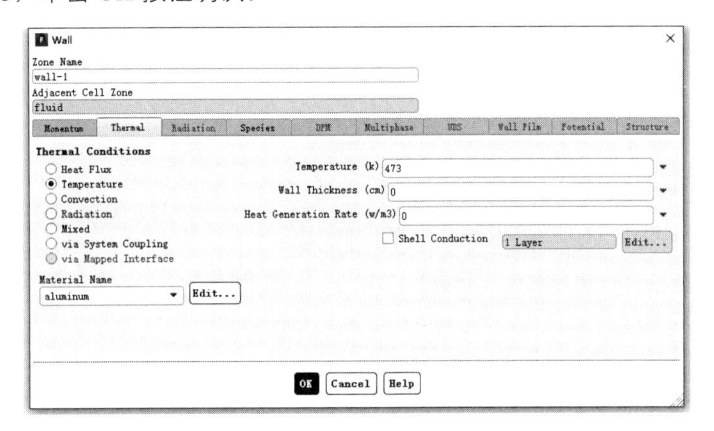

图 14-76　边界条件设置对话框

步骤 05　在边界条件面板中双击 wall-2，弹出如图 14-77 所示的边界条件设置对话框。在 Thermal 选项卡中，在 Thermal Conditions 中选择 Temperature 单选按钮，在 Temperature 中填入 343，单击 OK 按钮确认。

步骤 06　在边界条件面板中双击 wall-4，弹出如图 14-78 所示的边界条件设置对话框。

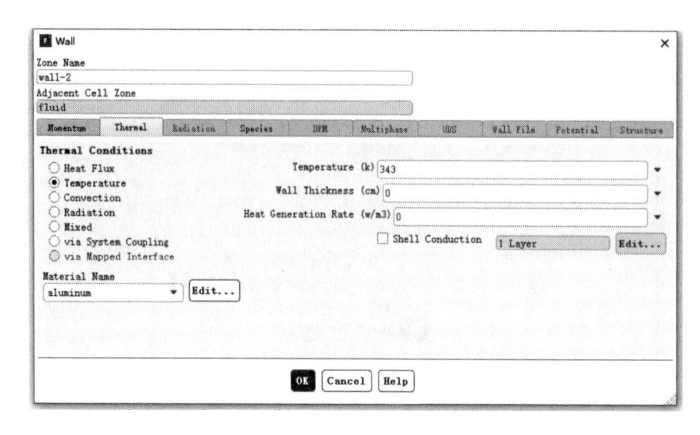

图 14-77　边界条件设置对话框

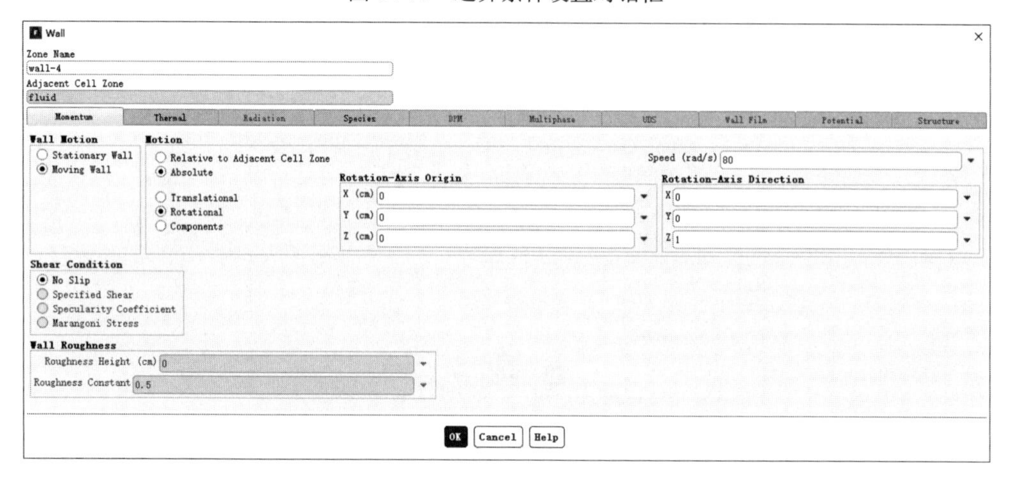

图 14-78　边界条件设置对话框

在 Wall Motion 中选中 Moving Wall 单选按钮，在 Motion 中选中 Absolute 和 Rotational 单选按钮，在 Speed 中输入 80。

在如图 14-79 所示的 Thermal 选项卡中，在 Thermal Conditions 中选中 Temperature 单选按钮，在 Temperature 中填入 1023。

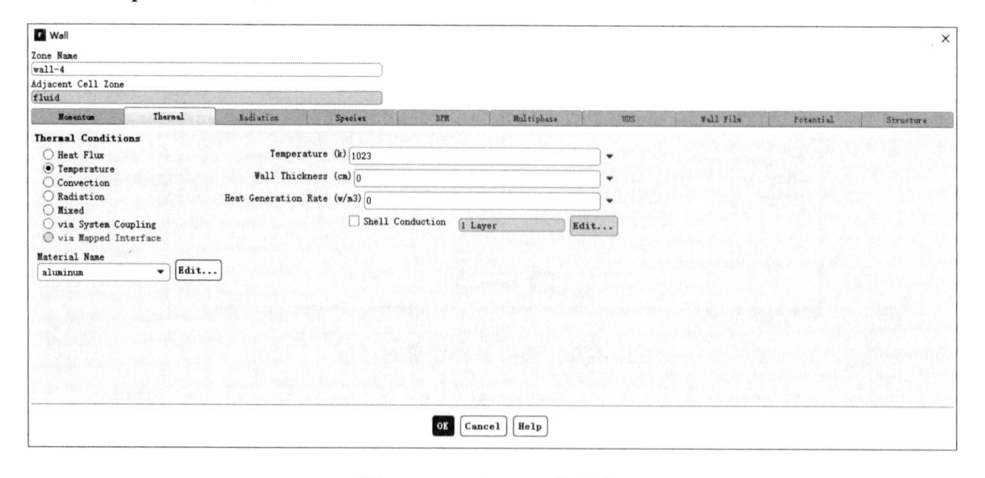

图 14-79　Thermal 选项卡

在如图 14-80 所示的 Species 选项卡中，保持默认设置，单击 OK 按钮确认。

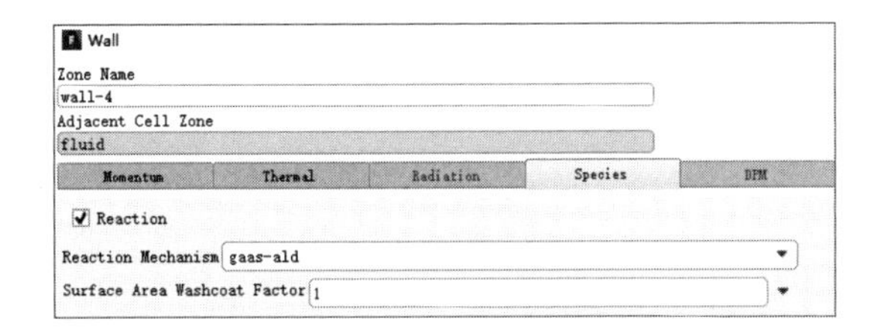

图 14-80 Species 选项卡

步骤07 在边界条件面板中双击 wall-5，弹出如图 14-81 所示的边界条件设置对话框。

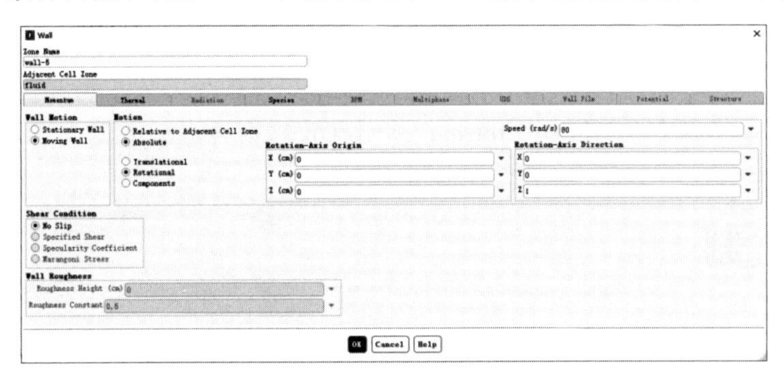

图 14-81 边界条件设置对话框

在 Wall Motion 中选中 Moving Wall 单选按钮，在 Motion 中选中 Absolute 和 Rotational 单选按钮，在 Speed 中输入 80。

在如图 14-82 所示的 Thermal 选项卡中，在 Thermal Conditions 中选中 Temperature 单选按钮，在 Temperature 中填入 720，单击 OK 按钮确认。

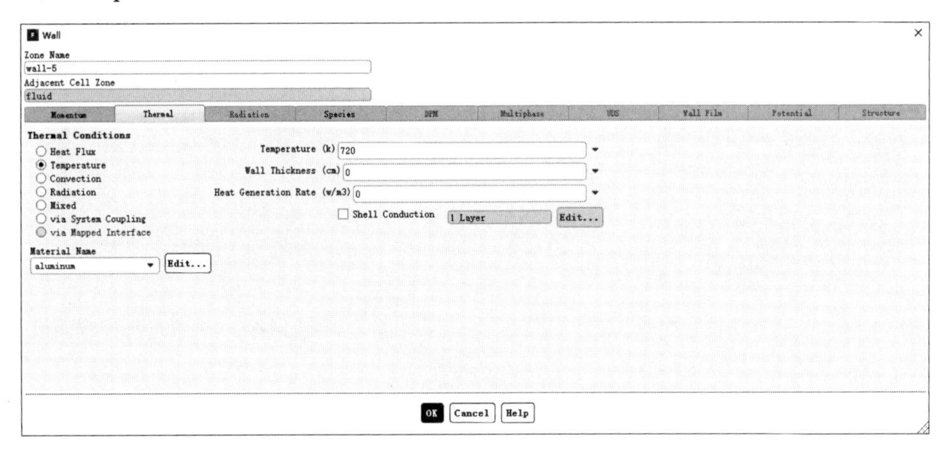

图 14-82 Thermal 选项卡

步骤08 在边界条件面板中，双击 wall-6，弹出如图 14-83 所示的边界条件设置对话框。

在 Thermal 选项卡中，在 Thermal Conditions 中选择 Temperature 单选按钮，在 Temperature 中填入 303，单击 OK 按钮确认。

步骤09 在信息树中单击 Models 项，弹出 Models（模型设定）面板。在模型设定面板中双击 Species，弹出 Species Model（多组分模型）对话框。

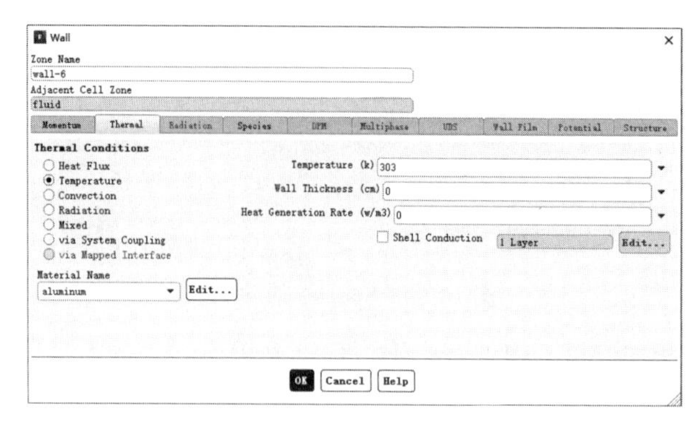

图 14-83　边界条件设置对话框

在 Options 中取消选择 Inlet Diffusion，单击 OK 按钮确认。

14.2.8　求解控制

步骤 01　单击信息树中的 Methods 项，弹出如图 14-84 所示的 Solution Methods（求解方法设置）面板。保持默认设置不变。

步骤 02　单击信息树中的 Controls 项，弹出如图 14-85 所示的 Solution Controls（求解过程控制）面板。保持默认设置不变。

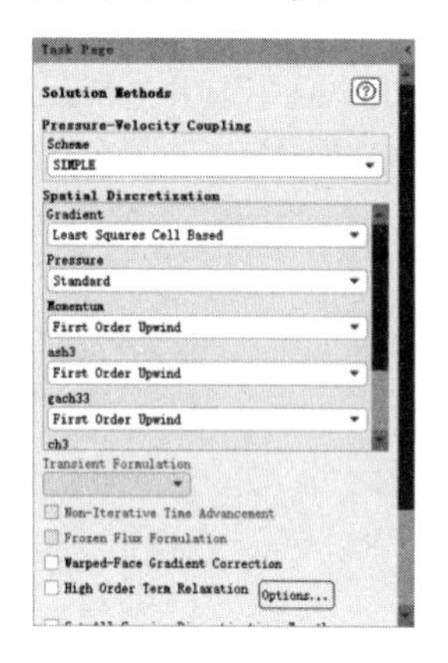

图 14-84　求解方法设置面板

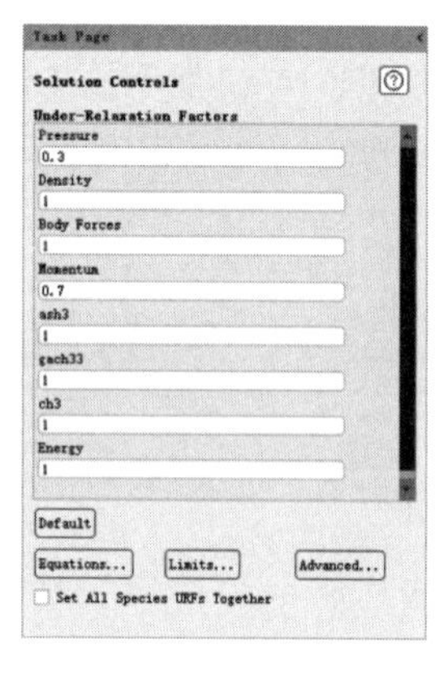

图 14-85　求解过程控制面板

14.2.9　初始条件

单击信息树中的 Initialization 项，弹出如图 14-86 所示的 Solution Initialization（初始化设置）面板。

在 Initialization Methods 中选择 Hybrid Initialization 单选按钮，单击 Initialize 按钮进行初始化。

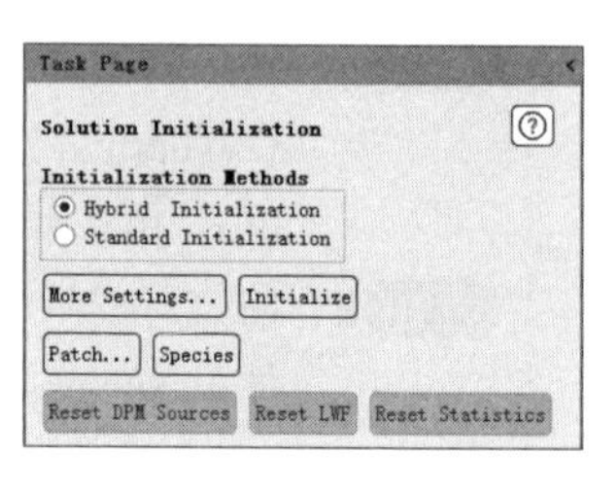

图 14-86　初始化设置面板

14.2.10 求解过程监视

单击信息树中的 Monitors 项，弹出如图 14-87 所示的 Monitors（监视）面板，双击 Residual，便弹出如图 14-88 所示的 Residual Monitors（残差监视）对话框。

保持默认设置不变，单击 OK 按钮确认。

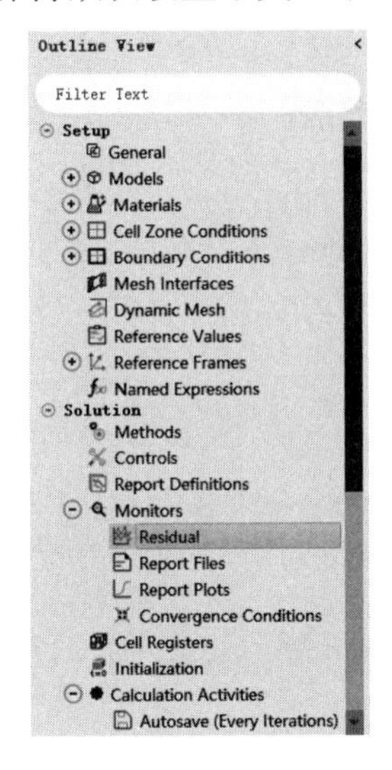

图 14-87 监视面板

图 14-88 残差监视对话框

14.2.11 计算求解

单击信息树中的 Run Calculation 项，弹出如图 14-89 所示的 Run Calculation（运行计算）面板。

在 Number of Iterations 中输入 300，单击 Calculate 按钮开始计算。

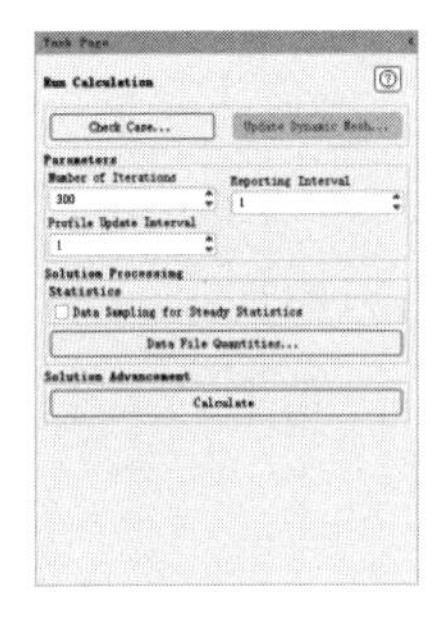

图 14-89 运行计算面板

14.2.12 结果后处理

步骤 01 单击信息树中的 Reports 项，弹出如图 14-90 所示的 Reports（结果）面板。

双击 Fluxes，弹出如图 14-91 所示的 Flux Reports（流量结果）对话框，在 Boundaries 中选择 velocity-inlet 和 outlet，单击 Compute 按钮进行计算。

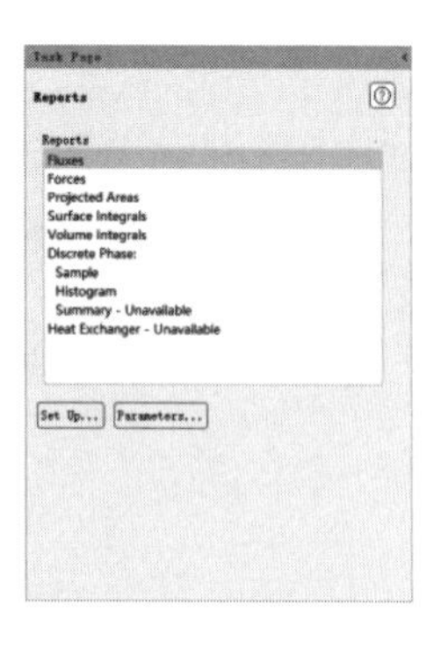

图 14-90　结果面板

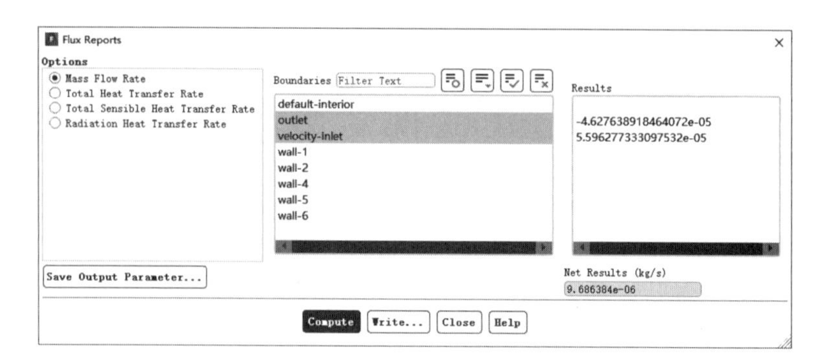

图 14-91　流量结果对话框

步骤 02 单击信息树中的 Graphics 项，弹出如图 14-92 所示的 Graphics and Animations（图形和动画）对话框，在 Graphics 下双击 Contours，弹出如图 14-93 所示的 Contours（等值线）对话框。

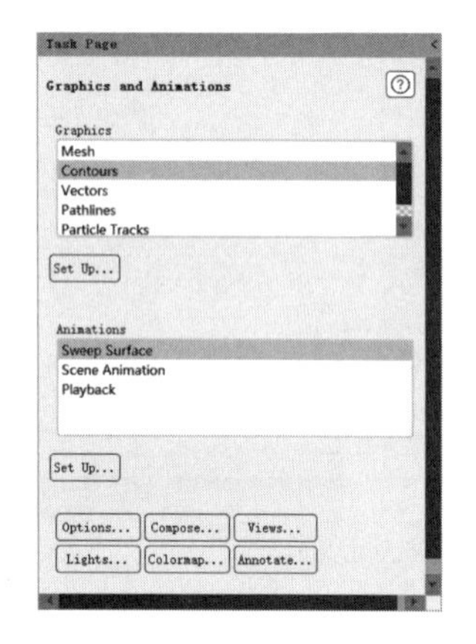

图 14-92　图形和动画对话框

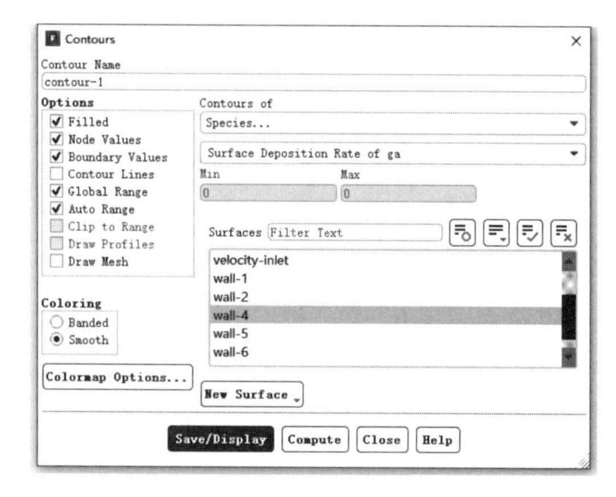

图 14-93　等值线对话框

在 Contours of 中选择 Species 和 Surface Deposition Rate of ga，在 Options 中勾选 Filled 复选框，单击 Save/Display 按钮，在 Surfaces 中选择 wall-4，显示如图 14-94 所示的云图。

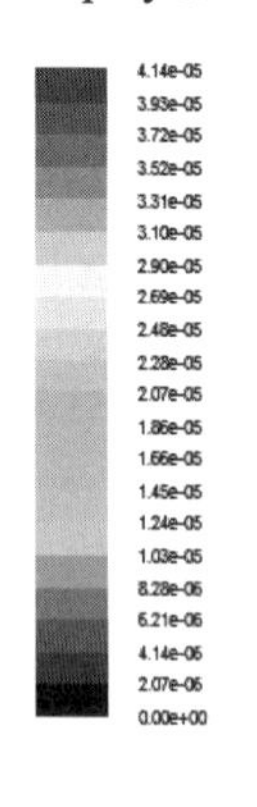

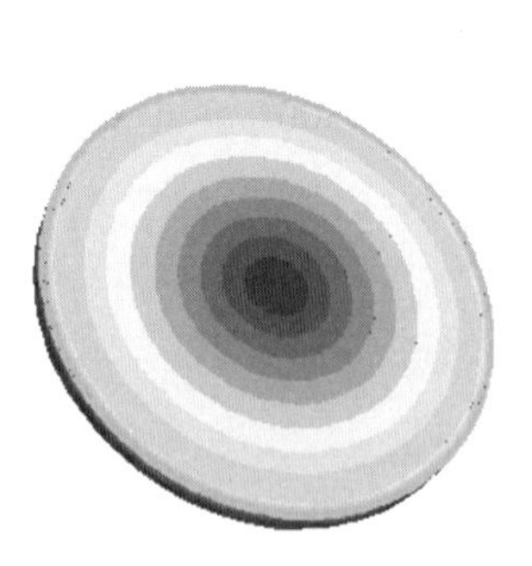

图 14-94　组分云图

步骤 03 单击 Results 选项卡 Surface 面板中的 Create 按钮下的 Iso-Surface 选项，弹出如图 14-95 所示的 Iso-Surface（等值面）对话框。

在 Surface of Constant 中选择 Mesh 和 Z-Coordinate，在 Iso-Values 中输入 0.075438，在 New Surface Name 中输入 z=0.07，单击 Create 按钮。

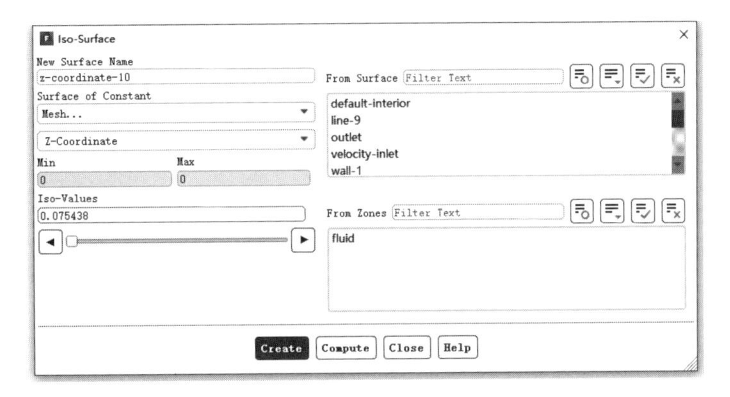

图 14-95　等值面对话框

步骤 04 在 Contours（等值线）对话框中，在 Contours of 中选择 Temperature 和 Static Temperature，在 Options 中勾选 Filled 复选框，在 Surfaces 中选择 z=0.07，单击 Save/Display 按钮，显示如图 14-96 所示的云图。

步骤 05 在 Contours of 中选择 Species 和 Surface Coverage of ga_s，在 Options 中勾选 Filled 复选框，单击 Save/Display 按钮，在 Surfaces 中选择 wall-4，显示如图 14-97 所示的云图。

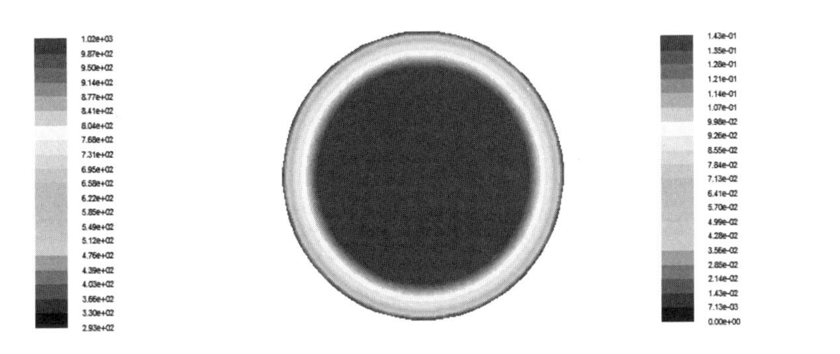

图 14-96　温度云图

图 14-97　组分云图

步骤 06 单击 Results 选项卡 Surface 面板中的 Create 按钮下的 Line/Rake 选项，弹出如图 14-98 所示的 Line/Rake Surface 对话框。创建一条线，参数如表 14-7 所示，单击 Create 按钮。

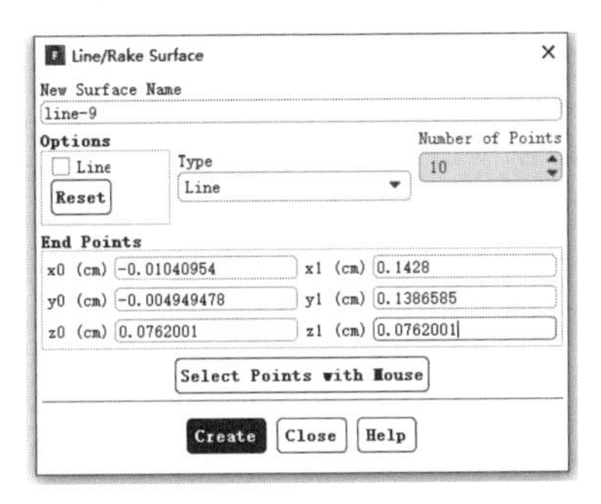

图 14-98　Line/Rake Surface 对话框

表 14-7　创建线坐标

Line	x0	y0	z0	x1	y1	z1
line-9	-0.01040954	-0.004949478	0.0762001	0.1428	0.1386585	0.0762001

步骤 07 单击信息树中的 Plots 项，弹出如图 14-99 所示的 Plots（图形）面板，双击 XY Plot，弹出如图 14-100 所示的 Solution XY Plot（XY 曲线）对话框。

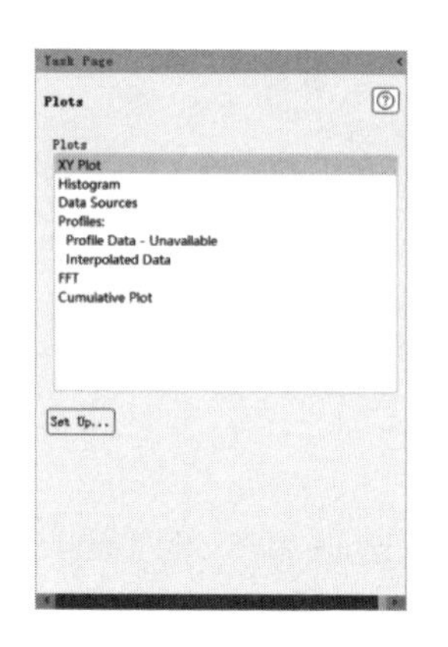

图 14-99　图形面板

图 14-100　XY 曲线对话框

取消勾选 Node Values 复选框，在 Plot Direction 中输入（1，0，0），在 Y Axis Function 中选择 Species 和 Surface Deposition Rate of ga，在 Surfaces 中选择 line-9，单击 Plot 按钮，显示如图 14-101 所示的 XY 图。

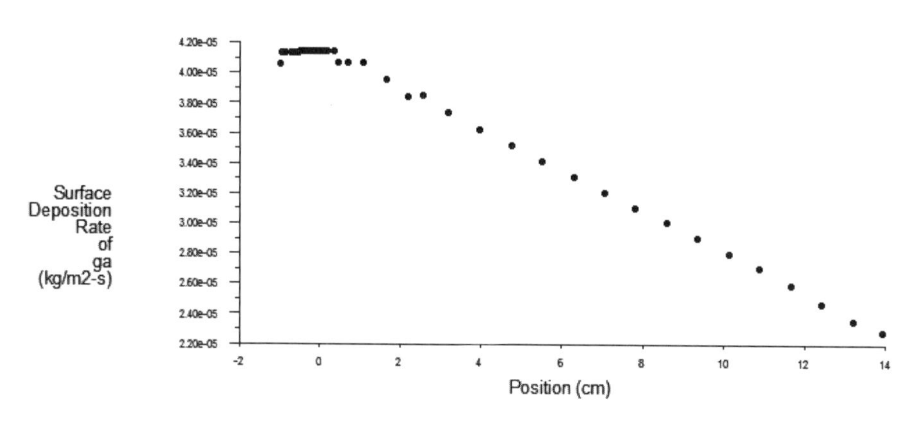

图 14-101　XY 图

14.3 本章小结

本章通过多相流燃烧和表面化学反应两个实例介绍了 Fluent 处理化学反应模拟的工作流程。通过本章的学习，读者可以掌握 Fluent 中参数修改设置和燃烧模型的设定，基本掌握 Fluent 处理化学反应问题的思路和操作，对 Fluent 处理化学反应问题有初步的认识。

第 15 章 动网格分析实例

导言

动网格技术用于计算运动边界问题。通常计算域的边界都是静止或做刚体运动的，而动网格技术可以计算边界发生形变的问题。边界的形变过程可以是已知的，也可以取决于内部流场变化。在计算之前，首先要给定体网格初始定义。在边界发生形变后，其内部网格的重新划分是在 Fluent 内部自动完成的。边界的形变过程既可以用边界函数定义，又可以用 UDF 函数定义。

如果计算域中同时存在运动区域和静止区域，那么在初始网格中，内部网格面或区域需要被归入其中一个类别，同时在运动过程中发生形变的部分也可以单独分区。区与区之间既可以采用正则网格，又可以采用非正则网格。

本章将通过实例介绍 Fluent 处理动网格的工作步骤。

学习目标

★ 掌握分析类型设置
★ 掌握边界条件的设定
★ 掌握动网格的设定
★ 掌握后处理的设定

15.1 理论基础

15.1.1 基本思路

动网格的计算方法有 3 种，即弹性光顺法（spring-base smoothing）、动态层技术（dynamic layering）和局部网格重划法（local remeshing）。

弹性光顺法将网格系统看作由节点之间用弹簧相互连接的网络系统，初始网格就是系统保持平衡的弹簧网络系统。任意一个网格节点的位移都会导致与之相连接的弹簧产生弹性力，进而导致临近网格点上的力平衡被打破。由此波及出去，经过反复迭代，最终整个网格系统达到新的平衡时就可以得到一个变形后的新网格系统。

动态层技术是根据边界的移动量动态地增加或减少边界上网格层的技术，因此动态层技术适用于六面体网格、楔形网格等可以在边界上分层的网格系统。动态层技术在边界上假定一个优化的网格层高度，在边界发生移动、变形时，如果临近边界的一层网格的高度同优化高度相比大到一定程度时，就在边界面与相邻网格层之间增加一层网格。相反，如果边界向内移动，临近网格被压缩到一定程度时，临近一层网格又会被删除。用这种办法保持边界上的网格一定的密度。

局部网格重划法是对弹性光顺法的补充。在网格系统用三角形或四面体网格组成时，如果边界的移动和变形过大，可能导致局部网格发生严重畸变，甚至出现体积为负的情况。在这种情况下，一个简单的处理方法就是去掉由原来网格系统经过弹性光顺得到的新网格，在原来的位置上重新划分网格，这就是局部网格重划法的基本思路。

15.1.2 基本设置

在 Fluent 中，动网格的基本设置如下：

（1）在求解器面板中选择非定常计算。

（2）在边界条件面板中设置动壁面条件。

（3）在动网格模型中设置相关参数。

设置动网格参数需单击信息树中的 Dynamics Mesh 项，弹出如图 15-1 所示的 Dynamics Mesh（动网格设置）面板。

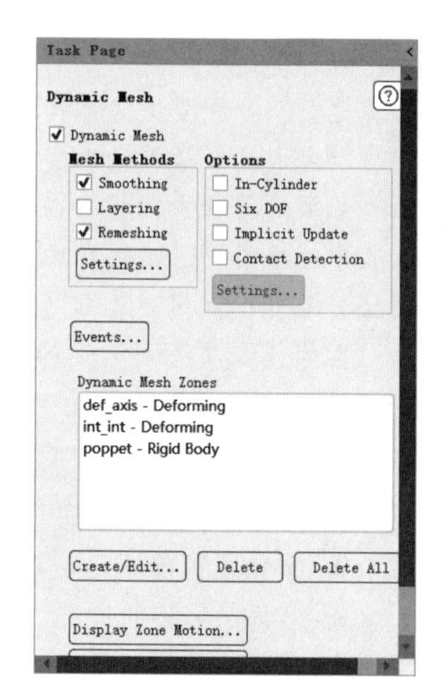

图 15-1　动网格设置面板

汽缸内流动是一类典型的边界移动问题，因此被 Fluent 单独作为一类问题进行处理。

在动网格参数设置中，首先需要选择 Model 中是否采用动网格（Dynamic Mesh）和所计算的模型是否属于汽缸内的流动（In-Cylinder）；其次是选择网格的划分方法，包括前面所述的 3 种方法。

在选定网格划分方法后，需要在右边的参数标签中选择需要设定的参数，即设定弹性光顺法（Smoothing）、动态层技术（Layering）和局部网格重划法（Remeshing）中需要设定的参数。如果所计算的问题是汽缸内流动（In-Cylinder），那么还需要为这种流动进行专门的设定。

在弹性光顺法的参数中，弹性因子（Spring Constant Factor）是介于 0 和 1 之间的一个常数，其中 0 表示弹簧没有阻尼作用。边界节点松弛（Boundary Node Relaxation）是一个类似于亚松弛因子的参数，每次迭代后新的网格坐标值都等于原坐标加上边界节点松弛与坐标增量的积，默认设置为 1。其余两个参数是网格迭代计算的控制参数，一个是容差（Convergence Tolerance），另一个是迭代次数（Number of Iterations）。

在动态层技术中，可以设置的参数包括常数高度（Constant Height）或常数比（Constant Ratio）。分裂因子（Split Factor）和消灭因子（Collapse Factor）是决定在网格变形到什么程度时，需要增加或消除网格层的控制因子。

在局部网格重划中，最大网格畸变（Maximum Cell Skewness）、最小网格体积（Minimum Cell Volume）和最大网格体积（Maximum Cell Volume）是决定哪些网格需要被集中起来重新划分的依据。畸变率大的、体积过小的和体积过大的都可以集中起来，进行重新划分。重新划分间隔（Size Remesh Interval）决定新网格的大小，“必须改进的畸变（Must Improve Skewness）”选项决定是否需要在网格达到要求后再停止重划。

汽缸内流动通过设定曲柄轴速度（Crank Shaft Speed）、曲柄轴起始角度（Starting Crank Angle）和曲柄轴周期（Crank Period）等定义曲柄周期运动。还有一个需要设定的参数是曲柄角度步长（Crank Angle Step Size），这个参数用于确定曲柄角度的计算步长。

Fluent 同时还提供一个内建的函数用于计算曲柄位置，即活塞顶端位置（Piston Stroke）和连接杆长度（Connecting Rod Length）。

（4）定义动态区域的运动：

```
Dynamic Mesh->Zones...
```

首先选择区域名称（Zone Names）；然后选择运动类型（Type），包括静止（Stationary）、刚体运动（Rigid Body）、变形（Deforming）和用户定义（User-Defined）等；最后设定运动相关属性，即在标签 Motion Attributes 下根据计算模型设定重心位置等参数。

（5）保存算例文件和数据文件。

（6）预览网格设置：

```
Solve→Mesh Motion...
```

首先保存算例文件。然后设定时间步数量（Number of Time Steps）和时间步长（Time Step Size）。当前时间显示在当前网格时间（Current Mesh Time）中。如果计算的是汽缸内流动，那么时间步长是用曲柄角度步长（Crank Angle Step Size）和曲柄速度（Crank Shaft Speed）计算出来的。如果要显示动态网格，那么可以打开显示网格（Display Grid）选项，并设定显示频率（Display Frequency）。如果需要将显示内容保存在文件中，那么可以打开保存硬复制（Save Hardcopy）选项。单击 Preview 按钮开始预览。

（7）如果求解的是汽缸内的流动问题，就需要定义与计算相关的事件参数：

```
Define→Dynamic Mesh→Events...
```

这个选项仅在选择使用了 In-Cylinder（汽缸内流动）模型时可以被打开。首先增加 Number of Events（事件数量），然后在 On（打开）下单击相应的开关，并输入事件名称和曲柄角度，最后单击 Define（定义）按钮，进入 Define Event（定义事件）面板。根据具体情况进行适当的设置后，单击 OK 按钮保存。为了确定设置效果，可以在 Dynamic Mesh Events（动态网格事件）面板中单击下面的 Preview（预览）按钮进行观察。如果有错误，那么可以重新进行设置。

除了在 Dynamic Mesh Events 面板中使用 Preview 按钮，还可以用下面的菜单操作显示汽缸内活塞和阀门的运动：

```
Display→IC Zone Motion...
```

（8）设置自动保存，以便隔一定的计算步保存一次算例文件和数据文件。

（9）计算中可以启动动画录制过程。

15.2 阀门运动

下面将通过一个阀门分析案例让读者对 ANSYS Fluent 2020 分析处理动网格的基本操作有一个初步的了解。

15.2.1　案例介绍

球阀通过移动起到开关作用控制流体进入容器，如图 15-2 所示，请用 Fluent 分析球阀周边流场的情况。

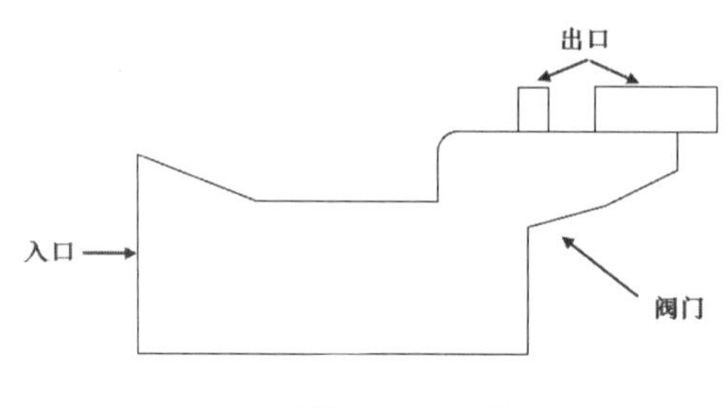

图 15-2　球阀

15.2.2　启动 Fluent 并导入网格

步骤 01　在 Windows 系统下执行“开始”→“所有程序”→ANSYS 2020→Fluent 2020 命令，启动 Fluent 2020，进入 Fluent Launcher 界面。

步骤 02　在 Fluent Launcher 界面中的 Dimension 中选择 2D，在 Options 中选中 Display Mesh After Reading，单击 OK 按钮进入 Fluent 主界面。

步骤 03　在 Fluent 主界面中，单击主菜单中的 File→Read→Mesh，弹出如图 15-3 所示的 Select File（导入网格）对话框，选择名称为 valve.msh 的网格文件，单击 OK 按钮便可导入网格。

步骤 04　导入网格后，在图形显示区将显示几何模型，如图 15-4 所示。

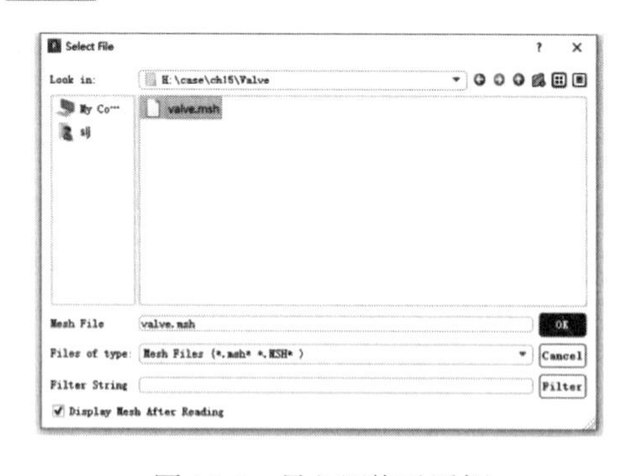

图 15-3　导入网格对话框

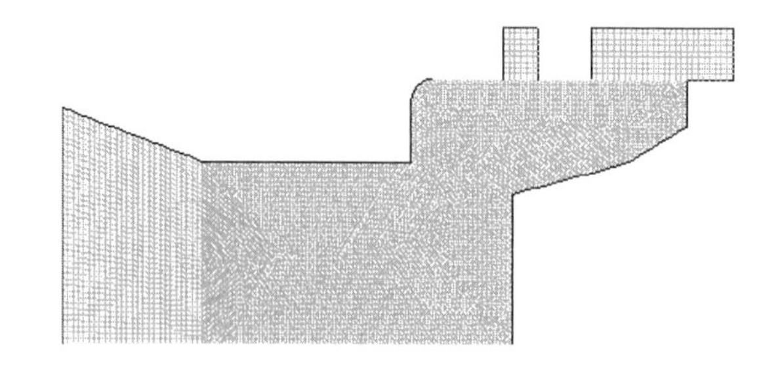

图 15-4　显示几何模型

步骤 05　单击 Check 按钮，检查网格质量，确保不存在负体积。

步骤 06　单击 Check 按钮，弹出如图 15-5 所示的 Scale Mesh（网格缩放）对话框。在 Scaling 中选中 Convert Units 单选按钮，在 Mesh Was Created In 中选择 in，单击 Scale 按钮完成网格缩放，在 View Length Unit In 中选择 in。

步骤 07　单击 General 面板中的 Units 按钮，弹出如图 15-6 所示的 Set Units（设置单位）对话框，并将 Pressure 单位设为 psi。

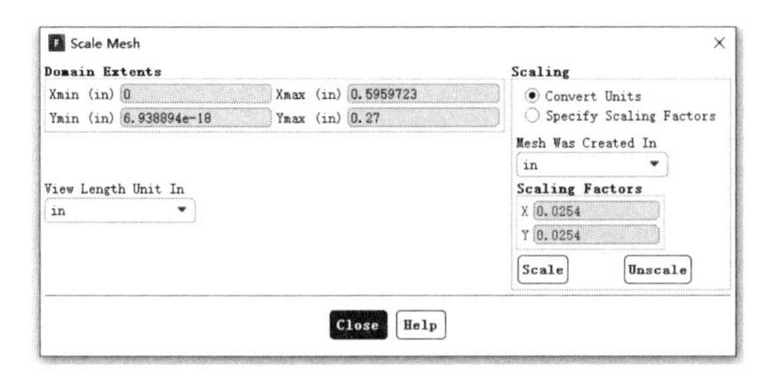

图 15-5　网格缩放对话框

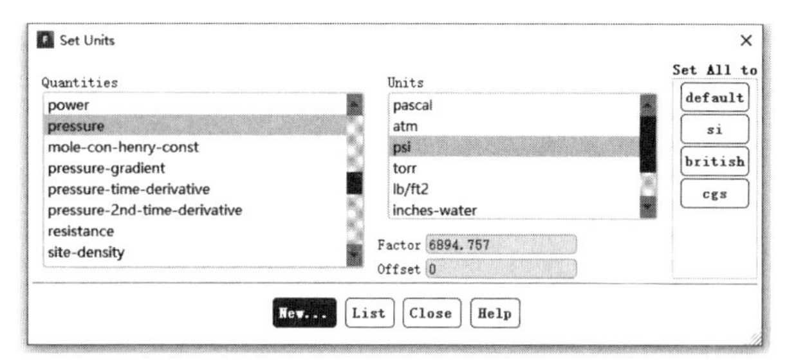

图 15-6　设置单位对话框

在 Quantities 中选择 mass-flow，单击 New 按钮，弹出如图 15-7 所示的 Define Unit（定义单位）对话框。在 Unit 中填入 gpm，在 Factor 中填入 0.0536265，单击 OK 按钮确认。

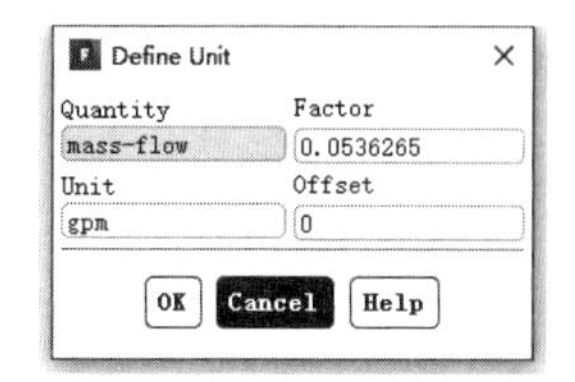

图 15-7　定义单位对话框

步骤 08　单击主菜单中的 File→Write→Case，弹出 Select File 对话框，在 Case File 中填入 Valve，单击 OK 按钮便可保存项目。

15.2.3　定义求解器

步骤 01　单击信息树中的 General 项，弹出如图 15-8 所示的 General（总体模型设定）面板。在 Solver 中将 Time 类型设为 Transient，在 2D Space 中选中 Axisymmetric 单选按钮。

步骤 02　单击 Physics 选项卡 Solver 面板中的 Operating Conditions 按钮，弹出如图 15-9 所示的 Operating Conditions（操作条件）对话框。在 Operating Pressure 中填入 0，单击 OK 按钮确认。

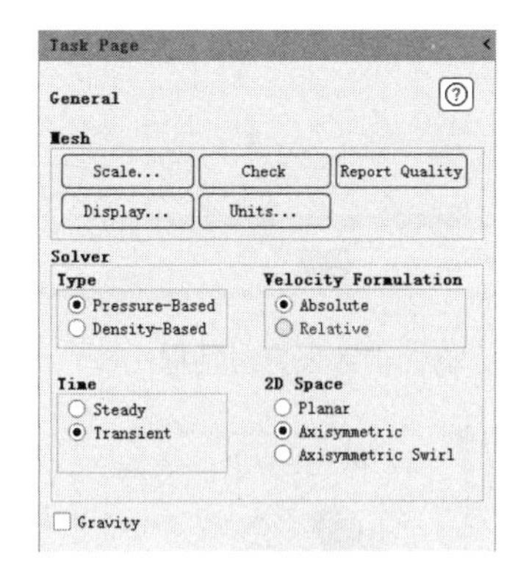

图 15-8　总体模型设定面板

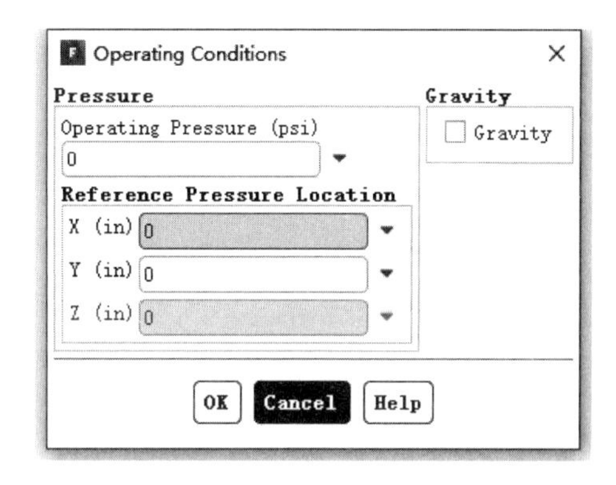

图 15-9　操作条件对话框

15.2.4　定义模型

在信息树中单击 Models 项，弹出如图 15-10 所示的 Models（模型设定）面板。在模型设定面板中双击 Viscous，弹出如图 15-11 所示的 Viscous Model（湍流模型）对话框。

在 Model 中选择 k-epsilon(2 eqn)单选按钮，单击 OK 按钮确认。

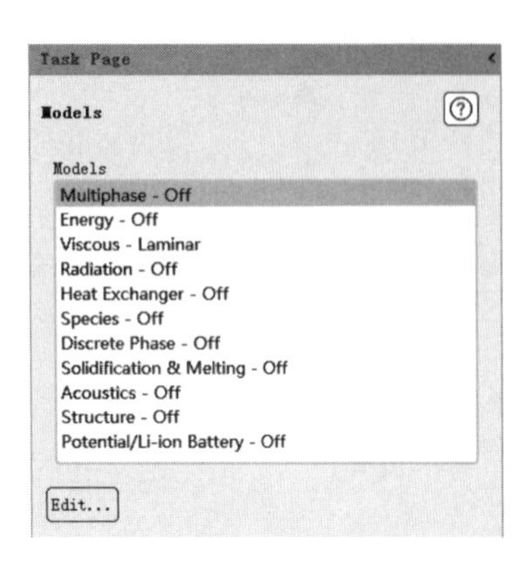

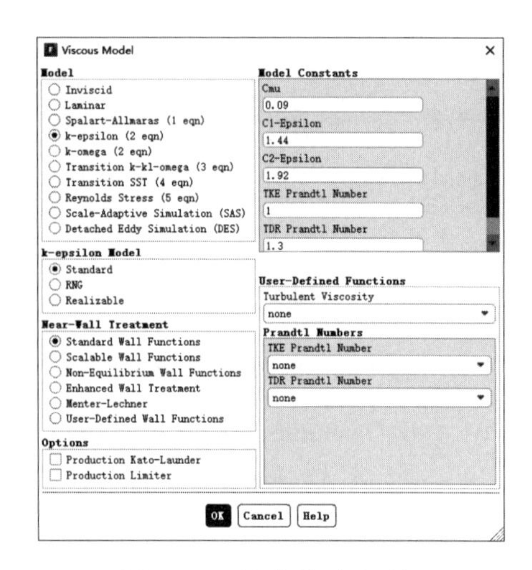

图 15-10　模型设定面板

图 15-11　湍流模型对话框

15.2.5　设置材料

单击信息树中的 Materials 项，弹出如图 15-12 所示的 Materials（材料）面板。在材料面板中单击 Create/Edit 按钮，弹出如图 15-13 所示的 Create/Edit Materials（物性参数设定）对话框。

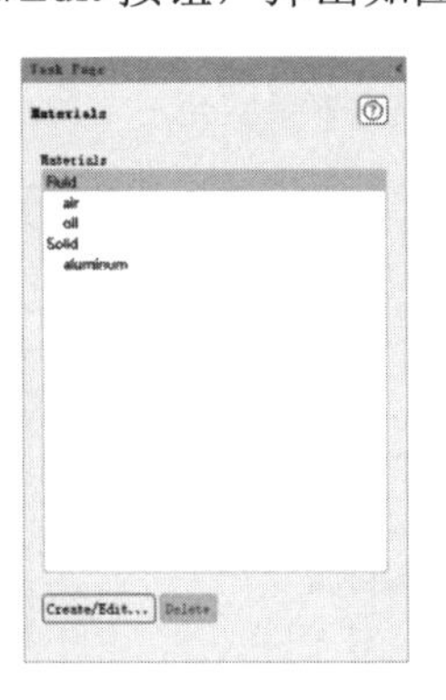

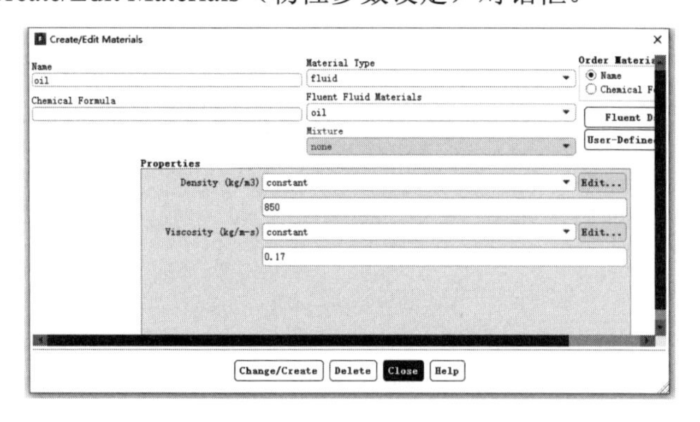

图 15-12　材料面板

图 15-13　物性参数设定对话框

在 Name 中输入 oil，在 Density 中输入 850，在 Viscosity 中输入 0.17，单击 Change/Create 按钮创建新物质，在弹出的如图 15-14 所示的 Question（疑问）对话框中单击 No 按钮，不替换原来 air 的设置参数。

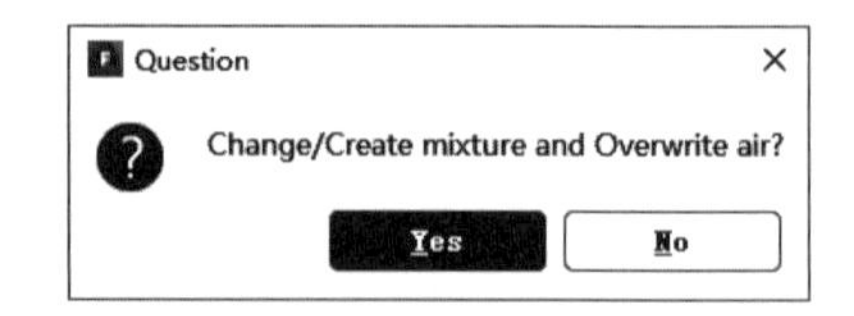

图 15-14　疑问对话框

15.2.6　边界条件

步骤 01　单击信息树中的 Boundary Conditions 项，启动如图 15-15 所示的边界条件面板。

步骤 02　在边界条件面板中双击 inlet，弹出如图 15-16 所示的边界条件设置对话框。

在 Mass Flow Rate 中填入 2，在 Supersonic/Initial Gauge Pressure 中填入 80，在 Turbulence 中的 Specification Method 中选择 Intensity and Hydraulic Diameter，在 Turbulent Intensity 中填入 10，在 Hydraulic Diameter 中填入 0.3。

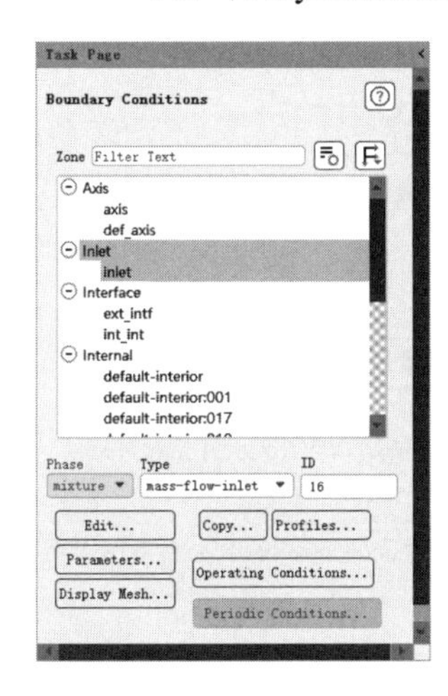

图 15-15　边界条件面板

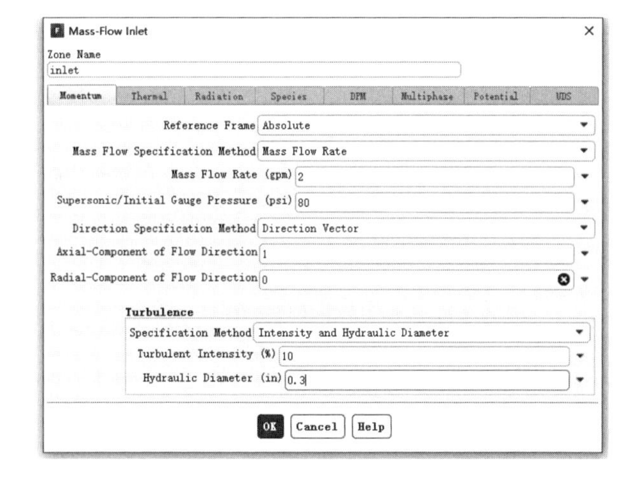

图 15-16　边界条件设置对话框

步骤03 在边界条件面板中双击 outlet，弹出如图 15-17 所示的边界条件设置对话框。

在 Gauge Pressure 中填入 14.7，在 Backflow Turbulent Intensity 中填入 10，在 Backflow Turbulent Viscosity Ratio 中填入 10。

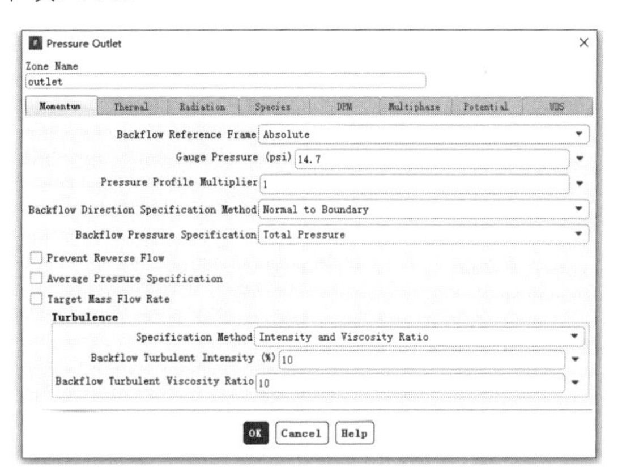

图 15-17　边界条件设置对话框

15.2.7　设置分界面

步骤01 单击信息树中的 Mesh Interfaces 项，启动如图 15-18 所示的 Mesh Interfaces（网格分界面）面板。

步骤02 单击 Manual Create 按钮，弹出如图 15-19 所示的 Create/Edit Mesh Interfaces（创建/编辑网格分界面）对话框。

在 Interface Zones side 1 中选择 ext_intf，在 Interface Zones side 2 中选择 int_int，在 Mesh Interface 中填入 if，单击 Create 按钮完成创建。

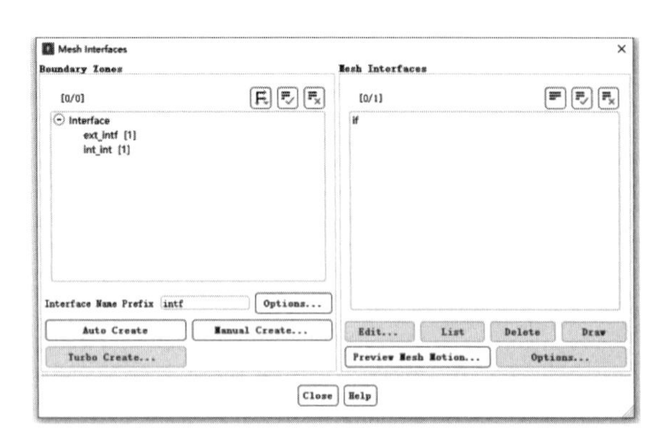

图 15-18　网格分界面面板

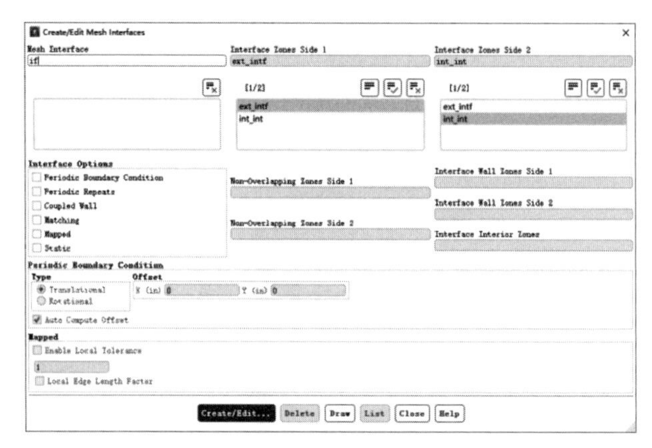

图 15-19　创建/编辑网格分界面对话框

15.2.8　动网格设置

导入 UDF 文件。

单击 User Defined 选项卡 User Defined 面板中 Functions 下的 Compiled，启动如图 15-20 所示的 Compiled UDFs（编辑 UDF）对话框。

在 Source Files 下单击 Add 按钮，弹出如图 15-21 所示的 Select File（导入文件）对话框，选择 valve.c 文件，单击 OK 按钮完成 UDF 文件导入。

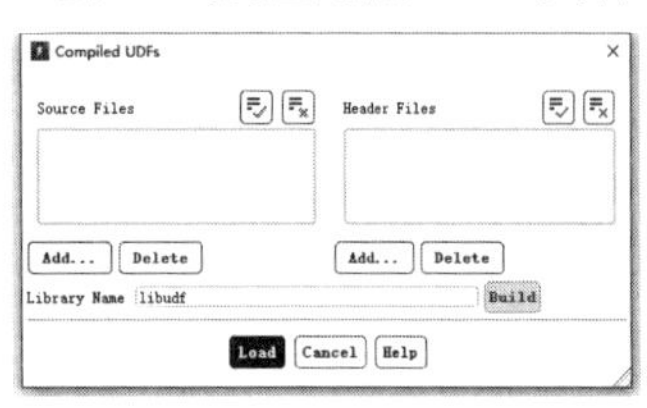

图 15-20　编辑 UDF 对话框

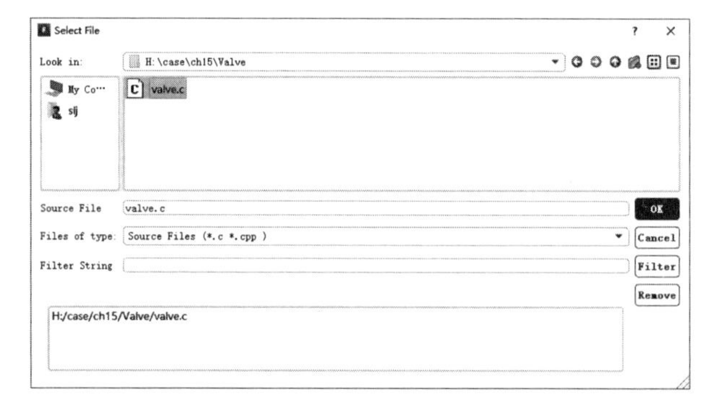

图 15-21　导入文件对话框

返回编辑 UDF 对话框，单击 Build 按钮进行编辑，在弹出的疑问对话框中单击 OK 按钮。然后单击 Load 按钮，加载刚刚编译完成的 UDF 函数库。

步骤 02　单击信息树中的 Dynamic Mesh 项，启动如图 15-22 所示的 Dynamic Mesh（动网格设置）面板。勾选 Dynamic Mesh 复选框，在 Mesh Methods 中勾选 Smoothing 和 Remeshing 复选框。

单击 Settings 按钮，弹出如图 15-23 所示的 Mesh Method Settings（网格方法设置）对话框。单击 Advanced 按钮，在弹出的对话框中，在 Spring Constant Factor 中填入 1，在 Convergence Tolerance 中填入 0.001，在 Number of Iterations 中填入 50，在 Laplace Node Relaxation 中填入 0.7。

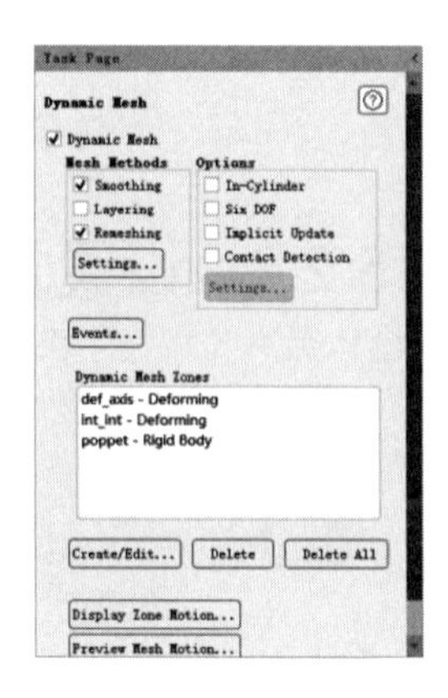

图 15-22　动网格设置面板

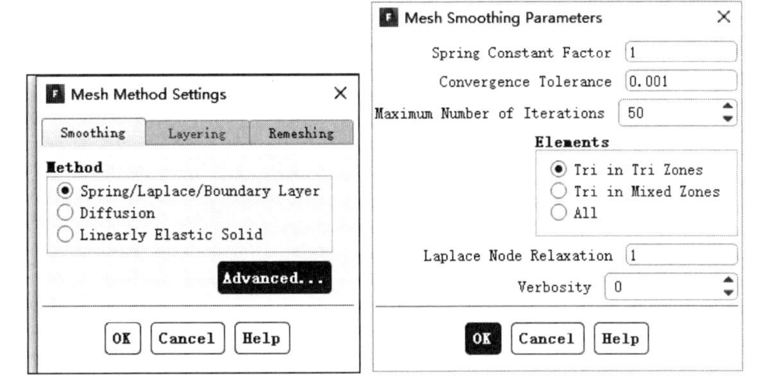

图 15-23　网格方法设置对话框

在如图 15-24 所示的 Remeshing 选项卡中，在 Minimum Length Scale 中填入 0，在 Maximum Length Scale 中填入 0.006396，在 Maximum Cell Skewness 中填入 0.7。

设置完单击 OK 按钮确认。

步骤 03 在 Dynamic Mesh Zones 中单击 Create/Edit 按钮，弹出如图 15-25 所示的 Dynamic Mesh Zones（动网格区域）对话框。

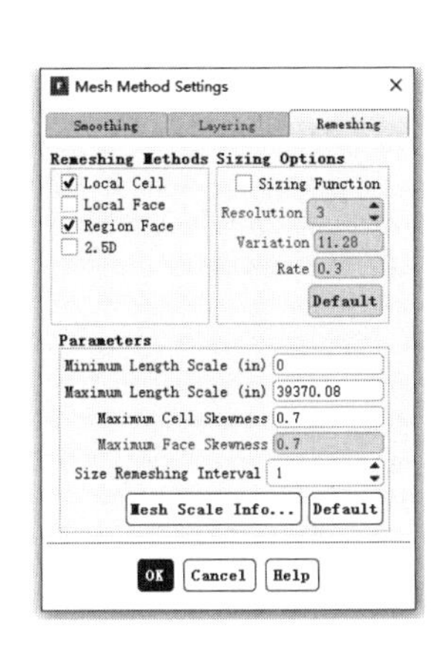

图 15-24　Remeshing 选项卡

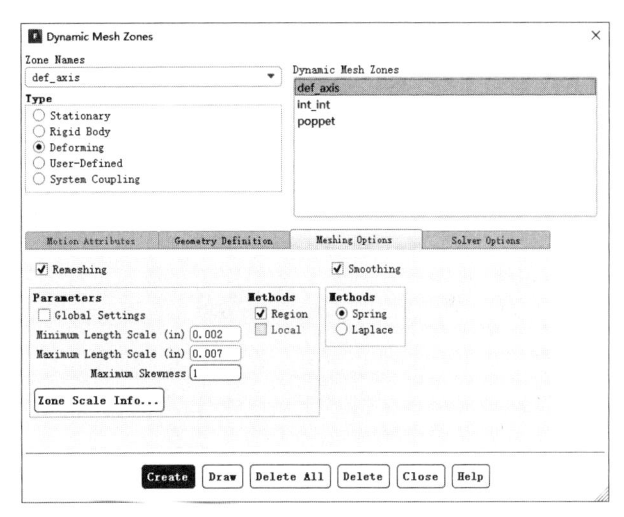

图 15-25　动网格区域对话框

在 Zone Names 中选择 poppet，在 Type 中选中 Rigid Body 单选按钮。在 Motion Attributes 选项卡中，在 Motion UDF/Profile 中选择 valve；在 Meshing Options 选项卡中，在 Cell Height 中填入 0.005。单击 Create 按钮创建动网格区域。

在 Zone Names 中选择 def_axis，在 Type 中选中 Deforming 单选按钮，在 Geometry Definition 选项卡中，在 Definition 中选择 plane，在 Point on Plane 的 X、Y 中分别填入 0、0，在 Plane Normal 的 X、Y 中分别填入 0、1，如图 15-26 所示。在 Meshing Options 选项卡中，在 Minimum Length Scale 中填入 0.002，在 Maximum Length Scale 中填入 0.007。单击 Create 按钮创建动网格区域。

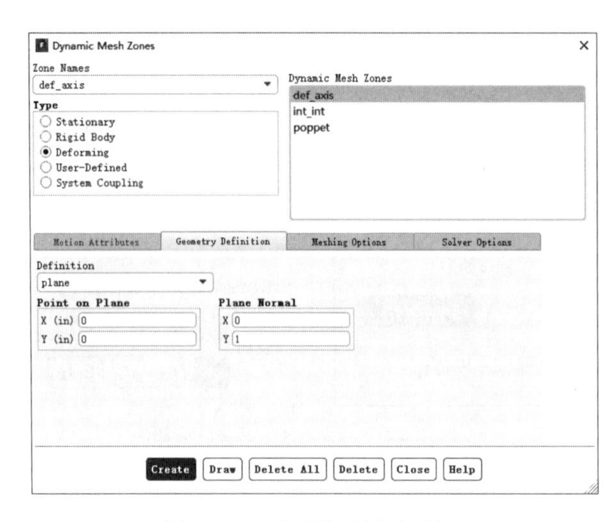

图 15-26　动网格区域对话框

在 Zone Names 中选择 int_int，在 Type 中选中 Deforming 单选按钮，如图 15-27 所示。在 Geometry Definition 选项卡中，在 Definition 中选择 plane，在 Point on Plane 的 X、Y 中分别填入 0、0.22625，在 Plane Normal 的 X、Y 中分别填入 0、1；在 Meshing Options 选项卡中，在 Minimum Length Scale 中填入 0.002，在 Maximum Length Scale 中填入 0.007，单击 Create 按钮创建动网格区域。

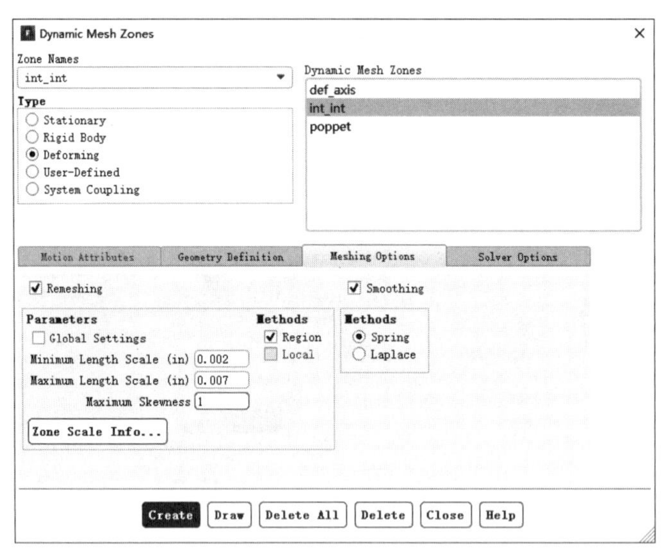

图 15-27　动网格区域对话框

15.2.9　求解控制

步骤 01 单击信息树中的 Methods 项，弹出如图 15-28 所示的 Solution Methods（求解方法设置）面板。保持默认设置不变。

步骤 02 单击信息树中的 Controls 项，弹出如图 15-29 所示的 Solution Controls（求解过程控制）面板。保持默认设置不变。

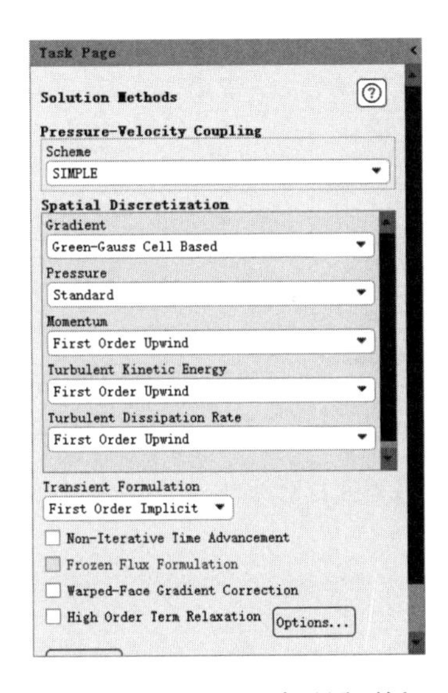

图 15-28　求解方法设置面板

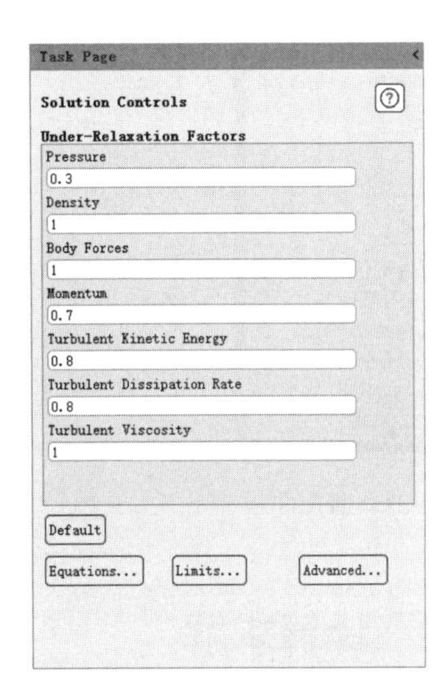

图 15-29　求解过程控制面板

15.2.10　初始条件

单击信息树中的 Initialization 项，弹出如图 15-30 所示的 Solution Initialization（初始化设置）面板。

在 Initialization Methods 中选中 Standard Initialization 单选按钮，在 Gauge Pressure 中填入 80，在 Axial Velocity 中填入 3.097237，在 Turbulent Kinetic Energy 中填入 0.1438932，在 Turbulent Dissipation Rate 中填入 16.8147，单击 Initialize 按钮进行初始化。

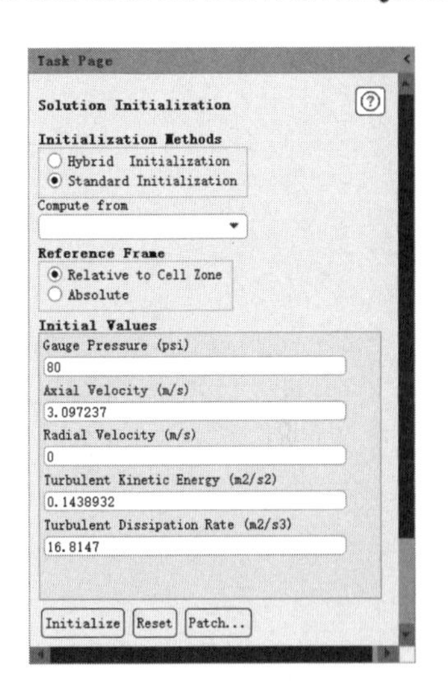

图 15-30　初始化设置面板

15.2.11　求解过程监视

单击信息树中的 Monitors 项，弹出如图 15-31 所示的 Monitors（监视）面板，双击 Residual，便弹出如图 15-32 所示的 Residual Monitors（残差监视）对话框。

保持默认设置不变，单击 OK 按钮确认。

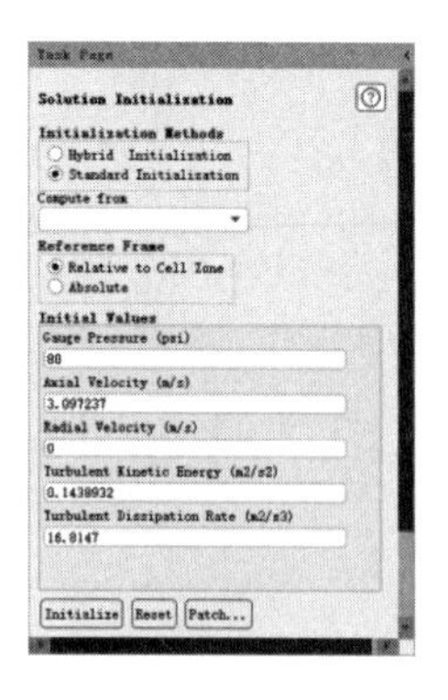

图 15-31　监视面板

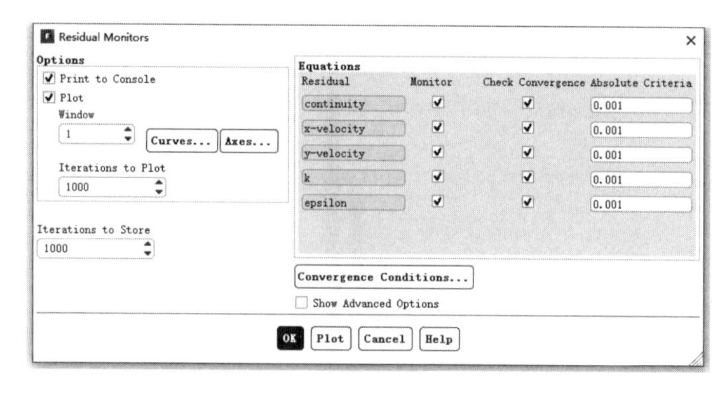

图 15-32　残差监视对话框

15.2.12　计算求解

单击信息树中的 Run Calculation 项，弹出如图 15-33 所示的 Run Calculation（运行计算）面板。

在 Time Step Size 中输入 4e-6，在 Max Iterations/Time Step 中输入 100，在 Number of Time Steps 中输入 80，单击 Calculate 按钮开始计算。

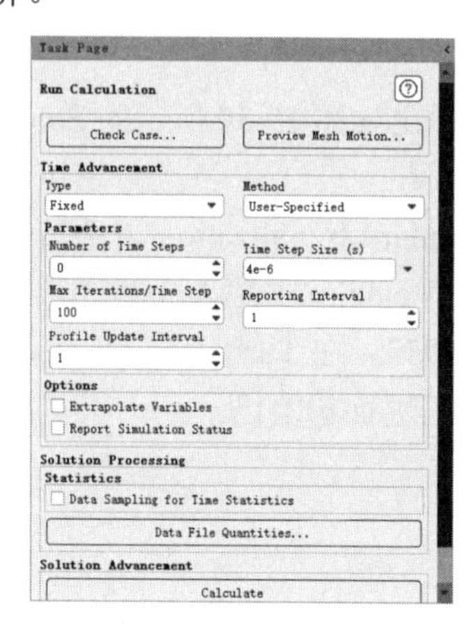

图 15-33　运行计算面板

15.2.13　结果后处理

步骤 01　单击信息树中的 Graphics 项，弹出如图 15-34 所示的 Graphics and Animations（图形和动画）面板，在 Graphics 下双击 Contours，弹出如图 15-35 所示的 Contours（等值线）对话框。

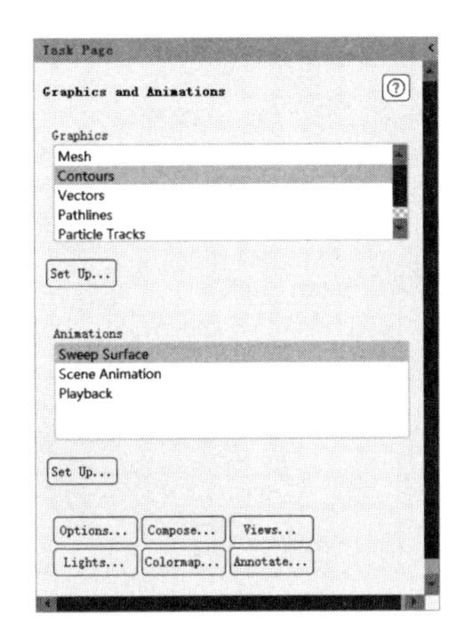

图 15-34　图形和动画对话框

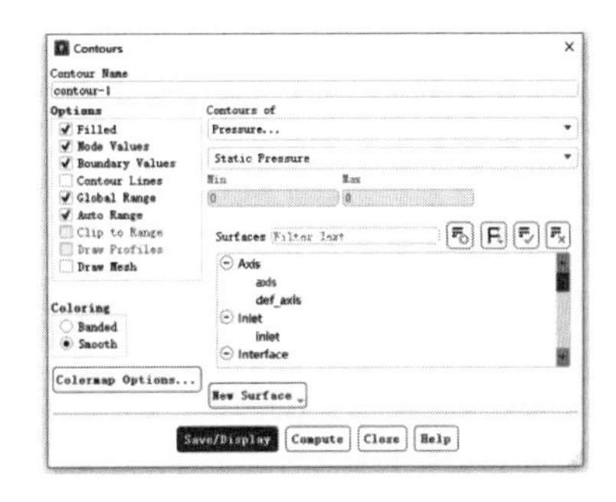

图 15-35　等值线对话框

在 Contours of 中选择 Pressure，单击 Save/Display 按钮，显示如图 15-36 所示的压力云图。

步骤 02 在 Graphics 下双击 Vectors，弹出如图 15-37 所示的 Vectors（矢量）对话框。单击 Save/Display 按钮，显示如图 15-38 所示的速度矢量图。

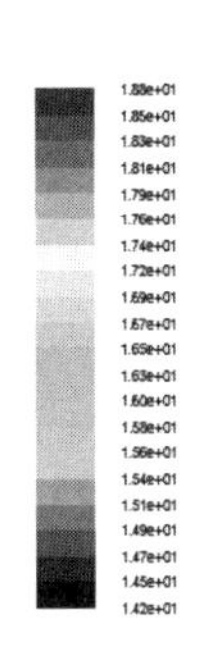

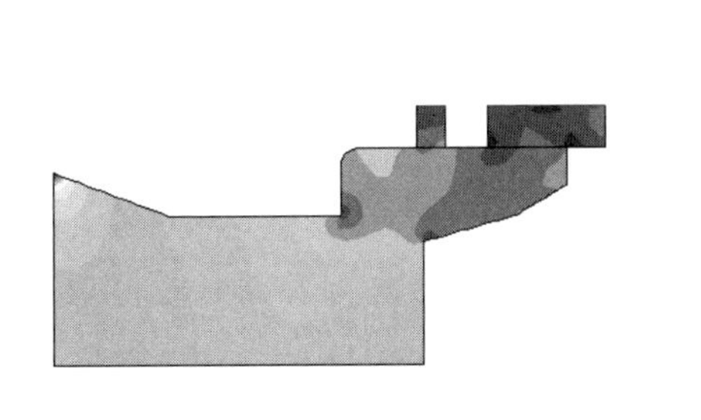

图 15-36　压力云图

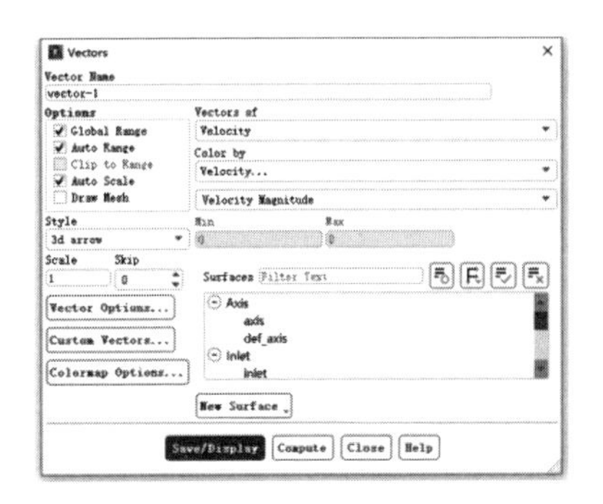

图 15-37　矢量对话框

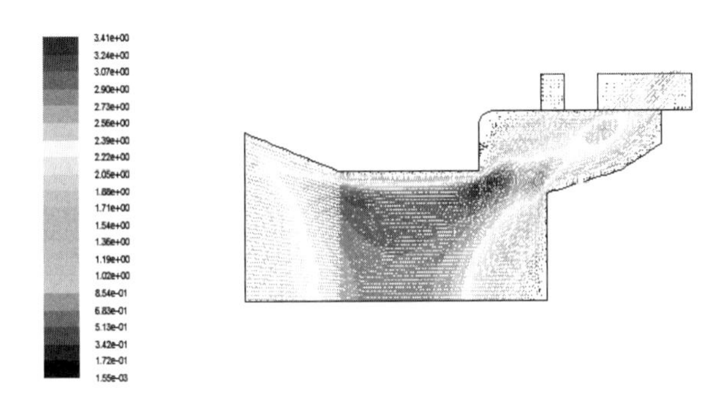

图 15-38　速度矢量图

15.3　风力涡轮机分析1

下面将通过一个风力涡轮机案例让读者对 ANSYS Fluent 2020 分析处理动网格的基本操作有一个初步的了解。

15.3.1 案例介绍

用Fluent分析如图15-39所示的风力涡轮机运动过程中扇叶周边的流场情况。

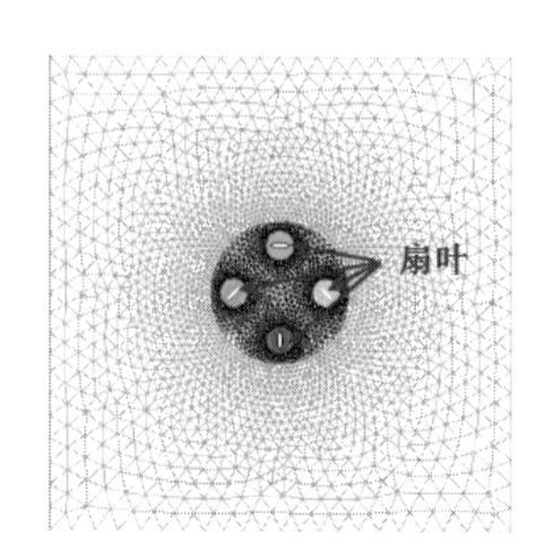

图 15-39 案例问题

15.3.2 启动 Fluent 并导入网格

步骤 01 在 Windows 系统下执行“开始”→“所有程序”→ANSYS 2020→Fluent 2020 命令，启动 Fluent 2020，进入 Fluent Launcher 界面。

步骤 02 在 Fluent Launcher 界面中的 Dimension 中选择 2D，在 Options 中选中 Display Mesh After Reading，单击 OK 按钮进入 Fluent 主界面。

步骤 03 在 Fluent 主界面中，单击主菜单中的 File→Read→Mesh，弹出如图 15-40 所示的 Select File 对话框，选择名称为 windturbine.msh 的网格文件，单击 OK 按钮便可导入网格。

步骤 04 导入网格后，在图形显示区将显示几何模型，如图 15-41 所示。

图 15-40 导入网格对话框

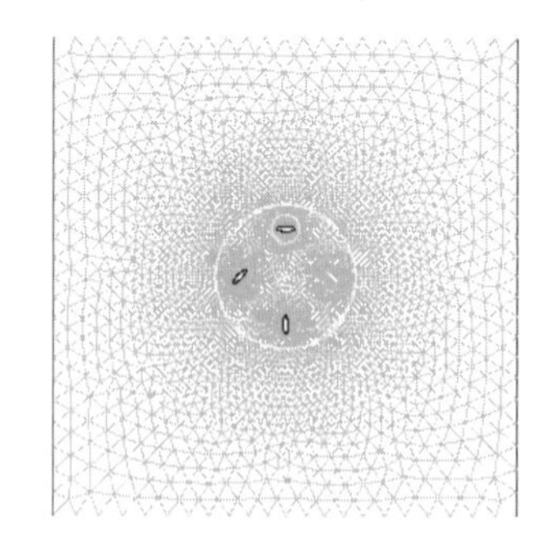

图 15-41 显示几何模型

步骤 05 单击 Check 按钮，检查网格质量，确保不存在负体积。

步骤 06 单击主菜单中的 File→Write→Case，弹出 Select File 对话框，在 Case File 中填入 windturbine，单击 OK 按钮便可保存项目。

15.3.3 定义求解器

步骤 01 单击信息树中的 General 项，弹出如图 15-42 所示的 General（总体模型设定）面板。在 Solver

中将 Time 类型设为 Steady。

步骤 02 单击 Physics 选项卡 Solver 面板中的 Operating Conditions 按钮，弹出如图 15-43 所示的 Operating Conditions（操作条件）对话框。保持默认设置，单击 OK 按钮确认。

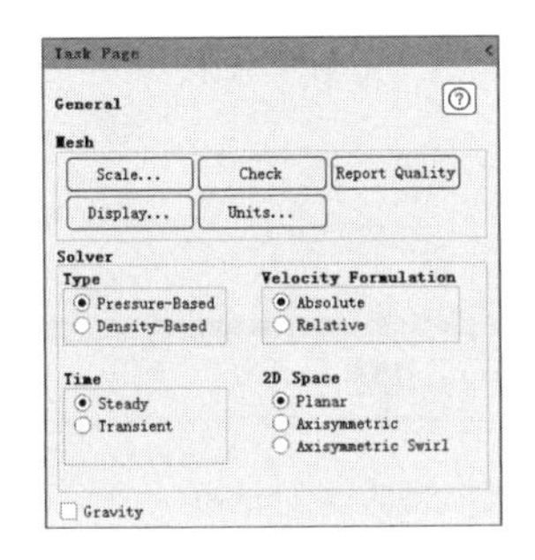

图 15-42　总体模型设定面板

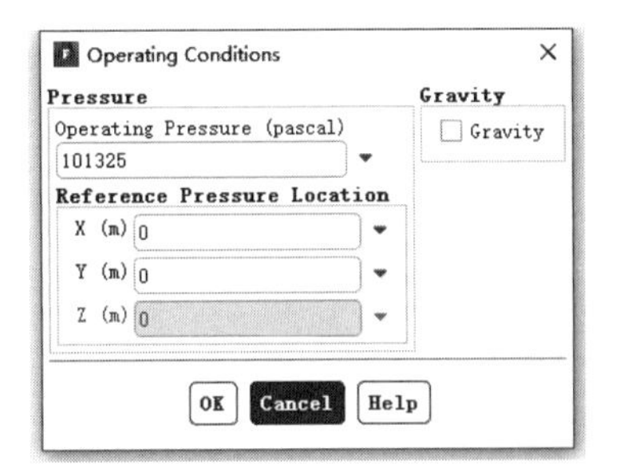

图 15-43　操作条件对话框

15.3.4　定义模型

在信息树中单击 Models 项，弹出如图 15-44 所示的 Models（模型设定）面板。在模型设定面板中双击 Viscous，弹出如图 15-45 所示的 Viscous Model（湍流模型）对话框。

在 Model 中选中 k-epsilon(2 eqn)单选按钮，单击 OK 按钮确认。

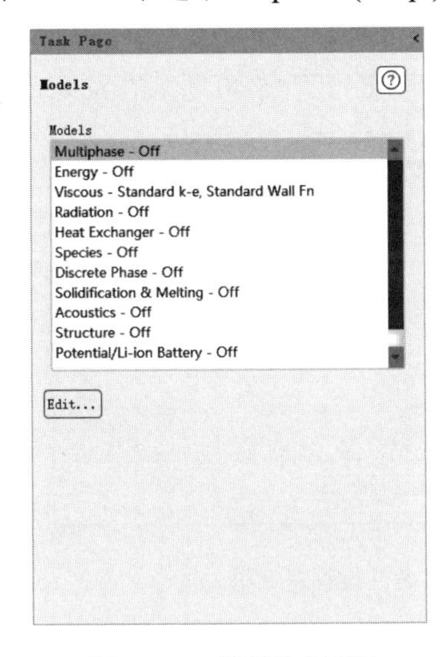

图 15-44　模型设定面板

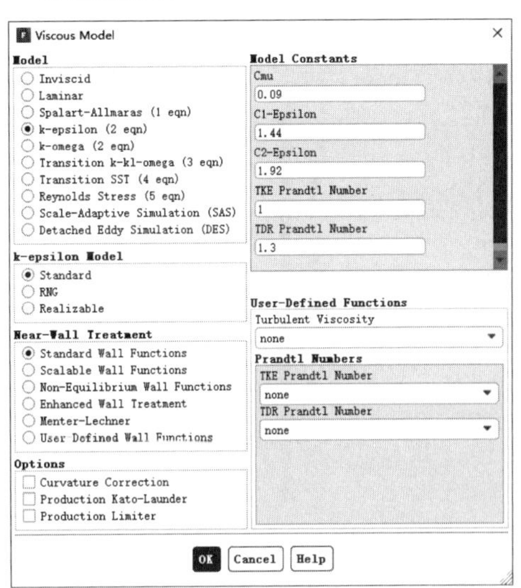

图 15-45　湍流模型对话框

15.3.5　设置材料

单击信息树中的 Materials 项，弹出如图 15-46 所示的 Materials（材料）面板。在材料面板中双击 air，弹出如图 15-47 所示的 Create/Edit Materials（物性参数设定）对话框。

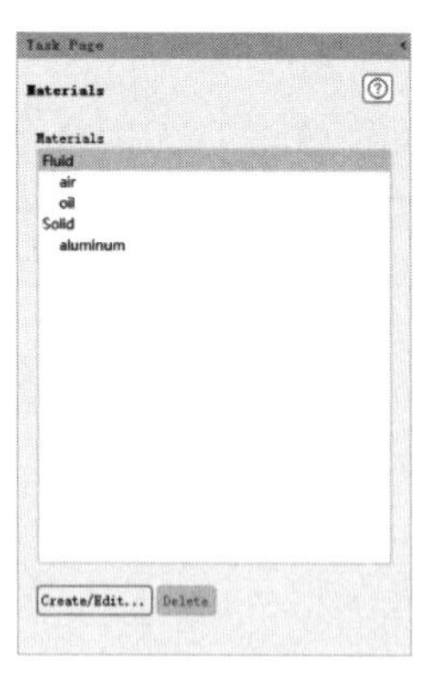

图 15-46　材料面板

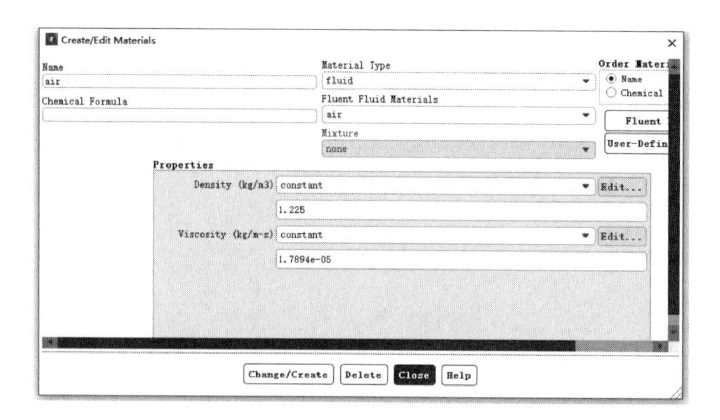

图 15-47　物性参数设定对话框

保持默认值，单击 Close 按钮退出。

15.3.6　边界条件

步骤 01　单击信息树中的 Boundary Conditions 项，启动如图 15-48 所示的边界条件面板。

步骤 02　在边界条件面板中双击 vel-inlet-wind，弹出如图 15-49 所示的边界条件设置对话框。

在 Velocity Magnitude 中填入 10，在 Turbulence 中的 Specification Method 中选择 Intensity and Hydraulic Diameter，在 Turbulent Intensity 中填入 5，在 Hydraulic Diameter 中填入 1。

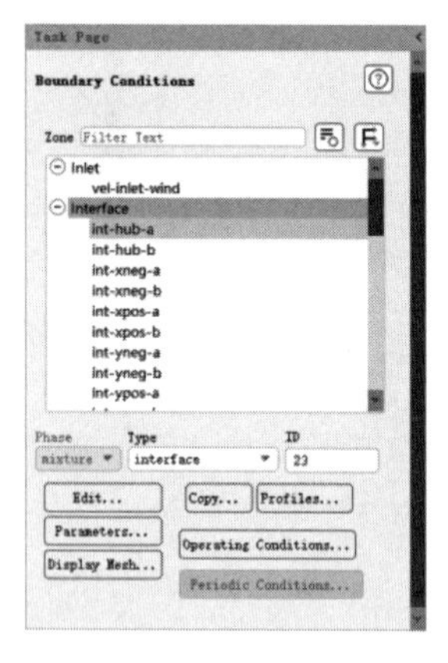

图 15-48　边界条件面板

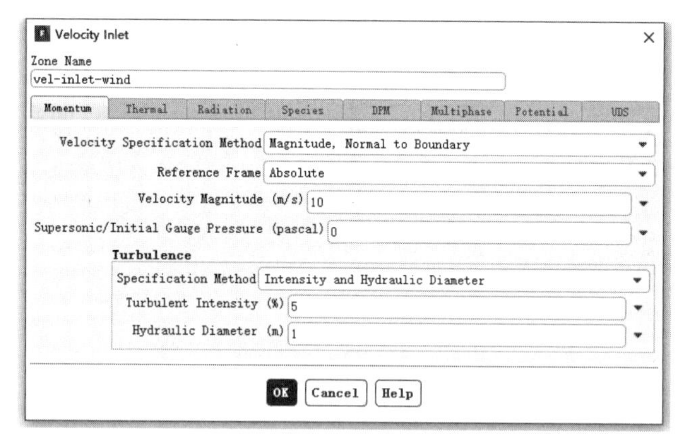

图 15-49　边界条件设置对话框

步骤 03　在边界条件面板中双击 pressure-outlet-wind，弹出如图 15-50 所示的边界条件设置对话框。

在 Gauge Pressure 中填入 0，在 Turbulence 中的 Specification Method 中选择 Intensity and Hydraulic Diameter，在 Backflow Turbulent Intensity 中填入 5，在 Backflow Hydraulic Diameter 中填入 1。

步骤 04　在边界条件面板中双击 wall-blade-xneg，弹出如图 15-51 所示的 Wall 对话框。

在 Wall Motion 中选中 Moving Wall 单选按钮，在 Motion 中选中 Rotational 单选按钮，在 Speed 中填入 0，单击 OK 按钮确认。

步骤 05　在边界条件面板中单击 Copy 按钮，弹出如图 15-52 所示的 Copy Conditions（边界条件复制）对话框。

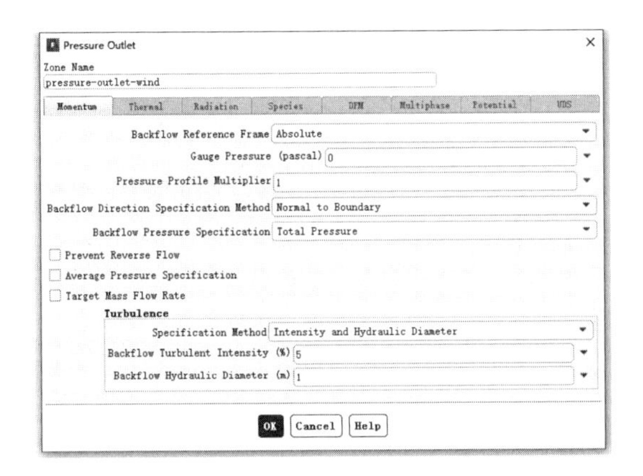

图 15-50　边界条件设置对话框

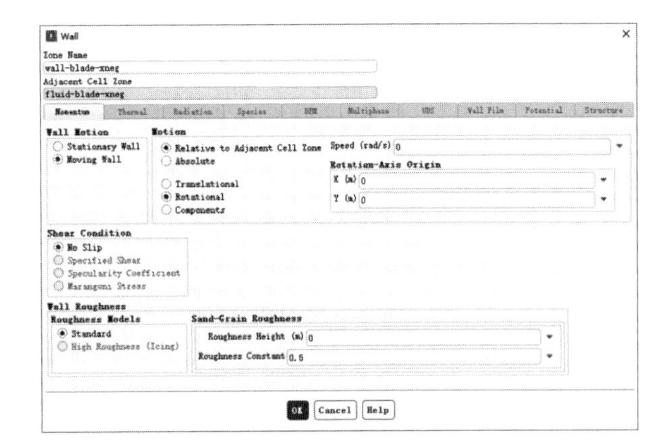

图 15-51　Wall 对话框

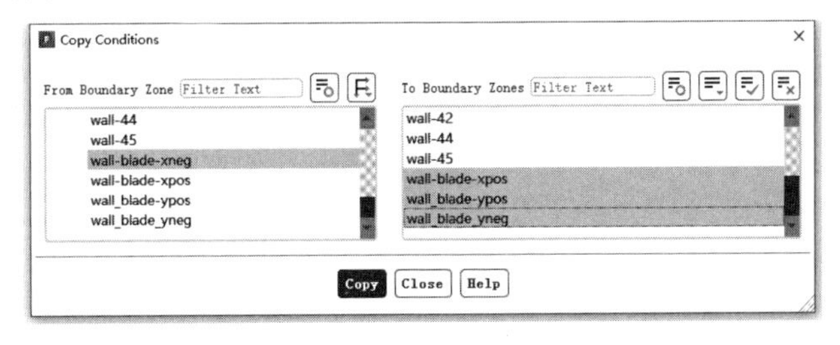

图 15-52　边界条件复制对话框

在 From Boundary Zone 中选择 wall-blade-xneg，在 To Boundary Zones 中选择 wall-blade-xpos、wall-blade-ypos、wall-blade-yneg，单击 Copy 按钮完成复制。

15.3.7　设置分界面

步骤 01　单击信息树中的 Mesh Interfaces 项，启动如图 15-53 所示的 Mesh Interfaces（网格分界面）面板。

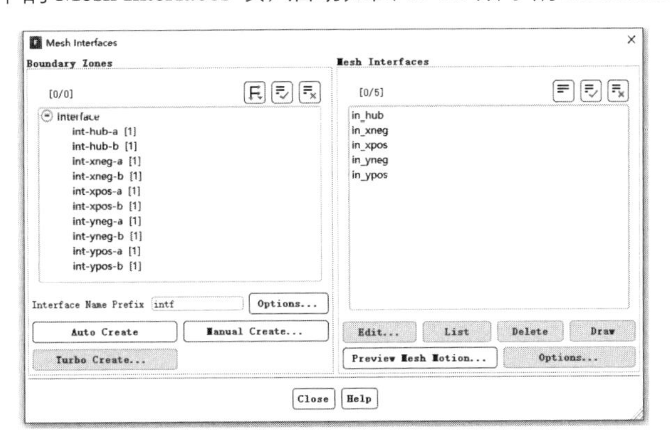

图 15-53　网格分界面面板

步骤 02　单击 Create/Edit 按钮，弹出如图 15-54 所示的 Create/Edit Mesh Interfaces（创建/编辑网格分界面）对话框。

- 在Interface Zone side 1中选择int-hub-a，在Interface Zone side 2中选择int-hub-b，在Mesh

Interface中填入in_hub，单击Create按钮完成创建。

- 在Interface Zone side 1中选择int-xneg-a，在Interface Zone side 2中选择int-xneg-b，在Mesh Interface中填入in_xneg，单击Create按钮完成创建。
- 在Interface Zone side 1中选择int-xpos-a，在Interface Zone side 2中选择int-xpos-b，在Mesh Interface中填入in_xpos，单击Create按钮完成创建。
- 在Interface Zone side 1中选择int-yneg-a，在Interface Zone side 2中选择int-yneg-b，在Mesh Interface中填入in_yneg，单击Create按钮完成创建。
- 在Interface Zone side 1中选择int-ypos-a，在Interface Zone side 2中选择int-ypos-b，在Mesh Interface中填入in_ypos，单击Create按钮完成创建。

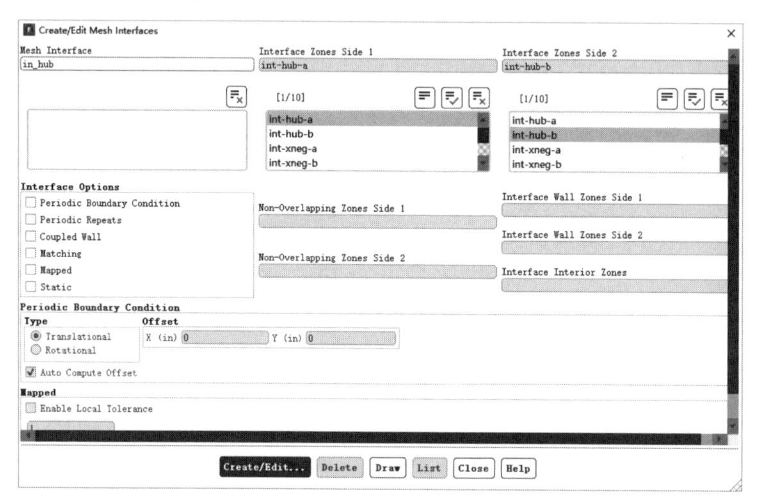

图 15-54　创建/编辑网格分界面对话框

15.3.8　动网格设置

步骤 01 单击信息树中的 Cell Zone Conditions 项，启动如图 15-55 所示的 Cell Zone Condition（区域条件）面板。

双击 fluid-rotating-core，弹出如图 15-56 所示的 Fluid（流体域设置）对话框。

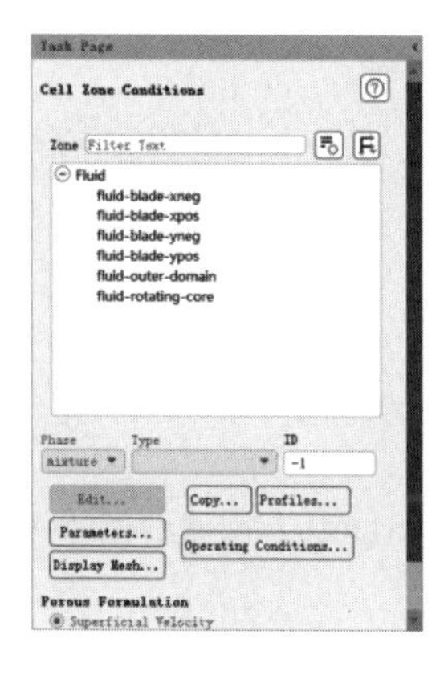

图 15-55　区域条件对话框

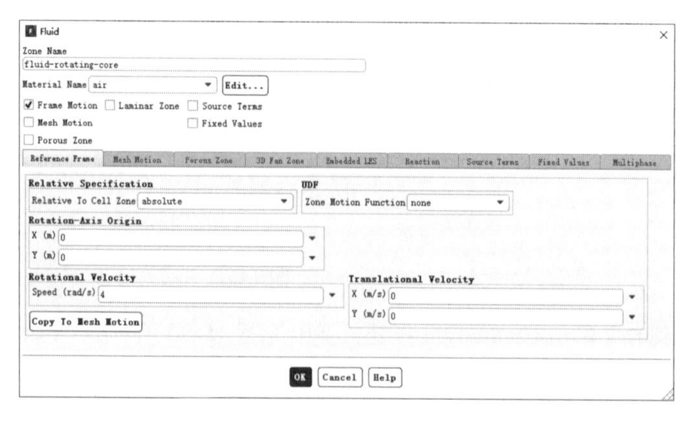

图 15-56　流体域设置对话框

勾选 Frame Motion 复选框，激活 Reference Frame 选项卡，在 Rotational Velocity 中的 Speed 中填入 4，单击 OK 按钮确认。

步骤 02 在区域条件对话框中双击 fluid-blade-xneg，弹出如图 15-57 所示的 Fluid（流体域设置）对话框。

勾选 Frame Motion 复选框，激活 Reference Frame 选项卡，在 Rotational-Axis Origin 的 X、Y 中分别填入-1、0，在 Rotational Velocity 中的 Speed 中填入 2，在 Relative to Cell Zone 中选择 fluid-rotating-core，单击 OK 按钮确认。

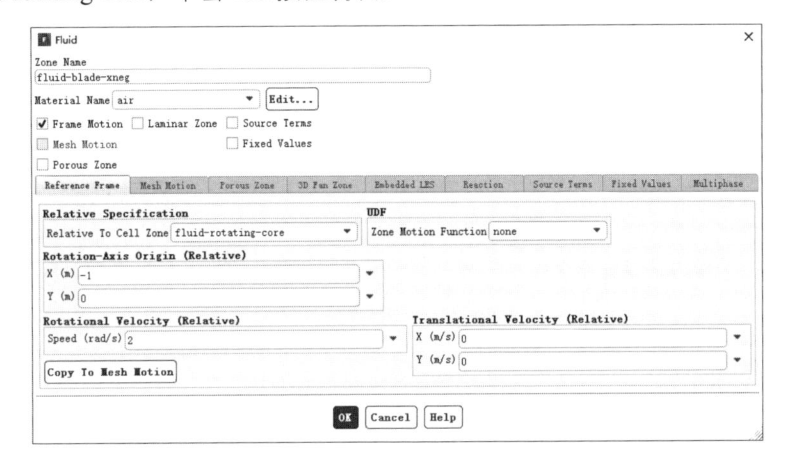

图 15-57 流体域设置对话框

步骤 03 重复步骤 02，设置 fluid-blade-xpos，在 Rotational-Axis Origin 的 X、Y 中分别填入 1、0，在 Rotational Velocity 中的 Speed 中填入 2，在 Relative to Cell Zone 中选择 fluid-rotating-core；设置 fluid-blade-yneg，在 Rotational-Axis Origin 的 X、Y 中分别填入 0、-1，在 Rotational Velocity 中的 Speed 中填入 2，在 Relative to Cell Zone 中选择 fluid-rotating-core；设置 fluid-blade-ypos，在 Rotational-Axis Origin 的 X、Y 中分别填入 0、1，在 Rotational Velocity 中的 Speed 中填入 2，在 Relative to Cell Zone 中选择 fluid-rotating-core。

15.3.9 求解控制

步骤 01 单击信息树中的 Methods 项，弹出如图 15-58 所示的 Solution Methods（求解方法设置）面板。在 Momentum、Turbulent Kinetic Energy 和 Turbulent Dissipation Rate 中选择 Second Order Upwind。

步骤 02 单击信息树中的 Controls 项，弹出如图 15-59 所示的 Solution Controls（求解过程控制）面板，保持默认设置不变。

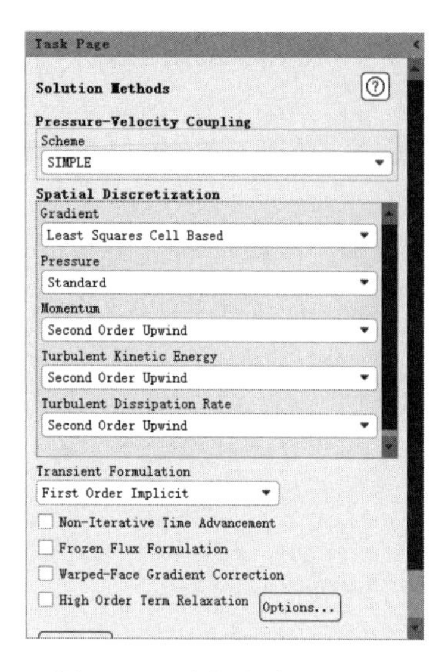

图 15-58　求解方法设置面板

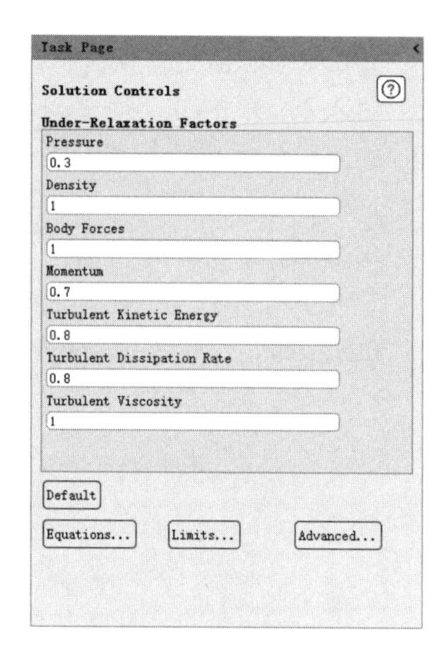

图 15-59　求解过程控制面板

15.3.10　初始条件

单击信息树中的 Initialization 项，弹出如图 15-60 所示的 Solution Initialization（初始化设置）面板。

在 Initialization Methods 中选中 Standard Initialization 单选按钮，在 Compute from 中选择 vel-inlet-wind，单击 Initialize 按钮进行初始化。

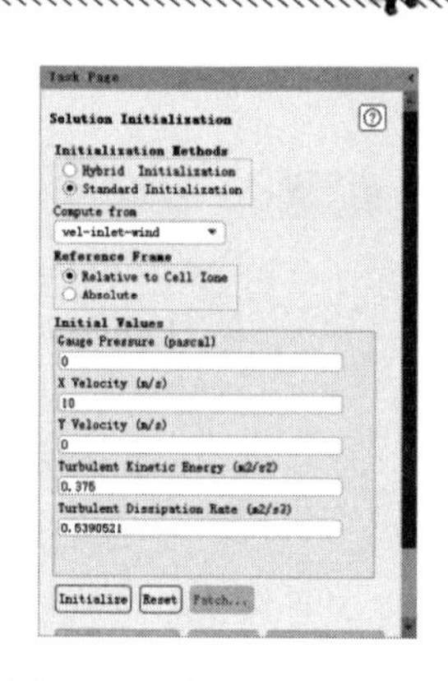

图 15-60　初始化设置面板

15.3.11　求解过程监视

单击信息树中的 Monitors 项，弹出如图 15-61 所示的 Monitors（监视）面板，双击 Residual，便弹出如图 15-62 所示的 Residual Monitors（残差监视）对话框。

保持默认设置不变，单击 OK 按钮确认。

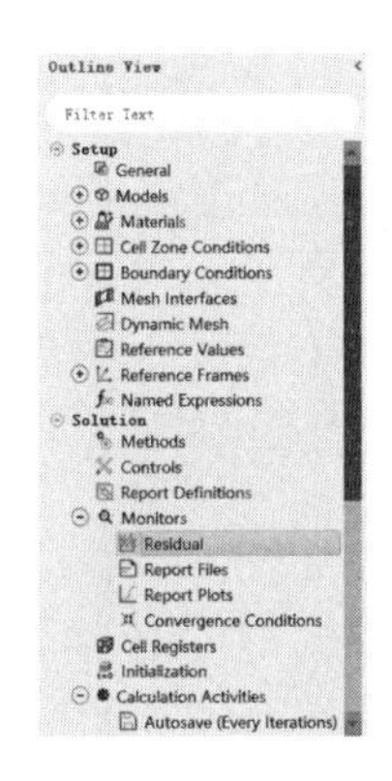

图 15-61　监视面板

图 15-62　残差监视对话框

15.3.12　计算结果输出设置

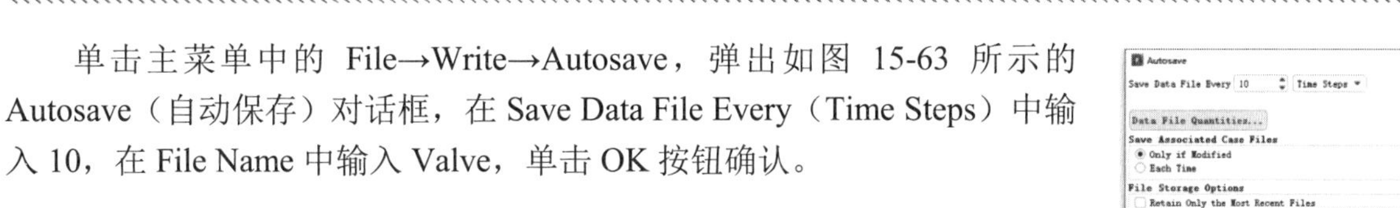

单击主菜单中的 File→Write→Autosave，弹出如图 15-63 所示的 Autosave（自动保存）对话框，在 Save Data File Every（Time Steps）中输入 10，在 File Name 中输入 Valve，单击 OK 按钮确认。

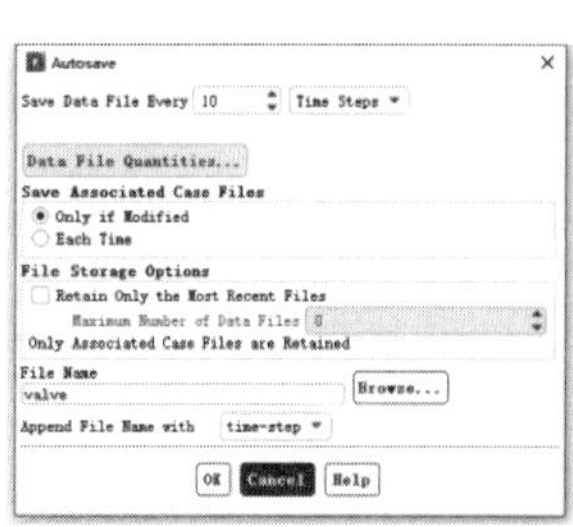

图 15-63　自动保存对话框

15.3.13　计算求解

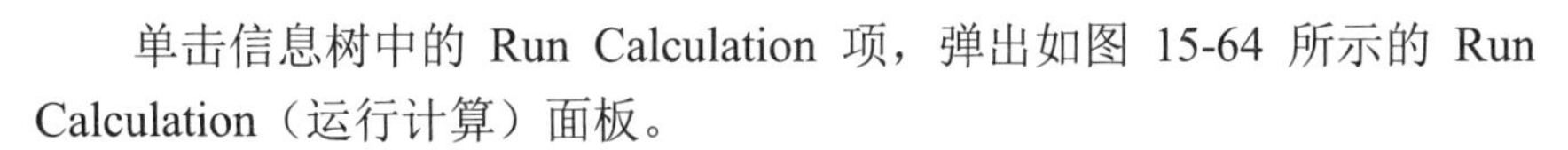

单击信息树中的 Run Calculation 项，弹出如图 15-64 所示的 Run Calculation（运行计算）面板。

在 Number of Iterations 中输入 500，单击 Calculate 按钮开始计算。

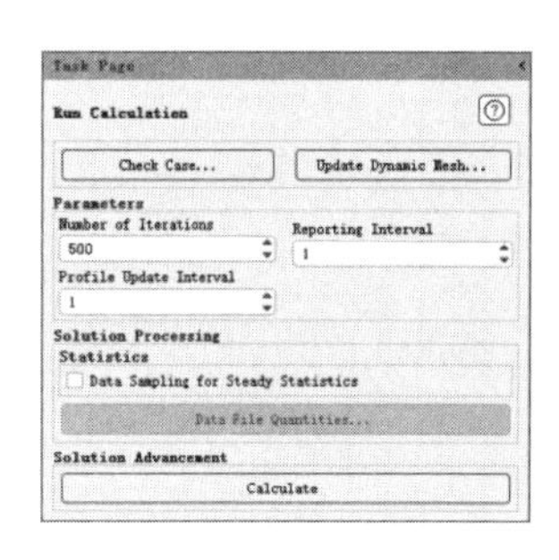

图 15-64　运行计算面板

15.3.14　结果后处理

步骤 01　单击信息树中的 Graphics 项，弹出如图 15-65 所示的 Graphics and Animations（图形和动画）面板，在 Graphics 下双击 Contours，弹出如图 15-66 所示的 Contours（等值线）对话框。

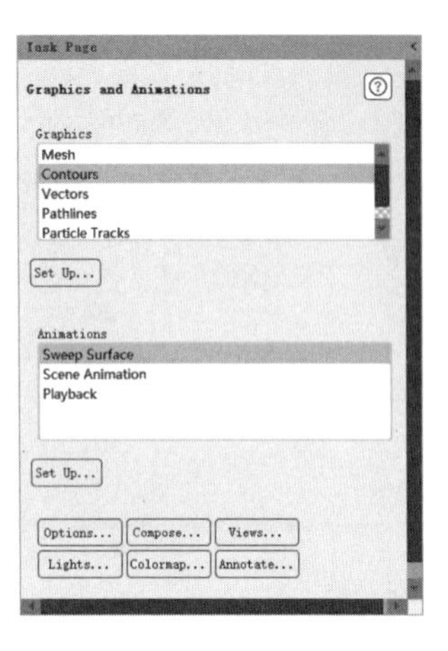

图 15-65　图形和动画面板

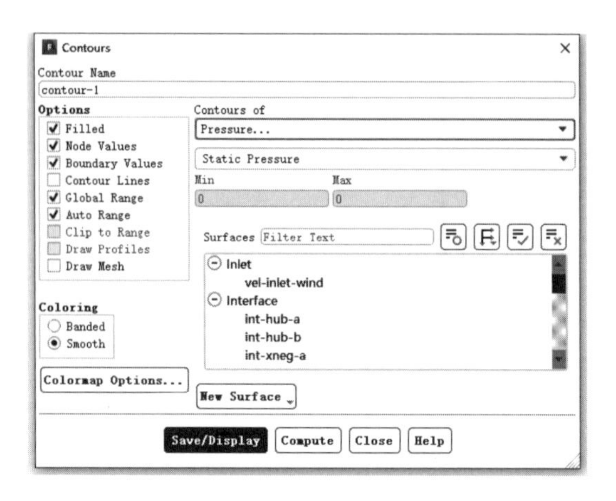

图 15-66　等值线对话框

在 Contours of 中选择 Pressure，单击 Save/Display 按钮，显示如图 15-67 所示的压力云图。

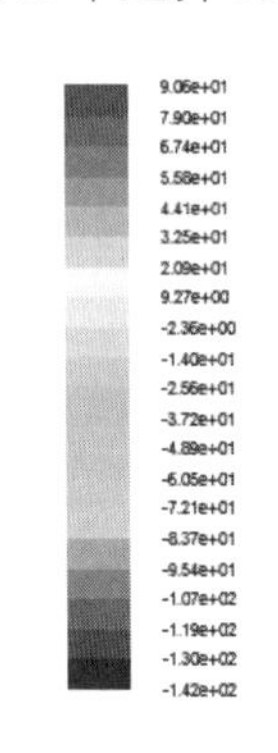

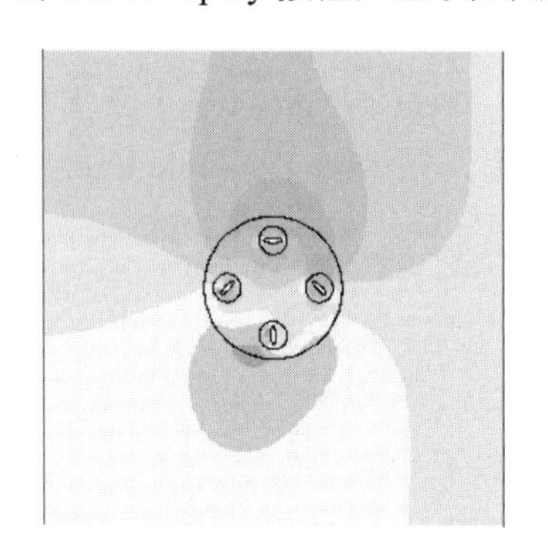

图 15-67　压力云图

步骤 02　在 Graphics 下双击 Vectors，弹出如图 15-68 所示的 Vectors（矢量）对话框。在 Scale 中填入 5，单击 Save/Display 按钮，显示如图 15-69 所示的速度矢量图。

图 15-68　矢量对话框

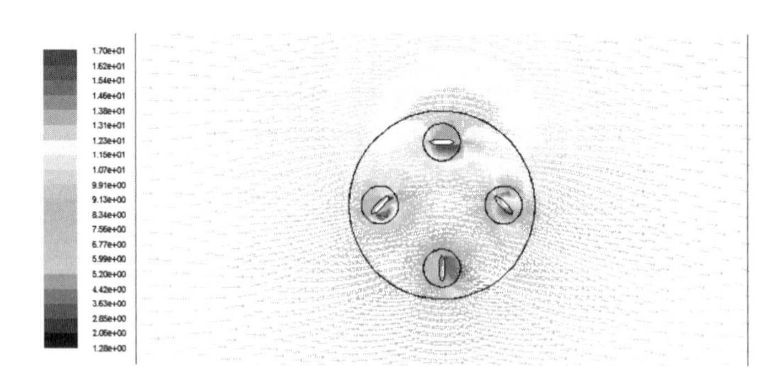

图 15-69　速度矢量图

15.4　风力涡轮机分析2

本节将在第 15.3 节的基础上运用滑移网格技术对风力涡轮机进一步分析，让读者对 ANSYS Fluent

2020 分析处理动网格的基本操作有一个初步的了解。

15.4.1 定义求解器

单击信息树中的 General 项，弹出如图 15-70 所示的 General（总体模型设定）面板。在 Solver 中，将 Time 类型设为 Transient。

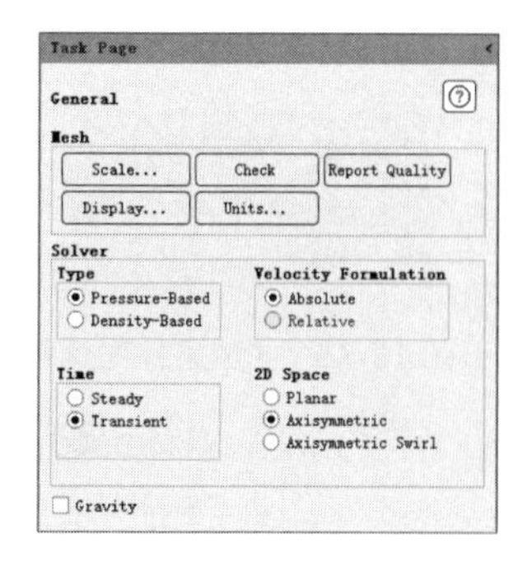

图 15-70　总体模型设定面板

15.4.2 动网格设置

步骤 01　导入 UDF 文件。

单击 User Defined 选项卡 User Defined 面板中 Functions 按钮下的 Interpreted 选项，启动如图 15-71 所示的 Interpreted UDFs（编辑 UDF）对话框。

单击 Browse 按钮，弹出如图 15-72 所示的 Select File（导入文件）对话框，选择 windturbine.c 文件，单击 OK 按钮完成 UDF 文件导入。

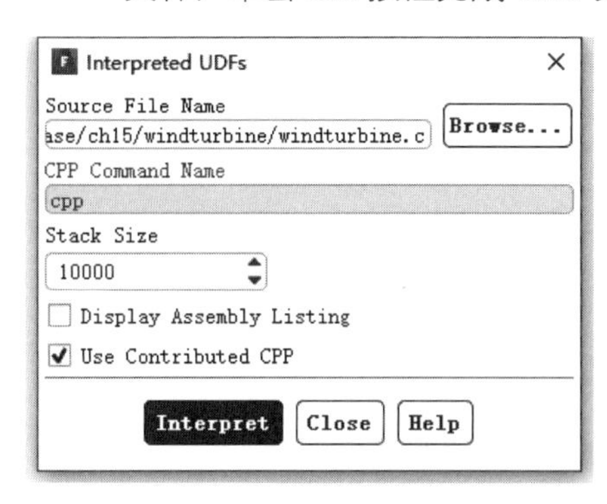

图 15-71　编辑 UDF 对话框

图 15-72　导入文件对话框

返回编辑 UDF 对话框，勾选 Display Assembly Listing 和 Use Contributed CPP 复选框，单击 Interpret 按钮进行编辑并加载 UDF 函数库。

步骤 02　单击信息树中的 Cell Zone Conditions 项，启动如图 15-73 所示的 Cell Zone Condition（区域条件）对话框。

双击 fluid-rotating-core，弹出如图 15-74 所示的 Fluid（流体域设置）对话框。

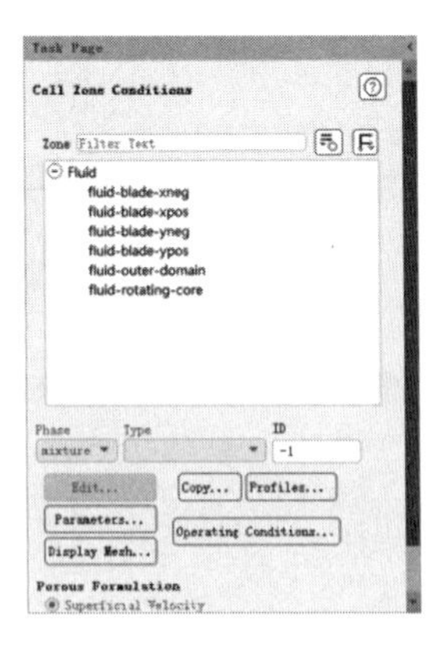

图 15-73　区域条件对话框

图 15-74　流体域设置对话框

在 Reference Frame 选项卡中单击 Copy To Mesh Motion 按钮，激活 Sliding Mesh 模型，如图 15-75 所示的 Mesh Motion 选项卡将被自动打开，单击 OK 按钮确认。

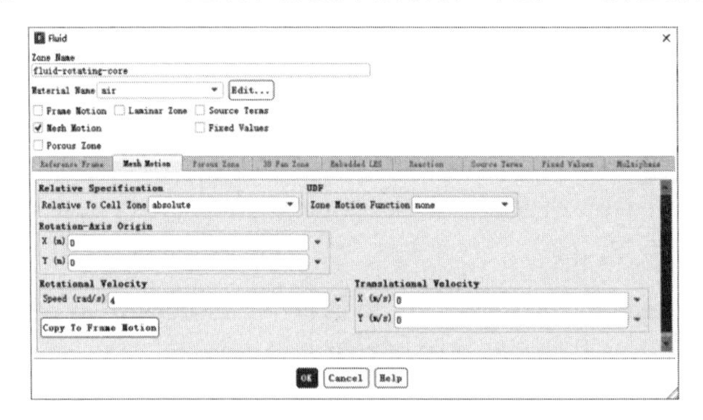

图 15-75　Mesh Motion 选项卡

步骤 03　在区域条件对话框中双击 fluid-blade-xneg，弹出如图 15-76 所示的 Fluid（流体域设置）对话框。

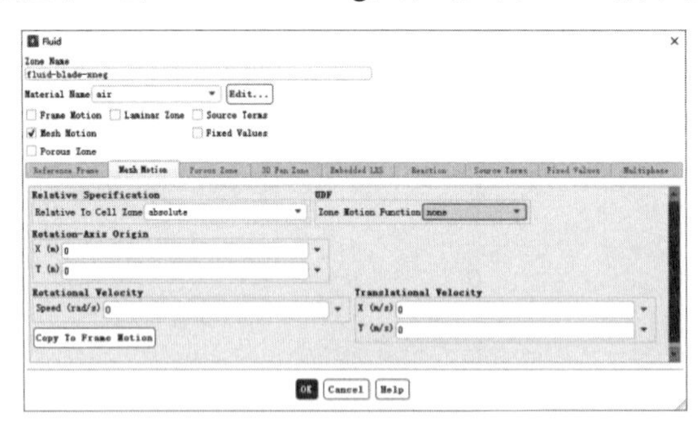

图 15-76　流体域设置对话框

取消选择 Frame Motion，勾选 Mesh Motion 复选框，在 Mesh Motion 选项卡中，在 Zone Motion Function 中选择 motion_xneg，单击 OK 按钮确认。

15.4.3　动画设置

步骤 01　单击信息树中的 Solution Calculation Activities 项，弹出如图 15-77 所示的 Calculation Activities

（计算活动）面板。单击功能区中的 Solution→Activities→Create→Solution Animations（见图 15-78），弹出如图 15-79 所示的 Animation Definition（动画定义）对话框。

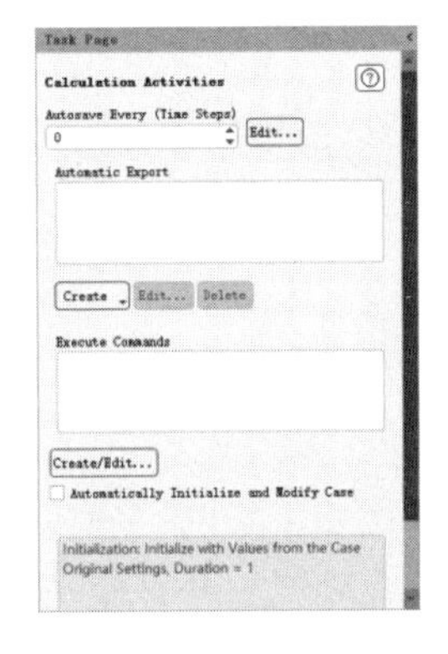

图 15-77　计算活动面板

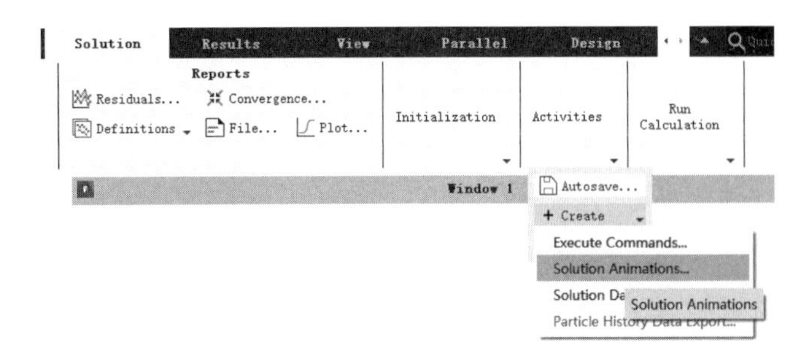

图 15-78　动画设置对话框

在 Record after every 中填入 1，选择 Time Step，再在 Window Id 中选择 2。在 New Object 中选择 Contours，弹出如图 15-80 所示的 Contours（等值线）对话框，在 Contours of 中选择 Velocity，取消选择 Global Range、Auto Range 和 Clip to Range，在 Max 中输入 20，单击 Save/Display 按钮，在窗口 2 显示如图 15-81 所示的速度云图。

步骤 02 关闭 Contours 对话框，单击 OK 按钮，确认关闭 Animation Definition 对话框，再次单击 OK 按钮，确认关闭 Solution Animation 对话框。

图 15-79　动画设置对话框

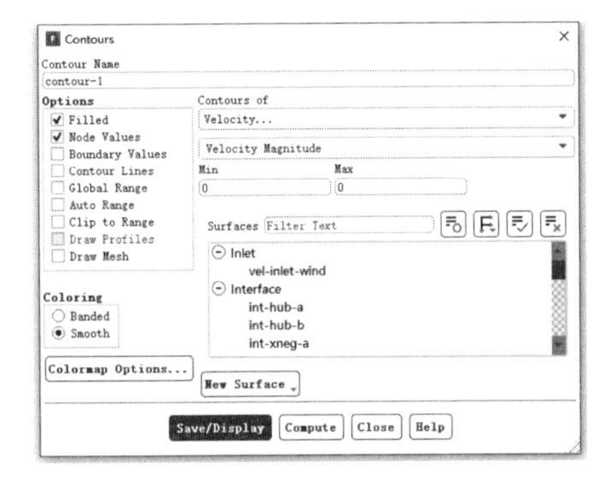

图 15-80　等值线对话框

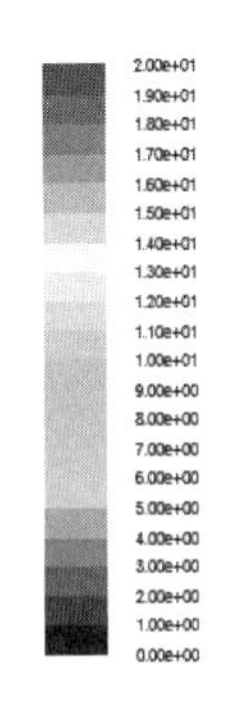

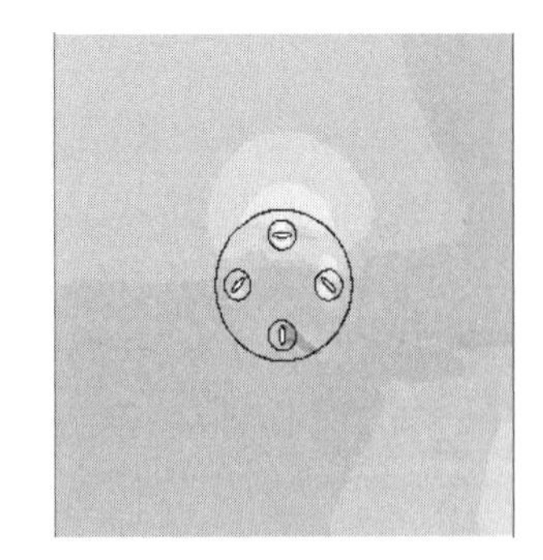

图 15-81　速度云图

15.4.4　计算求解

单击信息树中的 Run Calculation 项，弹出如图 15-82 所示的 Run Calculation（运行计算）面板。

在 Time Step Size 中输入 0.005，在 Number of Time Steps 中输入 314，单击 Calculate 按钮开始计算。

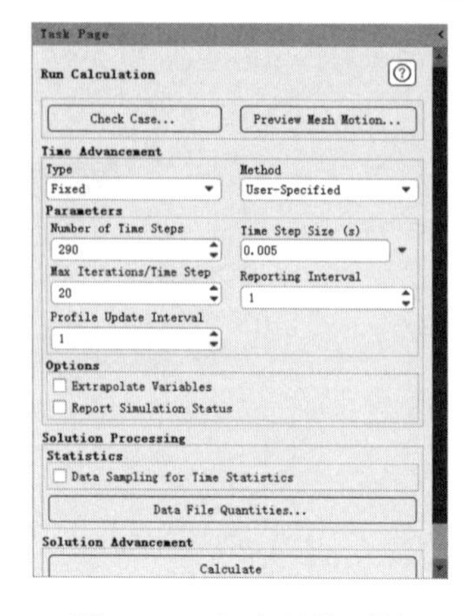

图 15-82　运行计算面板

15.4.5　结果后处理

单击信息树中的 Graphics 项，弹出 Graphics and Animations（图形和动画）面板，在 Animations 下双击 Solution Animation Playback，弹出如图 15-83 所示的 Playback（回放）对话框，单击“播放”按钮便可回放动画。

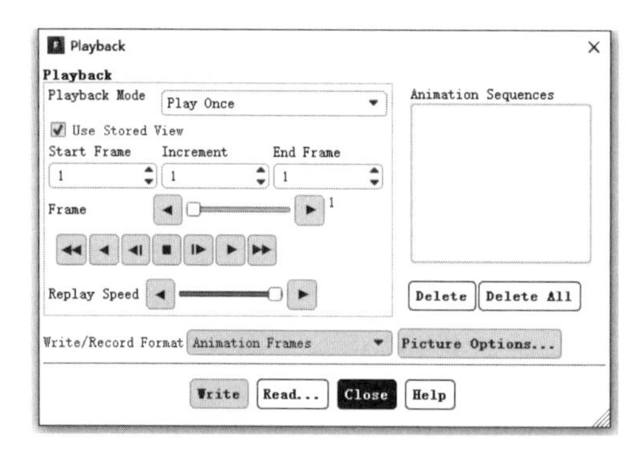

图 15-83　回放对话框

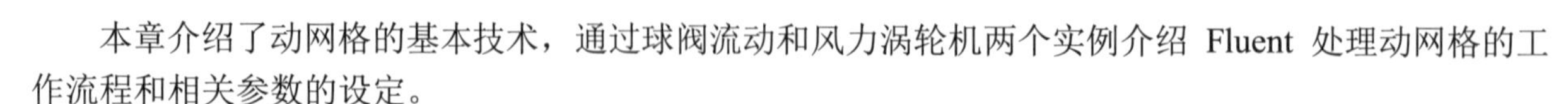

15.5　本章小结

本章介绍了动网格的基本技术，通过球阀流动和风力涡轮机两个实例介绍 Fluent 处理动网格的工作流程和相关参数的设定。

通过本章的学习，读者可以掌握 Fluent 中分析类型设置、处理动网格问题的具体方法和步骤，以及 Fluent 处理动网格的思路和操作。

第16章 Fluent在Workbench中的应用

导言

Workbench是ANSYS公司提出的协同仿真环境。目前，Fluent软件已集成在Workbench中，可在Workbench中协同其他软件，如网格软件、结构分析软件、其他流体分析软件等协同分析复杂问题，方便用户使用。本章将通过实例介绍Fluent在Workbench中的应用。

学习目标

★ 掌握Fluent在Workbench中的创建

★ 掌握Meshing的网格划分方法

★ 掌握不同软件间的数据共享与更新

16.1 圆管内气体的流动

下面将通过ANSYS Workbench启动设置Fluent，让读者对Fluent在Workbench中的应用有一个初步的了解。

16.1.1 案例介绍

本节将使用8.1节圆管内气体的流动算例，使用ANSYS Workbench启动设置Fluent进行求解计算。

16.1.2 启动Workbench并建立分析项目

步骤01 在Windows系统下执行"开始"→"所有程序"→ANSYS 2020→Workbench 2020命令，启动Workbench 2020，进入ANSYS Workbench 2020界面。

步骤02 双击主界面Toolbox（工具箱）中的Component systems→Geometry（几何体）选项，即可在项目管理区创建分析项目A，如图16-1所示。

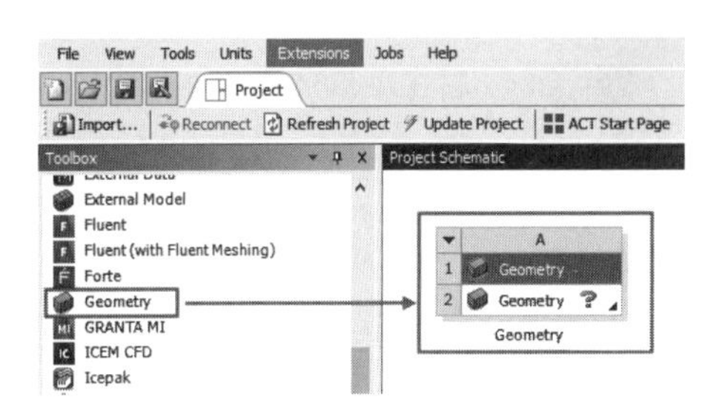

图16-1 创建Geometry（几何体）分析项目

步骤03 在工具箱中的 Component systems→Mesh（网格）选项上按住鼠标左键，将其拖曳到项目管理区中，悬挂在项目 A 中的 A2 栏 Geometry 上，当项目 A2 的 Geometry 栏红色高亮显示时，即可放开鼠标创建项目 B，项目 A 和项目 B 中的 Geometry 栏（A2 和 B2）用一条线相连起来，表示它们之间的几何体数据可共享，如图 16-2 所示。

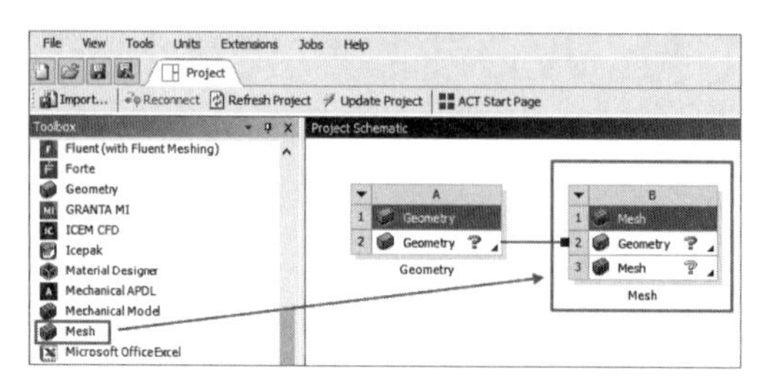

图 16-2 创建 Mesh（网格）分析项目

步骤04 在工具箱中的 Analysis systems→Fluid Flow（Fluent）选项上按住鼠标左键，将其拖曳到项目管理区中，悬挂在项目 B 中的 B3 栏 Geometry 上，当项目 B3 的 Mesh 栏红色高亮显示时，即可放开鼠标创建项目 C。项目 B 和项目 C 中的 Geometry 栏（B2 和 C2）以及 Mesh 栏（B3 和 C3）之间各出现了一条相连的线，表示它们之间的数据可共享，如图 16-3 所示。

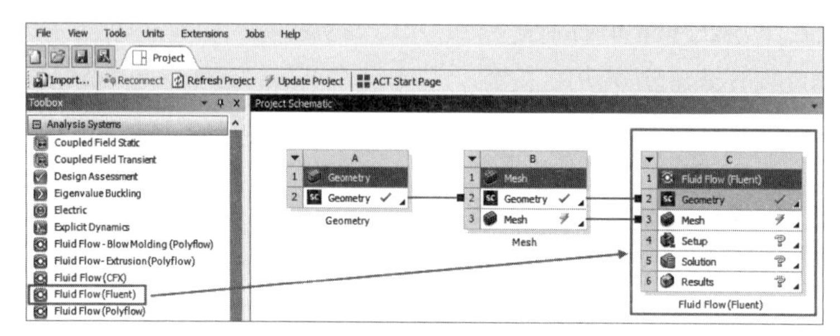

图 16-3 创建 Fluent 分析项目

16.1.3 导入几何体

步骤01 在 A2 栏的 Geometry 上右击，在弹出的快捷菜单中选择 Import Geometry→Browse 命令，如图 16-4 所示，此时会弹出“打开”对话框。

步骤02 在“打开”对话框中选择文件路径，导入 tube 几何体文件，此时 A2 栏 Geometry 后的 ? 变为 ✓，表示实体模型已经存在。

步骤03 右击项目 A 中 A2 栏的 Geometry，选择 Edit Geometry in DesignModeler，则进入 Design Modeler 界面，如图 16-5 所示。

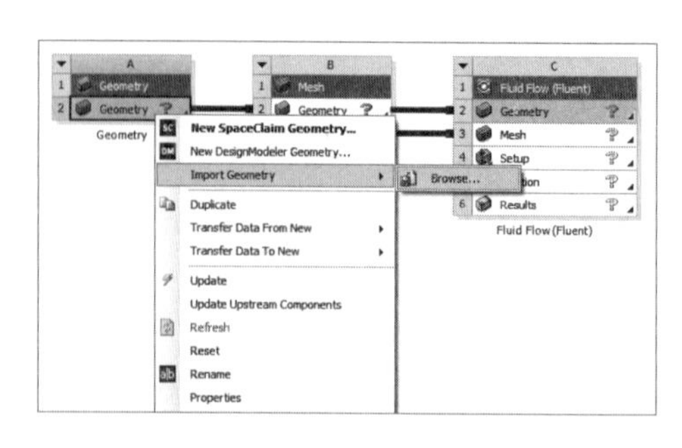

图 16-4 导入几何体

步骤04 在设计树中显示零件的树状图中单击 volume 2，在 Detail View 窗口的 Details of Body 中将区域类型改为流体区域，即在 Fluid/Solid 下拉列表单中选择 Fluid，如图 16-6 所示。

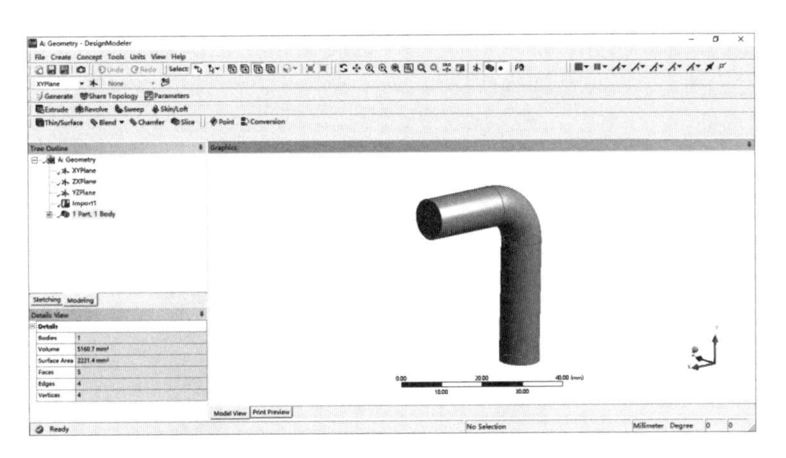

图 16-5 Design Modeler 界面中显示模型

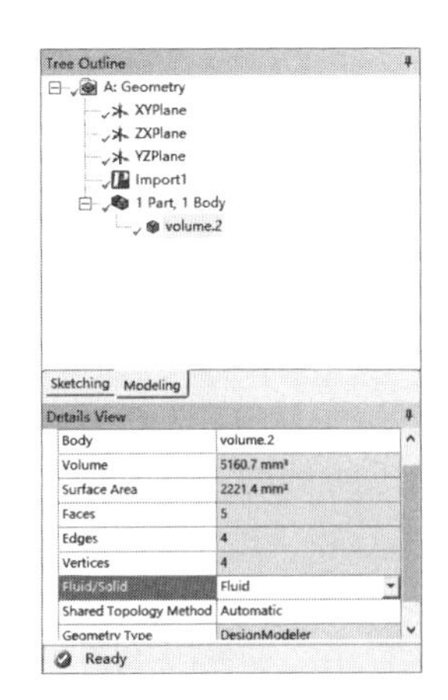

图 16-6 将计算域设为流体区域

步骤 05 执行主菜单中的 File→Close DesignModeler 命令，退出 Design Modeler，返回 Workbench 主界面。

16.1.4 划分网格

步骤 01 双击项目 B 中 B3 栏的 Mesh 选项，进入如图 16-7 所示的 Meshing 界面，在该界面下进行模型的网格划分。

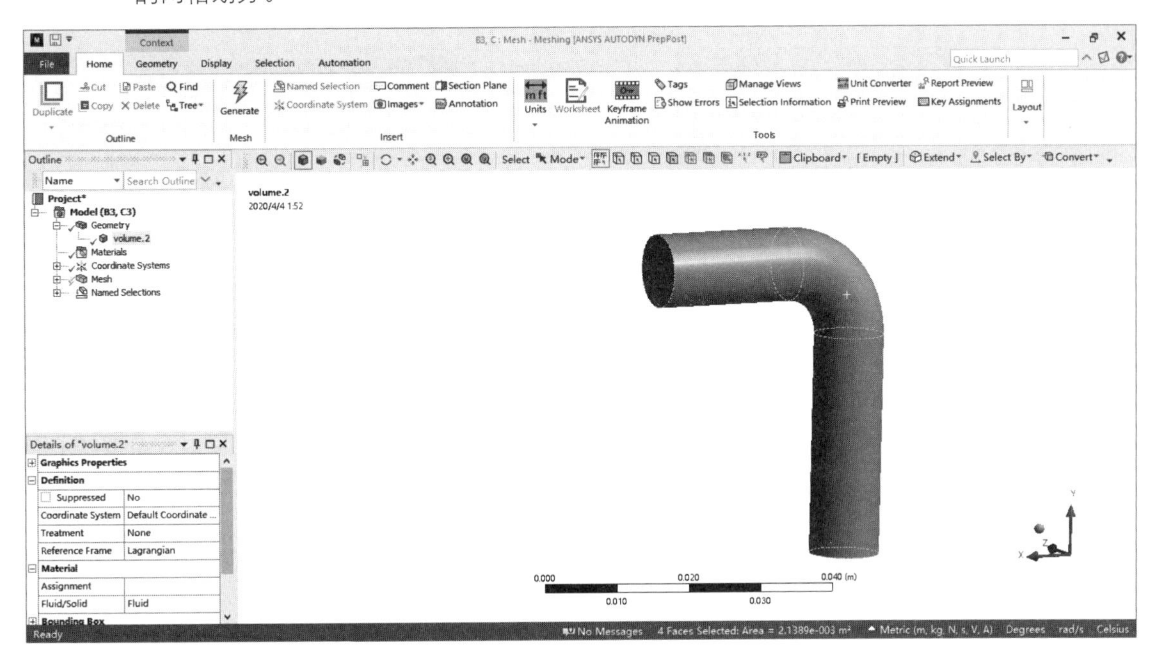

图 16-7 网格划分界面

步骤 02 在模型树中 Geometry 选项下的 volume.2 上右击，选择 Create Named Selection，弹出如图 16-8 所示的 Selection Name 对话框，输入 IN，单击 OK 按钮确认。

以同样的方法设置 Named Selections 为 OUT。

步骤03 单击模型树中 Named Selections 选项下的 IN，在细节设置窗口中设置 Geometry，如图 16-9 所示，在图形窗口选择曲面，单击 Apply 按钮确认。

以同样的方法设置 OUT 曲面。

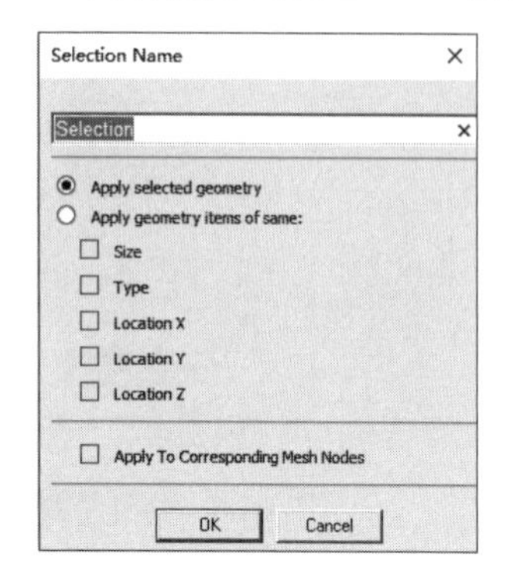

图 16-8　Selection Name 对话框

图 16-9　IN 曲面

步骤04 选中模型树中的 Mesh 选项，在 Details of Mesh 窗口中设置网格用途为 CFD 网格，并将求解器设置为 Fluent，如图 16-10 所示。其他选项保持默认。

步骤05 在模型树中的 Mesh 选项上右击，依次选择 Insert→Method，如图 16-11 所示。这时可在细节设置窗口中设置刚刚插入的网格划分方法。

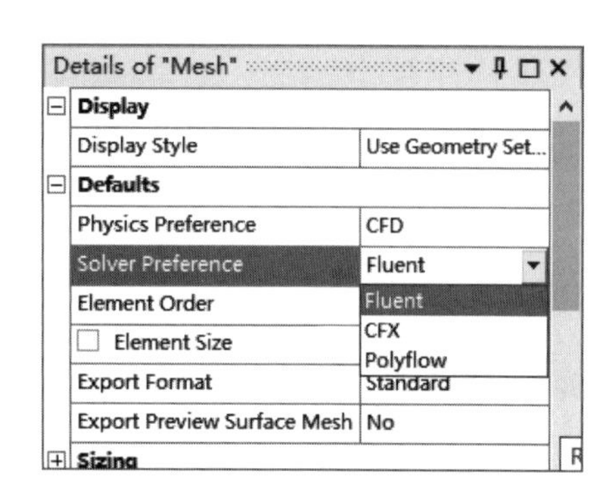

图 16-10　设置网格类型和求解器

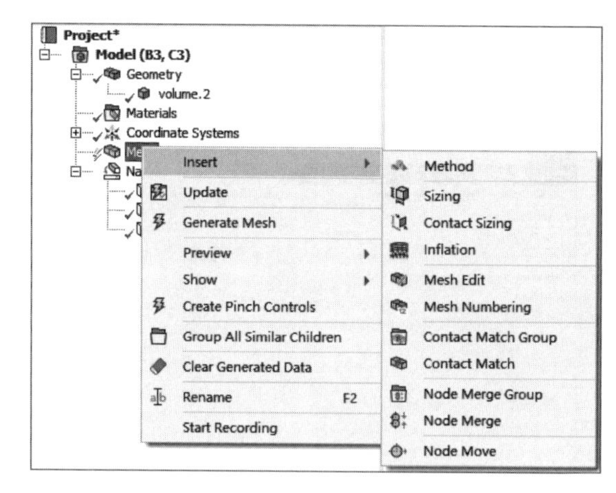

图 16-11　插入网格划分方法

步骤06 在图形窗口中选择计算域实体，在细节设置窗口中单击 Apply 按钮，设置计算域为应用该网格划分方法的区域，设置网格划分方法为 Tetrahedrons，设置网格生长方式为 Patch Independent，设置最小限制尺寸为 1mm。最终设置结果如图 16-12 所示。

步骤07 在模型树中的 Mesh 选项上右击，选择快捷菜单中的 Generate Mesh 选项，开始生成网格，如图 16-13 所示。

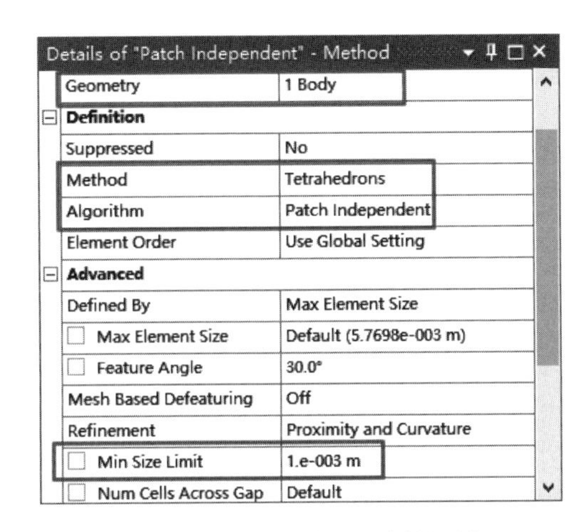

图 16-12　网格划分方法的设置

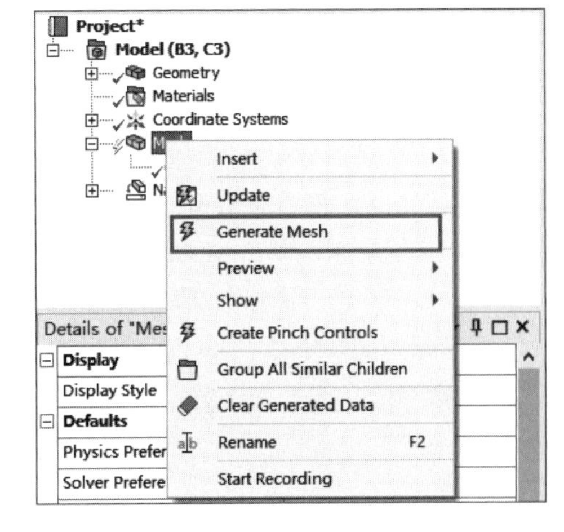

图 16-13　开始生成网格

步骤 08　网格划分完成以后，单击模型树中的 Mesh 选项，在图形窗口中查看网格，如图 16-14 所示。

步骤 09　单击模型树中的 Mesh 选项，在 Details of Mesh 窗口中展开 Statistics（统计）选项，在 Mesh Metric 中选择 Skewness（扭曲度）。这样能够统计出节点数、单元数、扭曲度区间、平均值以及标准方差，同时显示网格质量的直方图，如图 16-15 所示。

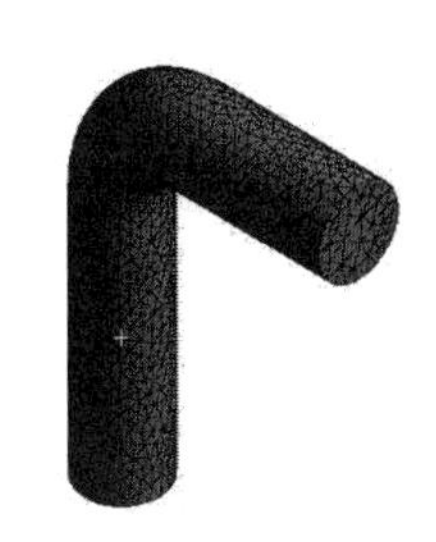

图 16-14　计算域网格

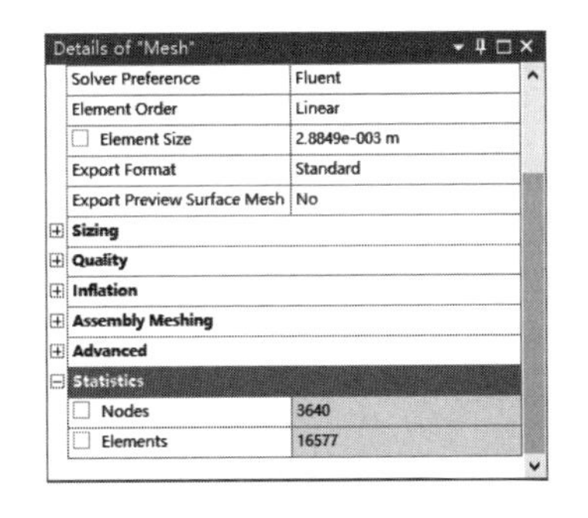

图 16-15　网格划分情况统计

步骤 10　执行主菜单中的 File→Close Meshing 命令，退出网格划分界面，返回 Workbench 主界面。

步骤 11　单击 Workbench 界面中的 B3 Mesh 选项，选择快捷菜单中的 Update，完成网格数据往 Fluent 分析模块中的传递，如图 16-16 所示。

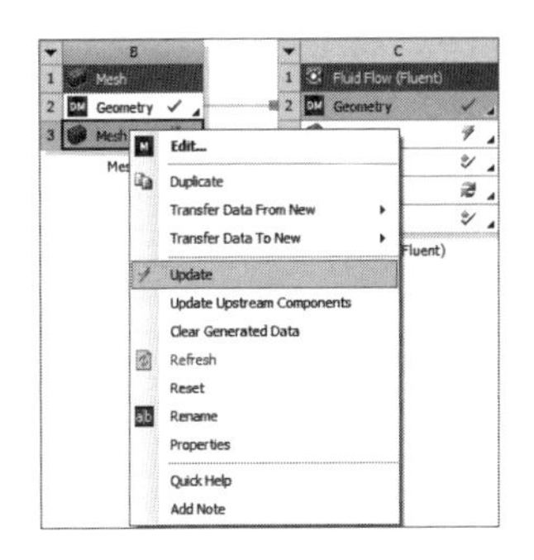

图 16-16　更新网格数据

16.1.5 定义模型

步骤01 双击 C4 栏中的 Setup 选项，打开 Fluent Launcher 对话框，单击 OK 按钮进入 Fluent 界面。

步骤02 在信息树中单击 Models 项，弹出如图 16-17 所示的 Models（模型设定）面板。在模型设定面板中双击 Viscous，弹出如图 16-18 所示的 Viscous Model（湍流模型）对话框。

在 Model 中选中 k-epsilon(2 eqn)单选按钮，单击 OK 按钮确认。

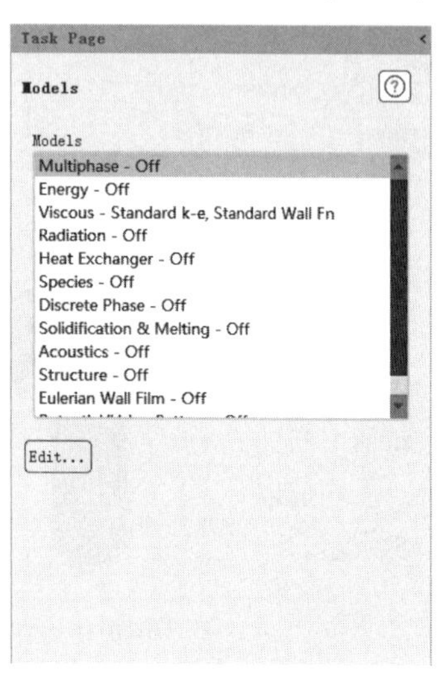

图 16-17 模型设定面板

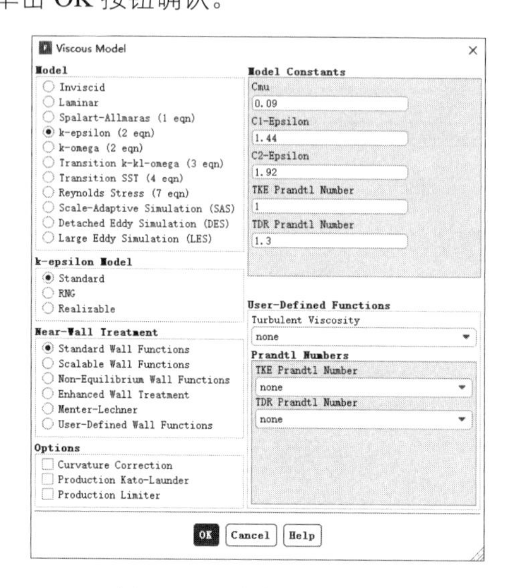

图 16-18 湍流模型对话框

16.1.6 边界条件

步骤01 单击信息树中的 Boundary Conditions 项，启动如图 16-19 所示的边界条件面板。

步骤02 在边界条件面板中单击 in，在 Type 中选择 velocity-inlet，弹出如图 16-20 所示的边界条件设置对话框。在 Velocity Magnitude 中填入 10，单击 OK 按钮确认退出。

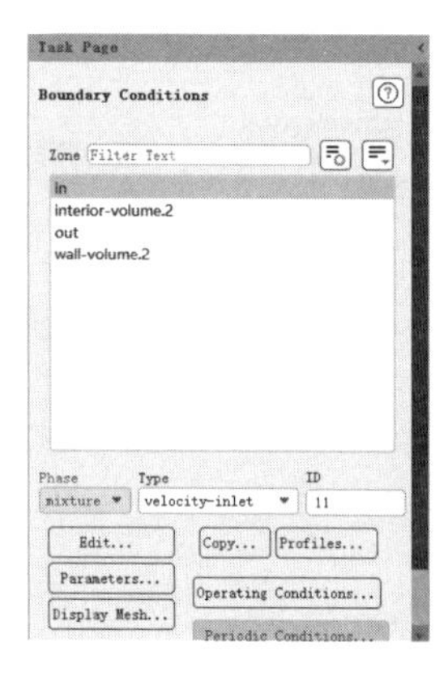

图 16-19 边界条件面板

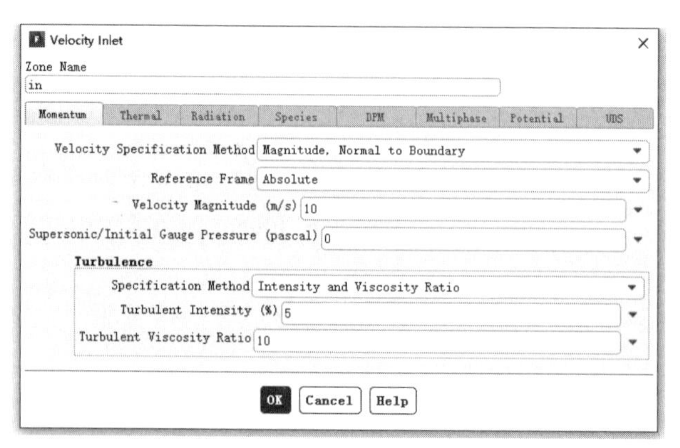

图 16-20 边界条件设置对话框

步骤 03 在边界条件面板中单击 out，在 Type 中选择 outflow，弹出如图 16-21 所示的边界条件设置对话框。保持默认设置，单击 OK 按钮确认退出。

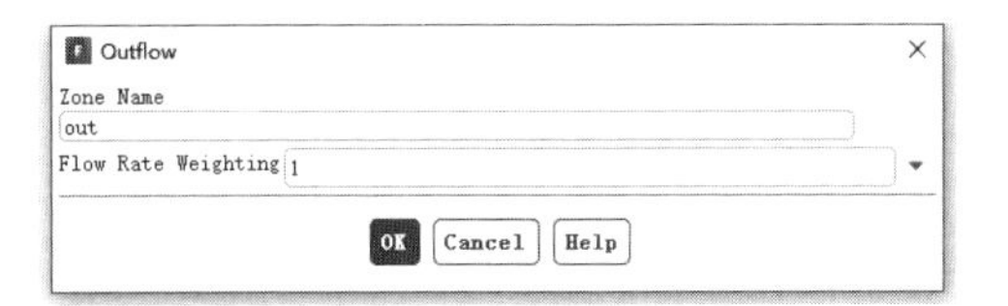

图 16-21　边界条件设置对话框

16.1.7　求解控制

步骤 01 单击信息树中的 Methods 项，弹出如图 16-22 所示的 Solution Methods（求解方法设置）面板。保持默认设置不变。

步骤 02 单击信息树中的 Controls 项，弹出如图 16-23 所示的 Solution Controls（求解过程控制）面板。保持默认设置不变。

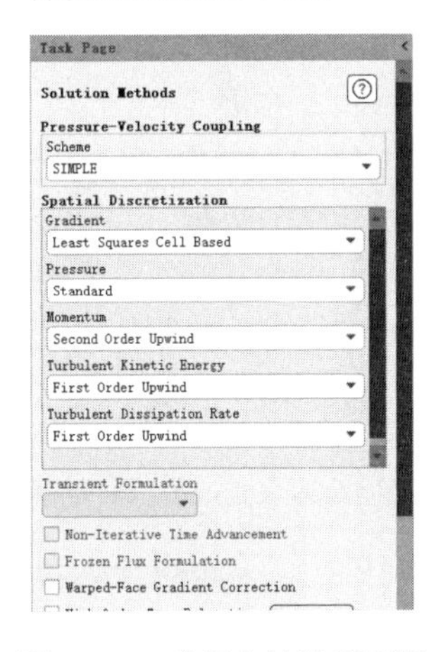

图 16-22　求解方法设置面板

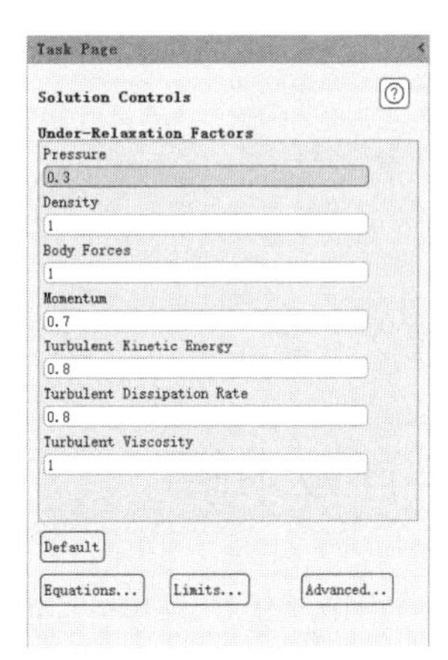

图 16-23　求解过程控制面板

16.1.8　初始条件

单击信息树中的 Initialization 项，弹出如图 16-24 所示的 Solution Initialization（初始化设置）面板。

在 Initialization Methods 中选中 Standard Initialization 单选按钮，在 Compute from 中选择 in，单击 Initialize 按钮进行初始化。

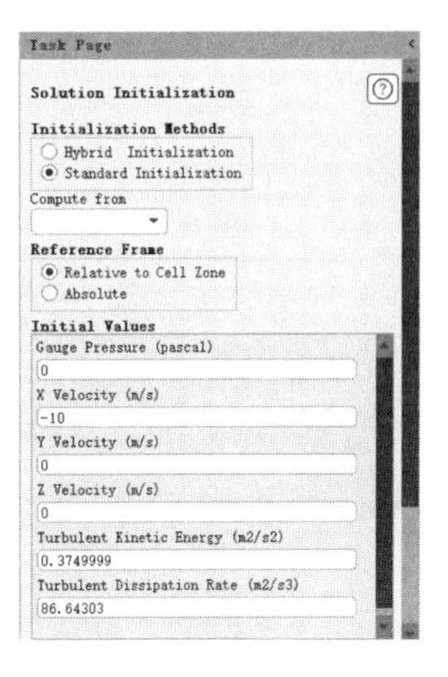

图 16-24　初始化设置面板

16.1.9 求解过程监视

单击信息树中的 Monitors 项，弹出如图 16-25 所示的 Monitors（监视）面板，双击 Residual，便弹出如图 16-26 所示的 Residual Monitors（残差监视）对话框。

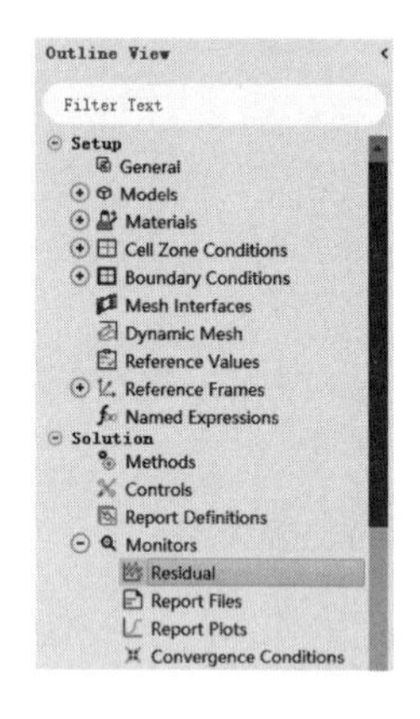

图 16-25 监视面板

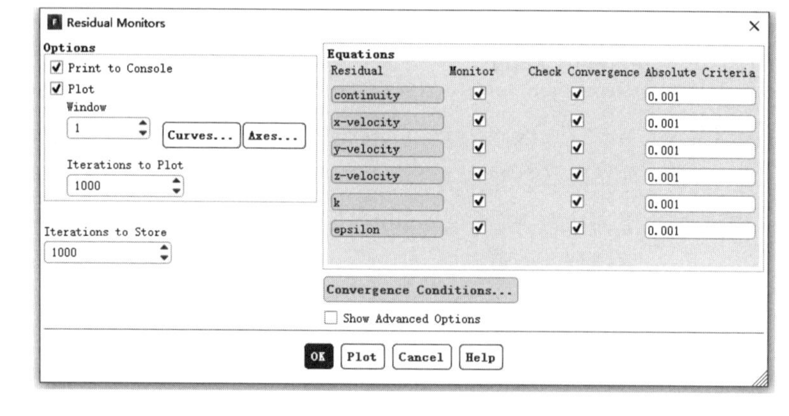

图 16-26 残差监视对话框

保持默认设置不变，单击 OK 按钮确认。

16.1.10 计算求解

步骤 01 单击信息树中的 Run Calculation 项，弹出如图 16-27 所示的 Run Calculation（运行计算）面板。

在 Number of Iterations 中输入 200，单击 Calculate 按钮开始计算。

步骤 02 计算收敛完成后，单击主菜单中的 File→Close Fluent，退出 Fluent 界面。

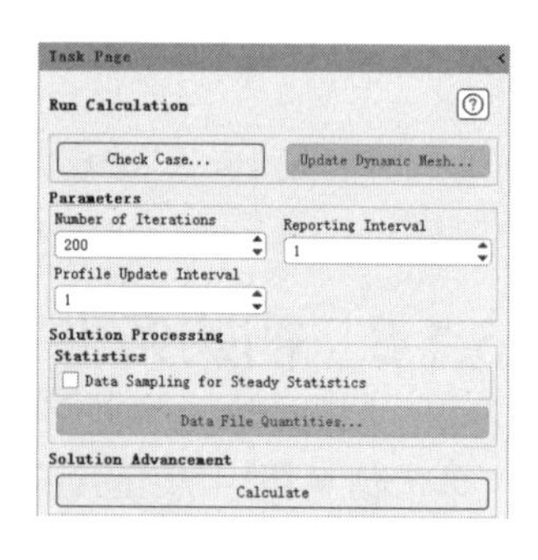

图 16-27 运行计算面板

16.1.11 结果后处理

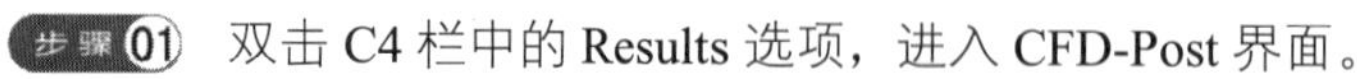

步骤 01 双击 C4 栏中的 Results 选项，进入 CFD-Post 界面。

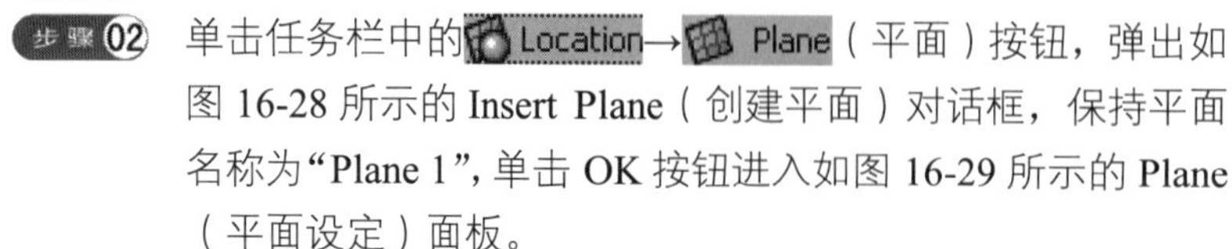

步骤 02 单击任务栏中的 Location→ Plane（平面）按钮，弹出如图 16-28 所示的 Insert Plane（创建平面）对话框，保持平面名称为“Plane 1”，单击 OK 按钮进入如图 16-29 所示的 Plane（平面设定）面板。

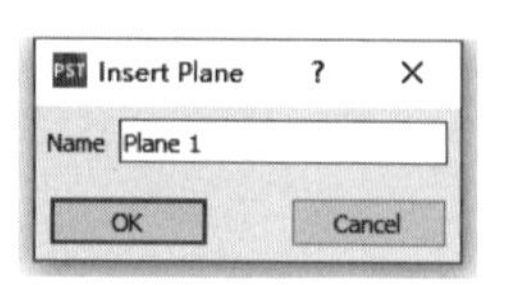

图 16-28 创建平面对话框

步骤 03 在 Geometry（几何）选项卡中的 Method 中选择 XY Plane，设定 Z 坐标为 0、单位为 m，单击 Apply 按钮创建平面，生成的平面如图 16-30 所示。

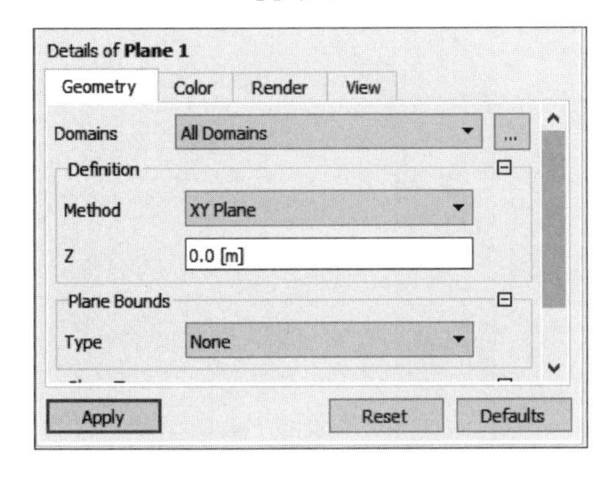

图 16-29　平面设定面板

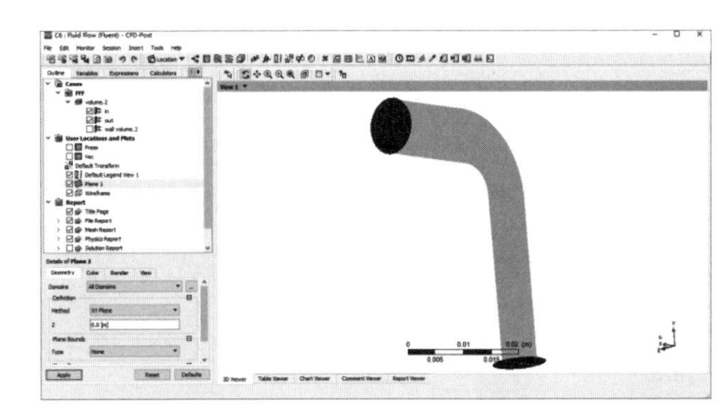

图 16-30　XY 方向平面

步骤 04 单击任务栏中的（云图）按钮，弹出如图 16-31 所示的 Insert Contour（创建云图）对话框。输入云图名称 press，单击 OK 按钮，进入如图 16-32 所示的云图设定面板。

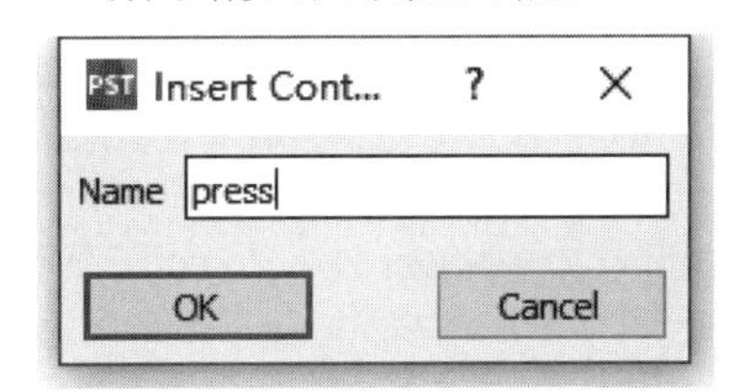

图 16-31　创建云图对话框

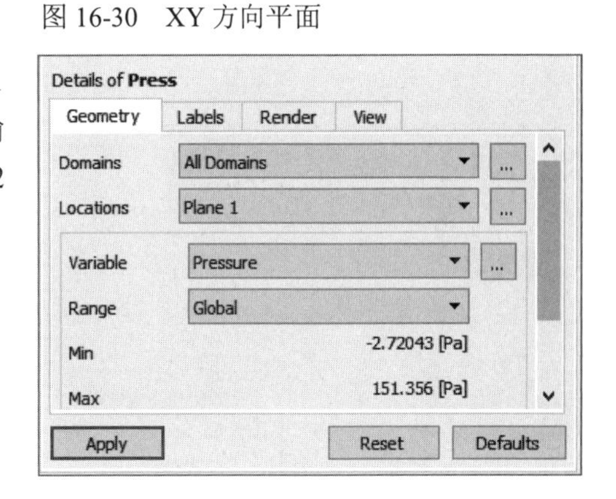

图 16-32　云图设定面板

步骤 05 在 Geometry（几何）选项卡中，在 Locations 中选择 Plane 1，在 Variable 中选择 Pressure，单击 Apply 按钮创建压力云图，如图 16-33 所示。

步骤 06 按照步骤 04 的方法创建云图 vec，如图 16-34 所示。

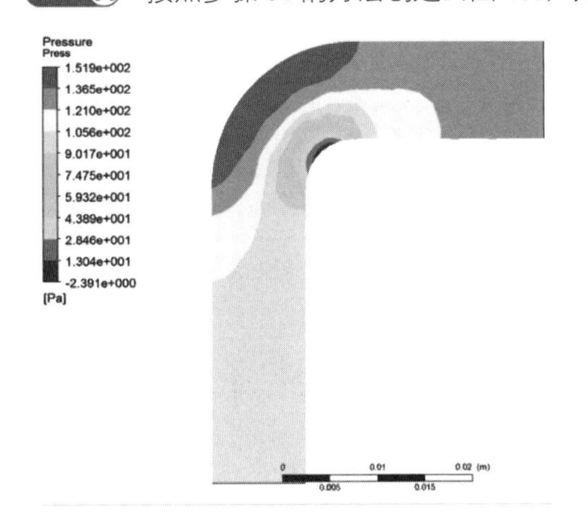

图 16-33　压力云图

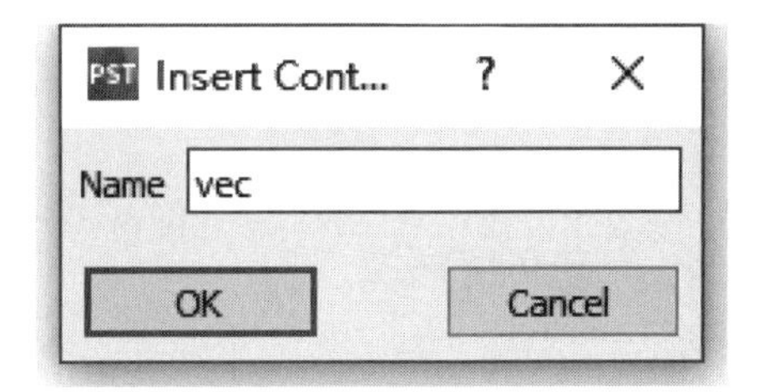

图 16-34　指定云图名称

步骤 07 在如图 16-35 所示的云图设定面板中的 Geometry（几何）选项卡中，在 Locations 中选择 Plane

1，在 Variable 中选择 Velocity，单击 Apply 按钮创建速度云图，如图 16-36 所示。

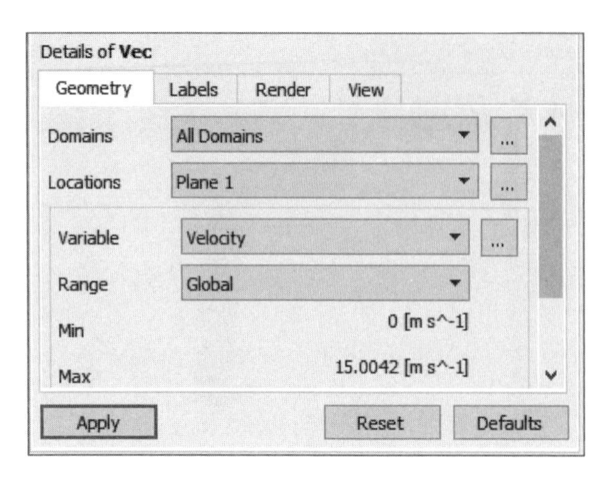

图 16-35　云图设定面板

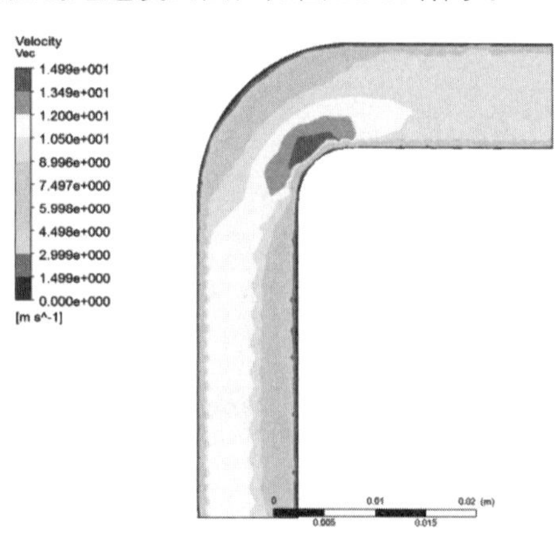

图 16-36　速度云图

16.1.12　保存与退出

步骤 01　执行主菜单中的 File→Quit 命令，退出 CFD-Post 模块，返回 Workbench 主界面。此时，在主界面中的项目管理区中显示的分析项目均已完成，如图 16-37 所示。

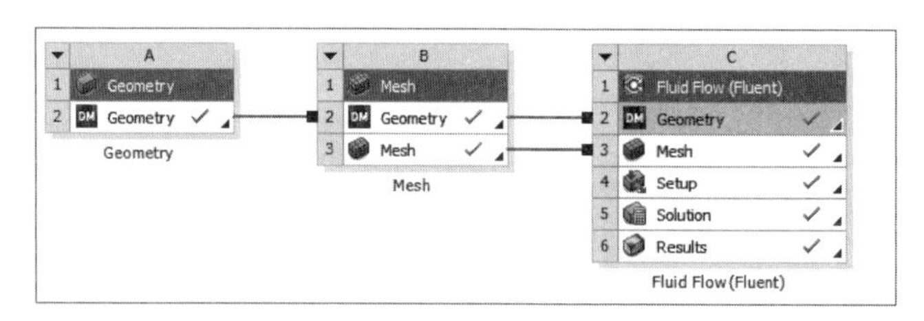

图 16-37　项目管理区中的分析项目

步骤 02　在 Workbench 主界面中单击常用工具栏中的 Save（保存）按钮，保存包含有分析结果的文件。

步骤 03　执行主菜单中的 File→Exit 命令，退出 ANSYS Workbench 主界面。

16.2　三通内气体的流动

下面将通过 ANSYS Workbench 启动设置 Fluent，让读者对 Fluent 在 Workbench 中的应用有一个初步的了解。

16.2.1　案例介绍

本节将通过三通内气体流动的算例，使用 ANSYS Workbench 启动设置 Fluent 进行求解计算。

16.2.2 启动 Workbench 并建立分析项目

步骤 01 在 Windows 系统下执行“开始”→“所有程序”→ANSYS 2020→Workbench 2020 命令，启动 Workbench 2020，进入 ANSYS Workbench 2020 界面。

步骤 02 双击主界面 Toolbox（工具箱）中的 Component systems→Geometry（几何体）选项，即可在项目管理区创建分析项目 A，如图 16-38 所示。

步骤 03 在工具箱中的 Component systems→Mesh（网格）选项上按住鼠标左键，将其拖曳到项目管理区中，悬挂在项目 A 中 A2 栏的 Geometry 上，当项目 A2 的 Geometry 栏红色高亮显示时，即可放开鼠标创建项目 B，项目 A 和项目 B 中的 Geometry 栏（A2 和 B2）之间出现一条相连的线，表示它们之间的几何体数据可共享，如图 16-39 所示。

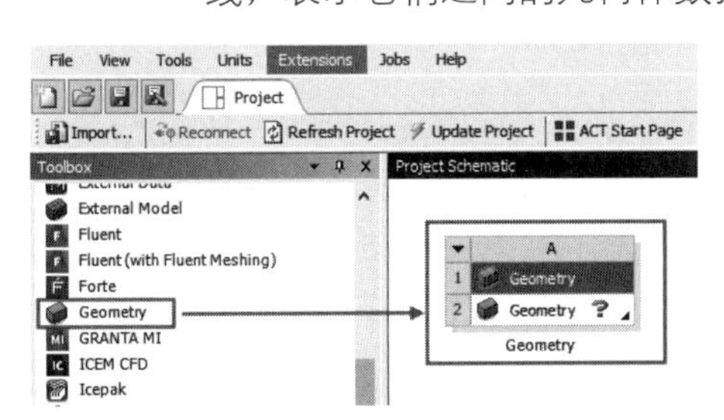

图 16-38 创建 Geometry（几何体）分析项目

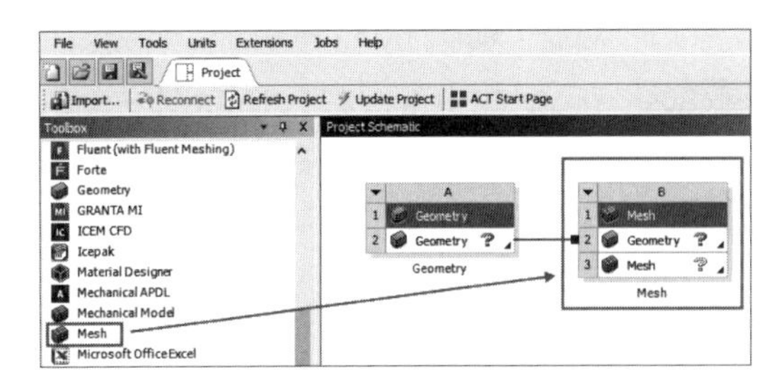

图 16-39 创建 Mesh（网格）分析项目

步骤 04 在工具箱中的 Analysis systems→Fluid Flow（Fluent）选项上按住鼠标左键，将其拖曳到项目管理区中，悬挂在项目 B 中 B3 栏的 Geometry 上，当项目 B3 的 Mesh 栏红色高亮显示时，即可放开鼠标创建项目 C。

项目 B 和项目 C 中的 Geometry 栏（B2 和 C2）以及 Mesh 栏（B3 和 C3）之间各出现了一条相连的线，表示它们之间的数据可共享，如图 16-40 所示。

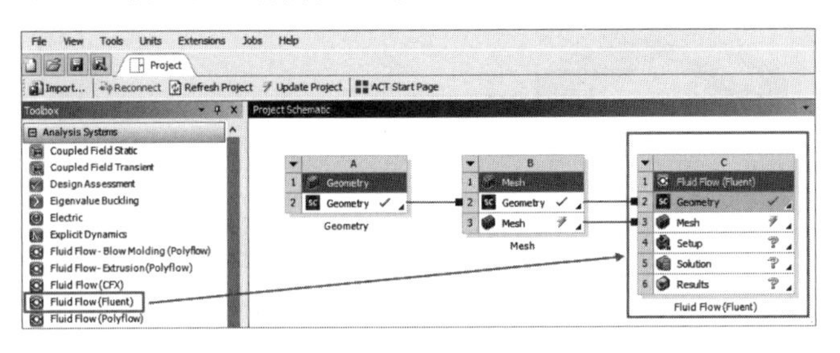

图 16-40 创建 Fluent 分析项目

16.2.3 导入几何体

步骤 01 在 A2 栏的 Geometry 上右击，在弹出的快捷菜单中选择 Import Geometry→Browse 命令，如图 16-41 所示，此时会弹出“打开”对话框。

步骤 02 在“打开”对话框中选择文件路径，导入 tube 几何体文件，此时 A2 栏 Geometry 后的 ? 变为 ✓，表示实体模型已经存在。

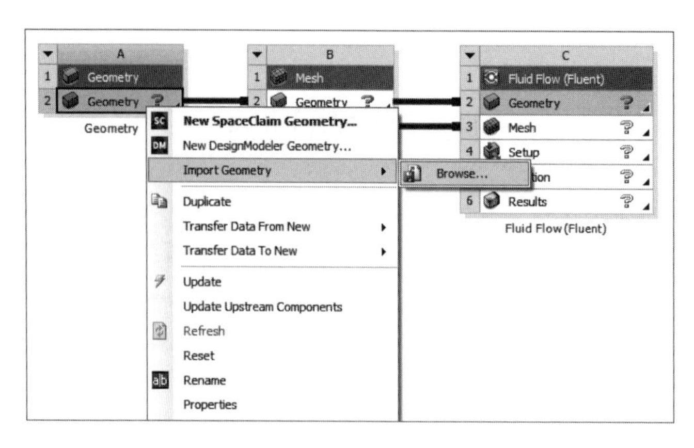

图 16-41　导入几何体

步骤 03　右击项目 A 中 A2 栏的 Geometry，选择 Edit Geometry in DesignModeler，进入 Design Modeler 界面，如图 16-42 所示。

步骤 04　在设计树中显示零件的树状图中单击 volume 2，在 Detail View 窗口的 Details of Body 中将区域类型改为流体区域，即在 Fluid/Solid 下拉列表中选择 Fluid，如图 16-43 所示。

步骤 05　执行主菜单中的 File→Close Design Modeler 命令，退出 Design Modeler，返回到 Workbench 主界面。

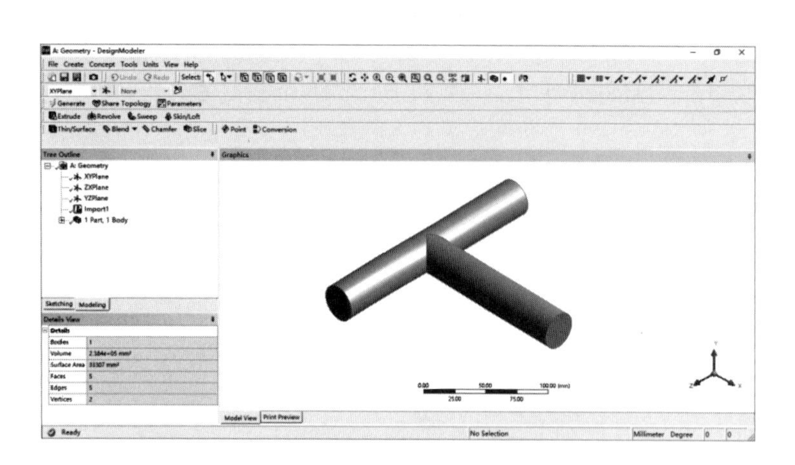

图 16-42　在 Design Modeler 界面中显示模型

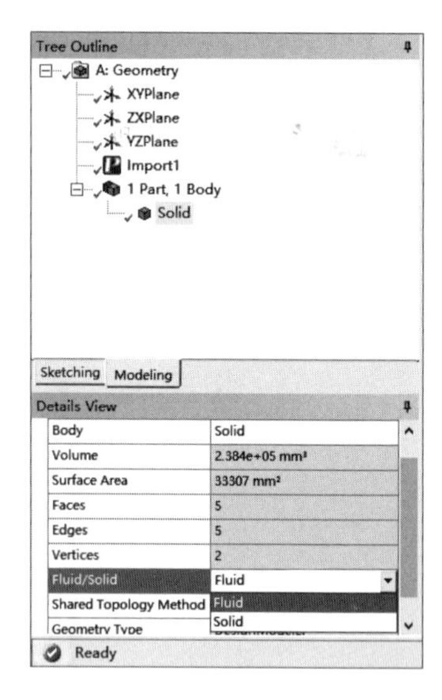

图 16-43　将计算域设为流体区域

16.2.4　划分网格

步骤 01　双击项目 B 中 B3 栏中的 Mesh 选项，进入如图 16-44 所示的 Meshing 界面，在该界面下进行模型的网格划分。

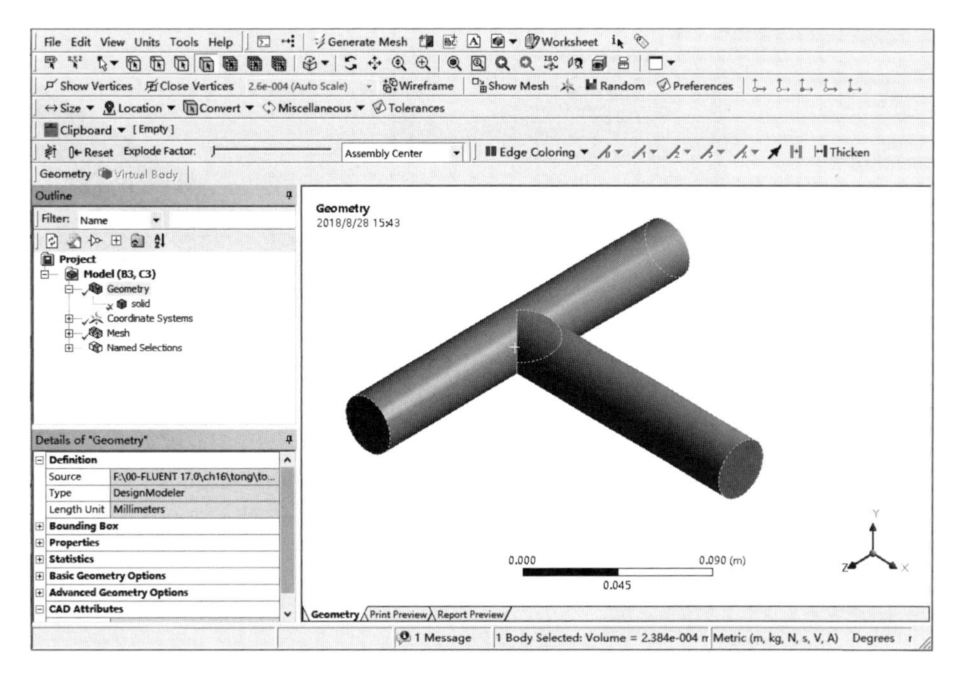

图 16-44　网格划分界面

步骤 02　选中模型树中的 Mesh 选项，在 Details of Mesh 窗口中设置网格用途为 CFD 网格，并将求解器设置为 Fluent，如图 16-45 所示。其他选项保持默认。

步骤 03　右击模型树中的 Mesh 选项，依次选择 Insert→Method，如图 16-46 所示。这时可在细节设置窗口中设置刚刚插入的网格划分方法。

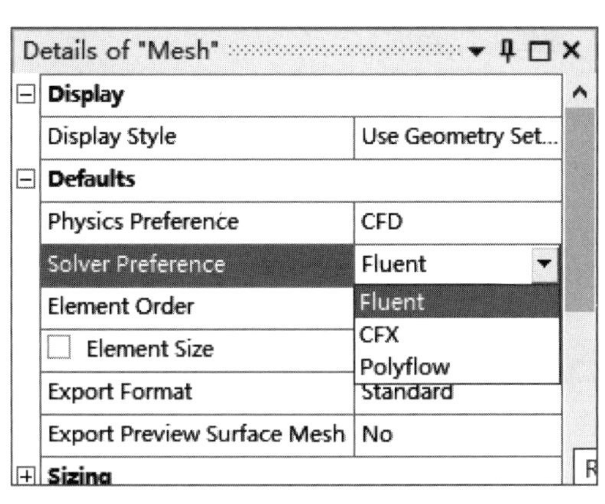

图 16-45　设置网格类型和求解器

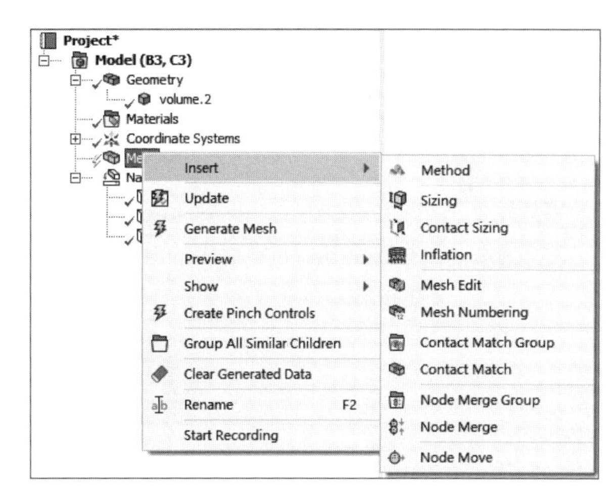

图 16-46　插入网格划分方法

步骤 04　在图形窗口中选择计算域实体，在细节设置窗口中单击 Apply 按钮，设置计算域为应用该网格划分方法的区域。设置网格划分方法为 Tetrahedrons，设置网格生长方式为 Patch Independent，设置最小限制尺寸为 1mm。最终设置结果如图 16-47 所示。

步骤 05　右击模型树中的 Mesh 选项，选择快捷菜单中的 Generate Mesh 选项，开始生成网格，如图 16-48 所示。

步骤 06　网格划分完成以后，单击模型树中的 Mesh 选项，可以在图形窗口中查看网格，如图 16-49 所示。

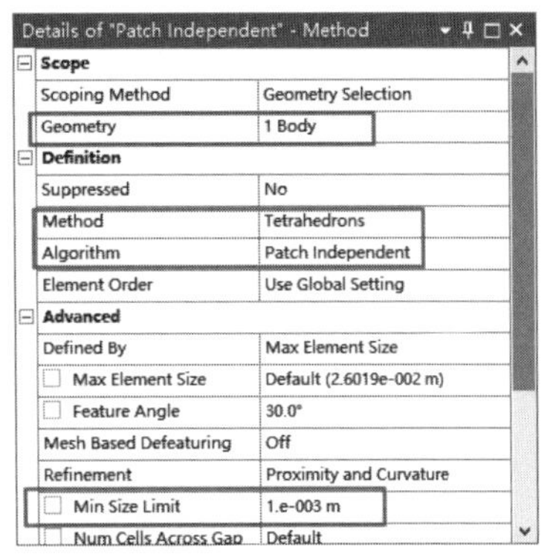

图 16-47　网格划分方法的设置

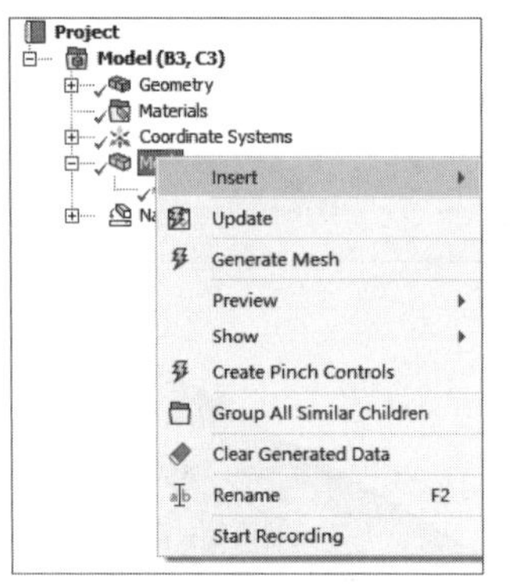

图 16-48　开始生成网格

图 16-49　计算域网格

步骤07 单击模型树中的 Mesh 选项，在 Details of Mesh 窗口中展开 Statistics（统计），在 Mesh Metric 中选择 Skewness（扭曲度）。这样能够统计出节点数、单元数、扭曲度区间、平均值以及标准方差，同时显示网格质量的直方图，如图 16-50 所示。

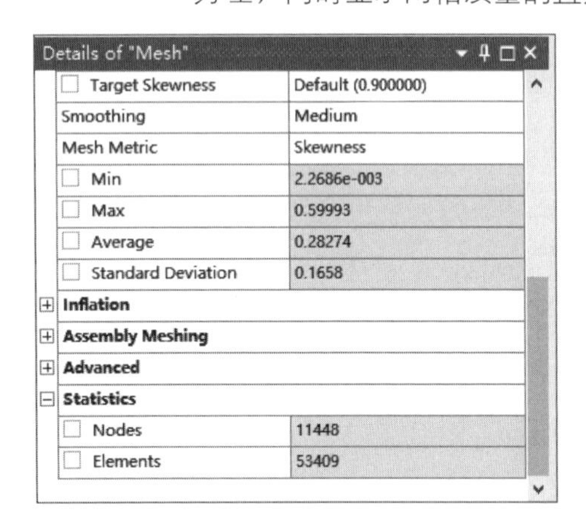

图 16-50　网格划分情况统计

步骤08 执行主菜单中的 File→Close Meshing 命令，退出网格划分界面，返回到 Workbench 主界面。

步骤09 右击 Workbench 界面中的 B3 Mesh 选项，选择快捷菜单中的 Update，完成网格数据往 Fluent 分析模块中的传递，如图 16-51 所示。

图 16-51　更新网格数据

16.2.5 定义模型

步骤 01 双击 C4 栏中的 Setup 选项，打开 Fluent Launcher 对话框，单击 OK 按钮进入 Fluent 界面。

步骤 02 在信息树中单击 Models 项，弹出如图 16-52 所示的 Models（模型设定）面板。在模型设定面板中双击 Viscous，弹出如图 16-53 所示的 Viscous Model（湍流模型）对话框。

在 Model 中选中 k-epsilon(2 eqn)单选按钮，单击 OK 按钮确认。

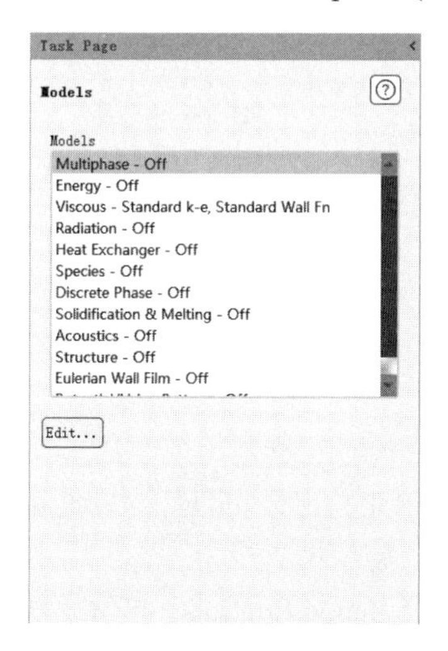

图 16-52 模型设定面板

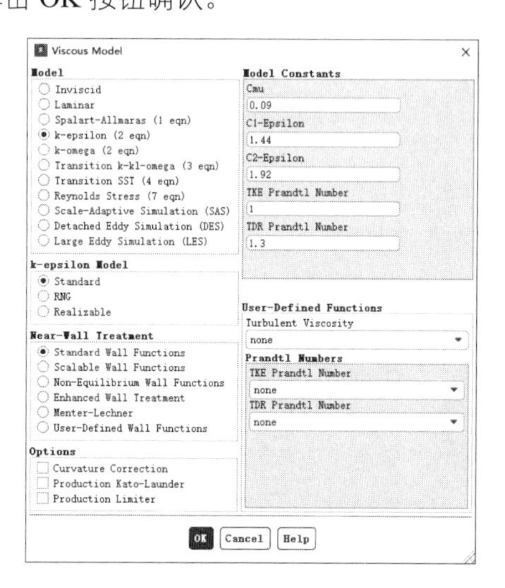

图 16-53 湍流模型对话框

16.2.6 边界条件

步骤 01 单击信息树中的 Boundary Conditions 项，启动如图 16-54 所示的边界条件面板。

步骤 02 在边界条件面板中双击 inlet，弹出如图 16-55 所示的边界条件设置对话框。在 Velocity Magnitude 中填入 5，单击 OK 按钮确认退出。

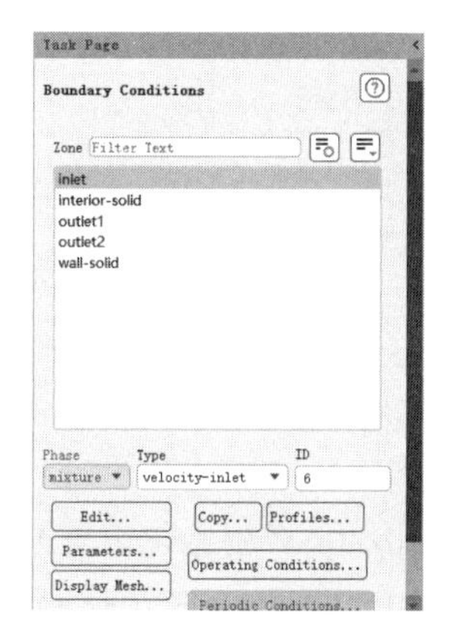

图 16-54 边界条件面板

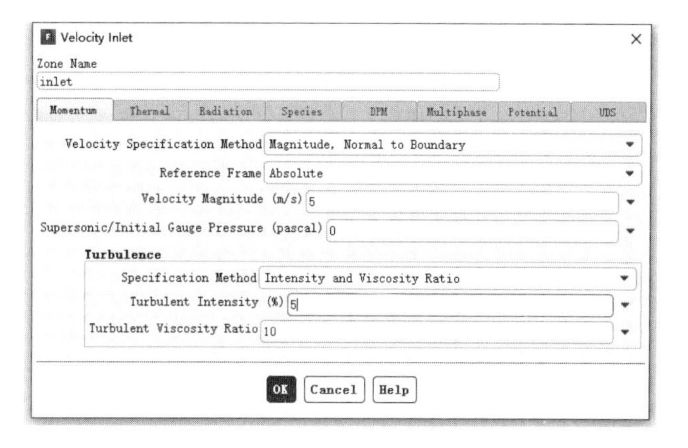

图 16-55 边界条件设置对话框

步骤 03 在边界条件面板中双击 outlet1，弹出如图 16-56 所示的边界条件设置对话框。保持默认设置，单击 OK 按钮确认退出。

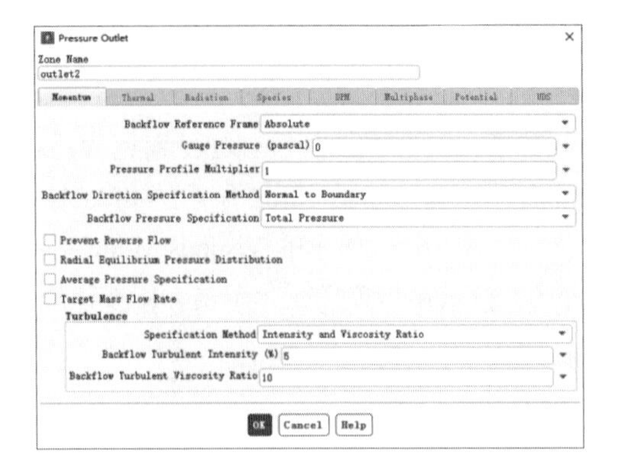

图 16-56　边界条件设置对话框

步骤 04　同步骤 03，设定出口边界条件，名称为“outlet2”。

16.2.7　求解控制

步骤 01　单击信息树中的 Methods 项，弹出如图 16-57 所示的 Solution Methods（求解方法设置）面板。保持默认设置不变。

步骤 02　单击信息树中的 Controls 项，弹出如图 16-58 所示的 Solution Controls（求解过程控制）面板。保持默认设置不变。

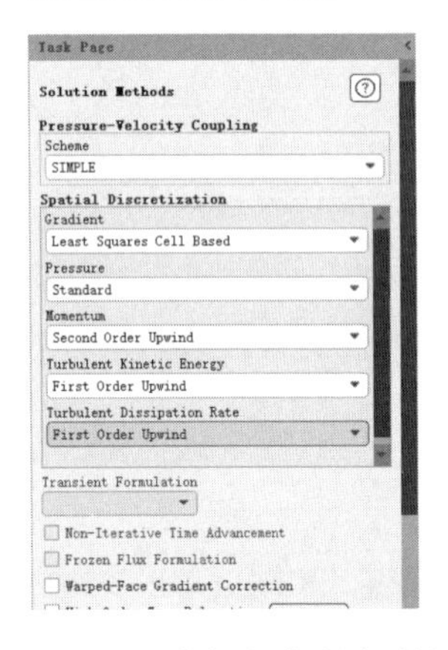

图 16-57　求解方法设置面板

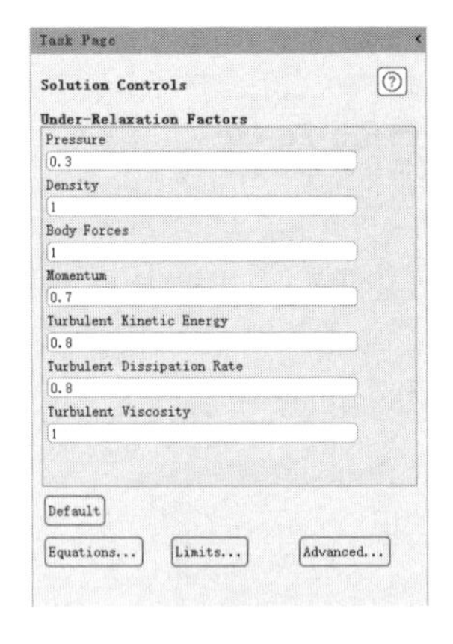

图 16-58　求解过程控制面板

16.2.8　初始条件

单击信息树中的 Initialization 项，弹出如图 16-59 所示的 Solution Initialization（初始化设置）面板。

在 Initialization Methods 中选中 Standard Initialization 单选按钮，在 Compute from 中选择 inlet，单击 Initialize 按钮进行初始化。

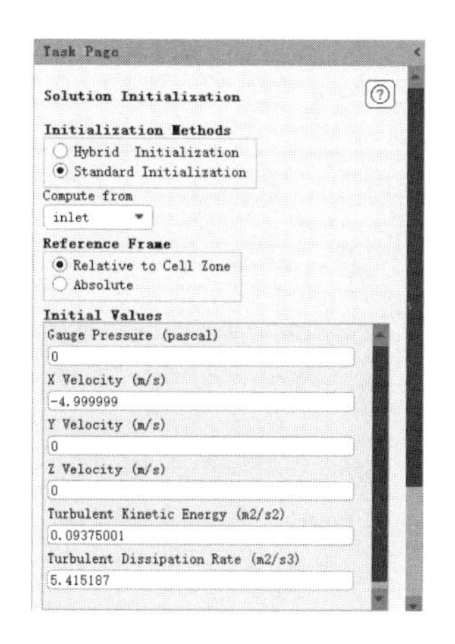

图 16-59　初始化设置面板

16.2.9　求解过程监视

单击信息树中的 Monitors 项，弹出如图 16-60 所示的 Monitors（监视）面板，双击 Residual，便弹出如图 16-61 所示的 Residual Monitors（残差监视）对话框。

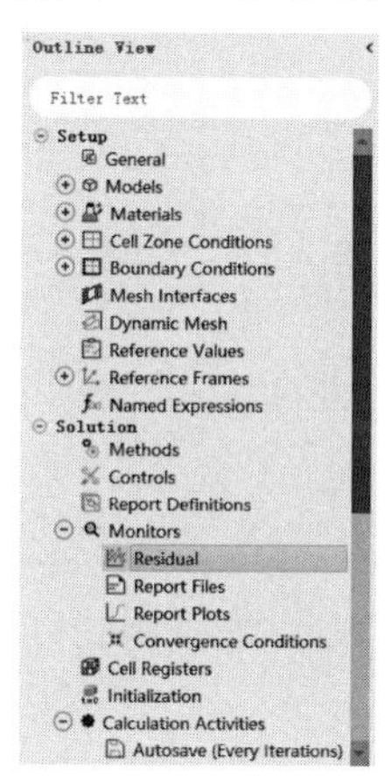

图 16-60　监视面板

图 16-61　残差监视对话框

保持默认设置不变，单击 OK 按钮确认。

16.2.10　计算求解

步骤 01　单击信息树中的 Run Calculation 项，弹出如图 16-62 所示的 Run Calculation（运行计算）面板。在 Number of Iterations 中输入 200，单击 Calculate 按钮开始计算。

步骤 02　计算收敛完成后，单击主菜单中的 File→Close Fluent 按钮，退出 Fluent 界面。

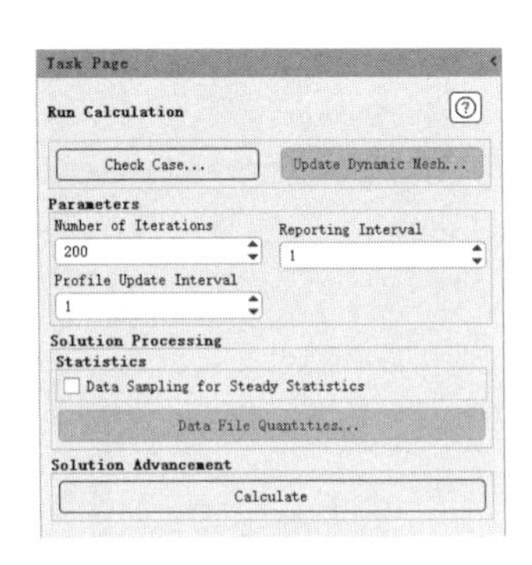

图 16-62　运行计算面板

16.2.11　结果后处理

步骤 01　双击 C4 栏中的 Results 选项，进入 CFD-Post 界面，如图 16-63 所示。

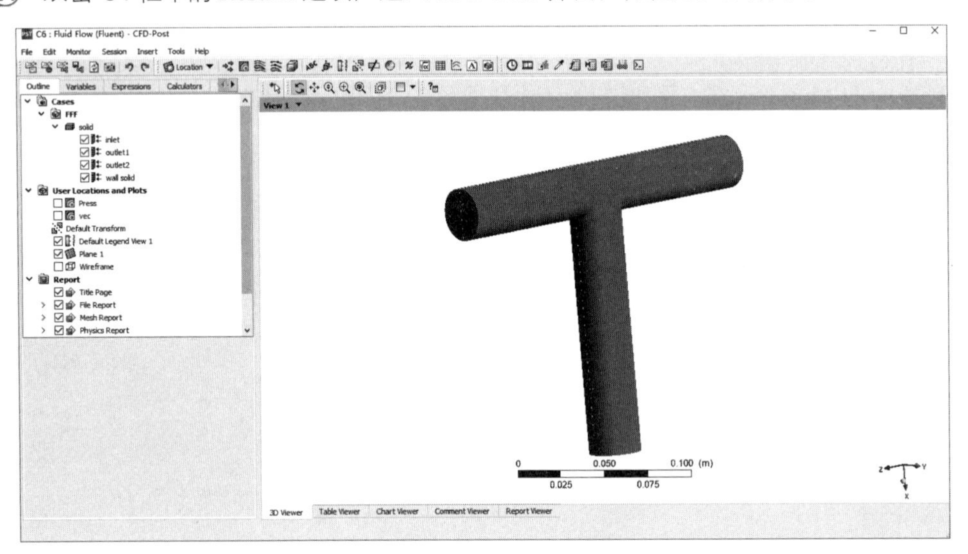

图 16-63　后处理窗口

步骤 02　单击任务栏中的 Location→ Plane（平面）按钮，弹出如图 16-64 所示的 Insert Plane（创建平面）对话框，保持平面名称为“Plane 1”，单击 OK 按钮进入如图 16-65 所示的 Plane（平面设定）面板。

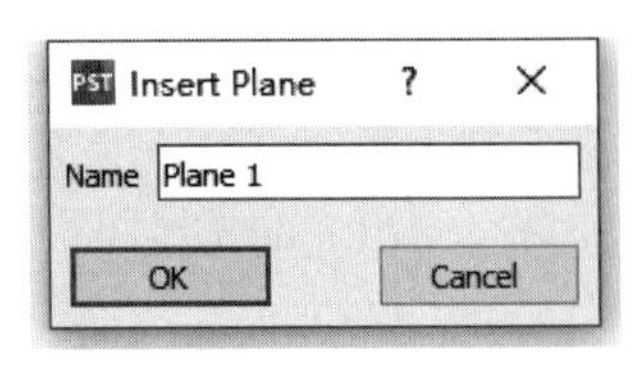

图 16-64　创建平面对话框

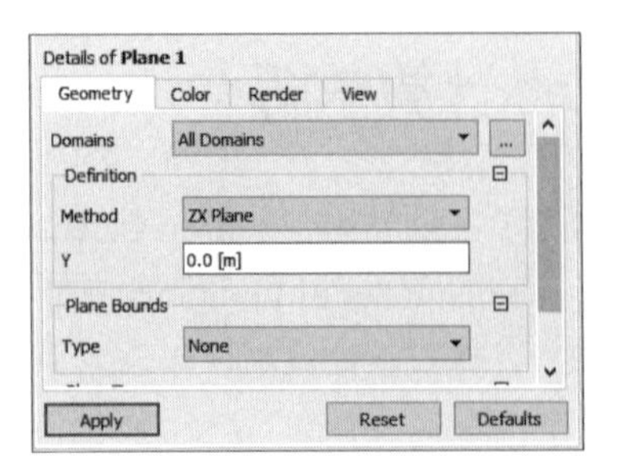

图 16-65　平面设定面板

步骤03 在 Geometry（几何）选项卡中，将 Method 设为 ZX Plane，设定 Y 坐标为 0、单位为 m，单击 Apply 按钮创建平面，生成的平面如图 16-66 所示。

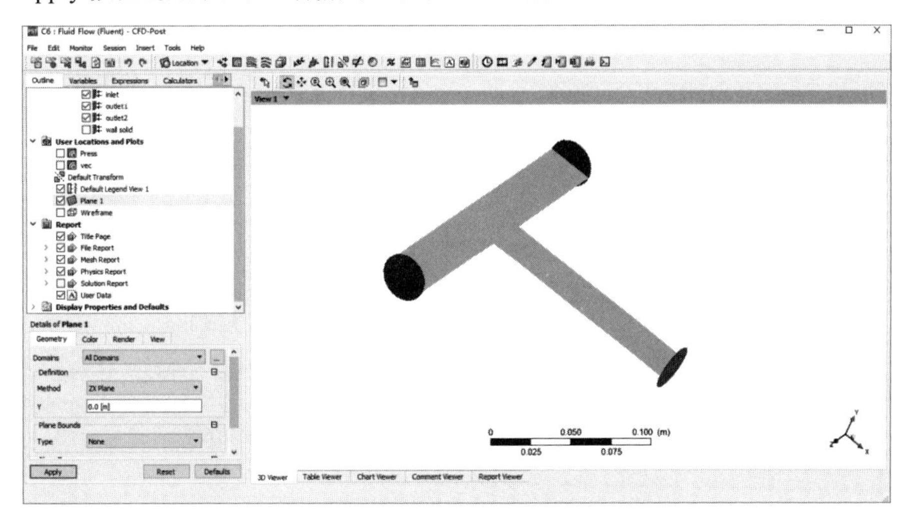

图 16-66 ZX 方向平面

步骤04 单击任务栏中的（云图）按钮，弹出如图 16-67 所示的 Insert Contour（创建云图）对话框。设置云图名称为“press”，单击 OK 按钮进入如图 16-68 所示的云图设定面板。

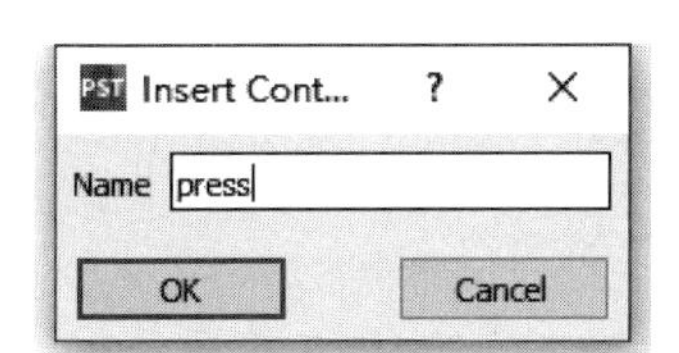

图 16-67 创建云图对话框

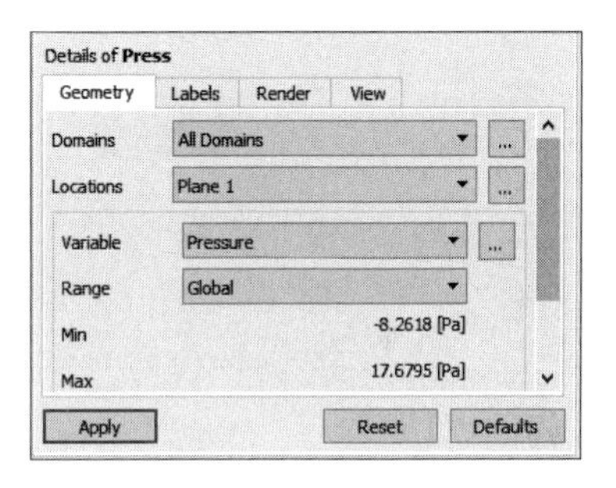

图 16-68 云图设定面板

步骤05 在 Geometry（几何）选项卡中，将 Locations 设为 Plane 1、Variable 设为 Pressure，单击 Apply 按钮创建压力云图，如图 16-69 所示。

步骤06 按照步骤 04 的方法创建云图 vec，如图 16-70 所示。

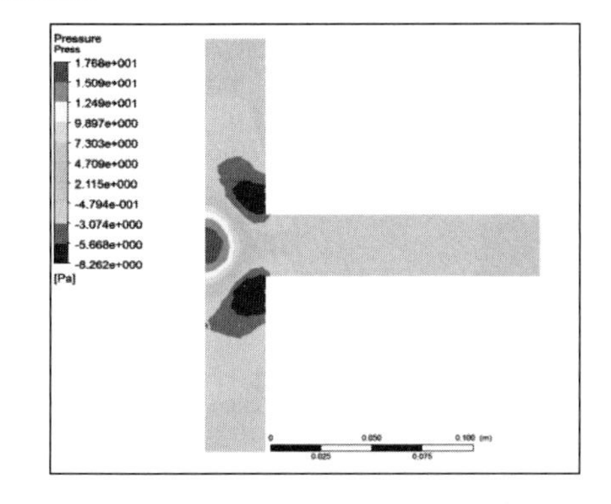

图 16-69 压力云图

图 16-70 指定云图名称

步骤07 在如图16-71所示的Geometry（几何）选项卡中，将Locations设为Plane 1、Variable设为Velocity，单击 Apply 按钮创建速度云图，如图 16-72 所示。

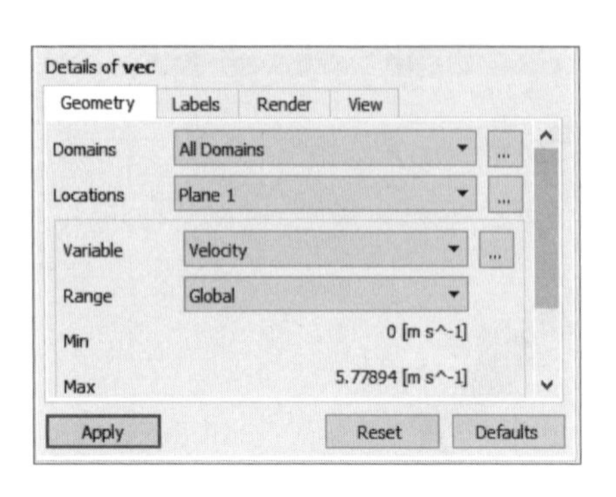

图 16-71 几何选项卡

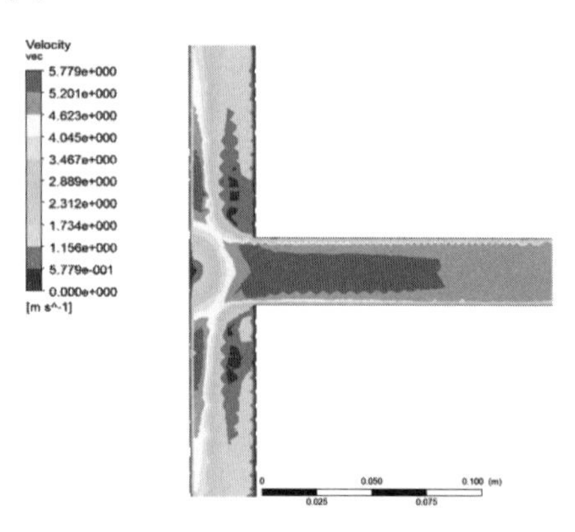

图 16-72 速度云图

16.2.12 保存与退出

步骤01 执行主菜单中的 File→Quit 命令，退出 CFD-Post 模块，返回到 Workbench 主界面。此时主界面中的项目管理区中显示的分析项目均已完成，如图 16-73 所示。

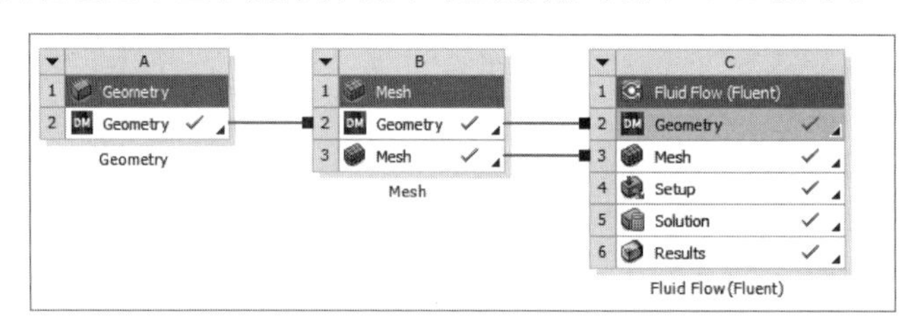

图 16-73 项目管理区中的分析项目

步骤02 在 Workbench 主界面中单击常用工具栏中的 Save（保存）按钮，保存包含分析结果的文件。

步骤03 执行主菜单中的 File→Exit 命令，退出 ANSYS Workbench 主界面。

16.3 探头外空气流动

16.3.1 案例介绍

本节将通过探头外空气流动的算例，使用 ANSYS Workbench 启动设置 Fluent 进行求解计算。

16.3.2 启动 Workbench 并建立分析项目

步骤01 在 Windows 系统下执行“开始”→“所有程序”→ANSYS 2020→Workbench 2020 命令，启动

Workbench 2020，进入 ANSYS Workbench 2020 界面。

步骤 02 双击主界面 Toolbox（工具箱）中 Analysis Systems 的 Fluid Flow（Fluent）选项，即可在项目管理区创建分析项目 A，如图 16-74 所示。

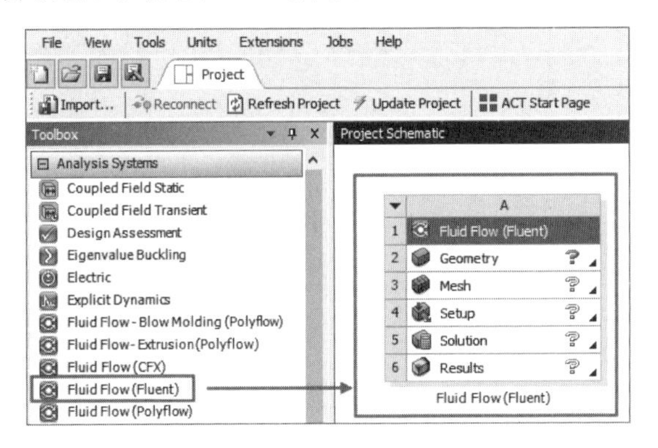

图 16-74　创建 Fluent 分析项目

16.3.3　导入几何体

步骤 01 在 A 栏的 Geometry 上右击，在弹出的快捷菜单中选择 Import Geometry→Browse 命令，如图 16-75 所示，此时会弹出“打开”对话框。

步骤 02 在弹出的“打开”对话框中选择文件路径，导入 probe 几何体文件，此时 A2 栏 Geometry 后的 ? 变为 ✓，表示实体模型已经存在。

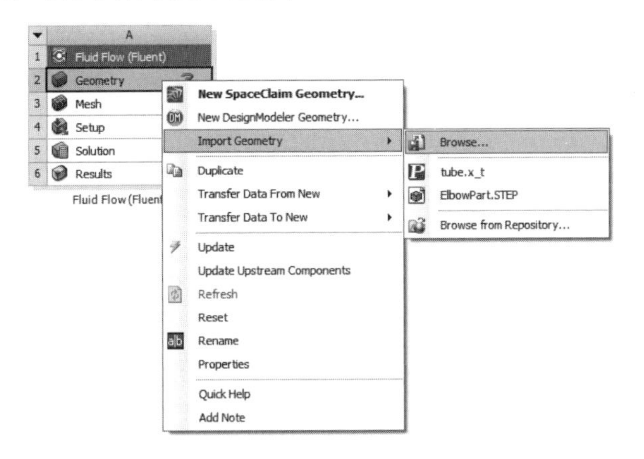

图 16-75　导入几何体

16.3.4　划分网格

步骤 01 双击项目 A 中 A3 栏中的 Mesh 选项，进入如图 16-76 所示的 Meshing 界面，在该界面下进行模型的网格划分。

步骤 02 在模型树中 Geometry 选项中的 Solid 中选择 Suppress Body，如图 16-77 所示，隐藏固体域。

步骤 03 在模型曲面上右击，在弹出的如图 16-78 所示的快捷菜单中选择 Create Named Selection，弹出如图 16-79 所示的 Selection Name 对话框，输入名称 Inlet，单击 OK 按钮确认。

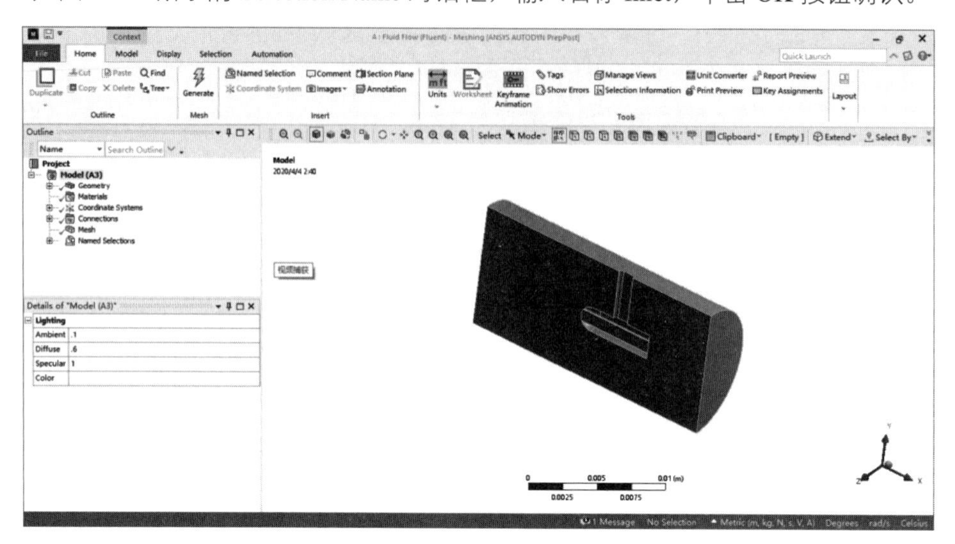

图 16-76　网格划分界面

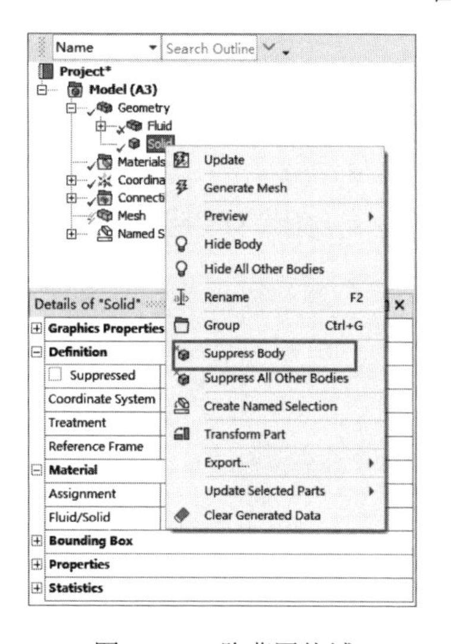

图 16-77　隐藏固体域

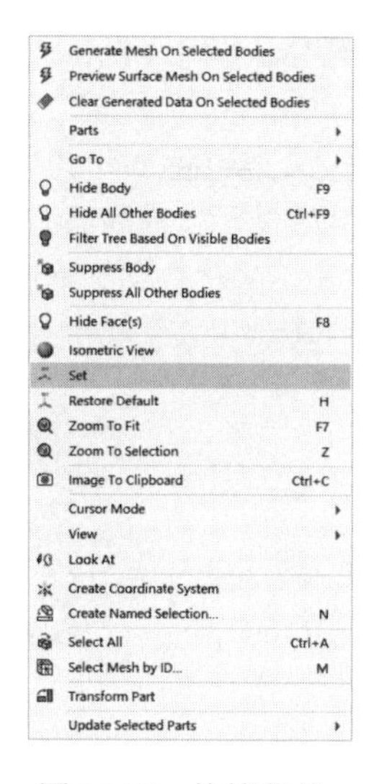

图 16-78　快捷菜单

步骤 04　按照步骤 03 的方法创建面 outlet、symmetry 和 far field，如图 16-80 所示。

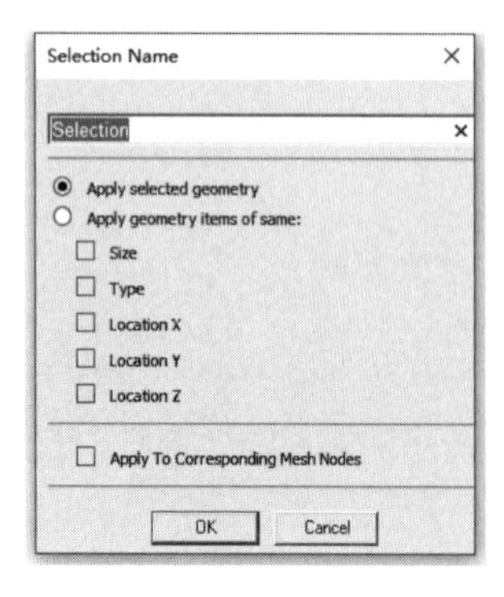

图 16-79　Selection Name 对话框

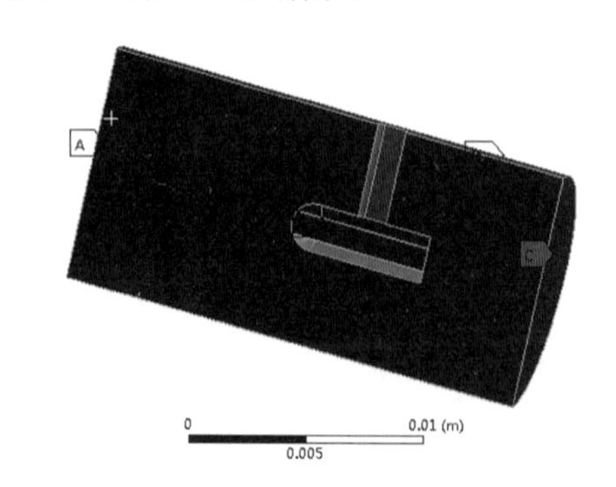

图 16-80　创建面名称

步骤05 选中模型树中的 Mesh 选项，在 Details of Mesh 窗口中设置网格用途为 CFD 网格，将求解器设置为 Fluent，如图 16-81 所示。其他选项保持默认。

步骤06 右击模型树中的 Mesh 选项，选择 Update，如图 16-82 所示，开始生成网格。

步骤07 网格划分完成以后，单击模型树中的 Mesh 选项，可以在图形窗口中查看网格，如图 16-83 所示。

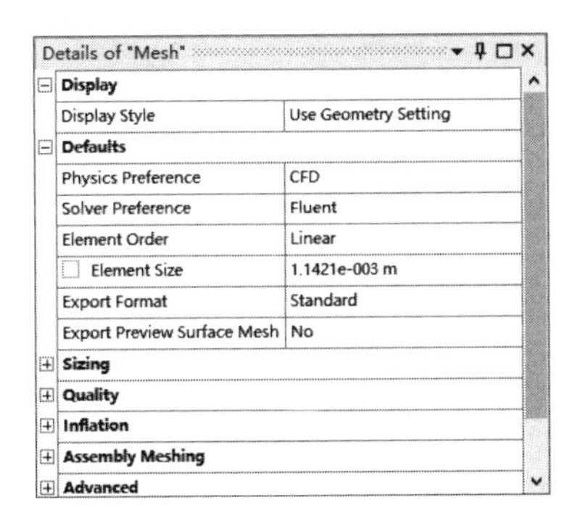

图 16-81　设置网格类型和求解器

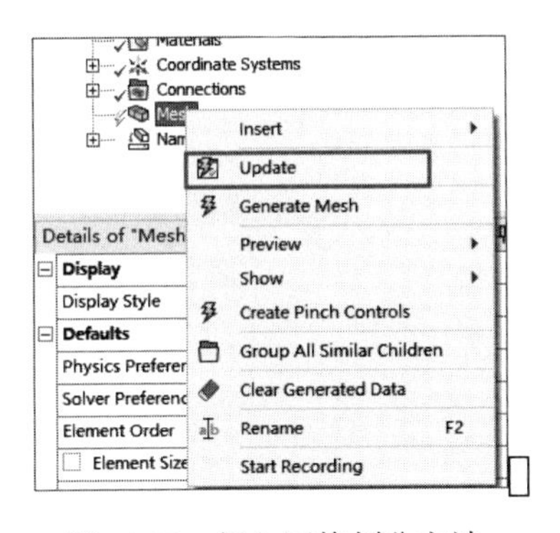

图 16-82　插入网格划分方法

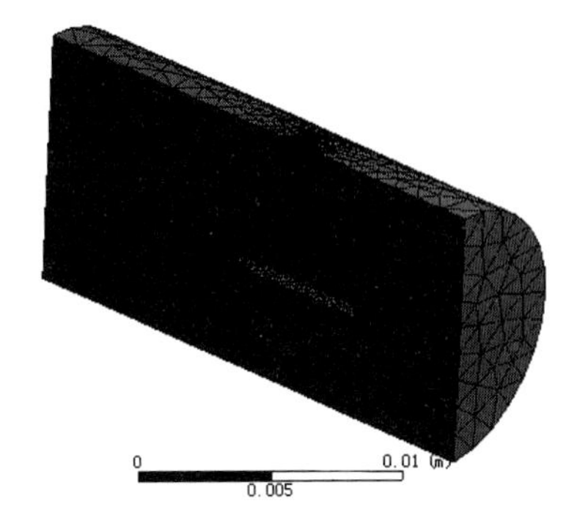

图 16-83　计算域网格

步骤08 执行主菜单中的 File→Close Meshing 命令，退出网格划分界面，返回到 Workbench 主界面。

16.3.5 定义模型

步骤01 双击 A4 栏中的 Setup 选项，打开 Fluent Launcher 对话框，单击 OK 按钮进入 Fluent 界面。

步骤02 在信息树中单击 Models 项，弹出如图 16-84 所示的 Models（模型设定）面板。在模型设定面板中双击 Viscous，弹出如图 16-85 所示的 Viscous Model（湍流模型）对话框。

在 Model 中选择 k-epsilon(2 eqn)单选按钮，单击 OK 按钮确认。

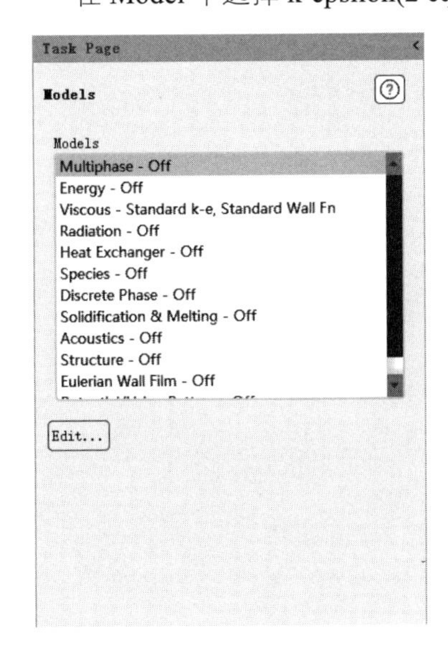

图 16-84　模型设定面板

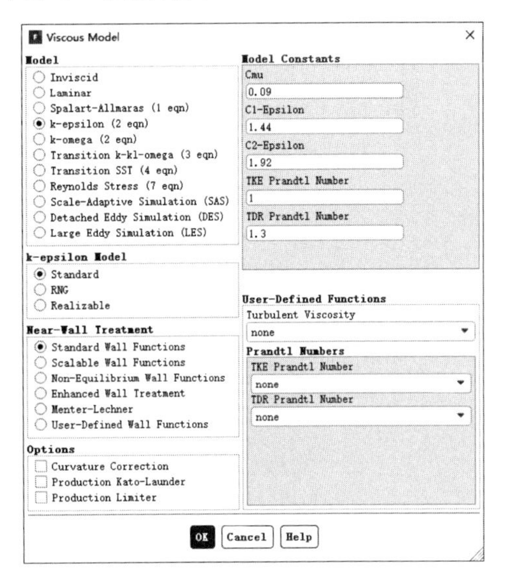

图 16-85　湍流模型对话框

16.3.6 边界条件

步骤 01 单击信息树中的 Boundary Conditions 项，启动如图 16-86 所示的边界条件面板。

步骤 02 在边界条件面板中双击 inlet，弹出如图 16-87 所示的边界条件设置对话框。

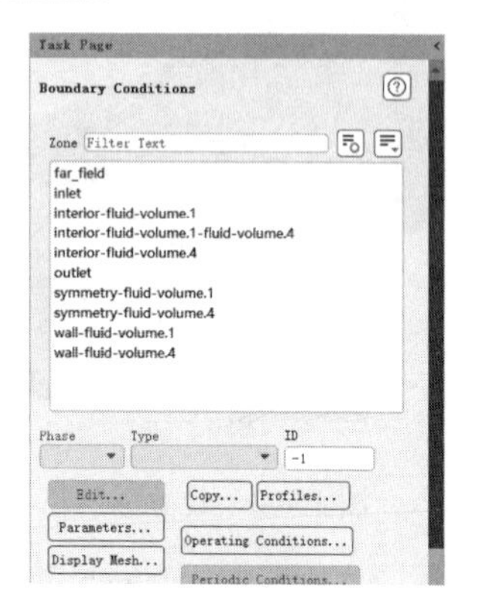

图 16-86 边界条件面板

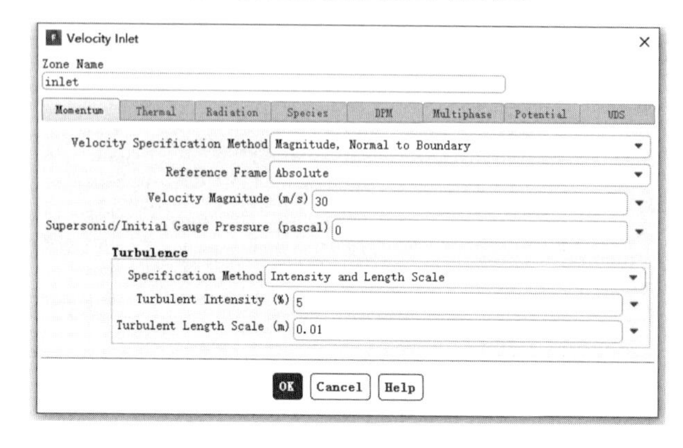

图 16-87 边界条件设置对话框

在 Velocity Magnitude 中填入 30，在 Turbulence 中的 Specification Method 中选择 Intensity and Length Scale，在 Turbulent Intensity 中填入 5，在 Turbulent Length Scale 中填入 0.01，单击 OK 按钮确认退出。

步骤 03 在边界条件面板中双击 outlet，弹出如图 16-88 所示的边界条件设置对话框。

在 Turbulence 中的 Specification Method 中选择 Intensity and Length Scale，在 Backflow Turbulent Intensity 中填入 5，在 Backflow Turbulent Length Scale 中填入 0.01，单击 OK 按钮确认退出。

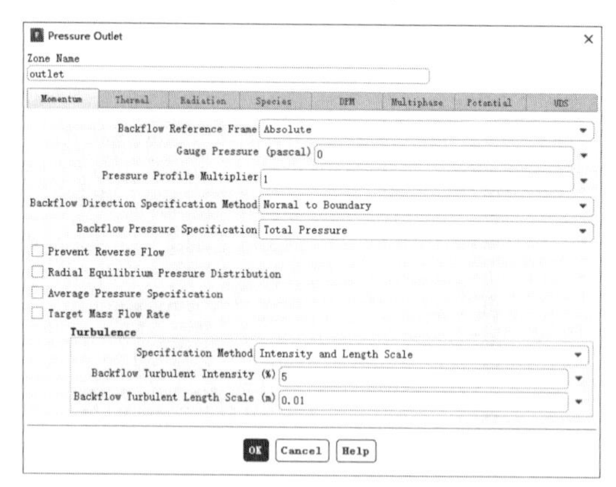

图 16-88 边界条件设置对话框

16.3.7 求解控制

步骤 01 单击信息树中的 Methods 项，弹出如图 16-89 所示的 Solution Methods（求解方法设置）面板。保持默认设置不变。

步骤 02 单击信息树中的 Controls 项，弹出如图 16-90 所示的 Solution Controls（求解过程控制）面板。保持默认设置不变。

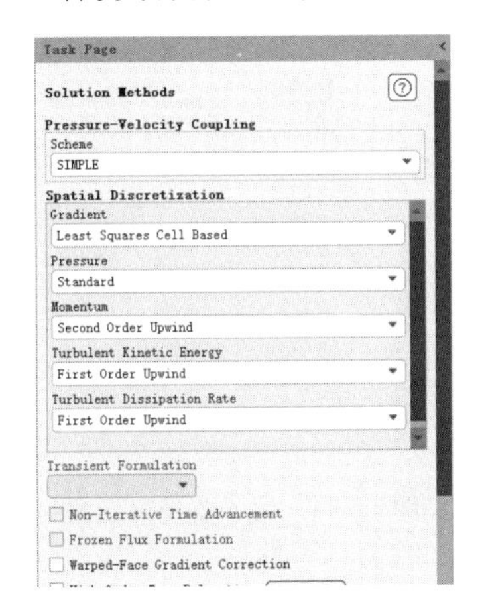

图 16-89　求解方法设置面板

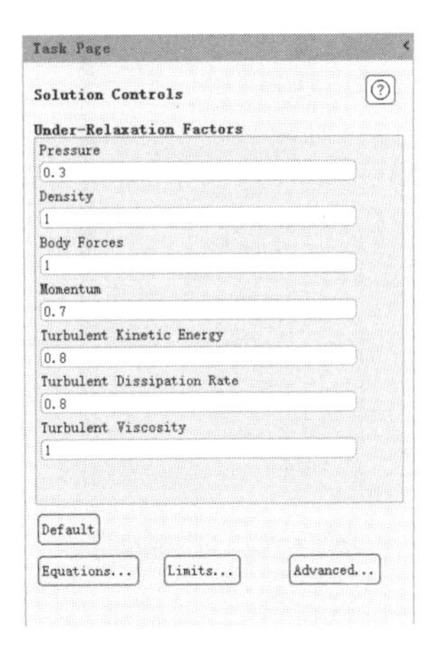

图 16-90　求解过程控制面板

16.3.8　初始条件

单击信息树中的 Initialization 项，弹出如图 16-91 所示的 Solution Initialization（初始化设置）面板。

在 Initialization Methods 中选择 Standard Initialization，在 Compute from 中选择 inlet，单击 Initialize 按钮进行初始化。

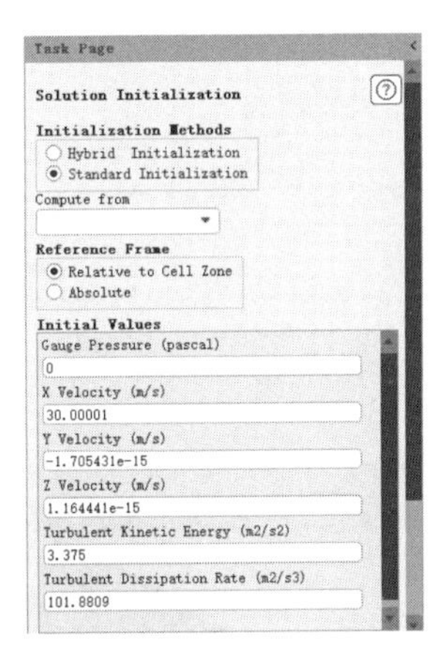

图 16-91　初始化设置面板

16.3.9　求解过程监视

单击信息树中的 Monitors 项，弹出如图 16-92 所示的 Monitors（监视）面板，双击 Residual，便弹出如图 16-93 所示的 Residual Monitors（残差监视）对话框。

保持默认设置不变，单击 OK 按钮确认。

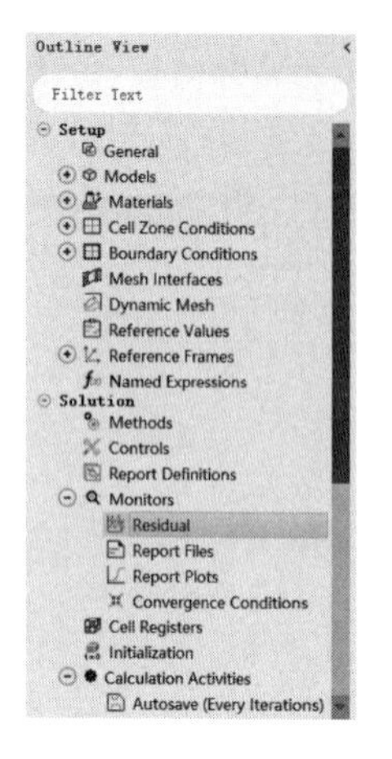

图 16-92　监视面板

图 16-93　残差监视对话框

16.3.10　计算求解

步骤 01　单击信息树中的 Run Calculation 项，弹出如图 16-94 所示的 Run Calculation（运行计算）面板。

在 Number of Iterations 中输入 100，单击 Calculate 按钮开始计算。

步骤 02　计算收敛完成后，单击主菜单中的 File→Close Fluent，退出 Fluent 界面。

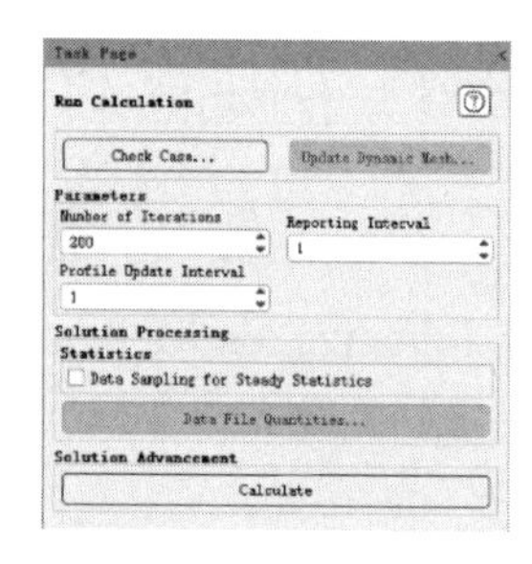

图 16-94　运行计算面板

16.3.11　结果后处理

步骤 01　双击 A6 栏中的 Results 选项，进入 CFD-Post 界面，如图 16-95 所示。

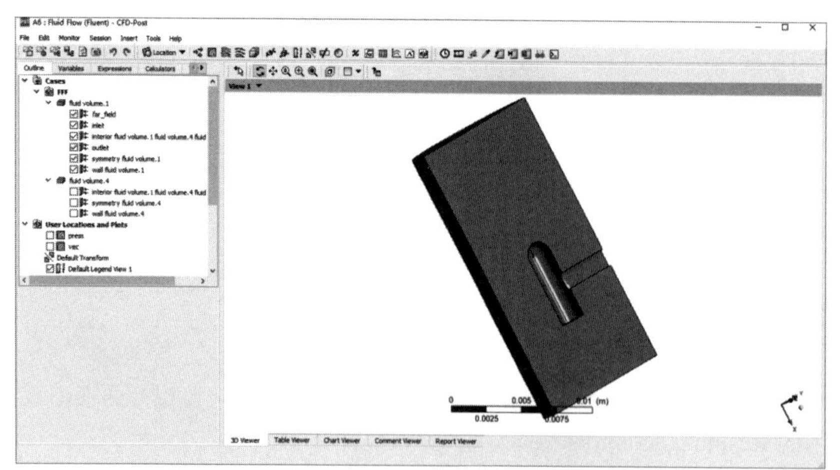

图 16-95　后处理窗口

步骤 02 单击任务栏中的（云图）按钮，弹出如图 16-96 所示的 Insert Contour（创建云图）对话框。输入云图名称 press，单击 OK 按钮，进入如图 16-97 所示的云图设定面板。

图 16-96　创建云图对话框

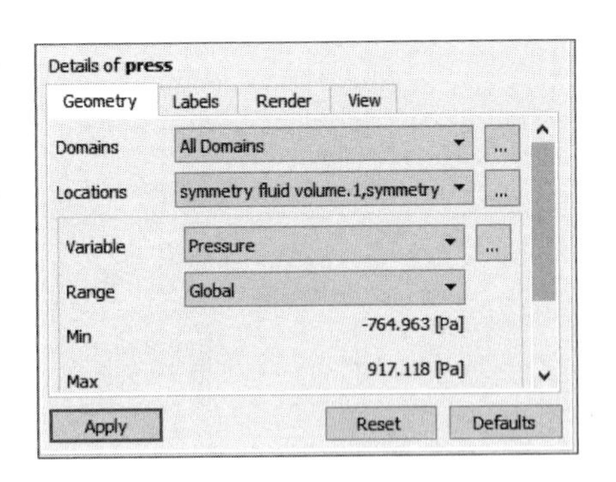

图 16-97　云图设定面板

步骤 03 在 Geometry（几何）选项卡中的 Locations 中选择 symmetry fluid volume.1 和 symmetry fluid volume.4，在 Variable 中选择 Pressure，单击 Apply 按钮创建压力云图，如图 16-98 所示。

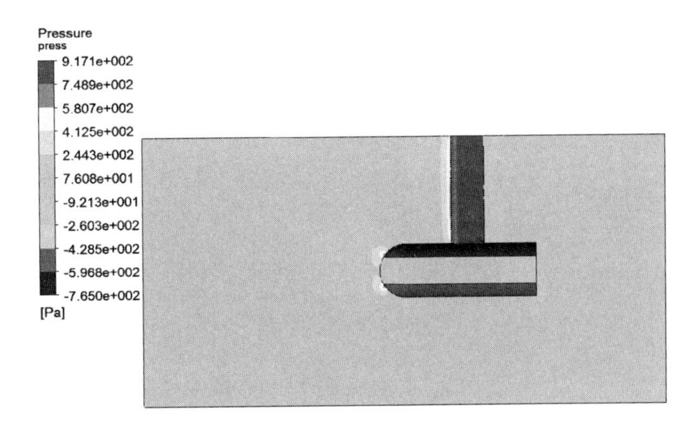

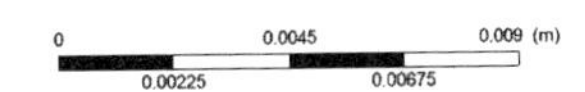

图 16-98　压力云图

步骤 04 按照步骤 03 的方法创建云图 vec，如图 16-99 所示。

步骤 05 在如图 16-100 所示的云图设定面板中的 Geometry（几何）选项卡中，Locations 选择 symmetry fluid volume.1 和 symmetry fluid volume.4，Variable 选择 Velocity，单击 Apply 按钮创建速度云图，如图 16-101 所示。

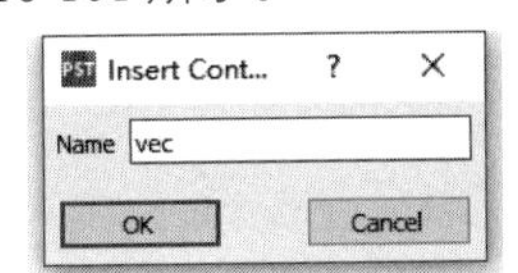

图 16-99　指定云图名称

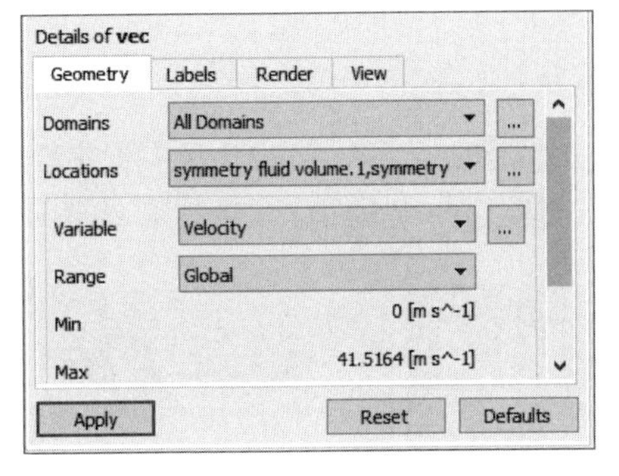

图 16-100　云图设定面板

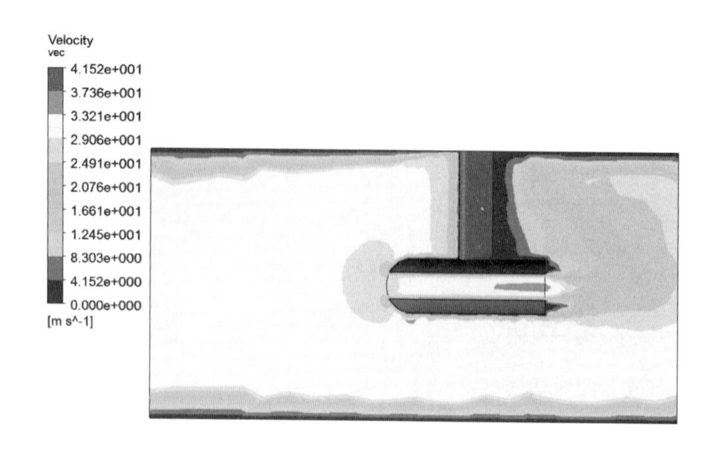

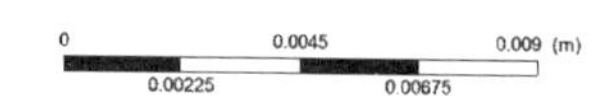

图 16-101　速度云图

16.3.12　保存与退出

步骤 01　执行主菜单中的 File→Quit 命令，退出 CFD-Post 模块，返回 Workbench 主界面。此时，主界面中的项目管理区中显示的分析项目均已完成，如图 16-102 所示。

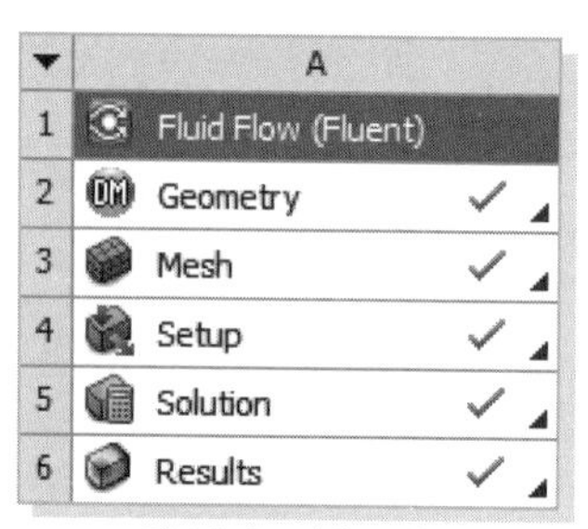

图 16-102　项目管理区中的分析项目

步骤 02　在 Workbench 主界面中单击常用工具栏中的 Save（保存）按钮，保存包含分析结果的文件。

步骤 03　执行主菜单中的 File→Exit 命令，退出 ANSYS Workbench 主界面。

16.4　本章小结

本章通过典型实例圆管内气体的流动、三通内气体的流动和探头外空气流动 3 个实例介绍了 Fluent 在 Workbench 中应用的工作流程。

通过本章的学习，读者可以掌握 Fluent 在 Workbench 中的创建、Meshing 的网格划分方法以及不同软件间的数据共享与更新。

参考文献

[1] 付德熏，马延文. 计算流体动力学［M］. 北京：高等教育出版社，2002.

[2] 陶文铨. 数值传热学［M］.2 版. 西安：西安交通大学出版社，2001.

[3] 苏铭德. 计算流体力学基础［M］. 北京：清华大学出版社，1997.

[4] 章梓雄，董曾南. 粘性流体力学［M］. 北京：清华大学出版社，1998.

[5] 韩占忠. Fluent——流体工程仿真计算实例与分析［M］. 北京：北京理工大学出版社，2009.

[6] 王福军. 计算流体动力学分析：CFD 软件原理与应用［M］. 北京：清华大学出版社，2004.